T0259759

Künstliche Intelligenz im Bauwesen

Shervin Haghsheno · Gerhard Satzger ·
Svenja Lauble · Michael Vössing
(Hrsg.)

Künstliche Intelligenz im Bauwesen

Grundlagen und Anwendungsfälle

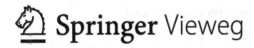

Springer Vieweg

Hrsg.
Shervin Haghsheno
Karlsruher Institut für Technologie
Karlsruhe, Baden-Württemberg, Deutschland

Gerhard Satzger
Karlsruher Institut für Technologie
Karlsruhe, Baden-Württemberg, Deutschland

Svenja Lauble
Karlsruher Institut für Technologie
Karlsruhe, Baden-Württemberg, Deutschland

Michael Vössing
Karlsruher Institut für Technologie
Karlsruhe, Baden-Württemberg, Deutschland

ISBN 978-3-658-42795-5   ISBN 978-3-658-42796-2   (eBook)
https://doi.org/10.1007/978-3-658-42796-2

Die Deutsche Nationalbibliothek verzeichnet diese Publikation in der Deutschen Nationalbibliografie; detaillierte bibliografische Daten sind im Internet über http://dnb.d-nb.de abrufbar.

© Der/die Herausgeber bzw. der/die Autor(en), exklusiv lizenziert an Springer Fachmedien Wiesbaden GmbH, ein Teil von Springer Nature 2024, korrigierte Publikation 2024

Planung/Lektorat: Karina Danulat
Springer Vieweg ist ein Imprint der eingetragenen Gesellschaft Springer Fachmedien Wiesbaden GmbH und ist ein Teil von Springer Nature.
Die Anschrift der Gesellschaft ist: Abraham-Lincoln-Str. 46, 65189 Wiesbaden, Germany

Das Papier dieses Produkts ist recyclebar.

Geleitwort

Förderung von Digitalisierungsprojekten in der Bauwirtschaft

Einleitung

Die Bauwirtschaft ist im Vergleich zu anderen Industriezweigen ein digitaler Nachzügler. Während in der industriellen Produktion über Automatisierung, Predictive Maintenance und Künstliche Intelligenz (KI) diskutiert wird, ist die Digitalisierung in vielen ausführenden Bauunternehmen noch immer nicht richtig angekommen.

Zur Beschleunigung des Digitalisierungsfortschritts wurden von dem hierfür zuständigen Bundesministeriums für Wirtschaft und Kommunikation spezielle Förderprogramme initiiert, über die herausragende Entwicklungsansätze in sogenannten „Leuchtturmprojekten" finanziell und durch fachliche Begleitung unterstützt wurden. Im Rahmen dieser Initiativen wurden auch digitale Lösungen für die Bauwirtschaft (vorrangig Hochbau) entwickelt und begleitet. Durch die Begleitung dieser Projekte konnten verschiedene Aspekte des Digitalisierungsprozesses in der Bauwirtschaft betrachtet und wichtige Erkenntnisse über das Umfeld gewonnen werden. Neben den technischen Problemstellungen existieren diverse spezifische Herausforderungen, die hohe Anforderungen an digitale Lösungen stellen.

Im Folgenden werden einige dieser Herausforderungen erläutert, verschiedene digitale Lösungsansätze hierfür dargestellt und in einer zusammenfassenden Kurzbewertung deren Wirksamkeit diskutiert.

Herausforderungen

Bauprojekte im Hochbau befassen sich mit der Planung und Errichtung von Bauwerken, die mehrheitlich oberhalb der Geländelinie liegen (Wohnhäuser, Brücken, Gewerbegebäude etc.). Die Umsetzung eines solchen Bauprojekts untergliedert sich in eine

Planungs- und eine Ausführungsphase. Jede Phase wird durch Personen mit entsprechender Expertise durchgeführt, die häufig in unterschiedlichen Unternehmen angesiedelt sind (Planungsbüro, Bauunternehmen). Für die Ausführung ist das Zusammenwirken mehrerer Gewerke erforderlich, bspw. für die Erstellung des Rohbaus, den Einbau der Fenster, die Fassadenverkleidung, die Errichtung des Daches oder den Innenausbau. Dadurch entstehen bereits die ersten Herausforderungen: Unternehmen, die nicht alle Gewerke verantworten, müssen sich in der Regel Partner oder Auftragnehmer suchen, wenn sie sich auf einen entsprechenden Bauauftrag bewerben. Da aufgrund der Aufgabenvielfalt und der Unterschiede in deren Komplexität nicht alle Unternehmen dieselbe Software für die Datenerfassung und -verarbeitung verwenden können, existieren zwischen den Partnern bzw. deren Software in der Regel Datenschnittstellen. Der Datenaustausch muss aktiv initiiert und Daten für die empfangende Software teilweise umgewandelt oder umstrukturiert werden. Dadurch stellen Datenschnittstellen eine häufige Quelle für Fehler dar, wenn beispielsweise den Beteiligten mangels Synchronisierung unterschiedlich aktuelle Informationsstände vorliegen.

Während in anderen Wirtschaftsbereichen häufig erst ab einer gewissen Auftragskomplexität mehrere Unternehmen zusammenwirken, besteht diese Notwendigkeit in nahezu jedem Bauprojekt. Nur sehr große Unternehmen beschäftigen Planungs-, Konstruktions- und Bauexperten unterschiedlicher Gewerke und können die Leistungen aus einer Hand anbieten. Auch die Abstimmung und Zeitplanung der einzelnen Gewerke stellen eine große Herausforderung dar, da deren Aktivitäten teilweise voneinander abhängig sind. Entstehen bei einem Gewerk zeitliche Verzögerungen, wirken sich diese auf die gesamte Projektplanung aus und beeinflussen zudem die Personal- und Auftragsplanung für geplante Folgeaufträge der einzelnen Unternehmen.

Die meisten neu zu errichtenden Gebäude werden individuell geplant und gestaltet. Die Bau-Teams werden somit häufig vor neue Situationen und Probleme gestellt. Dies und der mangelnde Austausch zwischen den Gewerken führt zu teilweise trivialen Fehlern wie unpraktisch angebrachten Wasserhähnen oder nicht zu öffnenden Fenstern. Eine weitere Besonderheit in der Bauwirtschaft besteht somit in der Singularität bzw. Individualität der hergestellten Produkte. Im Vergleich dazu erfolgt bei der Herstellung eines Massenprodukts nach dem Design des Prototyps eine Serienproduktion, deren Einzelfertigungsprozesse standardisiert oder automatisiert durchgeführt werden können.

Im Verlauf des Projekts entstehen immer wieder Änderungswünsche und -bedarfe. Dies kann bei einer hohen Partneranzahl und parallel vorgenommenen Änderungen in der Projekt- oder Ablaufplanung zu unterschiedlichen Informationsständen und dadurch zu Planungs- und Umsetzungsproblemen führen. Eine wichtige Herausforderung stellt daher auch die Bereitstellung von Informationen in Echtzeit dar.

Eine Besonderheit bei Bauprojekten besteht darin, dass oftmals dort, wo ein neues Gebäude errichtet werden soll, wenig Infrastruktur vorhanden ist. Ein Internetanschluss ist in der Regel nur in einem am Rand der Baustelle aufgestellten Container vorhanden. Das öffentliche Funknetz ist für die Versendung von Textnachrichten zwar oftmals ausreichend, für den Echtzeit-Datenzugriff und -Datenaustausch ist jedoch eine höhere Leistungsfähigkeit erforderlich. Eine spezifische Herausforderung besteht damit in der Realisierung einer stabilen, leistungsfähigen Internetanbindung auf der Baustelle.

Finanzielle Investitionen in Soft- oder Hardware müssen über Aufträge erwirtschaftet werden und hätten somit teurere Angebote zur Folge, was ggfs. den Zuschlag kosten kann. Die Finanzierung von Digitalisierungstools stellt für kleinere Unternehmen daher ein hohes Risiko dar, zumal eine Effizienzsteigerung oder Fehlerverringerung durch diese Investition aufgrund der Individualität jedes Bauprojekts schwer nachweisbar ist.

Die Baufortschrittsüberwachung erfolgt in den meisten Projekten punktuell. Im Idealfall wird die Baustelle täglich kontrolliert, in der Regel erfolgt die Überwachung jedoch im Abstand mehrerer Tage. Während in anderen Wirtschaftsbereichen Prozessparameter aus der Ferne automatisiert überwacht werden können, ist dies durch die vorwiegend handwerkliche Tätigkeit und die mit dem Baufortschritt verbundene kontinuierliche Veränderung der Baustelle bzw. des Gebäudes sowie die mangelhafte Infrastruktur auf der Baustelle in dieser Form nicht realisierbar.

Eine weitere Herausforderung stellt der Bezahl- und Abrechnungsprozess dar. Da Bauprojekte häufig von vielen – meist kleinen und mittelständischen – Unternehmen und teilweise deren Unterauftragnehmern bearbeitet werden, liegen dem Auftraggeber diverse Einzelverträge vor, deren Erfüllungsbedingungen unter Umständen voneinander abhängig sind. Die Überprüfung der Vertragseinhaltung und der bei Nicht-Einhaltung oder Ablaufstörungen folgenden Konsequenzen gestaltet sich oft komplex und endet nicht selten in gerichtlichen Streitverfahren und Insolvenzen.

Viele Bauwerke und Gebäude existieren bereits seit Jahrzehnten und wurden somit vor den heutzutage verfügbaren digitalen Erfassungsmöglichkeiten errichtet. Daher liegen für diverse Bestandsgebäude keine digitalen Informationen vor. Existierende Papierdokumente sind häufig veraltet, schwer lesbar oder auch unvollständig. Eine nachträgliche Digitalisierung vorhandener Dokumente ist nur dann hilfreich, wenn die anschließend vorliegenden Informationen maschinenlesbar sind. Es ist somit nicht ausreichend, Baupläne einzuscannen und digital abzulegen, vielmehr müssen die aus den Plänen hervorgehenden Angaben extrahiert und standardisiert in entsprechend digitalen Softwaresystemen abgelegt werden. Theoretisch müsste ergänzend überprüft werden, ob die Informationen dem aktuellen Stand entsprechen, da gegebenenfalls nicht dokumentierte Änderungen während der Durchführung vorgenommen wurden. Der personelle und finanzielle Aufwand eines entsprechenden manuellen Prüf- und Transkriptionsprozesses wäre bei der hohen Anzahl existierender Bauwerke extrem hoch, würde jedoch zu effizienteren Prüf-, Service-, Betriebs- und Wartungsprozessen führen.

Digitale Tools und Künstliche Intelligenz

Mit dem sogenannten „Building Information Modeling" (BIM) wurde seit den 70er Jahren eine Methode entwickelt, die einen ganzheitlichen Ansatz zur Datenerfassung, -haltung und -verarbeitung in der Bauwirtschaft beinhaltet. Die Informationstechnologie ermöglichte die Entwicklung von BIM-Software für ein digitales Datenmanagement. Mittlerweile existieren umfassende BIM-Software-Lösungen, die mehrere Bereiche der Bauwirtschaft vereinen und eine einheitliche Datenbasis zur Verfügung stellen, aber auch diverse kleine Tools, die einzelne Teilbereiche des Bauprozesses nach BIM-Standard organisieren. Bei Einsatz einer umfassenden Software-Lösung wird diese von allen beteiligten Gewerken verwendet, dadurch können Ergänzungen oder Änderungen einfach vorgenommen und die neue Information allen Beteiligten unmittelbar zur Verfügung gestellt werden. Der Nachteil besteht darin, dass große Softwaresysteme sehr teuer sind und für kleinere Unternehmen, die nur Teilbereiche des gesamten Bauprozesses abdecken, mehr Funktionen umfassen, als benötigt werden. Aus diesem Grund wurde mit den „Industry Foundation Classes" (IFC) eine standardisierte, digitale Beschreibung für BIM-Prozesse entwickelt, die es ermöglicht, Bauteilparameter und -daten offen und ohne Konvertierung zwischen verschiedenen BIM-kompatiblen Nutzerprogrammen auszutauschen. Dadurch ist die Schnittstellenproblematik auch ohne den Einsatz eines teuren Softwaresystems lösbar. Es sind somit diverse Software-Lösungen zur digitalen Datenerfassung, -haltung und -verarbeitung für alle Teilbereiche eines Bauprozesses am Markt verfügbar.

Die Verwendung des BIM-Standards ist mittlerweile eine offizielle Voraussetzung für Auftragnehmer bei der Vergabe öffentlicher Aufträge in Deutschland. Für die Partnersuche ist es daher hilfreich zu wissen, welche Unternehmen nach BIM-Standard arbeiten. Hierfür wurde von einem Forschungsprojekt ein Marktplatz entwickelt, auf dem sich Unternehmen der Bauwirtschaft registrieren und BIM-zertifizieren lassen können[1]. Dies vereinfacht die Partnersuche, erhöht jedoch auch die Sichtbarkeit kleiner und neuer Unternehmen.

Zur Erreichung einer stabilen und leistungsfähigen Breitbandversorgung auf der Baustelle wurden innerhalb eines Forschungsprojekts Szenarien für den Ausbau der informations- und kommunikationstechnologischen Infrastruktur auf Baustellen entwickelt. Marktverfügbare Router und Repeater sind für den gebäudeinternen Gebrauch ausgelegt und können in offenem Gelände nicht verwendet werden. Daher wurden unterschiedliche Technologien und Architekturen zur Errichtung eines 5G-Netzes auf der Baustelle entworfen und deren Anwendung in einem realen Umfeld exemplarisch gezeigt und getestet (Begleitforschung Smart Service Welt II).

Um die zahlreichen Prozesse und Veränderungen während des Bauverlaufs besser und neutral zwischen den beteiligten Akteuren austauschen zu können, wurde ein dezentrales Projektmanagementtool entwickelt. Es ermöglicht die Prozesserstellung über mehrere Partner hinweg, die Anpassung der Prozesse bei unvorhersehbaren Ereignissen und die

---

[1] https://www.bimswarm.de/

Dokumentation des individuellen Projektverlaufs, um aufbauend auf den Kommunikationsdaten die Basis für KI-Auswertungen der Prozesse und Prozessvernetzungen zu ermöglichen (Schmid et al. 2022).

Zur Echtzeitüberwachung und Qualitätssicherung der Bauprozesse wurden bereits verschiedene Ansätze entwickelt. Beispielsweise werden photogrammetrische Methoden und Laserscanning zur Erzeugung von 3D-Punktwolken eingesetzt, die mit dem Planungsmodell verglichen werden können. Weiterhin werden Einsatzmöglichkeiten von „Virtual" und „Augmented Reality" (VR/AR) für Monitoring und Montageunterstützung getestet. Die Machbarkeit einer, den anderen Wirtschaftsbereichen vergleichbaren, Echtzeitüberwachung wurde in einem Projekt demonstriert: Durch die Integration von 5G auf der Baustelle, die Nutzung offener Plattformcluster sowie den Einsatz von VR/AR-Technologien wurde ein Echtzeit-Fernzugriff zwischen Büro und Baustelle ermöglicht[2].

Zur Verbesserung der Zahlungsprozesse wurde ein digitaler Lösungsansatz mithilfe der Blockchain-Technologie entwickelt[3]. Akteure eines Bauprojektes registrieren sich dazu auf einer speziellen Plattform, und erhalten eine digitale Identität zur Bearbeitung und Quittierung all ihrer Aufgaben. Die Leistungserbringung kann direkt auf der Baustelle über mobile Geräte bestätigt und dadurch eine Benachrichtigung für die Bauabnahme generiert werden. Die Tätigkeiten aller registrierten Akteure werden dabei in einer Blockchain-basierten Transaktionskette festgehalten, um die Gültigkeit und Nachvollziehbarkeit der Leistungen und Bezahlvorgänge sicherzustellen.

Obwohl nahezu jedes Gebäude individuell geplant und umgesetzt wird, gibt es dennoch Anforderungen und Prozesse, die übertragbar sind. Beispielsweise könnte eine Software, die häufig verwendete Objekte wie Rohre oder Wasserhähne erkennen kann, dazu verwendet werden, vor einem fehlerhaften Einbau zu warnen oder darauf hinweisen, wo ein Objekt eingebaut werden muss. Die Überprüfung von Materiallieferungen ist ebenfalls in jedem Projekt erforderlich und könnte durch einen automatisierten Prozess weniger fehlerhaft und weniger aufwendig gestaltet werden. In einem Forschungsprojekt wurden Anwendungen wie beispielsweise der digitale Lieferschein, die bauspezifische Objekterkennung oder Ansätze zur Mängelprädiktion mithilfe Künstlicher Intelligenz entwickelt, um wiederkehrende Prozesse effizient und fehlerfrei zu gestalten[4].

Auch zur nachträglichen Digitalisierung der Papierdokumente langjährig existierender Bestandsgebäude werden KI-basierte Ansätze zur Informationsextraktion und -adaption entwickelt, um daraus BIM-konforme Daten zu erzeugen[5]. Aus diesen lassen sich auch im Nachhinein noch digitale Gebäudezwillinge (Digital Twins) erstellen, um Betrieb, Wartung und Sanierung effizienter gestalten zu können.

---

[2] https://d-twin.eu/use-cases-demos, Video https://www.youtube.com/watch?v=5jM4z3r9LwA
[3] https://bimcontracts.com/
[4] https://sdac.tech/
[5] https://bimkit.eu/

Zusammenfassung

Die Digitalisierung in der Bauwirtschaft ist aufgrund der bauspezifischen Herausforderungen schwieriger als in anderen Bereichen. Dennoch haben sich mittlerweile verschiedene digitale, BIM-basierte Softwarelösungen am Markt durchgesetzt, die zur Digitalisierung und Vereinheitlichung von Informationen sowie zur Vereinfachung des Informationsaustauschs beitragen. Andererseits zählt die Nutzung einer einheitlichen Datenbasis, beispielsweise über den Zugriff auf eine gemeinsame Plattform bisher nicht zum Standardvorgehen, obwohl technische Lösungen hierzu bereits existieren. Die Vermeidung von Fehlern durch eine Echtzeit-Überwachung des Baufortschritts hingegen stellt auch aus technischer Sicht eine Herausforderung dar, für die verschiedene Konzepte existieren, bisher jedoch noch keine umfassende Lösung am Markt verfügbar ist. Der Einsatz von KI gestaltet sich aufgrund der Individualität jedes Bauwerks/Bauprojekts schwierig, ist jedoch für Teilprozesse durchaus möglich und zweckmäßig. Die Methoden der Künstlichen Intelligenz weisen diesbezüglich ein hohes Nutzungspotenzial auf, erfordern allerdings entsprechende technische Voraussetzungen, wie leistungsfähige mobile Endgeräte aller Projektbeteiligten, oder einen kontinuierlichen Breitband-Internetzugang. Diese wiederum sind mit nicht unerheblichen Kosten und Zusatzaufwänden verbunden, die in die Preis-Kalkulation der Bauprojekte einbezogen werden müssen. Der Mehrwert, den diese Investition bietet, ist schwer quantifizierbar. Da jedes Bauprojekt anders und mit neuen Herausforderungen verbunden ist, kann eine Effizienzsteigerung oder Verringerung der Fehlerquote aufgrund der mangelnden Vergleichbarkeit kaum ermittelt werden. Die Zurückhaltung von Unternehmen hinsichtlich der Investition in Digitalisierungstechnologien ist daher durchaus nachvollziehbar. Allerdings sind die bisher entwickelten digitalen Lösungsansätze sehr vielversprechend und lassen Anwendungsoptionen für weitere Herausforderungen der Bauwirtschaft erkennen.

Haifa Rifai

VDI/VDE-IT GmbH

Berlin, Deutschland

haifa.rifai@vdivde-it.de

Literatur

Schmid F, Kopriwa P und Schüle T (2022) Agile Softwareentwicklung in Bauprojekten – Ein Bericht aus dem Forschungsprojekt DigitalTWIN. Stahlbau, 91: 353–364. https://doi.org/10.1002/stab.202100026

Zinke G (2021) Begleitforschung Smart Service Welt II, Hrsg., SMART DESIGN SMART CONSTRUCTION SMART OPERATION Einsatz von digitalen Services in der Bauwirtschaft. Berlin. https://www.digitale-technologien.de/DT/Redaktion/DE/Downloads/Publikation/SSW/2021/SSW_Baupublikation.html

Vorwort der Herausgeber

Bauprojekte auf der ganzen Welt zeichnen sich durch ein hohes Maß an Individualität aus. Bauwerke sind Wahrzeichen unserer Städte, bieten Rückzugsorte für Familien und stellen Arbeitsplätze zur Verfügung. Damit sind sie so vielfältig wie unsere Bedürfnisse und unterscheiden sich in Gestaltung, Struktur, Funktion und Materialität. Diese Vielfalt birgt aber auch eine große Herausforderung: die Koordination der verschiedenen Parteien, die an ihrer Planung und Umsetzung beteiligt sind.

Fehlende oder unvollständige Informationen können in Projekten zu Kostenüberschreitungen, Verzögerungen, Qualitätsmängeln, konfliktbeladener Projektatmosphäre und Reputationsschäden für die beteiligten Unternehmen führen. Angesichts dieser Herausforderungen suchen viele Unternehmen der Bauwirtschaft nach Digitalisierungsansätzen, um eine einheitliche Informationsbasis zu schaffen und die gemeinsame und koordinierte Entscheidungsfindung zu unterstützen.

Doch so unterschiedlich die Experten in der Bauwirtschaft sind, so unterschiedlich sind auch die verfolgten Digitalisierungsansätze. Moderne Softwaretools ermöglichen beispielsweise die zentrale Speicherung von Baustellenbildern. Gleichzeitig erzeugt neuartige Hardware wie Drohnen oder der Boston Dynamics Spot Daten, die bisher nicht verfügbar waren. Häufig entstehen durch Digitalisierungsansätze daher auch neue Datenformate, die eine Integration in bestehende Softwarelösungen erschweren.

Tatsächlich werden derzeit die meisten erhobenen Daten nach Abschluss eines Projektes nicht weiter genutzt. Zeitdruck und Fachkräftemangel in der Bauwirtschaft erschweren die Strukturierung und Nutzung der Daten für zukünftige Bauvorhaben. Insbesondere kleine und mittelständische Unternehmen der Bauwirtschaft stellen sich daher Fragen wie: Ab wann rechnet sich der Mehraufwand für Digitalisierung? Wo bietet die Digitalisierung Erleichterungen? Wie können Digitalisierungsansätze unternehmensübergreifend entworfen und implementiert werden? Und vor allem: Welchen Mehrwert können Unternehmen langfristig aus den gesammelten Daten ziehen?

An dieser Stelle bietet Künstliche Intelligenz (KI) ein großes Potenzial. Durch die Analyse der gesammelten Daten kann sowohl die Effektivität als auch die Effizienz einzelner Tätigkeiten gesteigert werden. Zudem kann die Koordination zwischen den beteiligten Unternehmen verbessert werden. Programmierer müssen hierfür keine individuellen

Regeln entwickeln – stattdessen sind die Methoden der KI in der Lage, selbst Zusammenhänge zu identifizieren und diese mit jedem neuen Bauvorhaben zu aktualisieren. Durch
den intelligenten Einsatz von KI-Methoden können die wachsenden Datenmengen ohne
großen Mehraufwand ausgewertet werden. Unterschiedliche KI-Anwendungen stehen in
der Bauwirtschaft bereits in den Startlöchern und zeigen in ersten Anwendungsfällen ihr
Potenzial.

Das vorliegende Buch gibt einen umfassenden Überblick über die verschiedenen Nutzungsmöglichkeiten von KI-Methoden in der Bauwirtschaft. Es zeigt sowohl das Potenzial
als auch den aktuellen Stand der KI im Bauwesen auf. Es dient dazu, die „Black Box" hinter dem häufig verwendeten Buzzword „KI" zu öffnen und die sinnvolle Einsatzbarkeit
verschiedener Methoden abzuschätzen. Namhafte Lehrstühle der Bauinformatik ebenso
wie Bauunternehmen und Entwickler haben an diesem Buch mitgewirkt und stellen ihre
Forschungsergebnisse und praxiserprobten KI-Anwendungen vor.

Da KI-Anwendungen im Bauwesen noch am Anfang ihrer Entwicklung stehen, soll
dieses Buch insbesondere Praktiker dazu anregen, Anwendungen zu testen, Feedback
zu geben und gezielt Daten zu sammeln. Gleichzeitig bietet es Wissenschaftlern und
Studierenden einen Überblick über aktuelle Forschungsergebnisse. Ziel ist es, sowohl
Personen mit IT-Affinität (z. B. Softwareentwickler, Informatikstudenten, BIM-Manager)
als auch Personen aus Planungs- und Bauunternehmen ohne tiefe IT-Kenntnisse (z. B.
Geschäftsführer und Bauprojektleiter) gleichermaßen anzusprechen.

Das Buch ist in fünf Bereiche unterteilt. Es deckt neben wichtigen Grundlagen den
gesamten Wertschöpfungsprozess von der Planung, Ausführung bis zum Betrieb eines
Bauwerks ab. Zusätzlich wird die Nutzung von Robotik in der Bauwirtschaft beleuchtet.

Teil 1 – Grundlagen

Teil 2 – KI in der Bauplanung

Teil 3 – KI in der Bauausführung

Teil 4 – KI im Betrieb

Teil 5 – Robotik in der Bauwirtschaft

Danksagungen

Dieses Buch entstand im Rahmen des Forschungsprojekts „Smart Design and Construction"
(SDaC)[6] am Karlsruher Institut für Technologie (KIT) in enger Zusammenarbeit zwischen
dem Institut für Technologie und Management im Baubetrieb (TMB) unter der Leitung
von Prof. Dr.-Ing. Shervin Haghsheno und Dr.-Ing. Svenja Lauble sowie dem Karlsruhe
Digital Service Research and Innovation Hub (KSRI) mit Prof. Dr. Gerhard Satzger und
Dr.-Ing. Michael Vössing. In diesem Forschungsprojekt arbeiten elf Konsortialpartner aus
Forschung und Praxis an der Entwicklung von KI-Anwendungen und einer Plattform, die
heterogene Daten der Bauwirtschaft intelligent nutzt, um Mehrwerte zu schaffen.

---

[6] (www.sdac.tech)

Ein besonderer Dank gilt daher dem Bundesministerium für Wirtschaft und Klimaschutz (BMWK) für die Förderung des Forschungsprojekts und damit die Schaffung der Rahmenbedingungen für die Anregung zu diesem Buch.

Das Buch lebt jedoch von den Inspirationen, Ideen und Ergebnissen monatelanger Forschungsarbeit der beteiligten Autoren. Ihnen gilt unser besonderer Dank für ihre Motivation, ihr Wissen sowie ihr Engagement und ihre Zeit, die in vielen Treffen, E-Mails und Telefonaten ihren Ausdruck fanden.

Shervin Haghsheno
Gerhard Satzger
Svenja Lauble
Michael Vössing

Inhaltsverzeichnis

Teil I
Grundlagen

Künstliche Intelligenz im Lebenszyklus von Immobilien

1

Janis Pieterwas, Tim Schönheit und Niels Bartels

1.1 Einleitung

Mit rund 13 % Anteil am globalen Bruttoinlandsprodukt (Vgl. Ribeirinho et al. 2020, S. 4 ff.; Hovnanian et al. 2019) S. 2 f.) und etwa 11,6 % aller erwerbstätigen Menschen in Deutschland (Vgl. Kraus 2021, S. 19), ist die Bauindustrie eine der wichtigsten Industrien in Deutschland und der Welt. Umfangreiche Auswirkungen ergeben sich daher auf Gesellschaft, Industrie und die Weltwirtschaft. Allerdings hat diese Branche seit Jahrzehnten mit strukturellen Herausforderungen zu kämpfen, so liegt der jährliche Produktivitätszuwachs beispielsweise bei durchschnittlich nur 1 % (Vgl. Hovnanian et al. 2019, S. 2), wohingegen es andere Industrien geschafft haben neue Technologien deutlich progressiver zu adaptieren und ihr Geschäftsmodell somit agil und wettbewerbsfähig zu gestalten (Vgl. Hovnanian et al. 2019). Ein gutes Beispiel dafür ist die Fertigungsindustrie, welche die Weiterentwicklung und den Einsatz von Lean Prinzipien industrieweit durchführt, sowie vehementen Gebrauch von bereits vorhandenen Technologien im Bereich Automatisierung und Robotik macht. Eine weitere Herausforderung findet sich in der Umsetzung der

J. Pieterwas
GOLDBECK US, San Francisco, USA
E-Mail: Janis.Pieterwas@goldbeck.us

T. Schönheit
GOLDBECK US, Menlo Park, USA
E-Mail: Tim.Schoenheit@goldbeck.us

N. Bartels (✉)
Technische Hochschule Köln, Köln, Deutschland
E-Mail: niels.bartels@th-koeln.de

3

S. Haghsheno et al. (Hrsg.), *Künstliche Intelligenz im Bauwesen*,
https://doi.org/10.1007/978-3-658-42796-2_1

Bauarbeiten und den dafür benötigten Fachkräften. Der Fachkräftemangel hat sich seit 2014 im Baugewerbe zum größten Geschäftsrisiko entwickelt (Vgl. Bauindustrie 2022).

Einen Lösungsansatz hierfür bietet Künstliche Intelligenz (KI). KI sorgt durch vielversprechende Entwicklungen dafür, dass eine Transformation und digitale Veränderung der Bau- und Immobilienbranche stattfindet und Lösungen für die vorgenannten Herausforderungen ermöglicht werden (Pan und Zhang 2021). In Forschung und Praxis sind in den letzten Jahren Methoden, Tools und Verfahren entwickelt worden, die die KI zu einem integralen Bestandteil des Planens, Bauens und Betreuens von Gebäuden werden lassen.

Das nachfolgende Kapitel stellt mögliche Anwendungsfälle von KI in der Praxis dar. Hierbei orientiert sich das Kapitel am Lebenszyklus von Immobilien und zeigt Anwendungsfälle aus Planung, Ausführung sowie der Nutzungsphase von Gebäuden auf.

1.2   Künstliche Intelligenz im Lebenszyklus

Die Bau- und Immobilienbranche befindet sich derzeit in einer digitalen und nachhaltigen Transformation. Insbesondere das Fehlen von digitaler Expertise und der Anwendung digitaler Technologien hat in den vergangenen Jahren bei vielen Unternehmen der Branche zu Ineffizienzen in Bezug auf Kosten, Projekttermine, Produktivität und Nachhaltigkeit geführt (Nikas et al. 2007; Bello et al. 2021). Insbesondere vor dem Hintergrund, dass die Baubranche für rund 37 % der weltweiten CO_2-Emissionen verantwortlich ist, ist es notwendig die Möglichkeiten der digitalen Tools und Methoden und damit der Künstlichen Intelligenz zu nutzen (United Nations Environment Programme 2021). Darüber hinaus zeigt sich, dass die Unternehmen, die Digitalisierung in ihre Unternehmensstrategie integriert haben, am Markt erfolgreich agieren (Müller 2022).

Eine wesentliche Grundlage für die Implementierung von KI bildet die Methode des Building Information Modeling (BIM) (Abioye et al. 2021). BIM schafft durch das digitale Gebäudemodell die Grundlage für verschiedene Anwendungsfälle im Bereich der KI, die bereits in Planung, Ausführung und Nutzungsphase unterstützen (Vgl. hierzu bspw. Cho et al. 2019). Neben der Integration von BIM und KI existieren weitere Anwendungsfälle, wie zum Beispiel:

- Paramterisches Entwerfen
- Prädiktive Datenanalyse
- Robotik für Baustellen
- Smart Building
- Optimierung der Energieverbräuche

Diese Anwendungsfälle können den einzelnen Lebenszyklusphasen zugeordnet werden und sind in Abb. 1.1 dargestellt.

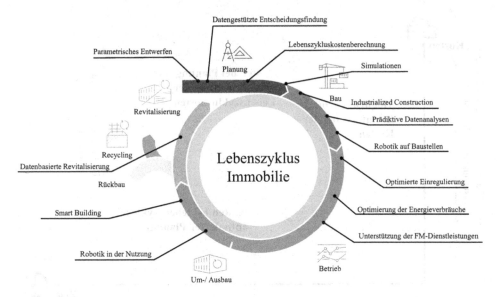

Abb. 1.1 Anwendungsfälle für Künstliche Intelligenz im Lebenszyklus

In den nachfolgenden Abschnitten werden einige Anwendungsfälle noch einmal exemplarisch und detailliert betrachtet. Hierbei werden die Lebenszyklusphasen Planen, Bauen und Betreuen zugrunde gelegt.

1.2.1 Planen

Gemessen an den Lebenszykluskosten einer Immobilie ist der Anteil der Planungskosten sehr gering. Etwa 3 % der Gesamtkosten einer Immobilie entstehen in der Planungsphase (Vgl. Rotermund 2016). Dagegen steht, dass genau in dieser Phase die höchste Beeinflussbarkeit der Gesamtkosten ermöglicht wird. Vergleicht man die konventionelle Planung mit der lebenszyklusoptimierten Planung so ergeben sich potenzielle Einsparungen von bis zu 60 % der Gesamtkosten eines Gebäudes. Dies ist in Abb. 1.2 dargestellt.

Um eine lebenszyklusoptimierte Planung zu gewährleisten, werden Daten aus der Erstellungs-, sowie Nutzungsphase eines Gebäudes bereits in den ersten Phasen eines Projektes benötigt. Maschinelles Lernen und Künstliche Intelligenz sind dafür ein essentieller Baustein, um die meist unstrukturierten Daten nutzen zu können. Historische Daten bereits abgeschlossener Projekte dienen als Trainingsdaten für die KI, um Aussagen über zukünftige Energie- und Gebäudeperformance, Nutzungskomfort oder die Baubarkeit eines Gebäudes zu geben. Diese Daten werden in der Planungsphase den Planenden über Konfiguratoren oder als Kriterien für Generative Design Tools zur Verfügung gestellt.

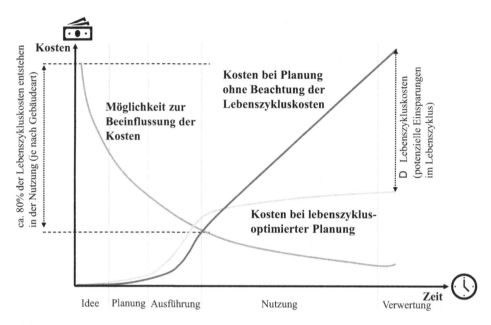

Abb. 1.2 Kosten bei lebenszyklusoptimierter Planung. (Eigene Darstellung in Anlehnung an: (Jones Lang LaSalle 2008; Bundesministerium für Umwelt, Naturschutz, Bau und Reaktorsicherheit (BMUB 2016))

Auch Simulationen der zukünftigen Gebäude Performances erzeugen Daten zur Unterstützung einer lebenszyklusbezogenen Entscheidungsfindung. Die vorgenannten Methoden dienen dazu ein optimiertes, digitales Abbild des zukünftigen Gebäudes zu erzeugen, welches alle relevanten Informationen zur Erstellung des realen Projektes enthält. Durch die Methode des Building Information Modeling (BIM) lassen sich diese Daten mit den Geometrien der einzelnen Gebäudeteile verknüpfen. Dadurch wird ein durchgängiger Informationsfluss von der ersten Projektidee bis zur Produktion des Gebäudes erreicht. Im nachfolgend werden wir die verschiedenen Optimierungsmethoden näher erläutern und um Praxisbeispiele ergänzen.

Bereits in der Phase vor dem eigentlichen Entwurf stehen in der Projektentwicklung digitale Tools mit KI-Anwendungen zur Verfügung, um Entwicklungspotenziale von möglichen Baugrundstücken zu ermitteln. Dazu werden aus verschiedenen öffentlich zugänglichen Datenquellen, Informationen zu der umliegenden Bebauung, Grundstücksbeschaffenheit und Baurechtsanforderungen zusammengeführt und durch die KI-Algorithmen analysiert. Als Ergebnis bekommt der Nutzer eine Auswertung des Nachverdichtungspotenzials oder der optimalen Ausnutzung des innerstädtischen Neubaugrundstücks.

Zweiteres lässt sich ebenfalls durch die Kombination von Analysen aus öffentlich zugänglichen Daten, Simulationen und Generative Design Methoden erzielen. Für die

Erstellung von Machbarkeitsstudien von Wohn-Quartieren oder Einzelgebäuden werden dazu Kenndaten des Grundstücks und der zukünftigen Bebauung als Grundlage für Echtzeit-Simulationen von Wind-, Lärm-, Verschattungsszenarien, natürlicher Belichtung von Innenräumen sowie Analysen von Mikroklimazonen verwendet. Die Erkenntnisse aus diesen Analysen können dann wiederum als Kriterien für die Generierung von weiteren Gebäudekubaturen sowie Gebäudekonstellationen eingesetzt werden. Praktische Lösungsansätze bieten dabei sowohl etablierte Softwarehersteller als auch Start-ups. Zu nennen sind hier folgende Lösungen:

- Autodesk's Spacemaker: Ist eine cloudbasierte Plattform für die Erstellung von Machbarkeitsstudien durch eine Kombination von Generative Design und der Echzeit-Simulation von Umwelteinflüssen.
- Hypar: Ist eine browserbasierte Plattform für die Parametrisierung und Automatisierung von Planungsschritten, die durch Texteingaben mittels generativer KI gesteuert werden kann (Text-to-BIM).
- Testfit: Ist ein parametrischer Konfigurator für Wohn- und Logistikgebäude, sowie Parkflächen mit Echtzeit-Analyse der Gebäude Kennzahlen.

Auch Kennwerte aus dem Bereich Nachhaltigkeit spielen hier eine wichtige Rolle. So lassen sich Faktoren, wie Bauteilaufbauten oder das Verhältnis von Fenster- zu Wandflächen für energetische Vorhersagen verwenden.

Ein ähnliches Ziel verfolgt die Softwarelösung GEOS (GOLDBECK Energie Optimierungs System), die aus einer Kollaboration des Bauunternehmens GOLDBECK mit dem Frauenhofer ITWM (Institut für Techno- und Wirtschaftsinformatik) entstanden ist. Das Tool simuliert verschiedene gebäudetechnische Ausstattungsvarianten für die Strom- sowie Wärme- und Kälteerzeugung von Büro und Schulgebäuden durch die Eingabe weniger Randparameter. Dabei kann GEOS die ökologischen (insbesondere CO_2-Emissionen), ökonomischen und komfortrelevanten Parameter (z. B. Entwicklung des Kühlbedarfes im Hochsommer) der unterschiedlichen Konzepte für den Kunden greifbar und vergleichbar darstellen. In Bezug auf die lebenszyklus-optimierte Planung werden dabei folgende Kostentreiber detailliert analysiert:

- Investitionskosten
- Verbrauchskosten
- Betriebskosten

Diese Vorgehensweise löst ein zentrales Problem in der Planung von Gebäuden: Die Aufbereitung von verschiedenen Szenerien für die Energieversorgung von Gebäuden. Durch GEOS wird eine automatisierte Analyse ermöglicht, die früher durch verschiedene Planende mit einem großen Zeitaufwand erstellt werden musste. Darüber hinaus können

Änderungswünsche von Kunden (z. B. Einbau einer Photovoltaikanlage) durch die Intelligenz der Software einfacher integriert werden (Vgl. Romanowski 2020). Wesentlich für den Erfolg eines solchen Tools ist eine Vielzahl von Daten, die in Analysen einfließen können, um einen Vergleich der verschiedenen Referenzszenarien zu ermöglichen. Darüber hinaus sind die Eingaben und plausiblen Annahmen relevant, um synthetische Lastgänge zu ermitteln. Mit GEOS werden innerhalb von wenigen Sekunden hunderte Energieszenarien berechnet und anschließend visualisiert (Vgl. Finhold und Maag). Durch eine Auswertung der Daten können die optimalen Energieerzeuger ermittelt und in den weiteren Planungsvarianten detailliert betrachtet werden. Hierbei zeigt sich ein wesentlicher Vorteil in der Interaktion zwischen Mensch und Software. Die Software visualisiert auf eine verständliche Weise die Ergebnisse in Form von Grafiken, die anschließend von den Planenden weiter spezifiziert und in Abstimmung mit Kunden und Nutzenden weiterentwickelt werden können. Eine beispielhafte Darstellung des Ergebnisses aus GEOS ist in Abb. 1.3 dargestellt.

Neben diesen Tools spielt derzeit Generative Design eine zentrale Rolle in der Planung von Gebäuden. Es steht zu erwarten, dass durch den Einsatz von Chatbots mit Künstlicher Intelligenz, wie ChatGPT in Verbindung mit der BIM-Methode der Einsatz von Generative Design zukünftig noch weiter zunehmen wird. Beim Generative Design werden mehrere Varianten mithilfe von iterativen Algorithmen definiert (Vgl. Kallioras und

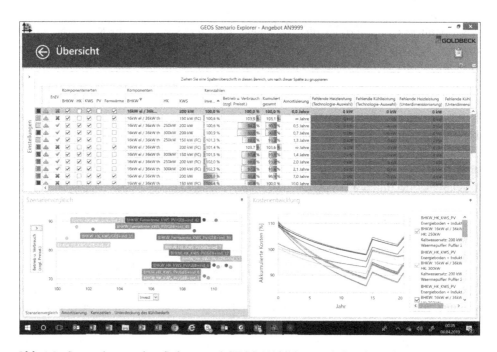

Abb. 1.3 Screenshot aus dem Softwaretool GEOS (Abbildung enthalten in: Haidar 2019)

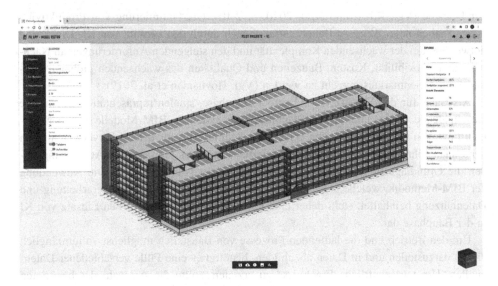

Abb. 1.4 Beispiel für die Generierung eines ersten Projektentwurfs mit Generative Design

Lagaros 2020). Limitationen bilden hierbei nutzerspezifische Kriterien, Systemgrenzen und -komponenten sowie Definitionen der Nutzer und Planer.

Insbesondere im Bereich des systematisierten Bauens mit definierten Systemgrenzen (z. B. Achsrater oder Produktionsgrenzen) bietet Generative Design Potenziale. Durch die frühe Einbeziehung des Nutzers und den Einsatz der BIM-Methodik entstehen Planungen, die in den späteren Phasen detailliert und spezifiziert werden können. Deshalb existieren bereits Möglichkeiten, die Planung durch Generative Design zu unterstützen. Beispielsweise wird Generative Design bei GOLDBECK im Bereich des Produktes Halle und Parken eingesetzt. Durch das systematisierte Achsraster können auf Grundlage der gewünschten Grundrisstypologie, der Anzahl der Hallenschiffe und deren Höhe, sowie der gewünschten Fläche, bzw. Anzahl von Parkplätzen erste Entwürfe mithilfe von Generative Design erstellt und optimale Konzepte entwickelt werden. Ein Beispiel ist in Abb. 1.4 dargestellt.

Diese Verknüpfung der Planung führt dazu, dass anschließend die geplanten und in BIM enthaltenen Objekte und Bauteile digital an die Produktion übergeben werden können. Dadurch werden Schnittstellen zwischen den Systemen minimiert.

1.2.2 Bauen

In der Bauphase birgt die Weiterverwendung des digitalen Pfades, speziell durchgängige Verwendung von Daten im BIM, ein großes Potenzial für die Zukunftsfähigkeit der Branche (Vgl. Ribeirinho et al. 2020, S. 2 ff.). Die Optimierung von Produktivität oder gänzlich neue Wege zu Bauen entfalten sich durch den Einsatz von KI. Diese sind notwendig, um der wachsenden Komplexität und den steigenden Anforderungen an Nachhaltigkeit, Flexibilität, Kosten, Bauzeiten und Qualitäten des wachsenden globalen Bau- und Immobilienmarktes gerecht zu werden (Vgl. Hovnanian et al. 2019).

Als Basis für den Einsatz von KI in der Bauphase, spielen repräsentative Daten eine entscheidende Rolle. Die in der Planungsphase erstellten BIM-Modelle mit der Verknüpfung von Kosten und Zeiten bilden die Schnittstelle für die Weiterverwendung in der Bauausführungsphase. Die synchronisierten Daten aus Planung und Ausführung bilden die Grundlage für die Verwendung von KI in der Nutzungsphase. Die Anwendung der BIM-Methodik, welche unter anderem die Datengenerierung, Datenverarbeitung und Datennutzung beinhaltet, stellt daher eine notwendige Grundlage für den Einsatz von KI in der Bauphase dar.

Um den Betrieb und die laufenden Prozesse von Baustellen möglichst vollumfänglich digital darzustellen und in Daten abzubilden, benötigt es eine Fülle verschiedener Datenquellen. Um wirtschaftliche Ergebnisse zu erzielen, sollte die Auswahl der benötigten Daten auf den jeweiligen Anwendungsfall abgestimmt sein. Beispiele für industrieweit angewandte Daten sind:

- GPS-Sensordaten für das Tracking von Materialflüssen, Assets wie Maschinen oder Werkzeugen und Personen
- Punktwolken von LIDAR (Light Imaging, Detection And Ranging) Sensoren oder 3D-Laserscanns:
  - Analyse des Baufortschritts
  - Analyse von Ebenheiten und Toleranzen
  - Berechnung von Massen
  - Baubestandsaufnahme als Planungsgrundlage
- Als Grundlage für die Anwendung von KI werden oft auch Bilder verwendet:
  - Drohnen
  - Baustellen Webcams
  - Krankameras
  - 360° Kameras
  - Bilder von Digitalkameras

Auch die Bedeutung und Geschwindigkeit von Innovationen in der Bauindustrie und insbesondere auf Baustellen wird von der fortschreitenden Entwicklung und dem Einsatz von KI beeinflusst. Zwei aktuelle Kerntrends im Bereich Bauinnovation sind die Prädiktive Datenanalyse und Robotik für Baustellen, diese werden im Folgenden näher erörtert.

Prädiktive Datenanalyse
Die Nutzung von Daten zur Auswertung und Vorhersage von Ereignissen und Ergebnissen findet in vielen Industrien, wie beispielsweise im Maschinenbau, bereits weitläufige

Anwendung (Vgl. Ribeirinho et al. 2020, S. 4 ff.; Stodola und Stodola 2020, S. 1 ff.). In der Baubranche hingegen ist dieser Ansatz derzeit noch nicht weit verbreitet und findet erst seit Kurzem Eingang in Forschung und Praxis. Laut einer Umfrage in der Bauindustrie aus dem Jahr 2021 gaben rund 29 % der befragten Bauunternehmen an, bereits prädiktive Datenanalyse zu betreiben, während 60 % der befragten planten in den kommenden zwei Jahren für diesen Zweck in geeignete Softwarelösungen zu investieren. (Vgl. Holjo 2021, S. 8).

Mit der Möglichkeit Daten unternehmensweit generieren, verarbeiten und nutzen zu können, werden Bauunternehmen erstmals in die Lage versetzt Entscheidungen fundiert auch anhand historischer Daten zu treffen. Dies trägt dazu bei, dass Erfahrungen und Expertise über das Projektteam hinaus unternehmensübergreifend zugänglich gemacht werden können. Der Erfolg einzelner Projekte, steht somit in geringerer Abhängigkeit von der Performance der jeweiligen Projektbeteiligten, stattdessen kann darüber hinaus das Wissen und die Erfahrungen aller Projekte herangezogen und auf die jeweilige Aufgabenstellung appliziert werden.

Die sich ergebenden Anwendungsfälle sind beinahe unendlich und z. T. sehr individuell zugeschnitten auf die Anforderungen der jeweiligen Bauunternehmen. Aus Innovationssicht beachtliche Ergebnisse erzeugt beispielsweise der Anwendungsfall **Baufortschrittserfassung.**

Dieser Anwendungsfall beschreibt die digitale Aufnahme und Nachverfolgung des Baufortschrittes auf Baustellen. In der Planungsphase, bekommt jedes Bauteil im Modell eine Bauteil-ID. Diese wird während der Erstellung der Bauzeitenplanung als Referenz für die Verknüpfung bauteilbezogener Montagezeiten genutzt. Auf der Baustelle werden Daten erzeugt werden, welche es erlauben diese ID im Modell zu aktualisieren. Aus der Überlagerung aus Soll (4D-BIM) und Ist (Baustellenumsetzung) kann der Baufortschritt datenbasierend dargestellt werden.

Diverse Ableitungen oder Fragestellungen können mit dieser Methodik datenbasiert beantwortet werden:

- Wie verhält sich der Baufortschritt relativ zu der vorgegebenen Planung und den Zielen im Bauvertrag?
- Gibt es Engpässe in Lieferketten, welche besondere Beachtung bedürfen?
- Können Zahlungen für Nachunternehmerleistungen freigegeben werden?

Wird der Datenpool nun über das individuelle Projekt hinaus um Daten aus historischen Projekten erweitert, lassen sich Ableitungen auf statistisch wahrscheinliche Szenarien erweitern:

- In den letzten 10 Projekten mit vergleichbaren Parametern löste der Meilenstein „Betonage der Bodenplatte" Verzüge im Bauzeitenplan aus.

- Schlussfolgerung für das Projektteam: Achtung vor Ausführungsbeginn und Hinweis an das ausführende Gewerk vorab.

Die Korrelation verschiedener Daten wie bspw. Bauzeiten und Mängel führen darüber hinaus zu interessanten Erkenntnissen:

- In den letzten 10 Projekten mit vergleichbaren Parametern sind während dem Meilenstein „Betonage Bodenplatte" Mängel im Bereich der Fugenprofile aufgetreten.
- Schlussfolgerung für das Projektteam: Achtung vor Ausführungsbeginn und Hinweis an das ausführende Gewerk vorab.

Es gibt verschiedene Möglichkeiten den Fortschritt transparent darzustellen. Oft finden Dashboards Verwendung oder auch die Darstellung in BIM-Modellen. Eine Herangehensweise für die Generierung der benötigten Daten ist die Verwendung von GPS-Sensoren, welche bspw. befestigt an Kranhaken oder auch den Bauteilen direkt, die Bewegung des Bauteils auf der Baustelle tracken und bei Erreichen der finalen Einbauposition ein Update in die Bauteildaten des zugehörigen BIM-Modells schreiben. Auch andere Herangehensweisen haben sich bewährt wie das manuelle Abscannen von Barcodes auf Bauteilen oder auch die Verwendung von KI. Hierbei werden Bilder und Videos ausgewertet und mittels „Computer Vision" (Auswertung von Bildern zur Analyse des Inhaltes oder der Extraktion geometrischer Daten) Bauteile identifiziert und per ID im digitalen Gebäudemodell zugeordnet.

Robotik für Baustellen
Der Einsatz von Robotik kann eine Lösung für die bestehenden Herausforderungen der Bauindustrie sein, wie bspw. die intensive physische Belastung für die Fachkräfte auf Baustellen und der wachsende industrieweite Fachkräftemangel. Dies wird ersichtlich aus den Bemühungen etablierter Hochschulen und Forschungseinrichtungen, welche Institute mit Baurobotik Ausrichtung gründen und Kurse für Automatisierung und Robotik in der Bauindustrie anbieten. Großunternehmen wie ABB, Bosch oder Hilti, betreiben Marktforschung in diesem Sektor und bieten erste Roboter für die Nutzung auf Baustellen an. Beachtenswerte Entwicklungen sind auch im Bereich des Start-up Ökosystems zu verzeichnen. Ermutigt durch das wachsende Vertrauen von Venture Capital Gebern in den Sektor „Baustellen Robotik" stellen sich Gründer der Herausforderung. Auch aus technischer Sicht, begünstigen die Weiterentwicklung der Sensortechnologie LIDAR und die Forschung im Bereich KI diesen Trend.

Um das Momentum von Ausgründungen, Entwicklungsinvestitionen und schlussendlich der Implementierung dieser Technologie aufrecht zu erhalten, bedarf es einer steigenden Nachfrage nach Robotik Anwendungen aus der Bauindustrie selbst. Eine Evaluierung der Potenziale für das eigene Geschäftsmodell, ist oftmals ein zielführender erster

Schritt, für den Einstieg. Zu den unternehmensübergreifenden Potenzialen von Robotik gehören u. a.:

- Ausführung physisch belastender Arbeiten
- Verbesserung des Arbeitsschutzes auf Baustellen (Arbeiten in Höhen, an Absturzkanten, in kontaminierten Arealen)
- Ausführung von Arbeiten mit großem Wiederholungsfaktor
- Sicherstellen konsistenter Qualitäten
- Optimierung der Effizienz während der Arbeitsausführung (Geschwindigkeit, Möglicher 24 h Betrieb)

Ein nicht zu unterschätzender Faktor ist die Strahlkraft dieser Technologie und die Auswirkungen auf die Attraktivität der Bauindustrie insbesondere für junge Fachkräfte. Die Möglichkeit mehr über neuen Technologien zu lernen und diese bei der täglichen Arbeit anzuwenden, trägt zur Steigerung der Attraktivität der Bauindustrie für Fachkräfte bei.

Ob ferngesteuert oder autonom, das Wertversprechen von Robotik ist in erster Linie eines: Nämlich den Menschen bei seiner Arbeit auf der Baustelle zu unterstützen. Dabei steht der Begriff Roboter äquivalent zu dem Begriff Maschine oder Werkzeug, grundlegend handelt es sich um genau dies: Ein Roboter ist ein Werkzeug, welches Arbeiter:innen auf Baustellen unterstützt ihre Arbeit sicher und effizient zu verrichten. Ein Entwicklungsansatz für Robotik ist die sogenannte „Human-Robot-Collaboration". Bei dieser Herangehensweise steht der Mensch im Mittelpunkt der Anwendung (Vgl. Matheson et al. 2019, S. 1 ff.). Die Fachkraft koordiniert und kontrolliert die Arbeit des Roboters. Die Maschine, nimmt Arbeitsaufträge entgegen und arbeitet diese ab. Ein Beispiel für die Arbeit mit Robotern ist in Abb. 1.5 dargestellt.

Erfolgreiche Beispiele sind in Abb. 1.5 zu sehen. Die Abbildung zeigt ein reales Pilotprojekt der Firma GOLDBECK bei einem Projekt in Mannheim, Deutschland. Zu sehen sind drei Roboter, welche jeweils andere Aufträge abarbeiten. Von links nach rechts:

Abb. 1.5 Einsatz des Jaibot auf der Baustelle

- JAIBOT – Bohrroboter
  Die Aufgabenstellung war es, gewerkeübergreifend Bohrlöcher für jegliche Deckenin-
  stallationen im Innenausbau herzustellen (Rohrleitungen, Kanäle, Abhangdecken etc.).
  Als Arbeitsgrundlage wurde die Werkplanung in einem BIM-Modell koordiniert und
  eine Bohrlochplanung für den Roboter extrahiert. Auf der Baustelle wurden einge-
  messene Reflektoren (XYZ-Koordinate) für die genaue Positionierung des Roboters
  platziert. Ferngesteuert von einem Bediener wurde JAIBOT an den Einsatzort gesteuert und konnte im Radius von ca. 2 Metern alle Bohrlöcher autonom in der Decke
  herstellen. Im Pilotprojekt von GOLDBECK wurden jeweils 4.000 Bohrlöcher pro
  Geschossebene des Gebäudes gebohrt.

- Spot-Mini – Trägertechnologie für die Baudokumentation
  Der Roboter wird aktuell vornehmlich für die Dokumentation des Baustellenfort-
  schritts eingesetzt. Ausgestattet mit 360° Kameras und/oder 3D Laserscannern, wird
  der Roboter entlang der gewünschten Route bewegt. Bei dem ersten Baustellenrund-
  gang geschieht dies ferngesteuert, nachfolgend soll der Autopilot übernehmen. Je nach
  gewünschter Frequenz kann der Fortschritt der Baustelle somit regelmäßig dokumentiert werden. Im Pilotprojekt von GOLDBECK wurden die erzeugten Daten für die
  Baufortschrittserfassung genutzt.

- Okibo EG5 –Malerroboter
  Anders als die meisten anderen Roboter benötig EG5 keine BIM-Daten. Anhand der
  verbauten LIDAR Sensoren werden Bauteile im Gebäude erkannt. So Identifiziert
  der Roboter bspw. Wandflächen und Deckenflächen als Arbeitsbereiche und erkennt
  Türen, Fenster oder Laibungen als Hindernisse und spart Sie während des Beschich-
  tungsvorgangs aus. Auch bei diesem Roboter steht die Zusammenarbeit von Mensch
  und Maschine an zentraler Stelle. Der Facharbeiter übernimmt die Beschichtung von
  Anschlussbereichen oder unzugänglicher Bereiche, während der Roboter vornehmlich die Beschichtung großer Flächen ausführt. Die Applizierung des Gebindes ist
  adaptierbar und erfolgt über Rolle oder im Spritzverfahren.

Nicht nur in der Ausführungsphase kann KI als Technologiegrundlage Optimierungspo-
tenziale eröffnen, wie der Einsatz in der Nutzungsphase Mehrwerte kreiert, lesen Sie im
nachfolgenden Abschn. 1.3.

1.3   Nutzen

Bei der Betrachtung von KI im Lebenszyklus von Immobilien spielt die Nutzungsphase eine entscheidende Rolle. Dies liegt nicht zuletzt darin begründet, dass rund 80 % aller Kosten über den Gebäudelebenszyklus in der Nutzungsphase des Gebäudes entstehen (Vgl. Hellerforth 2018, S. 222). Der Einsatz künstlicher Intelligenz wirkt sich in der Nutzungsphase durch eine grundlegende Veränderung der Strukturen und der Organisation der Leistungserbringung im Facility Management (FM), Optimierungsmöglichkeiten der Ver- und Entsorgung von Gebäuden mit Energieträgern sowie Potenzialen zur Steigerung der Nutzerzufriedenheit auf das Gebäude aus (Vgl. Atkin und Brooks 2021, S. 406; Aguilar et al. 2021).

Die Grundlage für den Einsatz von KI in der Nutzungsphase und dem FM bilden Daten, da die Wirtschaftlichkeit und Effizienz von Leistungen in der Nutzungsphase durch die Qualität und Anzahl von Daten beeinflusst werden. Hierbei spielen sowohl die Daten, die aus der Planung und Ausführung in die Nutzung übergeben werden eine Rolle, als auch die Daten die im Rahmen der Leistungserbringung in der Nutzungsphase anfallen. (Vgl. Bartels 2020). Diese Daten können in

- Bestandsdaten (z. B. Anschrift, Flächen und Planunterlagen),
- Prozessdaten (z. B. Auftragsdaten, Zustandsdaten und Verbrauchsdaten) sowie
- sonstige Daten (z. B. Leistungskataloge für zu erbringende Leistungen und kaufmännische Daten)

unterschieden werden (Vgl. GEFMA 400 2021). Innerhalb dieser Kategorien wird im Laufe der Nutzungsphase eine Vielzahl an Daten gespeichert, die für den Einsatz von KI in der Nutzungsphase unerlässlich sind. Um eine lebenszyklusübergreifende und durchgängige Datenstruktur sicherzustellen, ist es deshalb notwendig, dass die BIM-Methode konsequent über den Lebenszyklus angewendet wird.

Auf dieser Grundlage ergeben sich verschiedene Anwendungsfälle im Rahmen der Nutzungsphase. Nachfolgend sollen die vier Anwendungsfälle Smart Building, prädiktiver Instandhaltung und Betrieb, Energieverbräuche sowie Robotik genauer betrachtet werden, da diese derzeit in Forschung und Praxis die wesentlichen Kernthemen für den Einsatz von KI in der Nutzungsphase darstellen. Diese Anwendungsfälle bilden nur einen Auszug des vielfältigen Einsatzes von KI in der Nutzung, da insbesondere auch im kaufmännischen Bereich des Facility Managements und Real Estate Managements diverse weitere Anwendungsfälle für KI existieren (z. B. im Vertragsmanagement, der Rechnungserstellung und -nachverfolgung oder der Materialverwaltung und -bestellung).

Smart Building
Smart Buildings stellen derzeit neben der BIM-Methode einen entscheidenden Treiber für die digitale Transformation der Bau- und Immobilienbranche dar. Obwohl der Begriff

Smart Building nicht einheitlich definiert ist und vielfältig genutzt wird, lassen sich in den Definitionen Gemeinsamkeiten erkennen. Zunächst handelt es sich bei einem Smart Building – anders als bei einem Smart Home – um ein Zweckgebäude, das über intelligente Lösungen verfügt. Unter einem Smart Building werden dementsprechend auch Smart Offices (intelligente Bürogebäude) oder Smart Factories (intelligente Produktionsgebäude) subsummiert.

Smart Buildings zielen auf eine Optimierung der Gebäudeperformance durch die Integration von Gebäudesystemen, Gebäudedaten und der Gebäude-IT-Struktur ab. Hierdurch kann die Kontrolle über die Gebäudefunktionen erhöht werden, die Effektivität bei der Nutzerkommunikation gesteigert werden und eine echtzeitintegrierte und optimierte Technische Gebäudeausrüstung (TGA) zur Interaktion des Betriebs mit dem Nutzer erreicht werden (Vgl. Bartels und Weilandt 2020). Eine Analyse von Projekten aus der Praxis und eine Literaturanalyse zeigen, dass zur Erreichung dieser Ziele und zur Schaffung eines Smart Buildings 3 Komponenten notwendig sind.

Die 1. Komponente eines Smart Buildings bildet die Datengenerierung. Bei einem Smart Building erfolgt die Datenerfassung innerhalb des Gebäudes über Sensoren und Aktoren, die Gebäudeautomation (bestehend aus Raum- und Anlagenautomation) sowie mögliche weitere Systeme der Informationstechnik und den dazugehörigen Servern. Die Sensoren können hierbei unterschiedlich ausgeprägt sein. Einige Sensoren erfassen einzelne Parameter, wie Temperatur, Luftfeuchte, Schall oder CO_2. Diese Sensoren sind häufig in die Systeme der Raumautomation eingebunden, um mithilfe der einzelnen Sensorparameter die Aufenthaltsqualität in den Räumen zu erfassen, zu analysieren und zu optimieren. Daneben existieren Multisensoren, die in verschiedenen Kombinationen mehrere Parameter über einen Sensor erfassen und beispielsweise in der Decke oder in die Bürobeleuchtung integriert sein können. Daneben befinden sich weitere Sensoren in verschiedenen Hardwarekomponenten innerhalb des Gebäudes, zum Beispiel in einzelnen Gebäudetechnischen Anlagen, wie Kesseln oder Lüftungsanlagen oder in der Wetterstation.

Die 2. Komponente eines Smart Buildings bildet die Datenverarbeitung. Nachdem die Daten innerhalb des Gebäudes durch Sensoren, die Gebäudeautomation und IT-Systeme generiert wurden, werden diese anschließend verarbeitet. Hierfür können unterschiedliche Verfahren genutzt werden, im Bereich Smart Buildings werden regelmäßig Edge Computing und Cloud Computing angewendet. Der Vorteil beim Edge Computing liegt darin, dass nur Daten übertragen werden, die für die Optimierung von Prozessen in der Cloud tatsächlich benötigt werden, hierdurch können Latenzzeiten und Datenverkehr reduziert werden. Im Hinblick auf die Nutzung von KI ist es jedoch bei einem Edge Device notwendig, zu klären welche Daten wirklich benötigt werden, da fehlerhafte und ungenaue Daten zu falschen Entscheidungen der KI führen können. Beim Cloud Computing hingegen werden alle Daten in die Cloud gesendet und dort weiterverarbeitet.

Die 3. Komponente eines Smart Buildings bildet die Datennutzung. Hierunter fallen Applikationen für den Nutzer, z. B. zum Steuern von Jalousien oder Beleuchtung oder

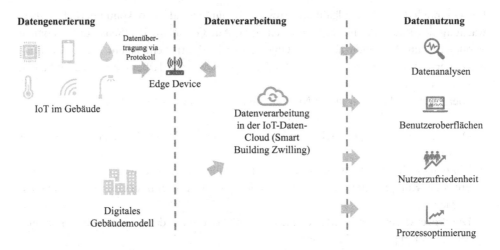

Abb. 1.6 Aufbau eines Smart Buildings

Dashboards, auf denen Analysen durchgeführt werden können. Die einzelnen Applikationen greifen auf die Daten der Cloud zurück und nutzen diese als Grundlage für die
Anwendungen. Die Zusammenhänge sind in Abb. 1.6 dargestellt.

Mithilfe dieses Aufbaus können in einem Smart Building verschiedene Anwendungsfälle realisiert werden. Ein regelmäßiger Anwendungsfall in Smart Buildings besteht in
der Raumbuchung (z. B. über eine Applikation) und dazugehörige Auslastungsanalysen
(z. B. von Büros, Besprechungsräumen oder Kantinen). Ein weiterer, häufiger Anwendungsfall liegt in der Erfassung, Speicherung und Analyse von Komfortkriterien für die
Aufenthaltsqualität und der damit verbundenen Raumsteuerung über die Gebäudeautomation oder per Applikation. Außerdem existieren verschiedene Anwendungsfälle für
Zutrittsrechte in Gebäuden, sowie gebäudeinterne Navigation.

**Daten als Unterstützung für FM-Dienstleistungen (Prädiktive Instandhaltung und
Reinigung)**
Auf Basis der in Gebäuden generierten Daten können darüber hinaus Unterstützungs-
leistungen für das FM generiert werden, die eine Steigerung der Effizienz von FM-
Dienstleistungen ermöglichen. Nachfolgend soll dies an dem Beispiel der prädiktiven
Instandhaltung, sowie der bedarfsorientierten Reinigung dargestellt werden.

Nicht zuletzt aufgrund der aktuellen Normen- und Richtliniensituation in Deutschland
erfolgen die Leistungen der Instandhaltung von Gebäuden regelmäßig zeitgesteuert und
periodisch (z. B. in einem 3-Monats-Rhythmus oder jährlich). Insbesondere bei geringer
Nutzung des Gebäudes oder bei außergewöhnlich hoher Nutzung von Gebäuden kann dies
zu Nutzerunzufriedenheit, Ausfällen und Ineffizienzen führen. Vor diesem Hintergrund
erfährt prädiktive Instandhaltung im Facility Management eine zunehmende Bedeutung.

Bei der prädiktiven Instandhaltung erfolgt eine umfassende und kontinuierliche Überwachung des Bauwerks mithilfe von Sensoren. Auf Grundlage der Sensordaten können Vergleiche zum Verhalten ähnlicher Objekte durchgeführt werden, um bspw. den Zeitpunkt der nächsten Wartung oder Instandsetzung, sowie die Lebensdauer des verbauten Objektes abschätzen zu können.

Hierdurch ergeben sich in der Nutzung diverse Vorteile, insbesondere

- Objekte können ausgetauscht werden, bevor ein Defekt am Ende der Lebensdauer eintritt.
- Ein potenzieller Schadenseintritt an sicherheitsrelevanten Objekten (z. B. Notstromaggregaten, Kompressoren, Brandschutzklappen) kann frühzeitig erkannt und vermieden werden.
- Die Prozesse des Facility Managements werden optimiert, da Instandhaltungen vorausschauender geplant werden können.
- Die Nutzer haben eine bessere Nutzerexperience.
- Anlagen können instandgehalten werden, ohne viele Störungen zu verursachen (eine Aufzugswartung kann z. B. in Zeiträumen durchgeführt werden, wenn wenig Menschen den Aufzug nutzen müssen).

Wesentliche Kriterien für den erfolgreichen Einsatz von prädiktiver Instandhaltung in der Nutzung von Gebäuden stellen die Erfassung, Verarbeitung, Analyse und Verteilung der Daten dar, um auf dieser Grundlage Entscheidungen treffen zu können. Um dies zu gewährleisten ist es notwendig, dass

1. ein digitales Gebäudemodell auf Basis der BIM-Methode erstellt ist, das alle relevanten Daten enthält und in der Nutzungsphase mit weiteren Daten angereichert werden kann,
2. große Datenmengen aus dem Gebäude gesammelt werden, die auf Grundlage von Parametern wie z. B. Temperatur, Luftfeuchte oder Energieflüssen Daten über das Verhalten von Objekten aufzeigen und
3. eine Plattform implementiert wird, die mithilfe von Datenverarbeitung, Algorithmen und neuralen Netzwerken Analysen und Voraussagen ermöglicht. (Hosamo et al. 2022, S. 5)

Die Erstellung eines digitalen Gebäudemodells, sowie die Sammlung von Daten im Gebäude und damit die Implementierung eines Zustandsüberwachung, legen die Basis für den Einsatz der prädiktiven Instandhaltung. Die große Herausforderung der prädiktiven Instandhaltung besteht nun in der sicheren Prognose des zukünftigen Zustands unter Berücksichtigung der Teilkomponenten (z. B. einer Pumpe) und des Gesamtsystems (z. B. einer Wärmeerzeugungsanlage) (Schadler et al. 2019, S. 2). Hierbei kann der Einsatz von maschinellem Lernen und damit verbundene neuronale Netze Unterstützung bieten. Der

Einsatz der Technologien ermöglicht es, dass mithilfe von historischen Daten Vorhersage-modelle modelliert werden können (Bink und Zschech 2018, S. 554). Zusätzlich können Analysen dafür genutzt werden, den optimalen Zeitpunkt zur Durchführung der jeweiligen Instandhaltungsleistungen durchzuführen. Beispielsweise kann ein Aufzug dann gewartet und damit außer Betrieb genommen werden, wenn die Daten eine geringe Nutzung des Aufzugs anzeigen.

An das Facility Management ergeben sich hierdurch neue Anforderungen. Zum einen wird es notwendig, dass Facility Manager im Hinblick auf die Datennutzung und Daten-analyse ausgebildet werden. Um Prädiktive Instandhaltung mithilfe von maschinellem Lernen durchzuführen, ist es notwendig, dass entsprechende Trainings durchgeführt wer-den. Hierfür sind sowohl Datenanalysten einzubeziehen als auch Facility Manager. Nur durch die Fachexpertise des Facility Managements kann sichergestellt werden, dass eine optimale Datenbasis für die prädiktive Instandhaltung erreicht wird.

Auch im Bereich der Reinigungsdienstleistungen erfolgt die Leistungserbringung in der Regel periodisch und nicht bedarfsorientiert. Insbesondere bei Schlechtwetterereignis-sen (z. B. Schnee oder Regen) kann dies dazu führen, dass Verschmutzungen entstehen, die auch Böden (z. B. durch Streusalze) angreifen. Auf Grundlage der Daten, die über Sensoren gesammelt werden, können mithilfe von KI Vorhersagen getroffen werden, die eine bedarfsorientierte Reinigung ermöglichen. Unter der Einbindung von Wetterdaten aus der Wettervorhersage sowie den Wetterdaten der Gebäudeautomation können die Leistungen zusätzlich optimiert werden.

Auch weitere Dienstleistungen, wie zum Beispiel Catering werden durch den Einsatz von Daten und KI unterstützt. Anhand von historischen Daten sowie aktuellen Bewe-gungsmustern können beispielsweise Zeitpunkte erkannt werden, an denen mit vielen Personen in der Kantine gerechnet werden kann.

Energieverbräuche

Etwa 35 % des gesamten Endenergieverbrauchs in Deutschland entfallen auf Gebäude (Deutsche Energie-Agentur GmbH (dena) 2021, S. 19). Eine Möglichkeit zur Einsparung von Energie besteht in einem effizienten und ökologischen Betrieb gebäudetechnischer Anlagen. Hierbei kann eine optimal auf das Gebäude angepasste Gebäudeautomation unterstützen. Berechnungen zeigen, dass das Energieeinsparpotenzial durch eine Gebäu-deautomation bei etwa 10 % der Betriebskosten liegt und allein die transparente Erfassung und Darstellung von Verbrauchswerten den Energieverbrauch um bis zu 10 % senken kann (Vgl. Hansemann und Hübner 2021, S. 36 ff.).

Durch den Einsatz von KI ergeben sich noch weitere, darüber hinausgehende Poten-ziale zur Einsparung von Energie. Durch die Definition eines Komfortbands und das Training mithilfe von neuronalen Netzwerken können beispielsweise die Taktzeiten der Heizungsanlage optimiert werden. Zusätzlich hierzu können Wetterdaten und -prognosen in der KI berücksichtigt werden, sodass eine optimale energetische Steuerung der Hei-zungsanlage erreicht wird. Hierzu wurde im GOLDBECK-Bürogebäude am Kasinogarten

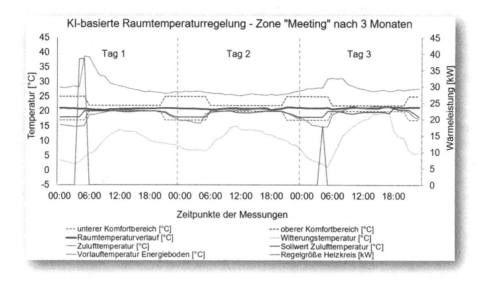

Abb. 1.7 Ergebnis des Pilotprojektes KI in der Gebäudeautomation für die Zone Meeting (Abbildung enthalten in Arnold 2022, S. 21)

in Bielefeld ein Pilotprojekt durchgeführt. Daten zu Statusmeldungen und Messwerten aus der Wärmepumpe sowie Temperaturangaben aus ausgewählten Zonen (Räume) wurden an die Gebäudeautomation übertragen. Mit der Gebäudeautomation wurde eine KI verknüpft, die die vorgenannten Daten unter Berücksichtigung von Wetterprognosen, Komfortbändern und Optimierung von Parametern analysiert und optimiert.

Das Ergebnis nach drei Monaten Testlaufzeit für die Zone „Meeting" ist in Abb. 1.7 dargestellt. Hieran ist zu erkennen, dass es eine Optimierung der Energieverbräuche bereits nach drei Monaten aufgetreten ist.

Die Abb. 1.7 zeigt ein erstes Zwischenergebnis der Messungen, die nach zehn Monaten wiederholt wurden. Eine wesentliche Erkenntnis, die aus den Messungen resultiert, besteht darin, dass die KI umso effizienter und optimaler funktioniert, je mehr Daten ihr zur Verfügung stehen und je mehr Kontrolle zu Beginn der Implementierung erfolgt.

Robotik

Auf Grundlage der Daten aus dem Smart Building, den Daten zur prädiktiven Instandhaltung und Reinigung sowie den Daten aus der Gebäudeautomation besteht die Möglichkeit Robotik in die Nutzungsphase einzubinden. Hierzu existieren bereits verschiedene Ansätze. Aktuell stellen vor allem Reinigungsroboter einen wesentlichen Anwendungsfall für die Nutzungsphase von Gebäuden dar. Hierbei ist darauf zu achten, dass eine Verknüpfung zwischen Robotik und Gebäudetechnik sowie der Gebäudeautomation besteht, damit die Funktionalitäten vollumfänglich ausgeschöpft werden können. So ist es für einen Reinigungsroboter zwingend notwendig, dass der mit dem Aufzug des Gebäudes kommunizieren kann, um sich diesen für Etagenwechsel zu rufen.

Weitere Anwendungsfälle bestehen im Bereich des Umgangs mit Gästen und Besuchern. Beispielsweise werden Technologien entwickelt, die einen auf Robotik basierenden Empfang von Gästen als Dienstleistung anbieten. Auch im Bereich des Caterings werden derzeit in Pilotprojekten Roboter eingesetzt, um Gäste zu bedienen oder die Zahlung abzuwickeln. So gibt es bereits Kantinen, in denen kein Barcode mehr nötig ist, sondern die Zahlung anhand von Kameraerfassung erfolgen kann.

Im Bereich der Instandhaltung können Roboter zukünftig ebenfalls eine besondere Rolle spielen, insbesondere wenn es um schwer zugängliche Bereiche geht. Hierbei ist es jedoch notwendig, dass Daten aus der KI vorliegen, die genaue Anweisungen für den Roboter enthalten. Zusätzlich ist ein genaues Anlernen der Robotik (z. B. Wegeführung bei Roboterhunden, wie Spot) notwendig, sodass hierbei größere Hürden in der Umsetzung existieren als im Bereich der Reinigung oder des Catering.

1.4 Zusammenfassung und Ausblick

Dieses Kapitel zeigt, dass KI große Mehrwerte für den gesamten Lebenszyklus von Gebäuden bieten kann und bereits verschiedene Anwendungsfälle umgesetzt werden oder sich in der Pilotierung befinden. Hierdurch werden die Prozesse, wie Gebäude geplant, gebaut und genutzt werden nachhaltig verändert.

Um KI erfolgreich einzusetzen müssen diese Prozesse begleitet und ausgewertet werden, um die KI weiter zu optimieren. Es zeigt sich, dass Algorithmen Zeit zum Lernen benötigen und erst mit der Zeit immer genauer und zuverlässiger arbeiten. Hierfür ist eine umfängliche Pilotphase notwendig.

Einen weiteren Erfolgsfaktor für den Einsatz von KI bilden Daten. Dementsprechend ist es notwendig, dass Gebäude zukünftig über eine Technische Gebäudeausrüstung mit Sensorik und einer modernen Gebäudeautomation verfügen. Hierdurch werden Daten generiert, die nicht nur die Nutzungsphase von Gebäuden optimieren, sondern auch Daten für die Optimierung der Planung und den Bau von zukünftigen Gebäuden liefern. Hierdurch bildet KI das Potenzial Gebäude lebenswerter, nachhaltiger und intelligenter zu planen, zu bauen und zu nutzen.

Literatur

Abioye SO, Oyedele LO, Akanbi L, Ajayi A, Davila Delgado JM, Bilal M, Akinade OO, Ahmed A (2021) Artificial intelligence in the construction industry: A review of present status, opportunities and future challenges. Journal of Building Engineering 44:103299. doi:https://doi.org/10.1016/j.jobe.2021.103299.

Aguilar J, Garces-Jimenez A, R-Moreno MD, García R (2021) A systematic literature review on the use of artificial intelligence in energy self-management in smart buildings. Renewable and Sustainable Energy Reviews 151:111530. https://doi.org/10.1016/j.rser.2021.111530.

Arnold P (28.06.2022) KI in der Gebäudeautomation – programmierst du noch oder lernst du schon?; Gebäudeautomation intelligent und nachhaltig, Baden-Baden.

Atkin B, Brooks A (2021) Total facility management. Wiley Blackwell, Hoboken, NJ, USA.

Bartels N (2020) Strukturmodell zum Datenaustausch im Facility Management. Springer Vieweg, Wiesbaden.

Bartels N, Weilandt G (2020) Smart Building als Erfolgsfaktor; Digitale Vernetzung von Gebäuden. https://www.build-ing.de/fachartikel/detail/smart-building-als-erfolgsfaktor/. Zugegriffen: 22. August 2022.

Bauindustrie (Hrsg) (2022) Fachkräftemangel und Rohstoffpreise. https://www.bauindustrie.de/zahlen-fakten/bauwirtschaft-im-zahlenbild/fachkraeftemangel-und-rohstoffpreise. Zugegriffen: 21. Oktober 2022.

Bello SA, Oyedele LO, Akinade OO, Bilal M, Davila Delgado JM, Akanbi LA, Ajayi AO, Owolabi HA (2021) Cloud computing in construction industry: Use cases, benefits and challenges. Automation in Construction 122:103441. https://doi.org/10.1016/j.autcon.2020.103441.

Bink R, Zschech P (2018) Predictive Maintenance in der industriellen Praxis. HMD 55:552–565. doi:https://doi.org/10.1365/s40702-017-0378-2.

Bundesministerium für Umwelt, Naturschutz, Bau und Reaktorsicherheit (BMUB) (Hrsg) (2016) Leitfaden Nachhaltiges Bauen; Zukunftsfähiges Planen, Bauen und Betreiben von Gebäuden. https://www.nachhaltigesbauen.de/fileadmin/pdf/Leitfaden_2015/LFNB_D_final-barrierefrei.pdf. Zugegriffen: 16. April 2023.

Cho YK, Leite F, Behzadan A, Wang C (Hrsg) (2019) Computing in Civil Engineering 2019. American Society of Civil Engineers, Reston, VA.

Deutsche Energie-Agentur GmbH (dena) (Hrsg) (2021) dena-Gebäudereport 2021; Fokusthemen zum Klimaschutz im Gebäudebereic. https://www.dena.de/fileadmin/dena/Publikationen/PDFs/2021/dena-GEBAEUDEREPORT_2021_Fokusthemen_zum_Klimaschutz_im_Gebaeudebereich.pdf. Zugegriffen: 12. September 2022.

Finhold E, Maag V Klimaschutz und Wirtschaftlichkeit in der Energieversorgung von Gebäuden. https://www.itwm.fraunhofer.de/de/abteilungen/optimierung/energie-versorgung/energieversorgung-gebaeude.html. Zugegriffen: 04. April 2023.

GEFMA 400 (2021) Computer Aided Facility Management CAFM, Bonn.

Haidar L (2019) Goldbeck & Fraunhofer ITWM entwickeln Energie-Optimierungs-Software. https://www.pt-magazin.de/de/wirtschaft/unternehmen/goldbeck-fraunhofer-itwm-entwickeln-energie-optimi_jv6niuht.html.

Hansemann T, Hübner C (2021) Einführung in die Gebäudeautomation. In: Hansemann T, Hübner C (Hrsg) Gebäudeautomation. Carl Hanser Verlag GmbH & Co. KG, München, S 13–50.

Hellerforth M (2018) Immobilienmanagement Kompakt; Management der Immobilienorganisation/Werschöpfungshebel im Immobilienmanagement/Due DIligence und Transaktionsmanagement/Ausgewählte Beispiele für wichtige Analyse- und Controllinginstrumente des Immobilienmanagements/Finanzierung und Risikoma. Fachmedien Recht und Wirtschaft, Frankfurt am Main.

Holjo J (2021) The State of Data Strategies in Construction. https://www.oracle.com/a/ocom/docs/industries/construction-and-engineering/ce-state-of-data-strategies-idc-info.pdf. Zugegriffen: 21. Oktober 2022.

Hosamo HH, Svennevig PR, Svidt K, Han D, Nielsen HK (2022) A Digital Twin predictive maintenance framework of air handling units based on automatic fault detection and diagnostics. Energy and Buildings 261:111988. https://doi.org/10.1016/j.enbuild.2022.111988.

Hovnanian G, Kroll K, Sjödin E (2019) How analytics can drive smarter engineering and construction decisions; Three applications illustrate how companies are beginning to embrace data-driven solutions while establishing a foundation for future initiatives. https://www.mckinsey.com/cap abilities/operations/our-insights/how-analytics-can-drive-smarter-engineering-and-construction-decisions. Zugegriffen: 21. Oktober 2022.

Jones Lang LaSalle (Hrsg) (2008) Green Building–Nachhaltigkeit und Bestandserhalt in der Immobilienwirtschaft.

Kallioras NA, Lagaros ND (2020) DzAIℕ: Deep learning based generative design. Procedia Manufacturing 44:591–598. doi:https://doi.org/10.1016/j.promfg.2020.02.251.

Kraus P (2021) Bauwirtschaft im Zahlenbild. https://www.bauindustrie.de/fileadmin/bauindustrie. de/Zahlen_Fakten/Bauwirtschaft-im-Zahlenbild/Bauwirtschaft_im_Zahlenbild_2021_final.pdf. Zugegriffen: 21. Oktober 2022.

Matheson E, Minto R, Zampieri EGG, Faccio M, Rosati G (2019) Human–Robot Collaboration in Manufacturing Applications: A Review. Robotics 8:100. https://doi.org/10.3390/robotics8 040100.

Müller A (2022) Goldbeck: Dieser Baufirma vertrauen Tesla und Biontech. https://www.handelsbl att.com/unternehmen/mittelstand/hall-of-fame-2022/hall-of-fame-goldbeck-dieser-baufirma-ver trauen-tesla-und-biontech/28454632.html. Zugegriffen: 17. August 2022.

Nikas A, Poulymenakou A, Kriaris P (2007) Investigating antecedents and drivers affecting the adoption of collaboration technologies in the construction industry. Automation in Construction 16:632–641. https://doi.org/10.1016/j.autcon.2006.10.003.

Pan Y, Zhang L (2021) Roles of artificial intelligence in construction engineering and management: A critical review and future trends. Automation in Construction 122:103517. https://doi.org/10. 1016/j.autcon.2020.103517.

Ribeirinho MJ, Mischke J, Strube G, Sjödin E, Blanco JL, Palter R, Biörck J, Rockhill D, Andersson T (2020) The next normal in construction; How disruption is reshaping the world's largest eco-system. https://www.mckinsey.com/capabilities/operations/our-insights/the-next-normal-in-con struction-how-disruption-is-reshaping-the-worlds-largest-ecosystem. Zugegriffen: 21. Oktober 2022.

Romanowski L (2020) Energetische Gebäudekonzepte – Wie softwaregestützte Variantenvergleiche Kundenberatung verbessern und Fachingenieure entlasten können. https://www.blackprint.de/ blog/energetische-gebaeudekonzepte-wie-softwaregestuetzte-variantenvergleiche-kundenber atung-verbessern-und-fachingenieure-entlasten-koennen. Zugegriffen: 04. April 2023.

Rotermund U (2016) Aktueller Entwicklungsstatus Lebenszykluskostenberechnungen. https:// www.fh-muenster.de/fb5/downloads/departments/rotermund/2016_lebenszykluskosten_roterm und.pdf. Zugegriffen: 04. April 2023.

Schadler M, Hafner N, Landschützer C (2019) Konzepte und Methoden für prädiktive Instandhaltung in der Intralogistik.

Stodola P, Stodola J (2020) Model of Predictive Maintenance of Machines and Equipment. Applied Sciences 10:213. doi:https://doi.org/10.3390/app10010213.

United Nations Environment Programme (Hrsg) (2021) Global Status Report For Buildings And Construction; Towards a zero-emissions, efficient and resilient buildings and construction sector. https://globalabc.org/sites/default/files/2021-10/GABC_Buildings-GSR-2021_BOOK.pdf.

Datenzentrierte KI als Basis für ein zukünftiges Informationsmanagement

2

Andreas Bach, Tariq Al-Wesabi und Inri Staka

2.1 Einleitung

Die Bauwirtschaft befindet sich in einem Transformationsprozess (Berbner et al. 2020). Begleitet von der weitreichenden Einführung von Building Information Modeling wurden in den letzten Jahren Arbeitsprozesse und Strukturvorgaben vereinheitlicht, um Planen, Bauen und Betreiben digitaler sowie effizienter und transparenter zu gestalten. Die Beschreibung von Bauteilen und Strukturen in semantischer Form stellt die Grundlage dar, Daten zu gliedern, zu prüfen, miteinander zu vernetzen und auszuwerten (Borrmann et al. 2018).

Das Management dieser digitalen Informationen, sei es aus Modellen oder aus allen anderen das Planen, das Bauen und das Betreiben begleitenden Datenquellen, gewinnt somit vermehrt an Bedeutung. Methoden aus dem Bereich der Datenwissenschaften (dt.: Data Science) finden daher vermehrt Eingang in das Bauwesen, da diese es ermöglichen die gebräuchlichen Datentypen zu verwalten, sowie die hierin zugrunde liegende Information zu erfassen und auszuwerten. Dies wird zusätzlich durch verschiedene Rahmenbedingungen begünstigt: Zum einen werden Daten vermehrt webbasiert verwaltet und stehen somit allgemein und auch unternehmensübergreifend zur Verfügung. Die hierfür verwendete Datenumgebung stellt über Schnittstellen (u. a. REST-API[1]) Möglichkeiten zur Auswertung und Vernetzung von Informationsquellen bereit. Zum anderen hat sich

---

[1] REST-API steht für Representational State Transfer – Application Programming Interface. Sie erlaubt den Austausch von und mit Diensten im Web. Eine REST-API stellt unabhängig vom Client Datenoperationen und Daten zur Verfügung.

A. Bach (✉) · T. Al-Wesabi · I. Staka
Schüßler-Plan Digital GmbH, Düsseldorf, Deutschland
E-Mail: abach@schuessler-plan.digital

© Der/die Autor(en), exklusiv lizenziert an Springer Fachmedien Wiesbaden GmbH, ein Teil von Springer Nature 2024
S. Haghsheno et al. (Hrsg.), *Künstliche Intelligenz im Bauwesen*,
https://doi.org/10.1007/978-3-658-42796-2_2

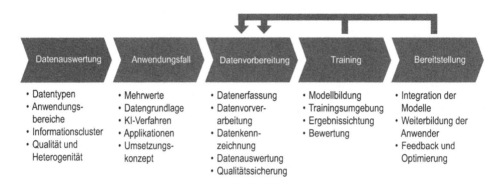

Abb. 2.1 Datenzentrierte Entwicklung und Bereitstellungen von KI-basierten Lösungen

die Anwendung von Verfahren des maschinellen Lernens aufgrund der Entwicklung und Bereitstellung von vielfältigen Programmen, Bibliotheken, Modellen und Anwendungen in den letzten Jahren deutlich erleichtert.

Vor diesem Hintergrund hat die Schüßler-Plan Gruppe Maßnahmen betrachtet, um die Daten des Unternehmens in Zukunft mit digitalen Modellen auszuwerten, um deren Informationen zur Verfügung stellen zu können bzw. diese zu verarbeiten. Hierfür wurde im ersten Schritt der Datenbestand im Unternehmen analysiert. Ziel dieser Analyse war es zu identifizieren, in welcher Form und in welchem Umfang und welcher Qualität gewisse Informationen vorliegen. Hierauf aufbauend wurden die Daten geclustert und einzelnen Informations- und Arbeitsbereichen zugewiesen. Dies ermöglichte es im Weiteren abzuschätzen, durch welche Verfahren die hierin zugrunde liegende Information verfügbar gemacht werden kann und wie Aufwand sowie Komplexität bewertet werden, um hierauf aufbauend Anwendungsfälle zu definieren und umsetzen zu können, siehe Abb. 2.1.

Der Qualität und Heterogenität der Daten kommt hierbei eine große Bedeutung zu, da mögliche Vorgehensweisen zur Umsetzung von Anwendungsfällen für scheinbar gleiche Informationen sehr unterschiedlich sein können. So ist für den Mensch ein Plan im Vektorformat und auf Pixelbasis (eingescannt) quasi identisch. Für die Anwendung von KI sind die Daten jedoch grundverschieden und die hierzu einzusetzenden Verfahren differenzieren. So kann im erst genannten Fall einfach mit einer Auswertung der nummerischen Informationen der Pläne begonnen werden. Im zweiten Fall hingegen müssen die Informationen z. B. durch Verfahren der Objekterkennung und Texterkennung (OCR[2]) überführt werden. Folglich können sich die Vorhersagequalität und der technische Aufwand zur Implementierung möglicher Lösungen zur Anwendung der Verfahren aufgrund der Datenqualität und der Datenart sehr stark unterscheiden.

Das dargestellte Beispiel stellt die Herausforderung eines KI-gestützten Informationsmanagements und den Einsatz von KI im Allgemeinen im Bauwesen dar. Die Daten,

---

[2] Optical Character Recognition (OCR) – Deutsch: Texterkennung. Bezeichnet die Erkennung von Texten bzw. Schriften in Bildern.

die für KI-Anwendungen von Interesse sind, wurden nach sehr unterschiedlichen Vorgehensweisen erstellt. Sie haben im Regelfall eine umfängliche Historie, wurden von unterschiedlichen Akteuren in verschiedenen Formaten gespeichert, zum Teil überführt und liegen nur selten in unmittelbar maschinenlesbarer Form vor. Diese Datenheterogenität stellt eine Herausforderung dar und es gilt sinnvolle Anwendungsfälle zu identifizieren in denen KI Verfahren eingesetzt werden können, um aussagefähige und wertschöpfende Lösungen abzuleiten. Neben der Entwicklung technischer Lösungen und Produkte mittels Verfahren künstlicher Intelligenz nimmt somit die Auswertung und Bewertung der Daten, welche in Zukunft die Basis für die Produkte bieten werden, eine große Bedeutung im Bereich des Bauwesens ein. Eine datenzentrierte KI-Entwicklung wird im Bauwesen für ein Informationsmanagement somit perspektivisch von hoher Bedeutung sein, um robuste und nachhaltige Lösungen zu entwickeln.

Im Nachfolgenden werden Datentypen und relevante KI-Methoden aufgeführt. Hierauf aufbauend werden exemplarische Anwendungsfälle für den Einsatz der KI-Methoden demonstriert sowie abschließend eine Zusammenfassung und ein Ausblick gegeben.

2.2   Datentypen und relevante KI-Methoden

Daten und die hierin enthaltenen Informationen stellen eine zentrale Basis der Wertschöpfung in der Bauplanung, der Bauausführung und dem Betrieb dar. Die durch die Daten bereitgestellten Informationen im Bauwesen sind mannigfaltig. Zum Datenbestand gehören zum Beispiel: Pläne, Bestandsunterlagen, Protokolle, Bilder, statische Berechnungen, Tabellen, Berichte, Stellungnahmen, Gutachten, Protokolle, Leistungsverzeichnisse, Messdaten, BIM-Modelle, GIS[3]-Daten, Maschinendaten und vieles mehr. Hierbei verfolgen die einzelnen Informationsträger unterschiedliche Zielsetzungen, wurden meist von verschiedenen Urhebern verfasst, sind in unterschiedlichen Systemen erstellt worden (abweichende Formate) und weisen dementsprechend keine einheitlichen Strukturen auf. Für die Umsetzung von Anwendungsfällen auf Basis von KI sind somit vorab zwei zentrale Fragestellungen von Interesse:

- Liegt ein ausreichender Datenbestand vor, um KI-Modelle für einzelne Anwendungsfälle in angemessenem Umfang und somit auch hinreichender Genauigkeit zu trainieren?
- Welche Formate, Qualität und Struktur hat der zur Verfügung stehende Datenbestand für die Anwendung von KI Verfahren?
- Welcher Anwendungsfall könnte durch die Daten unterstützt werden und einen Nutzen generieren?

---

[3] GIS – Geoinformationssysteme: Sie dienen der Bearbeitung, Organisation, Analyse und Präsentation räumlicher Daten (z. B. Katasterinformationen, Umweltdaten).

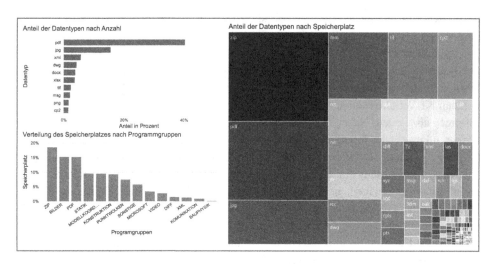

Abb. 2.2 Zentrale Ergebnisse der Analyse des Datenbestands. (Links oben: Anteil Menge, Rechts: Anteil Speicherplatz, Links unten: Speicherbedarf in Bezug auf Bereich)

Um die vorab dargestellten ersten beiden Fragestellungen zu beantworten, wurde eine Analyse des Datenbestands vorgenommen, um einen Einblick zu den vorliegenden Datentypen und Formaten zu erhalten. Der Datenbestand betraf hierbei eine ausgewählte Menge an Referenzdaten aus Projekten aus dem Hochbau und Infrastrukturbau sowie den Bereichen Planung, Steuerung und (Bau-)Management Projekten.

Die Daten wurden entsprechend ausgewertet und geclustert, um Aussagen zu den Datenformaten und den hierin enthaltenen Informationen treffen zu können. Hierzu wurden die einzelnen Daten mittels nummerischer Regeln und ergänzend durch händische Sichtung klassifiziert und anschließend innerhalb eines Reportings dargestellt, siehe Abb. 2.2.

Die Analyse des Datenbestands lieferte folgende Ergebnisse: Das am häufigsten verwendete Datenformat in Bezug auf die Anzahl an Dateien ist das Portable Document Format (PDF). Es macht mit einem Datenbestand von etwa 50 % den größten Anteil aus. Hierauf folgen JPG (Bilder), XML und DWG (Pläne). Dies ist darauf zurückzuführen, dass PDF das am häufigsten verwendete Format zur Dokumentation von Ergebnissen darstellt. So werden Pläne, Berichte, Berechnungen, Protokolle etc. neben dem Format des Autorensystems stets in nicht bearbeitbarer und in quasi softwareneutraler Form als PDF gespeichert und übergeben.

In Bezug auf den Speicherplatz stellen ZIP-Dateien den am weitesten verbreiteten Datentyp dar. Gefolgt von PDF, JPG und FEM. Dies deutet auf eine gewisse doppelte Ablage hin, da Dateien im ZIP-Format meist für den speicherarmen und gesamtheitlichen

Austausch von Informationen in einem Datencontainer verwendet werden. Für die weitere Verwendung ist ein Entpacken des Containers erforderlich und somit stellt dies eine mögliche Option in Zukunft dar, bei Bedarf den Datenbestand zu minimieren.

Darüber hinaus sind gewisse Tendenzen zur Entwicklung des Datenbestandes zu erkennen. So nehmen Datenformate aus dem Bereich der Modellkoordination, der Konstruktion und Punktwolken, also für eine BIM Abwicklung relevante Formate, bereits mehr als 15 % des Speicherplatzes ein, mit steigender Tendenz.

Innerhalb von Projekten ist aus Sicht der Autoren nicht kurzfristig davon auszugehen, dass sich die Struktur und Beschaffenheit der Daten grundsätzlich ändert. Zwar wird zukünftig eine weitaus strukturierte Beschreibung des Bauwerks durch Datenmodelle im Zuge der BIM-Anwendung erfolgen, jedoch werden zusätzlich hierzu eine Vielzahl an Informationen als PDF, Bild oder weiteren Formaten dokumentiert werden.

Um mittels KI Verfahren Informationsprozesse und Automatisierungsprozesse zu verbessern, gilt es für die unterschiedlichen Datentypen Verfahren zu entwickeln und in Anwendungsfälle zu überführen, welche die im Bau immanente Eigenart der Daten – deren Heterogenität – nicht versucht zu negieren, sondern als wesentlicher Erfolgsfaktor für das erfolgreiche Training und die Entwicklung von KI Anwendung akzeptiert. Folglich sollte die Anwendung der KI anhand von Realdaten erfolgen, um eine Übertragung in reale Anwendungen gewährleisten zu können. Eigene Untersuchungen zeigten, dass die Verwendung synthetisch generierter Datensätze (z. B. Pläne aus generativen Ansätzen oder synthetische Punktwolken) für das Training von KI-Modellen die Generalisierungsfähigkeit des Modells schwächt und damit nicht auf reale Anwendungen nur bedingt übertragbar sind.

Um geeignete KI-Methoden für die Verarbeitung der genannten Datentypen entwickeln zu können, ist es wichtig zu verstehen, in welchen Bereich der KI die geplanten Anwendungen fallen. Die drei Hauptbereiche der KI werden durch die Art des Lernens definiert, das von den Algorithmen durchgeführt wird. Der erste Bereich ist das überwachte Lernen, bei dem ein Modell auf gelabelten Daten trainiert wird. Das bedeutet, dass die Daten, mit denen das Modell trainiert wird, bereits mit der richtigen Ausgabe gekennzeichnet sind. Ziel des überwachten Lernens ist es, ein Mapping zwischen Eingaben und Ausgaben zu erlernen, sodass das Modell Ausgaben für neue, unsichtbare Eingaben genau vorhersagen kann. Zweitens wird beim unüberwachten Lernen ein Modell mit ungelabelten Daten trainiert. Das Ziel des unüberwachten Lernens besteht darin, Muster oder Strukturen in den Daten zu entdecken, ohne dass gelabelte Beispiele erforderlich sind, sodass die Ausgabe keine detaillierten Informationen enthält. Schließlich gibt es noch das verstärkte Lernen (Reinforcement Learning), bei dem ein Modell lernt, Entscheidungen auf der Grundlage von Feedback in Form von Belohnungen oder Bestrafungen zu treffen, bzw. durch Versuch und Irrtum. Beim Verstärkten Lernen stehen keine Trainingsdaten zur Verfügung (Ertel 2017).

Basierend auf der beschriebenen Analyse des Datenbestands kann ein großer Teil der Daten als unstrukturierte Daten, wie Text und Bilder angesehen werden. Diese Datentypen enthalten viele projektspezifische Informationen. Es ist von großem Wert, diese Informationen automatisch und intelligent zu extrahieren. Dies bedeutet, dass bestimmte Ausgaben durch die Verarbeitung der Daten zielgerichtet werden. Daher fallen die diskutierten KI-Methoden und die entwickelten Anwendungsfälle in den Bereich des überwachten Lernens, was notwendigerweise die Erstellung von Datensätzen erfordert, auf denen die Modelle trainiert werden können. Darüber hinaus basieren die diskutierten KI-Methoden hauptsächlich auf Deep Learning (DL), der Implementierung von Neuronalen Netzen (NN), im Gegensatz zu den traditionellen Machine Learning (ML) Methoden, die auf statistischen Methoden basieren. Abhängig vom Datentyp können verschiedene Arten von NNs sowie unterschiedliche Modellarchitekturen trainiert werden.

Für die Verarbeitung von Bildern, Videos und 3D-Scans bietet der Bereich Computer Vision (CV) eine Vielzahl von Modellen, die sich darauf konzentrieren, Computer in die Lage zu versetzen, visuelle Informationen zu interpretieren und zu verstehen. Einige der am häufigsten verwendeten Modelle basieren auf Convolutional Neural Networks (CNNs). CNNs haben sich als sehr effektiv für eine Vielzahl von Aufgaben der Computer Vision erwiesen, einschließlich Klassifizierung, Objekterkennung und Segmentierung. Einige der gebräuchlichsten Modellarchitekturen, die für die Entwicklung der im folgenden Abschnitt diskutierten Anwendungsfälle verwendet werden, sind YOLO (Redmon et al. 2016; Bochkovskiy et al. 2020; Jocher et al. 2021), Faster R-CNN (Ren et al. 2017), RetinaNet (Lin et al. 2017) und PointNet (Qi et al. 2017). Diese Modellarchitekturen werden verwendet, um bestimmte Aufgaben zu lösen, nämlich die Objekterkennung in 2D-Zeichnungen und die Segmentierung von Punktwolken. Die Beschreibung der Anwendungsfälle und die Implementierung der genannten Modelle im Bereich CV finden sich in den Abschn. 1.4, 1.5 und 1.6. So leistungsfähig CV-Methoden bei der Verarbeitung von Bildern sind, so ineffizient können sie bei der Verarbeitung anderer Datentypen wie Text sein.

Für die Verarbeitung von Text müssen sich NNs anders verhalten, da es sich nicht um visuelle Daten handelt, sondern um eine Folge von Wörtern unterschiedlicher Länge. Zu diesem Zweck gibt es einen Spezialbereich namens Natural Language Processing (NLP). NLP ist der Bereich der KI, der sich mit der Interaktion zwischen Computern und menschlicher Sprache befasst. Ähnlich wie Computer Vision verfügt NLP über eigene Modelle und Methoden, die speziell für die Verarbeitung natürlichsprachlicher Daten wie Text und Sprache entwickelt wurden. Eine der häufigsten Arten von Modellen, die in der NLP verwendet werden, basiert auf rekurrenten neuronalen Netzen (RNN). RNNs werden verwendet, um Datensequenzen wie Sätze oder Absätze zu verarbeiten. Eine weitere Variante von RNNs sind Long Short Term Memory Networks (LSTMs) (Hochreiter und Schmidhuber 1997), die entwickelt wurden, um die Probleme zu lösen, die beim Training von RNNs auf langen Datensequenzen auftreten. LSTMs verwenden eine spezielle Speicherzelle, die in der Lage ist, Informationen im Laufe der Zeit selektiv zu vergessen oder sich an sie zu erinnern, wodurch ein Langzeitgedächtnis für frühere Eingaben aufrechterhalten wird. Um LSTMs effizienter zu machen, wurde eine Variante namens Bi-Directional LSTM (Bi-LSTM) entwickelt, die in der Lage ist, ein Wort vorherzusagen, indem sie sich nicht nur an die vorhergehenden Wörter, sondern auch an die nachfolgenden Wörter erinnert.

Ein weiterer Modelltyp, der im NLP häufig verwendet wird, ist das Transformer-Modell, welches in (Vaswani et al. 2017) vorgestellt wurde. Es basiert auf dem Selbstaufmerksamkeitsmechanismus, der es ermöglicht, kontextuelle Beziehungen zwischen verschiedenen Teilen der Eingabesequenz zu lernen. Transformer-Modelle sind in den letzten Jahren aufgrund ihrer Effektivität für Aufgaben wie Sprachmodellierung, maschinelle Übersetzung und Textgenerierung sehr populär geworden. Basierend auf Transformers wurde das leistungsfähige Sprachmodell Bi-Directional Encoder Representations from Transformers (BERT) (Devlin et al. 2019) entwickelt und veröffentlicht. BERT kann für eine Vielzahl von NLP-Aufgaben optimiert werden, z. B. Beantwortung von Fragen, Stimmungsanalyse und Erkennung benannter Entitäten. Die Beschreibung der Anwendungsfälle und die Implementierung der genannten Modelle im Bereich NLP finden sich in den Abschn. 2.3 und 2.5.

Die Entwicklung der in diesem Artikel diskutierten Anwendungsfälle basiert auf dem Konzept der datenzentrierten KI. Dieses Konzept betont die Bedeutung qualitativ hochwertiger Daten für die Entwicklung und den Einsatz von KI-Modellen. Das Ziel der datenzentrierten KI ist es, sicherzustellen, dass KI-Modelle genau, zuverlässig und unvoreingenommen sind, indem sie mit qualitativ hochwertigen Daten als Grundlage für den Modellentwicklungsprozess beginnen.

In den nachfolgenden Abschnitten werden verschiedene Anwendungsfälle vorgestellt. Die in den Anwendungsfällen verwendeten KI-Methoden basieren auf state-of-the-art Technologien und realen Daten. Das übergeordnete Konzept ist die Extraktion von Informationen aus verschiedenen Datentypen mithilfe von KI-Methoden sowie die Einbindung in entsprechende Arbeitsprozesse. Da alle Methoden in den Bereich des überwachten Lernens fallen, wurden mehrere Datensätze manuell erstellt und gelabelt.

2.3   Anwendungsfall – Bauwerksbücher

Bauwerksbücher sind halbstrukturierte Textdokumente, die projekt- und bauwerksspezifische Informationen enthalten, wie z. B. Angaben zu verwendeten Materialien, Standort, Änderungen des Bauwerkszustands und Verwaltungsdaten. Diese Informationen sind wesentlich für die Anreicherung der digitalen Bauwerksmodelle und für die Ableitung von Erkenntnissen über den Zustand von Bauwerken im Sinne eines Informationsmanagements. Die manuelle Extraktion von Informationen aus diesen Dokumenten kann jedoch eine zeit- und arbeitsintensive Aufgabe sein. Darüber hinaus erlaubt die semi-strukturierte

Natur der Dokumente keine robuste Informationsextraktion mit herkömmlicher Programmierung, da dies zu einer komplexen Verschachtelung von konditionalen Anweisungen führen würde, die nicht effektiv bleiben kann, wenn Änderungen in der Struktur der Dokumente auftreten. Daher wird ein datengetriebener Ansatz implementiert.

Dieser Anwendungsfall konzentriert sich auf die Extraktion von Informationen aus Bauwerksbüchern, um die entsprechenden digitalen Bauwerksmodelle anzureichern. Die Informationen werden in Form von Namen und Attributwerten formuliert, die in das digitale Modell integriert werden. Der Anwendungsfall basiert auf einer NLP-Methode namens Named Entity Recognition. Zur Erkennung von Entitäten muss der Text analysiert werden, weshalb die Modellarchitektur für diesen Anwendungsfall hauptsächlich auf Long Short Term Neural Networks (LSTMs) basiert, die in der Lage sind, lange Textsequenzen zu verarbeiten. Darüber hinaus wurden bidirektionale LSTMs (BI-LSTMs) implementiert, die den zusätzlichen Vorteil haben, dass sie den Kontext eines Textes besser verstehen können, indem sie den Namen eines Wortes auf der Grundlage der vorhergehenden und nachfolgenden Wörter vorhersagen können. Auf diese Weise erkennt das Modell die zu extrahierenden Entitäten auf der Grundlage des Kontextes, was sehr effektiv bleibt, wenn Änderungen an der Struktur der Dokumente vorgenommen werden. Abb. 2.3 zeigt das Mapping der extrahierten Attribute und Werte.

Die Methode der Entitätserkennung fällt in den Bereich des überwachten maschinellen Lernens. Damit die Architektur des erstellten Modells die angestrebte Leistung erreicht, muss das Modell mit speziell für diesen Anwendungsfall erstellten gelabelten Daten trainiert werden. Der für das Training des Modells erstellte Datensatz besteht aus 38 Dokumenten mit 98 verschiedenen Labels. Es ist anzumerken, dass bei einem datenzentrierten KI-Ansatz ein Großteil der Arbeit in der Phase der Datenvorverarbeitung und des Labelings liegt. Die beschriebene Modellarchitektur erreichte mit einer Genauigkeit von 0,970, einem Recall von 0,969 und einem F1-Score von 0,967 eine sehr hohe Leistung.

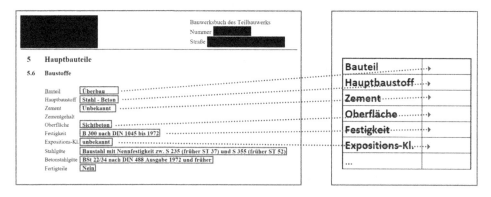

Abb. 2.3 Mapping der vom Modell erkannten Entitäten mit Attributen und Werten (Schönfelder et al. 2022)

Zur einfachen Anwendung wurde eine End-to-End-Lösung für die Anreicherung von 3D-Modellen auf der Grundlage der beschriebenen Methode entwickelt. In der Revit-Umgebung von Autodesk wurde ein Tool entwickelt, um die zugewiesenen Attribute und Werte mit dem entsprechenden 3D-Modell zu verknüpfen. Das Tool ist als Add-on in Revit integriert und wurde auf Basis der Revit API und der visuellen Programmierplattform Dynamo umgesetzt (Schönfelder et al. 2022). Eine Visualisierung des Tools ist in Abb. 2.4 zu sehen.

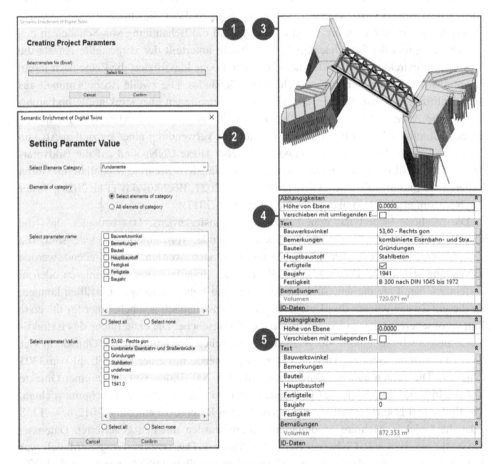

Abb. 2.4 Mapping der vom Modell erkannten Entitäten auf eine CSV-Tabelle mit Attributen und Werten (Schönfelder et al. 2022)

2.4   Anwendungsfall – Bestandspläne

Zweidimensionale Bestandspläne sind die gebräuchlichste Datenquelle für die Extraktion geometrischer Informationen und in vielen Fällen die wichtigste, wenn nicht die einzige Grundlage für die Erstellung digitaler Bauwerksmodelle. In der Bestandsmodellierung sind diese Pläne im Regelfall alt, gescannt und teilweise beschädigt. Darüber hinaus werden solche Datensätze in der Regel ohne eine direkte Struktur oder logische Namenskonvention eingereicht oder archiviert, was die Datenorganisation zeit- und arbeitsintensiv macht. Der vorgestellte Ansatz automatisiert die Prozesse zur inhaltsbasierten Klassifizierung dieser Pläne und bietet tiefere Einblicke auf Bauteilebene. Da der Ansatz dem Konzept der datenzentrierten KI folgt, umfasst die Pipeline eine intensive Datenanalyse, Vorverarbeitung, Augmentierung und die Behandlung von Schäden in den Plänen. Aufgrund der Verschachtelung von Plänen unterteilt der vorgestellte Ansatz die Informationsextraktion in zwei Ebenen. Die erste Ebene klassifiziert die Pläne nach ihrem Hauptinhalt, z. B. verschiedene Ansichten des Gebäudes. Die zweite Ebene sammelt aus den identifizierten Ansichten der ersten Ebene Informationen über strukturelle und architektonische Aspekte wie Treppen, Räume und Öffnungen. Diese Methode fällt in den Bereich Computer Vision (CV) und basiert auf der Verwendung einer speziellen Art von NNs, den Convolutional Neural Networks (CNNs). Diese CNNs sind auf die Bildverarbeitung und das Lernen komplexer Merkmale spezialisiert. Mehrere Modellarchitekturen basieren auf diesen NNs, wie YOLO (Jocher et al. 2021; Bochkovskiy et al. 2020), Faster R-CNN (Ren et al. 2017) und RetinaNet (Lin et al. 2017).

Die Methode basiert auf dem Prinzip des Transferlernens. Das bedeutet, dass die verwendeten Modellarchitekturen bereits existierende, vortrainierte Modelle sind, die von der Open-Source-Community gemeinsam genutzt werden. Anschließend werden anwendungsspezifische Datensätze erstellt, um die Modelle weiter zu trainieren oder zu verfeinern, damit sie die angestrebten Aufgaben mit hoher Genauigkeit erfüllen können. Zu diesem Zweck wurden drei Datensätze erstellt und manuell gelabelt, einer für die erste Extraktionsebene und zwei für die zweite Extraktionsebene. Die erste Ebene des Extraktionsdatensatzes besteht aus 1500 gelabelten technischen Zeichnungen, die Objekte in vier Klassen enthalten: Schnitt, Ansicht, Grundriss, Legende mit einer Gesamtzahl von 3303 Objekten. Die beiden anderen Datensätze enthalten 200 Bilder, von denen einer Objekte in Grundrissen, wie Räume und Öffnungen, und der andere Objekte in Schnittansichten, wie Keller und Dachgeschosse, enthält. Die beiden Datensätze enthalten 3012 bzw. 1238 gelabelte Objekte. Mehrere Modellarchitekturen wurden mit den generierten Datensätzen YOLOv5, Faster R-CNN und RetinaNet trainiert. Das leistungsfähigste Modell war YOLOv5 mit einer durchschnittlichen Genauigkeit von über 0,95 (Al-wesabi et al. 2022). Die Ausgabe der Methoden wird visuell durch Bounding Boxes auf dem Eingabeplan dargestellt und in einer JSON-Datei dokumentiert, die verwendet werden kann, um Informationen über die verarbeiteten Daten zu extrahieren. Abb. 2.5 zeigt die Ergebnisse der beschriebenen Methode.

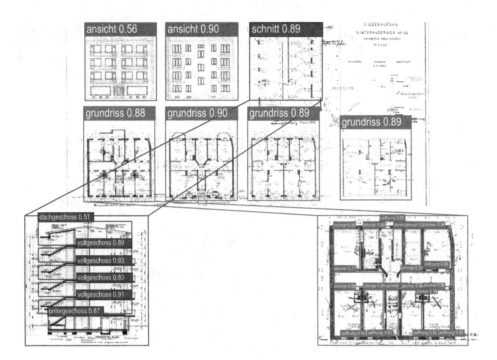

Abb. 2.5 Ergebnisse der KI Verfahren und Dokumentation

Die entwickelte Methode, bzw. die erste Ebene der Informationsextraktion, wurde auf Daten aus dem Bereich des Hochbaus angewendet. Das leistungsfähigste Modell, nämlich YOLOv5, wurde mit einem Datensatz von 2D-Plänen aus dem Bereich Infrastruktur weiter trainiert. Der erstellte Datensatz besteht aus 790 2D-Plänen, die mit den Klassen Stempel, Tabelle, Draufsicht, Grundriss, Lageplan, Ansicht und Schnitt gelabelt sind. Die Anzahl der gelabelten Elemente der Klassen beträgt jeweils 790, 687, 302, 119, 204, 310 und 1478. Die Gesamtleistung des Modells auf der Grundlage der durchschnittlichen Genauigkeit liegt bei über 95 %. Abb. 2.6 veranschaulicht die Vorhersage eines der getesteten 2D-Pläne.

2.5 Anwendungsfall – Leistungsverzeichnisse

Leistungsverzeichnisse sind halbstrukturierte Textdokumente zur Dokumentation der für die Ausführung eines Bauwerks definierten Leistungen. Innerhalb des Vergabe- und Vertragswesens sind sie für den Zuschlag und die Umsetzung der Baumaßnahme von zentraler Bedeutung. Die Dokumente enthalten wesentliche Informationen für den Planungs-, Bau- und Betriebsprozess, wie z. B. Angaben zu Bauteilen, Beschreibung von Qualitäten und Preisen.

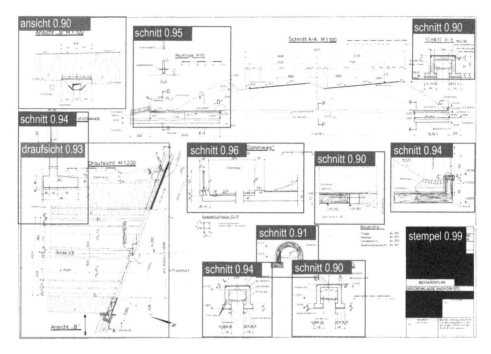

Abb. 2.6 Modellvorhersagen, die auf einem 2D-Infrastrukturplan durchgeführt werden

Aufgrund der umfangreichen Informationen, die in diesen Dokumenten enthalten sind, werden sie häufig zur Beschreibung einzelner Leistungen oder Preisen durchsucht. In vielen Fällen liegen die LV-Dokumente aufgrund ihres Alters und deren Übertragung lediglich in gescannter Form vor, was die Suche nach Informationen zeit- und arbeitsintensiv macht.

Um die Informationen sinnvoll auswerten zu können, fanden zwei Bereiche der künstlichen Intelligenz nämlich CV und NLP Anwendung. CV diente dazu mittels Objekterkennungstechnologie Spalten und Zeilen in den Dokumenten zu erkennen und zu lokalisieren. Diese werden weitergehend mit OCR verarbeitet, um den Text zu extrahieren, der sich auf jede Zeile und Spalte bezieht. Der erkannte Text enthält hierbei mitunter Fehler, die auf die Qualität der gescannten Dokumente und auf technische Fehler der OCR zurückzuführen sind. In dieser Phase kommt das NLP-Modell zum Einsatz, um die vorhandenen Fehler durch die Anwendung der Wortvorhersage zu korrigieren und ein Verständnis des Textes aufzubauen, um nach Informationen auf der Grundlage des Kontextes und nicht der textuellen Übereinstimmung suchen zu können. Die Kombination all dieser Technologien macht die Lösung leistungsfähig und effizient.

Wie im vorhergehenden Anwendungsfall wird das Prinzip des Transferlernens verwendet, und vortrainierte Modelle aus den beiden Bereichen CV und NLP wurden verfeinert, um das angestrebte Ziel zu erreichen. Für die Erkennung von Spalten und Zeilen wird das

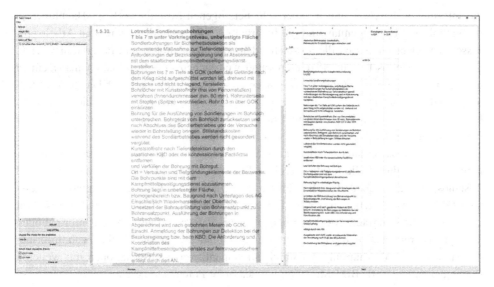

Abb. 2.7 Die Erkennung der Zeilen und Spalten eines LV-Dokuments und die Erzeugung der CSV-Datei

Modell YOLOv5 (Jocher et al. 2021) und für die Textanalyse das Modell BERT (Devlin et al. 2019) trainiert. Für die OCR-Technologie wurde die OCR-Engine Tesseract verwendet. Um die Modelle zu trainieren, wurde ein Datensatz von 242 Seiten für beide Modelle manuell gelabelt. Beide Modelle erreichten eine durchschnittliche Genauigkeit von über 0,9. Abb. 2.7 zeigt die Erkennung der Zeilen und Spalten eines gescannten LV-Dokuments und die Erstellung einer Ausgabe Datei zur weiteren Verwendung in Tabellenprogrammen wie XLS.

2.6 Zusammenfassung

KI bietet vielfältige Möglichkeiten Daten unterschiedlichster Art auszuwerten, um die hierin zugrunde liegenden Informationen zu verarbeiten. Um im Bauwesen KI-basierte Anwendungen zum Nutzen der beteiligten Akteure entwickeln und einführen zu können, sind mögliche Lösungen unter Berücksichtigung der im Projekt und Arbeitsalltag der Anwender zur Verfügung stehenden Datentypen und deren Informationsstruktur zu entwickeln.

Hierzu wurde eine umfangreiche Recherche des Datenbestandes der Schüßler-Plan Unternehmensgruppe durchgeführt. Diese hatte das Ziel Einblicke zur Anzahl und Anteil der Datentypen zur erhalten und Aussagen ableiten zu können, in welchen Bereichen welche Datentypen vorliegen. Die Ergebnisse zeigten, dass PDF das am häufigsten verwendet Datenformat ist, die Datentypen eine vergleichsweise hohe Vielfalt aufweisen und die Informationsbeschreibung in einer sehr heterogenen Struktur vorliegt. Hauptursache für Vielfalt und Heterogenität sind die innerhalb der Projekte divergierenden Arbeitsprozesse, Projektstandards und die abweichenden Akteure, Autoren und Programmsysteme. Da dieses Hindernis für ein effizienteres und weitreichenderes Informationsmanagement nur bedingt beeinflusst werden kann, gilt es diese Mannigfaltigkeit der Daten zu akzeptieren und eine datenzentrierte Entwicklung von KI-Anwendungen zu forcieren. Nur so kann der innerhalb von Projekten und insgesamt im Unternehmen vorliegende Wert der Informationen in den verschiedenen Daten gehoben werden.

Um die Potenziale datenzentrierter Ansätze aufzeigen zu können, wurden erste prototypische Anwendungsfälle für die Bereiche Bauwerksbücher, Leistungsverzeichnisse und Bestandspläne entwickelt. Die Ergebnisse sind vielversprechend und zeigten die Leistungsfähigkeit von Verfahren der Texterkennung, der Objekterkennung und des Natural Language Processing auf. Diese ermöglicht es bis dato nicht auswertbare Informationen zu digitalisieren und in digitale Prozesse einzubinden. Für die Suche nach Informationen sowie die Verknüpfung der durch KI semantisierten Informationen mit weiteren Datenquellen wie z. B. BIM-Modellen werden hohe Potenziale gesehen.

Danksagung Ein Teil der vorab dargestellten Ergebnisse wurde im Rahmen des Forschungsprojekts BIMKIT erarbeitet. Wir danken den Partner des Projekts und hierbei insbesondere dem Lehrstuhl für Bauinformatik der Ruhr Universität Bochum für den fachlichen Austausch und die produktive Zusammenarbeit. Darüber hinaus bedanken wird uns beim Bundesministerium für Wirtschaft und Klimaschatz für seine Unterstützung, ohne die die Untersuchungen im dargestellten Umfang nicht möglich gewesen wären.

Literatur

Al-wesabi, T., Bach, A., Schönfelder, P., Staka, I. and König, M. (2022) 'Extracting Information from Old and Scanned Engineering Drawings of Existing Buildings for the Creation of Digital Building Models'.

Berbner et.al. *Digitalisierung der Bauindustrie* (2020) Studie. https://www.buildingsmart.de/sites/default/files/inline-files/PwC-Studie-Digitalisierung-der-Bauindustrie-2020.pdf.

Bochkovskiy, A., Wang, C.-Y. and Liao, H.-Y.M. (2020) 'YOLOv4: Optimal Speed and Accuracy of Object Detection'. http://arxiv.org/abs/2004.10934.

Borrmann, A., König, M., Koch, C. and Beetz, J. (2018) *Building information modeling: Technology foundations and industry practice, Building Information Modeling: Technology Foundations and Industry Practice*. Springer Cham. https://doi.org/10.1007/978-3-319-92862-3.

Devlin, J., Chang, M.W., Lee, K. and Toutanova, K. (2019) 'BERT: Pre-training of deep bidirectional transformers for language understanding', in *NAACL HLT 2019 - 2019 Conference of the North American Chapter of the Association for Computational Linguistics: Human Language Technologies – Proceedings of the Conference*.

Ertel, W. (2017) *Introduction to Artificial Intelligence (Undergraduate Topics in Computer Science). Springer*.

Hochreiter, S. and Schmidhuber, J. (1997) 'Long Short-Term Memory', *Neural Computation*, 9(8). https://doi.org/10.1162/neco.1997.9.8.1735.

Huang, Y., Shi, Q., Zuo, J., Pena-Mora, F. and Chen, J. (2021) 'Research Status and Challenges of Data-Driven Construction Project Management in the Big Data Context', *Advances in Civil Engineering*. https://doi.org/10.1155/2021/6674980.

Jocher, G., Stoken, A., Borovec, J., NanoCode012, ChristopherSTAN, Changyu, L., Tkianai, L., YxNONG and Hogan, A., et al. (2021) 'ultralytics/yolov5: v6.0 – YOLOv5n "Nano" models, Roboflow integration, TensorFlow export, OpenCV DNN support', *PyTorch Hub Integration* [Preprint]. Zenodo. https://doi.org/10.5281/zenodo.5563715.

Lin, T.Y., Goyal, P., Girshick, R., He, K. and Dollar, P. (2017) 'Focal Loss for Dense Object Detection', in *Proceedings of the IEEE International Conference on Computer Vision*. https://doi.org/10.1109/ICCV.2017.324.

Qi, C.R., Su, H., Mo, K. and Guibas, L.J. (2017) 'PointNet: Deep learning on point sets for 3D classification and segmentation', in *Proceedings – 30th IEEE Conference on Computer Vision and Pattern Recognition, CVPR 2017*. https://doi.org/10.1109/CVPR.2017.16.

Redmon, J., Divvala, S., Girshick, R. and Farhadi, A. (2016) 'You Only Look Once: Unified, Real-Time Object Detection'. http://arxiv.org/abs/1506.02640.

Ren, S., He, K., Girshick, R. and Sun, J. (2017) 'Faster R-CNN: Towards Real-Time Object Detection with Region Proposal Networks', *IEEE Transactions on Pattern Analysis and Machine Intelligence*, 39(6). https://doi.org/10.1109/TPAMI.2016.2577031.

Schönfelder, P., Al-Wesabi, T., Bach, A. and König, M. (2022) 'Information Extraction from Text Documents for the Semantic Enrichment of Building Information Models of Bridges'.

Vaswani, A., Shazeer, N., Parmar, N., Uszkoreit, J., Jones, L., Gomez, A.N., Kaiser, Ł. and Polosukhin, I. (2017) 'Attention is all you need', in *Advances in Neural Information Processing Systems (Vol 30)*.

Digitale Zwillinge und Datenvernetzung als Grundlage für KI-Anwendungen im Bauwesen

3

Christoph Paul Schimanski, Martina Sandau, Tim Zinke und René Schumann

3.1 Die Digitalisierung der Bauwirtschaft

Building Information Modeling (BIM) wird sowohl auf prozessualer als auch auf technologischer Ebene als Schlüsselelement der Digitalisierung im Bauwesen wahrgenommen (EUBIM Task Group 2017). Auch wenn die Verbreitung dieser Arbeitsmethodik rasant zunimmt, sehen sich Praktizierende der Bauwirtschaft bereits mit weiteren digitalen Trends und Innovationen konfrontiert. Eine Einordnung und Bewertung fällt nicht immer leicht, finden sich doch viele Unternehmen gegenwärtig noch im BIM-Einführungsprozess wieder: Erste Pilotprojekte wurden womöglich umgesetzt, nicht triviale Herausforderungen und Hindernisse bei der Implementierung wurden mit viel Einsatz gemeistert. Zusätzlich werden neben den Anwendungsfällen der BIM-Methodik auch weitere Prozesse bei der Projektabwicklung oder in der Unternehmensorganisation digitalisiert. Im besten Falle werden Mehrwerte bereits spürbar, man fühlt sich bereit und auskömmlich „digitalisiert" für eine neue Art der Projektabwicklung. Doch bleibt die Digitalisierung

C. P. Schimanski · M. Sandau · T. Zinke · R. Schumann (✉)
HOCHTIEF ViCon GmbH, Essen, Deutschland
E-Mail: Rene.Schumann@hochtief.de

C. P. Schimanski
E-Mail: Christoph.Schimanski@hochtief.de

M. Sandau
E-Mail: Martina.Sandau@hochtief.de

T. Zinke
E-Mail: Tim.Zinke@hochtief.de

© Der/die Autor(en), exklusiv lizenziert an Springer Fachmedien Wiesbaden GmbH, ein Teil von Springer Nature 2024
S. Haghsheno et al. (Hrsg.), *Künstliche Intelligenz im Bauwesen*,
https://doi.org/10.1007/978-3-658-42796-2_3

nicht stehen, neue Begriffe und Trends wie „digitale Zwillinge" oder „künstliche Intelligenz" (KI) gewinnen mehr und mehr an Beachtung und erfordern ein kontinuierliches Auseinandersetzen mit dem eigenen „digitalen Status Quo".

In diesem Artikel werden diese neuen Trendthemen in den Gesamtkontext der Digitalisierung des Bauwesens eingeordnet. Hierbei wird insbesondere auf den digitalen Zwilling als Fokusthema eingegangen, der Bezug zu BIM herbeigeführt sowie die Bedeutung des digitalen Zwillings als Grundlage für zukünftige KI-Anwendungen im Bauwesen erörtert.

3.2   Was ist der digitale Zwilling?

Die Ursprünge des digitalen Zwillings fanden als konzeptionelles Ideal des Product Lifecycle Managements (PLM) ihre erste Erwähnung im Jahr 2002 als „virtual digital expression equivalent to physical products" (Grieves 2016). Dieses Konzept beinhaltete bereits damals grundlegende Komponenten, die sich auch in heutigen Definitionsversuchen zu digitalen Zwillingen im Bauwesen wiederfinden. Hierzu gehören insbesondere die drei auch von Boje et al. (2020) benannten Bausteine einer (i) physischen Komponente, einer (ii) virtuellen bzw. digitalen Komponente, sowie (iii) einer permanenten Beziehung zwischen den beiden zuvor genannten Komponenten.

Die amerikanische Raumfahrtbehörde NASA wandte diese Konzepte auf Luftfahrzeuge an und bezeichnete diese Adaption erstmalig als „digitalen Zwilling" (Tuegel et al. 2011). Trotz der bereits erwähnten existierenden Definitionsversuche, befindet sich die Bauwirtschaft noch am Beginn der Implementierung von digitalen Zwillingskonzepten für die praktische Anwendung. Definitorische Unklarheiten bestehen nach wie vor (Sacks et al. 2020), was unter anderem daran liegt, dass der digitale Zwilling nicht selten mit dem 3D-Modell aus der BIM-Methodik gleichgesetzt wird (Jiang et al. 2021).

Grundsätzlich sollte der Weg der Digitalisierung im Bauwesen mit dem bloßen Einsatz von 3D-Modellen bzw. mit der Erstellung von BIM-Modellen noch nicht als abgeschlossen betrachtet werden. In der Regel stellt die dreidimensionale, geometrische Repräsentation nicht die einzige relevante Abstraktionsebene des physischen Bauwerks bzw. dessen Herstellungs- und Betriebsprozesses dar. Auch Leistungsverzeichnispositionen, Terminplanvorgänge, Baufortschrittsmeldungen oder Mängelfeststellungen während der Ausführung, oder auch Betriebsdaten technischer Komponenten – um nur einige Beispiele zu nennen – nehmen stets Bezug zu physischen Bauteilen[1] oder verortbaren Bereichen der Baustelle. Der digitale Zwilling ist das virtuelle Gegenstück dieser Assetbezogenen Entitäten aus der realen Welt und kann mit diesen im bidirektionalen Austausch stehen (Abb. 3.1). Er bündelt somit alle relevanten Informationen über den gesamten Lebenszyklus hinweg in einem gemeinsamen digitalen Abbild, welches geometrische und alphanumerische Informationen semantisch miteinander in Bezug setzt. Somit wird zu

---

[1] In der vornehmlich Englisch-geprägten BIM-Fachliteratur wird hierfür häufig der Begriff der „Asset" verwendet. In diesem Artikel wird dieser Begriff ab hier ebenfalls verwendet.

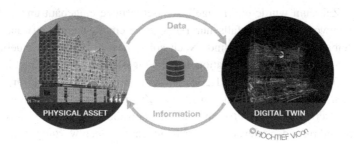

Abb. 3.1 Physischer vs. Digitaler Zwilling

jedem Zeitpunkt ein ganzheitlicher digitaler Statusbericht aber auch eine daten-basierte Vorausschau in zukünftige Verhaltensszenarien des physischen Zwillings möglich.

3.3 Welche Vorteile bringt ein digitaler Zwilling?

Ganzheitlich digitale vernetzte Prozesse und Informationen können für die Bauwirtschaft enorme Vorteile mitbringen. Leider stehen dem Aufbau solcher digitalen Zwillinge oftmals nicht gegebene strukturelle Voraussetzungen entgegen. Im Kern lässt sich diese Problematik auf folgende Aussage herunterbrechen: „Die erforderlichen digitalen Daten passen nicht zusammen!"

Die Struktur der Daten ist abhängig vom Quellsystem in dem sie erzeugt werden (z. B. Terminplanungssoftware), vom Ersteller/Bearbeiter der Daten oder sogar von zugrunde liegenden Normen. Es liegen somit sehr unterschiedlich strukturierte Daten zugrunde. Diese Daten lassen sich deshalb nicht übergeordnet und zueinander in Bezug stehend auswerten, obwohl sie wie bereits angemerkt dieselben physischen Assets beschreiben. Der durch die Daten beschriebene funktionale Aspekt sowie die jeweilige Beschreibungstiefe mögen durchaus variieren, z. B.:

- z. B. Zeitbedarf zur Herstellung **aller** Betonstützen in einem Geschoss [Terminplanvorgang] **vs.**
- Festgestellter Mangel an **einer** spezifischen Betonstütze [Foto mit beschreibenden Metadaten] **vs.**
- Beauftragte Ausführungsfirma **aller** Rohbauarbeiten [beauftragte Firma im ERP-System]

Die in der realen Welt de facto vorhandenen semantischen Verbindungen zwischen diesen Betrachtungsebenen gehen in der virtuellen Welt aufgrund der heterogenen Datenstrukturen jedoch oftmals verloren, bzw. sind nur mit hohem manuellen Aufwand wiederherstellbar. Dies führt dazu, dass berechtigte übergeordnete Fragestellungen (z. B.

„In welchem Zeitraum wurde die mangelhafte Betonstütze eingebaut und welche Firma ist dafür verantwortlich?") ebenfalls nur mit manuellem Rechercheaufwand und damit nicht unmittelbar zu beantworten sind. Noch spürbarer wird dieser manuelle Aufwand beim Zusammenführen von Informationen bei Fragestellungen, die Situationen in der Zukunft betreffen (z. B. „Sind alle Herstellungs- und Logistikprozesse für den geplanten Einbau einer spezifischen Komponente im Zeitplan sowie die ausführende Firma beauftragt?"). Der manuelle Aufwand und die zuweilen nicht klare Vorgehensweise zur Zusammenführung der relevanten Informationen zur Beantwortung dieser Fragestellungen, führt im Zweifel zu einer Nicht-Beantwortung und damit zu unkontrollierten Prozessen und ungewünschten Überraschungen auf der Baustelle. Letztgenannte Überraschungen manifestieren sich in letzter Instanz in den allseits kritisierten schlechten Produktivitätswerten, Terminverzügen und Kostenüberschreitungen bei zahlreichen Bauprojekten (Pasetti Monizza et al. 2018). Zusätzlich ist nicht selten die Dokumentation von Bauwerken nach nur kurzer Betriebszeit unzureichend.

Diese Herausforderung der Datenintegration stellt gleichzeitig eine große Chance zur expliziten Offenlegung von bisher nur implizit, zwischen den Daten „verstecktem" Wissen sowie zur Prozessvernetzung und -automatisierung dar. Letzteres wird mit Abb. 3.2 verdeutlicht. Hier sind die Prozesse A–D dargestellt, die alle von einer digitalen Fortschrittsmeldung auf der Baustelle ausgelöst werden können. Das Entscheidende: In einem funktionierenden Datenintegrationskonzept muss das auslösende Momentum nur einmal digital erfasst werden, damit die abhängigen Prozesse automatisiert ablaufen können: Auf der Baustelle wird mit einem digitalen Formular der Baufortschritt für ein bestimmtes Gewerk in einem bestimmten Bereich dokumentiert sowie eine zugehörige Qualitätsbewertung abgegeben (**C**). Diese Fortschrittsmeldung ist Grundlage für die Abrechnung der Nachunternehmerleistungen. Eine Zahlung kann nach Freigabe automatisiert losgetreten werden (**D**). Gleichzeitig erfolgt ein Update des Terminplans hinsichtlich des Baufortschritts (**B**), welches wiederum dazu führen kann, dass baufortschrittsabhängige, vertragliche vereinbarte Abschlagszahlungen beim Auftraggeber eingefordert werden können (**A**).

Die Frage nach der Abgrenzung von digitalen Zwillingen zu BIM könnte man sich nun durchaus stellen, da viele der angerissenen Aspekte zur Prozessvernetzung auch in BIM-Debatten anzutreffen sind. Ein Teil der Antwort auf diese Fragen ist sicherlich in der Definition des digitalen Zwillings zu suchen. Genau hierin liegt aber auch ein großer Teil der Unsicherheit darüber was vom digitalen Zwilling zu erwarten ist begründet: Eine allseits und industrieweit akzeptierte Definition gibt es wie bereits eingangs berichtet nicht (Sacks et al. 2020). Sowohl auf wissenschaftlicher Ebene, als auch unter Praktikern wird aktuell debattiert was einen digitalen Zwilling ausmacht, wofür er verwendet werden kann und vor allem worin der Unterschied zu BIM besteht.

Eine Hilfestellung für diese Abgrenzung liefert die Differenzierung zwischen der Produkt- und Prozessebene eines Bauwerks sowie die Anerkennung, dass beide Ebenen

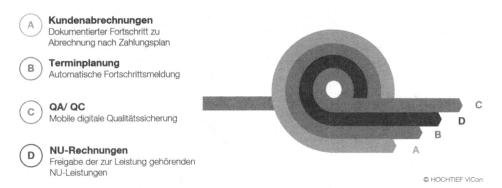

A **Kundenabrechnungen**
Dokumentierter Fortschritt zu
Abrechnung nach Zahlungsplan

B **Terminplanung**
Automatische Fortschrittsmeldung

C **QA/ QC**
Mobile digitale Qualitätssicherung

D **NU-Rechnungen**
Freigabe der zur Leistung gehörenden
NU-Leistungen

© HOCHTIEF ViCon

Abb. 3.2 Prozesse, die eine Fortschrittsmeldung benötigen

digital repräsentiert werden und damit auch gleichberechtigter Teil des digitalen Zwillings sein können (Sacks et al. 2020). Dies gilt über den gesamten Lebenszyklus und damit über die drei Hauptphasen Planung, Ausführung und Betrieb hinweg, wobei der digitale Zwilling in der Planungsphase zunächst aufgebaut wird und erst in späteren Projektphasen sein volles Potenzial ausschöpfen kann. Die BIM- Methodik ist aktuell in den Phasen zur Planung und Bau näher spezifiziert und erprobt. Im Betrieb gibt es bisher noch keine eindeutig definierten Anwendungsfälle und kein eindeutiges Mehrwertverständnis aus durchgeführten Pilotprojekten.

Der Unterscheidung nach Produkt- und Prozessebene Rechnung tragend, ergibt sich die Anschauung eines digitalen Zwillings als Kombination von verschiedenen digitalen Datenclustern, die während des Lebenszyklus entstehen und entweder der Produkt- oder Prozessebene zugeordnet werden können, sowie jeweils einem Pendant des physischen Zwillings aus der realen Welt gegenübergestellt werden können (Abb. 3.3).

Während die Produktebene des physischen Bauwerks auf der digitalen Seite sehr gut mit statischen BIM- bzw. 3D-Modellen beschrieben werden kann (z. B. Planungsmodell, As-Built Modell) und somit oftmals als ein natürlicher Teil eines digitalen Zwillings wahrgenommen wird (Sacks et al. 2020), ist die Prozessebene als Teil eines ganzheitlichen digitalen Zwillings schwieriger zu fassen, und dass obwohl viele dieser Prozessinformationen heutzutage häufig digital vorliegen. Der Grund hierfür ist wiederum die Heterogenität und die damit verbundene Inkompatibilität der Daten zueinander. Eine technische Möglichkeit zur Integration dieser Daten des digitalen Zwillings wird in Abschn. 3.6 angeführt. Zunächst jedoch werden hier die konzeptionellen Grundlagen des digitalen Zwillings und seine Abgrenzung zur BIM-Methode weiter erörtert.

Betrachtet man in Abb. 3.3 nun die Seite des digitalen Zwillings und die dortigen Datencluster, die sich gemäß einer Erweiterung der konzeptionellen Vorstellung von Sacks et al. (2020) nach „As-designed" und „As-planned" Daten für die Planungsphase, nach „As-built (construction)" und „As-performed" Daten für die Ausführungsphase sowie nach „As-built (operative)" und „As-operated" Daten für die Betriebsphase aufteilen

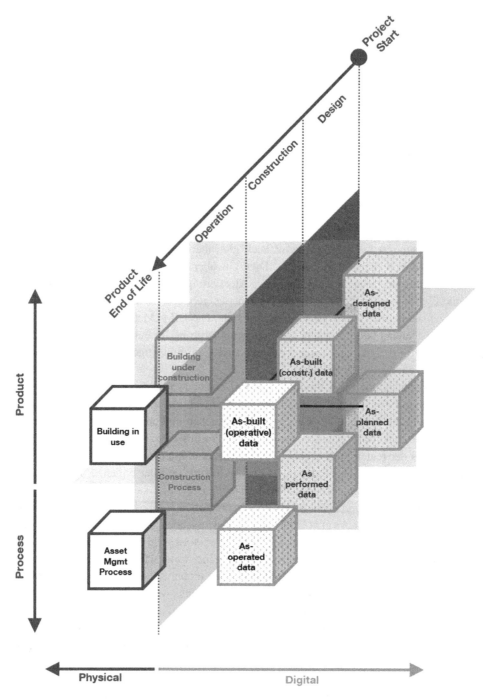

Abb. 3.3 Gegenüberstellung der Datencluster des digitalen Zwillings mit ihren physischen Pendants; Darstellung stellt eine Adaption und Weiterentwicklung von Sacks et al. (2020) dar

lassen, fällt auf, dass eine ganz scharfe Abgrenzung zwischen den Konzepten „BIM" und „digitaler Zwilling" nur schwer möglich ist. Es entsteht ein definitorischer Überlappungsbereich zwischen beiden Konzepten, der je nachdem welche datenerzeugenden Anwendungsfälle man welchem Überbegriff zuschreibt, mehr oder minder groß ausfallen kann.

Dieser Aspekt wird nachfolgend noch tiefer beleuchtet, indem nur die digitale Seite des konzeptionellen Modells aus Abb. 3.3 unter Zuweisung möglicher Anwendungsfälle zu den einzelnen Datenclustern betrachtet wird (Abb. 3.4). Hierzu wird dargestellt welche prinzipiell zum digitalen Zwilling gehörenden Datencluster für die Umsetzung etablierter BIM-Anwendungsfälle verwendet werden können und wo darüber hinaus noch definitorischer Gestaltungsspielraum für weiterführende Anwendungsfälle besteht. Dieser Definitionslücke werden unter Benennung der zur Verfügung stehenden Datencluster sogenannte Digital-Twin (DT)-Anwendungsfälle zugeschrieben, wodurch eine Möglichkeit zur Abgrenzung der Begrifflichkeiten „BIM" und „digitaler Zwilling" offengelegt wird.

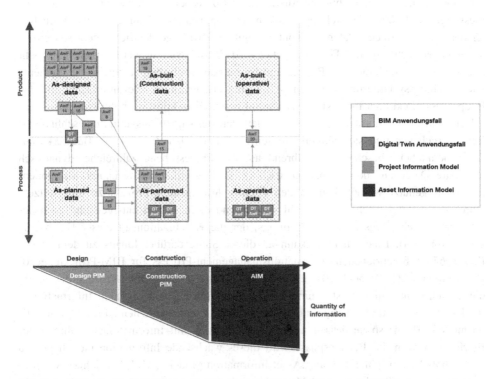

Abb. 3.4 Datencluster des digitalen Zwillings, Adaption von Sacks et al. (2020)

3.4   Die Datencluster des digitalen Zwillings im Detail

Die Aufteilung in Datencluster, die einen digitalen Zwilling bilden, kann wie bereits angesprochen in mehreren Dimensionen erfolgen: Zum einen gibt es die Dimension der Projektphasen Planung, Ausführung und Betrieb. Zum anderen können die Daten, die entlang dieser Projektphasen erzeugt werden dem Bauprodukt, also dem physischen Gebäude selbst, oder seinem Herstellungs –bzw. Betriebsprozess zugeordnet werden (Produkt- vs. Prozessebene). Beispielsweise werden in Anlehnung an Sacks et al. (2020) die 3D- bzw. BIM-Modelle des späteren Bauwerks als „As-designed" Daten bezeichnet, während „As-planned" u. a. eine Bauablaufsimulation beinhalten kann, die die geplanten Ausführungssequenzen mit Bezug auf das zu diesem Zeitpunkt vorhandene BIM-Modell (= „as-designed Produktmodell") visualisiert und mögliche Schwierigkeiten virtuell und damit vor der physischen Ausführung auf der Baustelle aufzeigt. Notwendige Anpassungen werden demnach frühzeitig und kostengünstig möglich.

Während der Ausführung können in der Planungsphase erstellte BIM-Modelle durch tatsächliche „As-built" Modelle, die den gegenwärtigen Ausführungszustand auf der Baustelle widerspiegeln, ersetzt bzw. weiter ausdetailliert werden. „As-performed" Daten hingegen können den tatsächlichen Ausführungsprozess beispielsweise durch Fortschrittsmessungen und Mängelfeststellungen dokumentieren. Darüber hinaus kann der Datencluster der „As-performed" Daten im Kontext digitaler Zwillinge deutlicher gefasst werden, als es gegenwärtig in BIM-Debatten getan wird: Beispielsweise werden mehr und mehr am Bau beteiligte Geräte wie Bagger und Kräne oder auch temporär genutzte Elemente wie Schalungssysteme mit Sensoren ausgestattet und erzeugen relevante Daten, die den Bauprozess direkt oder indirekt weiterführend beschreiben können. In der Nutzungsphase selbst kann ein „as-built (operative)" Modell den tatsächlich ausgeführten, schlussendlich übergebenen und sich aktuell im Betrieb befindenden Zustand des Bauwerks auf der Produktebene beschreiben, während auf der Prozessebene zahlreiche, dynamisch abrufbare Daten aus dem Gebäudebetrieb (z. B. Sensordaten eingebauter Komponenten) dazu genutzt werden können den Facility Management-Prozess zu unterstützen. Durch diese stetig wachsende Anzahl von Datenquellen wächst entsprechend auch der Informationsgehalt des digitalen Zwillings, der die Kombination all dieser Daten darstellt (Abb. 3.4). Eine Analogie kann an dieser Stelle darüber hinaus zu dem in der ISO 19650-1 beschriebenen Informationsmanagement-Prozess für BIM-Projekte gezogen werden (ISO 19650-1 2018). Dieser Informationsmanagement-Prozess beschreibt die „Spielregeln" für eine strukturierte Zusammenführung von digitalen Informationen in der Planungs- und Ausführungsphase zu einem ganzheitlichen „Projektinformationsmodell" (PIM) sowie dessen weitere Anreicherung mit Informationen während der Betriebsphase. In der Betriebsphase wird dieses wachsende Informationsmodell gemäß ISO 19650-1 dann schließlich als „Asset Information Model" (AIM) bezeichnet, welches strategische und alltägliche Asset-Management-Prozesse des Betreibers unterstützen soll.

Dieser Analogie Rechnung tragend werden die Begriffe PIM und AIM sowie die damit einhergehenden Informationszuwächse ebenfalls in Abb. 3.4 dargestellt.

Ein weiterer Bestandteil von Abb. 3.4 ist die differenzierte Betrachtung nach BIM-bzw. DT-Anwendungsfällen, was einem Vorgehen entspricht, dass auch von Delgado und Oyedele (2021) verfolgt wird. Hierzu wurde exemplarisch Bezug auf die BIM-Anwendungsfalldefinitionen nach BIM4Infra2020[2] genommen. Tab. 3.1 benennt diese Anwendungsfälle (AwF) und ordnet diese nach Lebenszyklusphase, Datencluster sowie Produkt- bzw. Prozessebene gemäß Abb. 3.4 ein.

Die Positionierung dieser AwF in Abb. 3.4 soll aufzeigen, welcher Datencluster für die Umsetzung des jeweiligen AwF erforderlich ist bzw. welche Datencluster durch welche AwF mit Daten gespeist werden. Beispielsweise erfordert der AwF 11 („Leistungs-verzeichnis, Ausschreibung und Vergabe") grundsätzlich eine vorhandene Planungsbasis („As-designed" Daten), auf dessen Grundlage Mengen ermittelt und Leistungsverzeich-nisse (LV) erstellt werden können. Ein digitales LV wiederum könnte bei richtiger Strukturierung zur Baufortschrittskontrolle (AwF 15) sowie Abrechnung von Bauleistun-gen (AwF 17) genutzt werden. Liegen gemeinsame und konsistente Datenstrukturen vor, könnte diese gesamte Prozesskette wie bereits zuvor beschrieben automatisiert und damit zeit- und ressourcensparend ablaufen.

Aus der Darstellung in Abb. 3.4 wird zudem deutlich, dass die meisten der referen-zierten BIM-AwF innerhalb der Planungsphase anwendbar sind. Bereits deutlich weniger AwF beziehen sich auf die Ausführungsphase und lediglich ein einziger Anwendungs-fall ist der Betriebsphase zuzurechnen. Je nachdem welche BIM-AwF Definition[3] man zugrunde legt, verschiebt sich diese Häufigkeitsverteilung zwischen diesen drei Grup-pen nur unwesentlich. Der Grundtenor, dass die Mehrheit der AwF in der Planungs- und Bauphase vorzufinden sowie deutlich weniger bzw. wesentlich undifferenziertere AwF-Definitionen für die Betriebsphase existieren, bleibt bestehen. Dies ist in Abb. 3.4 durch die Verortung von DT-AwF im Sinne von Platzhaltern angedeutet. Bei diesen DT-AwF besteht jedoch noch Konkretisierungsbedarf, welcher nicht Gegenstand des Kapitels ist.

Grundsätzlich bietet die durch einen digitalen Zwilling geschaffene Datenbasis die Möglichkeit KI-Anwendungen, die auf großen und strukturierten Datenmengen beruhen, zukünftig verstärkt einzusetzen. Viele Anwendungsfelder sind hierzu noch genauer zu konkretisieren, doch werden bereits jetzt positive Einflüsse auf Aspekte wie zum Beispiel automatisierte Plananpassung, Terminplanoptimierungen, Vorfertigung durch Robotik,

---

[2] BIM4INFRA2020: Umsetzung des „Stufenplans Digitales Planen und Bauen".

[3] Weitere etablierte AwF-Definitionen sind abrufbar unter:

- Masterplan BIM Bundesfernstraßen – Rahmendokument Steckbriefe der Anwendungsfälle V 1.0 (bimdeutschland.de).
- BIM-Anwendungsfälle (deutschebahn.com).

Tab. 3.1 BIM-Anwendungsfälle nach BIM4Infra2020

AwF #	Name Anwendungsfall	Lebenszyklusphase	Datencluster	Dimension
AwF 1	Bestandserfassung	Planung	As-designed	Produkt
AwF 2	Planungsvariantenuntersuchung	Planung	As-designed	Produkt
AwF 3	Visualisierungen	Planung	As-designed	Produkt
AwF 4	Bemessung und Nachweisführung	Planung	As-designed	Produkt
AwF 5	Koordination der Fachgewerke	Planung	As-designed	Produkt
AwF 6	Fortschrittskontrolle der Planung	Planung	As-designed	Prozess
AwF 7	Erstellung von Entwurfs- und Genehmigungsplänen	Planung	As-designed	Produkt
AwF 8	Arbeits- und Gesundheitsschutz: Planung und Prüfung	Planung / Ausführung	As-designed	Prozess
AwF 9	Planungsfreigabe	Planung	As-designed	Produkt
AwF 10	Kostenschätzung und Kostenberechnung	Planung	As-designed	Produkt
AwF 11	Leistungsverzeichnis, Ausschreibung und Vergabe	Planung / Ausführung	As-designed	Prozess
AwF 12	Terminplanung der Ausführung	Planung / Ausführung	As-planned	Prozess
AwF 13	Logistikplanung	Planung / Ausführung	As-planned	Prozess
AwF 14	Erstellung von Ausführungsplänen	Planung	As-designed	Produkt
AwF 15	Baufortschrittskontrolle	Ausführung	As-performed / As-built (construction)	Prozess / Produkt
AwF 16	Änderungsmanagement bei Planungsänderungen	Planung	As-designed	Produkt
AwF 17	Abrechnungen von Bauleistungen	Ausführung	As-performed	Prozess

(Fortsetzung)

Tab. 3.1 (Fortsetzung)

AwF #	Name Anwendungsfall	Lebenszyklusphase	Datencluster	Dimension
AwF 18	Mängelmanagement	Ausführung	As-performed	Prozess
AwF 19	Bauwerksdokumentation	Ausführung	As-built (construction)	Produkt

Arbeitssicherheit, Geräteauswahl, Materialwirtschaft, Ressourceneinsatz oder auch vorausschauender Instandhaltung erwartet (Ly und Xie 2021). Insbesondere durch den bei digitalen Zwillingen oftmals gelegten Fokus auf dynamische Live-Daten, die während der Ausführungs- und Betriebsphase erzeugt werden sowie die explizite Berücksichtigung von sekundären Datenquellen (z. B. durch Baumaschinen erzeugte Daten), ist in diesen Projektphasen eine zukünftige Zunahme von auf digitalen Zwillingen basierenden KI-Anwendungen zu erwarten. Großes Potenzial wird hier auf der einen Seite vor allem bei repetitiven, bekannten und mit wenig Unsicherheiten verbundenen Ausführungsprozessen durch KI-gestützte Robotik und Zunahme der Vorfertigung gesehen (Schober 2020). Auf der anderen Seite werden erhöhte Produktivitätswerte durch ein daten-basiertes und KI-Algorithmen-gesteuertes Management der gesamten Lieferkettensysteme sowie Einkaufs- und Produktionsplanungsprozesse prognostiziert (Schober 2020). Geringere Durchlaufzeiten, eine höhere Versorgungssicherung sowie effizientere Ressourcennutzung mit weniger Verschwendung sind die erwarteten positiven Folgen. Gleichfalls kann davon ausgegangen werden, dass KI-Algorithmen dabei unterstützen werden Aspekte der Qualitätssicherung zu automatisieren, sei es durch automatische Prüfroutinen während der Planung, oder auch durch photogrammetrische Aufnahme- und Auswertungssysteme während der Ausführung.

3.5 Informationszuwachs durch den digitalen Zwilling im Vergleich zu BIM

Durch die aufgezeigte Differenzierung nach Datenclustern, die einen digitalen Zwilling ausbilden können, werden zwei wichtige Wesenszüge des digitalen Zwillings deutlich: Zum einen lässt sich festhalten, dass ein digitaler Zwilling in jeder Projektphase existieren kann, auch dann wenn das Gegenstück aus der realen Welt noch nicht existiert, sondern erst in der Zukunft existieren wird. Oder anders formuliert – auch in der Planungsphase können bereits digitale Zwillinge vorhanden sein. Dieser wird in dieser Phase jedoch zunächst mit Informationen aufgebaut, und entfaltet seine größten Anwendungspotenziale in den nachgelagerten Phasen, da sukzessive mehr Datenquellen berücksichtigt werden können und ein bidirektionaler Informationsaustausch mit dem dann auch vorhandenen physischen Pendant möglich wird.

Zum anderen, gibt es einen definitorischen Überlappungsbereich zwischen den Konzepten „digitaler Zwilling" und „BIM": Während der Abwicklung eines Bauprojekts bis in die Nutzungsphase des fertigen Bauwerks hinein werden eine Vielzahl an Informationen erzeugt, die mit den verschiedensten Projektbeteiligten ausgetauscht und stetig mit weiteren Details angereichert werden. Seien es detailliertere Planungsstadien, Informationen, die während der Ausführung gesammelt werden oder Betriebsdaten der verbauten technischen Gebäudeausrüstung während der Nutzung. Dementsprechend wächst auch der Informationsgehalt eines digitalen Zwillings mit zunehmender Projektdauer und in Abhängigkeit der eingebundenen Datenquellen (Abb. 3.5). In der Praxis stellt sich das Bild dar, dass viele dieser Informationsquellen bereits der BIM-Methodik zugeschrieben werden (z. B. 4D-Modelle). Dies trifft vor allem auf die Planungsphase zu, während viele in der Ausführungs- und Betriebsphase denkbaren, daten-getriebenen Anwendungsfälle gegenwärtig eher dem Begriff des digitalen Zwillings zugeschrieben werden.

Nach dem in diesem Artikel vorgestellten konzeptionellen Modell des digitalen Zwillings, würden jedoch auch sämtliche etablierten BIM-Anwendungsfälle ebenso einem digitalen Zwilling zugeschrieben werden können, wodurch sich je nach betrachteten Anwendungsfällen bzw. Datenquellen eine Deckungsgleichheit der enthaltenen Informationen beider Ansätze einstellen kann.

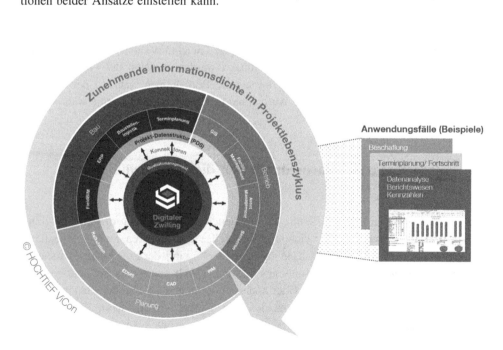

Abb. 3.5 Zunehmende Informationsdichte über den Lebenszyklus (Schumann und Godawa 2021)

Grundsätzlich ist der Begriff des digitalen Zwillings jedoch als etwas weiter gefasst zu verstehen und unterscheidet sich von BIM vor allem durch eine größere Anzahl an potenziellen Datenquellen, die Berücksichtigung finden können. Je früher und je mehr Datenquellen berücksichtigt werden, die über die Definition der etablierten BIM-Anwendungsfälle hinausgehen, desto stärker unterscheidet sich der digitale Zwilling in seinem Informationsgehalt von BIM. Die größten Unterschiede hinsichtlich des Informationsgehalts manifestieren sich unter Zugrundelegung des gegenwärtigen Verständnisses der Baubranche zu den bekannten BIM-Anwendungsfällen daher in der Ausführungs- und Betriebsphase im Vergleich zur Planungsphase.

Darüber hinaus ist dem digitalen Zwilling wie bereits eingangs erwähnt und in Übereinstimmung mit Boje et al. (2020) als weitere Abgrenzung zu BIM die Möglichkeit zum – im Idealfall – bidirektionalen Informationsaustausch zuzuschreiben. Diese Möglichkeit zum bidirektionalen Informationsaustausch wird jedoch nur als hinreichendes und nicht als notwendiges Kriterium für die Existenz des digitalen Zwillings angesehen, um das hier vorgeschlagene Lebenszyklus-übergreifende konzeptionelle Modell nicht zu falsifizieren. Ein bidirektionaler Informationsaustausch während der Planungsphase des digitalen Zwillings mit den de facto zu diesem Zeitpunkt nichtexistenten physischen Pendants ist nämlich nicht möglich. Nichtsdestotrotz kann ein digitaler Zwilling der Planungsphase durch die Kombination verschiedener Datenquellen gesteigertes Wissen vermitteln, welches bei singulärer Betrachtung der Datenquellen möglicherweise verborgen geblieben wäre (z. B. Wissen über die Baubarkeit durch Verknüpfung von Terminplänen mit 3D-Modellen).

Der digitale Zwilling zeichnet sich daher durch seine Offenheit in Bezug auf mögliche Datenquellen und Projektphasen sowie vor allem auch durch die Fähigkeit diese Datenquellen, die in den verschiedensten Anwendungsfällen zum Tragen kommen können, sinnvoll miteinander zu verknüpfen.

Genau an dieser Stelle werden die zuvor beschriebenen Ansätze der Datenintegration relevant. Bei der Datenintegration geht es darum, Daten aus verschiedenen Quellen zu kombinieren und dem Nutzer eine einheitliche Sicht auf diese Daten zu bieten (Lenzerini 2002). Gelingt es also diese digitalen Daten – sowohl BIM-Daten zur Beschreibung des Bauprodukts (z. B. Gebäude) als auch Prozessdaten (z. B. Baufortschrittsmessungen) – in den verschiedenen Phasen des Lebenszyklus sinnvoll miteinander in Bezug zu setzen, nähert man sich einer ganzheitlichen, digitalen und dynamisch veränderlichen Beschreibung des Bauprojekts und damit auch einem „echten" und „vollständigen" digitalen Zwilling an. Die kombinierte Betrachtung der Produkt- und der Prozessebene bringt Wissen mit sich, das bei individueller Betrachtung nicht zu erzielen wäre. „Wissen" kann hier natürlich nur ein relativer Begriff sein und bringt in Abhängigkeit der betrachteten Lebenszyklusphase des digitalen Zwillings Unterschiede hinsichtlich der Verlässlichkeit mit sich.

Dies ist am besten erklärbar, wenn man sich den digitalen Zwilling und seine möglichen Datencluster der Ausführungsphase im Vergleich zur Planungsphase anschaut. In der realen Welt beschreibt das sich im Bau befindende Bauwerk das avisierte Produkt. Der Prozess wird wiederum durch tatsächliche Montage bzw. Herstellungsaktivitäten definiert. Digitale Entsprechungen könnten ein aktuelles „As-Built" BIM-Modell der Ausführung sowie die digitale Erfassung der Montage hinsichtlich des quantitativen Fortschritts sowie Ausführungsmethoden und – qualitäten sein. Die Kombination beider Datencluster (Produkt – und Prozessdaten) in dieser Projektphase führt zu faktischem „Wissen" darüber, ob und wie gut die ursprüngliche Planung hinsichtlich des hergestellten Produktes und der gewählten Ausführungsverfahren und -sequenzen tatsächlich funktioniert. Je öfter solche Daten erfasst, sinnvoll verknüpft und ausgewertet werden, desto realitätsnäher ist die digitale Beschreibung des Status auf der Baustelle und desto frühzeitiger können etwaig notwendig werdende Gegensteuerungsmaßnahmen getroffen werden. Das somit gewonnene Wissen übertrifft das Wissen, das durch den digitalen Zwilling der Planungsphase transportiert wird hinsichtlich der Verlässlichkeit: Eine 4D-Bauablaufsimulation im Gegensatz dazu kann natürlich ebenfalls „Wissen" darüber vermitteln wie gut eine geplante Montagesequenz mit Bezug auf das digitale Modell des Produkts, also dem späteren Bauwerk, in der Theorie funktionieren kann. Dies ist jedoch kein faktisches Wissen, sondern basiert auf den im Modell und in der Simulation definierten Annahmen und Randbedingungen, weshalb Restrisiken nicht zu vermeiden sind. Auch hier könnten bei einer ausreichend vorhandenen Datenbasis KI-Algorithmen zukünftig dabei helfen, die Verlässlichkeit eines solchen „ex-ante" Wissens – also des bereits vor der eigentlichen Ausführung vorhanden Wissens – zu erhöhen.

Sämtliche beispielhaft angeführten Daten bzw. die zugehörigen Datencluster eines digitalen Zwillings haben jedoch eines gemeinsam: Es ist nicht trivial wie man sie zusammenfügt, um tatsächlich übergreifendes Wissen abschöpfen zu können. Mag dies bei einer 4D-Simulation durch ihren in der Praxis relativ weit verbreiteten Einsatz noch durch direkte, manuelle Verlinkung von Terminplanvorgängen zu 3D-Objekten gut vorstellbar sein, so wird diese Vorstellung aus der praktischen Erfahrung heraus für weitere Datenquellen, wie z. B. digitale Bautagebücher, die oft in einem wenig konfigurierbaren Zustand auf dem gegenwärtigen Softwaremarkt zu erwerben sind, schwieriger von der Hand gehen.

Konzepte zur sinnvollen Datenintegration sind daher erforderlich: Durch intelligente Verknüpfungen relevanter Daten und durch Anwendungsfallspezifische Auswertungen mittels interaktiver Dashboards sowie der Möglichkeit zur intuitiven Navigation durch die Daten kann ein digitaler Zwilling entstehen, der sich über den Lebenszyklus hinweg stetig mit Informationen anreichert und dem Nutzer übergreifendes Wissen liefert (Abb. 3.6). Je nach Perspektive und Wichtigkeit, können verschiedene Schwerpunkte hinsichtlich der Informationsdichte in einzelnen Projektphasen und für bestimmte Anwendungsfälle gelegt werden, wobei sich diese je nach zugrunde gelegter Definition von BIM- und DT-Anwendungsfällen inhaltlich überschneiden können.

Ein Blick auf derart integrierte Daten sollte wie angesprochen einfach und unmittelbar zugänglich sein. Für Baufachleute bietet sich daher oftmals die Navigation über ein 3D-Modell an. Aber auch eine ausschließlich daten- und diagrammbasierte Darstellung kann

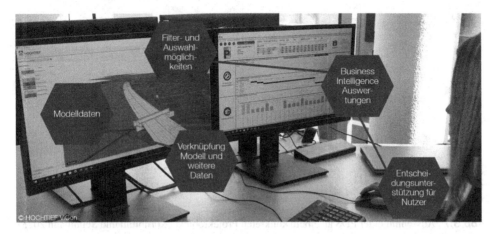

Abb. 3.6 Beispielhafter Blick auf die Informationen im digitalen Zwilling, Screenshot aus HOCH-TIEF ViCon Digital Twin Systemen

sinnvoll sein. Ein Blick auf die Projektdaten innerhalb eines digitalen Zwillings, der 3D-Ansichten mit Daten-Ansichten kombiniert ist in Abb. 3.6 dargestellt.

3.6 Technologische Umsetzung durch gemeinsame Datenstrukturen

Der Aufbau eines solchen digitalen Zwillings wird durch ein systematisches Informations-management unter Anwendung konsistenter Datenstrukturen ermöglicht. Informationsma-nagement beschreibt die Analyse, Spezifikation, Planung und Bereitstellung der für die unternehmerischen Geschäftsprozesse im Bauwesen relevanten digitalen Informationen. Dabei werden Datensilos aufgelöst und ein phasenübergreifendes Datenmanagement eta-bliert. Einmal erzeugte Daten sollen unabhängig vom Autorensystem für verschiedene Prozesse wiederverwendet werden können. Dazu müssen einheitliche Datenstrukturen erzeugt werden, um somit den notwendigen Datenaustausch zwischen den verschiedenen Projektbeteiligten, Projektphasen und IT-Systemen zu ermöglichen.

Die Vernetzung der relevanten Daten basiert also auf dem Prinzip einer gemeinsa-men „Sprache" zwischen den Daten. Bei HOCHTIEF ViCon wird diese Sprache als Projekt-Daten-Struktur, oder kurz PDS bezeichnet. Die PDS beschreibt eine projektspe-zifische Taxonomie zur Klassifizierung von Objekten hinsichtlich verschiedener Aspekte. Die wichtigsten dieser Aspekte werden mit Blick auf ein konkretes Projektobjekt (z. B. eine Stütze) häufig mit den Fragestellungen, wie sie beispielsweise in Abb. 3.7 dargestellt sind, charakterisiert.

Hierbei ist es wichtig zu betonen, dass derartige Fragen üblicherweise auf verschie-denen Detaillierungsebenen beantwortet werden können und sich die PDS demnach

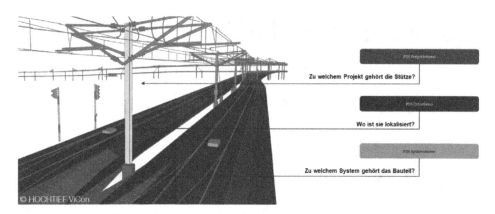

Abb. 3.7 Ausschnitt einer PDS an einem konkreten Projektobjekt (Kornblum und Schumann 2023)

aus einer Kombination verschiedener zum Teil hierarchisch gegliederter Ordnungsstrukturen zusammensetzt. Zu diesen Ordnungsstrukturen können dann beispielsweise eine projektspezifische Standortaufschlüsselung (verbreiteter als engl. „Location Breakdown Structure), in der Praxis verbreitete Klassifikationssysteme für Funktionen und Produkttypen (z. B. UniClass oder Omniclass) oder am Projekt beteiligte Fachdisziplinen sein.

Eine Projektdatenstruktur ist – wie der Name bereits vermuten lässt – in der Regel ein projektspezifisches Ordnungssystem und muss daher von Projekt zu Projekt angepasst werden. Dies gilt insbesondere für den Anteil der Standortaufschlüsselung (z. B. Gebäude → Geschosse → Räume). Es ist jedoch ratsam, möglichst viele Bestandteile der PDS, beispielsweise das funktionale Ordnungssystem, über die Projekte hinweg konstant zu halten, um auch projektübergreifende Auswertungen möglich zu machen. Hierzu kann es zudem sinnvoll sein, sich für derartige Bestandteile der PDS an existierenden und in der Praxis bereits etablierten Klassifikationssystemen zu bedienen, um Anwendungshürden zu reduzieren. Eine Anwendung von Klassifikationssystemen ist in Deutschland – wenn man von den Kostengliederungen nach DIN276 absieht – jedoch wenig verbreitet, bzw. wird nicht Projektphasenübergreifend angewandt. Doch gerade hier würden sich große Möglichkeiten – insbesondere auch für die Programmierung von KI-Algorithmen – ergeben, wenn beispielsweise die in Facility Management Prozessen genutzten funktionalen Objektstrukturen bereits in frühen Planungsphasen und dann durchgehend zur Beschreibung von Projektobjekten genutzt werden würden.

Ist die PDS erst einmal auf Projektebene definiert, ist ihre konsequente Anwendung über relevante Prozesse und Autorensysteme hinweg entscheidend, um bis dato nicht verknüpfte Informationen miteinander in Bezug zu setzen. Konkret geht es darum, dass die Datensätze, die in den jeweiligen Autorensystemen erzeugt werden, bereits vom Autor gemäß der PDS attribuiert werden. Dies können beispielsweise benutzerdefinierte Attribute an 3D-Objekten oder Teile des Namens von Terminplanvorgängen sein. Die PDS stellt demnach ein „Hilfskonstrukt" dar, durch welches die Projektobjekte, die in den verschiedensten Prozessen und auf verschiedenen Abstraktionsebenen über den gesamten Lebenszyklus hinweg erzeugt und indirekt miteinander verknüpft werden (Abb. 3.8).

Neben der klassifizierenden Funktion der PDS und der dadurch möglich werdenden indirekten Verknüpfung ist in Projekten häufig auch eine eindeutige Identifikation von Projektobjekten und somit auch eine direkte Verknüpfung nötig. Ein klassisches Beispiel wäre die Bestellung eines Objektes der technischen Gebäudeausrüstung, wie einer Pumpe. Die Pumpe ist eindeutig über einen Anlagenkennzeichnungsschlüssel klassifizierbar aber auch identifizierbar durch eine fortlaufende Nummer. Wird diese Pumpe bestellt,

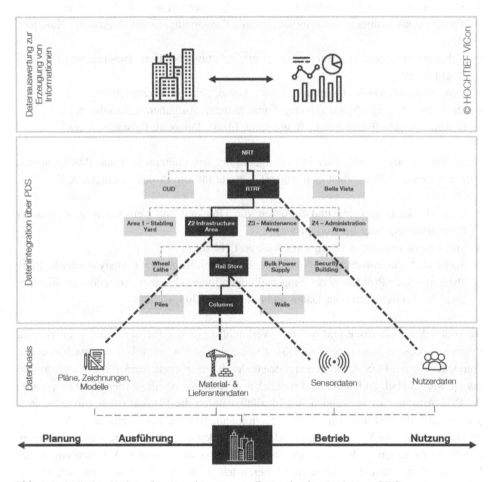

Abb. 3.8 Indirekte Verknüpfung von heterogenen Daten durch gemeinsame PDS

kann diese Pumpe genau einer Bestellung und Bestellposition zugeordnet werden, damit auch einem genau identifizierbaren Lieferanten. Die Wartungsinformationen welche der Lieferant liefert, kann ebenso eindeutig direkt mit der Pumpe verknüpft werden.

Zu den Projektobjekten, für welche konsistente Datenstrukturen zum Aufbau eines digitalen Zwillings benötigt werden, zählen sämtliche Objekte der Prozess- und Produktebene, welche digital während eines Bauprojektes betrachtet und bearbeitet werden. Dabei handelt es sich nicht um neue Objekte, sondern es sind die Dinge und Arbeitsmittel, welche seit je her zur Erledigung der Aufgaben in Bauprojekten benötigt werden. Die Projektobjekte können unter anderem sein:

- Bauobjekte (Wand, Stütze, Decke, Lüftungsleitung, Steckdose, Wegeplatten, Kiesschüttung, Krane, Baucontainer, etc.)
- Materialien (Beton, Stahlbeton, Holz, Asphalt, Beschichtung, Blech, Glas, etc.)
- Terminplanungsobjekte (Terminplan, Terminplanvorgang, Gantt-Diagramm, Kalender, etc.)
- Kalkulationsobjekte (Leistungsverzeichnis, Leistungsposition, Beschreibungen, Aufmaßblatt, etc.)
- Ortsobjekte (Gebäude, Geschoss, Raum, Achse, Schacht, Bauabschnitt, etc.)
- Qualitätssicherungsobjekte (Bautagebuch, Mängel, Aufgaben, Checklisten, etc.)
- Gewerkeobjekte (Fachbereich, Bauobjekte, Firma, Personal, Leistungen, etc.)

Durch die Kennzeichnung aller Projektobjekte mit den einheitlichen und durchgängigen Attributen einer PDS ergeben sich weitere Vorteile für alle Projektbeteiligte, z. B.:

- Einheitliches Gruppieren und Sortieren von Objekten und Leistungen, z. B. bei der Datenerfassung oder im Berichtswesen
- Verknüpfen von neuen Daten mit Objekten/Leistungen
- Suche nach Zusammenhängen in einem bestimmten Kontext zur Analyse oder Klärung übergeordneter Problem- oder Fragestellungen innerhalb eines Anwendungsfalls oder unter Berücksichtigung der Daten mehrerer Anwendungsfälle

Im Hinblick auf sinnvolle und nutzbare Verknüpfungen von Projektobjekten, müssen im Projekt Mindestanforderungen an PDS-Attribute definiert werden. Um eine nachgelagerte Anreicherung mit PDS-Attributen und den dadurch erneut entstehenden Zusatzaufwand so gering wie möglich zu halten, sind möglichst viele native Attribute (der Autorensysteme) als PDS-Attribute zu verwenden. Im Idealfall würden die PDS-Attribute direkt zu Projektbeginn festgelegt und den Autoren zur Implementierung der Attribute zur Verfügung gestellt werden. Die Speicherung der klassifizierenden und identifizierenden Attribute an den Projektobjekten in den Datenquellen ist Voraussetzung für eine Verknüpfung dieser Projektobjekte. Um diese Verknüpfung herzustellen, werden die Daten aus den Datenquellen **E**xtrahiert, gegebenenfalls in ein Zielformat **T**ransfomiert und dann in ein Data

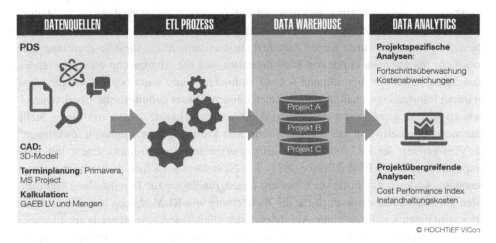

© HOCHTIEF ViCon

Abb. 3.9 Aufbereitung der Quelldaten zur Integration und Auswertung im digitalen Zwilling

Warehouse geLaden (ETL Prozess). Das im Data Warehouse hinterlegte Datenmodell definiert die Art und Weise der Datenverknüpfung und stellt das Verknüpfungsergebnis der Datenanalyse bereit. Informationen der Projektobjekte liegen nicht immer auf der gleichen Detaillierungsebene vor. Je nach relevanter Auswertungsebene müssen Informationen der Projektobjekte auf unterschiedlichen PDS-Ebenen berechnet und aggregiert zur Verfügung gestellt werden (Abb. 3.9).

Die Projektfunktion des Informationsmanagements ist hauptverantwortlich für den Weg der Daten von der Quelle bis zur Auswertung. Das Informationsmanagement ist daher dafür verantwortlich, dass alle relevanten Daten die „gemeinsame Sprache" der PDS beherrschen, und dass Datenflüsse richtig gelenkt werden, um ganzheitliche und prozessübergreifende Analysen möglich zu machen. Der digitale Zwilling ist demnach sowohl ein ständiges Hilfsmittel als auch ein mögliches Endergebnis des strukturierten Informationsmanagements und gleichzeitig die Voraussetzung für zukünftige Anwendungen von KI-Methoden im Bauwesen. Diese werden zusammen mit weiteren digitalen Technologien dabei helfen, die zunehmenden Datenmengen dafür zu nutzen, die Art und Weise wie Bauwerke zukünftig geplant, gebaut und betrieben werden zu verbessern (Abioye et al. 2021).

3.7 Zusammenfassung und Ausblick

Mit diesem Beitrag soll das Potenzial von digitalen Zwillingen für die Bauwirtschaft aufgezeigt, die definitorischen Grundlagen vermittelt sowie die Möglichkeiten zur technischen Umsetzung aufgezeigt werden. Die für den digitalen Zwilling notwendige strukturierte Datenbasis wurde erläutert und zudem erörtert inwiefern diese auch gleichermaßen eine Voraussetzung für die Anwendung von KI-Methoden in der Bauwirtschaft darstellen kann. Es wurde ferner dargelegt, in welchem Maße digitale Zwillinge eine natürliche Weiterentwicklung von BIM darstellen, wo die Abgrenzung zwischen beiden Konzepten zu suchen aber mitunter schwer zu finden ist und wann beide Konzepte sogar in ihrem Informationsgehalt übereinstimmen können. Dieser definitorische Überlappungsbereich wird u. a. auch von der UK BIM Alliance anerkannt, sodass von dieser Stelle kommend beispielsweise bei der Bestellung und Lieferung von „digitalen Zwillingen" die Anwendung der ISO 19650 zum strukturierten Informationsmanagement mit BIM empfohlen wird (UK BIM Alliance 2021). Bei Neubauten wird BIM mehr und mehr zum Standard, wodurch zukünftig noch bessere Datengrundlagen zur Bereitstellung von digitalen Zwillingen und damit auch für die Anwendung von KI-Methoden bestehen werden. Dies wird einen Katalysator zum Abschöpfen des Digitalisierungspotenzials auch jenseits der Planungsphase, also für die Bau- und auch die Betriebsphase zukünftiger Projekte darstellen.

Literatur

Abioye, S. O., Oyedele, L. O., Akanbi, L., Ajayi, A., Delgado, J. M. D., Bilal, M., Akinade, O. O. & Ahmed, A. (2021). Artificial intelligence in the construction industry: A review of present status, opportunities and future challenges. Journal of Building Engineering, 44, 103299.

Boje, C., A. Guerriero, S. Kubicki, and Y. Rezgui (2020): Towards a semantic Construction Digital Twin: Directions for future research. Automation in Construction, 114: 103179. https://doi.org/10.1016/j.autcon.2020.103179.

Delgado, J. M. D., and Oyedele, L. (2021). Digital Twins for the built environment: learning from conceptual and process models in manufacturing. Advanced Engineering Informatics, 49: 101332. https://doi.org/10.1016/j.aei.2021.101332.

EUBIM Task Group. (2017). Handbook for the introduction of Building Information Modelling by the European Public Sector. EUBIM Task Group. http://www.eubim.eu/downloads/EU_BIM_Task_Group_Handbook_FINAL.PDF.

Grieves, M. (2016): Origins of the Digital Twin Concept. https://doi.org/10.13140/RG.2.2.26367.61609.

ISO 19650-1. (2018). ISO 19650 – Organization of information about construction works-- Information management using building information modelling – Part 1: Conceptsand principles. Multiple Publishers. Distributed through American National Standards Institute (ANSI).

Jiang, F., L. Ma, T. Broyd, and K. Chen (2021): Digital twin and its implementations in the civil engineering sector. Automation in Construction, 130: 103838. https://doi.org/10.1016/j.autcon.2021.103838.

Kornblum, W. and Schumann, R. (2023): Digitale Zwillinge ermöglichen fundierte Entscheidungen durch vernetzte Daten. Bautechnik, 100: 198-205. https://doi.org/10.1002/bate.202300022.

Lenzerini, M. (2002). Data Integration: a theoretical perspective. Proceedings of the Twenty-first ACM SIGACT-SIGMOD-SIGART Symposium on Principles of Database Systems, June 3–5, Madison, Wisconsin, USA. https://doi.org/10.1145/543613.543644.

Lv Z. and Xie S. (2021). Artificial intelligence in the digital twins: State of the art, challenges, and future research topics. Digital Twin 2021, 1:12 (https://doi.org/10.12688/digitaltwin.17524.1).

Pasetti Monizza, G.; Benedetti, C.; Matt, D.T. (2018): Parametric and Generative Design techniques in mass-production environments as effective enablers of Industry 4.0 approaches in the Building Industry. Autom. Constr. 2018, 92, 270–285.

Sacks, R.; Brilakis, I.; Pikas, E.; Xie, H. S.; Girolami, M. (2020): Construction with digital twin information systems. Data-Centric Engineering, Vol. 1, 2020. https://doi.org/10.1017/dce.2020.16.

Schumann, R., Godawa, G. (2021). BIM bei HOCHTIEF. In: Borrmann, A., König, M., Koch, C., Beetz, J. (eds) Building Information Modeling. VDI-Buch. Springer Vieweg, Wiesbaden. https://doi.org/10.1007/978-3-658-33361-4_36.

Schober, K.-S. (2020). How to increase efficiency over the entire lifecycle chain. https://www.rolandberger.com/en/Insights/Publications/Artificial-intelligence-in-the-construction-industry.html.

Tuegel, E. J., A. R. Ingraffea, T. G. Eason, and S. M. Spottswood (2011): Reengineering Aircraft Structural Life Prediction Using a Digital Twin. International Journal of Aerospace Engineering, 2011: 1–14. https://doi.org/10.1155/2011/154798.

UK BIM Alliance (2021). BIM and Digital Twins. UK BIM Alliance Positioning Statement. https://www.ukbimalliance.org/wp-content/uploads/2021/06/UKBIMA_BIM_DigitalTwins-2.pdf.

Akzeptanz und Marktdurchdringung von KI in der Bauwirtschaft

Diego Cisterna und Shervin Haghsheno

4.1 Einleitung

Vor der Coronavirus Pandemie verzeichnete der Architectural Engineering and Construction (AEC) Sektor ein Investitionsvolumen von fast 12.000 Mrd. US$ und trug etwa 15 % zum globalen Bruttoinlandsprodukt (BIP) bei (Mazhar und Arain 2015). Trotz Spekulationen über einen möglichen wirtschaftlichen Abschwung – aufgrund der geopolitischen Krisen und Engpässe bei der Rohstoffversorgung in den Jahren nach der Pandemie – wird der Sektor bis 2027 nur in Deutschland voraussichtlich ein Umsatzvolumen von 606,49 Mrd. € mit einer Compound Annual Growth Rate (CAGR) von 5,92 % erreichen (Statista 2022).

Die ständig steigende Nachfrage nach Infrastruktur, Wohnraum, Industrie- und Gewerbeanlagen hat es dem Bausektor ermöglicht, weiter zu wachsen, auch wenn sein Produktivitätsniveau seit mehreren Jahrzehnten stagniert. Das hat sich im Laufe der Jahre zu einer enormen Verschwendung von Ressourcen entwickelt. Verschiedene Gründe, darunter ineffektive Prozesse, unzureichende Technologie und veraltete Methoden, tragen zu dieser stagnierenden Produktivität hierzu bei (Momade et al. 2021).

Es bietet sich jedoch eine mögliche Lösung an. Die Digitalisierung, Industrie 4.0 und der zunehmende Einsatz von Technologien der künstlichen Intelligenz (KI) haben

D. Cisterna (✉) · S. Haghsheno
Institut für Technologie und Management im Baubetrieb (TMB), Karlsruher Institut für Technologie (KIT), Karlsruhe, Deutschland
E-Mail: diego.cisterna@kit.edu

S. Haghsheno
E-Mail: shervin.haghsheno@kit.edu

bereits zu einer Steigerung von Produktivität und Innovation in einer Vielzahl verschiedener Branchen geführt. In der Baubranche ist dieses Phänomen allerdings noch nicht zu beobachten, sodass sich hier noch einiges Potenzial bietet.

Der Übergang zum „Bauen 4.0" wird als entscheidend angesehen, um das Stigma der geringen Produktivität zu durchbrechen (Chui und Mischke 2019). KI ist eine besonders relevante disruptive Technologie für den AEC-Sektor, vor allem angesichts der zahlreichen Möglichkeiten, die sich bieten, wie z. B. die Automatisierung von Prozessen, verbesserte Entscheidungsfindung und Mustererkennung in Daten (Amann und Stachowicz-Stanusch 2020). Obwohl die Einführung von KI in der AEC-Branche nur langsam vorankommt, haben immer mehr etablierte Unternehmen und Start-ups begonnen, Lösungen auf der Grundlage von KI zu entwickeln (Axeleo Capital 2022; CB Insights 2018; CEMEX Ventures 2020; Darko et al. 2020).

Die Digitalisierung des Bausektors ist jedoch eine Herausforderung. Die digitale Landschaft zeichnet sich durch ein hohes Maß an Datenheterogenität und projektspezifischen Datensilos aus. Darüber hinaus können aufkommende Technologien wie KI aufgrund ihres disruptiven Charakters im Vergleich zu anderen Technologien zu größeren Reibungsverlusten oder Ablehnung bei der Implementierung führen.

Um die Chancen einer Produktivitätssteigerung in der Bauindustrie durch die Implementierung und Nutzung von KI zu bewerten, gibt dieses Kapitel einen Überblick über den aktuellen Stand der Einführung dieser Technologie in der Branche.

Zuerst werden die Treiber und Hemmnisse für die Einführung von KI in der Bauindustrie und den damit verbundenen Branchen ermittelt. Die Daten zu den vorherrschenden Faktoren wurden durch die Autoren in einer systematischen Überprüfung von mehr als 100 Studien, Umfragen und Statistiken gesammelt. 35 Dokumente wurden auf Grundlage ihrer Relevanz und Qualität ausgewählt. Sie enthalten die Perspektiven von 36.269 europäischen und nordamerikanischen Unternehmen bezüglich KI in der Baubranche. Mithilfe einer deskriptiven statistischen Analyse wurden die Daten quantifiziert, kategorisiert und zusammengefasst. Es wurden 23 herausragende Faktoren definiert, von denen in der Literatur 15 als Treiber und 21 als Hemmnisse aufgeführt wurden, wobei einige Faktoren in beide Kategorien eingeordnet wurden.

Weiterhin untersucht dieses Kapitel die bestehende Landschaft von Unternehmen, die KI-Lösungen im Bauwesen anbieten und die bereits auf dem Markt etabliert sind. Es werden Chancen und Defizite bei der Nutzung dieser Technologie in der Bauindustrie ermittelt. 236 Technologieunternehmen, die KI-Lösungen für Architektur, Ingenieurwesen und Bauwesen anbieten, wurden anhand von 16 Variablen charakterisiert. Ihr Einfluss auf dem Markt wurde anhand der Anzahl ihrer Social Media Follower (indirektes Maß für die Anzahl der Kunden und Interessenten des Unternehmens) und ihres letzten Jahresumsatzes ermittelt. Es wurden mehrere statistische Analysen durchgeführt, um die Unternehmens- und Softwareattribute zu bestimmen, die die Akzeptanz der KI-Technologie beeinflussen.

4.2 Treiber und Hemmnisse für die Anwendung von KI in der Baubranche

Ziel dieser Untersuchung ist die Durchführung einer statistisch-deskriptiven Analyse, um die vorhandenen Informationen über Treiber und Hemmnisse bei der Einführung von KI im Bausektor und in verwandten Branchen – wie Transport und Logistik – zusammenzufassen. Dadurch können folgenden Fragen beantwortet werden:

- Was sind die Treiber und Hemmnisse für die Digitalisierung und den Einsatz von KI in der Baubranche und verwandten Branchen?
- Welche Trends lassen sich für die zukünftige Entwicklung von KI-Anwendungen in diesen Branchen erkennen?

Bei der Datenerhebung wurden nur Studien berücksichtigt, die sich mit der Digitalisierung im Baugewerbe und ähnlichen Branchen befassen und durch Stichwortsuche in Statistikportalen, akademischen Datenbanken und herkömmlichen Suchmaschinen gefunden wurden.

Es wurden über 100 Quellen analysiert und nur diejenigen ausgewählt, die für das Thema KI relevant erschienen. Insgesamt wurden 216 Faktoren gesammelt und unter Oberbegriffen gruppiert.

Diese identifizierten Faktoren wurden anschließen den beiden Kategorien Treiber und Hemmnis zugeordnet. Einige wurden je nach Ausprägung in beide Kategorien eingeordnet. So war zum Beispiel „unzureichende Rechenleistung für den Einsatz von KI" ein Hemmnis, während „höhere Rechenleistung, die den Einsatz von KI erleichtert" ein Treiber war. Die Treiber und Hemmnisse wurden dann auf Grundlage einer PEST-Analyse[1] in Kategorien eingeteilt, sodass die Daten sowohl aus der spezifischen als auch aus der Makroperspektive analysiert werden konnten.

In einem nachfolgenden Schritt wurden die Daten validiert, um Muster, Trends und Cluster zu erkennen und Verzerrungen zu beseitigen, die vor allem durch die Anzahl der befragten Unternehmen verursacht wurden.

---

[1] Englische Abkürzung für Political, Economical, Socio-Cultural and Technical Aspects. Basierend auf der von Fahey und Narayanan in 1986 entwickelten Methode zur Analyse von Märkten und Unternehmensumfeldern unter Berücksichtigung einer Vielzahl von politischen, wirtschaftlichen, sozialen und technologischen Faktoren.

Die Verteilung der gefundenen Treiber und Hemmnisse wurde zusammengefasst und in drei Dimensionen in den Abb. 4.1 und 4.2 dargestellt.

- Die Spalten in den Diagrammen geben die Anzahl der Studien an, in denen der jeweilige Faktor als Treiber bzw. Hemmnis genannt wurde.
- Einige Studien waren nicht rein theoretisch, sondern basierten auch auf Unternehmensbefragungen, um ihre Ergebnisse zu untermauern. Die gepunktete Linie stellt die Gesamtzahl der durchgeführten Umfragen in allen Studien dieser Kategorie dar.
- Die dritte Dimension sind die im Diagramm verwendeten Farben. Sie zeigen den Anteil der Treiber und Hemmnisse, die den Kategorien Politik (schwarz), Wirtschaft (grün), Soziales (rot) und Technologie (gelb) zugeordnet werden.

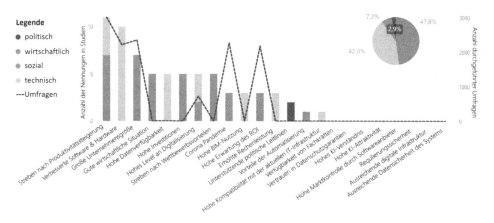

Abb. 4.1 Treiber für den Einsatz von KI im Bauwesen

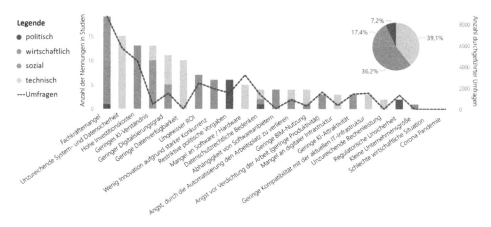

Abb. 4.2 Hemmnisse für den Einsatz von KI im Bauwesen

Treiber für den Einsatz von KI im Bauwesen. Abb. 4.1 zeigt die aggregierten Informationen zu den Faktoren, die eine Implementierung von KI in der Bauindustrie unterstützen. Die Grafik lässt sich anhand der drei zuvor beschriebenen Dimensionen mithilfe eines Beispiels nachvollziehen: Der erste Faktor, das „Streben nach Produktivitätssteigerung", wurde in 11 Veröffentlichungen (linke vertikale Achse) als treibende Kraft identifiziert, indem über 3000 Unternehmen befragt wurden (rechte vertikale Achse).

Die Analyse der Ergebnisse zeigt, dass die am häufigsten genannten Treiber das „Streben nach Produktivitätssteigerung", „verbesserte Software und Hardware" und die „Größe Unternehmensgröße" sind. Diese drei Haupttreiber wurden von einer großen Anzahl der befragten Unternehmen genannt und beeinflussen direkt auch andere Treiber wie „hohe Datenverfügbarkeit" und „hohe Investitionen".

Es ist erwähnenswert, dass die COVID-19-Pandemie einen bedeutenden Einfluss als Treiber hatte. Obwohl sie erst Ende 2020 in den Studien auftauchte, gehörte sie zu den wichtigsten Faktoren, insbesondere im Hinblick auf die hohe Anzahl der befragten Unternehmen.

Aus der PEST-Analyse geht hervor, dass die technischen und wirtschaftlichen Einflussfaktoren dominieren, wobei die letztgenannte Gruppe am häufigsten vertreten ist. Zusammenfassend lässt sich sagen, dass die drei wichtigsten Faktoren von einer großen Anzahl der befragten Unternehmen genannt werden und weitere Faktoren direkt positiv beeinflussen.

Hemmnisse für den Einsatz von KI im Bauwesen. Die in Abb. 4.2 dargestellten Informationen verdeutlichen die Haupthemmnisse bei der Implementierung von KI in der Baubranche. Zu den 3 am häufigsten genannten Hemmnissen gehören der Mangel an Fachkräften, unzureichende Daten- und Systemsicherheit und hohe Investitionskosten.

Im Gegensatz zu den treibenden Faktoren ist es offensichtlich, dass die primären Hemmnisse für die Einführung von KI in der Baubranche im Laufe der Zeit potenziell abgebaut werden können. Dafür gibt es verschiedene Gründe, wie z. B. die durch den Generationswechsel bedingte höhere Anzahl an technikaffinen Fachkräften. Darüber hinaus wird die steigende Marktnachfrage nach KI die Arbeitnehmer dazu bringen, sich neue Fähigkeiten und Kenntnisse in diesem Bereich anzueignen, sodass die Anzahl ausgebildeter Experten zunehmen wird. Außerdem werden die Marktkräfte Anreize für Investitionen in KI schaffen, und somit die Hemmnisse weiter reduzieren.

Bei der Analyse der Hemmnisse anhand der PEST-Kategorien spielen technische und wirtschaftliche Faktoren weiterhin eine dominierende Rolle. Im Vergleich zu den identifizierten Treibern, ist jedoch bei den Hemmnissen die technische Kategorie stärker ausgeprägt als die wirtschaftliche Kategorie und der Einfluss der sozialen Faktoren hat deutlich zugenommen. Zu diesen sozialen Faktoren gehören kulturelle, rechtliche und ökologische Überlegungen, die sich auf die Einführung von KI in der Baubranche auswirken können.

Allerdings sollte erwähnt werden, dass sich Forschungen perspektivisch nicht nur auf deskriptive Statistiken stützen sollten. Stattdessen sollten inferenzstatistische Tests sowie die Einbeziehung zusätzlicher Stichproben aus anderen Regionen in Betracht gezogen werden.

4.3   Status Quo des Markts von KI im Bausektor

Die Analyse der Treiber und Hemmnissen für den Einsatz von KI im Bausektor gibt einen Überblick über die externen Faktoren, die den aktuellen Stand dieser Technologie in der Branche bestimmen. Auf diese Weise lässt sich auch ermitteln, wie sich die Nutzung von KI in Zukunft weiterentwickeln wird.

Ergänzend zu dieser Untersuchung kann man sich auch interne Faktoren der Unternehmen ansehen, die diese Technologie entwickeln und nutzen.

Wie bereits erwähnt, ist die Verbreitung von KI im Bausektor noch gering. Nimmt man jedoch eine globale Analyse vor, lassen sich 236 Technologieunternehmen unterschiedlicher Größe und unterschiedlichen Alters identifizieren, die KI im Bausektor anbieten. Die untersuchten Unternehmen bieten unter anderem KI-basierte Lösungen für Anwendungsbereiche wie Gefahren- und Risikoabschätzung, Vorhersage der Projektentwicklung, Verfolgung von Arbeitskräften durch Computer Vision und Maschinenautomatisierung.

Außerdem wächst dieser Markt stark, da immer mehr Unternehmen gegründet werden oder in diese neue Technologie einsteigen. Aus diesem Grund ist es relevant, die Merkmale dieser Unternehmen zu untersuchen (z. B. Größe, Alter, Geschäftsmodell usw.) und diese mit der Art der KI-Nutzung, die sie anbieten, zu vergleichen. Die Suche nach Korrelationen mit Metriken wie Umsatz und Anzahl der Kunden ermöglicht eine quantitative Aussage zu Marktdurchdringung (siehe Abb. 4.3).

Um die verschiedenen KI-Technologien zu gruppieren, wurden keine herkömmlichen Klassifizierungen auf Grundlage ihrer Technologie (z. B. Computer Vision, Natural

Abb. 4.3 Konzeptioneller Rahmen der Studie auf der Grundlage von Geschäftsmerkmalen und wichtigen KI-Lösungen und -Anwendungen

Language Processing usw.) verwendet. Stattdessen wurde die KI nach Nutzungsgraden geordnet, da diese Technologien mit unterschiedlichen Komplexitätsgraden verwendet werden können.

Dafür wurden die folgenden Kategorien definiert:

(1) **Unstrukturierte Dateninterpretation,** die KI-Lösungen wie die Verarbeitung natürlicher Sprache und Computer Vision umfasst und durch die Verwendung unstrukturierter Informationen wie Text, Bilder und Videos gekennzeichnet ist, um durch deren Interpretation strukturierte Daten zu generieren.

(2) **Strukturierte Datenerweiterung,** die KI-Lösungen aus dem Bereich Data Science umfasst, die maschinelles Lernen einsetzen, um neue Informationen auf der Grundlage strukturierter und unstrukturierter Daten zu gewinnen.

(3) **Unterstützte Entscheidungsfindung,** die KI-Lösungen auf der Grundlage von trainierten Expertensystemen und Modellen umfasst, die aus Big Data Schlüsse ziehen, Vorhersagen treffen und Entscheidungen empfehlen können.

(4) **Prozessautomatisierung,** die KI-Lösungen wie Robotik und generatives Design umfasst, die Teile der vorangegangenen Gruppen integrieren, um Lösungen zu liefern, die physische, konzeptionelle oder verwaltungstechnische Vorgänge automatisch durchführen.

Diese Nutzungsgrade gehen von geringer zu hoher Komplexität. Dies wird in Abb. 4.4 erläutert. In diesem Diagramm nimmt der Grad an Komplexität der technologischen Implementierung im Uhrzeigersinn zu, wobei jede Kategorie auf die vorherige Kategorie zurückgreifen kann. Zum Beispiel würde eine Lösung, die einen Roboter zur Ausführung einer Aufgabe einsetzt, in die komplexeste Kategorie (Prozessautomatisierung) eingestuft werden. Dies lässt sich damit begründen, dass die Robotertechnologie zur Ausführung ihrer Lösung die Objekterkennung mit Computer Vision („Kategorie 1") nutzen kann, um ihre Umgebung zu erkennen, aus den gewonnenen Daten lernen („Kategorie 2") und ihre eigenen Entscheidungen treffen kann („Kategorie 3"), um einen vollautomatischen Prozess auszuführen („Kategorie 4").

Ein weiteres wichtiges Merkmal der untersuchten ConTech[2]-Unternehmen, die KI einsetzen, war die Art des verwendeten Geschäftsmodells. Das Konzept des Geschäftsmodells ist nicht standardisiert und wird häufig falsch interpretiert, wie mehrere Wissenschaftler bestätigen (DaSilva und Trkman 2012; Jensen 2014).

Im Rahmen dieser Studie wurde die Definition von Shafer et al. (2005) übernommen. Diese besagt, dass ein Geschäftsmodell die wesentlichen Strategien und Entscheidungen eines Unternehmens zur Schaffung und Erhaltung von Werten innerhalb eines Wertschöpfungsnetzwerks darstellt. Die Kernlogik und die Strategien der Unternehmen wurden dann mithilfe des St. Galler Business Model Navigators (Hoffmann et al. 2016) klassifiziert

---

[2] Englische Abkürzung von Construction Technology: Unternehmen, die technologische Lösungen für die Baubranche anbieten.

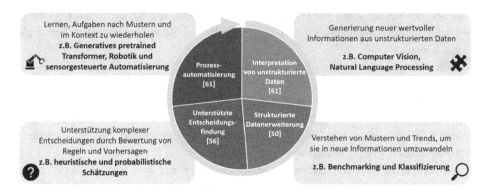

Abb. 4.4 Hemmnisse für den Einsatz von KI im Bauwesen

und in die Kategorien Cloud-Service[3] (Sowmya et al. 2014) oder On-Premises[4]-Software eingeteilt, wie in Tab. 4.1 dargestellt.

Um die Größe der Unternehmen zu erfassen, wurden der Jahresumsatz und die Anzahl der Mitarbeiter als Grundlage für die Klassifizierung auf Basis der Einteilung der Europäischen Kommission in Kleinst-, kleine, mittlere und große Unternehmen (KMU) herangezogen (siehe Tab. 4.2). Daraus ergaben sich vier Mitarbeitergruppen und vier Unternehmensgrößengruppen.

4.4 Marktdurchdringung von KI in der Bauindustrie

Die Ergebnisse zeigten eine Korrelation zwischen Marktdurchdringungsmetriken wie der Anzahl der Follower (indirektes Maß für die Anzahl der Kunden und Interessenten) und dem letzten Umsatz des Unternehmens mit den meisten Unternehmensattributen. Wie in Tab. 4.3 dargestellt, wirkten sich alle deskriptiven Variablen mit Ausnahme der KI-Nutzung mit einem Konfidenzniveau von 99 % auf mindestens eine der Marktdurchdringungsmetriken (Anzahl der Follower und Umsatz) aus. Außerdem erklärte das Geschäftsmodell den Unterschied bei der Anzahl der Follower mit einem Konfidenzniveau von 95 % und die Region erklärte den Umsatz mit einem Konfidenzniveau von 90 %.

Die KI-Nutzung ist gleichmäßig verteilt und wie bereits erwähnt, sind die Trends trotz scheinbarer Unterschiede bei der KI-Nutzung nach Anzahl der Unternehmen, Follower und Umsatz statistisch nicht signifikant.

Nichtsdestotrotz zeigen die höheren Umsätze und die durchschnittliche Anzahl der Follower bei der unterstützten Entscheidungsfindung und der Prozessautomatisierung

---

[3] Besteht aus den Modellen Software as a Service (SaaS), Hardware as a Service (HaaS) und Platform as a Service (PaaS).

[4] Ins Deutsche übersetz wie Lokal, vor Ort oder in eigener Umgebung. Bezeichnet ein Nutzungs- und Lizenzmodell für serverbasierte Software.

Tab. 4.1 Kategorisierung der Geschäftsmodelle

Geschäftsmodell (GM)	St. Galler Geschäftsmodell Navigator Definition	GM-Gruppe
Software-as-a-Service	Softwareanwendungen werden über das Internet angeboten (z. B. Projektmanagement-Software)	Software-as-a-Service (SaaS) [116]
E-Commerce	Dienstleistungen werden über Online-Kanäle angeboten (z. B. Business-to-Business-Plattformen)	Platform-as-a Service (PaaS) [34]
Digitalisierung	Bestehende Produkte oder Dienstleistungen werden in einer digitalen Variante angeboten (z. B. Smart-Home-Lösungen)	Hardware-as-a-Service (HaaS) [56]
Sensor-as-a-Service	Dienste, die durch den Einsatz von Sensoren ermöglicht werden (z. B. sensorgestützte Datenerfassung)	
Virtualisierung	Nachahmung eines traditionell physischen Prozesses in einer virtuellen Umgebung (z. B. VR/AR zur Unterstützung der Bausaufführungsplanung)	On-Premises-Software (OPS) [30]
Lösungsanbieter	Gesamtlösung aus integrierten Produkt- und Dienstleistungsangeboten	

[#] Anzahl der Unternehmen.

Tab. 4.2 Unternehmensgrößenklassifizierung nach der Europäischen Kommission. (basierend auf der Darstellung „KMU-Definition der Europäischen Kommission" (Institut für Mittelstandforschung 2005)

Umsatzgrößenklassen	Mitarbeitergrößenklassen (Anzahl der Mitarbeiter)			
	0-9	10-49	50-249	250+
bis zu 2 Mio. € (m)				
Mehr als € 2 Mio. - € 10 Mio.				
Mehr als € 10 Mio. - € 50 Mio.				
Mehr als 50 Mio. €				

☐ Kleinstunternehmen
▨ Kleine Unternehmen (ohne Kleinstunternehmen)
▨ Mittlere Unternehmen (ohne Kleinst- und Kleinunternehmen)

▨ Keine KMU

KMU: bis 249 Beschäftigte und bis 50 Mio. € Umsatz/Jahr (Europäischen Kommission 2003)

Tab. 4.3 Statistische Signifikanz der Unternehmensmerkmale

Nominale Variable	Anzahl Kategorien	Follower (p-Wert)	Umsatz (p-Wert)
Region	3	0	0.063**
Anzahl Mitarbeiter	4	0	0
Alter des Unternehmens	5	0	0
Größe des Unternehmens	4	0	0
Geschäftsmodell	4	0.045*	0.007
Unterstützte Bauphase	4	0.008	0.003
AI-Nutzung	4	0.673	0.822

* Statistisch signifikant bei einem Konfidenzniveau von 95 %
** Statistisch signifikant bei einem Konfidenzniveau von 90 %

Tab. 4.4 Vergleich der KI-Nutzung nach Follower und Umsatz

KI-Nutzung	Anzahl Unternehmen	Follower	Umsatz
Interpretation von unstrukturierten Daten	61	10.285	$497M
Strukturierte Datenerweiterung	50	26.999	$170M
Unterstützte Entscheidungsfindung	56	135.607	$816M
Prozessautomatisierung	61	667.050	$7464M

zumindest, dass sich die großen Unternehmen auf fortgeschrittenere KI-Anwendungen konzentrieren (siehe Abb. 4.4).

In Bezug auf die Geschäftsmodelle zeigt die Korrelation mit dem Unternehmensumsatz und der Anzahl der Unternehmenskunden, dass das PaaS-Geschäftsmodell die höchste Marktdurchdringung aufweist. Das Diagramm in logarithmischem Maßstab in Abb. 4.5 zeigt, dass die Dominanz dieses Geschäftsmodells exponentiell höher ist als die der anderen Modelle.

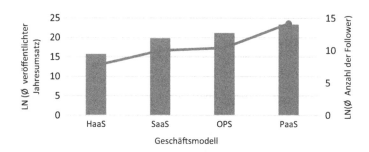

Abb. 4.5 Vergleich der Marktdurchdringung nach Geschäftsmodell

Tab. 4.5 Vergleich von Geschäftsmodellen nach Lebensdauer des Unternehmens

Unternehmensalter	OPS (%)	HaaS (%)	SaaS (%)	PaaS (%)
Weniger als 3 Jahre	16,2	**13,5**	**59,5**	10,8
3 bis 6 Jahre	7,1	**34,3**	**46,5**	12,1
7 bis 10 Jahre	10,2	**24,5**	**55,1**	10,2
10 bis 22 Jahre	19,2	15,4	**42,3**	**23,1**
Über 22 Jahre	28,0	4,0	**40,0**	**28,0**

Ein Vergleich des Geschäftsmodells mit der Lebensdauer der Unternehmen zeigt auf, dass sowohl neue als auch etablierte Unternehmen Geschäftsmodellansätze aus dem gesamten Spektrum übernommen haben. Dies wird durch die in Tab. 4.5 gezeigte relativ gleichmäßige Verteilung der verwendeten Geschäftsmodelle in der Unternehmensstichprobe gerechtfertigt.

Das SaaS-Modell war das am häufigsten verwendete Geschäftsmodell. Es wurde in 40 % der Unternehmen, die älter als 22 Jahre sind und in 60 % der Unternehmen, die jünger als drei Jahre sind, verwendet. On-Premises-Software (OPS) und Plattform-as-a-Service (PaaS) haben eine größere Bedeutung in Unternehmen, die älter als 10 Jahre und insbesondere älter als 22 Jahre sind.

Aus diesen Ergebnissen lassen sich zwei Schlussfolgerungen ziehen: Erstens bevorzugen neue Akteure SaaS und HaaS gegenüber traditionellen OPS-Lösungen. Zweitens scheinen ältere, gut etablierte Unternehmen traditionelle OPS-Lösungen in PaaS-Geschäftsmodelle umzuwandeln. Das PaaS-Geschäftsmodell erfordert höhere Kosten und eine komplexere IT-Infrastruktur, die sich kleine Unternehmen nur schwer leisten können.

In diesem Zusammenhang zeigt Tab. 4.6, dass Start-ups SaaS und HaaS bevorzugen. Die Tabelle zeigt die Verteilung der bevorzugten Geschäftsmodelle nach Unternehmensgröße. Ein Drittel (33 %) der 236 untersuchten Lösungen waren SaaS, die von Kleinst- und Kleinstunternehmen angeboten wurden. Das ist doppelt so viel wie die Anzahl der Angebote von mittleren und großen Organisationen und gleich viel wie alle Lösungen von mittleren und großen Unternehmen (ebenfalls 33 %).

Tab. 4.6 Vergleich von Geschäftsmodell nach Unternehmensgröße (Umsatz)

Geschäftsmodell	**Kleinste (%)**	**Kleine (%)**	Mittlere (%)	Große (%)	Gesamt (%)
OPS	3	5	1	4	13
HaaS	**6**	**14**	4	1	24
SaaS	**14**	**19**	8	8	**49**
PaaS	3	5	3	4	14

Tab. 4.7 Hardware-Anforderungen bei verschiedenen Unternehmensgrößen

Unternehmensgroße	Keine Hardware benötigt (%)	Spezielle Hardware benötigt (%)
Kleinste	38,33	**61,67**
Kleine	42,00	**58,00**
Mittlere	**62,16**	37,84
Große	**69,23**	30,77
Gesamt	48,73	51,27

Im Falle von HaaS bieten Kleinst- und Kleinstunternehmen viermal so viele Lösungen an wie mittlere und große Unternehmen, obwohl die Anzahl der OPS- und PaaS-Optionen im Allgemeinen über alle Unternehmensgrößen hinweg vergleichbar ist.

Da HaaS nach SaaS das Geschäftsmodell mit der größten Präsenz ist, lohnt sich hier eine genauere Untersuchung. Tab. 4.7 bestätigt, dass sich junge Unternehmen für dieses Geschäftsmodell entscheiden.

Obwohl diese Anforderungen im Wesentlichen gleichmäßig über die gesamte Stichprobe verteilt waren, hatten über 60 % der Kleinst- und Kleinunternehmen spezifische Hardwareanforderungen, während fast 65 % der mittleren und großen Unternehmen KI-Lösungen einsetzten, die keine zusätzliche Hardware benötigten.

Bei einer genaueren Untersuchung der eingesetzten Arten von Hardware zeigt die inferenzstatistische Analyse, dass von den neun in dieser Studie definierten Hardwaretypen sechs Typen mit mindestens 90 % Konfidenz die Unterschiede bei der Anzahl der Follower und dem Umsatz erklären (siehe Tab. 4.8). Es ist also möglich, wichtige Trends und Chancen zu erkennen, indem man Organisationen und Lösungen anhand dieser Merkmale vergleicht.

Die Analyse des Datensatzes nach Regionen lässt die Schlussfolgerung zu, dass diese entscheidend sind und sich in Nordamerika die am besten etablierten Akteure konzentrieren.

Tab. 4.8 Statistische Signifikanz der Attribute von KI-Lösungen

Merkmal der KI-Lösung	Follower (p-Wert)	Umsatz (p-Wert)
Computer- oder Webanwendungen	0.000	0.016*
Mobile Anwendungen	0.029*	0.016*
Bedarf an Kameras	0.013*	0.092**
Bedarf an Drohnen	0.020*	0.034*
Bedarf an Sensoren oder Scannern	0.009	0.060**
Bedarf an IoT-Netzen	0.029*	0.016*

[*] Statistisch signifikant bei einem Konfidenzniveau von 95 %
[**] Statistisch signifikant bei einem Konfidenzniveau von 90 %

Tab. 4.9 Vergleich der Ergebnisse nach Regionen

Attribut	Nord-Amerika	Europa	Andere Regionen
% (insgesamt) der Unternehmen	**42.8**	36.0	21.2
% (insgesamt) der Follower	**90.7**	8.7	0.6
% (insgesamt) des Umsatzes	**85.7**	4.9	9.4
Durchschnittliche Anzahl von Follower	**456.015**	52.073	6494
Durchschnittlicher Umsatz	**$3755M**	$269M	$1994M
% (in Kategorie) Unternehmensalter < 6 Jahre	50.5	**55.3**	**76.0**
% (in Kategorie) kleinste und kleine Unternehmen	57.3	**71.8**	**82.0**
% (in Kategorie) große Unternehmen	**21.8**	17.7	4.0

Was den Vergleich zwischen Neueinsteigern und etablierten Unternehmen angeht, so ergab die Stichprobe, dass 57,6 % der Unternehmen weniger als sechs Jahre alt waren und 42 % der Stichprobe bereits seit drei bis sechs Jahren existierten. Außerdem handelte es sich bei 67,8 % der Stichprobe um Klein- (42,4 %) und Kleinstunternehmen (25,4 %) wobei 69,5 % weniger als 50 Beschäftigte hatten. Dies bestätig die Schlussfolgerung, dass sich KI-Lösungen für die AEC in den letzten Jahren erheblich weiterentwickelt und eine beträchtliche Anzahl neuer Marktteilnehmer angezogen haben. Tab. 4.9 zeigt jedoch mit zusätzlichen aggregierten Daten, dass diese neuen Akteure nicht gleichmäßig über die Regionen verteilt sind.

Sie zeigt auch, dass große, ältere und gut etablierte nordamerikanische Unternehmen ein exponentiell größeres Marktdurchdringungspotenzial haben.

Es wird darauf hingewiesen, dass sprachliche Hemmnisse die Erhebung von Daten aus bestimmten Regionen, wie z. B. Asien, beeinflusst und behindert haben könnten. Daher können die hier beschriebenen Ergebnisse als Ergänzung zu ähnlichen Studien dienen, die in anderen Kontexten durchgeführt wurden.

4.5 Zusammenfassung

Zusammenfassend lässt sich sagen, dass der Einsatz von Künstlicher Intelligenz im Baugewerbe noch in einem frühen Stadium ist, aber ein großes Wachstumspotenzial aufweist.

Was die Analyse der Treiber und Hemmnisse angeht, so sind die Suche nach höherer Produktivität und die Verbesserung von Soft- und Hardware die wichtigsten Treiber für die Einführung von KI. Der Mangel an qualifizierten Arbeitskräften und die unzureichende Sicherheit von Systemen und Daten stellen hingegen die größten Hemmnisse dar, die es zu überwinden gilt.

Aus einer Makroperspektive betrachtet, sind die meisten Treiber und Hemmnisse auf wirtschaftliche und technologische Faktoren zurückzuführen. Soziale Einflüsse überwiegen nur in der Gruppe der Hemmnisse, z. B. Fachkräftemangel oder geringes KI-Verständnis. Es ist wichtig anzumerken, dass politische Faktoren in den vorgestellten Kreisdiagrammen unterrepräsentiert sind, was auf Verbesserungsmöglichkeiten in diesem Bereich hinweist. Gesetze und Richtlinien können ein wichtiges Instrument darstellen, um die Einführung von KI voranzutreiben, allerdings es sollte verhindert werden, dass sie zu Hemmnissen werden.

Letztendlich folgt die KI im Baugewerbe einem positiven Kreislauf, der ihre Treiber weiter fördern und ihre Hemmnisse abbauen könnte. Die Aussichten für den Einsatz von KI im Baugewerbe sind gut, da der Faktor „Streben nach Produktivitätssteigerung" eine Priorität für die Branche bleiben dürfte. Dies wird die Einführung von KI vorantreiben und dadurch die Investitionen in KI erhöhen. Es ist auch sehr wahrscheinlich, dass sich die technische Leistungsfähigkeit von Software und Hardware verbessert und bezahlbarer werden wird. Die gesteigerte Produktivität wird Unternehmen wachsen lassen und Technologietrends auf dem gesamten Markt hervorbringen – so wie es Apple mit der Einführung von Touchscreens in Mobiltelefonen und Tesla mit elektrischen und autonomen Fahrzeugen vorgemacht haben. Diese Aspekte werden mehr Menschen dazu bringen sich auf KI zu spezialisieren, was dem Fachkräftemangel entgegen wirkt und dadurch wiederum ermöglicht, mehr KI-Lösungen für die Industrie anzubieten, wodurch dieser positive Kreislauf von Neuem beginnt.

Die Analyse zur Ermittlung von Trends, Lücken und Chancen beim Einsatz von KI in der AEC zeigt eine Korrelation zwischen der Technologieeinführung und Faktoren wie Unternehmensstandort, Alter, Größe, Geschäftsmodell und Technologietyp. Im Einzelnen führten die inferenz- und deskriptiven statistischen Analysen dieser Variablen zu vier wesentlichen Schlussfolgerungen:

1. Obwohl unter den etablierten Akteuren hauptsächlich Unternehmen aus Nordamerika vertreten sind, haben Europa und andere Regionen in den letzten Jahren eine beträchtliche Anzahl neuer Angebote hervorgebracht, die etwa 57 % der Stichprobe ausmachen.
2. Das bevorzugte Geschäftsmodell in der Stichprobe ist SaaS, besonders bei Start-ups. Dagegen scheinen sich PaaS- und OPS-Modelle vor allem bei etablierten Unternehmen zu konzentrieren.
3. Haben HaaS-Lösungen in den letzten Jahren erheblich zugenommen denn die Hälfte der Stichprobe hat spezielle Hardwareanforderungen. 60 % der Kleinst- und Kleinunternehmen verwenden spezielle Hardware für HaaS-Lösungen, verglichen mit weniger als 36 % bei mittleren und großen Anbietern.
4. Die Nutzung von KI ist gleichmäßig über die Unternehmen verteilt. Aufstrebende Marktteilnehmer geben der Datenerweiterung durch „strukturierte und unstrukturierte

Verarbeitungsmodelle" den Vorzug, während Lösungen zur „Entscheidungsunterstützung und Prozessautomatisierung" eher für etablierte Unternehmen interessant zu sein scheinen.

Im Allgemeinen bieten die externen Faktoren, die den Kontext für die Umsetzung von KI im Baubereich bilden, ein positives und potenziell vorteilhaftes Klima für die weitere Entwicklung dieser Technologie innerhalb der Branche.

Ebenso zeigt die Analyse der internen Faktoren der Unternehmen, die diese Technologie bereits auf dem Markt positioniert haben, dass diese Umgebung die notwendigen Voraussetzungen für das Entstehen neuer, auf KI spezialisierter Unternehmen bietet. Außerdem zeigt sich, dass sowohl neuen als auch bestehenden Unternehmen die Technologie in der Bauindustrie anwenden wollen.

Und obwohl Nordamerika bei der Einführung dieser Technologie führend ist, sind andere Regionen dabei aufzuholen.

Es wird erwartet, dass sich der Einsatz von KI im Bauwesen in Zukunft weiter ausbreiten wird, vor allem im Rahmen von SaaS-Geschäftsmodellen. Die Verbesserung der auf dem Markt erhältlichen Hardware wurde als eine der wichtigsten Treiber für die Einführung von KI identifiziert. Und auch in der Marktanalyse wurde das HaaS-Geschäftsmodell als wichtige potenzielle Marktchance identifiziert. Dies betrifft insbesondere kleine Unternehmen, die nicht mit großen Unternehmen – die PaaS-basierte Geschäftsmodelle implementieren – konkurrieren können.

Auch die begrenzte Verfügbarkeit von Daten wurde in der herangezogenen Literatur häufig als Hemmnis genannt. Die vorliegende Untersuchung hat jedoch gezeigt, dass dieses Hemmnis in Zukunft vermutlich an Bedeutung verlieren wird. Dies lässt sich damit begründen, dass neue ConTech-Unternehmen sich auf den Einsatz von KI-Ansätzen zur Generierung, Strukturierung und Verbesserung von Daten konzentrieren. Ihr Wachstumspotenzial hängt in hohem Maße vom Qualität und Menge der generierten Daten ab und es ist sehr wahrscheinlich, dass Daten in Zukunft immer verfügbarer, relevanter und wertvoller werden.

Die in diesem Kapitel vorgestellte Forschung ist eng mit technologischer Innovation verbunden, was sich sehr dynamisch entwickelt. Täglich kommen neue Anwendungen auf den Markt, während andere scheitern und vom Markt verschwinden. Daher sind die erstellten Datenbanken schnell veraltet, was die größte Einschränkung dieser Studien darstellt. Zukünftige Forschungen könnten neue Datenquellen identifizieren, bestehende Datenbanken überarbeiten und neue statistische Auswertungen durchführen, um eventuelle neue Zusammenhänge zu ermitteln.

Literatur

Amann, W. & Stachowicz-Stanusch, A. (Hrsg.). (2020). *Artificial intelligence and its impact on business* (Contemporary perspectives in corporate social performance and policy). Charlotte: Information Age Publishing Inc.

Axeleo Capital. (2022). Discover the 2nd edition of the „Proptech & Contech Index" by AXC & RENT. https://www.axc.vc/blog-posts/discover-the-2nd-edition-of-the-proptech-contech-index-by-axc-rent. Zugegriffen: 3. April 2023.

CB Insights, J. R. (2018). The state of construction technology. https://jll.postclickmarketing.com/construction-technology. Zugegriffen: 4. März 2023.

CEMEX Ventures. (2020). The participation of ConTech startups increases by 30%, making it the biggest Competition in the construction industry. www.cemexventures.com/the-participation-of-contech-startups-increases-by-30-making-it-the-biggest-competition-in-the-construction-industry/. Zugegriffen: 4. März 2023.

Chui, M. & Mischke, J. (2019). The impact and opportunities of automation in construction. *Voices. Global Infrastructure Initiative,* 5. www.mckinsey.com/~/media/mckinsey/business%20functions/operations/our%20insights/the%20impact%20and%20opportunities%20of%20automation%20in%20construction/the-impact-and-opportunities-of-automation-in-construction.pdf?shouldIndex=false. Zugegriffen: 30. Mai 2021.

Darko, A., Chan, A. P., Adabre, M. A., Edwards, D. J., Hosseini, M. R. & Ameyaw, E. E. (2020). Artificial intelligence in the AEC industry: Scientometric analysis and visualization of research activities. *Automation in Construction 112,* 103081. https://doi.org/10.1016/j.autcon.2020.103081.

DaSilva, C. M. & Trkman, P. (2012). Business Model: What it is and What it is Not. *SSRN Electronic Journal.* https://doi.org/10.2139/ssrn.2181113.

Europäischen Kommission. (2003). Empfehlung der Kommission vom 6. Mai 2003 betreffend die Definition der Kleinstunternehmen sowie der kleinen und mittleren Unternehmen (Text von Bedeutung für den EWR) (Bekannt gegeben unter Aktenzeichen K(2003) 1422) (Amtsblatt Nr. L 124). https://eur-lex.europa.eu/legal-content/DE/TXT/HTML/?uri=CELEX:32003H0361&from=EN.

Fahey, L. & Narayanan, V. (1986). *Macroenvironmental analysis for strategic management* (The West series in strategic management, 1986: 1). St. Paul, Minn.: West.

Hoffmann, C. P., Lennerts, S., Schmitz, C., Stölzle, W. & Uebernickel, F. (2016). *Business Innovation: Das St. Galler Modell.* Wiesbaden: Springer Fachmedien Wiesbaden.

Institut für Mittelstandforschung. (2005). KMU-Definition der Europäischen Kommission. www.ifm-bonn.org/definitionen/kmu-definition-der-eu-kommission#:~:text=Kleinstunternehmen%2C%20kleine%20und%20mittlere%20Unternehmen,maximal%2043%20Millionen%20%E2%82%AC%20aufweist. Zugegriffen: 4. März 2023.

Jensen, A. B. (2014). Do we need one business model definition? Journal of Business Models, Vol 1 No 1 (2013): Inaugural issue. https://doi.org/10.5278/OJS.JBM.V1I1.705.

Mazhar, N. & Arain, F. (2015). Leveraging on Work Integrated Learning to Enhance Sustainable Design Practices in the Construction Industry. *Procedia Engineering 118,* 434–441. https://doi.org/10.1016/j.proeng.2015.08.444.

Momade, M. H., Shahid, S., Falah, G., Syamsunur, D. & Estrella, D. (2021). Review of construction labor productivity factors from a geographical standpoint. *International Journal of Construction Management,* 1–19. https://doi.org/10.1080/15623599.2021.1917285.

Shafer, S. M., Smith, H. J. & Linder, J. C. (2005). The power of business models. *Business Horizons 48* (3), 199–207. https://doi.org/10.1016/j.bushor.2004.10.014.

Sowmya, S. K., Deepika, P. & Naren, J. (2014). Layers of Cloud - IaaS, PaaS, and SaaS: A Survey *Vol.5 (3),* 4477–4480.

Statista, E. (2022). *Baugewerbe – Deutschland* (Statista, E., Hrsg.). https://de.statista.com/outlook/io/baugewerbe/deutschland.

Teil II
Künstliche Intelligenz in der Bauplanung

Automatisierte Erzeugung von openBIM-Gebäudemodellen in der Entwurfsphase

Yingcong Zhong, Steffen Hempel und Andreas Geiger

5.1 Einleitung

Entscheidungen, die in frühen Entwurfsphasen eines Bauprojekts getroffen werden, haben einen starken Einfluss auf alle nachfolgenden Phasen (Kohler und Moffatt 2003, S. 17 ff.). Aus diesem Grund ist es wichtig die getroffenen Entscheidungen frühzeitig mit möglichst vielen Informationen zu treffen. Neben Angaben zu Raumanzahl, Raumnutzung oder Raumgröße können dies auch Informationen zur technischen Ausstattung oder Möblierung sein. Zur Erfassung und Dokumentation dieser Informationen werden Raumbücher genutzt (Gessmann 2008). Raumbücher sind eine Beschreibung des Gebäudes und dessen räumlicher Gliederung ohne explizite Geometrie. Dabei werden in den einzelnen Phasen des Lebenszyklus eines Gebäudes unterschiedliche Anforderungen an ein Raumbuch gestellt und es werden unterschiedliche Informationen in einem Raumbuch erfasst (Partl 2020).

In der hier betrachteten Entwurfsphase erfolgt dies in einem sogenannten planungsbegleitenden Raumbuch. Dieses erfasst die Nutzungsanforderungen eines Gebäudes und bildet damit die Ausgangsbasis für die hier vorgestellten Ansätze zur automatisierten Grundrisserzeugung.

Y. Zhong · S. Hempel · A. Geiger (✉)
Karlsruher Institut für Technologie (KIT), Institut für Automation und angewandte Informatik (IAI), Eggenstein-Leopoldshafen, Deutschland
E-Mail: andreas.geiger@kit.edu

Y. Zhong
E-Mail: yingcong.zhong@kit.edu

S. Hempel
E-Mail: steffen.hempel@kit.edu

S. Haghsheno et al. (Hrsg.), *Künstliche Intelligenz im Bauwesen*,
https://doi.org/10.1007/978-3-658-42796-2_5

Die Erfassung der erforderlichen Informationen für das Raumbuch erfolgt in enger Abstimmung zwischen Bauherrn, Architekten und Fachplanern. Darauf aufbauend beginnt der zeitaufwändige Prozess zur Entwicklung der Grundrisse.

Fachbücher wie beispielsweise Neufert Bauentwurfslehre (Neufert 2022), der Grundrissatlas (Heckmann und Schneider 2018), die Grundrissfibel (Zürich, Hochbaudepartement, Amt für Hochbauten 2015) oder Raumpilot (Jocher et al. 2010) bieten Planern eine Grundlage mit fertigen Grundrissen und dienen der Unterstützung bei dem komplexen Thema bedarfsgerechter Grundrissentwicklung bzw. der Optimierung bestehender Grundrisse.

Die in diesem Artikel aufgezeigten Algorithmen erlauben die digitale Erzeugung mehrerer Grundrissvarianten zur Unterstützung des Prozesses der Grundrissentwicklung. Die generierten Grundrissvorschläge können direkt bewertet und weiterverarbeitet werden. Dazu wird aus den generierten Grundrissen ein 3D-Gebäudemodell abgeleitet und im openBIM-Format IFC exportiert. Verschiedene openBIM konforme Werkzeuge können so zur Modellüberprüfung oder auch zur thermischen Betrachtung von Gebäuden eingesetzt werden. Die automatisierte Erzeugung von verschiedenen Grundrissvarianten erlaubt so eine frühzeitige Analyse, die zum Finden besserer Lösungen beitragen kann.

5.2   Algorithmen zur Grundrisserzeugung

Für eine automatisierte Grundrissentwicklung kommen unterschiedliche Algorithmen zum Einsatz mit deren Hilfe ein vorgegebener zwei- oder dreidimensionaler Raum anhand festgelegter Regeln aufgeteilt wird. Hierzu wird die Kontur des zu betrachtenden Bereiches (beispielsweise die Außenkontur eines Gebäudes) als Rechteck oder Polygonzug vorgegeben. Die Unterteilung einer solchen geometrischen Flächen für Gebäude, Stockwerke oder andere frei definierbare Bereiche in Zonen bzw. Räume ist ein typisches Vorgehen und von zentraler Bedeutung bei der Grundrissentwicklung in frühen Entwurfsphase von Gebäuden (Schneider et al. 2011).

In der Literatur gibt es für die Problemstellung der Aufteilung eines vordefinierten Bereiches mit Räumen bzw. Zonen unterschiedliche Ansätze, wobei vorwiegend drei Arten von Algorithmen zum Einsatz kommen:

Evolutionäre Algorithmen
Bei der Anwendung evolutionärer Algorithmen findet, inspiriert von biologischer Evolution, Mutation, Rekombination und Selektion einer Population statt. Mutation ist eine zufällige Veränderung eines Nachkommen, Rekombination ist die Verbindung zweier Nachkommen durch die Kombination ihrer Eltern, und Selektion die Auswahl der besten Nachkommen für eine darauffolgende Generation.

Beispiele für die Verwendung evolutionärer Algorithmen zur Erzeugung von Gebäudegrundrissen wurden bereits von Jo und Gero (1998, S. 149 ff.) und Rosenman (1997, S. 69 ff.) gezeigt. Die Einschränkung auf rechteckige Strukturen werden von Schneider et al. (2011) als sehr einschränkend kritisiert, kann jedoch für die Verwendung in einer frühen Entwurfs- bzw. Planungsphase ausreichend sein.

Mathematische Optimierung

Durch mathematische Modellierung werden die Entwurfsparameter der Raumaufteilung und die Anforderungen an die Funktionalität der Räume in Formeln umgewandelt. In Wu et al. (2018) wird ein Programm für Grundrisserzeugung vorgestellt, dessen Lösungsansatz auf der Formulierung einer gemischt-ganzzahligen quadratischen Programmierung (MIQP – Mixed-Interger Quadratic Programming) beruht. Mithilfe der Kombination aus Graphentheorie und linearer Optimierung werden verschiedene Grundrisse erzeugt und es werden auch die über Graphen modellierte Nachbarschaftsbeziehungen berücksichtigt (Shekhawat et al. 2020). Ein weiterer Ansatz wird in Liu et al. (2017) beschrieben. Hier wird eine ganzzahlige Programmierung formuliert um durch Aggregation einfacher geometrischer Primitive (wie z. B. Wandlinien und Türsymbole) einen vektorisierten Grundriss zu erzeugen, wobei ein topologisch und geometrisch konsistentes Ergebnis gewährleistet wird.

Neuronale Netze

Mit dem zunehmenden Einsatz künstlicher neuronaler Netze in der Architektur wird auch deren Einsatz bei der Grundrisserzeugung untersucht. In Chaillou (2020, S. 117 ff.) werden sogenannte erzeugende gegnerische Netzwerke (GAN – Generative Adversarial Networks) verwendet, um die Gebäudehülle und die Raumverteilung zu erzeugen. Hu et al. (2020) stellt ein lernendes Programm vor, bei dem durch Neuronale Netze ein Layout Graph zusammen mit der Außenkontur eines Gebäudes in einen Grundriss umgewandelt wird, der die vorgegebenen Randbedingungen erfüllt. In Nauata et al. (2021) werden GAN zur Erzeugung und Verfeinerung von Grundrissen vorgestellt. Die technische Umsetzung basiert auf der Integration eines Relational GAN. Unter Zuhilfenahme von Graphen zur Abbildung von Randbedingungen und in Verbindung mit einem Conditional GAN werden zuvor generierte Grundrisse als Eingabebedingung für die nächste Berechnung genutzt. Dadurch wird eine iterative Verfeinerung der Grundrisse ermöglicht.

5.3 Methodik für die automatisierte Grundrisserzeugung

Wie bereits aufgezeigt gibt es in der Literatur eine Reihe verschiedener Ansätze zur automatisierten Erzeugung von Grundrissen als Unterstützung des Planungsprozesses. Im Rahmen zweier Forschungsprojekte werden zwei unterschiedliche Ansätze prototypisch implementiert, die im Weiteren näher betrachtet werden. Dies ist zum einen ein Ansatz auf Basis eines evolutionären Algorithmus, sowie ein Ansatz welcher Algorithmen aus der mathematischen Optimierung verwendet.

Ausgangspunkt beider Ansätze bildet ein tabellarisches Raumbuch, das zur Anforderungsaufnahme eines Bauprojekts, sowohl für den Neubau wie auch bei Umbau und

Tab. 5.1 Raumbuch (verkürzt, Beispiel) (Neufert 2022)

A2 Raumbezeichnung					B2 Raumgrößen					
Prov. Raum Nr			Nutzung	Nutzer	**Art**	Fläche	Art	Höhe	Art	Inhalt
A	B	C		(ABT)		m^2		m		m^3
	W	104	Diele		N	6,92	L	2,47	N	14,87
	W	204	Bad/WC		N	3,47	L	2,475	N	8,588
	W	304	Kochen		N	6,09	L	2,47	N	15,04
	W	404	Loggia		N	1,69	L	2,363	N	4,000
	W	504	W-E-S		N	19,77	L	2,47	N	48,63
	W	604	Lue. + Inst		F	0,36	L	2,475	N	0,891

Sanierung, zum Einsatz kommt. In diesem Anforderungskatalog werden in Zusammenarbeit mit Auftraggebern, Architekten und Planern die Vorgaben und Attribute der einzelnen Räume erfasst. In Tab. 5.1 ist exemplarisch ein Auszug eines Raumbuchs dargestellt (Neufert 2022).

Sowohl der Evolutionäre Algorithmus wie auch die mathematische Optimierung benötigen aus dem Raumbuch insbesondere die geplanten Raumgrößen, Angaben zur Lage eines Raumes, sowie eventuelle Nachbarschaftsbeziehungen. Zusätzliche werden in den Raumbüchern der beiden Forschungsprojekte weitere anwendungsspezifische Werte definiert, die für die Erzeugung und Weiterverarbeitung erforderlich sind.

Neben den Raumparametern bildet die Gebäudehülle bzw. die Außenkontur der einzelnen Stockwerke einen weiteren wichtigen Eingabeparameter für die Grundrissgenerierung. Im Weiteren werden die Besonderheiten der beiden Ansätze näher beschrieben.

5.3.1 Ansatz auf Basis evolutionärer Algorithmen

Die Anwendung eines evolutionären Algorithmus zur Erzeugung von Gebäudegrundrissen entstand im Rahmen des von der Europäischen Union geförderten Forschungsprojekts STREAMER (STREAMER 2013). Ziel des Projekts STREAMER ist die Senkung des Energieverbrauchs und der CO_2-Emissionen beim Neubau und bei der Sanierung von Gebäuden im Gesundheitsbereich. Dazu wurde eine Kette an Werkzeugen entworfen, in deren Umfang auch das hier vorgestellte Teilprojekt in Form des Werkzeuges Early Design Configurator (EDC) Anwendung findet (Sleiman et al. 2017).

Die im Rahmen des Projekts betrachteten Gebäuden bestehen aus einer großen Anzahl von Räumen, zwischen denen ein starker funktionaler Zusammenhang besteht. Die funktionalen Zusammenhänge von Räumen bedeuten z. B., dass sich bestimmte Räume

Ressourcen teilen und daher in möglichst geringem Abstand zueinander liegen müssen. Die Position eines Raumes ist abhängig von mehreren Parametern, die wiederum stark von äußeren Einflüssen bestimmt werden: Nationale und internationale Normen und Standards, Regeln die aus Erfahrungswerten formuliert werden und projektspezifische Vorgaben. Die Definitionen der Parameter werden in der Anwendung als Regeln formuliert und hinterlegt.

Der evolutionäre Algorithmus mutiert die Verteilung von Räumen und Korridoren, um eine bestmögliche Fitness zu erreichen. Die Mutation ist eine zufällige Veränderung des Grundrisses. Die Fitness ist ein Wert, der beschreibt wie gut die Regeln erfüllt sind. Es findet während der Laufzeit zwar eine Selektion, also eine Auswahl der Grundrisse mit der besten Fitness, aber keine Rekombination, also die Erzeugung von Nachkommen aus Eltern mit hoher Fitness statt.

Die Beschreibung der Räume kommt aus dem Raumbuch und enthält im Fall des evolutionären Algorithmus: Anzahl, Mindestfläche und textuelle Parameter in Form von Schlüssel-Wert-Paaren (z. B. Raumtypen, Zugänglichkeitsklasse, Hygieneklasse).

5.3.1.1 Grundsätzlicher Ablauf

Es existieren zwei Modi für die Erzeugung von Grundrissen. Im Korridor-Modus wird die Außenhülle aus zusammenhängenden Rechtecken erzeugt. Diese Rechtecke werden zuerst mit einer Korridoranordnung und dann mit den Räumen aus dem Raumbuch gefüllt. In diesem Fall ist die Korridoranordnung nicht fest. Der zweite Modus erlaubt komplexere Grundrisse in denen Freiflächen definiert werden. Diese Freiflächen werden mit in Reihen angeordneten Räumen aus dem Raumbuch gefüllt. Eine separate Platzierung von Korridoren findet nicht statt. Dieser Modus ist für die Sanierung von Bestandsgebäuden gedacht.

Nach dem Laden des Raumbuchs und der Regeln und dem Bereitstellen einer Hülle startet der Algorithmus mit einem Grundriss mit leeren Freiflächen. In Abb. 5.1 ist dieser Zustand als Freifläche mit einem Korridor dargestellt.

Der Ausgangszustand wird parallel weiterverarbeitet. Für eine bestimmte Anzahl an Mutationen werden die parallel verarbeiteten Grundrisse lokal mutiert. Danach findet nach jeder Mutation eine Selektion statt: Alle Grundrisse mit unterdurchschnittlicher Fitness werden vollständig verworfen und neu gestartet. Diese neu gestarteten Grundrisse bekommen im Korridormodus einen neuen Korridoraufbau und diese Grundrisse werden erneut mutiert. Die Grundrisse mit überdurchschnittlicher Fitness werden durch den Grundriss mit der besten Fitness ersetzt. Der Grundriss mit der besten Fitness wird dem Benutzer angezeigt, welcher auch entscheidet, wann das Ergebnis ausreichend ist und die Verarbeitung anhält. Ist das Ergebnis noch nicht zufriedenstellend, dann kann der Algorithmus fortgesetzt werden. Ebenfalls kann das aktuelle Ergebnis kopiert werden, um weitere Alternativen zu erzeugen.

Der Vorgang der Mutation erfolgt, indem entweder ein Raum aus einer Liste noch nicht eingefügter Räume genommen wird oder, falls alle Räume bereits eingefügt wurden, ein

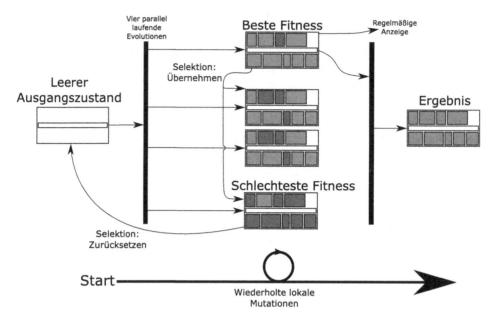

Abb. 5.1 Grundsätzlicher Ablauf

Raum aus einer Freifläche entfernt wird. Es wird nun versucht diesen Raum wieder in einer zufälligen Freifläche an einer zufälligen Stelle z. B. zwischen, vor oder nach bereits vorhandenen Räumen einzufügen. Ist die Freifläche leer und die Fläche des Raums ist größer als die Freifläche, scheitert die Mutation. Ist die Freifläche voll, wird ein anderer Raum entfernt. Kann der Raum trotzdem nicht eingefügt werden, scheitert die Mutation. Wurde ein Raum zugunsten des zuerst gewählten Raums entfernt, wird versucht diesen mit derselben zuvor beschriebenen Methode wieder einzufügen. Diese Rekursion wird bis zu einer festgelegten Tiefe ausgeführt, bevor die Mutation scheitert. Scheitert die Mutation an einer beliebigen Stelle, dann wird der Grundriss auf den Zustand vor Beginn der Mutation zurückgesetzt.

5.3.1.2 Regeln und Fitnessberechnung
Die Fitness eines Grundrisses wird aus Regeln berechnet und setzt sich aus der Summe der Fitnesswerte der einzelnen Regeln zusammen. Zusätzlich kann den Regeln auch noch eine Priorität zugeordnet werden, um Fitnesswerte einzelner Regel auf- oder abzuwerten.

Zwei fest eingebaute Regeln sorgen für eine schlechte Fitness, wenn Räume ungenutzt sind, oder einem festgelegten Verhältnis von Länge zu Breite nicht entsprechen.

Frei definierbare Regeln bestehen aus Abfrage, Relation mit Parametern und einer Priorität. Die Abfrage wählt aus dem Raumbuch, anhand der im Raumbuch angegebenen Werte, eine bestimmte Untermenge aus Räumen aus. Auf eine oder zwei Untermengen wird nun, anhand der ausgewählten Relation, eine Regel angewandt. Bei einer Untermenge besteht eine Relation untereinander zwischen den Räumen (unäre Beziehung), bei zwei Untermengen besteht die Relation zwischen den Räumen aus jeweils den beiden unterschiedlichen Untermengen (binäre Beziehung). Parameter sind Grenzwerte, denen sich die Relation annähern soll, oder die nicht unter oder überschritten werden sollen.

Unäre Relationen sind:

- *Cluster im selben Stockwerk:* Alle Räume müssen sich zusammenhängend im selben Stockwerk befinden.
- *Cluster:* Alle Räume müssen zusammenhängend sein, auch über mehrere Stockwerke verteilt.
- *Abstand zur Außenwand*: Alle Räume müssen einen Mindestabstand oder Maximalabstand zur Außenwand haben.

Binäre Relationen sind:

- *Selbes/Unterschiedliches Stockwerk:* Alle Räume müssen sich im selben Stockwerk befinden, oder dürfen sich nicht im selben Stockwerk befinden wie eine andere Gruppe Räume.
- *Festes Stockwerk:* Alle Räume müssen sich in einem bestimmten Stockwerk, z. B. dem Erdgeschoss befinden.
- *Vollständig über/unter:* Alle Räume müssen sich vollständig über oder unter einer anderen Gruppe Räume befinden.
- *Teilweise über/unter:* Alle Räume müssen sich zu einem bestimmten Prozentsatz über/unter einer anderen Gruppe Räume befinden.
- *Abstand:* Der Abstand zwischen Räumen muss mindestens oder darf maximal einen bestimmten Wert betragen.

Beispiel Abstand: Der Abstand zwischen Raum A und Raum B soll minimal sein und darf maximal 50 m betragen.

Die Relation wäre „*Abstand zwischen zwei Räumen minimal und darf maximal*", die Abfragen wären „*Raum A*" und „*Raum B*" und der Parameter wäre „*50 m*".

Eine gute Fitness wäre erreicht, wenn der Abstand zwischen *Raum A* und *Raum B* kleiner als 50 m ist, und würde noch besser, je kleiner danach der Abstand wird. Eine schlechte Fitness wäre erreicht, wenn der Abstand zwischen Raum A und Raum B größer als 50 m ist.

Der Abstand wird zwischen den Ecken der Räume berechnet Beispiel Cluster: Räume aus Abteilung A sollen sich in einem Cluster befinden. Die Relation wäre „*Sollen sich in einem Cluster befinden*", die Abfrage wäre „*Räume aus Abteilung A*". In diesem Fall gibt es keinen Parameter. Die größte Gruppe an Räumen in einem Cluster bestimmt die Fitness. Je mehr Räume sich in dieser Gruppe befinden, desto besser ist die Fitness. Die

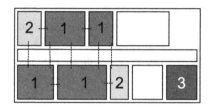

Abb. 5.2 DBSCAN, 1: Kern, 2: dichte-erreichbar, 3: RauschenEin Beispiel eines Clusters ist in Abb. 5.2 dargestellt. Kernräume sind mit 1 markiert, dichte-erreichbare Räume mit 2 und Rauschpunkte mit 3. Nachbarschaftsbeziehungen werden über Linien dargestellt

beste Fitness wird erreicht, wenn die Menge der Räume aus der Abfrage gleich die Menge der Räume in der größten Gruppe ist. Um ein Cluster zu bestimmen, wird der Algorithmus DBSCAN verwendet (Ester et al. 1996). Für jeden Raum wird geprüft zu welchen Räumen er benachbart ist. Räume sind dann benachbart, wenn sie direkt nebeneinander, oder in einem Korridor gegenüberliegen. Hat ein Raum drei oder mehr Nachbarn, handelt es sich um einen Kernpunkt. Hat ein Raum weniger als drei Nachbarn, ist aber direkt über einen Kernpunkt erreichbar, dann handelt es sich um einen dichte-erreichbaren Punkt. Hat ein Raum keine Nachbarn oder ist nur über einen dichte-erreichbaren Punkt erreichbar, dann handelt es sich um einen Rauschpunkt. Alle Räume, die von einem Kernpunkt erreichbar sind, ohne über mehrere dichte-erreichbare Räume zu gehen bilden dieselben Cluster.

5.3.2 Ansatz auf Basis mathematischer Optimierung

Der zweite Ansatz wird im Rahmen des durch das Bundesministerium für Wirtschaft und Klimaschutz (BMWK) geförderten Forschungsprojekts SDaC (Smart Design and Construction) (SDaC 2022) entwickelt. Ziel des Forschungsprojektes ist die Entwicklung eines neuartigen Ökosystems, um die Digitalisierung in der Bauwirtschaft voranzutreiben und damit insbesondere kleine und mittelständische Bauunternehmen im Digitalisierungsprozess zu unterstützen. Hierfür wird die Kommunikationsplattform SDaC entwickelt. Auf dieser Plattform werden innerhalb der Laufzeit des Forschungsprojekts sechs Anwendungsfälle technisch realisiert und bereitgestellt. Der Anwendungsfall „Automatisierte Planung" beschäftigt sich mit dem Thema Grundrisserzeugung (Zhong und Geiger 2022) auf Basis eines Raumbuchs und betrachtet die Aufteilung der Grundrisse als mathematisches Optimierungsproblem (Wu et al. 2018).

Das Optimierungsziel besteht darin, so viel Fläche wie möglich abzudecken, und dabei den Fehler zwischen der Fläche aller erzeugten Räumen und der insgesamt zur Verfügung stehenden Fläche zu minimieren. Alle weiteren Anforderungen an die Räume wie beispielsweise Position oder Nachbarschaftsbeziehungen werden als Nebenbedingungen definiert.

5.3.2.1 Modellierung

Ein Raum wird als Rechteck betrachtet und mit einer Menge von Variablen definiert $\{x_i, y_i, l_i, w_i, f_{i_0}, f_{i_1} \ldots f_{i_n}\}$, wobei i der Index eines Raums aus der Liste aller Räume ist, (x_i, y_i) die Koordinaten der linken unteren Ecke des Raums darstellen und (l_i, w_i) sind die horizontale und vertikale Länge. Die binären Variablen $\left(f_{i_0}, f_{i_1}, \ldots f_{i_n}\right)$ geben an, in welchem Stockwerk sich der Raum befindet. Diese binären Variablen müssen mindestens eine Nebenbedingung erfüllen: $\sum_{k=0}^{n} f_{i_k} = 1$, wobei n die Anzahl der Stockwerke ist.

Die Anforderungen an die Räume werden in gemeinsame und spezifische Nebenbedingungen unterschieden. Gemeinsame Nebenbedingungen werden unabhängig von den Raumtypen betrachtet. Hierzu gehören die Position, die Dimension und die Nachbarschaftsbeziehungen der Räume. Zu den spezifischen Nebenbedingungen gehören die Anforderungen an besondere Raumtypen wie zum Beispiel den Eingangsbereich oder das Treppenhaus.

Gemeinsame Nebenbedingungen für alle Räumen sind:

- Maximale/minimale Fläche: Länge und Breite für das Optimierungsziel gibt es gewünschte Werte für die Dimension. In der Praxis dürfen diese abweichen, aber sie müssen innerhalb eines vorgegebenen Intervalls liegen.
- Maximales/minimales Seitenverhältnis: Es soll garantiert werden, dass ein Raum normalerweise nicht zu lang bzw. zu schmal wird.
- Ausrichtung: Ein Raum kann auf einer Außenkante des Stockwerks liegen. Beispielsweise könnte es gefordert werden, dass das Schlafzimmer nach Süden ausgerichtet sein muss.
- Überschneidungsfreiheit: Alle Raumflächen einer Etage müssen überschneidungsfrei sein.
- Nachbarschaftsbeziehung: Es kann vorgegeben werden, dass benachbarte Räume eine bestimmte Angrenzlänge besitzen müssen. Zusätzlich wird bei der Angrenzart noch unterschieden ob zwei Räume nur nebeneinanderliegen müssen oder ob auch eine Tür zwischen den Räumen bestehen muss.

In Abb. 5.3 (A) ist ein Beispiel für Nebenbedingungen der Ausrichtung dargestellt. Ein Raum eines zweistöckigen Hauses muss an einer der drei Südseiten liegen. In Abb. 5.3 (B) wird die Nachbarschaftsbeziehung von zwei Räumen dargestellt. Es könnte entweder eine horizontale oder eine vertikale Verbindung sein. In der Praxis kann zusätzlich definiert werden, ob sich in der angrenzenden Wand eine Tür befindet und wie lang der gemeinsame Abschnitt sein soll.

Abb. 5.3 Nebenbedingungen für die Nachbarschaft von zwei Räumen

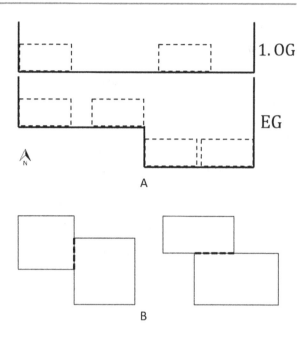

Spezifische Nebenbedingungen können sein:

- Eingang: Der Eingangsbereich soll auf einer bestimmten Kante liegen.
- Treppe: Räume vom Typ Treppenhausmüssen auf verschiedenen Etagen übereinanderliegen, d. h. die Werte (x, y, l, w) müssen gleich sein.

5.3.2.2 Branch and Cut Methode

Aus der zuvor genannten Modellierung ergibt sich eine gemischt-ganzzahlige nichtlineare Programmierung (MINLP – Mixed Integer Nonlinear Programming), Formel (5.1) zeigt eine allgemeine Form des MINLP-Problems:

$$\min_{x,y} f(x, y) \tag{5.1}$$

$$s.t. \, c_i(x, y) \leq 0$$

$$x \in X$$

$$y \in Y$$

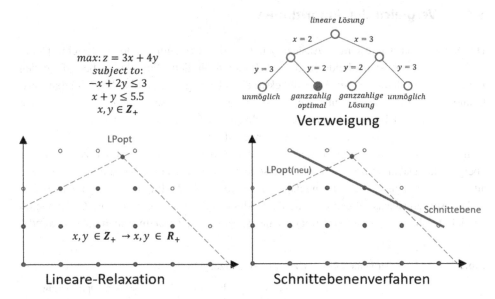

Abb. 5.4 Beispiel für das Branch-and-Cut Verfahren

Ein solches Problem kann durch die Kombination des Branch-and-Bound Verfahrens und des Schnittebenenverfahrens (Branch-and-Cut) gelöst werden. Grundsätzlich besteht das Branch-and-Cut Verfahren aus drei Ansätzen (Abb. 5.4): Lineare-Relaxation, Verzweigung und Schnittebenenverfahren. Mit der Lineare-Relaxation wird die Forderung der Ganzzahligkeit bei einem Problem der ganzzahligen linearen Optimierung aufgegeben. Durch die Verzweigung wird das Problem in einen Entscheidungsbaum mit vorberechneter Grenze umgewandelt. Anschließend wird mit dem Schnittebenenverfahren die Zielfunktion mithilfe von linearen Ungleichungen iterativ gelöst.

Die Komplexität zur Lösung der nichtlinearen Gleichungssysteme ist abhängig von der Anzahl der Variablen und der Zwangsbedingungen. Dabei steigt die Anzahl der Variablen linear mit der Anzahl der Räume, wohingegen die Anzahl der Zwangsbedingungen quadratisch mit der Anzahl der Räume ansteigt. Um die Lösung dieser Vielzahl von Gleichungssysteme zu optimieren, kommen zusätzlich Suchverfahren – sogenannte Innere-Punkte-Verfahren (Interior-Point Method) (Wächter und Biegler 2006, S. 25 ff.) – zum Einsatz.

Die technische Umsetzung erfolgt mithilfe der SCIP Optimization Suite (Bestuzheva et al. 2021). Dabei handelt es sich um einen nicht-kommerziellen mathematischen Solver, also ein Programm zur numerischen Lösung mathematischer Probleme. Mit diesem Werkzeug ist die Lösung von Problemen der gemischt-ganzzahlige Programmierung (MIP) und der gemischt-ganzzahlige nichtlineare Programmierung (MINLP) möglich und es ermöglicht die vollständige Kontrolle des Lösungsprozesses, wie auch den Zugriff auf detaillierte Informationen des Solvers.

5.4 Vergleich der Algorithmen

Die Beiden hier vorgestellten Ansätze zur Grundrisserzeugung sind in dieselbe Code-basis integriert, weshalb beide in diesem Rahmen ähnliche Funktionen betreffend den Export bereitstellen. Ziel bei der Entwicklung beider Algorithmen ist die Erzeugung von Grundrissen, sowie die Ableitung eines 3D-Modells aus diesen Daten. Die exportierten IFC-Gebäudemodelle sind jeweils als Vorschläge für frühe Entwurfsphasen gedacht und können in nachfolgenden Phasen weiterentwickelt werden.

In der Tab. 5.2 werden die Unterschiede der beiden Algorithmen in Kurzform gegen-übergestellt. Dabei werden sowohl Unterschiede zwischen den Algorithmen selbst, wie auch zwischen den vor- und nachgelagerten Prozessen (z. B. Import und Export) gezeigt.

Die Ausgangsbasis für den evolutionären Algorithmus waren Gebäude im Gesundheits-bereich, weshalb ein Raumbuch mit domänenspezifischen Zusatzinformationen verwendet

Tab. 5.2 Vergleich der beiden Ansätze zur Grundrisserzeugung

	Evolutionärer Algorithmus	Mathematische Optimierung
Laufzeit	Endlos, bis Benutzerabbruch	Theoretisch endlich
Nachvollziehbarkeit	Pseudozufällig, lokales Maximum bei gleicher Zeit und gleichem Seed-Wert reproduzierbar	Globales Optimum reproduzierbar
Platzierung von Räumen	Einfügen von Räumen nur in Freiflächen	Einfügen von Räumen beliebig in Gebäudehülle
Regeldefinition	Beliebige Regeln, so lange sie sich auf einen Fitnesswert abbilden lassen	Beliebige Regeln, formuliert als gewichtetes Optimierungsziel
Nachbarschaftsbeziehungen	Als Regelbeschreibung, keine Zwangsbedingung	Im Raumbuch, Zwangsbedingung
Korridore	Über Grundrissvorlagen oder fest vordefiniert	Im Raumbuch als Raum definiert
Zugang zum Gebäude	Nur über Regeln, festlegen des Eingangsstockwerks über Außenhüllendefinition	Im Raumbuch
Verbindungen von Stockwerken	Über Regeln (Vollständig) Über/Unter und reservierte Flächen	Treppenhäuser werden im Raumbuch eingeschränkt
Input	CSV-Raumbuch, XML-Regel-beschreibung, Materialbeschreibung	CSV-Raumbuch, Materialbeschreibung
Output	IFC, CityGML	IFC
Performance	CPU Multi-Threading	CPU Multi-Threading

wurde. Die Regeln zur Grundrisserzeugung basierte ebenso auf diesen domänenspezifischen Regeln (Normen, Allgemeinwissen, Projektnormen). Außerdem ist die Platzierung der Räume in Freiflächen, selbst bei Variation der Korridoranordnung, recht eingeschränkt. Zusätzlich existiert eine Reihe an vor- und nachgelagerten Werkzeugen, die zur Anwendung gebracht werden, um Eingabedaten zur erzeugen und die Ausgabedaten weiterzuverarbeiten (Sleiman et al. 2017).

5.5 Erzeugung openBIM-Gebäudemodell

Ein zentrales Ziel der automatisierten Grundrisserzeugung ist die Unterstützung der Fachplaner im teilweise sehr zeitaufwändigen Prozess der Raumaufteilung. Zusätzlich sollen die erzeugten Grundrisse aber auch für weitere Planungsschritte genutzt werden können. Aus diesem Grund wird der openBIM Standard IFC (buildingSMART 2022) in den Versionen IFC2×3 und IFC4 unterstützt und es wird ein 3D-Gebäudemodell erzeugt. Damit lassen sich die Daten in bestehende openBIM Workflows integrieren. So können beispielsweise die hier generierten Gebäudemodelle bereits in frühen Planungsphasen für eine erste Abschätzung des thermischen Energiebedarfs genutzt werden.

Das Ergebnis der beiden hier vorgestellten Ansätze ist eine topologische Beschreibung der Nachbarschaftsbeziehungen aller Räume eines Stockwerks, sowie für spezielle Räume – wie zum Beispiel dem Treppenhaus – die Verbindungsinformation zwischen den Stockwerken. Gemeinsam mit den bereits erfassten Gebäudeparametern und den Eingabedaten aus dem Raumbuch, bilden diese Daten die Ausgangsbasis für die Erstellung eines 3D-Gebäudemodells. Ziel ist die Erzeugung eines 3D-Gebäudemodells, das in einem openBIM kompatiblen CAD-Werkzeug weiterverarbeitet werden kann. Hierzu wird eine Gebäudestruktur mit Stockwerken und Räumen und die Gebäudebauteile für Außen- und Innenwände, Bodenplatte, Decken- und Dachelemente (nur als Flachdach), sowie Fenster und Türen als Volumengeometrien mit den dazu notwendigen Parametern erzeugt. Bei den Materialparametern wird der U-Wert in die standardisierte Eigenschaft ThermalTransmittance an das Bauteil angefügt, sowie ein detaillierter Schichtaufbau, mit den für eine thermische Simulation relevanten physikalischen Parametern erstellt. Jedes Material enthält die Parameter:

- Dichte (MassDensity)
- Wärmekapazität (SpecificHeatCapacity)
- Wärmeleitfähigkeit (ThermalConductivity)

Für diese zusätzlichen Informationen stehen entsprechende Eingabemasken in den Werkzeugen zur Verfügung. Zusätzlich wird für die Bauteile die standardisierte Eigenschaft IsExternal zur Angabe, ob es sich um ein Außenbauteil handelt erstellt und es werden die standardisierten Mengen aus den Bauteilgeometrien abgeleitet:

- Bauteilabmessungen (NominalWidth, NominalLength und NominalHeight)
- Brutto-Bauteiloberfläche (GrossSideArea)
- Brutto-Bauteilvolumen (GrossVolume)

Die erfassten Daten jedes Raumes werden in benutzerspezifischen Eigenschaften (PropertySet) abgelegt. Zusätzliche werden für jeden Raum die standardisierten Mengen (BaseQuantities) berechnet:

- Raumhöhe (NominalHeight)
- Brutto-Raumumfang (GrossPerimeter)
- Brutto-Raumvolumen (GrossVolume)
- Brutto-Flächen der Wände (GrossWallArea)
- Brutto-Flächen des Bodens (GrossFloorArea)
- Brutto-Flächen der Decke (GrossCeilingArea)

Um die Gebäudemodelldaten in Simulationswerkzeugen nutzen zu können werden zusätzlich die sogenannten Raumbegrenzungselemente erzeugt. Dabei handelt es sich um die Kontaktflächen zwischen einem Raum und den angrenzenden Bauteilen. IFC unterscheidet hier zwischen „Level 1" in dem die Flächen aus Raumsicht pro Bauteil aufgeteilt werden und „Level 2" wobei die gegenüberliegenden Räume und Bauteile bei der Aufteilung der Flächen berücksichtigt werden. Zudem ist seit IFC4 auch eine detaillierte Beschreibung der Gebäudeaußenhülle und die Angabe der Beziehungen von Raumbegrenzungen zueinander möglich und wird für den Export unterstützt.

Für manche Simulationswerkzeuge wird neben den Gebäude- und Bauteilinformationen auch die geographische Lage und die korrekte Orientierung eines Gebäudes benötigt (beispielsweise Verschattungsanalyse oder thermische Gebäudesimulation). Auch diese Information wird im Rahmen der Grundrisserzeugung definiert und entsprechend der gewählten IFC Version mit exportiert.

In Abb. 5.5 ist ein Beispiel eines 2-stöckigen Gebäudes dargestellt. a) und b) zeigen die Grundrisse der beiden Stockwerke. In c) ist das Architektur Modell des Erdgeschosses und in d) das Modell der Begrenzungsflächen nach 2. Ordnung abgebildet. e) zeigt das Gebäudemodell georeferenziert auf einer Karte.

5.6   Zusammenfassung

Der Grundrissentwurf ist eine zentrale Aufgabe im Planungsprozess eines Gebäudes und findet bereits in sehr frühen Planungsphasen statt. Dieser Planungsschritt ist zeitaufwändig und lässt sich sehr gut durch Softwarewerkzeuge unterstützen, da diese in der Lage sind in kurzer Zeit verschiedene Varianten zu erzeugen. In Rahmen dieses Beitrages werden

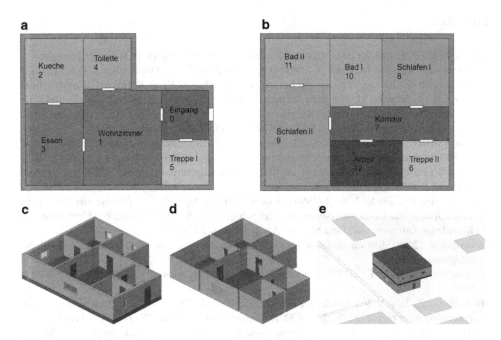

Abb. 5.5 Beispiel eines 2-stöckigen Gebäudes als Grundrissdarstellung und des abgeleiteten IFC Modells

zwei Ansätze zur Unterstützung des Planungsprozesses vorgestellt, die in der Lage sind auf Basis eines Raumbuchs verschiedene GrundrissVarianten zu berechnen.

Beide Ansätze wurden im Rahmen von zwei Forschungsprojekten prototypisch implementiert und getestet. Für beide Ansätze wird der grundsätzliche Ablauf anhand von Beispielen beschrieben und die Unterschiede, sowie Gemeinsamkeiten aufgezeigt. Darüber hinaus wird die weitere Nutzung der Ergebnisse in einem openBIM Workflow aufgezeigt. Hierzu wird aus den definierten Voraussetzungen des Raumbuchs und den daraus erzeugten 2D-Grundrissentwürfen ein 3D-Gebäudemodell erzeugt und in das buildingSMART Datenformat IFC überführt. Zusätzlich zum 3D-Gebäudemodell werden auch die Raumbegrenzungselemente generiert und im IFC-Format gespeichert.

Die generierten Gebäudemodelle können in nachfolgende Prozesse eingebettet werden, indem sie als Grundlage für weitere Entscheidungen und Planungen sowie für thermische und anderweitige Simulationen verwendet werden. Auf diese Weise können die Ergebnisse der Algorithmen in nachfolgende Prozesse eingebettet werden, um die Umsetzung des Bauprojekts effizienter und praktikabler zu machen.

Literatur

Bendix S (2022). Erstellung eines digitalen Raumbuches zur Nutzung im BIM-Planungsprozess.

Bestuzheva K, Besançon M, Chen W, Chmiela A, Donkiewicz T, van Doornmalen J, Eifler L, Gaul O, Gamrath G, Gleixner A, Gottwald L, Graczyk C, Halbig K, Hoen A, Hojny C, van der Hulst R, Koch T, Lübbecke M, Maher SJ, Matter F, Mühmer E, Müller B, Pfetsch ME, Rehfeldt D, Schlein S, Schlösser F, Serrano F, Shinano Y, Sofranac B, Turner M, Vigerske S, Wegscheider F, Wellner P, Weninger D, Witzig J (2021). {The SCIP Optimization Suite 8.0}.

buildingSMART (2022). buildingSMART International IFC Specifications Database. https://techni cal.buildingsmart.org/standards/ifc/ifc-schema-specifications/. Zugegriffen: 12. Oktober 2022.

Chaillou S (2020). Archigan: Artificial intelligence x architecture. In: Architectural intelligence. Springer, S 117–127.

Ester M, Kriegel H, Sander J, Xu X (1996). A Density-Based Algorithm for Discovering Clusters in Large Spatial Databases with Noise. In: Proceedings of the Second International Conference on Knowledge Discovery and Data Mining. AAAI Press, S 226–231.

Gessmann R (2008). Ein internetbasiertes Gebäudedatenrepositorium als lebenszyklusorientierte Integrationsplattform.

Heckmann O, Schneider F (2018). Grundrissatlas Wohnungsbau. https://doi.org/10.1515/978303560 9691.

Hu R, Huang Z, Tang Y, Van Kaick O, Zhang H, Huang H (2020). Graph2plan: Learning floorplan generation from layout graphs. In: ACM Transactions on Graphics (TOG) 39.4, S 118–1.

Jo JH, Gero JS (1998). Space layout planning using an evolutionary approach. In: Artificial Intelligence in Engineering 12.3, S 149–162. https://doi.org/10.1016/S0954-1810(97)00037-X.

Jocher T, Loch S, Lederer A, Pampe B, Gasser M, zur Brügge C, Tvrtkovic M, Stamm-Teske W, Fischer K, Haag T (2010). RAUMPILOT | Gesamtausgabe. ISBN: 978-3-7828-1544-4.

Kohler N, Moffatt S (2003). Life-cycle analysis of the built environment. In: Industry and environment 26.2, S 17–21.

Liu C, Wu J, Kohli P, Furukawa Y (2017). Raster-to-vector: Revisiting floorplan transformation. In: Proceedings of the IEEE International Conference on Computer Vision, S. 2195–2203.

Nauata N, Hosseini S, Chang K, Chu H, Cheng C, Furukawa Y (2021). House-gan++: Generative adversarial layout refinement network towards intelligent computational agent for professional architects. In: Proceedings of the IEEE/CVF Conference on Computer Vision and Pattern Recognition, S 13632–13641.

Neufert E (2022). Neufert Bauentwurfslehre. ISBN: 978-3-658-34236-4.

Partl R (2020). Erhebung und Analyse von Anwendungen, Strukturen und Inhalten von Raumbüchern.

Rosenman MA (1997). The Generation of Form Using an Evolutionary Approach. In: Evolutionary Algorithms in Engineering Applications. Springer Berlin Heidelberg, S 69–85. ISBN: 978-3-662-03423-1. https://doi.org/10.1007/978-3-662-03423-1_4.

Schneider S, Fischer J, Koenig R (2011). Rethinking Automated Layout Design: Developing a Creative Evolutionary Design Method for the Layout Problems in Architecture and Urban Design. In: Design Computing and Cognition '10, S 367–386. ISBN: 978-94-007-0509-8. https://doi.org/10.1007/978-94-007-0510-4_20.

SDaC (2022). Smart Design and Construction (SDaC). https://sdac.tech/. Zugegriffen: 29. September 2022.

Shekhawat K, Upasani N, Bisht S, Jain R (2020). GPLAN: Computer-Generated Dimensioned Floorplans for given Adjacencies. In: arXiv preprint arXiv:2008.01803.

Sleiman HA, Hempel S, Traversari R, Bruinenberg S (2017). An Assisted Workflow for the Early Design of Nearly Zero Emission Healthcare Buildings. In: Energies 10.7. https://doi.org/10.3390/en10070993.

STREAMER (2013). STREAMER Project. https://www.streamer-project.eu/. Zugegriffen: 26. September 2022.

Wu W, Fan L, Liu L, Wonka P (2018). Miqp-based layout design for building interiors. In: Computer Graphics Forum 37.2, S 511–521.

Wächter A, Biegler LT (2006). On the implementation of an interior-point filter line-search algorithm for large-scale nonlinear programming. In: Mathematical programming 106.1, S 25–57.

Zhong Y, Geiger A (2022). Automated floorplan generation using mathematical optimization. In: ECPPM 2022.

Zürich, Hochbaudepartement, Amt für Hochbauten (2015). Grundrissfibel Wohnungsbau. ISBN: 978-3-909928-32-3.

Entwurfsfindung und Performanceoptimierung mit Machine Learning Methoden

6

Christoph Emunds, Clara-Larissa Lorenz, Jérôme Frisch und Christoph van Treeck

6.1 Einleitung

6.1.1 Motivation für die Optimierung im Entwurf

Im Jahr 2020 belief sich der Energieverbrauch des Gebäudesektors in Deutschland auf 34,4 % des gesamten Endenergieverbrauchs. Dies entspricht etwa 865 TWh für Beheizung, Kühlung, Warmwasserbereitung und Beleuchtung (Mayer und Becker 2021). Die Reduzierung des Energieverbrauchs im Gebäudesektor ist somit ein wichtiger Faktor zur Senkung der CO_2-Emissionen und zur Erreichung der Klimaschutzziele. Hierfür müssen nicht nur Bestandsgebäude optimiert, sondern auch neue, energieeffiziente Gebäudeentwürfe entwickelt werden. Eine Vielzahl an alternativen Entwürfen sollte hierfür bereits in frühen Entwurfsphasen bedacht und evaluiert werden, um einen geeigneten Entwurf zur Erfüllung der gewünschten Ziele zu finden. Einige dieser Ziele, wie bspw. die Senkung des Energieverbrauchs und der Nutzerkomfort, können in direkter Konkurrenz zueinander

C. Emunds (✉) · C.-L. Lorenz · J. Frisch · C. van Treeck
Lehrstuhl für Energieeffizientes Bauen E3D, RWTH Aachen University, Aachen, Deutschland
E-Mail: emunds@e3d.rwth-aachen.de

C.-L. Lorenz
E-Mail: lorenz@e3d.rwth-aachen.de

J. Frisch
E-Mail: frisch@e3d.rwth-aachen.de

C. van Treeck
E-Mail: treeck@e3d.rwth-aachen.de

© Der/die Autor(en), exklusiv lizenziert an Springer Fachmedien Wiesbaden GmbH, ein Teil von Springer Nature 2024
S. Haghsheno et al. (Hrsg.), *Künstliche Intelligenz im Bauwesen*,
https://doi.org/10.1007/978-3-658-42796-2_6

stehen und müssen gegeneinander abgewogen werden. Zur Senkung des Energieverbrauchs spielen Faktoren wie Heiz- und Kühllast, aber auch die Tageslichtperformance und das Treibhauspotenzial eine große Rolle.

Die Senkung der Heiz- und Kühllast wirkt sich direkt auf den Stromverbrauch und die CO_2-Emissionen aus. Laut dena-Gebäudereport gehört jedoch auch die Beleuchtung mit 19 % zu den größten Endverbrauchern von Strom in Nichtwohngebäuden (Mayer und Becker 2021). Das Einsparpotenzial bei Beleuchtung und Heizung, Lüftung, Kühlung (HLK) durch bewährte Verfahren der Tageslichtbeleuchtung wird auf bis zu 30 % des Gesamtenergieverbrauchs in Großraumbüros in den USA geschätzt (Köster 2013). Eine weitere Studie zeigt, dass bei einem sechsstöckigen Bürogebäude durch Anpassungen der Beleuchtungs- und Tageslichtspezifikationen Energieeinsparungen von 56 bis 62 % erzielt werden konnten (Jenkins und Newborough 2007).

Optimierungen während der Entwurfsphase neuer Gebäude sind einfacher und kostengünstiger umzusetzen als spätere Renovierungen am bestehenden Gebäude. Eine Vielzahl von Studien zeigt auf, dass Entwurfsexplorationen und Optimierungen die Performance von Gebäuden gegenüber dem Erstentwurf maßgeblich verbessern können (Attia et al. 2013; Bre et al. 2016; Shahbazi et al. 2019). Dies zeigt, dass intuitiv geführte Entscheidungsfindungen nicht ausreichend sind, um die bestmöglichen Entwürfe hinsichtlich der Gebäudeperformance zu erreichen. Entsprechend wird in Studien auf die Bedeutung von Nachweisführung und Simulationen als Grundlage für informierte Entwurfsentscheidungen hingewiesen (Østergård et al. 2016; Hawila und Merabtine 2021).

Üblicherweise werden im Bereich der Gebäudesimulation Programme wie etwa EnergyPlus für die thermisch-energetische Simulation oder Radiance für die Tageslichtsimulation verwendet. Diese Programme führen ihre Berechnungen auf Basis von physikalischen Gesetzen und Modellen durch. Faktoren, die diese Berechnungen beeinflussen und die es zu modellieren gilt, sind unter anderem die physikalischen Eigenschaften des Gebäudes, installiertes Equipment, Randbedingungen wie etwa Wetterverhältnisse, und das Verhalten der Gebäudenutzer (Amasyali und El-Gohary 2018). Die Durchführung von akkuraten Simulationen anhand von Gebäudemodellen ist jedoch zeit- und kostenintensiv und erfordert Expertenwissen. Insbesondere wiederholte oder iterative Simulationsanalysen können lange Laufzeiten erfordern. Die Ganzjahressimulation des Energieverbrauchs mit EnergyPlus kann für komplexere Gebäude bereits einige Minuten in Anspruch nehmen (Edwards et al. 2017). Werden in der frühen Entwurfsphase einige hundert bis tausend solcher Simulationen durchgeführt, um verschiedene Entwurfsalternativen zu evaluieren, würden bei einer Laufzeit von drei Minuten pro Simulation fünf bis 48 h benötigt. Die Simulation von komplexem technischem Equipment verlängert die Simulationszeit weiterhin. Darüber hinaus nehmen Tageslichtsimulationen wesentlich mehr Zeit in Anspruch. So kann die Jahressimulation eines Gebäudes selbst bei einfachen Modellen bereits über eine Stunde beanspruchen (Sullivan und Donn 2018). Eine schnelle Iteration und Evaluierung verschiedener Entwürfe wird somit erschwert.

6.1.2 Machine Learning in der Gebäudesimulation

Eine Möglichkeit, die Limitierungen der physikalischen Gebäudesimulation zu vermindern, besteht in der Verwendung von Modellen des maschinellen Lernens (im weiteren Verlauf als Machine Learning Modelle bzw. ML-Modelle bezeichnet). Diese werden in Form von Ersatzmodellen oder Emulatoren eingesetzt, um die Funktionen von physikalischen Gebäudesimulationen zu emulieren und diese dadurch teilweise oder sogar gänzlich zu ersetzen. ML-Modelle sind datengetriebene oder statistische Modelle, die Zusammenhänge zwischen Daten (z. B. historische oder in Simulationen erstellte Daten) lernen, um so Prognosen für ungesehene Daten zu bilden. Die verwendeten Algorithmen stammen aus dem Bereich der künstlichen Intelligenz. Modelle, die in der Gebäudesimulation häufig zum Einsatz kommen, sind beispielsweise künstliche neuronale Netze (englisch Artificial Neural Networks; ANNs) und Support Vector Machines (SVMs). Insbesondere neuronale Netze sind in der Gebäudesimulation sehr beliebt (Amasyali und El-Gohary 2018; Westermann und Evins 2019).

ML-Modelle können als Ersatz für detaillierte Simulationsmodelle verwendet werden. Ist ein ML-Modell erst einmal erstellt, besteht sein Hauptvorteil darin, dass es mit geringem Rechenaufwand ausgewertet werden kann, wodurch zeitliche oder ressourcenbedingte Barrieren bei der Gebäudesimulation beseitigt werden können. Die Idee bei der Verwendung eines ML-Modells besteht darin, ein rechenaufwendiges Gebäudesimulationsmodell zu emulieren. Dazu wird das ML-Modell anhand eines kleinen Satzes von Simulationsein- und -ausgangsdaten trainiert. Sobald validiert ist, dass das ML-Modell das detaillierte Simulationsmodell gut genug approximiert, kann es verwendet werden, um die Ergebnisse der Gebäudesimulation für alternative Entwürfe mit sehr kurzen Berechnungszeiten vorherzusagen, ohne diese physikalisch im Detail simulieren zu müssen. Beispielsweise benötigt das Modell von Edwards et al. (2017) drei Sekunden für die Vorhersage des Gebäudeenergiebedarfs für ein ganzes Jahr.

ML-Modelle, die mit synthetischen Daten aus einem Simulationsprogramm trainiert wurden, sind jedoch oft nur innerhalb der Grenzen der verwendeten Eingabedaten genau. Die Ungenauigkeiten der Simulationen, gestapelt mit den Abweichungen des ML-Modells, müssen gegen die Vorteile abgewogen werden, die die Verwendung eines ML-Modells zur Gebäudesimulation mit sich bringt. Zudem sind auf diese Weise erstellte ML-Modelle zumeist nicht auf verschiedene Gebäudetypen übertragbar. Ascione et al. (2017) zeigen jedoch, dass es möglich ist, ML-Modelle für ganze Gebäudekategorien zu erstellen und somit eine Übertragbarkeit zu erhalten. Einige Kriterien zur Entscheidung für ein problemspezifisches oder ein universelles ML-Modell, das für ein konkretes Gebäude respektive für eine bestimmte Gebäudekategorie trainiert wurde, sind in Abb. 6.1 dargestellt.

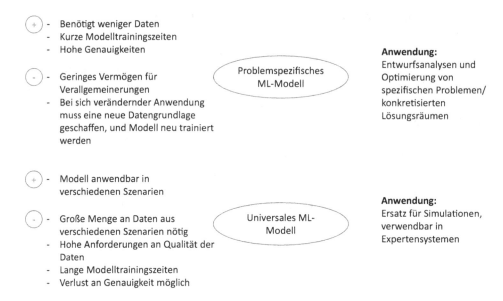

Abb. 6.1 Entscheidungskriterien für ein problemspezifisches oder ein universelles ML-Modell

6.2   Anwendungsgebiete

Im Folgenden soll ein Überblick über zwei typische Anwendungsbereiche für die Verwendung von neuronalen Netzen in der Gebäudesimulation gegeben werden: die Vorhersage des Energieverbrauchs eines Gebäudes und die Berechnung der Tageslichtperformance.

6.2.1   Vorhersage des Energieverbrauchs

Im Bereich der Gebäudeenergie werden ML-Modelle unter anderem zur Vorhersage der Heiz- und Kühllast (Tien Bui et al. 2019), des elektrischen Energiebedarfs (Ahmad et al. 2014), des Endenergiebedarfs (Zhao und Magoulès 2012) und des thermischen Komforts (Deng und Chen 2018) eingesetzt. Diese Vorhersagen sind neben Entwurfsfragen (Elbeltagi und Wefki 2021) von Bedeutung für die Auswahl und Optimierung der HLK-Systeme (Magnier und Haghighat 2010), der Implementierung in vorausschauender Gebäuderegelung (Afram et al. 2017) und der Nachfragesteuerung von Stromversorgungssystemen (Escrivá-Escrivá et al. 2011; Macedo et al. 2015). Die Ziele sind unter anderem die Senkung des Energieverbrauchs, Ressourcenschonung, Kostensenkungen und Raumkomfortverbesserungen.

In vielen der beschriebenen Bereiche kommen neuronale Netze (ANNs) als ML-Modell der Wahl zum Einsatz. Zur intuitiven Veranschaulichung der Prognose des

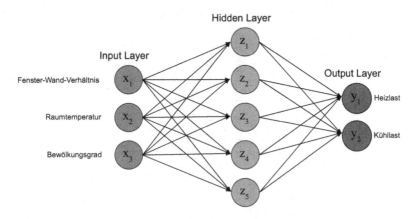

Abb. 6.2 Aufbau eines neuronalen Netzes zur Vorhersage des Gebäudeenergieverbrauchs

Energieverbrauchs mittels eines ANNs zeigt Abb. 6.2 eine vereinfachte Darstellung mit einem sogenannten Input-, einem Hidden- und einem Output-Layer. In dieser Darstellung werden beispielhaft drei Eingabeparameter (im Kontext des Machine Learning auch als Features bezeichnet) zur Berechnung des Energieverbrauchs für Heizung und Kühlung verwendet. Jede der Verbindungen von einem Knoten des ANNs zu einem anderen Knoten in der nächsten Schicht repräsentiert ein Gewicht in Form einer reellen Zahl. Diese Gewichte werden durch einen Lernalgorithmus basierend auf numerischen Methoden während des Trainings des ANNs fortwährend angepasst, um die vorgegebene Zielfunktion, in diesem Beispiel die Heiz- und Kühllast, bestmöglich zu modellieren. In einer echten Anwendung werden für gewöhnlich deutlich mehr Eingabeparameter verwendet. Edwards et al. (2017) verwenden zum Training ihrer Modelle zwischen sieben und 150 Eingabeparameter. Amasyali und El-Gohary (2018) haben die in der Literatur gängigsten Eingabeparameter ermittelt. Einige Beispiele finden sich in Tab. 6.1.

Da das Training von ML-Modellen mit Zeit- und Ressourcenaufwand verbunden ist, ist ein Einsatz der Modelle vor allem in iterativen Prozessen sinnvoll und zeitsparend. In solchen Prozessen können ML-Modelle eingesetzt werden, um von einem Teil der benötigten Simulationen zu lernen und eine restliche Anzahl benötigter Simulationen zu ersetzen. Studien zeigen, dass die Verwendung von ML-Modellen zur Vorhersage des Gebäudeenergiebedarfs eine erhebliche Beschleunigung der Berechnung ohne signifikanten Verlust der Genauigkeit ermöglicht. Magnier und Haghighat (2010) verwenden ein ANN und NSGA-II (Deb et al. 2002) zur Optimierung des Energieverbrauchs. Ihr Modell erreicht einen mittleren relativen Fehler von 0,4, 2,6 und 0,95 % zu den simulierten Ergebnissen für die Heiz- bzw. Kühllast und den Energieverbrauch der Lüftung. Bei der Vorhersage des thermischen Komforts wurde ein relativer Fehler von 3,9 % der erwarteten durchschnittlichen Empfindung (Predicted Mean Vote; PMV) erreicht. Die Generierung des Datensatzes zum Training des ML-Modells, bestehend aus 450 Simulationen, dauerte

Tab. 6.1 Beispiele für Features zum Training eines ML-Modells für die Gebäudesimulation

Wetterverhältnisse	Gebäudecharakteristiken	Innenraumumgebung	Tageszeit	Nutzerverhalten
Außentemperatur	Gebäudemaße	Raumtemperatur	Tageskategorie (Wochentag, Wochenende, Feiertag)	Anzahl der Nutzer
Relative Luftfeuchtigkeit	Form-faktor (Hüllfläche zu Volumenverhältnis)	Relative Luftfeuchtigkeit	Stundenkategorie (Tag, Nacht)	Zeitplan (Ferien, Arbeitsbeginn, Pausen etc.)
Luftdruck	Orientierung	CO_2	Uhrzeit	Verhalten im Zusammenhang mit Fenstern,
Windgeschwindigkeit	Fensterflächenanteil (in m^2)	Innere Wärmequellen		Raumsolltemperaturen,
Windrichtung	Fenster-Wand-Verhältnis (in %)			Beleuchtung und
Bewölkungsgrad	Wärmedurchgangskoeffizient der Gebäudehülle, des Daches und der Fenster			Sonnenschutz
Regenfall	Gesamtenergiedurchlassgrad der Fenster			
Globale und diffuse Sonneneinstrahlung	Schattierungskoeffizient			

drei Wochen. Jedoch erforderte die anschließende Optimierung des Gebäudeentwurfs mithilfe des ML-Modells lediglich sieben Minuten. Die Durchführung einer entsprechenden Zahl an physikalischen Simulationen hätte hingegen zehn Jahre in Anspruch genommen. Asadi et al. (2014) führten eine ähnliche Studie zur Evaluierung von Renovierungsoptionen durch. Die Erstellung des Trainingsdatensatzes bestehend aus 950 Simulationen dauerte drei Tage. Das ML-Modell erreichte einen mittleren relativen Fehler von 1,4, 0,5 und 0,4 % im Vergleich zu den Ergebnissen der Simulation mit TRNSYS respektive für die Heiz- und Kühllast, und den Energieverbrauch für die Warmwasserbereitung. Die Prognosen des thermischen Komforts lagen bei einem mittleren relativen Fehler von 2,5 %. Die Optimierung des Gebäudeentwurfs durch das ML-Modell dauerte unter neun Minuten. Eine gleichermaßen umfangreiche Exploration der Entwurfsalternativen mittels einer physikalischen Simulation hätte dagegen 75 Tage in Anspruch genommen.

6.2.2 Vorhersage der Tageslichtperformance

Im Bereich der Tageslichtperformance werden ML-Modelle unter anderem zur Vorhersage von Beleuchtungsstärken (Hu und Olbina 2011), Blendungsrisiken (Mohamed Yacine et al. 2017), und zeitlichen sowie räumlichen Aggregaten der Lichtverhältnisse über Tageslichtkriterien wie der Tageslichtautonomie DA (Lo Verso et al. 2017), der in der EN 17.037 verwendeten räumlichen Tagelichtautonomie sDA (Uribe et al. 2017) und Useful Daylight Illuminances UDI (Zhou und Liu 2015) eingesetzt. Die Tageslichtautonomie beschreibt den prozentualen Anteil aller Gebäudebetriebsstunden oder Tageslichtstunden, in der eine bestimmte Beleuchtungsstärke (z. B. von 300 lx) erreicht wird (Reinhart und Walkenhorst 2001). Hieraus lässt sich beispielsweise schließen, für welchen Anteil der Betriebsstunden kein zusätzliches elektrisches Licht benötigt wird. Die räumliche Tageslichtautonomie gibt den Anteil eines Raumes oder Gebäudes wieder, in dem eine Tageslichtautonomie von 50 % erreicht werden kann. Die Zielwerte (55 und 70 % des Raumes) sind danach ausgerichtet, Wohlbefinden und Nutzerzufriedenheit sicherzustellen (Heschong et al. 2012). Die Tageslichtprognosen von ML-Modellen sind neben Explorationen und Optimierungen von Gebäudeentwürfen (Nault et al. 2017) auch von Bedeutung für die Steuerung von Sonnenschutz (Hu und Olbina 2011) und Beleuchtung im Gebäudebetrieb (Beccali et al. 2018). Ayoub (2020) gibt einen Überblick über Anwendungen von ML-Modellen im Tageslichtbereich. Ziele bei der Anwendung sind die Sicherstellung von Beleuchtungsstärken für geplante Tätigkeiten, die Verbesserung des Wohlbefindens und des visuellen Komforts, die Minimierung von Heiz- und Kühllasten, die mit dem Tageslichtentwurf in Zusammenhang stehen, sowie die Minimierung des elektrischen Energieverbrauchs für Beleuchtung.

Im Gegensatz zur Prognose des Energieverbrauchs, bei dem oft ein ganzer Raum als eine einzelne Zone betrachtet wird, hat die Vorhersage der Tageslichtperformance üblicherweise eine deutlich feinere Auflösung. Die Tageslichtverhältnisse in einem Raum können sich je nach Standort innerhalb eines Raumes unterscheiden. Deshalb werden bei Tageslichtsimulationen virtuelle Sensoren in Abständen von etwa 50 cm im Raum verteilt, für die jeweils die ankommenden Tageslichtmengen berechnet werden. Dies führt unter anderem zu den hohen Laufzeiten von Tageslichtsimulationen. Für die Erstellung von ML-Modellen bedeutet dies, dass Trainingsbeispiele anstatt raum- oder gebäudebezogen, sensorbezogen aus den Simulationen extrahiert werden (Kazanasmaz et al. 2009). Abb. 6.3 zeigt den beispielhaften Aufbau eines ANNs zur Vorhersage der Tageslichtperformance. Neben Eingangsparametern wie Gebäude- und Wetterinformationen kommen hier auch sensorbezogene Informationen wie dessen Position oder Entfernung zum nächstgelegenen Fenster hinzu. Die Tageslichtergebnisse für die Sensoren können anschließend für verschiedene Auswertungen beliebig aggregiert werden.

Wie im thermisch-energetischen Bereich sind ML-Modelle insbesondere für iterative Prozesse geeignet, um die Anzahl benötigter Simulationen zu reduzieren und dadurch Zeitersparnisse zu erzielen. Lorenz et al. (2020) verwenden ANNs, um die Anzahl der benötigten Simulationen bei der Exploration von Lösungsräumen zu analysieren. Aus dem gesamten Lösungsraum konnten insgesamt 78 % der Simulationen durch ML-Prognosen ersetzt werden. Nach Berücksichtigung der für das Modelltraining benötigten Zeit ergab sich eine Zeitersparnis von 77 %, was 125,5 h an Simulationszeit entsprach. Die Modelle erreichten einen mittleren absoluten Fehler von etwa 0,5 % Tageslichtautonomie zu den simulierten Ergebnissen.

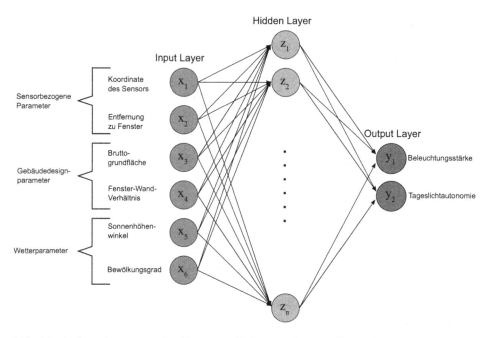

Abb. 6.3 Aufbau eines neuronalen Netzes zur Vorhersage der Tageslichtperformance

6.3 Implementierung und Nutzung von Emulatoren in der Praxis

Die folgenden Abschnitte erläutern die einzelnen Schritte für eine Implementierung von Emulatoren für Gebäudesimulationen zum Zweck der Entwurfsfindung oder Optimierung. Ein Überblick des Prozesses ist in Abb. 6.4 gegeben. Für die Erstellung und Anwendung von Emulatoren muss zuerst ein Basismodell erstellt werden (Schritt 1). Daraufhin müssen die zu untersuchenden Parameter in Abhängigkeit von den Problemstellungen des Entwurfs und den Entwurfszielen gewählt und in einer passenden physikalischen Umgebung (z. B. in Grasshopper, Dynamo, oder EnergyPlus) modelliert und parametrisiert werden. Aus den Kombinationsmöglichkeiten aller zu variierenden Parameter (auch Entwurfsvariablen genannt) entsteht der Lösungsraum für den Entwurf (Schritt 2). Aus diesem Lösungsraum müssen zunächst repräsentative Stichproben extrahiert werden (Schritt 3), für die Simulationen durchgeführt werden (Schritt 4). Die Daten aus den Simulationen können anschließend dazu verwendet werden, ein ML-Modell zu trainieren und zu validieren (Schritt 5). Zeigt die Validierung eine angemessene Genauigkeit, so können die erstellten Emulatoren dazu verwendet werden, die Performance aller Entwurfsmöglichkeiten im Lösungsraum zu bestimmen (Schritt 6). Eine entsprechende Anwendung der Ergebnisse in einer interaktiven Umgebung oder weiterer Programmcodes kann dabei eine Entwurfsexploration, Optimierung oder Sensitivitätsanalyse ermöglichen.

6.3.1 Erstellung des Basismodells

Ein initiales Gebäudemodell wird entsprechend den Anforderungen eines Auftraggebers in einer physikalischen Gebäudesimulationssoftware modelliert. Dieses Basismodell kann sich in den frühen Entwurfsphasen befinden, sollte allerdings grundlegende Vorgaben für Gebäudetypologie (Wohnhaus, Schule etc.) und Netto-Raumfläche entsprechend der Zweckbestimmung des Bauwerks erfüllen. Basierend auf der Definition einer Problemstellung und entsprechender Ziele für den Entwurf, können an dem Basismodell Entwurfsvariablen festgelegt werden, die es zu untersuchen und optimieren gilt. Mögliche Ziele können beispielsweise das Senken des Energieverbrauchs oder das Erreichen von Energiestandards wie Niedrigenergiehaus und Plusenergiehaus, die Verbesserung des Tageslichtpotentials, die Vermeidung von Überhitzung und Blendgefahr am Arbeitsplatz, sowie die Verbesserung des thermischen Komforts sein. Typische Entwurfsvariablen, die für eine Untersuchung hinsichtlich der Performance in den genannten Zielen geeignet sind, sind beispielsweise die Gebäudegeometrie, das Fenster-zu-Wand Verhältnis, die Anordnung der Räume und die Auswahl der Materialien (Hemsath 2013; Samuelson et al. 2016). Untersuchungen in den frühen Entwurfsphasen sind vor allem aufgrund der höheren Flexibilität für Änderungen und den mit Änderungen verbundenen kleinen Auswirkungen auf die Kosten im Vergleich zu fortgeschrittenen Entwurfsphasen zu empfehlen (Paulson 1976). Abb. 6.5 zeigt ein Basismodell, das in einer CAD-Software

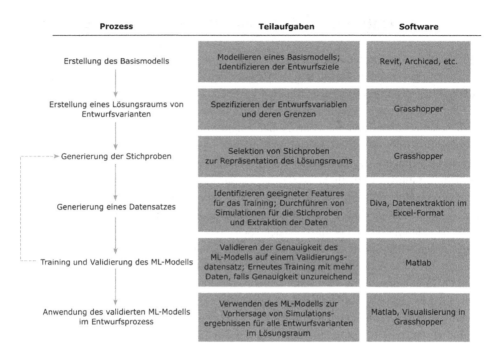

Prozess	Teilaufgaben	Software
Erstellung des Basismodells	Modellieren eines Basismodells; Identifizieren der Entwurfsziele	Revit, Archicad, etc.
Erstellung eines Lösungsraums von Entwurfsvarianten	Spezifizieren der Entwurfsvariablen und deren Grenzen	Grasshopper
Generierung der Stichproben	Selektion von Stichproben zur Repräsentation des Lösungsraums	Grasshopper
Generierung eines Datensatzes	Identifizieren geeigneter Features für das Training; Durchführen von Simulationen für die Stichproben und Extraktion der Daten	Diva, Datenextraktion im Excel-Format
Training und Validierung des ML-Modells	Validieren der Genauigkeit des ML-Modells auf einem Validierungsdatensatz; Erneutes Training mit mehr Daten, falls Genauigkeit unzureichend	Matlab
Anwendung des validierten ML-Modells im Entwurfsprozess	Verwenden des ML-Modells zur Vorhersage von Simulationsergebnissen für alle Entwurfsvarianten im Lösungsraum	Matlab, Visualisierung in Grasshopper

Abb. 6.4 Möglicher Arbeitsablauf für die Erstellung und Anwendung von Emulatoren für Gebäudesimulationen (in Anlehnung an Lorenz (2020))

(z. B. in Revit) erstellt und als vereinfachtes Modell in ein Simulationsprogramm (z. B. Honeybee – Ladybug Tools in Grasshopper oder OpenStudio für EnergyPlus) übertragen wurde.

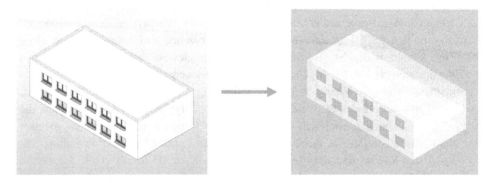

Abb. 6.5 Basismodell und vereinfachtes Simulationsmodell

6.3.2 Erstellung eines Lösungsraums von Entwurfsvarianten

Sind die Entwurfsvariablen festgelegt, müssen beim Modellieren in einer geeigneten Umgebung weitere Angaben gemacht werden. Zunächst gilt es, die minimalen und maximalen Werte für die gewählten Entwurfsvariablen zu bestimmen. Bei der Veränderung des Fenster-Wand-Verhältnisses beispielsweise könnten 40 % als unterer Grenzwert und 80 % als oberer Grenzwert festgelegt werden. Anschließend werden die im folgenden Abschnitt besprochenen Stichprobenverfahren verwendet, um eine festgelegte Zahl an konkreten Ausprägungen der gewählten Entwurfsvariablen zu generieren.

Wird eine weitere Entwurfsvariable gewählt, erhöht sich die Anzahl möglicher Entwurfskombinationen. Abb. 6.6 zeigt einen zweidimensionalen Lösungsraum, in dem neben dem Fenster-Wand-Verhältnis auch die Breite des Gebäudegrundrisses unter Beibehaltung der Nettoraumfläche zwischen 10 und 20 m variiert wird. Werden für das Stichprobenverfahren beide Dimensionen in bspw. Fünf Intervalle unterteilt, ergäben sich bei der Kombination jeder Grundrissform mit jedem Fenster-Wand-Verhältnis so $5^2 = 25$ Entwurfsmöglichkeiten. Dieser exponentielle Anstieg der Problemkomplexität wird auch als Fluch der Dimensionalität bezeichnet (Forrester und Keane 2009). Die Gesamtheit der Entwurfsmöglichkeiten wird Lösungsraum (englisch Design Solution Space) genannt.

Die Entwurfsvariablen sollten mit Bedacht gewählt werden, da eine spätere Änderung ein erneutes Durchlaufen der Simulationen zur Generierung eines neuen Datensatzes erfordert. Abhängig von der Anzahl der Entwurfsvariablen und der Größe des Lösungsraums steigt auch die benötigte Anzahl an Simulationen zur Erstellung eines Trainingsdatensatzes. Außerdem sollte darauf geachtet werden, die in Abhängigkeit mit den Entwurfsvariablen entstehende Zahl der Features für die ML-Modelle so gering wie möglich zu halten, da sich die Modelltrainingszeit mit der Anzahl der Features erhöht. Zur Auswahl geeigneter Features wird oft Expertenwissen benötigt. Eine alternative Möglichkeit besteht in einer sogenannten Sensitivitätsanalyse, die eingesetzt werden kann, um die Features mit Einfluss auf Ergebnisse zu identifizieren.

6.3.3 Generierung der Stichproben

Im Anschluss an die Definition des Lösungsraums werden Entwürfe aus diesem als Stichproben selektiert, an denen Simulationen durchgeführt werden. Modellinformationen und Simulationsergebnisse der Stichproben werden dabei extrahiert, um Datensätze für das Training und die Validierung des ML-Modells zusammenzustellen. Die Auswahl der Stichproben des Lösungsraums lässt sich mit geeigneten Methoden automatisiert durchführen. Beliebt sind unter anderem die Monte-Carlo Methode oder das Latin-Hypercube-Stichprobenverfahren (Westermann und Evins 2019). Das Ziel dieser statistischen Versuchsplanung (englisch Design of Experiments) ist es, Punkte im

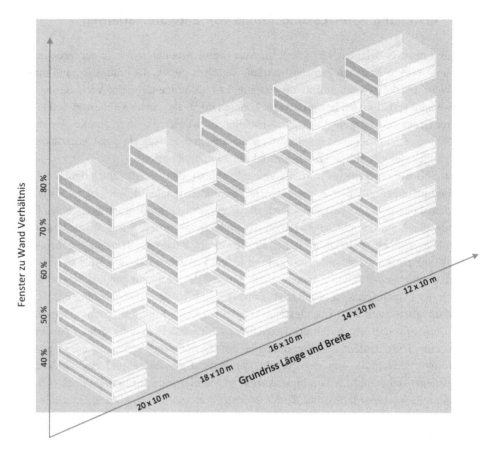

Abb. 6.6 Darstellung eines Lösungsraumes mit zwei Dimensionen für Fenster-Wand-Verhältnis und Grundrissmaße

Lösungsraum zu selektieren, die den Informationsgewinn pro Simulationsdurchlauf maximieren. Dadurch kann die zur Zusammenstellung eines aussagekräftigen Datensatzes benötigte Zeit minimiert werden.

Generell wird zwischen statischen und adaptiven Stichprobenverfahren unterschieden. Bei statischen Verfahren werden alle Stichproben vor Beginn des Trainings des ML-Modells definiert. Dies erlaubt eine gleichmäßige Abdeckung des Lösungsraums und somit eine gleichermaßen gute Genauigkeit des ML-Modells über den gesamten Lösungsraum hinweg. Jedoch kann dieses Vorgehen eine deutlich höhere Anzahl an Stichproben erfordern, um die gewünschte Genauigkeit zu erreichen. Adaptive Stichprobenverfahren hingegen sind in der Lage, Bereiche des Lösungsraums, welche nicht ausreichend abgedeckt werden, zu identifizieren und eine gute Abdeckung mit vergleichsweise weniger Stichproben zu erzielen.

6.3.4 Generierung eines Datensatzes

Nachdem das Basismodell erstellt und der Lösungsraum definiert wurde, werden Simulationen an den festgelegten Stichproben in einer Gebäudesimulationssoftware durchgeführt. Die Ein- und Ausgabedaten für das ML-Modell werden dabei extrahiert und können
lokal, in einer Cloud, oder in Datenbanken gespeichert werden. Die benötigte Menge an
Daten ist abhängig von der Anzahl der Entwurfsvariablen. Wird beabsichtigt, das erstellte
ML-Modell für die Optimierung eines einzelnen spezifischen Gebäudeentwurfs zu verwenden, so müssen lediglich Simulationen auf Basis des gewählten Gebäudes und der
gewählten Entwurfsvariablen durchgeführt und die Ein- und Ausgangsdaten aufgezeichnet
werden. Soll das ML-Modell auf verschiedene, jedoch ähnliche Gebäude, bspw. in einem
Quartier, angewendet werden und somit eine gewisse Übertragbarkeit und Allgemeingültigkeit besitzen, so wird eine entsprechend umfangreichere Datengrundlage benötigt, die
die Variationen zwischen den unterschiedlichen Entwürfen ausreichend widerspiegelt. Soll
ein ML-Modell als Emulator von Simulationen für verschiedene Klimazonen anwendbar
sein, werden noch mehr Trainingsdaten benötigt und Klima- und Wetterbedingungen müssen als Eingangsparameter für das Modelltraining ergänzt werden. Für die abzuwägenden
Vor- und Nachteile sei an dieser Stelle nochmal auf Abb. 6.1 hingewiesen. Die Anzahl
benötigter Trainingsdaten kann sich demnach je nach Anwendungsfall stark unterscheiden. Ayoub (2020) stellten hierzu eine Übersicht über die Größe von Trainingsdatensätzen
in einer Vielzahl von Studien zusammen, die zum Training von ML-Modellen zur Prognose des Tageslichtpotenzials verwendet wurden (Abb. 6.7). Die Data Size bezieht sich
hierbei auf die Anzahl an Trainings- und Testbeispielen, wobei es sich bei jedem Beispiel
um ein einzelnes Datenpaar aus Ein- und Ausgabeparametern für das ML-Modell handelt.

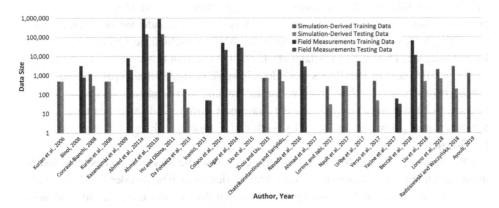

Abb. 6.7 Überblick verwendeter Datenmengen für ML-Anwendungen im Tageslichtbereich
(Ayoub et al. 2020, S. 22)

6.3.5   Training und Validierung des Machine Learning Modells

Das Training eines Machine Learning Modells lässt sich grob in drei Schritte einteilen: Die Vorverarbeitung der Daten, das Modelltraining mit Optimierung der Hyperparameter, und die Modellvalidierung. Bei der Vorverarbeitung der Daten können Ausreißer beseitigt und Datenlücken sinnvoll ergänzt werden. In gewissen Fällen kann es hilfreich sein, die Daten auf eine Art und Weise aufzubereiten, die das Modell beim Lernen unterstützt. Hierzu zählt beispielsweise das Glätten von Kurven. Zudem müssen die Daten oft auf ein begrenztes Intervall normalisiert werden (bspw. von 0 bis 1 oder von −1 bis 1). Kategorische Daten müssen in entsprechende ganzzahlige Werte umgewandelt werden, da viele ML-Modelle wie ANNs und SVMs ausschließlich numerische Eingangsdaten erwarten. Die gängige Praxis sieht eine Unterteilung der Daten in einen Trainings-, einen Validierungs-, und einen Testdatensatz vor. Der Trainingsdatensatz wird für das eigentliche Training des ML-Modells verwendet, während der Validierungsdatensatz zur Optimierung der Hyperparameter dient. Bei einem ANN zählen zu den Hyperparameter unter anderem die Anzahl der Neuronen im Hidden-Layer oder die Lernrate, die die Anpassungsgeschwindigkeit der Gewichte bestimmt. Der Testdatensatz wird zur finalen Berechnung der Performance des ML-Modells genutzt, um dessen Fähigkeit zur Generalisierung zu testen.

Ein ML-Modell lernt die Zusammenhänge zwischen den gegebenen Ein- und Ausgangsdaten, indem ein Lernalgorithmus die internen Gewichte des Modells während des Trainings kontinuierlich anpasst, bis die vom Modell berechnete Vorhersage die Ausgabe der Gebäudesimulation bestmöglich approximiert. Eine Gefahr beim Training des ML-Modells besteht im sogenannten Overfitting. Hierbei approximiert das ML-Modell die Trainingsdaten zu genau und verliert somit seine Allgemeingültigkeit. Das Ziel ist es jedoch, ein ML-Modell zu erhalten, das die gelernten Zusammenhänge generalisieren und auf bisher unbekannte Daten anwenden kann. Zur Verminderung der Gefahr durch Overfitting bieten sich bei der Verwendung von ANNs verschiedene Techniken wie bspw. Regularisierung, Dropout (Srivastava et al. 2014) oder Batch Normalization (Ioffe und Szegedy 2015) an. In der Praxis sind derzeit verschiedene Softwarepakete und Werkzeuge erhältlich, die zur Erstellung und zum Training von Modellen verwendet werden können. Bekannt sind unter anderem die Machine Learning und Deep Learning Toolboxen von Matlab, sowie ScikitLearn, PyTorch und Tensorflow für Python, oder Lunchbox für Grasshopper.

Die abschließende Validierung soll sicherstellen, dass die Vorhersagen des ML-Modells in einem annehmbaren Rahmen im Verhältnis zu den Berechnungen der Gebäudesimulation liegen. Amasyali und El-Gohary (2018) nennen diverse Metriken, die zur Evaluation verwendet werden können. Einige Beispiele sind der Coefficient of Variation (CV), Root mean square error (RMSE), Mean absolute error (MAE), Mean bias error (MBE), oder R-squared. Abb. 6.8 aus der Studie von Wong et al. (2010) zeigt auf, wie nah die Ergebnisse eines ANNs an den Simulationsergebnissen mit EnergyPlus liegen können.

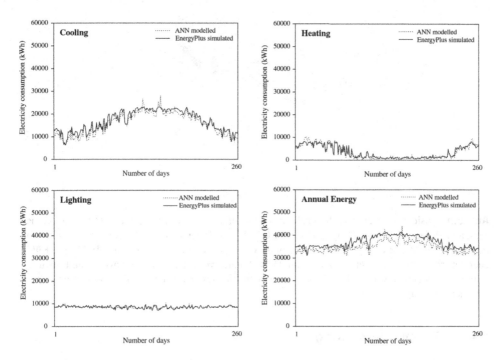

Abb. 6.8 Vergleich der Vorhersagen eines ANNs zu den Ergebnissen einer Simulation mit EnergyPlus (Wong et al. 2010, S. 4)

6.3.6 Anwendung des validierten Machine Learning Modells im Entwurfsprozess

Nach Training und Validierung des ML-Modells kann dieses dazu verwendet werden, Vorhersagen bzgl. des Energieverbrauchs oder der Tageslichtperformance für alle Entwurfsvarianten aus dem definierten Lösungsraum in sehr kurzer Zeit abzurufen. Eine typische Vorgehensweise für die Optimierung eines Entwurfs ist die Verwendung des ML-Modells im Rahmen eines genetischen Optimierungsalgorithmus (Gossard et al. 2013). Ergebnisse können beispielsweise als Paretofronten oder in interaktiven Tools wie DesignExplorer (Howes 2017) (Abb. 6.9) visualisiert werden. Solch interaktive Anwendungen erlauben es, die durch einen Optimierungsalgorithmus erzeugten Entwürfe nach bestimmten Entwurfskriterien und Prioritäten zu filtern und zu sortieren, um so eine effiziente Entwurfsexploration durchzuführen.

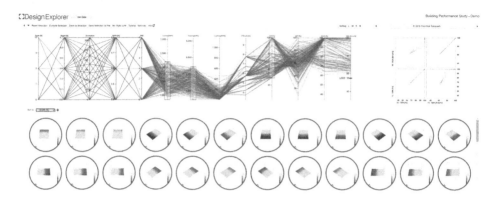

Abb. 6.9 Ansicht der Benutzeroberfläche des DesignExplorers von Core Studio/Thornton Toma-setti, aktualisiert von Mingo Peng (2019). Der Graph in der oberen Bildhälfte zeigt die Entwurfsva-riablen (Höhe, Orientierung, Fensterverhältnis), sowie die Simulationsergebnisse (Heiz- und Kühl-energieverbrauch, Tageslichtautonomie) an. Diese können vom Benutzer auf gewünschte Entwurfs-kriterien eingegrenzt werden. Die Entwurfsvarianten, die diese Kriterien erfüllen, werden unter dem Graphen angezeigt

6.4 Zusammenfassung

Die Verwendung von Machine Learning Methoden im Bereich der Gebäudesimulation eröffnet neue Möglichkeiten zur Exploration und Optimierung von Gebäudeentwürfen. Sobald ML-Modelle erstellt sind, zeichnen sie sich durch eine sehr kurze Laufzeit und einen niedrigen Rechenaufwand im Vergleich zu physikalischen Simulationen aus und ermöglichen so eine effiziente Exploration einer Vielzahl alternativer Entwurfslösungen. Gleichzeitig zeigen diverse Studien, dass die Genauigkeit der Vorhersagen von ML-Modellen insbesondere im energetischen Bereich von akzeptabel bis sehr gut reichen. Im Tageslichtbereich erzielten Studien sehr hohe Genauigkeiten. Für den Entwurf neuer Gebäude wird die physikalische Gebäudesimulation jedoch auch weiterhin eine wich-tige Rolle spielen – nicht zuletzt, da die Ergebnisse der physikalischen Simulation als Trainingsdaten für ML-Modelle verwendet werden.

Derzeit gibt es in der Forschung Bemühungen, die trainierten ML-Modelle generali-sierbarer zu machen und somit Modelle zu erhalten, die für verschiedene Problemstellung im Bereich der Gebäudeoptimierung verwendbar sind. Eine potenzielle Zukunftsvision ist ein generalisierbares ML-Modell, das die physikalische Gebäudesimulation für weitver-breitete Gebäudearten ersetzen kann. Ein häufig angeführter Kritikpunkt besteht jedoch in der Interpretier- oder Erklärbarkeit der Vorhersagen von neuronalen Netzen. Zur Minimierung dieser Problematik untersuchen einige Forschungsarbeiten den Einsatz von sogenannten grey-box oder hybriden Vorgehensweisen (Amasyali und El-Gohary 2018), die eine Kombination aus physikalischen und datengetriebenen Modellen bieten.

Neben den bereits vorgestellten Anwendungsmöglichkeiten ist eine weitere Verwendung von ML-Modellen in interaktiven Expertensystemen vorstellbar. In eine CAD Modellierungssoftware integriert, würde solch ein Expertensystem Echtzeit-Feedback zum Entwurf geben und Verbesserungen während des Modellierens vorschlagen, um die zuvor definierten Entwurfsziele zu erreichen. Ein solches System basierend auf Machine Learning anstelle von physikalischen Gebäudesimulationen ist nach dem Wissen der Autoren noch nicht auf dem Markt. Eine Integration in Tools für iterative Analysen, wie z. B. Revit Insight (Autodesk GmbH 2022) wäre vorstellbar.

Literatur

Afram A, Janabi-Sharifi F, Fung AS, Raahemifar K (2017) Artificial neural network (ANN) based model predictive control (MPC) and optimization of HVAC systems: A state of the art review and case study of a residential HVAC system. Energy Build 141:96–113. https://doi.org/10.1016/j.enbuild.2017.02.012.

Ahmad AS, Hassan MY, Abdullah MP, et al (2014) A review on applications of ANN and SVM for building electrical energy consumption forecasting. Renew. Sustain. Energy Rev. 33:102–109.

Amasyali K, El-Gohary NM (2018) A review of data-driven building energy consumption prediction studies. Renew. Sustain. Energy Rev. 81:1192–1205.

Asadi E, da Silva MG, Antunes CH, et al (2014) Multi-Objective Optimization for Building Retrofit: A Model Using Genetic Algorithm and Artificial Neural Network and an Application. Energy Build 81:444–456. https://doi.org/10.1016/j.enbuild.2014.06.009.

Ascione F, Bianco N, De Stasio C, et al (2017) Artificial Neural Networks to Predict Energy Performance and Retrofit Scenarios for Any Member of a Building Category: A Novel Approach. Energy 118:999–1017. https://doi.org/10.1016/j.energy.2016.10.126.

Attia S, Hamdy M, O'Brien W, Carlucci S (2013) Assessing Gaps and Needs for Integrating Building Performance Optimization Tools in Net Zero Energy Buildings Design. Energy Build 60:110–124. https://doi.org/10.1016/j.enbuild.2013.01.016.

Autodesk GmbH (2022) Insight | Software für Gebäudeeffizienzanalysen.

Ayoub M (2020) A review on machine learning algorithms to predict daylighting inside buildings. Sol Energy 202:249–275. https://doi.org/10.1016/J.SOLENER.2020.03.104.

Beccali M, Bonomolo M, Ciulla G, Lo Brano V (2018) Assessment of indoor illuminance and study on best photosensors' position for design and commissioning of Daylight Linked Control systems. A new method based on artificial neural networks. Energy 154:466–476. https://doi.org/10.1016/j.energy.2018.04.106.

Bre F, Silva AS, Ghisi E, Fachinotti VD (2016) Residential Building Design Optimisation Using Sensitivity Analysis and Genetic Algorithm. Energy Build 133:853–866. https://doi.org/10.1016/j.enbuild.2016.10.025.

Deb K, Pratap A, Agarwal S, Meyarivan T (2002) A Fast and Elitist Multiobjective Genetic Algorithm: NSGA-II. IEEE Trans Evol Comput 6:182–197. https://doi.org/10.1109/4235.996017.

Deng Z, Chen Q (2018) Artificial neural network models using thermal sensations and occupants' behavior for predicting thermal comfort. Energy Build 174:587–602. https://doi.org/10.1016/J.ENBUILD.2018.06.060.

Edwards RE, New J, Parker LE, et al (2017) Constructing Large Scale Surrogate Models from Big Data and Artificial Intelligence. Appl Energy 202:685–699. https://doi.org/10.1016/j.apenergy. 2017.05.155.

Elbeltagi E, Wefki H (2021) Predicting Energy Consumption for Residential Buildings Using ANN through Parametric Modeling. Energy Reports 7:2534–2545. https://doi.org/10.1016/j.egyr.2021. 04.053.

Escrivá-Escrivá G, Álvarez-Bel C, Roldán-Blay C, Alcázar-Ortega M (2011) New artificial neural network prediction method for electrical consumption forecasting based on building end-uses. Energy Build 43:3112–3119. https://doi.org/10.1016/J.ENBUILD.2011.08.008.

Forrester AIJ, Keane AJ (2009) Recent advances in surrogate-based optimization. Prog Aerosp Sci 45:50–79. https://doi.org/10.1016/j.paerosci.2008.11.001.

Gossard D, Lartigue B, Thellier F (2013) Multi-objective optimization of a building envelope for thermal performance using genetic algorithms and artificial neural network. Energy Build 67:253–260. https://doi.org/10.1016/j.enbuild.2013.08.026.

Hawila AAW, Merabtine A (2021) A statistical-based optimization method to integrate thermal comfort in the design of low energy consumption building. J Build Eng 33:. https://doi.org/10.1016/J.JOBE.2020.101661.

Hemsath T (2013) Conceptual Energy Modeling For Architecture, Planning And Design: Impact Of Using Building Performance Simulation In Early Design Stages. In: Building {{Simulation}} 2013. IBPSA, S 376–384.

Heschong L, Saxena M, Wayland S, Perry T (2012) DAYLIGHT METRICS REPORT for the CEC PIER Daylighting Plus Research Program.

Howes B (2017) Design Explorer Announcement. Tsvetan Hristov.

Hu J, Olbina S (2011) Illuminance-based slat angle selection model for automated control of split blinds. Build Environ 46:786–796. https://doi.org/10.1016/j.buildenv.2010.10.013.

Ioffe S, Szegedy C (2015) Batch Normalization: Accelerating Deep Network Training by Reducing Internal Covariate Shift. In: Proceedings of the 32nd {{International Conference}} on {{International Conference}} on {{Machine Learning}} – {{Volume}} 37. JMLR.org, Lille, France, S 448–456.

Jenkins D, Newborough M (2007) An approach for estimating the carbon emissions associated with office lighting with a daylight contribution. Appl Energy 84:608–622. https://doi.org/10.1016/j.apenergy.2007.02.002.

Kazanasmaz T, Gunaydin M, Binol S (2009) Artificial neural networks to predict daylight illuminance in office buildings. Build Environ 44:1751–1757. https://doi.org/10.1016/j.buildenv.2008. 11.012.

Köster H (2013) Daylighting Controls, Performance and Global Impacts. In: springerprofessional.de.

Lo Verso VRM, Mihaylov G, Pellegrino A, Pellerey F (2017) Estimation of the daylight amount and the energy demand for lighting for the early design stages: Definition of a set of mathematical models. Energy Build 155:151–165. https://doi.org/10.1016/J.ENBUILD.2017.09.014.

Lorenz CL, Spaeth AB, Bleil de Souza C, Packianather MS (2020) Artificial Neural Networks for parametric daylight design. Archit Sci Rev 63:210–221. https://doi.org/10.1080/00038628.2019. 1700901.

Macedo MNQ, Galo JJM, De Almeida LAL, De AC (2015) Demand side management using artificial neural networks in a smart grid environment. Renew Sustain Energy Rev 41:128–133. https://doi.org/10.1016/J.RSER.2014.08.035.

Magnier L, Haghighat F (2010) Multiobjective Optimization of Building Design Using TRNSYS Simulations, Genetic Algorithm, and Artificial Neural Network. Build Environ 45:739–746.https://doi.org/10.1016/j.buildenv.2009.08.016.

Mayer A, Becker S (2021) Dena-GEBÄUDEREPORT 2021. Fokusthemen Zum Klimaschutz Im Gebäudebereich.

Mohamed Yacine S, Noureddine Z, Piga BEA, et al (2017) Developing neural networks to investigate relationships between lighting quality and lighting glare indices. Energy Procedia 122:799–804. https://doi.org/10.1016/j.egypro.2017.07.406.

Nault E, Moonen P, Rey E, Andersen M (2017) Predictive models for assessing the passive solar and daylight potential of neighborhood designs: A comparative proof-of-concept study. Build Environ 116:1–16. https://doi.org/10.1016/J.BUILDENV.2017.01.018.

Østergård T, Jensen RL, Maagaard SE (2016) Building Simulations Supporting Decision Making in Early Design – A Review. Renew Sustain Energy Rev 61:187–201. https://doi.org/10.1016/j.rser.2016.03.045.

Paulson BC (1976) Designing to Reduce Cosntruction Costs. J Constr Div 102:587–592.

Reinhart CF, Walkenhorst O (2001) Validation of dynamic RADIANCE-based daylight simulations for a test office with external blinds. Energy Build 33:683–697. https://doi.org/10.1016/S0378-7788(01)00058-5.

Samuelson H, Claussnitzer S, Goyal A, et al (2016) Parametric energy simulation in early design: High-rise residential buildings in urban contexts. Build Environ 101:19–31. https://doi.org/10.1016/j.buildenv.2016.02.018.

Shahbazi Y, Heydari M, Haghparast F (2019) An Early-Stage Design Optimization for Office Buildings' Façade Providing High-Energy Performance and Daylight. Indoor Built Environ 28:1350–1367. https://doi.org/10.1177/1420326X19840761.

Srivastava N, Hinton G, Krizhevsky A, et al (2014) Dropout: A Simple Way to Prevent Neural Networks from Overfitting. J Mach Learn Res 15:1929–1958.

Sullivan J, Donn M (2018) Some simple methods for reducing daylight simulation time. 101080/0003862820181464896 61:234–245. https://doi.org/10.1080/00038628.2018.1464896.

Thornton Tomasetti, Peng M (2019) Design Explorer.

Tien Bui D, Moayedi H, Anastasios D, Kok Foong L (2019) Predicting Heating and Cooling Loads in Energy-Efficient Buildings Using Two Hybrid Intelligent Models. Appl Sci 9:3543. https://doi.org/10.3390/app9173543.

Uribe D, Veraand S, Bustamante W (2017) Optimization of Complex Fenestration Systems Using an Artificial Neural Network. In: 51st {{International Conference}} of the {{Architectural Science Association}}. S 177–185.

Westermann P, Evins R (2019) Surrogate Modelling for Sustainable Building Design – A Review. Energy Build 198:170–186. https://doi.org/10.1016/j.enbuild.2019.05.057.

Wong SL, Wan KKW, Lam TNT (2010) Artificial Neural Networks for Energy Analysis of Office Buildings with Daylighting. Appl Energy 87:551–557. https://doi.org/10.1016/j.apenergy.2009.06.028.

Zhao H, Magoulès F (2012) A Review on the Prediction of Building Energy Consumption. Renew Sustain Energy Rev 16:3586–3592. https://doi.org/10.1016/j.rser.2012.02.049.

Zhou S, Liu D (2015) Prediction of Daylighting and Energy Performance Using Artificial Neural Network and Support Vector Machine. Am J Civ Eng Archit Vol 3, 2015, Pages 1–8 3:1–8. https://doi.org/10.12691/AJCEA-3-3A-1.

Entwicklung eines Human-in-the-Loop-Systems zur Objekterkennung in Grundrissen

7

Johannes Jakubik, Patrick Hemmer, Michael Vössing, Benedikt Blumenstiel, Andrea Bartos und Kamilla Mohr

Johannes Jakubik, Patrick Hemmer, Michael Vössing, Benedikt Blumenstiel, Andrea Bartos und Kamilla Mohr

7.1 Einleitung

In den letzten Jahren haben viele Unternehmen in der Baubranche damit begonnen zu explorieren, wie künstliche Intelligenz (KI) zur Verbesserung von Arbeitsprozessen eingesetzt werden kann. Bislang haben jedoch nur wenige Unternehmen KI gewinnbringend eingesetzt (Blanco et al. 2018). Eine der vielversprechendsten Anwendungen von KI ist die Reduktion zeitintensiver und repetitiver Aufgaben, damit sich Mitarbeiter auf andere wertschöpfende Tätigkeiten konzentrieren können – häufig solche, die menschliche Kreativität erfordern (Dellermann et al. 2019).

Die vorläufige Materialabnahme von Bauprojekten ist für eine effiziente Projektdurchführung erforderlich und hat ein hohes Potenzial, von der Einführung von KI zu profitieren. So können KI-Systeme den Menschen bei der Ermittlung der benötigten Stücklisten unterstützen – ein Prozess, der auch als Mengenermittlung bezeichnet wird. Ziel der Mengenermittlung ist es, die Ist- und Sollmengen der benötigten Materialien entsprechend der Struktur der Stückliste zu berechnen.

Obwohl digitale Darstellungen von Gebäuden zunehmend genutzt werden, sind sie bisher noch wenig verbreitet, da der größte Teil des Gebäudebestands nicht in einem digitalen

J. Jakubik (✉) · P. Hemmer · M. Vössing · B. Blumenstiel · A. Bartos · K. Mohr
Karlsruhe Digital Service Research and Innovation Hub (KSRI), Karlsruher Institut für Technologie (KIT), Karlsruhe, Deutschland
E-Mail: johannes.jakubik@kit.edu

P. Hemmer
E-Mail: patrick.hemmer@kit.edu

M. Vössing
E-Mail: michael.voessing@kit.edu

© Der/die Autor(en), exklusiv lizenziert an Springer Fachmedien Wiesbaden GmbH, ein Teil von Springer Nature 2024
S. Haghsheno et al. (Hrsg.), *Künstliche Intelligenz im Bauwesen*,
https://doi.org/10.1007/978-3-658-42796-2_7

Format vorliegt. Die verfügbaren Datenformate sind aufgrund der starken technischen Fragmentierung der Branche oft nicht miteinander kompatibel. Deshalb müssen Unternehmen für die Mengenermittlung relevante Symbole in Grundrissen häufig händisch zählen. Diese zeitaufwendige Aufgabe hindert die Domänenexperten daran, ihre knappen Ressourcen für andere Aspekte des Bauprozesses einzusetzen. Um Domänenexperten bei der Mengenermittlung zu unterstützen, schlagen wir ein Human-in-the-Loop-System vor, das Unternehmen eine halbautomatische Grundrissanalyse ermöglicht. Das System stützt sich auf drei Komponenten.

Erstens trainieren wir ein Modell zur Erkennung von Symbolen in Grundrissen, das auf der Faster R-CNN-Architektur (Ren et al. 2017) basiert. Das Pyramidennetzwerk des Modells, einschließlich des Klassifikators und der Bounding-Box-Regressoren, wird zu einem Modellensemble erweitert, um Unsicherheitsschätzungen für die Klassifikation von erkannten Symbolen zu generieren (Lakshminarayanan et al. 2017). Auf diese Weise kann das Modell quantifizieren, welche Symbole schwer zu klassifizieren sind, um für diese Symbole menschliche Hilfe in Anspruch zu nehmen.

Zweitens werden Symbole, bei denen ein hohes Maß an Klassifizierungsunsicherheit festgestellt wurde, zur Überprüfung an einen menschlichen Experten weitergeleitet, um die Anzahl der falsch klassifizierten Symbole zu minimieren. Die Erkennungsergebnisse werden den Experten in einer sogenannten Galerieansicht präsentiert, die nach absteigender Unsicherheitsbewertung oder nach vorhergesagten Klassen gruppiert ist. Auf diese Weise können menschliche Experten falsch klassifizierte Symbole effizient korrigieren. In diesem Zusammenhang führen wir eine Simulationsstudie durch, um die Effektivität verschiedener Methoden für die Quantifizierung von Unsicherheiten hinsichtlich der Leistungsfähigkeit des Human-in-the-Loop-Systems zu analysieren. Wir stellen fest, dass die meisten der betrachteten Unsicherheitsmaße die zufällige Erfassung von menschlichem Expertenwissen deutlich übertreffen. Unser Ansatz führt zu einer verbesserten Leistung von bis zu 12,9 %, was einer Systemgenauigkeit von 92,1 % entspricht.

Drittens entwickeln wir einen Ansatz, um die benötigte Annotation von Trainingsdaten zu minimieren. Dies ist besonders im Kontext der Anpassung des Systems an neue Symbole oder unterschiedliche Bauprojekte relevant. Wir reduzieren die manuelle Annotation, indem wir das Modell mit synthetisch erzeugten Grundrissdaten trainieren. Dazu wird der Benutzer aufgefordert, die relevanten Symbolklassen basierend auf der automatisch extrahierten Legende des Grundrisses auszuwählen. Wir extrahieren außerdem die entsprechende Bezeichnung jedes Symbols, indem wir die Legende mit sogenannter *optical character recognition* analysieren. Die Symbole werden dann in verschiedenen Rotationsgraden mit unterschiedlicher Helligkeit, Farbe und Kontrast einer Reihe von Referenzhintergründen positioniert, die von Fachleuten erstellt wurden. Auf diese Weise erzeugt unser Ansatz beschriftete Trainingsdaten, ohne dass explizit ein Annotationsaufwand entsteht.

In Summe leistet unsere Arbeit den folgenden Beitrag: Wir schlagen ein Human-in-the-Loop-System vor, das die Zusammenarbeit zwischen Mensch und KI im Rahmen der Mengenermittlung verbessert. Wir demonstrieren mit einem technischen Experiment, wie das selektive Hinzuziehen des Wissens von Domänenexperten die Genauigkeit des Systems erheblich verbessern und gleichzeitig den erforderlichen manuellen Aufwand reduzieren kann. Schließlich gehen wir auf die geringe Standardisierung in der Branche ein, indem wir synthetisch generierte Trainingsdaten verwenden, um das System mit minimalem Aufwand an verschiedene Bauprojekte anpassen zu können.

7.2 Grundlagen

Im Folgenden werden relevante Arbeiten zum Einsatz von KI im Kontext von Grundrissen und zur Anwendung von Human-in-the-Loop-Systemen vorgestellt.

7.2.1 Computer Vision in Grundrissplänen

Computer Vision wurde kürzlich in mehreren Studien eingesetzt, um Symbole in Grundrissen zu erkennen. In diesem Zusammenhang wurden Modelle entwickelt, um verschiedene Klassen von Möbelsymbolen zu klassifizieren, z. B. Tische in Wohneinheiten von Wohngebäuden (z. B. Goyal et al. 2019; Rezvanifar et al. 2020; Ziran und Marinai 2018). Ein anderer Teil der Literatur kombiniert die Erkennung von Möbelsymbolen in Grundrissen mit *image captioning*, um textuelle Beschreibungen der erkannten Symbole in den entsprechenden Räumen von Wohneinheiten zu generieren (Goyal et al. 2021). Ein dritter Bereich in der bisherigen Literatur entwickelte Modelle zur Segmentierung von Architektur- und Möbelsymbolen in Grundrissen (z. B. Dong et al. 2021; Zhu et al. 2020). In diesem Zusammenhang schlagen Fan et al. (2021) einen Ansatz zur Erkennung und Segmentierung von Möbelsymbolen in Wohngebäuden vor. Im Vergleich zur bisherigen Literatur entwickeln wir unser Modell speziell für die Erkennung von komplexeren Symbolen in Grundrissen auf der Grundlage von realen Daten aus großen Industriegebäuden. Darüber berücksichtigen wir die Anwendbarkeit in der realen Welt, indem wir ein Human-in-the-Loop-System entwickeln, das auf menschliches Expertenwissen zurückgreift, wenn das KI-Modell bezüglich einer bestimmten Klassifikation eine hohe Unsicherheit aufweist.

7.2.2 Anwendungen von Human-in-the-Loop-Systemen

In der Forschung zum maschinellen Lernen haben sich Human-in-the-Loop-Systeme als erfolgreiche Methode erwiesen, um menschliches Wissen in Situationen zu berücksichtigen, in denen das Modell eine erhöhte Unsicherheit für die Vorhersage einer bestimmten Instanz zeigt (z. B. Amershi et al. 2014; Grønsund und Aanestad 2020). Daher stellen

Human-in-the-Loop-Systeme eine kritische Komponente von Anwendungen des maschinellen Lernens in Bereichen dar, in denen hochgenaue Modellvorhersagen unerlässlich sind, z. B. in der Medizin (z. B. Budd et al. 2021; Holzinger 2016). In solch komplexen Umgebungen ist menschliches Expertenwissen in der Regel kostenintensiv. Daher sollten Instanzen, die menschliches Fachwissen erfordern, sorgfältig ausgewählt werden, um die Gesamtkosten zu begrenzen (z. B. Hemmer et al. 2022; Jakubik et al. 2022a). Aufgrund der inhärenten Komplexität der Bauindustrie und der Bedeutung hochpräziser Vorhersagen wurden Human-in-the-Loop-Systeme bereits in diesem Bereich eingesetzt (z. B. Karim et al. 2021). In dieser Studie erweitern wir die Verwendung von Human-in-the-Loop-Systemen auf die Erkennung von Symbolen in realen Grundrissen von Großbauprojekten.

7.3 Ansatz

Im Folgenden stellen wir unseren Ansatz vor, der aus einer Pipeline zur Erzeugung synthetischer Daten, des Modells zur Symbolerkennung und dem Human-in-the-Loop-System besteht. Abb. 7.1 zeigt einen Überblick über den gesamten Prozess.

7.3.1 Synthetische Datenerzeugung

Die Verfügbarkeit von großen Mengen an annotierten Daten ist entscheidend für den Erfolg von Deep-Learning-Modellen im Bereich Computer Vision. Da die Generierung von manuell beschrifteten Daten jedoch kostenintensiv ist und die Verwendung von realen Daten zu Datenschutzproblemen führen kann, wird in der neueren Literatur häufig auf synthetisch generierte Daten zurückgegriffen (z. B. Hinterstoisser et al. 2018; Nikolenko 2021). Für die Objekterkennung setzt sich zunehmend ein kompositionsbasierter Ansatz durch, bei dem ausgeschnittene Vordergrundobjekte auf verschiedenen Hintergründen positioniert werden (z. B. Dwibedi et al. 2017). Wir folgen diesem Ansatz und erweitern ihn auf den Bereich des Bauwesens, indem wir Symbole und ihre Klassenbezeichnung auf der Grundlage von Methoden der optical character recognition (Smith 2007) aus der

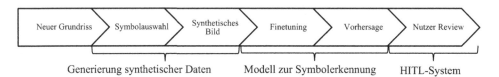

Abb. 7.1 Die Pipeline der implementierten Anwendung. Unser Ansatz umfasst die Erzeugung synthetischer Daten zur Adaptation des Modells auf neue Symbole und neue Bauprojekte, dem Modell zur Symbolerkennung und dem Human-in-the-Loop-System (HITL)

Legende der Grundrisse extrahieren. Die extrahierten Symbole werden dann auf einem Satz von leeren Referenzhintergrundbildern positioniert, die von Domänenexperten erstellt wurden. Darüber hinaus wenden wir die folgenden zusätzlichen Datenanreicherungstechniken auf die Trainingsdaten an, um die Robustheit der synthetisch generierten Daten zu erhöhen, wie in der jüngsten Literatur vorgeschlagen (Dwibedi et al. 2017). Die Symbole werden zwischen 0 und 359 Grad rotiert, dessen Winkel aus einer diskreten Gleichverteilung $\varphi \sim U(0,359)$ gezogen wird, bevor sie auf dem Hintergrund positioniert werden. Außerdem werden die Symbole mit drei verschiedenen Filtern adaptiert. Die Wahrscheinlichkeit für die Wahl eines bestimmten Filters ist durch $\psi \sim U(0,2)$ gegeben, das aus einer diskreten Gleichverteilung gezogen wird, bevor es auf dem Hintergrund positioniert wird. Schließlich werden an den zusammengesetzten Plänen Änderungen in Bezug auf Helligkeit, Farbe, Kontrast und Schärfe mit einer Intensität vorgenommen, die aus einer kontinuierlichen Gleichverteilung $\rho \sim U(0,5, 1,5)$ gezogen wird. Mit unserer Pipeline zur Erzeugung synthetischer Daten überwinden wir das Problem der unzureichenden Verfügbarkeit von Trainingsdaten für Grundrisse. Unser Ansatz ermöglicht es uns, eine beliebige Anzahl synthetischer Pläne für das Modelltraining zu erstellen und dabei kostspielige manuelle Annotationen zu umgehen. Außerdem lässt er sich leicht auf neue Grundrisse mit anderen Symbolen übertragen.

7.3.2 Modell zur Symbolerkennung

In Anlehnung an die Literatur im Bereich der Objekterkennung in Grundrissen (z. B. Goyal et al. 2019; Ziran und Marinai 2018) verwenden wir die Faster-RCNN-Architektur als Grundlage für die Symboldetektionspipeline (Ren et al. 2017). Zusätzlich nutzen wir einen Ensembleansatz, um Unsicherheitsschätzungen für jedes identifizierte Symbol zu generieren. Diese Technik erzeugt nachweislich qualitativ hochwertige sowie kalibrierte prädiktive Unsicherheitsschätzungen (Lakshminarayanan et al. 2017). Neben der Möglichkeit, qualitativ hochwertige Schätzungen der Vorhersageunsicherheit zu generieren, haben frühere Arbeiten gezeigt, dass Ensembles einen positiven Beitrag zur Verbesserung der Genauigkeit des Modells leisten können (z. B. Kuncheva und Whitaker 2003). In diesem Zusammenhang vergleichen wir die Gegenauigkeit unseres Objekterkennungsmodells mit einem standardmäßigen Faster-RCNN-Objektdetektor, der keine Unsicherheitsschätzung nutzt (Softmax), und mit dem Ansatz der Erzeugung von Unsicherheitsschätzungen durch Monte-Carlo Dropout (Gal und Ghahramani 2016).

Jedes Modell des Ensembles besteht aus dem Feature-Pyramidennetzwerk, das sowohl den Klassifikator als auch die Bounding-Box-Regressoren umfasst. In Summe enthält das Ensemble fünf separate Modelle. Die Modellvorhersagen (d. h. die Konfidenzwerte des Klassifikators und die Bounding-Box-Koordinaten der Regression) werden separat berechnet. Die Vorhersagen werden dann über alle Modelle gemittelt, wobei die Streuung der Vorhersagen die Unsicherheit angibt.

7.3.3   Human-in-the-Loop System

Das Human-in-the-Loop-System ist darauf zugeschnitten, Instanzen mit unsicherem Vorhersageergebnis zusammen mit ihren vorhergesagten Klassen einem menschlichen Experten iterativ zu präsentieren. Falls die vorhergesagte Klasse nicht richtig ist, korrigiert der menschliche Experte die Modellvorhersage. Dies hat sich in der Literatur als effektiver Ansatz erwiesen (z. B. Liu et al. 2013; Wang et al. 2016). Zentral für das Human-in-the-Loop-System ist (1) die sinnvolle Auswahl von Instanzen und (2) die Reihenfolge, in der sie einem menschlichen Experten präsentiert werden. Für eine möglichst effektive und effiziente Auswahl untersuchen wir verschiedene Mechanismen für die Selektion von Instanzen. Jeder Mechanismus basiert auf einer spezifischen Funktion $a(\cdot)$ zur Messung der Modellunsicherheit. Auf der Grundlage der Vorhersage des Modells wählt der Mechanismus die Instanz mit der größten Unsicherheit aus und übergibt diese Instanz an den menschlichen Experten. In unseren Experimenten untersuchen wir die Auswirkungen einer Reihe von Unsicherheitsfunktionen auf die Gesamtleistung des Modells. Wir stellen die verwendeten Funktionen in Tab. 7.1 vor, wobei $\mathbb{P}(y = c | x)$ ein Likelihood-Modell über die Menge der Klassen $c \in \mathcal{C}$ bezeichnet. Man beachte, dass wir im Rahmen der Simulationsstudie auf die wahren Klassen für jene Symbole zurückgreifen, die dem menschlichen Experten, während der Human-in-the-Loop-Systembewertung übergeben werden. Dies steht im Einklang mit der realen Mengenermittlung, bei der eine sehr hohe Annotationsqualität unerlässlich ist, um die Kosten präzise zu schätzen. Außerdem können dem Menschen nur erkannte Symbole präsentiert werden, während nicht erkannte Symbole in unseren Simulationen grundsätzlich als Hintergrund klassifiziert werden.

7.4   Experimenteller Aufbau

Im Folgenden beschreiben wir den verwendeten Datensatz, die Bewertungsmetriken und liefern Details zu unserer Implementierung.

7.4.1   Daten

Unsere Experimente basieren auf einem realen Industriedatensatz, der von einem Industriepartner gesammelt und von neun Domänenexperten über einen Zeitraum von drei Wochen annotiert wurde. Der Datensatz besteht aus 44 zweidimensionalen Grundrissen mit Symbolen aus insgesamt 39 verschiedenen Klassen. Die Domänenexperten haben insgesamt 5.907 Symbole in den Grundrissen annotiert. Im Allgemeinen sind die Klassen bauprojektspezifisch, abhängig von der entsprechenden Legende, die in den Grundrissen enthalten ist. Wir zeigen einen kleinen Ausschnitt aus einem der Grundrisse in Abb. 7.2. Die annotierten Grundrisse werden als Testsatz verwendet. Mithilfe unserer Pipeline zur

Tab. 7.1 Mechanismen zur Auswahl von Instanzen für das in dieser Studie evaluierte Human-in-the-Loop-System

Auswahlmechanismus	Beschreibung
Obere Grenze und Baseline	
• Orakel	Auswahl der Instanz, die die Genauigkeit des Modells am stärksten verbessert
• Zufällig	Auswahl einer zufälligen Instanz
Unsicherheitsmaße	
• Minimale Margin	Auswahl der Instanz mit der kleinsten Spanne zwischen erster und zweiter wahrscheinlichster Vorhersage: $a(x) = -(\mathbb{P}(y = c_1(x)\vert x) - \mathbb{P}(y = c_2(x)\vert x))$ wobei c_i die Klasse mit der i-ten höchsten Konfidenz von x ist
• Konfidenz	Auswahl der Instanz mit der geringsten Konfidenz: $a(x) = -\max_c \mathbb{P}(y = c\vert x)$
• Entropie	Auswahl der Instanz mit der höchsten Entropie: $a(x) = \mathbb{H}[y\vert x] = -\sum_c \mathbb{P}(y = c\vert x)\log(\mathbb{P}(y = c\vert x))$
• BALD	Auswahl der Instanz nach dem Bayesian Active Learning by Disagreement (BALD) Maß (Houlsby et al. 2011): $a(x) = \mathbb{H}[y\vert x] - E_{p(\omega)}[\mathbb{H}[y\vert x, w]]$ wobei ω ein Modell des Ensembles bezeichnet
• Mittlere Standardabweichung (Mittlere Std.)	Auswahl der Instanz mit der höchsten Standardabweichung, gemittelt über alle Klassen $a(x) = {}^1/_{\vert c\vert} \sum_c \sqrt{Var_\omega[\mathbb{P}(y = c \vert x, \omega)]}$ wobei ω ein Modell des Ensembles bezeichnet
• Variationsverhältnis (Var. Ratio)	Auswahl der Instanz mit dem höchsten Anteil an Ensemble-Vorhersagen aus, die nicht der Modusklasse entsprechen (Ga et al. 2017): $a(x) = 1 - \max_y \mathbb{P}(y\vert x)$

Erzeugung synthetischer Daten generieren wir 20.000 synthetische Bilder, die wir zum Training und zur Validierung verwenden.

7.4.2 Metriken

Wir evaluieren unser System in zwei Stufen, wobei das Objekterkennungsmodell in Stufe 1 und das Human-in-the-Loop-System in Stufe 2 bewertet wird. Wie üblich wird

unser Objekterkennungsmodell auf der Grundlage der mittleren durchschnittlichen Genauigkeit (engl. mean Average Precision, kurz: mAP) bewertet. Für die Berechnung der
durchschnittlichen Genauigkeit (engl. Average Precision, kurz: AP) setzen wir einen
Schwellenwert von 0,5 für die Überschneidung von Objekten (intersection-over-union,
IoU) wie bei der PASCAL VOC Challenge (Everingham et al. 2015). Die mAP-Metrik
bezieht sich auf die gemittelte AP, die für jede Klasse berechnet wird, d. h. sie quantifiziert die Fläche unter der Precision-Recall-Kurve. Für Details zur Berechnung der mAP
verweisen wir auf Everingham und Winn (2011). In der zweiten Phase evaluieren wir das
Human-in-the-Loop-System. Zu beachten ist, dass unser Human-in-the-Loop-System auf
die Klassifizierung der erkannten Regionen von Interesse zugeschnitten ist. Da die Erkennung von Symbolen selbst in unserem System nicht korrigiert wird, ändert sich der Recall
nicht signifikant, was bedeutet, dass mAP die Leistung des Human-in-the-Loop-Systems
nicht adäquat repräsentiert. Daher messen wir die Leistung des Human-in-the-Loop-
Systems anhand der Klassifizierungsgenauigkeit. Diese Metrik bezieht sich auf den
Prozentsatz der korrekten Vorhersagen gegeben der Anzahl der erkannten und nicht
erkannten Symbole.

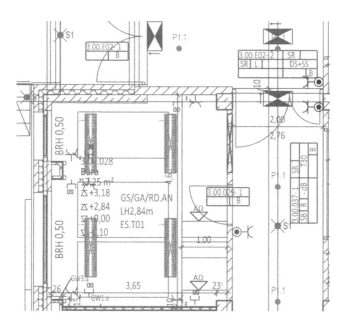

Abb. 7.2 Beispielhafter Ausschnitt aus einem realen Grundriss

7.4.3 Details zur Implementierung

Wir verwenden die 20.000 synthetisch erzeugten Bilder und ordnen 14.000 dem Trainingssatz und 6.000 dem Validierungssatz zu. Die Bilder haben eine Auflösung von 1.024×1.024 Pixel. Wir bewerten die Leistung des Modells anhand der realen Grundrisse. Da ihre Auflösung größer als 1.024×1.024 Pixel ist, zerschneiden wir jeden Plan in einzelne sich überlappende Bilder mit einer Auflösung von 1.024×1.024 Pixel. Als Ergebnis erhalten wir 3.995 Grundrissausschnitte für die Auswertung (d. h. Testdaten). Das Modell wird für 500 Epochen mit Stochastic Gradient Descent als Optimierer trainiert, wobei wir „Early Stopping" unter Berücksichtigung der Modellgenauigkeit auf dem Validierungsdatensatz verwenden. Wir trainieren das Modell mit einer Lernrate von 0,001 und verwenden ein ResNet-50 als Modell-Backbone. Für weitere Details zur Faster-RCNN-Architektur verweisen wir auf Ren et al. (2017).

7.5 Experimentelle Ergebnisse

In diesem Abschnitt stellen wir zunächst die Leistungsfähigkeit unseres Objekterkennungsmodells auf einem realen Industriedatensatz vor. Nachfolgend zeigen wir, auf welche Weise das erworbene menschliche Expertenwissen die Systemgenauigkeit verbessert.

7.5.1 Bewertung des Objekterkennungsmodells

Insgesamt erreicht das Objekterkennungsmodell eine hohe Genauigkeit sowohl bei der Erkennung von Symbolen als auch bei der anschließenden Klassifizierung der erkannten Symbole. Der mAP-Wert entspricht 82,7 % für einen gegebenen IoU-Schwellenwert von 0,5. Die entsprechende interpolierte Precision-Recall-Kurve in Abb. 7.3 stellt das Verhältnis zwischen Precision und Recall für verschiedene Konfidenzniveaus des Modells (d. h. Konfidenzschwellen) dar. Darüber hinaus vergleichen wir unser Deep-Ensemble-basiertes Modell mit einem Standard Faster R-CNN (Softmax) und einem Modell, das Unsicherheitsschätzungen durch Monte-Carlo Dropout (Gal und Ghahramani 2016) generiert (siehe Abb. 7.3). Im Einklang mit früherer Literatur zur Klassifizierung (Lakshminarayanan et al. 2017) erzielen Ensembles die beste Genauigkeit. Aus Platzgründen verzichten wir in den folgenden Abschnitten auf Ergebnisse zu Monte-Carlo-Dropout- und Softmax-basierten Unsicherheitsberechnungen.

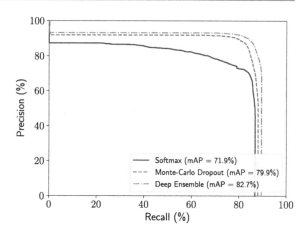

Abb. 7.3 Interpolierte Precision-Recall-Kurve der Objekterkennungsmodelle über die Menge der Klassen (IoU-Schwelle: 0,5)

7.5.2 Bewertung des Human-in-the-Loop-Systems

Im Folgenden stellen wir die Ergebnisse unseres Modells unter Hinzunahme von menschlichem Expertenwissen mit dem Human-in-the-Loop-System vor. Dazu berechnet unser Modell Unsicherheitswerte anhand der in Tab. 3.1. vorgestellten Funktionen für alle erkannten und anschließend klassifizierten Symbole. Anschließend präsentiert das System dem simulierten menschlichen Experten die erkannten Symbole mit einer absteigenden Unsicherheitsbewertung. Durch die Korrektur der Symbole, in der von unserem System vorgeschlagenen absteigenden Reihenfolge, steigt die Genauigkeit um 12,9 auf 92,1 %, wie in Tab. 7.2 dargestellt. Die Differenz in der Genauigkeit zu 100 % ist auf jene Symbole zurückzuführen, die vom Modell initial nicht erkannt wurden. In diesem Zusammenhang bezieht sich das verwendete Budget auf den Anteil der erkannten Symbole pro Grundriss, die vom Menschen geprüft und gegebenenfalls korrigiert wurden. Bei einem Annotationsbudget von 0 und 100 % ist die resultierende Leistung unabhängig vom Mechanismus der Auswahl der Instanzen. Darüber hinaus zeigt die Auswertung in Tab. 7.2, dass die Steigerung in erster Linie auf die Korrektur von fälschlicherweise als Symbole erkannte Hintergrundbereiche zurückzuführen ist, die einen größeren Einfluss auf die Precision im Vergleich zur Recall haben. Im Durchschnitt erkennt das Modell 14,7 (d. h. 10,7 % der erkannten Objekte) Hintergrundbereiche als Symbole pro Grundriss, verglichen mit 3,4 falsch klassifizierten Symbolen (2,5 %) und 119,7 richtigen Vorhersagen (86,9 %).

Unsere Ergebnisse deuten außerdem darauf hin, dass alle evaluierten Auswahlmechanismen die Gesamtleistung des Modells verbessern. Die detaillierten Leistungen der Mechanismen sind in Abb. 7.4 und Tab. 7.3 dargestellt, wobei die Genauigkeit anhand des Prozentsatzes der erkannten Symbole pro Grundriss bewertet wird, die dem menschlichen Experten übertragen werden. Unsere Simulationen zeigen, dass alle verwendeten

Tab. 7.2 Gemittelte Ergebnisse (in %) von 44 Grundrissen ohne und mit vollständiger Hinzunahme des menschlichen ExpertenwissensBitte über der Tabelle platzieren

Metrik	0 % Budget	100 % Budget
Accuracy	81,6	92,1
Precision	88,1	100,0
Recall	90,3	92,1

Auswahlmechanismen, mit Ausnahme des Variationsverhältnisses (Var. Ratio), die Genauigkeit einer zufälligen Auswahl an Instanzen übertreffen (z. B. 2,5 bis 3,0 % höhere Genauigkeit bei einem Budget von 50 % für alle Mechanismen, mit Ausnahme des Variationsverhältnisses). Bei einem begrenzten Budget führen diese Mechanismen zu ähnlichen Genauigkeiten. Mit steigendem Budget erreichen BALD und Mittlere Standard Abweichung eine etwas bessere Genauigkeit als die übrigen mechanismen. Diese Unterschiede sind jedoch mit Unsicherheiten behaftet. Bei einem höheren Budget von über 75 % hat das Variationsverhältnis eine ähnliche Leistung wie die anderen Methoden.

Schließlich zeigen die Ergebnisse, dass die Mechanismen unterschiedlich gut in der Lage sind, falsch klassifizierte Hintergrundobjekte oder falsch klassifizierte Symbole zu erkennen, da letztere einen besonderen Einfluss auf den Recall haben. Das Variationsverhältnis ist der einzige Selektionsmechanismus, der die Zufallsselektion bei 50 % Budget im Recall deutlich übertrifft. Im Gegensatz zu den übrigen Mechanismen verbessert das Variationsverhältnis also die Identifikation von falsch klassifizierten Symbolen im Vergleich zu falsch klassifizierten Hintergrundobjekten.

Abb. 7.4 Experimentelle Ergebnisse für das Human-in-the-Loop-System. Das Budget bezieht sich auf den Anteil der erkannten Symbole, die an den menschlichen Experten weitergeleitet werden. Die Genauigkeit wird über 44 Grundrisse gemittelt und mit der Varianz visualisiert

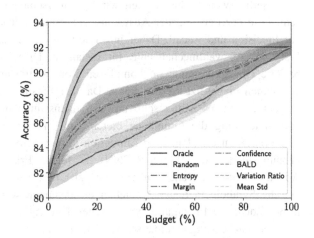

Tab. 7.3 Durchschnittliche Ergebnisse (in %) von 44 Grundrissen mit 50 % Budget für den Erwerb von menschlichem Expertenwissen

Auswahlmechanismus	Accuracy bei 50 % Budget	Precision bei 50 % Budget	Recall bei 50 % Budget
Obere Grenze und Baseline			
• Orakel	92,1	100,0	92,1
• Zufällig	86,6	94,1	91,0
Unsicherheitsmaße			
• Margin	88,9	96,4	90,9
• Konfidenz	88,9	96,4	90,9
• Entropie	88,8	96,3	90,9
• BALD	89,2	96,7	91,1
• Mittlere Std	89,1	96,6	91,0
• Var. Ratio	86,3	93,4	91,5

7.5.3 Implikationen für die Industrie

Unsere Arbeit hat mehrere Auswirkungen auf die Entwicklung und Anwendung von Objekterkennungsmodellen und Human-in-the-Loop-Systemen in der Praxis. Erstens deutet unsere Auswertung darauf hin, dass bis auf eine Ausnahme alle verwendeten Unsicherheitsfunktionen die Systemgenauigkeit bei der Klassifizierung der erkannten Symbole verbessern. Zweitens beobachten wir bei unterschiedlichen Annotationsbudgets Unterschiede in der Leistung der Auswahlmechanismen mit unterschiedlichen Auswirkungen auf Precision und Recall. Daher informiert unsere Arbeit Anwender über die sinnvolle Wahl des Auswahlmechanismus für Instanzen. Drittens zeigt unsere Arbeit, dass KI-basierte Objekterkennung in komplexen Konstruktionsumgebungen von Großprojekten erfolgreich eingesetzt werden kann. Darüber hinaus können synthetische Trainingsdaten ein geeignetes Mittel sein, um den intensiven Annotationsaufwand zu reduzieren und gleichzeitig die Grundlage bieten, um eine hohe Systemgenauigkeit auf realen Grundrissen zu erzielen. Eine Limitation unserer Arbeit liegt im spezifischen Objekterkennungsmodell (d. h. Faster R-CNN), das für die Erkennung zusätzlicher Symbole eine Adaption benötigt. Daher sollten Anwender berücksichtigen, dass das Modell an spezifische Symbole in realen Umgebungen angepasst werden muss. Daher beziehen wir insbesondere die Erzeugung synthetischer Trainingsdaten in unseren Ansatz ein, damit die Modellanpassung automatisch erfolgen kann.

7.6   Einsatz in der Praxis

Wir haben den Ansatz zur Objekterkennung in Grundrissen für die reale Anwendung entwickelt, wobei der Schwerpunkt auf der Aneignung von menschlichem Expertenwissen durch Interaktionsmechanismen liegt. Für die Gestaltung der Mechanismen haben wir die spezifischen Bedürfnisse der Industrie identifiziert und einbezogen, indem wir einen großen Industriepartner (Drees & Sommer) von Anfang an in den Entwicklungsprozess einbezogen haben. Das Gesamtdesign der Interaktionsmechanismen zielt darauf ab, eine Hilfestellung bei der Korrektur von falsch klassifizierten Symbolen zu geben, um sicherzustellen, dass die Domänenexperten die Vorteile unserer Anwendung in ihrer täglichen Arbeit sehen. Konkret haben wir zwei Interaktionsmechanismen entwickelt, die in Abb. 7.5 dargestellt sind. Dabei handelt es sich um (a) die Galerieansicht, die darauf abzielt, Fehlklassifikationen zu korrigieren (siehe Abb. 7.5 a) und (b) die Planansicht, die es ermöglicht, Fehler unseres Modells bei der Erkennung von Symbolen zu korrigieren (siehe Abb. 7.5 b).

Die Galerieansicht visualisiert Klassifizierungen mit unsicheren Vorhersageergebnissen. Hier nutzen wir Funktionen, um die Unsicherheit der Vorhersagen des Modells zu bestimmen und die erkannten Symbole entsprechend zu sortieren. Das Ziel des ersten Mechanismus ist es also, Symbole zu identifizieren und jene zu korrigieren, die fälschlicherweise einer anderen Klasse zugeordnet wurden. Im Gegensatz dazu werden die menschlichen Experten in der Planansicht durch den Plan geführt, um Bounding Boxes für Symbole zu zeichnen, die das Modell zunächst nicht erkannt hat. Zu beachten ist, dass dieser Interaktionsmechanismus notwendig ist, um eine Genauigkeit von 100 % zu erreichen, da in der Galerieansicht nur Symbole korrigiert werden können, die zuvor erkannt wurden. Unentdeckte Symbole sind nicht Teil der Galerieansicht und erfordern daher, dass der Domänenexperte den Grundriss auf unentdeckte Symbole untersucht. In einem nächsten Schritt werden wir den Prototypen unter realen Bedingungen einsetzen,

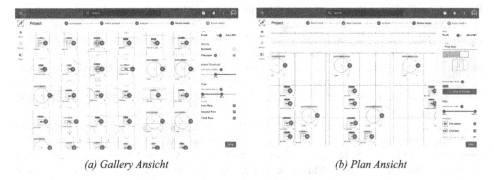

(a) Gallery Ansicht   (b) Plan Ansicht

Abb. 7.5 Interaktionsmechanismen für die Mensch-KI-Kollaboration bei der Aufgabe der Mengenermittlung

um beide Mechanismen mit den Endnutzern als Teil der humanzentrierten Entwicklung unserer Anwendung zu evaluieren. Insbesondere wollen wir die Gesamtauswirkungen unserer Anwendung in der realen Nutzung hinsichtlich Zeitersparnis und Kosten analysieren. Die laufende Evaluierung der Interaktionsmechanismen im Tagesgeschäft ist daher Gegenstand zukünftiger Forschung im Bereich der Zusammenarbeit von Mensch und KI.

7.7 Zusammenfassung

In dieser Arbeit schlagen wir ein Human-in-the-Loop-System zur Objekterkennung für die Mengenermittlung in der Baubranche vor. Das Modell bindet menschliches Expertenwissen für jene erkannten Symbole ein, die durch eine hohe Vorhersageunsicherheit gekennzeichnet sind. Dieses Vorgehen führt zu einer erheblichen Verbesserung der Systemgenauigkeit. Darüber hinaus tragen wir der praktischen Anwendbarkeit unseres Ansatzes Rechnung, indem wir eine Methodik für die Erzeugung synthetischer Trainingsdaten vorschlagen, um Kosten und Aufwand für die manuelle Annotation zu reduzieren.

Danksagung Wir bedanken uns bei digitales bauen Teil von DREES & SOMMER für die Ermöglichung und Unterstützung dieser Forschung. Die Autoren bedanken sich für die finanzielle Unterstützung durch das Bundesministerium für Wirtschaft und Klimaschutz im Rahmen des Projektes „Smart Design and Construction" (Projektnummer 01MK20016F).

Literatur

Amershi, S.; Cakmak, M.; Knox, W. B.; und Kulesza, T. 2014. Power to the People: The Role of Humans in Interactive Machine Learning. *AI Magazine*, 35(4): 105–120.

Blanco, J. L.; Fuchs, S.; Parsons, M.; und Ribeirinho, M. J. 2018. Artificial Intelligence: Construction Technology's next Frontier. *Building Economist*, 1: 7–13.

Budd, S.; Robinson, E. C.; und Kainz, B. 2021. A Survey on Active Learning and Human-in-the-Loop Deep Learning for Medical Image Analysis. *Medical Image Analysis*, 102062.

Dellermann, D.; Ebel, P.; Sollner, M.; und Leimeister, J. M.¨ 2019. Hybrid Intelligence. *Business & Information Systems Engineering*, 61(5): 637–643.

Dong, S.; Wang, W.; Li, W.; und Zou, K. 2021. Vectorization of Floor Plans Based on EdgeGAN. *Information*, 12(5): 206.

Dwibedi, D.; Misra, I.; und Hebert, M. 2017. Cut, Paste and Learn: Surprisingly Easy Synthesis for Instance Detection. In *International Conference on Computer Vision*, 1310–1319.

Everingham, M.; Eslami, S. M. A.; Van Gool, L.; Williams, C. K. I.; und Zisserman, A. 2015. The Pascal Visual Object Classes Challenge: A Retrospective. *International Journal of Computer Vision*, 111(111): 98–136.

Everingham, M.; und Winn, J. 2011. The Pascal Visual Object Classes Challenge 2012 (VOC2012) Development Kit. *Pattern Analysis, Statistical Modelling and Computational Learning, Tech. Rep,* 8: 5.

Fan, Z.; Zhu, L.; Li, H.; Chen, X.; Zhu, S.; und Tan, P. 2021. FloorPlanCAD: A Large-Scale CAD Drawing Dataset for Panoptic Symbol Spotting. *arXiv preprint* arXiv:2105.07147.

Gal, Y.; und Ghahramani, Z. 2016. Dropout as a Bayesian Approximation: Representing Model Uncertainty in Deep Learning. In *International Conference on Machine Learning,* 1050–1059.

Gal, Y.; Islam, R.; und Ghahramani, Z. 2017. Deep Bayesian Active Learning with Image Data. In *International Conference on Machine Learning,* 1183–1192.

Goyal, S.; Chattopadhyay, C.; und Bhatnagar, G. 2021. Knowledge-driven Description Synthesis for Floor Plan Interpretation. *International Journal on Document Analysis and Recognition,* 1–14.

Goyal, S.; Mistry, V.; Chattopadhyay, C.; und Bhatnagar, G. 2019. BRIDGE: Building Plan Repository for Image Description Generation, and Evaluation. In *International Conference on Document Analysis and Recognition,* 1071–1076.

Grønsund, T.; und Aanestad, M. 2020. Augmenting the Algorithm: Emerging Human-in-the-Loop Work Configurations. *The Journal of Strategic Information Systems,* 29(2).

Hemmer, P.; Kühl, N.; und Schöffer, J. 2022. Utilizing Active Machine Learning for Quality Assurance: A Case Study of Virtual Car Renderings in the Automotive Industry. In *Proceedings of the 55th Hawaii International Conference on System Sciences.*

Hinterstoisser, S.; Lepetit, V.; Wohlhart, P.; und Konolige, K. 2018. On Pre-Trained Image Features and Synthetic Images for Deep Learning. In *European Conference on Computer Vision..*

Holzinger, A. 2016.Interactive Machine Learning for Health Informatics: When do we Need the Human-in-theLoop? *Brain Informatics,* 3(2): 119–131.

Houlsby, N.; Huszar, F.; Ghahramani, Z.; und Lengyel, M. 2011. Bayesian Active Learning for Classification and Preference Learning. *arXiv preprint* arXiv:1112.5745.

Jakubik, J.; Blumenstiel, B.; Vossing, M.; und Hemmer, P. 2022a. Instance Selection Mechanisms for Human-in-the-Loop Systems in Few-Shot Learning. In *International Conference on Wirtschaftsinformatik.*

Jakubik, J.; Hemmer, P.; Vössing, M.; Blumenstiel, B.; Bartos, A.; und Mohr, K. 2022b. Designing a Human-in-the-Loop System for Object Detection in Floor Plans. In *Innovative Applications of Artificial Intelligence.*

Karim, M. M.; Qin, R.; Chen, G.; und Yin, Z. 2021. A Semi Supervised Self-Training Method to Develop Assistive Intelligence for Segmenting Multiclass Bridge Elements from Inspection Videos. *Structural Health Monitoring.*

Kuncheva, L. I.; und Whitaker, C. J. 2003. Measures of Diversity in Classifier Ensembles and their Relationship with the Ensemble Accuracy. *Machine Learning,* 51(2): 181–207.

Lakshminarayanan, B.; Pritzel, A.; und Blundell, C. 2017. Simple and Scalable Predictive Uncertainty Estimation Using Deep Ensembles. In *Neural Information Processing Systems,* 6405–6416.

Liu, C.; Loy, C. C.; Gong, S.; und Wang, G. 2013. POP: Person Re-identification Post-rank Optimisation. In *International Conference on Computer Vision,* 441–448.

Nikolenko, S. 2021. *Synthetic Data for Basic Computer Vision Problems,* 161–194. Springer.

Ren, S.; He, K.; Girshick, R.; und Sun, J. 2017.Faster R-CNN: Towards Real-Time Object Detection with Region Proposal Networks. *Transactions on Pattern Analysis and Machine Intelligence,* 39(6): 1137–1149.

Rezvanifar, A.; Cote, M.; und Albu, A. B. 2020. Symbol Spotting on Digital Architectural Floor Plans Using a Deep Learning-based Framework. In *Computer Vision and Pattern Recognition Workshops,* 568–569.

Smith, R. 2007. An Overview of the Tesseract OCR Engine. In *International Conference on Document Analysis and Recognition,* volume 2, 629–633.

Wang, H.; Gong, S.; Zhu, X.; und Xiang, T. 2016. Humanin-the-Loop Person Re-identification. In *European Conference on Computer Vision*, 405–422.

Zhu, R.; Shen, J.; Deng, X.; Wallden, M.; und Ino, F. 2020. Training Strategies for CNN-based Models to Parse Complex Floor Plans. In *International Conference on Software and Computer Applications*, 11–16.

Ziran, Z.; und Marinai, S. 2018. Object Detection in Floor Plan Images. In *IAPR Workshop on Artificial Neural Networks in Pattern Recognition*, 383–394.

Automatische Extraktion von geometrischer und semantischer Information aus gescannten Grundriss-Zeichnungen

Phillip Schönfelder, Heinrich Fröml, Julius Freiny, Aleixo Cambeiro Barreiro, Anna Hilsmann, Peter Eisert und Markus König

8.1 Einleitung

Neben der Planung von Neubauten lässt sich Building Information Modeling (BIM) auch beim Bauen, Betreiben und beim Rückbau von Bestandsgebäuden anwenden. Der Großteil aller Bauvorhaben fällt heute im Bestand an; insbesondere im Wohnungsbausektor entfallen 69 % des Investitionsvolumens auf Bauen im Bestand (BBS 2022). Bei diesen

P. Schönfelder (✉) · M. König
Lehrstuhl für Informatik im Bauwesen, Ruhr-Universität Bochum, Bochum, Deutschland
E-Mail: phillip.schoenfelder@ruhr-uni-bochum.de

M. König
E-Mail: koenig@inf.bi.rub.de

H. Fröml · J. Freiny
Hottgenroth Software AG, Köln, Deutschland
E-Mail: h.froeml@hottgenroth.de

J. Freiny
E-Mail: j.freiny@hottgenroth.de

A. C. Barreiro · A. Hilsmann · P. Eisert
Fraunhofer Heinrich-Hertz-Institut, Berlin, Deutschland
E-Mail: aleixo.cambeiro@hhi.fraunhofer.de

A. Hilsmann
E-Mail: anna.hilsmann@hhi.fraunhofer.de

P. Eisert
E-Mail: peter.eisert@hhi.fraunhofer.de

© Der/die Autor(en), exklusiv lizenziert an Springer Fachmedien Wiesbaden GmbH, ein Teil von Springer Nature 2024
S. Haghsheno et al. (Hrsg.), *Künstliche Intelligenz im Bauwesen*,
https://doi.org/10.1007/978-3-658-42796-2_8

Bauprojekten ist eine gründliche Bestandsaufnahme essenziell und dient als Grundlage für die frühe Planungsphase im BIM-Prozess (BAK 2021).

Da die Baudokumentation von Bestandsgebäuden oft sehr heterogen beschaffen oder nur teilweise vorhanden ist, eignen sich für die Bestandserfassung vor allem Verfahren, die auf Basis von Messdaten den gegenwärtigen („as-is") Zustand des Gebäudes beschreiben (Petzold und Rechenberg 2021). Mehrere Aspekte sprechen jedoch gegen das Ausmessen der Gebäudegeometrie mit Photogrammetrieverfahren oder LiDAR-Scans: Erstens sind diese Messungen recht kostspielig, da spezialisiertes Werkzeug benötigt wird und die Aufnahme vor Ort durchgeführt werden muss. Zweitens können nur sichtbare Flächen erfasst werden, d. h. durch Verkleidungen und Mobiliar verdeckte oder unzugängliche Räume werden nicht erfasst. Drittens sind „as-designed"-Modelle für viele Anwendungsfälle, z. B. für Rückbauplanung oder Ressourcenmanagement, ausreichend, sodass alternativ auch 2D-Zeichnungen aus der Entwurfs-, Planungs-, oder Ausführungsphase als Datengrundlage genutzt werden können. Wenn diese Dokumente vorliegen, erlauben sie die Extraktion aller relevanten Geometrien, unabhängig von der aktuellen Raumbelegung. Zusätzlich sind in Zeichnungen auch semantische Informationen enthalten, die bei 3D-Scans nicht erfasst werden, etwa Spezifikationen bezüglich des Materials, der technischen Gebäudeausrüstung oder der Nutzungsart von Räumen.

Das Modellieren in einer BIM-Software auf Grundlage von Zeichnungen bedeutet jedoch einen erheblichen Zeitaufwand, da die Gebäudegeometrie von der Zeichnung in die BIM-Software durch viele kleine, repetitive und fehleranfällige Arbeitsschritte übertragen wird. Die Teilautomatisierung dieses Prozesses bietet daher einen Mehrwert für Planungs- und Ingenieurbüros, und letztlich für alle Beteiligten im BIM-Lebenszyklus des Gebäudes. Das Forschungsprojekt BIMKIT (BIMKIT 2022) hat sich die Teilautomatisierung des Prozesses als Ziel gesetzt und entwickelt in diesem Zuge mehrere KI-basierte Dienste, mit denen sich Grundrisse analysieren lassen, sodass maschinenlesbare Daten über die Bauwerksgeometrie und semantische Daten zu den Bauteilen automatisch extrahiert werden können.

Grundrisszeichnungen können in Papierform, als eingescannte Bilddateien oder als CAD-Dateien vorliegen. Im Fall von CAD-Daten ist die Gebäudegeometrie bereits in strukturierter Form gespeichert, sodass die Überführung in ein BIM-Modell deutlich vereinfacht ist. Dieses Kapitel bezieht sich jedoch ausschließlich auf pixelbasierte Bilddateien. Da Papierpläne durch Scannen und CAD-Dateien durch Rendern in Pixelbilder umgewandelt werden können, sind potenziell alle in diesem Kapitel beschriebenen Methoden auf alle Speicherformate anwendbar.

Zwar ist die automatische Verarbeitung von Grundrissen schon lange Gegenstand der Forschung (Yin et al. 2009; Gimenez et al. 2015), die Entwicklung von immer schnelleren und genaueren Deep Learning-Verfahren der letzten Jahre hat jedoch zu einer intensiveren Bearbeitung des Themas geführt und liefert vielversprechende Ergebnisse (Pizarro et al. 2022).

8.2   Verfügbare Trainingsdatensätze

Die Entwicklung von KI-Methoden hängt stark von den zur Verfügung stehenden Trainingsdaten ab. Dabei kommt es vor allem auf die Menge und die Diversität der Daten an. Bei der Auswahl bzw. der Zusammenstellung eines Trainingsdatensatzes sollte daher ein möglichst großer und möglichst diverser Datensatz angestrebt werden.

Das Sammeln der Grundrisse ist in der Praxis dadurch erschwert, dass die Nutzungsrechte für Grundrisszeichnungen bei den Gebäudeeigentümern liegen. Aufgrund von Datenschutzrichtlinien oder wirtschaftlichem Eigeninteresse ist es oft nicht im Interesse der Eigentümer, die Daten zum Training von KI-Modellen zur Verfügung zu stellen oder gar zu veröffentlichen. Eine sinnvolle Alternative zur Datenakquise über wirtschaftliche Akteure ist daher die Nutzung von Open-Access-Datensätzen. Sie sind, insbesondere zu Forschungszwecken, frei verfügbar und eignen sich daher nicht nur für das Training eigener KI-Modelle, sondern auch für Performance-Vergleiche der Modelle untereinander.

Einer der ersten frei verfügbaren Datensätze ist *CVC-FP*, der 122 Grundrisse in vier unterschiedlichen Zeichenstilen enthält, und bereits mit Annotationen versehen ist. Neben Objektklassen und -geometrien sind außerdem topologische Verknüpfungen zwischen den einzelnen Objekten hinterlegt (de las Heras et al. 2015). Dodge et al. (2017) veröffentlichten den *Rakuten Real Estate* Datensatz, der aus 500 echten Grundrissen besteht, die mehreren Immobilien-Websites entnommen sind und Annotationen zur Wandgeometrie und Objektpositionen beinhalten. Der Datensatz *Repository Of BuildIng plaNs* (ROBIN) enthält 510 nach Raumanzahl sortierte Grundrissbilder, deren Zeichenstil sich vor allem an potenzielle Käufer richtet, d. h. neben der reinen Raumgeometrie sind auch Mobiliar und Ausstattung enthalten (Sharma et al. 2017). Goyal et al. (2019) stellen den *Building plan Repository for Image Description Generation and Evalutation*-Datensatz (BRIDGE) aus mehreren, bereits bestehenden Open-Source-Datensätzen zusammen, reichern ihn mit zusätzlichen Bildern an und fügen zwei weitere Annotationstypen hinzu: Einerseits sind Bounding Boxes für Objekte (z. B. Mobiliar, Türen, Fenster) enthalten, andererseits entstand auch ein Datensatz aus Grundriss-Ausschnitten, mit jeweils passender Textbeschreibung. Das erlaubt zum Beispiel das Training von KI-Modellen zur automatischen Beschreibung von Grundrissen in Textform (en. Caption Generation). Der wohl umfangreichste Open-Source-Datensatz ist *CubiCasa5k* (Kalervo et al. 2019), der besonders durch seine hohe Anzahl an manuell annotierten Bildern und die Anzahl der unterschiedlichen Objektkategorien heraussticht.

Es wird deutlich, dass für das Training eines KI-Modells zur Interpretation eines bestimmten Aspekts von Grundrissen jeweils ein entsprechend zugeschnittener Datensatz benötigt wird. In der Praxis bedeutet dies unter Umständen einen hohen Annotationsaufwand und setzt voraus, dass Pläne aus der Bauwerksdokumentation vieler Gebäude mit den Entwicklern der KI-Dienste geteilt werden und diesen die entsprechenden Nutzungsrechte übertragen werden.

8.3   Aktuelle Forschung zur Extraktion geometrischer und semantischer Information aus Grundrissen

Die wichtigsten aus Grundrissen zu extrahierenden Geometrien sind der Verlauf von Wänden, die Position und Ausrichtung von Türen und Fenstern, sowie gegebenenfalls die Position und Form von Räumen und dem abgebildeten Mobiliar. Dabei lassen sich verschiedene Methoden zur Informationsextraktion nach ihrem Detailgrad unterscheiden:

- **Lokalisierung:** Die Lokalisierung von Objekten umfasst lediglich die Ermittlung der Position des Objekts relativ zum Bild-Koordinatensystem. Üblicherweise wird sie beschrieben durch eine rechteckige Bounding Box, und kann so nur in Ausnahmefällen (z. B. bei rechteckigen und achsenorientierten Räumen) die Geometrie eines Objekts korrekt erfassen. Sinnvoll einsatzbar ist die Methode etwa zum Separieren und Eingrenzen mehrerer Ansichten auf derselben Zeichnung, zur Erkennung von standardisierten Symbolen oder zur Detektion von Textelementen. Die geläufigsten Deep-Learning-Verfahren zur Objektdetektion sind Region-based Convolutional Neural Networks, z. B. Faster R-CNN (Ren et al. 2017) und Single-Shot Detektoren wie z. B. YOLO (Redmon et al. 2016) oder SSD (Liu et al. 2016).
- **Semantische Segmentierung:** Um eine pixelgenaue Rekonstruktion des Grundrisses zu ermöglichen, wird bei der semantischen Segmentierung jedem Pixel eine Objektklasse zugeordnet, ohne dass die Form der entstehenden Pixelmaske dabei fest an eine bestimmte Form, etwa polygonal, gebunden ist. So lässt sich auch die Geometrie komplexerer Elemente abbilden, wie z. B. nicht-achsenorientierter Wände oder nicht-rechteckiger Räume. Häufig genutzte Deep-Learning-Architekturen für semantische Segmentierung sind U-Net (Ronneberger et al. 2015) und DeepLabV3 + (Chen et al. 2017).
- **Instanzsegmentierung:** Für die Unterscheidung mehrerer Objekte derselben Klasse, wie z. B. aneinandergrenzende Räume, ist neben der Zuordnung jedes Pixels zu einer Klasse auch das eindeutige Zuweisen einer Objektinstanz notwendig. Diese Erweiterung der semantischen Segmentierung ist beispielsweise mit der Mask R-CNN-Architektur (He et al. 2017) umsetzbar.

Die Unterschiede zwischen den drei Abstufungen werden in Abb. 8.1 veranschaulicht. Teilabbildung (a) zeigt die Erkennung lokal auftretender Objekte, deren Geometrie nicht pixelgenau erfasst werden muss. Dagegen werden in Teilabbildung (b) Räume, Innen-, und Außenwände unterschieden und pixelgenau erkannt. In Teilabbildung (c) sind die Raumformen markiert, wobei die farbliche Differenzierung die verschiedenen Instanzen, d. h. Raumobjekte, darstellt. Da jedoch auch bei der pixelgenauen Instanzsegmentierung noch keine gültige 2D-Geometrie entsteht, ist eine entsprechende Nachbearbeitung der Ausgabe des ML-Modells nötig. Diese wird dadurch erreicht, erkannte Formen durch vektor-basierte Formate zu beschreiben. Diese Vektorisierung kann unter anderem durch den Douglas-Peucker-Algorithmus (Douglas und Peucker 2011) umgesetzt werden.

Der beschriebene Ansatz stellt einen Top-Down-Ansatz dar, bei dem direkt ganze Komponenten des Plans erkannt und später weiterverarbeitet werden. Eine Alternative ist es, zunächst Primitive, also einfache Linien zu erkennen, diese direkt in vektorbasierte Linien umzuwandeln und anhand der entstandenen Vektorgrafik weitere Analysen durchzuführen. In beiden Fällen entsteht eine Vektorisierung der erkannten Geometrie, also eine Konvertierung der Pixelgrafik in eine Vektorgrafik. So kann der Grundriss dann in eine Modellierungssoftware importiert werden. In Tab. 8.1 sind Publikationen zusammengefasst, die die beschriebenen oder ähnliche Methoden anwenden und so Informationen aus den Grundrissen extrahieren. Dabei ist ersichtlich, dass sich die publizierten Methoden in Bezug auf die untersuchten Objektklassen und angewandten Deep Learning-Modelle stark unterscheiden, analog zu den in Abschn. 8.2 aufgelisteten Datensätzen.

8.4 Demonstration von Extraktionsverfahren

In den folgenden Abschnitten werden Extraktionsverfahren hervorgehoben, die im Rahmen des Projekts BIMKIT angewendet und weiterentwickelt werden. Dabei sind die Verfahren je auf einen Informationstyp spezialisiert, der dementsprechend eine bestimmte Anwendung des Dienstes nahelegt.

Demo 1: Extraktion von Textelementen
Zwar sind einige Tools zur automatischen Texterkennung (en. Optical Character Recognition, OCR) kostenfrei nutzbar, z. B. Tesseract-OCR, jedoch sind diese meist auf Fließtexte und strukturierte Dokumente spezialisiert. Sie eignen sich daher kaum für die Anwendung auf Grundrissen, deren Darstellung des Textes sich dadurch auszeichnet, dass sehr kurze, einzeilige Textschnipsel über den Plan verteilt sind, und dabei verschieden ausgerichtet sein können. Außerdem sind diese Textschnipsel, insbesondere bei älteren Grundrissen, teilweise verdeckt oder fast unleserlich. Im Rahmen von BIMKIT wurde daher ein Deep Learning-basierter Textdetektor trainiert, der sich auch für technische Zeichnungen eignet.

In Schönfelder und König (2022) wird ein Proof-of-Concept präsentiert, wobei das trainierte Faster R-CNN-Modell mit einer alternativen Texterkennungsmethode verglichen wird und auf den Grundrissen der Datensätze CVC-FP (de las Heras et al. 2015) und CubiCasa5k (Kalervo et al. 2019) mit besserer Performanz abschneidet. Abb. 8.2 zeigt beispielhaft die Erkennung der Textelemente in einem Grundriss, wobei auch nach der Ausrichtung der einzelnen Elemente unterschieden wird.

Die alleinige Lokalisierung der Textelemente führt noch zu keiner nutzbaren extrahierten Information. An dieser Stelle wird daher wiederum Tesseract-OCR eingesetzt und nur lokal auf die als Text identifizierten Bereiche angewandt. So werden Bildausschnitte in maschinenlesbaren ASCII-Text überführt und lassen sich dann weiterverarbeiten. Die

Tab. 8.1 Publikationen zur Grundrissverarbeitung mit Machine Learning

Publikation	Extrahierte Information		Genutzte DL-Modelle
	Als Bounding Box	**Pixelmasken**	
Dodge et al. 2017			FCN, Faster R-CNN
Liu et al. 2017			ResNet-152 derivative
Yang et al. 2018			U-Net + DCL
Kalervo et al. 2019			ResNet-152 derivative
Ravagli et al. 2019			STD, CTPN, EAST
Jang et al. 2020			DeepLabv3+, DarkNet5 derivative,
Rezvanifar et al. 2020			YOLOv2
Seo et al. 2020			DeepLabV3+
Surikov et al. 2020			U-Net, Faster R-CNN
Wang et al. 2020			YOLOv3
Wu et al. 2020			Mask R-CNN

(Fortsetzung)

Tab. 8.1 (Fortsetzung)

Publikation	Extrahierte Information	Genutzte DL-Modelle
Zhu et al. 2020	Wände	FCN-2s, DeepLabV3+
Dong et al. 2021	Räume und Raumarten, Wände	EdgeGAN, GNN
Kim et al. 2021	Wände, Türen, Fenster, Treppen und Treppenhäuser, Fahrstühle	ResNet-50 derivative
Lu et al. 2021	Textelemente; Räume und Raumarten, Wände, Türen, Fenster, Treppen und Treppenhäuser, Rampen	VGG16, U-Net, SSD
Lv et al. 2021	Textelemente; Räume und Raumarten, Wände, Türen, Fenster	YOLOv4, DeepLabv3 +
Park und Kim 2021	Räume und Raumarten, Wände, Fenster	TensorFlow Object Detection API
Song und Yu 2021	Räume und Raumarten, Wände, Türen, Fenster, Treppen und Treppenhäuser, Symbole, insb. für Armaturen	DWGNN, GraphSAGE
Yamada et al. 2021	Räume und Raumarten, Wände, Türen, Treppen und Treppenhäuser	DeepLabv3 +
Schönfelder und König 2022	Textelemente	Faster R-CNN

Legende:

- Räume und Raumarten
- Wände
- Türen
- Fenster
- Treppen und Treppenhäuser
- Rampen
- Fahrstühle
- Symbole, insb. für Armaturen
- Textelemente

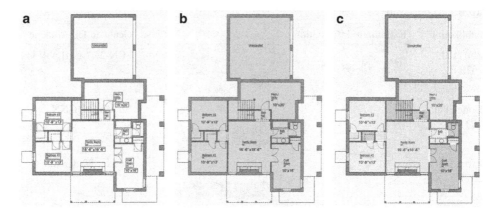

Abb. 8.1 Verschiedene Detailgrade der Objekterkennung, jeweils beispielhaft dargestellt anhand einer entsprechend sinnvollen Anwendung in einer Entwurfszeichnung. (a): Objektlokalisierung (Bounding Boxes), (b): semantische Segmentierung (Pixelmasken), (c): Instanzsegmentierung (Pixelmasken). Grundriss entnommen aus BRIDGE-Datensatz (Goyal et al. 2019)

Textschnipsel werden anhand von Schlüsselbegriffen wir Raumbezeichnungen oder Quadratmeterangaben klassifiziert und bilden so zum Beispiel eine digitale Raumliste, deren Einträge bereits mit den Positionen der Räume im Plan verknüpft sind.

Demo 2: Erkennung der Grundrissgeometrie

Wie in Tab. 8.1 dargestellt, befassen sich viele Entwickler von Verfahren zur Grundrissanalyse mit der Erkennung der Grundrissgeometrie. Damit ist vor allem die Erkennung von Wänden gemeint, aber auch Türen, Fenster und Raumobjekte werden häufig explizit lokalisiert und segmentiert. So wird auch in (Hakert und Schönfelder 2022) ein Mask-R-CNN-basiertes Verfahren zur Grundrisssegmentierung aufgezeigt, wobei der Fokus hier nicht auf einer möglichst hohen Performanz liegt, sondern auf der Integration von Expertenwissen in die Deep Learning-Verfahren. Mit Expertenwissen sind bestimmte Vorkenntnisse zu Grundrissen gemeint, etwa die Tendenz zu rechteckigen Formen und die Nachbarschaft von Räumen, die genutzt werden können, um das generische Mask R-CNN-Modell für die Anwendung auf Grundrissen zu spezialisieren. Die Verbesserung der Performance durch das Einbringen dieses Vorwissens ist in Abb. 8.3 dargestellt.

Demo 3: Analyse hochauflösender Pläne

Die Analyse von Grundrissen kann bei hochauflösenden Scans oder Renderings eine Herausforderung darstellen, da solche Pläne zu groß sind, um von Deep-Learning-Modellen als einzelnes Bild verarbeitet zu werden. Sie werden daher in mehrere kleinere Bildabschnitte unterteilt, die dann unabhängig voneinander verarbeitet werden können. Diese Verarbeitung wiederum lässt sich in zwei verschiedene Teilaufgaben unterteilen: die Extraktion räumlicher Strukturen (z. B. Wände und Säulen) erfolgt durch ein Feature

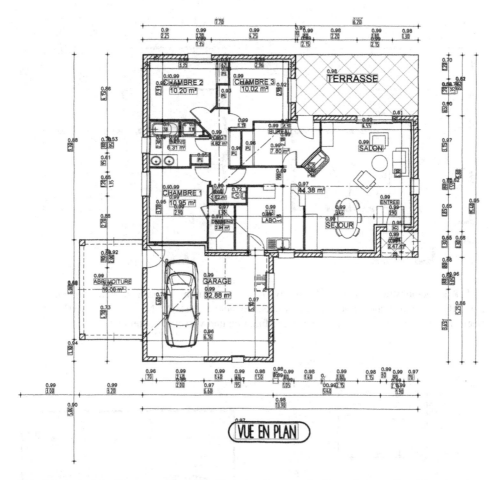

Abb. 8.2 Beispielhafte Anwendung der Texterkennungsmethodik auf einen Grundriss aus dem CVC-FP-Datensatz (de las Heras et al. 2015). Das Texterkennungsmodell unterscheidet zwischen horizontal ausgerichtetem (grün) und vertikal ausgerichtetem (rot) Text

Pyramid-Segmentierungsnetzwerk und für die Lokalisierung anderer relevanter, räumlich begrenzter Elemente (z. B. Türen und Fenster) wird ein das Faster R-CNN verwendet. Die aus den verarbeiteten Bildabschnitten gewonnenen Informationen können dann in Relation zum ursprünglichen Bild fusioniert werden (siehe Abb. 8.4).

Künftige Verbesserungen könnten durch das Hinzufügen vielfältigerer Quellen von Trainingsdaten oder die Anwendung einiger Modifikationen an den Modellen, wie z. B. die Einbeziehung des Kontexts oder die Einbeziehung verschiedener Wandformen, erreicht werden.

Abb. 8.3 Demonstration der Performanzverbesserung durch Einbringen von Expertenwissen aus (Hakert und Schönfelder 2022). Links: Standard-Mask-R-CNN, rechts: Mask-R-CNN-Segmentierungsmodell mit veränderter Fehlerfunktion und vorverarbeitetem Bild

Abb. 8.4 Anwendungsbeispiel auf einem hochauflösenden Plan mit Vergrößerung eines Ausschnitts. Die Wände sind rot umrandet und andere relevante Elemente (Türen, Fenster, Treppen, Text) sind mit Bounding Boxes markiert

Demo 4: Bauelementerkennung mittels Keypoint-basierter Instanzsegmentierung

Für die nachträgliche BIM-Modellierung ist eine Reihe von Eigenschaften der Grundrissanalyse wünschenswert: i) Bauelemente sollen als einzelne Objekte erkannt werden, ii) Geometrien sollen so genau wie möglich in Vektordarstellung erfasst werden, und iii) zusätzliche Eigenschaften wie Öffnungsrichtungen sollen extrahiert werden. Diese Anforderungen können mit einer auf Keypoints basierten Instanzsegmentierung realisiert werden.

Die Keypoint-basierte Instanzsegmentierung ist eine Variante der Mask-R-CNN-Architektur, bei der die Objekte anstelle von Segmentierungsmasken mit einer bestimmten Anzahl von Keypoints K beschrieben werden (He et al. 2017). Die Erkennung erfolgt somit unmittelbar in einer Vektordarstellung. Zur Grundrissanalyse wird hierzu ausgenutzt, dass Umrisse von Bauelementen wie Wänden, Fenstern und Türen durch Vierecke beschrieben werden können ($K = 4$). Darüber hinaus können weitere Eigenschaften der Bauelemente durch Keypoints repräsentiert werden. Die Erkennung der Öffnungsrichtung von Türen erfordert beispielsweise einen zusätzlichen Keypoint ($K = 5$).

In einer automatisierten Nachverarbeitung werden mit Expertenwissen zudem Idealisierungen von Verbindungsstellen wie Wandecken durchgeführt. Das KI-Modell kann bei geeigneter Qualität eines Plans den Großteil der dargestellten Bauelemente erkennen, wie in Abb. 8.5 beispielhaft gezeigt ist. Die Qualität der Ergebnisse soll künftig durch zusätzliche Trainingsdaten weiter gesteigert werden. Eine mögliche Erweiterung ist die Erkennung von Räumen, deren Segmentierungsmasken nicht durch vier Keypoints (Polygone mit $K > 4$) oder durch keine feste Anzahl von Keypoints (Rundungen) beschrieben werden können.

8.5   Ausblick

Die Analyse von Grundrisszeichnungen und die Nutzbarmachung der enthaltenen Informationen ist ein wichtiger, aber aufwendiger Aspekt der Modellierung bestehender Gebäude. Die Arbeit mit Deep Learning-Verfahren hat gezeigt, dass diese in der Lage sind, komplexe Aufgaben wie die Erkennung von Etagengeometrien und Lokalisierung von Gebäudekomponenten zu lösen. Wie in diesem Beitrag gezeigt wird, konzentriert sich jeder Ansatz auf bestimmte Bauteilklassen, etwa Wände, Türen, und Textelemente, und verwendet dazu eine spezialisierte Deep Learning-Architektur, wie zum Beispiel Mask R-CNN oder U-Net, um eine hohe Performanz zu erzielen.

Trotz der vielversprechenden Ergebnisse in der Anwendung von Deep Learning für die Verarbeitung von Grundrissen gibt es noch einige Herausforderungen, die es zu überwinden gilt. Eines der größten Probleme ist die Heterogenität von Grundrisszeichnungen, erstens bezüglich des Zeichnungsstils, der teilweise durch das Alter und die Herkunft der Zeichnungen bedingt ist, und zweitens bezüglich der Komplexität der dargestellten Architektur. Hier können möglicherweise Ansätze zur Anpassung der Modelle an

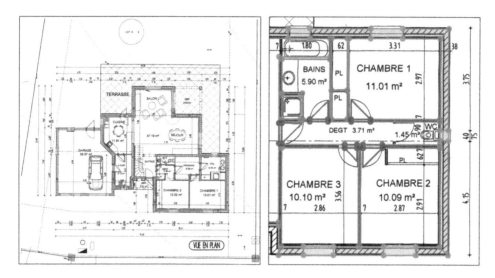

Abb. 8.5 Beispielhafte Anwendung auf zwei Grundrisse aus dem CVC-FP-Datensatz (de las Heras et al. 2015) mit erkannten Wänden (blau), Fenstern (grün) und Türen (rot, mit erkannter Öffnungsrichtung). Dargestellt ist ein ganzer Plan (links) und ein nach der Erkennung erstellter Ausschnitt (rechts) eines zweiten Plans

spezifische Grundrissarten helfen, allerdings wäre auch die Entwicklung von Verfahren wünschenswert, die mit der inhärenten Diversität von Grundrisszeichnungen umgehen können, sodass die weitere Spezialisierung der Verfahren obsolet wird.

In Zukunft sollten vor allem zusätzliche und diversere Datenquellen herangezogen werden, um die Deep Learning-Verfahren zu trainieren und sie so allgemeiner einsetzbar zu machen. Dateneigentümer sind daher angehalten, insbesondere alte und bereits archivierte Daten zu Forschungszwecken zur Verfügung zu stellen, da gerade in alten Archiven mit einer großen Diversität der Zeichnungen zu rechnen ist.

Danksagung Die in Abschn. 8.4 vorgestellten Arbeiten wurden durch das Bundesministerium für Wirtschaft und Klimaschutz der Bundesrepublik Deutschland im Forschungsprojekt BIMKIT (Förderkennzeichen 01MK21001A, 01MK21001H und 01MK21001J) unterstützt.

Literatur

BIMKIT (2022) Bestandsmodellierung von Gebäuden und Infrastrukturbauwerken Mittels KI zur Generierung von Digital Twins. https://www.bimkit.eu/. Zugegriffen: 22.08.2022.
Bundesarchitektenkammer e. V. (BAK) (2021) BIM für Architekten. Digitalisierung und Bauen im Bestand. https://bak.de/. Zugegriffen: 22.08.2022.

Bundesverband Baustoffe – Steine und Erden e. V. (BBS) (2022) BBS-Zahlenspiegel 2022. Daten und Fakten zur Baustoff-Steine-Erden-Industrie. https://www.baustoffindustrie.de. Zugegriffen: 22.08.2022.

Chen L-C, Papandrou G, Kokkinos I, Murphy K, Yuille A (2016) DeepLab: Semantic Image Segmentation with Deep Convolutional Nets, Atrous Convolution, and Fully Connected CRFs. IEEE Trans Pattern Anal Mach Intell 40:834–848.

Dodge S, Xu J, Stenger, B (2017) Parsing floor plan images. In: 15th IAPR International Conference on Machine Vision Applications, Nagoya, Japan, Mai 2017. IEEE, Los Alamitos, pp 358–361.

Dong S, Wang W, Li W, Zou K (2021) Vectorization of Floor Plans Based on EdgeGAN. Inf 12(5):206. https://doi.org/10.3390/info12050206.

Douglas D-H, Peucker T-K (2011) Algorithms for the Reduction of the Number of Points Required to Represent a Digitized Line or its Caricature. In: Dodge M (ed) Classics in Cartography: Reflections on Influential Articles from Cartographica. John Wiley & Sons, Hoboken, pp 17–28.

Gimenez L, Hippolyte J-L, Robert S, Suard F, Zreik K (2015) Review: reconstruction of 3D building information models from 2D scanned plans. J Build Eng 2:24–35. https://doi.org/10.1016/j.jobe.2015.04.002.

Goyal S, Mistry V, Chattopadhyay C, Bhatnagar G (2019) BRIDGE: Building Plan Repository for Image Description Generation, and Evaluation. In: International Conference on Document Analysis and Recognition, Sydney, NSW, Australien, September 2019. IEEE, Los Alamitos, pp 1071–1076.

Hakert A, Schönfelder P (2022) Informed Machine Learning Methods for Instance Segmentation of Architectural Floor Plans. In: 33. Forum Bauinformatik, München, September 2022, pp 395–403.

He K, Gkioxari G, Dollár P, Girshick R (2017) Mask R-CNN. In: IEEE International Conference on Computer Vision, Venedig, Oktober 2017. IEEE, Los Alamitos, pp 2980–2988.

Heras L-P de las, Terrades OR, Robles S, Sánchez G (2015) CVC-FP and SGT: a new database for structural floor plan analysis and its groundtruthing tool. Int J Doc Anal Recognit 18:15–30. https://doi.org/10.1007/s10032-014-0236-5.

Jang H, Yu K, Yang J (2020) Indoor Reconstruction from Floorplan Images with a Deep Learning Approach. ISPRS Int J Geo-Inf 9(2):65. https://doi.org/10.3390/ijgi9020065.

Kalervo A, Ylioinas J, Häikiö M, Karhu A, Kannala J (2019) CubiCasa5K: A Dataset and an Improved Multi-task Model for Floorplan Image Analysis. In: Felsberg M, Forssén P-E, Sintorn I-M, Unger J. (eds) Image Analysis. 21st Scandinavian Conference, Norrköping, Schweden, Juni 2019. Lecture notes in computer science, vol 11487. Springer, Cham, pp 28–40.

Kim H, Kim S, Yu K (2021) Automatic Extraction of Indoor Spatial Information from Floor Plan Image: A Patch-Based Deep Learning Methodology Application on Large-Scale Complex Buildings. ISPRS Int J Geo-Inf 10(12):828. https://doi.org/10.3390/ijgi10120828.

Liu C, Wu J, Kohli P, Furukawa Y (2017) Raster-to-Vector: Revisiting Floorplan Transformation. In: IEEE International Conference on Computer Vision, Venedig, Italien, Oktober 2017. IEEE, Los Alamitos, pp 2214–2222.

Liu W, Anguelov D, Erhan D, Szegedy C, Reed S, Fu C-Y, Berg A (2016) SSD: Single Shot MultiBox Detector. In: Leibe B, Matas J, Sebe N, Welling M (eds) 14th European Conference on Computer Vision, Amsterdam, Niederlande, Oktober 2016. Lecture Notes in Computer Science, vol 9905, Springer, Cham, pp 21–37.

Lu Z, Wang T, Guo J, Meng W, Xiao J, Zhang W, Zhang X (2021) Data-driven floor plan understanding in rural residential buildings via deep recognition. Inf Sci 567:58–74. https://doi.org/10.1016/j.ins.2021.03.032.

Lv X, Zhao S, Yu X, Zhao B (2021) Residential Floor Plan Recognition and Reconstruction. In: IEEE/CVF Conference on Computer Vision and Pattern Recognition, virtuell, Juni 2021. IEEE, Los Alamitos, pp 16717–16726.

Park S, Kim H (2021) 3DPlanNet: Generating 3D Models from 2D Floor Plan Images Using Ensemble Methods. Electron 10(22):2729. https://doi.org/10.3390/electronics10222729.

Petzold F, Rechenberg B (2021) Bauen im Bestand. In: Borrman A, König M, Koch C, Beetz J (eds) Building Information Modeling. VDI-Buch. Springer Vieweg, Wiesbaden, pp 507–532.

Pizarro PN, Hitschfeld N, Sipiran I, Saavedra JM (2022) Automatic floor plan analysis and recognition. Autom Contr 140:104348.https://doi.org/10.1016/j.autcon.2022.104348.

Ravagli J, Ziran Z, Marinai S (2019) Text Recognition and Classification in Floor Plan Images. In: International Conference on Document Analysis and Recognition Workshops, Sydney, Australien, September 2019. IEEE, Los Alamitos, pp 1–6.

Redmon J, Divvala S, Girshick R, Farhadi A (2016) You Only Look Once: Unified, Real-Time Object Detection. In: IEEE Conference on Computer Vision and Pattern Recognition, Las Vegas, NV, USA, Juni 2016, IEEE, Los Alamitos, pp 779–788.

Ren S, He K, Girshick R, Sun J (2017) Faster R-CNN: Towards Real-Time Object Detection with Region Proposal Networks. IEEE Trans Pattern Anal Mach Intell 39:1137–1149. https://doi.org/10.1109/TPAMI.2016.2577031.

Rezvanifar A, Côté M, Albu A (2020) Symbol Spotting on Digital Architectural Floor Plans Using a Deep Learning-based Framework. In: IEEE/CVF Conference on Computer Vision and Pattern Recognition Workshops, virtuell, Juni 2020. IEEE, Los Alamitos, pp 2419–2428.

Ronneberger O, Fischer P, Brox T (2015) U-Net: Convolutional Networks for Biomedical Image Segmentation. In: Navab N, Hornegger J, Wells W, Frangi A (eds) 18th International Conference on Medical Image Computing and Computer-Assisted Intervention, München, Oktober 2015. Lecture Notes in Computer Science, vol 9351, Springer, Cham, pp 234–241.

Schönfelder P, König M (2022) Deep learning-based text detection on architectural floor plan images. IOP Conf Ser: Earth Environ Sci 1101:082017. https://doi.org/10.1088/1755-1315/1101/8/082017.

Seo J, Park H, Choo S (2020) Inference of Drawing Elements and Space Usage on Architectural Drawings Using Semantic Segmentation. Appl Sci 10(20):7347. https://doi.org/10.3390/app10207347.

Sharma D, Gupta N, Chattopadhyay C and Mehta S (2017) DANIEL: A Deep Architecture for Automatic Analysis and Retrieval of Building Floor Plans. In: 14th IAPR International Conference on Document Analysis and Recognition, Kyoto, Japan, November 2017. IEEE, Los Alamitos, pp 420–425.

Song J, Yu K (2021) Framework for Indoor Elements Classification via Inductive Learning on Floor Plan Graphs. ISPRS Int J Geo-Inf 10(2):97. https://doi.org/10.3390/ijgi10020097.

Surikov IY, Nakhatovich MA, Belyaev SY, Savchuk DA (2020) Floor Plan Recognition and Vectorization Using Combination UNet, Faster-RCNN, Statistical Component Analysis and Ramer-Douglas-Peucker. In: Chaubey N, Parikh S, Amin K (eds) Computing Science, Communication and Security. 1st International Conference. Communications in Computer and Information Science, vol 1235. Springer, Singapore, pp 16–28.

Wang W, Dong S, Zou K, Li W (2020) Room Classification in Floor Plan Recognition. In: 4th International Conference on Advances in Image Processing, virtuell, November 2020. Association for Computing Machinery, New York, NY, USA, pp 48–54.

Wu Y, Shang J, Chen P, Zlatanova S, Hu X, Zhou Z (2020) Indoor mapping and modeling by parsing floor plan images. Int J Geogr Inf Sci 35(6):1205–1231. https://doi.org/10.1080/13658816.2020.1781130.

Yamada M, Wang X, Yamasaki T (2021) Graph Structure Extraction from Floor Plan Images and Its Application to Similar Property Retrieval. In: IEEE International Conference on Consumer Electronics, Las Vegas, NV, USA, Januar 2021. IEEE, Los Alamitos, pp 1–5.

Yang J, Jang H, JiYeup K, JungOk K (2018) Semantic Segmentation in Architectural Floor Plans for Detecting Walls and Doors. In: 11th International Congress on Image and Signal Processing, BioMedical Engineering and Informatics, Peking, China, Oktober 2018. IEEE, Los Alamitos, pp 1–9.

Yin X, Wonka P, Razdan A (2009) Generating 3D Building Models from Architectural Drawings: A Survey. IEEE Comput Graph Appl 29:20–30. https://doi.org/10.1109/MCG.2009.9.

Zhu R, Shen J, Deng X, Walldén M, Ino F (2020) Training Strategies for CNN-based Models to Parse Complex Floor Plans. In: Proceedings of the 9th International Conference on Software and Computer Applications, Seoul, Südkorea, Dezember 2019. Association for Computing Machinery, New York, NY, USA, pp 11–16.

Maschinelle Lernmodelle in der Terminplanung von Bauprojekten

9

Svenja Lauble, Hongrui Chen und Shervin Haghsheno

9.1 Einleitung

In vielen Bauprojekten kommt es zu Abweichungen zwischen der ursprünglich geplanten Dauer und der tatsächlich realisierten Dauer. Dies zeigen viele bekannte Beispiele wie der Bau des Berliner Flughafens, Stuttgart 21 oder der Stadtbahn Karlsruhe. Diese Abweichungen können zu zusätzlichen Kosten, Konflikten, Behinderungsanzeigen (vgl. Braimah 2008) und einem Reputationsverlust der beteiligten Organisationen führen. Eine möglichst genaue Planung ist daher Grundlage des Projekterfolgs und dient als Grundlage für Machbarkeitsanalysen, Investitionsentscheidungen, Ressourcenplanung, Verträge mit Partnern und Teamatmosphäre.

Nach Kahneman und Tversky (1979) liegt der Grund für ungenaue Vorhersagen in systembedingten Planungsfehlern. Hier spricht man von zwei großen Denkschulen zur Erklärung dieser Planungsfehler: „Psychostrategie" (z. B. Kahneman und Tversky 1979; Flyvbjerg 2006; Siemiatycki 2009) und „Evolutionstheoretik" (z. B. Love et al. 2011; Odeyinka et al. 2012). Nach Ansicht der Psychostrategen nehmen Planer häufig eine „Innensicht" ein und messen aktiven Prozessen mehr Gewicht bei, als das aktuelle Projekt mit den Ergebnissen früherer Projekte zu vergleichen. Sie neigen dazu, die Risiken zu

S. Lauble (✉) · H. Chen · S. Haghsheno
Institut für Technologie und Management im Baubetrieb (TMB), Karlsruher Institut für Technologie (KIT), Karlsruhe, Deutschland
E-Mail: svenja.lauble@kit.edu

H. Chen
E-Mail: hongrui.chen.2021@gmail.com

S. Haghsheno
E-Mail: shervin.haghsheno@kit.edu

© Der/die Autor(en), exklusiv lizenziert an Springer Fachmedien Wiesbaden GmbH, ein Teil von Springer Nature 2024
S. Haghsheno et al. (Hrsg.), *Künstliche Intelligenz im Bauwesen*,
https://doi.org/10.1007/978-3-658-42796-2_9

unterschätzen und den politischen sowie den wirtschaftlichen Nutzen zu überschätzen. Die Evolutionstheoretiker hingegen sind der Meinung, dass Abweichungen das Ergebnis von Veränderungen während des Projekts sind.

Beide Denkschulen zeigen die Notwendigkeit einer objektiven Vorhersage auf Basis historischer Projektdaten zwischen Projektinhalt sowie der Dauer auf.

Aus diesem Grund sind analytische, datenbasiert Modelle in der Terminplanung ein viel untersuchtes Forschungsthema. Mit diesen Modellen wird darauf abgezielt, eine höhere Vorhersagegenauigkeit zu erreichen und dadurch Abweichungen zu reduzieren. Insbesondere Methoden des Maschinellen Lernens (ML) zeigen bei der Terminplanung eine höhere Prognosegenauigkeit im Vergleich zu einfachen statistischen Methoden auf, da diese eine Vielzahl an Faktoren berücksichtigen (vgl. Chen et al. 2006; Dissana-yaka et al. 1999; Lam et al. 2016; Petruseva et al. 2012; Wang et al. 2010). Aufgrund der hohen Anzahl möglicher Modelle soll diese Veröffentlichung eine Übersicht geben, welche Modelle in der Bauterminplanung geeignet sind.

Im Folgenden werden zwei Szenarien unterschieden, die während der Terminplanung von Bauprojekten zu unterschiedlichen Zeitpunkten relevant sind und eine valide Planung bestimmen: Im ersten Szenario ist die Dauer einzelner Phasen bzw. Prozesse unbekannt. Dieses Szenario ist mit der Rahmenterminplanung zu vergleichen, bei der die Dauer einzelner Phasen eingeschätzt wird. Das zweite Szenario ist hingegen der Ausführungsplanung zuzuordnen. Hier wird davon ausgegangen, dass eine unternehmensinterne Datenbank mit Referenzwerten von Dauern zu detaillierten Prozessbeschreibungen besteht. Diese Dauern sollen den Prozessbeschreibungen eines neuen Projektes automatisch zugeordnet werden. In diesem Beitrag werden maschinelle Lernmodelle vorgestellt, mit denen eine valide Planung von Dauern zu unterschiedlichen Zeitpunkten in der Bauterminplanung unterstützt werden soll. Beide Modelle werden an beispielhaften Testdatensätzen evaluiert.

9.2   Bestimmung von unbekannten Dauern

Mit dem Ziel unbekannte Dauern einzelner Projektphasen zu bestimmen, werden in diesem Unterkapitel zuerst in der Forschung verwendete Planungsmethoden entsprechend ihrer Mehrwerte kategorisiert und um bisher nicht angewendete Methoden ergänzt. Diese Methoden werden anschließend an zwei Beispieldatensätzen angewendet und die Prognosegenauigkeit wird miteinander verglichen. So soll eine zielgerichtete Anwendung dieser Planungsmethoden im Sinne der Prognosegenauigkeit und Anwendbarkeit ermöglicht werden.

9.2.1 Relevante Grundlagen zur Bestimmung der Dauer

In der Literatur existieren zahlreiche analytische Methoden zur Vorhersage der Dauer von Bauprojekten. Davenport und Harris (2007) definieren zur Kategorisierung analytischer Methoden vier aufeinanderfolgende Stufen: Statistische Analysen zur Untersuchung von Abhängigkeiten, Hochrechnungen zur Analyse kontinuierlicher Trends, prädiktive Methoden zur Vorhersage der nächsten Schritte und Optimierungen zur Analyse der besten nächsten Schritte. Tab. 9.1 fasst die identifizierten Methoden nach einer vorwärts- und rückwärtsorientierten Suche in der englischsprachigen Literatur mit beispielhaften Referenzen zusammen.

Lineare Regressionsmodelle (LRM) zur Vorhersage von Dauern finden eine sehr häufige Anwendung in der Forschung. Lineare Regressionsmodelle sind ein statistisches Instrument, mit dem die Beziehung zwischen einer abhängigen Variable und einer oder mehreren unabhängigen Variablen modelliert werden kann, wobei eine lineare Beziehung zwischen diesen Variablen angenommen wird. Bei der Vorhersage von Dauern eines Bauprojektes werden häufig Kostenvariablen einbezogen.

Autoren wie Chen et al. (2006), Dissanayaka et al. (1999), Lam et al. (2016), Petruseva et al. (2012) und Wang et al. (2010) zeigen auf, dass prädiktive Methoden im Vergleich zu linearen Regressionsmodellen zu einer besseren Vorhersage führen, da diese mehr Variablen einbeziehen. Prädiktive Methoden haben das Ziel vorherzusagen, was als nächstes passieren wird und decken damit auch unbekannte sowie schwache Zusammenhänge auf. Zu den prädiktiven Methoden gehört der Themenbereich der Künstlichen Intelligenz. Insbesondere untersuchen Au-toren im Bereich prädiktiver Methoden Künstliche Neuronale Netze (KNN). KNN orientieren sich an der Struktur und den Funktionalitäten des menschlichen neuronalen Systems und sind in der Lage, komplexe Muster und Beziehungen in

Tab. 9.1 Beispielhafte Übersicht analytischer Planungsmethoden zur Vorhersage der Dauer in der Bauterminplanung anhand der Literaturrecherche

Stufe	Methode	Referenz
Statistische Analysen	Relative Importance Index (RII) Korrelationen	Meng (2012) Walker (1995)
Hochrechnungen	Lineare Regressionsmodelle Fuzzy Systeme Box Jenkins Methode Monte Carlo Simulation	Bromilow (1969) Wu (1994) Agapiou (1998) Albogamy (2014)
Prädiktive Methoden	Künstliche Neuronale Netze (KNN) KI-Ensembles	Lam (2016) Erdis (2013)
Optimierungen	Genetische Algorithmen Ameisen Suche Tabu Suche Simulated Annealing	Zheng (2004) Kalhor (2011) Jung (2016) Kumar (2011)

Daten zu erkennen. Die Ergebnisse von KNN sind in der Regel nicht nachvollziehbar und basieren auf einem "Black-Box"-Ansatz. Im Vergleich dazu sind LRM durch ihre Einfachheit für den Planer nachvollziehbar.

Entscheidungsbäume des Maschinellen Lernens (ML) wiederrum zeichnen sich durch ihre Simulierbarkeit, Zerlegbarkeit und algorithmische Transparenz aus (vgl. Arrieta 2020). Damit haben sie zum einen das Ziel der Prognosegenauigkeit als inhärent erklärbare Methode und sind zum anderen auch nachvollziehbar für den jeweiligen Anwender. Entscheidungsbäume teilen den Datensatz rekursiv entlang von Attributen mit dem Ziel, dass die resultierende Struktur eine möglichst genaue Klassifikation und damit Vorhersage ermöglicht. Das Grundprinzip beim Training eines Entscheidungsbaums ist wie folgt: Innerhalb des Modells wird an jedem Zweig des Baums eine Aufteilung der Daten nach einem oder mehreren Attributen vorgeschlagen. Auf dieser Grundlage wird der Vorteil jeder Aufteilung berechnet, und diejenige mit dem höchsten Gewinn wird ausgewählt. Der höchste Gewinn bezieht sich auf die Aufteilung, die die Daten in die kohärentesten Teilmengen trennt. Dies wird als Optimierung des „Informationsgewinns" bezeichnet (vgl. Rockach 2005). Der letzte Knoten zeigt die Vorhersage (in diesem Fall die Dauer), die Anzahl vergleichbarer Datenpunkte (hier die Anzahl an Projekte) sowie ein Leistungsmaß. Abb. 9.1 zeigt einen beispielhaften Entscheidungsbaum zur Prognose der Dauer (in Tagen) mit dem Leistungsindikator der mittleren quadrierten Abweichung (engl. „Mean Square Error", MSE).

Im Vergleich zu anderen maschinellen Lernmodellen können Entscheidungsbäume gut mit fehlenden Attributen umgehen (vgl. Sheh 2017), beziehen Kategorien in die Vorhersage mit ein und zeigen auch bei begrenzt verfügbaren Daten gute Ergebnisse auf. Zu den fortgeschrittenen Erweiterungen von Entscheidungsbäumen gehören Random Forest (vgl. Liaw 2002), Gradient Boosting Regression, XGBoost Tree (vgl. Chen et al. 2016), LightGBM (vgl. Ke 2017) und CatBoost (vgl. Prokhorenkova 2018). Diese Entscheidungsbäume basieren auf der Kombination mehrerer Entscheidungsbäume.

9.2.2 Methodisches Vorgehen zur Bestimmung der Dauer

Im Folgenden soll die Prognosegenauigkeit der LRM, KNN und der Entscheidungsbäume miteinander verglichen werden. Hierfür werden zwei beispielhafte und inhaltlich vergleichbare Datensätze verwendet.

Datensatz 1 beschreibt die Baudaten von 372 Wohngebäuden in Teheran, Iran. Der Datensatz dokumentiert die Bauausführungsdauer in Jahresquartalen, jedoch nicht die Planungsdauer. Die deskriptiven Merkmale des Datensatzes sind Kosten, produktbeschreibende Faktoren und wirtschaftliche Randdaten. Diese umfassen Werte für jedes der fünf Quartale vor Baubeginn. Der Datensatz ist online im „Machine Learning Repository" der Universität von Kalifornien verfügbar (2020). Die durchschnittliche Dauer zur Realisierung eines Wohngebäudes beträgt 6,27 Quartale mit einer Standardabweichung von

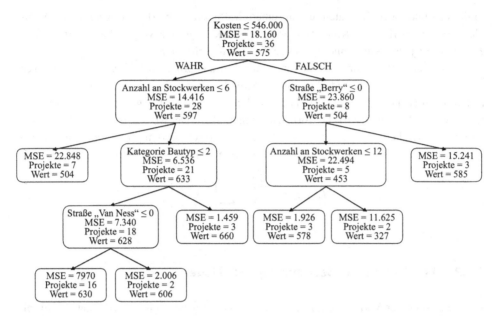

Abb. 9.1 Beispiel eines Entscheidungsbaums zur Vorhersage der Dauer von Bauprojekten

2,09 Quartalen (was ungefähr 564,3 Tagen durchschnittlicher Dauer und 180,2 Tagen Standardabweichung entspricht, mit 90 Tagen in einem Quartal).

Datensatz 2 umfasst 184 abgeschlossene Wohnungsbauprojekte in San Francisco, USA (2020). Für den Vergleich mit Datensatz 1 wurden nur die Projekte mit der Genehmigungsart „Neubau" und dem aktuellen Status „abgeschlossen" berücksichtigt. Der Datensatz enthält die Zeit der Baurealisierung in Tagen, nachdem die Baugenehmigung erteilt wurde. Die Projekte werden nach Geschossen, Wohneinheiten, genehmigten Kosten sowie den eingereichten Planungsunterlagen beschrieben. Zusätzlich sind die Straßennamen und das Wohngebiet dokumentiert. Die durchschnittliche Dauer in Datensatz2 beträgt 1.179,4 Tage. Der Datensatz hat eine höhere Standardabweichung als Datensatz 1 mit einer Standardabweichung von 808,7 Tagen.

Zudem werden beide Datensätze mit öffentlichen Daten angereichert (OECD 2020, globale Wirtschaftsfaktoren 2020), die die wirtschaftliche und politische Lage des jeweiligen Landes beschreiben. Zu diesen 65 Datenpunkten gehören unter anderem Kennzahlen zur Inflation, zum Korruptions- und Innovationsindex sowie zur Anzahl der Baugenehmigungen im jeweiligen Land. Es wird davon ausgegangen, dass diese die Vorhersage beeinflussen und daher in der Prognose zu berücksichtigen sind. Diese Merkmale wurden beispielhaft für das erste, zweite und letzte Jahr des jeweiligen Bauprojekts integriert. Daraus ergeben sich 195 weitere Merkmale pro Projekt (65 Merkmale pro Jahr).

Die Programmierung wird mit Google Colab und den folgenden Bibliotheken durchgeführt: TensorFlow, keras-applications und CatBoost. Die Datensätze werden in einen

Trainings- und einen Testdatensatz mit einem Verhältnis von 80/20 aufgeteilt. Die Variable k = 3 wird für eine Kreuzvalidierung gewählt. Um eine vergleichende Analyse zu erstellen, hat jeder Baum eine maximale Tiefe von sechs Ebenen.

Als Leistungsindikator wird der mittlere absolute prozentuale Fehler (MAPE) verwendet. Dieser ist aufgrund der unterschiedlichen Granularität der Dauer in beiden Datensätzen (Quartale und Tage) als einheitliche Metrik besser geeignet. Je kleiner der Indikator ist, desto höher ist die Vorhersagegenauigkeit. Der MAPE ist das Verhältnis der Differenz zwischen dem tatsächlichen Ausgangswert y und dem vorhergesagten Wert ŷ zum tatsächlichen Ausgangswert y über alle Datenpunkte (vgl. Hyndmann et al. 2006).

$$MAPE = \frac{100\,\%}{n} \sum_{i=1}^{n} \left| \frac{y_i - \widehat{y_i}}{y_i} \right|$$

9.2.3 Ergebnisse zur Bestimmung der Dauer

Zur Bewertung der Vorhersageleistung werden die ausgewählten Modelle sowohl mit als auch ohne die externen Daten angewendet. Auf diese Weise kann der Mehrwert der externen Daten separat bewertet werden. Tab. 9.2 zeigt den MAPE als vergleichendes Ergebnis für die Entscheidungsbäume. Im Datensatz mit den Projekten aus Iran beträgt die niedrigste MAPE 13,5 % (entspricht 0,85 Quartalen und bei kalkulatorisch 90 Tagen im Quartal 76,5 Tage), während im Datensatz mit den Projekten aus San Francisco die niedrigste MAPE 26,5 % (entspricht 423 Tage) beträgt. Das Werkzeug CatBoost zeigt die besten Vorhersageindikatoren bei den Entscheidungsbäumen, sowohl mit als auch ohne die Integration der externen Daten. Die Hinzunahme der externen Daten erhöht in einigen Fällen die Genauigkeit der Vorhersage weiter.

Der Vergleich der beiden Datensätze zeigt, dass der Datensatz 2 (San Francisco, USA) schlechtere Ergebnisse liefert. Dies kann erstens an der höheren Standardabweichung,

Tab. 9.2 Bewertung der Vorhersage durch Entscheidungsbäume mit dem Leistungsindikator MAPE (* ohne externe Daten; ** mit externen Daten; fett: bestes Ergebnis)

Entscheidungsbaum	Datensatz 1 (Teheran, Iran)		Datensatz 2 (San Francisco, USA)	
	*	**	*	**
Random Forest	19,6 %	17,8 %	**36,8 %**	26,8 %
GBR	17,3 %	15,5 %	38,7 %	27,5 %
XGBoost	18,1 %	15,3 %	53,6 %	29,1 %
LightGBM	18,9 %	16,8 %	48,4 %	34,9 %
CatBoost	**16,8 %**	**13,5 %**	39,7 %	**26,4 %**

Tab. 9.3 Bewertung der Vorhersage mit LRM, KNN und CatBoost mit dem Leistungsindikator MAPE (** mit externen Daten; fett: bestes Ergebnis)

Methode	Datensatz 1 (Teheran, Iran)	Datensatz 2 (San Francisco, USA)
LRM	21,5 % (1,36 Quartale)	27,7 % (439 Tage)
KNN**	59,9 % (3,78 Quartale)	36,2 % (573 Tage)
Entscheidungsbaum**	**13,5 % (0,85 Quartale)**	**26,4 % (423 Tage)**

zweitens an der geringeren Größe des Datensatzes und drittens an seinen Merkmalen liegen. In Datensatz 1 (Teheran, Iran) wurden mehr Merkmale pro Projekt dokumentiert.

Als nächstes werden die Modelle LRM und KNN als Stand der Forschung mit dem Entscheidungsbaum verglichen. Hier wird das Werkzeug mit dem niedrigsten MAPE-Wert gewählt, was der CatBoost ist. Tab. 9.3 zeigt die Ergebnisse. Der Entscheidungsbaum zeigt einen niedrigeren MAPE als die LRM und KNN. Die Anwendung von Entscheidungs-bäumen zur Vorhersage von Dauern kann demnach nicht nur die Nachvollziehbarkeit verbessern, sondern auch die Vorhersagegenauigkeit im Vergleich zu LRM und KNN erhöhen.

Die geringere Vorhersagegenauigkeit von KNN kann auf die relativ geringe Menge an Trainingsdaten zurückzuführen sein, die bei der Dokumentation von Bauprojekten häufig vorhanden ist. Die Hinzunahme von externen Daten erhöht die Vorhersagegenauigkeit. Bei Entscheidungsbäumen werden nur die besten externen Faktoren einbezogen. Bei KNN hingegen kann die Einbeziehung aller Merkmale zu einem übertrainierten Modell führen. Bei einer Optimierung der einzubeziehenden Merkmale wird der MAPE-Wert demnach noch schlechter.

Mit dieser Studie konnte gezeigt werden, dass sich Entscheidungsbäume aufgrund der Nachvollziehbarkeit und ihrer Prognosegenauigkeit bei begrenzt verfügbaren Projektda-ten eignen. Das Vorhersageergebnis von 13,5 und 26,4 % zeigt eine Prognose unter Untersicherheit auf. Vergleicht man dieses Ergebnis mit Studien zu Abweichungen in Bauprojekten, so kann dies bei einer frühen Terminplanung als gutes Maß angenommen werden. Nach einer Studie von Changali et al. (2015) werden 77 % aller Megaprojekte mit mindestens 40 % Überschreitung zur geplanten Dauer übergeben. Eine andere Studie zeigt anhand von Straßenbauprojekten eine Abweichung zwischen der geplanten und tatsächli-chen Dauer von 38 % (vgl. Flyvbjerg et al. 2016). Ziel dieser maschinellen Lernmodelle sollte es daher sein, die Vorhersagegenauigkeit des Planers zu verbessern bzw. seine Fehl-schätzungen zu reduzieren. Eine tagesgenaue Prognose kann mit den Beispieldatensätzen nicht erreicht werden.

9.3   Zuordnung von bekannten Dauern

Mit der zunehmenden Projektfortschritt liegen genauere Informationen über die Projektinhalte und notwendigen Prozessschritte vor. Im Rahmen der Digitalisierung werden zunehmend unternehmensinterne Datenbanken mit Referenzwerten angelegt, die als Planungsgrundlage dienen können. Durch die Verwendung der natürlichen Sprache in Prozessbeschreibungen ist bisher eine manuelle Zuordnung notwendig, die bei einer entsprechenden Komplexität der Projekte zu einem enormen Zeitaufwand führen kann. Im Folgenden wird daher ein maschinelles Lernmodell an einem Beispieldatensatz angewendet, das in einem ersten Schritt eine intelligente Zuordnung der Prozesse vornimmt, so dass in einem zweiten Schritt die entsprechende Dauer zugeordnet werden kann (siehe Abb. 9.2). Anschließend wird die Prognosegenauigkeit evaluiert. So soll in Zukunft ein Abgleich detaillierter Prozessbeschreibungen zur Terminplanung trotz Verwendung der natürlichen Sprache ermöglicht werden.

9.3.1   Relevante Grundlagen zur Zuordnung der Dauer

Mit der steigenden Detaillierung in Prozessen eines Bauprojektes, nimmt die Varianz an Prozessbezeichnungen und auch die Sammlung an Erfahrungswerten zu diesen Prozessen zu. Planer verwenden häufig unterschiedliche Begriffe und Erfahrungen sind als unstrukturierter Datenbestand gespeichert. Nennt ein Planer z. B. einen Prozessschritt „Trockenbau einseitig beplanken", wird dieser von einem weiteren „Trockenbau 1" genannt. Die Beschreibung der Prozesse in einer natürlichen Sprache ist für Planer durch ihr Vorwissen vergleichbar, eine Maschine kann dies jedoch nicht ohne weiteres. Um diese Prozessbeschreibungen neuer Bauprojekte den dokumentierten Erfahrungswerten in Form einer Datenbank automatisch zuordnen zu können, wird im Folgenden die Methodik der natürlichen Sprachverarbeitung (engl. „Natural Language Processing", NLP) vorgestellt und an einem beispielhaften Datensatz angewendet. NLP-Modelle dienen als Brücke zwischen Menschen und Computer, um diese in die Lage zu versetzen, geschriebene und

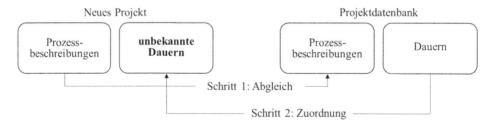

Abb. 9.2 Übersicht des Vorgehens zur Bestimmung bekannter Dauern

gesprochene Sprache zu verstehen (vgl. EasyAI 2019). Liddy (2001, S. 2) liefert eine ausführliche Definition: NLP sei eine theoretisch motivierte Reihe von Computertechniken zur Analyse und Darstellung natürlich vorkommender Texte auf einer oder mehreren Ebenen der linguistischen Analyse mit dem Ziel, eine menschenähnliche Sprachverarbeitung für eine Reihe von Aufgaben oder Anwendungen zu ermöglichen.

Laut EasyAI kann ein Deep Learning-basiertes NLP in drei Schritte unterteilt werden: Die Vorverarbeitung des Korpus, der Entwurf und das Training des Modells.

Zur Vorverarbeitung können folgende sechs Schritte genannt werden (vgl. Bachani 2020):

- Tokenisierung: Unter Tokenisierung versteht man die Zerlegung von langen Texten in wortbasierte Datenstrukturen für die weitere Verarbeitung und Analyse.
- Stemming: Bei der Stammextraktion werden die Präfixe und Suffixe von Wörtern entfernt, um das Stammwort zu erhalten.
- Lemmatisierung: Die lexikalische Reduktion basiert auf dem Wörterbuch und wandelt die komplexe Form eines Wortes in seine einfachste Form.
- Wortarten: In der traditionellen Grammatik ist eine Wortart eine Kategorie von Wörtern, die ähnliche grammatikalische Eigenschaften (z. B. „Substantive", „Konjunktionen" und „Verben") haben.
- Eigennamenerkennung (engl. „Named Entity Recognition, NER"): NER bezieht sich auf die Erkennung von Entitäten mit spezifischen Bedeutungen, einschließlich Namen von Personen, Orten, Institutionen, Eigennamen usw.
- Chunking: Chunking ist ein Prozess der Gruppierung von Wörtern aus unstrukturiertem Text und der Bildung von Phrasen.

Zum Modellentwurf wird in dieser Fallstudie das BERT-Modell („Bidirectional Encoder Representations from Transformers") verwendet. BERT ist ein von Google AI entwickeltes Sprachmodell, das natürlichsprachliche Darstellungen aus Text generieren kann. Hier werden Beziehungen zwischen Begrifflichkeiten und Zusammenhänge erfasst (vgl. Chan et al. 2020). Hierfür werden Wörter vektorisiert (engl. Word embedding"), um Ähnlichkeiten und Zusammenhänge durch ihren Abstand zu quantifizieren. Abb. 9.3 zeigt beispielhaft eine Vektorisierung von Begrifflichkeiten der Bauwirtschaft. Insbesondere sind in diesem Ausschnitt die Zusammenhänge zwischen den Begrifflichkeiten im Bereich der „Türen" und „Fenster" zu erkennen.

NLP-Modelle werden in der Bauwirtschaft bereits in verschiedenen Einsatzbereichen validiert: In der Analyse unstrukturierter Jahresberichte von Bauunternehmen (vgl. Jagannathan et al. 2022), zur Klassifizierung von Gefahren und damit der Vorhersage von Unfällen (vgl. Li et al. 2020) oder zur Informationswiedergabe bei Fragen zu einem Bauwerksmodell durch einen Sprachassistenten (vgl. Wang et al. 2022).

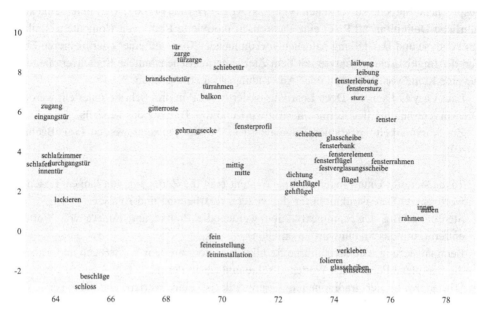

Abb. 9.3 Beispiel einer Vektorisierung von Begrifflichkeiten der Bauwirtschaft

9.3.2   Methodisches Vorgehen zur Zuordnung der Dauer

Die Zuordnung von Prozessbeschreibungen zu dokumentierten Dauern in Form einer Datenbank wird an einem Datensatz des Baukosteninformationszentrums Deutscher Architektenkammern (BKI) durchgeführt. Der Datensatz enthält 3.586 Einträge zu Neubauprojekten und ist mit neun Merkmalen beschrieben. Zu diesen Merkmalen gehören eine Überkategorie (eingeteilt in Rohbau, Ausbau, Gebäudetechnik und Freianlagen), eine identifizierende Nummer, ein Kurztext und Langtext der Prozessbeschreibung, die Maßeinheit, mittlere Kosten, die Dauer in Stunden sowie die Zuordnung zur DIN276 2008 und 2018. Der Kurztext umfasst durchschnittlich 34,3 Zeichen, der Langtext hingegen durchschnittlich 383,1 Zeichen. Die durchschnittliche Dauer beträgt 1,23 Stunden je Einheit (Aufwandswert), mit einem Minimum von 0,01 und einem Maximum von 260 Stunden. Dieser Datensatz wird jährlich aktualisiert und stellt in dieser Fallstudie die Stammdaten dar.

Mit der Zuordnung bzw. Klassifizierung von individuellen Prozessbeschreibungen zu diesem Stammdatensatz, kann im zweiten Schritt auf den hier dokumentierten Aufwandswert zurückgegriffen werden und mit der entsprechenden Einheit zur Prozessdauer multipliziert werden. Das Vorgehen ist auf unternehmensinterne Stammdaten bzw. Erfahrungswerte übertragbar. Mit dieser Zuordnung kann eine schnelle und objektive Grundlage zur weiteren Terminplanung bereitgestellt werden.

Die Zuordnung findet an zwei Datensätzen statt. Erstens wird der Stammdatensatz mit einem Verhältnis von 80/20 aufgeteilt und der Testdatensatz wird zur Validierung verwendet.

Weiter wird ein Datensatz eines realen Bauprojektes zu Erd-, Beton und Mauerarbeiten verwendet. Das Leistungsverzeichnis wird als Grundlage verwendet und mit den prognostizierten Stunden pro Mengeneinheit laut Stammdatensatz angereichert. Der Datensatz umfasst 175 Positionen, zu denen in 93 Fällen eindeutig ein Textfeld des Stammdatensatzes manuell zugeordnet werden konnte. In diesen Positionen beträgt der durchschnittliche Aufwandswert 0,52 Stunden und die durchschnittliche Dauer 87,6 Stunden (Aufwandswert multipliziert mit der jeweiligen Mengeneinheit).

Die Programmierung wird mit Google Colab und den folgenden Bibliotheken durchgeführt: TensorFlow, Transformers, Tune und Scikit-learn.

Als Leistungsindikatoren werden für die Klassifizierung die Genauigkeit (engl. „Accuracy"), der Matthews-Korrelationskoeffizient (MCC) und MAPE verwendet.

- Die Genauigkeit ist die Wahrscheinlichkeit, dass das Modell eine korrekte Vorhersage in die Klassen „True Positive" und „True Negative" trifft (vgl. Grandini et al. 2020, S. 3)
- Der Matthews-Korrelationskoeffizient (MCC) stellt die Korrelation zwischen dem wahren Wert und dem vorhergesagten Wert dar. Er reicht von minus eins bis plus eins. Ein Wert von plus eins bedeutet eine sehr gute Vorhersage, während ein Wert nahe null bedeutet, dass das Modell schlecht abschneidet und einer zufälligen Klassifizierung ähnelt. Der Wert minus eins steht für eine inverse Vorhersage (vgl. Grandini et al. 2020, S. 10).
- Der MAPE wird zur Bewertung der Zuordnung der Dauer verwendet.

9.3.3 Ergebnisse zur Zuordnung der Dauer

Mit der Anwendung des trainierten Modells auf dem Testdatensatz der Stammdatenbank sowie dem Realdatensatz zeigen sich folgende Ergebnisse.

Bei den Testdaten der Stammdatenbank erreicht die Genauigkeit des Modells 92 % und der MCC erreicht 0,92. Auf der anderen Seite beträgt die Genauigkeit des Modells am Realdatensatz 65 % und der MCC-Wert erreicht 0,64. Damit wird beim Stammdatensatz eine deutlich bessere Zuordnung gefunden. Eine Ursachenanalyse für diese Falschzuordnungen zeigt auf, dass Beschreibungen zu ähnlich sind und eine detaillierte Beschreibung erfordern würden. Daher kann trotz einer falschen Zuordnung der Rahmen der zu bestimmenden Dauer ähnlich sein, da sich die Aktivitäten ähneln (z. B. bei der „Installation eines WCs" und der „Installation eines behindertengerechten WCs").

Daher wird nach der Klassifizierungsaufgabe die Dauer der Prozesse des realen Projekts vorhergesagt. Hierfür wird der durch das NLP-Modell zugeordnete Aufwandswert mit der Einheit multipliziert und mit der manuell zugeordneten Dauer des Stammdatensatzes verglichen. Der MAPE beträgt 17,63 %. Hier fallen jedoch zwei Fehlschätzungen mit mehr als 500 Stunden auf. 85 % der Zuordnungen umfassen eine Fehlschätzung von weniger als acht Stunden, bzw. einem Arbeitstag. Weiter umfassen 75 % der Zuordnungen eine Fehlschätzung von weniger als 2,5 Stunden. Vergleicht man die Fehlschätzung in Höhe von 2,5 Stunden je Position mit den durchschnittlich 87,7 Stunden, so sind diese Fehlprognosen bei 75 % der Fälle vergleichsweise gering. Dies würde ein MAPE-Wert von 2,85 % bedeuten. Eine automatische Zuordnung von Dauern zu den einzelnen Prozessbeschreibungen könnte daher in Zukunft teilautomatisiert ablaufen. Durch eine Korrektur des Menschen könnten die Fälle, in denen eine Falschzuordnung der Textpositionen und damit hohe Abweichungen in der Prognose der Dauer vorliegen, identifiziert werden.

9.4   Zusammenfassung

Abweichungen von Terminplänen eines Bauprojektes haben weitreichende Auswirkungen. Eine möglichst genaue Planung der Projektphasen und ihrer Prozesse ist damit die Ausgangslage für ein erfolgreiches Projekt. In diesem Beitrag wurden zwei Vorgehensweisen mit maschinellen Lernmodellen vorgestellt.

Erstens wurde die unbekannte Dauer der Baurealisierung mit maschinellen Lernmodellen ermittelt. Mit zwei Beispieldatensätzen wurden LRM, KNN und Entscheidungsbäume hinsichtlich ihrer Prognosegenauigkeit miteinander verglichen. Entscheidungsbäume, und insbesondere der CatBoost, zeigen in diesem Szenario Vorteile auf: Sie führen mit begrenzt verfügbaren Daten zu guten Ergebnissen und können mit beschreibenden Merkmalen umgehen. Der MAPE beträgt hier in Datensatz eins (Teheran, USA) 13,5 % und in Datensatz zwei (San Francisco, USA) 26,4 %.

Zweitens wurden mithilfe eines NLP-Modells die bekannten Dauern einzelner Prozesse aus einer Stammdatenbank einem Leistungsverzeichnis eines neuen Bauprojektes zugeordnet. Hierfür werden zuerst die Textpositionen zugeordnet und dann anschließend die zugeordneten Aufwandswerte des Stammdatensatzes mit den Einheiten des Bauprojektes multipliziert. Die Genauigkeit (engl. „Accuracy") bei der Zuordnung des Testdatensatzes der BKI beträgt 0,92. Bei einem Datensatz eines Realprojektes beträgt dieser 0,65. Die Genauigkeit könnte durch eine detaillierte Beschreibung der Prozesse erhöht werden. Dennoch liegt der MAPE zwischen der korrekt zugeordneten und prognostizierten Dauer beim Realdatensatz bei 17,63 %. Genauer betrachtet bedeutet dies, dass bei 75 % der Fälle die Fehlschätzung der Dauer weniger als 2,5 Stunden beträgt (MAPE 2,85 %).

Innerhalb des ersten Szenarios konnte die Stärke von Entscheidungsbäumen als neuer Forschungsbereich zur Vorhersage unbekannter Dauern aufgezeigt werden. Im zweiten

Szenario wurde ein Ansatz entwickelt, der einen automatischen Abgleich von Prozessbeschreibungen in natürlicher Sprache ermöglicht. So können Prozesse eines neuen Projektes um die Dauern aus einer Datenbank ergänzt werden. Dieser Abgleich findet bisher, falls er durchgeführt wird, manuell und mit einem hohen Zeitaufwand statt.

Beim Vergleich des MAPE-Wertes aus beiden Fallstudien zeigt sich, dass mit der Zunahme an Informationen während des Projektverlaufs auch die Fehlprognose abnehmen und die Planung genauer wird. Dennoch zeigen auch beide Fallstudien, dass eine Terminplanung, die allein durch maschinelle Lernmodelle erstellt wird, derzeit noch nicht möglich ist. Es wird eher dazu geraten, dass der Planer durch diese Modelle zukünftig unterstützt wird. Die Qualität der Planung wird erhöht und die Zeit zur manuellen Bearbeitung wird reduziert.

Es ist kritisch anzumerken, dass in beiden Fällen Testdatensätze verwendet wurden. Damit sind die Ergebnisse nicht repräsentativ für jedes Bauunternehmen, zeigen jedoch Potenziale und Grenzen der maschinellen Lernmodelle auf. Zudem ist das vorhandene Expertenwissen des Planers genauer zu untersuchen. Entsprechend seiner Erfahrungswerte eignet sich die Hinzunahme der maschinellen Lernmodelle mehr oder weniger. Die vorgestellten maschinellen Lernmodelle könnten insbesondere Berufseinsteiger in der Bauterminplanung unterstützen.

Literatur

Agapiou A, Notman D, Flanagan R, Norman G (1998) A time-series analysis of UK annual and quarterly construction output data (1955–1995). Construction Management and Economics, 16(4):409–416.

Albogamy A, Dawood N, Scott D (2014) A risk management approach to address construction delays from the client aspect. Computing in Civil and Building Engineering, 06:1497–1505.

Arrieta AB, Díaz-Rodríguez N, Del Ser J, Netot A, Tabik S, Barbado A, García S, Gil-López S, Molina D, Benjamins R et al. (2020) Explainable Artificial Intelligence (XAI): Concepts, taxonomies, opportunities and challenges toward responsible AI. Information Fusion, 58:82–115.

Bachani, N (2020) Chunking in NLP: Decoded. When I started learning text processing. Towards Data Science. https://towardsdatascience.com/chunking-in-nlp-decoded-b4a71b2b4e24 (Zugriff am 24.01.2023).

Braimah N, Issaka N (2008) Factors influencing the selection of delay analysis methodologies. International Journal of Project Management, 26(8):789–799.

Bromilow FJ (1969) Contract time performance expectations and the reality. Building Forum. 1.3:70–80.

Chan B, Schweter S, Möller T (2020) German's Next Language Model. http://arxiv.org/abs/2010. 10906 (Zugriff am 24.01.2023).

Changali S, Mohammad A, van Nieuwland M (2015) The construction productivity imperative. McKinsey.

Chen WT, Huang YH (2006) Approximately predicting the cost and duration of school reconstruction projects in Taiwan. Construction Management and Economics 24.12: 1231–1239.

Chen T, Guestrin C (2016) Xgboost: A scalable tree boosting system. Proceedings of the 22nd International Conference on Knowledge Discovery and Data Mining, S 785–794.

Davenport TH, Harris JG (2007) Competing on Analytics – The New Science of Winning. Harvard Business Press, Boston, Massachusetts.

Dissanayaka S, Kumaraswamy, M (1999) Evaluation of factors affecting time and cost performance in Hong Kong building projects. Construction and Architectural Management 6.3:287–298.

EasyAI (2019) Understand natural language processing NLP in one article. https://easyai.tech/en/aid efinition/nlp/ (Zugriff am 24.01.2023).

Erdis E (2013) The effect of current public procurement law on duration and cost of construction projects in turkey. Journal of Civil Engineering and Management, 19:121–135.

Flyvbjerg B (2006) From nobel prize to project management: Getting risks right. Project Management Journal, 37(3):5–15.

Flyvbjerg B, Hon C, Fok WH (2016) Reference class forecasting for Hong Kong's major roadworks projects. In Proceedings of the Institution of Civil Engineers-Civil Engineering, 169.6:17–24.

Grandini M, Bagli E, Visani G (2020) Metrics for Multi-Class Classification: An Overview.

Hyndman RJ, Koehler AB (2006) Another look at measures of forecast accuracy. International Journal of Forecasting, 22.4: 679–688.

Jagannathan M, Roy D, Delhi VSK (2022) Application of NLP-based topic modeling to analyze unstructured text data in annual reports of construction contracting companies. CSI Transactions on ICT, 10.2:97–106.

Jung M, Park M, Lee HS, Kim H (2016) Weather delay simulation model based on vertical weather profile for high-rise building construction. Journal of Construction Engineering and Management, 142: 04016007, 01.

Kahneman D, Tversky A (1979) Intuitive prediction: Biases and corrective procedures. Tech. rep. Decisions and Designs Inc Mclean Va: 2.

Kalhor E, Khanzadi M, Eshtehardian E, Afshar A (2011) Stochastic time–cost optimization using non-dominated archiving ant colony approach. Automation in Construction, 20.8:1193–1203.

Ke G (2017) Lightgbm: A highly efficient gradient boosting decision tree. Advances in Neural Information Processing Systems: 3146–3154.

Kumar V, Abdulal W (2011) Optimization of uncertain construction time cost trade off problem using simulated annealing algorithm. 2011 World Congress on Information and Communication Technologies, 12:489–494.

Lam K, Olalekan O (2016) Forecasting construction output: A comparison of artificial neural network and Box-Jenkins model. Engineering, Construction & Architectural Management 23, 2016:302–322.

Li RYM, Li HCY, Tang B, Au, W (2020) Fast AI classification for analyzing construction accidents claims. Proceedings of the 2020 Artificial Intelligence and Complex Systems Conference, 1–4.

Liaw, A, Wiener M (2002) Classification and regression by randomForest. R news 2.3:18–22.

Liddy ED (2001) Natural Language Processing.

Love, PED, Edwards DJ, Irani Z (2011) Moving beyond optimism bias and strategic misrepresentation: An explanation for social infrastructure project cost overruns. IEEE Transactions on Engineering Management, 59.4:560–571.

Meng X (2012) The effect of relationship management on project performance in construction. International Journal of Project Management 30.

Odeyinka H, Larkin K, Weatherup R, Cunningham G, McKane M, Bogle G (2012) Modelling risk impacts on the variability between contract sum and final account. Royal Institution of Chartered Surveyors, London:1–19.

Petruseva S, Zujo V, Pancovska VZ (2012) Neural Network Prediction Model for Construction Project Duration. International Journal of Engineering Research and Technology 1.

Prokhorenkova L (2018) CatBoost: unbiased boosting with categorical features. Advances in Neural Information Processing Systems:6638–6648.

Rokach L, Maimon O (2005) Decision Trees. Ed. by Oded Maimon and Lior Rokach. Boston, MA: Springer US:165–192.

Sheh R (2017) Why Did You Do That? Explainable Intelligent Robots:631.

Siemiatycki M (2009) Academics and auditors: Comparing perspectives on transportation project cost overruns. Journal of Planning Education and Research, 29.2:142–156.

Walker DHT (1995) An investigation into construction time performance. Construction Management and Economics, 13.3:263–274.

Wang UR, Gibson Jr GE (2010) A study of pre-project planning and project success using ANNs and regression models. Automation in Construction 19.3:341–346.

Wang N, Issa RRA, Anumba CJ (2022) Transfer learning-based query classification for intelligent building information spoken dialogue. Automation in Construction, 141, 104403.

Wu RW, Hadipriono FC (1994) Fuzzy modus ponens deduction technique for construction scheduling. Journal of construction engineering and management, 120.1:162–179.

Zheng D, Ng S, Kumaraswamy M (2004) Applying a genetic algorithm based multi-objective approach for time-cost optimization. Journal of Construction Engineering and Management, 130:04.

KI in der Stadtplanung: Wie finden technologische Innovationen die passenden Probleme?

10

Axel Häusler

10.1 Einleitung

Es steht außer Frage, dass künstliche Intelligenz einen enormen Beitrag zur aktuellen und kommenden Gestaltung unserer gebauten Umwelt leisten kann und zunehmend leisten wird. Neue Bauvorhaben werden zukünftig ein höheres Maß an optimierenden Digitaltechnologien integrieren als es bislang im Bestandsbau der Fall ist. Beispiele finden sich in den bereits heute marktgängigen Smart-Home-Systemen, dem intelligenten Energiemanagement, der lernenden Steuerung von On-Demand-Services in Mobilität, Logistik und Versorgung oder beispielsweise auch durch die angestrebte Einführung des IFC-/BIM-Standards in öffentlichen Vergabeverfahren (BMI 2021). Die jüngsten Entwicklungen im Zuge der angestrebten Energiewende werden technologische Innovationen im Bereich des urbanen Speichermanagements und der kollaborativen Energieproduktion befeuern (Deutscher Bundestag, Gesetz zur Änderung des Energiewirtschaftsrechts 2022). Auch die Corona-Krise hat gezeigt, wie viele Möglichkeiten nachbarschaftlicher und gemeinschaftsbezogener Dienste durch die digitale Vernetzung der Bürger:innen in ihrer baulichen Umgebung denkbar und sinnvoll sein können. Nicht zuletzt zwingen uns aber die Folgen des Klimawandels nun zu einer veränderten, resilienteren und ressourcensparenden Planung räumlicher Prozesse, Systeme und Orte.

Weitet man die benannten, digitalen Technologien auf weitere Elemente zum Einbezug des öffentlichen Raums aus (wie z. B. responsive Beleuchtung, smarte Abfallbeseitigung, zielgruppenorientierte Zugangssteuerung, etc.), entstehen technologisch und nutzerseitig

A. Häusler (✉)
Lehrgebiet Digitale Medien und Entwerfen, Technische Hochschule Ostwestfalen-Lippe, Detmold, Deutschland
E-Mail: axel.haeusler@th-owl.de

S. Haghsheno et al. (Hrsg.), *Künstliche Intelligenz im Bauwesen*,
https://doi.org/10.1007/978-3-658-42796-2_10

immer komplexere räumliche Vernetzungen. Carlo Ratti vom Senseable CityLab des MIT prägte vor einiger Zeit hierfür den Begriff der „responsive environments" (Ratti et al. 2016). Mehrere nationale und internationale Forschungsinitiativen, wie beispielsweise die „Morgenstadt-Initiative", die SmartCity-Formate der Netzwerkinitiative BitKom oder auch das Deutsche Institut für Normung (DIN) untersuchen seit einigen Jahren, welche verschiedenen Anwendungsmöglichkeiten des Internet-of-Things (IoT) in deutsche und europäische Städte am besten integrierbar sind und ob sich dafür einheitliche Qualitätsstandards definieren lassen. Trotz all dieser Anlässe scheint der Diskurs über die digitale Transformation und deren Umsetzungsmöglichkeiten im Anwendungsfeld Stadt derzeit aber noch unscharf zu verlaufen.

10.2   Produktion vs. Einsatz digitaler Innovationen

Laut einer aktuellen Kommunalstudie des Bundesministeriums für Wirtschaft und Klimaschutz besitzen bislang etwas über 25 % aller Kommunen in Deutschland eine ausgearbeitete Digitalisierungsstrategie, weitere 50 % erarbeiten oder planen eine solche (BMWK 2022, S. 5 ff.). Ein noch nicht näher zu definierender Anteil von 20 % der Kommunen scheint dieses Thema aber bislang noch nicht in Angriff nehmen zu wollen. Als Gründe nennt die Studie vor allem mangelnde personelle Kapazitäten, aber auch schlichtweg einen fehlenden Bedarf (ebd.). Folgt man dem Bericht weiter, erwartet der aktive Teil derer im Wesentlichen eine Steigerung der kommunalen Attraktivität für Bewohner:innen, Arbeitgeber:innen, Gründer:innen und positive Auswirkungen auf Sichtbarkeit, Wirtschaftsentwicklung, Umwelt und Klima. Betrachtet man weiter die Auswertungen der Studie zur thematischen Ausrichtung der ganz bzw. teilweise bestehenden oder geplanten Digitalstrategien, fällt auf, dass die größte Relevanz mit über 50 % in den Feldern Verwaltung, Breitband- & WLAN-Ausbau, Unterstützungsangebote für Bürger:innen sowie Sicherheit und Katastrophenschutz gesehen werden (BMWK 2022, S. 9 ff.). Insgesamt ist das abgebildete Themenspektrum sehr breit und umfasst auch Planungsthemen wie Tourismus, Bildung, Gesundheit, Kultur- und Sport, und viele mehr. Allerdings geben auch nahezu alle Kommunen an, dass sie besondere Herausforderungen im Ausgleich des fehlenden Wissens, der Motivation und Beteiligung von Bürger:innen und Mitarbeiter:innen sehen und ein interkommunaler Austausch mit anderen Kommunen, wie auch unterstützende Checklisten oder Leitfäden sehr hilfreich wären (BMWK 2022, S. 13 ff.).

Wechselt man nun die Perspektive in Richtung der Entwicklung und Produktion digitaler Innovationen, wird deutlich, dass hier die technologischen Anwendungsfelder grundsätzlich querschnittsorientiert adressiert werden. Es liegt in der Natur datengetriebener Prozessverarbeitung, dass die innewohnende Algorithmik viele unterschiedliche Informationen verarbeiten kann und somit nicht nur eine singuläre Einsatzmöglichkeit denkbar ist. Gerade im Bereich der Vernetzung, der Virtualisierung und der Datenverarbeitung existieren so viele multiple Nutzungsszenarien, dass eine Beschränkung auf wenige

Themenfelder weder gewünscht noch sinnvoll erscheint. Der Technologie- und Trendradar der Bundesregierung bietet einen guten Überblick über den aktuellen Reifegrad, die Herausforderungen, Potenziale und möglichen Einsatzgebiete aktueller Digitalentwicklungen (BMWi 2021). Ein Großteil der dort aufgeführten Verfahren haben die Innovations- und Prototypenphase verlassen und befinden sich bereits in der Marktetablierung. Allein am Beispiel des maschinellen Lernens (ML) wird deutlich, dass den Möglichkeiten in der Auswertung riesiger Datenmengen, verknüpft mit der Lernfähigkeit Problemlösungsstrategien fortwährend zu optimieren, kaum Grenzen gesetzt sind (BMWi 2021, S. 41 f.).

Es ist folglich gut nachvollziehbar, dass es vielen kommunalen Digitalisierungsstrategien schwerfällt, die eigenen Entwicklungsziele mit dem anvisierten technologischen Nutzen abzugleichen und exakt auf die eigene lokale Situation auszuformulieren.

Die Bundesinitiative De.Digital hat diese Lücke erkannt und vor wenigen Jahren den Smart-City Navigator entwickelt, der praxisnahe, digitale Beispielprojekte mittels Filtersuche nach Kommunengröße, Themenbereichen und Nachhaltigkeitszielen recherchierbar macht (BMWK-Smart-City-Navigator 2022). Obwohl dieses Werkzeug einen sehr guten Überblick über bereits realisierte Digitalprojekte im Kontext der Stadtentwicklung bietet und grundsätzlich dem erwähnten Wunsch nach interkommunalen Austauschmöglichkeiten entspricht, gelingt auch hiermit der eigentlich notwendige, gemeinsame Korridor von digitalen und räumlichen Entwicklungszielen nur rudimentär.

10.3 Entscheidungsebenen und Handlungsmöglichkeiten

Ein maßgeblicher Grund für die beschriebene Lücke liegt in der enormen Geschwindigkeit, in der technologische Entwicklungen die Technology Readiness Level (TRS) durchlaufen und in den Markt gebracht werden. Diese Geschwindigkeit entspricht in keiner Weise den üblicherweise notwendigen Zeiträumen für städtebauliche und infrastrukturelle Entwicklungsvorhaben von teilweise mehr als einem Jahrzehnt. Dennoch laufen diese beiden Prozesse zur selben Zeit und teilweise am gleichen Ort parallel ab. Beispielsweise wurden in den vergangenen zehn Jahren etliche Unternehmen im Bereich digitaler Mobilitätsdienstleistungen gegründet (oder auch schon wieder liquidiert) und deren Produkte, wie Leihfahrräder, Elektroroller, Leihfahrzeuge, digitale Taxi- und Lieferdienste, etc. in den öffentlichen Raum eingebracht. Zeit- und ortsgleich, nur wenige Meter darunter, ist, wie im Beispiel der Stadt Köln, die Stadtverwaltung seit 2004 immer noch mit dem Bau einer U-Bahn-Linie beschäftigt ist. Der enorm hohe Planungsaufwand derartiger Infrastrukturprojekte, die dafür erforderlichen politischen Mehrheiten, die erheblichen Kosten und nicht zuletzt die räumlich-baulichen Auswirkungen machen derartige Projekte zu keinem Einzelfall, sondern bilden schlichtweg die derzeitige Planungsrealität ab. Folglich erleben wir diese asynchronen Entwicklungsphasen als eine Art „ungleiche Gleichzeitigkeit" (LivingLab Essigfabrik 2022, S. 23).

Ein weiterer Grund für die Lücke zwischen räumlicher und digitaler Stadtentwicklung liegt in der enormen Komplexität, die das Thema Stadt mit sich bringt. Im Gegensatz zur Architektur, die sich üblicherweise auf ein einzelnes, räumlich wie inhaltlich und zeitlich abgrenzbares Bauprojekt bezieht, ist der Transformationsgegenstand Stadt in vielerlei Hinsicht, zwar technisch nicht unbedingt komplizierter, aber inhaltlich doch wesentlich komplexer. Abgesehen vom höheren Bauvolumen, werden Planungsprozesse auf Quartiers- und Stadtteilmaßstab immer durch eine enorm große und sehr heterogene Stakeholdergruppe von Planungsbeteiligten und zu integrierenden Institutionen bzw. Behörden beeinflusst. Aus Perspektive einer Stadtverwaltung wirft die Implementierung digitaler Dienste in baulich-räumliche Umgebungen mindestens folgende sechs Untersuchungs- & Entscheidungsebenen in Hinblick auf deren Nutzen, Aufwand und Risiken auf:

1. Zielgruppe:
   Wer ist die jeweilige Nutzergruppe digitaler Services und wie ist deren Zugang dazu geregelt?
2. Provider
   Wer bietet die Technologien an, wer betreibt sie und welche Geschäftsmodelle liegen dahinter?
3. Physisch-bauliche Infrastruktur:
   Welche investiven, baulichen und energetischen Maßnahmen werden für die Umsetzung benötigt und welche Flächen sind dafür geeignet und verfügbar?
4 Technologische Infrastruktur:
   Welche (Server-)Kapazitäten werden benötigt und wer betreibt diese?
5. Daten:
   Wer besitzt und verwaltet die durch die Services generierten Daten bzw. wie ist deren Nutzungsrecht geregelt?
6. Kosten:
   Welche Kosten sind kurz- mittel- und langfristig zu erwarten und welche Erlöse stehen diesen ggf. gegenüber?

Darüber hinaus sind alle planungsrelevanten Infrastrukturen, technische, verkehrliche wie soziale, gleichzeitig Bestandteil eines wesentlich größeren Netzwerks und bringen folglich erhebliche Wechselwirkungen mit sich. Einschränkend muss gesagt werden, dass diese Wechselwirkungen nicht immer konkrete räumlich-bauliche Maßnahmen zur Folge haben müssen. Dennoch greifen auch eher kleinteilige und flüchtige Digitaldienste, wie z. B. die Nutzung von On-Demand-Lieferdiensten für Spontaneinkäufe oder Geo-fencing-basierte On-Demand-Mobilitätsangebote erkenntlich in den verkehrlichen Fluss und die Einzelhandelsstruktur unserer Städte ein. Gerade diese Heterogenität der beteiligten Stakeholdergruppen und Einzelinteressen sowie die bislang noch nicht ausreichend vorliegenden Erfahrungswerte, machen die Implementierung digitaler Innovationen

administrativ und technisch gesehen entweder sehr langwierig oder oftmals eher unko-
ordiniert. Hinzu kommt, dass viele der genannten Digitaldienste in den öffentlichen
Ausschreibungs- und Bauvergabeverordnungen noch nicht als definierter Bedarf formuliert werden und planungs- bzw. bauordnungsrechtlich formal noch sehr weit auseinander
liegen, wie man z. B. an den fehlenden Schnittstellen zwischen Baunutzungsverordnung
und Mobilitätsdatenverordnung erkennen kann (BauNVO 2017; MDV 2021).

Es erscheint folglich sinnvoll, räumliche, bauliche, soziale und digitale Entwicklungs-
strategien zukünftig enger zusammen zu entwickeln. Objektiv betrachtet bieten sich
kommunalen Planungsverwaltungen hierfür drei grundsätzliche Handlungsmöglichkeiten:

a) Digitale Technologien bleiben bei der Entwicklung zukünftiger Stadtentwicklungs-
   maßnahmen zunächst unberücksichtigt und werden erst auf Nachfrage bürgerlicher,
   wirtschaftlicher oder wissenschaftlicher Akteure einzelfallbezogen bewertet und nach
   kommunalem Entschluss zugelassen oder in Auftrag gegeben (*passive Position*).
b) Der Einsatz digitaler Technologien wird in den kommunalen Entwicklungsprozess
   grundsätzlich aufgenommen, allerdings mangels Kapazität und Kompetenz als Mach-
   barkeitsstudie an externe Dienstleister/Anbieter ausgelagert (*zugewandte Position*).
c) Der Einsatz digitaler Technologien spielt, genau wie andere Fachplanungen (Umwelt-
   schutz, Denkmalschutz, Verkehrsplanung, etc.) eine integrierte Rolle im gesamten
   Entwicklungsprozess und wird durch die Kommune selbst mitgeplant, gesteuert,
   moderiert und initiiert (*aktive Position*).

Die zuerst genannte Option beschreibt viele Situationen, die vornehmlich Veränderungs-
prozesse in Bestandsquartieren darstellen. Hier sind in der Regel alle Flächen eigentums-
und nutzungsrechtlich definiert und die notwendige Infrastruktur gebaut bzw. auch durch-
gängig in Benutzung. Daher ergeben sich planungsrechtlich kaum Handlungsspielräume
in denen substanzielle Strukturveränderungen umgesetzt werden könnten. Erst wenn Nut-
zer:innen oder Eigentümer:innen eigene Maßnahmen starten oder Vorschläge adressieren,
besteht die Möglichkeit einen Planungs- bzw. Genehmigungsprozess in die Wege zu
leiten.

Die zweitgenannte Position erkennt durchaus die Notwendigkeit einer strategischen
Entwicklungsplanung an, jedoch bestehen weder Strukturen noch Erfahrungswerte, wie
Digitalisierung mit räumlicher Planung in Einklang gebracht werden kann. Darüber hinaus
ist zu berücksichtigen, dass nicht jede Stadtentwicklungsplanung immer über ausreichende
Haushaltmittel zur externen Vergabe von Machbarkeitsstudien verfügt. Folglich lässt sich
ableiten, dass derartige Prozesse nur angeschoben werden, wenn es sich um besonders
relevante oder prominente Entwicklungsmaßnahmen handelt.

Die letztgenannte Handlungsmöglichkeit beschreibt eine aktive und eher zukunftsof-
fene Haltung, in der die Kommune der digitalen Entwicklung, trotz des bereits genannten
Mangels an Erfahrungswerten, eine neugeschaffene Position innerhalb der Planungsor-
gane zuweist. In vielen Städten und Gemeinden geschieht dies durch die Neuausweisung

einer Stelle als Chief Digital Officer (CDO) mit eigenem Haushaltsbudget. In der Regel obliegt es dann dieser Stelle durch entsprechende Antragsstellungen und Netzwerkarbeit weitere Mittel zur Umsetzung innovativer Digitalprozesse zu akquirieren.

Keine der drei genannten Entscheidungsebenen ist aber in der Lage, grundsätzliche, mit der Digitalisierung verbundenen Nebeneffekte und Risiken prinzipiell zu verhindern. Gerade im Kontext der Stadtentwicklung und der damit verbundenen Kommunikationsaufgabe gegenüber Bürger:innen sind hier, beispielsweise und nicht abschließend, der Digital Divide in unterschiedlich digital befähigten Altersgruppen, das Black-Box-Misstrauen gegenüber immer komplexer werdenden Algorithmen und Entscheidungsunterstützungssystemen oder auch der Verlust der Deutungshoheit in der Gestaltung der kommunalen und infrastrukturellen Daseinsvorsorge zu erwähnen. Diesen und vielen weiteren Aspekten widmet sich insbesondere das Fachgebiet der Technikfolgenabschätzung, auf das hier aus Gründen der inhaltlichen Fokussierung nicht weiter eingegangen wird. Die Anzahl an Veröffentlichungen und Publikationen zu dieser Thematik, nicht zuletzt durch das Büro für Technikfolgenabschätzung des Deutschen Bundestags (TAB 2022) und auch die Aufnahme der digitalen Teilhabe und technologischen Transformation in die Neue Leipzig Charta der Europäischen Stadtentwicklungspolitik (BBSR 2020) belegen die enorme Relevanz.

Zusammenfassend lässt sich festhalten, dass Städte als Lebens-, Arbeits- und Aufenthaltsort multipler Bevölkerungsgruppen ein immenses Anwendungs- und Optimierungsfeld für digitale Produkte, Dienstleistungen und Algorithmen darstellen. Durch die schnellen technologischen Entwicklungszyklen wird eine immer detailliertere Fachexpertise notwendig, um den Nutzen, die Potenziale oder auch etwaige Wechselwirkungen mit dem alltäglichen räumlichen Umfeld abgrenzen und vermitteln zu können. Möchte man aber vermeiden, dass sich Städte zukünftig vornehmlich als eine additive und lose Sammlung digitaler Services mit teils fragwürdigen Halbwertszeiten darstellen, so müssen die erwartbaren Potenziale, Risiken und notwendigen Bau- und Strukturveränderungen im Zusammenhang mit den sonstigen Entwicklungsplanungen und Transformationsebenen betrachtet werden.

Idealerweise sollte der Zugang zu dieser Form der Planung ebenso niederschwellig und bürgernah wie alle nicht-digitalen Verfahren ermöglicht und in bekannten Beteiligungsformaten umgesetzt werden.

10.4   LivingLab Essigfabrik

Das EFRE-geförderte Forschungsprojekt LivingLab Essigfabrik des Instituts für Designstrategien der Technischen Hochschule Ostwestfalen-Lippe setzte an dieser Frage an und erprobte mehrere Zugänge, wie digitale und z. T. auch intelligente Technologien in einen aktuellen Stadtentwicklungsdiskurs eingebracht werden können und wie sich das technologische Potenzial möglichst zielorientiert reflektieren lässt. Hierfür wurden bestehende Partizipationsmethoden erweitert bzw. abgewandelt und auch eigene prototypische Technologieentwicklungen realisiert und mit Stakeholdern diskutiert. Das gewählte Format eines Reallabors bot einerseits eine experimentelle und multifunktionale Arbeitsumgebung mit Räumen sowohl zur Softwareprogrammierung als auch klassische Werkstatt- und Modellbaubereiche. Andererseits ermöglichte der Ort einen offenen Zugang für Interessierte und geladene Gäste zur Durchführung mehrerer Workshops und Diskussionsveranstaltungen.

Im ersten Schritt erschien es am geeignetsten, eine Annäherung zwischen digitalen Innovationen und passenden Nutzungsszenarien durch eine Art „Realitäts-Check" auf Basis des aktuellen Kenntnisstands herzustellen. Hierfür wurden im Rahmen eines interdisziplinär besetzten Workshops einfache Einsatzmöglichkeiten digitaler Technologien aktuellen Problemen aus dem Kontext der Stadtentwicklung gegenübergestellt. Ziel war es, mithilfe mehrerer vorbereiteter Ideenimpulse, individuelle Szenarien für verschiedene beispielhafte Zielgruppenvertreter:innen zu entwickeln und daraus Handlungsmuster abzuleiten (LivingLab Essigfabrik 2022, S. 64).

Den Ausgangspunkt bildeten einerseits vier Beispiele zu den Einsatzmöglichkeiten eines digitalen Zwillings, eines möbelintegrierten ChatBots, einer GeoCaching- und einer Augmented-Reality-Technologie. Zum anderen wurden konkrete aber frei erfundene Personenprofile mit einer einfachen, textlichen Beschreibung zu Alter, Beruf, Familienstand und Wohnsituation im Vorfeld vorbereitet. Freilizenzierte Portraitfotos illustrierten die unterschiedlichen Charaktere und erleichterten so die freie Assoziation zusätzlicher Informationen, wie z. B. eine dazu passende Alltagsgestaltung. Darüber hinaus wurde allen Personen ein fiktiver, alltäglicher 24 h-Tagesablauf mit darin verknüpften Stationen, Orten und Mobilitätsverhalten zugeschrieben.

Die Aufgabe der Workshopteilnehmer:innen bestand nun darin, für je eine Technologie, die beispielhafte Einsatzmöglichkeit einer passenden Person zuzuordnen und deren Nutzen verbindlich im Alltagsprofil zu assoziieren. Im nächsten Schritt konnte sowohl der fiktive Tagesablauf ergänzt oder korrigiert werden und weitere Rahmenbedingungen, Bedürfnisse und Wünsche der Person in der vorbereiteten Papiervorlage dokumentiert werden (siehe Abb. 10.1). Zur besseren Vergleichbarkeit galt es abschließend, das entwickelte Szenario, in welchen Situationen die Person mit der beschriebenen Technologie in Berührung kommt, in ein bis zwei Sätzen schriftlich zu fixieren.

Die beschriebene Vorgehensweise bedient sich mehrerer etablierter Methoden, die vor allem aus der Sozialforschung und der Betriebswirtschaftslehre bekannt sind. So beschäftigen sich beide Fachdisziplinen sehr stark mit der Zielgruppenanalyse und damit verknüpften, kollektiven Verhaltensmustern. Die ursprünglich auf C. G. Jung zurückgehende Methode der Personas und psychologischer Typen (Jung 1921) bietet inzwischen, neben dem Einsatz in der Konsumforschung und dem Produktmarketing, auch Unterstützung in der Softwareentwicklung, dem UX/UI-Design oder der Mensch-Computer-Interaktion (Beck et al. 2005; Tagabergenova 2018). Die Erweiterung der Personas um einen typischen, zeiträumlichen Tagesablauf, einschließlich der besuchten

Abb 10.1 LivingLab Essigfabrik, Workshop1 – Arbeiten mit Personas und Tageszeitabläufen, Köln 2019

Orte und genutzten Mobilitätsmuster wird oft im Zusammenhang mit Wegeketten und sogenannten Daily-Urban-Systems (DUS) betrachtet und in der Stadt- und Raumforschung als raumzeitliches Analysewerkzeug eingesetzt. Die Grundlagen gehen zurück auf Forschungsarbeiten zu Mobilitätsverhalten, Einwohner-, Immobilien- und Arbeitsmarktentwicklung durch Berry (1973) am Center for Urban Studies der Universität Chicago. Hierbei steht insbesondere die Perspektive der Gesamtstadt oder Region als dynamisches System verknüpfter Orte im Zentrum der Betrachtung.

In der heutigen Sozialraumforschung spielen Wegeketten und Pendlerverflechtungen im Kontext von DUS immer noch eine zentrale Rolle, insbesondere auch weil das Management und die dahinter liegenden Kriterien für individuelle Standortentscheidungen mithilfe dieses Werkzeugs in verschiedensten Maßstäben sehr gut analysiert werden können.

Die Überlagerung alltäglicher Raumnutzungsprofile mit den optionalen Einsatzmöglichkeiten digitaler Innovationen erzeugten bei den Workshopteilnehmer:innen unmittelbar eine Sinnhaftigkeit- und Nutzenabwägung. Die vorskizzierten Tagesabläufe und Charakterprofile ließen sich sehr leicht mit eigenen Erfahrungen abgleichen und hieraus dann ein weltlicher Bezugskontext für die Formulierung weiterer Szenarien erzeugen. Durch dieses entstandene Bezugsystem fiel allen Anwesenden folglich auch die Auseinandersetzung mit den gegebenen Digitaltechnologien leichter.

Im Ergebnis entstanden vielfältige Einsatzszenarien der gegebenen Technologien, die weit über die vorab beschriebenen Nutzungsmöglichkeiten hinausgingen. So wurde beispielsweise die Projektidee eines ortsbasierten Chatbot-Systems als jederzeit zugänglicher Sprachkurs im öffentlichen Raum entwickelt. Eine andere Arbeitsgruppe fand eine sinnvolle analog-digitale Verknüpfung zwischen dem schulischen Mitwirken an einem realen Urban-Gardening-Projekt, das mittels eines digitalen Zwillings der realen Pflanzkultur gleichzeitig im Biologieunterricht als Lehr- und Prüfungsgegenstand dient (LivingLab Essigfabrik 2022, S. 198–207).

Voraussetzung für eine gute Verwertbarkeit der Workshopergebnisse war die Vorbereitung von möglichst einfach verständlichen und alltäglichen Untersuchungsbeispielen. Sowohl bei den Personenbeschreibungen als auch bei den Funktionserläuterungen der digitalen Technologien wurden gerade keine hochdetaillierten und möglichst umfassenden Angaben gemacht sondern eher knappe aber gut nachvollziehbare Stichpunkte, die als offener Ausgangspunkt für weitere kreative Szenarien dienen konnten.

Diese Ergebnisoffenheit bot den Vorteil, dass sich die potenziellen Anwendungsfelder der genannten Technologien nicht ausschließlich an den technischen Rahmenbedingungen orientierten sondern breiter und unverbindlicher gedacht werden konnten. Gleichermaßen entwickelten sich im offenen Diskurs neue Zielgruppen und Nutzungsanlässe, die so im Vorfeld nicht erwartet hätten werden können. Methodisch handelte es sich folglich um eine Form des Forecastings (Armstrong 2001), in dem auf Basis bestehender Beobachtungen und Erfahrungen mögliche, zukünftige Bedarfe abgeschätzt wurden.

10.5   Spatial Design Canvas

Das LivingLab Essigfabrik hatte sich zum Ziel gesetzt, die vielversprechendsten Konzeptideen auch selbst softwaretechnisch als Prototypen umzusetzen. Folglich erforderte der nächste Schritt eine Abschätzung der zu erwartenden, zeitlichen, finanziellen und technologischen Aufwände in Gegenüberstellung des prognostizierten, städtischen Nutzens.

Am praktikabelsten stellte sich hierfür eine etwas abgeänderte Form des sogenannten Business-Model-Canvas aus der Betriebswirtschaftslehre heraus. Dieses ursprünglich auf Osterwalder und Pigneur (2011) zurückgehende Formular (siehe Abb. 10.2) ermöglicht eine relativ umfassende Perspektive auf die Chancen und Risiken bei der Etablierung konkreter Geschäftsideen. Die ursprünglich neun Geschäftsmodellelemente wurden in ihrer inhaltlichen Ausrichtung stellenweise umbenannt und um projektrelevante Parameter erweitert. Aus der Produkt- und insbesondere Softwareentwicklung ist auch die Fortführung des Business-Model-Canvas zum Value-Proposition-Model bekannt, in dem das produktbezogene Nutzerversprechen dem anvisierten Nutzerprofil gegenübergestellt wird (Osterwalder et al. 2015).

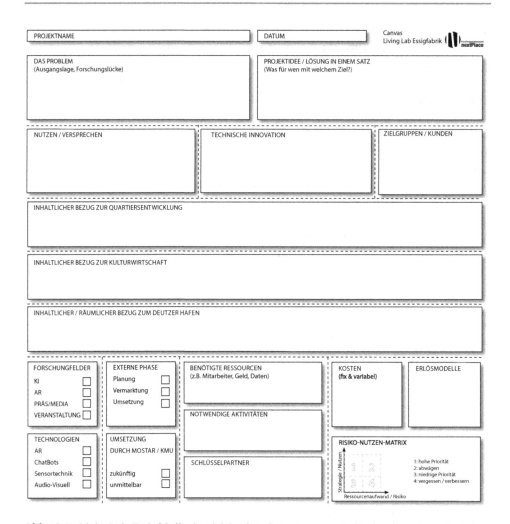

Abb 10.2 LivingLab Essigfabrik, Spatial Design Canvas zur vergl. Strukturierung von Entwicklungsideen 2020

In Anpassung dieses Modells auf den erforderlichen Raum- und Technologiebezug konnten die Nutzerprofile den Personas aus Workshop1 entnommen werden. Das Nutzerversprechen hingegen entsprach grundsätzlich den vorskizzierten Stadtentwicklungspotenzialen. Der Entwicklungsaufwand wurde anhand der Komplexität recherchierbarer Umsetzungstechnologien, verfügbarer OpenSource-Software-Frameworks und des hierfür zur Verfügung stehenden Personals abgeschätzt. Eine genaue Festlegung darüber, welche Technologien in welcher Form zum Einsatz kommen können, war aber hierüber noch nicht zu erwirken.

Der Vorteil dieses Methodenschritts lag aber vor allem in der einfachen, analog-handschriftlichen Notierbarkeit durch schlichtes Ausfüllen der Formularvorlage und der hohen Vergleichbarkeit unterschiedlicher Projektideen, durch die immer gleiche Dokumentationsstruktur. Ebenfalls ermöglichte die Methode jederzeit eine fokussierte Diskussion der Konzepte innerhalb des Teams und gegenüber interdisziplinären Projektbeteiligten. Im Ergebnis ließen sich so auch zunächst unterschiedliche Projektideen synergetisch akkumulieren und inhaltlich verdichten. Gleichermaßen konnten auch etwaige Redundanzen oder mögliche Tautologien im Vorfeld, noch vor Beginn der Softwareprogrammierung, aufgespürt werden.

10.6   Zielabstimmungs-Würfel

Die tatsächliche Umsetzung der skizzierten Prototypen erforderte vor Beginn der eigentlichen Softwareprogrammierung noch eine technologische Eingrenzung der einzusetzenden Technologien. Bis zum aktuellen Zeitpunkt lagen nur im Canvas notierte Anwendungsideen, einschließlich ihrer vermuteten Potenziale und Entwicklungsaufwände vor. Im Folgenden musste daher eine Übereinstimmung des beabsichtigten Anwendungsnutzen mit den vermeintlichen Potenzialen verschiedener technologischer Übersetzungen erreicht werden. Die bis dato noch vorliegende Unschärfe der potenziellen Anwendungsmöglichkeiten stand einem sehr großen Repertoire verfügbarer Softwareframeworks und technologischer Entwicklungsrichtungen gegenüber. Beispielsweise war lange unklar, ob der zu entwickelnde Prototyp für die Idee des digitalen Urban-Gardening-Zwillings eher eine mustererkennende Bilderkennungs-KI, eine location-basierte Partizipations-App, ein interaktives 3D-Cloudmodell oder eine AR-Anwendung zur Implementierung der Lerninhalte sein sollte.

Um dieser Vielzahl an Möglichkeiten zu begegnen, wurde ein dreidimensionaler Zielanalyse-Würfel entwickelt, der es ermöglichen sollte, mehrere Entscheidungsebenen miteinander zu verschneiden.

Grundsätzlich stellte dieser Ansatz eine sehr vereinfachte Variante der Vester´schen Einflussmatrix dar (Vester 1999), erweitert um eine zusätzliche, dritte Dimension. Wobei an Stelle messbarer Einflussfaktoren zueinander, auf jeder Würfelachse eher die gewünschten Ziele und anvisierten Potenziale aufgereiht wurden. Folglich diente das Innere des Würfelraums dazu, inhaltliche Übereinstimmungen und Clusterungen zwischen technologischen Entwicklungsmöglichkeiten, erwünschten Anwendungs- und übergeordneten Stadtentwicklungszielen zu identifizieren.

Grundsätzlich dient die entliehene Methode ursprünglich einer umfassenden Systemanalyse, in dem die Wechselwirkungen der Einflüsse in einer Matrix zueinander bewertet, gewichtet und aufsummiert werden. Im Rahmen des Forschungsprojekt wurde allerdings zu Gunsten einer zügigen Prototypenprogrammierung das tatsächliche Potenzial der Methode so gesehen nicht ausgeschöpft, wenngleich die Verfahrensweise der

3-dimensionalen, gewichtbaren Gegenüberstellung der beschriebenen Perspektiven: Stadtentwicklung, Technologieentwicklung und Anwenderfunktion sehr vielversprechend und insbesondere qualitativ, wie quantitativ auswertbar sind. Zur Entscheidung welche Prototypenoption im Verlauf weiterverfolgt und tatsächlich softwaretechnisch umgesetzt werden soll, war aber alleine die inhaltliche Clusterung schon enorm hilfreich.

10.7   Softwareentwicklung

Zur Organisation und Dokumentation der tatsächlichen Programmierarbeiten wurde das Code Repository GitHub genutzt, auf dem auch der Quellcode aller entwickelten Prototypen weiterhin abrufbar ist (GitHub/nextPlaceLab 2022). Beispielhaft für die im Rahmen des Projekts entwickelten Prototypen wird hier das Chatbot-basierte Quartiersraumbuchungssystem für öffentliche und gewerbliche Flächenpotenziale EFBO dargestellt (siehe Abb. 10.3).

Das prototypische Konzept sieht vor, dass potenzielle Anwohner:innen und Nutzer:innen eines Quartiers neben Räumlichkeiten auch Werkzeuge, Workshops, Wissens- und Bildungsangebote im Sinne eines nachbarschaftlichen Sharing-Modells buchen und/ oder vermitteln können. Das quelloffene Chatbot-Framework botpress (GitHub/botpress 2022). wurde hierbei mit einer, auf CityGML-Daten basierenden 3D-WebGIS-Oberfläche

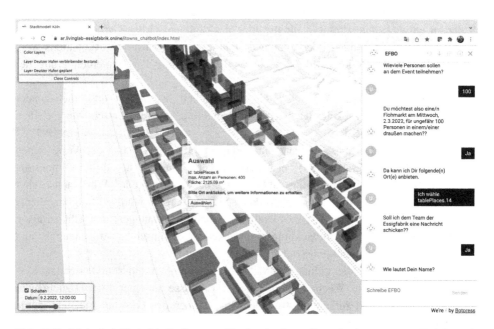

Abb. 10.3 LivingLab Essigfabrik, Prototyp Chatbot-basiertes Raumbuchungssystem EFBO, Köln 2021

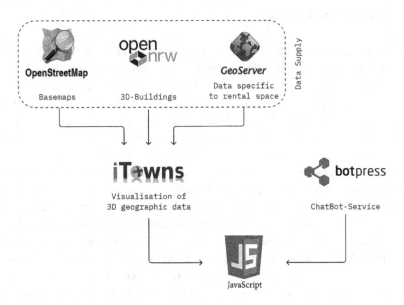

Abb. 10.4 LivingLab Essigfabrik, Client–Server-Architektur (vereinfacht) des Chatbot-basierten Raumbuchungssystems EFBO, Köln 2021

zu einem räumlich-inhaltlichen Dialogsystem kombiniert. Dieses KI-basierte Framework ermöglicht es, sowohl regelbasiert auf Aktionen von Nutzer:innen in Echtzeit zu reagieren und auch das Antwortverhalten durch fortwährende Dialoge weiter zu trainieren (GitHub/ EFBO 2022). Räumliche, inhaltliche und zeitliche Daten, die über die Basisgeometrien der CityGML-Daten hinausgehen, müssen allerdings im aktuellen Entwicklungsstand noch manuell dem Datensatz hinzugefügt und kontinuierlich aktualisiert werden. Die nachfolgende Abbildung erläutert die grundsätzliche Client–Server-Architektur von EFBO (siehe Abb. 10.4). Für weitere softwaretechnische Informationen wird aber, zu Gunsten der inhaltlichen Ausrichtung dieses Beitrags, auf das entsprechende GitHub-Repositiory (ebd.) verwiesen.

Diese und alle weiteren Prototypenentwicklungen dienten einerseits als Proof-of-Concept der in den Canvas skizzierten Anwendungsmöglichkeiten. Andererseits eröffnete sich für die Workshopteilnehmer:innen durch das reale Testen einer echten, nutzbaren Applikation ein Zugang zur Planungsmethodik Backcasting (Robinson 1982), in der, unter Zugrundelage des beschriebenen Szenarios, schrittweise rückwärts Kriterien zur Verknüpfung mit der gegenwärtigen Situation abgefragt werden konnten. Folglich konnten die vermuteten inhaltlichen Zusammenhänge und räumlichen Wechselwirkungen wesentlich zielorientierter diskutiert werden.

10.8   Zusammenfassung

Die Potenziale digitaler Technologien im Anwendungsfeld Stadtentwicklung sind nur schwer abgrenzbar und in ihrer Wirkungstiefe kaum visualisierbar. Für viele Kommunen entstehen folglich besondere Schwierigkeiten in der Abschätzung der örtlichen und funktionalen Relevanzen. Mangels geeigneter, zusammenführender Entscheidungswerkzeuge wird daher oftmals der Weg über Best-Practices beschritten, d. h. Lösungen, die andere Kommunen für zielführend befunden haben, werden mit gleicher Erwartungshaltung übernommen. Zum aktuellen Zeitpunkt besitzen nur die wenigsten Kommunen über ausreichend Personal, das sowohl die technischen als auch die planungsbezogenen Kompetenzen besitzt, derartige Prozesse in ihrer Tiefe und Komplexität hinreichend zu steuern und zu begleiten. Darüber hinaus existieren auch noch zu wenige textliche Leistungsbeschreibungen, die derartige Technologieimplementierungen mit klassischen Planungskonzepten, wie z.B: ISEKs, INSEKs, u. a. inhaltlich verknüpfen können. Die technologische Entwicklung schreitet unterdessen rasant voran und setzt die Kommunen nicht zuletzt durch ihre eigene Standortkonkurrenz unter Druck.

Trotz all der beschriebenen Schwierigkeiten und Komplexitäten finden sich aber auch einige Beispiele gelungener, kommunaler Digitalisierungsstrategien, die den Brückenschlag von klassischen und technologischen Zielformulierungen sehr gut meistern. Die Digitalisierungsstrategie der Stadt Wien (Stadt Wien 2019a) stellt hierbei ein besonders herausragendes Beispiel dar, da sie in mehreren Dokumenten die grundsätzlichen Eigenschaften und Wirkweisen konkreter Innovationen, wie Künstlicher Intelligenz, Augmented Reality, Machine Learning, etc. (Stadt Wien 2019b) auf einfache und verständliche Art bürger:innenfreundlich erklärt, den erhofften Nutzen der digitalen Transformation in einen konkreten, zeitlichen und gemeinwohlorientierten Kontext setzt und nicht zuletzt eine klare Position zur zukünftigen Entwicklung, Rolle und Relevanz der Digitalisierung im Stadtentwicklungsprozess formuliert (Stadt Wien 2019c).

Bezogen auf die eingangs beschriebene Lücke und das hier beschriebene Forschungsprojekt lassen sich im Ergebnis folgende Erfahrungswerte stichpunktartig zusammenfassen:

- Es gibt bereits eine Reihe gut dokumentierter und etablierter Untersuchungs- und Partizipationsmethoden, die ohne größeren Aufwand um eine technologische Perspektive erweitert werden können. Zur Formulierung kommunaler Digitalstrategien und zur Abschätzung räumlich-technologischer Wechselwirkungen sind somit nicht unbedingt völlig neue Methoden notwendig.
- Die Potenziale und Einsatzmöglichkeiten digitaler Technologien sind grundsätzlich breiter als die üblicherweise im Smart-City-Diskurs formulierten Handlungsebenen, wie Verwaltung, Wohnen, Verkehr, Gesundheit, etc. Folglich eignen sich ergebnisoffene und kreativ-orientierte Methoden besonders gut zur interdisziplinären Zielabstimmung.

- Die beschriebenen Verfahrensweisen entstanden beiläufig und stellen daher keinen in sich abgeschlossenen Methodenkoffer dar. Auch fand kein Vergleich der Methoden untereinander statt, da die prototypische Entwicklung der Technologien im Vordergrund stand. Dennoch ließ sich aber beobachten, dass technologische Inhalte auch für fachentferntere Stakeholdergruppen wesentlich besser diskutierbar wurden. Die erweiterten Methoden sind universell auf viele unterschiedliche Technologien übertragbar und können in klassische Planungsprozesse integriert werden.
- Offenen Daten und Lizenzmodelle erleichtern den Zugang und das Verständnis zur Funktionsweise digitaler Technologien und bieten darüber hinaus größere Flexibilität in der Zielausrichtung der adressierten Einsatzgebiete. Darüber hinaus werden langfristige, wirtschaftliche Entwicklungs- und Dienstleistungsabhängigkeiten gegenüber Dritten verhindert.
- Prinzipiell erscheint es sinnvoll kommunale Laborzonen zur experimentellen Entwicklung neuer Technologien einzurichten, in denen Dinge auch interdisziplinär ausprobiert und diskutiert werden können.

Der alltägliche Aktionsraum typischer Stadtnutzer:innen tangiert immer vielfältige räumliche Elemente und Prozesse. Daher lassen sich Probleme und vermeintliche Lösungen nicht singulär betrachten. Folglich spricht auch nichts dagegen, einzelne Technologiefelder zur gleichzeitigen Erreichung mehrerer, unterschiedlich gelagerter Entwicklungsziele einzusetzen. Dies würde es beispielsweise auch ermöglichen, kommunale Klima-, Nachhaltigkeits- und Digitalstrategien zusammen zu denken, was, in Anbetracht der enormen Herausforderungen vor denen Städte und Regionen in den kommenden Jahren stehen, die hilfreichste und sinnvollste Art der Technologienutzung darstellt.

Literatur

Armstrong, J.Scott, (2001): Principles of Forecasting, A Handbook for Researchers and Practitioners, Springer New York, https://doi.org/10.1007/978-0-306-47630-3.

Bundesministerium des Innern, für Bau und Heimat (BMI) (2021): Masterplan BIM für Bundesbauten – Erläuterungsbericht; Berlin; 9/2021, (online) https://www.bmi.bund.de/SharedDocs/downloads/DE/veroeffentlichungen/2021/10/masterplan-bim.pdf;jsessionid=BA100CF59399F0BC4821BB09B107503E.1_cid364?__blob=publicationFile (abgerufen am 01.09.2022).

Beck, A., Eichstädt, H., Schweibenz, W., Gaiser, B., Savigny, P. v. & Schubert, U., (2005): Personas in der Praxis. In: Hassenzahl, M. & Peissner, M. (Hrsg.), Tagungsband UP05. Stuttgart: Fraunhofer Verlag, S. 94–100.

Berry, B. J. L. (1973): Growth centers in the American urban system. Vol. I: Community development and regional growth in the sixties and seventies. Vol. II: Working materials on the U.S. Urban hierarchy and on growth center characteristics, organized by economic region. Cambridge, MA: Ballinger publishing company.

Bundesministeriums der Justiz, Bundesamts für Justiz (2017): Baunutzungsverordnung in der Fassung der Bekanntmachung vom 21. November 2017 (BGBl I S. 3786), die durch Artikel 2 des Gesetzes vom 14. Juni 2021 (BGBl. I S. 1802) geändert worden ist.

Bundesministerium für Wirtschaft und Klimaschutz (2022): Stadt.Land.Digital Kommunalstudie 2022, Kommunale Herausforderungen digital meistern, (online) https://www.de.digital/DIG ITAL/Redaktion/DE/Publikation/stadt-land-digital-kommunale-herausforderungen-digital-mei stern.pdf?__blob=publicationFile&v=3 (abgerufen am 18.09.2022).

Bundesministerium für Wirtschaft und Klimaschutz (2021): Smart City Navigator, Wegweiser zu nachhaltigen Digitalisierungsprojekten in intelligent vernetzten Kommunen, (online) https:// www.de.digital/SiteGlobals/DIGITAL/Forms/Listen/Smart-City-Navigator/smart-city-naviga tor_Formular.html (abgerufen am 25.09.2022).

Bundesministerium für Wirtschaft und Energie (2021): Digitalisierung der Wirtschaft in Deutsch-land, Technologie- und Trendradar 2021, (online) https://www.de.digital/DIGITAL/Redaktion/ DE/Digitalisierungsindex/Publikationen/publikation-download-technologie-trendradar-2021. pdf?__blob=publicationFile&v=3 (abgerufen am 18.09.2022).

Bundesministerium für Digitales und Verkehr (2021): Mobilitätsdatenverordnung 2021 (online) https://www.gesetze-im-internet.de/mdv/ (abgerufen am 7.10.2022).

Büro für Technikfolgen-Abschätzung beim Deutschen Bundestag (TAB), (online) https://www.tab-beim-bundestag.de (abgerufen am 7.10.2022).

Deutscher Bundestag (2022): Gesetz zur Änderung des Energiewirtschaftsrechts, 24.06.2022, (online) https://www.bundestag.de/dokumente/textarchiv/2022/kw25-de-energiewirtschafts recht-899952 (abgerufen am 20.09.2022).

GitHub-Repository botpress (2022); https://github.com/botpress (abgerufen am 12.08.2022).

GitHub-Repository EFBO (2022); https://github.com/nextPlaceLab/Chatbot_Raumbuchung (abge-rufen am 12.08.2022).

GitHub-Repository nextPlaceLab (2022); https://github.com/nextPlaceLab (abgerufen am 12.08.2022).

Jung, C.G. (1921): Psychologische Typen, Rascher & Cie., Zürich.

LivingLab Essigfabrik (2022): Technische Hochschule Ostwestfalen-Lippe, Institut für Designstra-tegien, Forschungsbericht 2019–2022, (online) https://www.yumpu.com/de/document/read/670 54538/livinglab-essigfabrik-forschungsbericht-2019-2022 (abgerufen am 12.08.2022).

Nationale Stadtentwicklungspolitik (2020): Neue Leipzig-Charta, die transformative Kraft der Städte für Gemeinwohl, BBSR- Bundesinstitut für Bau,-Stadt- und Raumforschung, (online) https://www.bbsr.bund.de/BBSR/DE/veroeffentlichungen/sonderveroeffentlichungen/2021/ neue-leipzig-charta-pocket-dl.pdf?__blob=publicationFile&v=3 (abgerufen am 05.07.2022).

Osterwalder, A.; Pigneur, Y., (2011): Business Model Generation, Ein Handbuch für Visionäre, Spielveränderer und Herausforderer, Campus Verlag, Frankfurt/New York.

Osterwalder, A., Pigneur, Y., Bernarda, G. and Smith, A. (2015): Value proposition design: How to create products and services customers want. John Wiley & Sons.

Ratti, C., Claudel, M. (2016): The City of Tomorrow: Sensors, Networks, Hackers, and the Future of Urban Life, Yale University Press.

Robinson, J.B., "Energy Backcasting: A Proposed Method of Policy Analysis", Energy Policy, Vol.10, No.4 (December 1982), S. 337–345.

Stadt Wien (2019a): Digitale Agenda Wien 2025, Wien wird Digitalisierungshauptstadt (online) https://digitales.wien.gv.at/wp-content/uploads/sites/47/2019/09/20190830_DigitaleAgendaW ien_2025.pdf (abgerufen am 11.08.2022).

Stadt Wien (2019b): Künstliche Intelligenz Strategie, Digitale Agenda (online) https://digitales. wien.gv.at/wp-content/uploads/sites/47/2019/09/StadtWien_KI-Strategiepapier.pdf (abgerufen am 11.08.2022).

Stadt Wien (2019c): Manifesto, Grundsätze zum Einsatz von Artificial Intelligence (AI) in der Stadt Wien, Digitale Agenda (online) https://digitales.wien.gv.at/wp-content/uploads/sites/47/ 2020/01/KI_Manifesto_Onlineversion_20200114.pdf (abgerufen am 11.08.2022).

Tagabergenova, D., Köbler, F. (2018): Human Centered Design – Personas, Customer Journeys und Informationsarchitektur. In: Wiesche, M., Sauer, P., Krimmling, J., Krcmar, H. (eds) Management digitaler Plattformen. Informationsmanagement und digitale Transformation. Springer Gabler, Wiesbaden. https://doi.org/10.1007/978-3-658-21214-8_22.

Vester, F., (1999): Die Kunst vernetzt zu denken: Ideen und Werkzeuge für einen neuen Umgang mit Komplexität. DVA.

Verwendung von Deep Learning Methoden zur Erkennung und Verfolgung von Objekten bei Inspektions- und Montageaufgaben

Angelina Aziz, Niklas Gard, Peter Eisert, Markus König und Anna Hilsmann

11.1 Einleitung

Die Erkennung und Lagebestimmung von Objekten in 2D-Bildern sind Schlüsselkomponenten für viele potenzielle Systeme zur Erstellung von BIM-Modellen im Ist-Zustand. Beide Bereiche haben durch den Einzug von KI-Methoden zuletzt erhebliche Weiterentwicklungen erfahren Dieser Artikel beschreibt, wie die Technologien je nach Lebenszyklusphase eines Gebäudes auch verschiedenen Gruppen im Bausektor einen großen Nutzen bringen können.

Das erste Beispiel ist die Betriebsphase eines Gebäudes, in der z. B. Betreiber oder Fachpersonal Inspektionen von Anlagen durchführen und mittels Bildern oder Videos dokumentieren. In diesen Bestandsaufnahmen können mithilfe von maschinellem Lernen (ML) und automatisierten Erkennungsmethoden ausgewählte Anlagen und ihr Ist-Zustand

A. Aziz (✉) · M. König
Lehrstuhl für Informatik im Bauwesen, Ruhr-Universität Bochum, Bochum, Deutschland
E-Mail: angelina.aziz@ruhr-uni-bochum.de

M. König
E-Mail: koenig@inf.bi.rub.de

N. Gard · P. Eisert · A. Hilsmann
Fraunhofer Heinrich-Hertz-Institut, Berlin, Deutschland
E-Mail: niklas.gard@hhi.fraunhofer.de

P. Eisert
E-Mail: peter.eisert@hhi.fraunhofer.de

A. Hilsmann
E-Mail: anna.hilsmann@hhi.fraunhofer.de

S. Haghsheno et al. (Hrsg.), *Künstliche Intelligenz im Bauwesen*,
https://doi.org/10.1007/978-3-658-42796-2_11

erfasst und in ein BIM-Modell übertragen werden. Hierzu existieren mittlerweile zahl-reiche Studien, die einen systematischen Überblick über bildbasierte KI-Ansätze zur Klassifizierung und Erkennung von gebäudebezogenen Informationen und Objekten im Bereich des Bauwesens und Facility Managements geben (Aziz et al. 2021; Lu und Lee 2017). Um weitere mögliche Potenziale und Einschränkungen des maschinellen Lernens in Bezug auf die BIM-Generierung von Bestandsgebäuden zu diskutieren, liefert der vor-liegende Beitrag daher Bild- und Objekterkennungsstudien, die es ermöglichen, Objekte in 2D-Bildern und Videos z. B. einer Brandschutzbegehung zu lokalisieren und im BIM Modell zu erfassen.

Nahfolgend werden zunächst Ergebnisse zur Objekterkennung und Instanz-Segmentierung von sichtbaren Brandschutzsystemen in Bildern präsentiert (Abschn. 11.2). Danach stellen wir einen echtzeitfähigen Ansatz, zur Erfassung der genauen Objektlage mit sechs Freiheitsgraden (nachfolgend 6D-Pose) vor (Abschn. 11.3). Für das Training der KI nutzt dieser ausschließlich computergrafische Daten, die aus dreidimensionalen Modellen der zu erkennenden Objekte erstellt werden. Dies ermöglicht es, die ansonsten zeitaufwendige Erstellung von Trainingsdaten zu automatisieren bringt aber auch Heraus-forderungen mit sich, da eine Lücke zwischen realen und virtuellen Bildern überbrückt werden muss. Da Gebäude in der Regel digital geplant werden, stehen bei ihrer Realisie-rung häufig 3D-Modelle einzelner Bauteile zur Verfügung. Ein zweiter Anwendungsfall ist somit in der Fertigungsphase eines Gebäudes angesiedelt. Oft unterscheiden sich die einzelnen Bauelemente nur geringfügig in ihrer Form und lassen sich mit bloßem Auge nur schwer unterscheiden. Montagefehler führen zu hohen Kosten und zu Verlängerungen der Bauzeiten, sodass großer Bedarf für eine nahtlose Integration einer robusten Objekter-kennung vorhanden ist (Woyke 2016). Eine Live-Visualisierung über Augmented Reality (AR) Brillen dient zur Montageunterstützung bei komplexen Konstruktionsaufgaben und nutzt dazu eine Kombination aus KI-Lagebestimmung und geometrischem Abgleich.

11.2   Objekterkennung mithilfe von Deep Learning

Die nächsten Unterkapitel umfassen selbst durchgeführte Computer Vision Studien, die sich mit der Erkennung von Brandschutzanlagen in Bildern beschäftigen. Es werden zwei Deep Learning (DL) Ansätze für zwei verschiedene Bilderkennungsmethoden getestet (Abb. 11.1): die **Objektdetektion** mithilfe des neuronalen Netzes YOLOv5[1] und die **Instanzsegmentierung** mithilfe des neuronalen Netzes Mask R-CNN (Ying und Lee 2019).

---

[1] https://github.com/ultralytics/yolov5 (Zuletzt geprüft am: 12.10.2022).

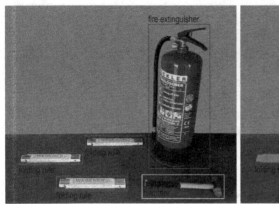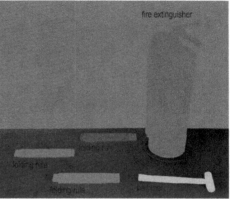

Abb. 11.1 Beispiele für die Objektdetektion mit einem rechteckigen Begrenzungsrahmen (links) und die Instanzsegmentierung mit der Maskenmarkierung einzelner Objekte

11.2.1 Datensammlung und -aufbereitung

Sowohl für die Experimente mit dem YOLOv5 Netzwerk als auch für die Instanzsegmentierung mit Mask R-CNN war eine selbstdurchgeführte Datensammlung notwendig. Es wurden ca. 600 Bilder von Brandschutzanlagen für die jeweiligen spezifischen Lernverfahren aufgenommen. Einige Bilder wurden zusätzlich aus dem Open Source FireNet Datensatz von der Universität College London verwendet (Boehm et al. 2019). Abb. 11.2. zeigt die Objekte, die mithilfe der KI-Methoden erkannt werden sollen.

Da es sich bei beiden Methoden um ein *Überwachtes Lernen* handelt, werden die Eingabedaten für das Training der neuronalen Netze *beschriftet* benötigt. Für die Objektdetektion mit YOLOv5 werden die Bilder für das Lernverfahren mit Rechtecken, auf engl. *Bounding Box*, annotiert. Für die Instanzsegmentierung hingegen werden präzise Annotationen von den individuellen Masken der Objekte benötigt. Hierfür verwendet man ein Polygon-Tool. Für beide Verfahren wurde die webbasierte Annotationsplattform VGG Image Annotator[2] genutzt, welche sowohl Rechtecke als auch Polygone zum Annotieren zur Verfügung stellt. Jede Annotation wird mit der Angabe der Objektklasse versehen. Die Informationen, wo sich welches Objekt befindet, können nun von den KI-Algorithmen in den jeweiligen Lernverfahren verarbeitet werden. Die annotierten Bilder werden vor dem Training noch in Trainings-, Validierungs- und Testbilder sortiert. Außerdem ist es eine gängige Praxis, neuronale Netze auf großen Datensätzen vorzutrainieren, bevor sie auf kleinere domänenspezifische Datensätze feinabgestimmt werden. Zur Verfeinerung des vortrainierten Netzes wird der vorliegende Datensatz herangezogen. Aus diesem Grund kommt in beiden Studien das **Transfer Lernen** zum Einsatz. Hierbei werden *Gewichte*,

---

[2] https://www.robots.ox.ac.uk/~vgg/software/via/ (Zuletzt geprüft am: 12.10.2022).

Abb. 11.2 Zu den zu erkennenden Objektklassen gehören Löschdecke, Feuerlöscher, Brandmelder und Rauchwarnmelder (v. l. n. r). (Aziz et al. 2023)

vortrainiert auf dem COCO-Datensatz[3], verwendet. Diese Gewichte steigern die Leistung des Netzes und verbessern die Erkennung in realen Szenarien durch das Vorhandensein von mehreren Objekten.

11.2.2 Objekterkennung mit YOLOv5 Netzwerk

Bei der Objektlokalisierung, welche ein Teil der Objekterkennung ist, wird die Position eines Objekts im Bild mittels eines 2D-Begrenzungsrahmens (Höhe, Breite) lokalisiert. Des Weiteren wird bei der Objekterkennung zusätzlich die Klassenbezeichnung an jedem Begrenzungsrahmen angehängt. Die vorliegende Studie verwendet die YOLOv5-Architektur, welche aus drei Hauptbestandteilen besteht. Als Backbone-Netzwerk wird das Faltungsnetzwerk *Darknet*[4] verwendet (Bayer und Aziz 2022). Es sorgt dafür, dass Bildmerkmale in verschiedenen Granularitäten extrahiert werden, und bezieht zusätzlich zur Inferenz- und Genauigkeitsverbesserung das Cross Stage Partial Network (CSPNet) (Wang et al. 2020a) in seine Architektur mit ein. Als Head-Architektur wird das PANet Netzwerk verwendet, welches die Lokalisierungsgenauigkeit des Objekts erheblich verbessert. Der dritte Hauptbestandteil ist der Output, welcher drei verschiedene Größen von Merkmalskarten erzeugt, die es dem neuronalen Modell ermöglichen, kleine, mittlere und große Objekte zu erkennen. Darüber hinaus wurden in dieser Vergleichsstudie verschiedene neuronale Modelle des Netzwerks YOLOv5, welche Unterschiede in der Netzwerkgröße aufweisen, untersucht. Die Ergebnisse zeigen, dass das „kleinere" YOLOv5s Modell im Vergleich zum „größeren" YOLOv5l Modell präzisere Begrenzungsrahmen mit höherer Genauigkeitsrate liefert. Nichtsdestotrotz erzielte das YOLOv5l Modell bessere

---

[3] https://cocodataset.org/#home (Zuletzt geprüft am: 12.10.2022).

[4] https://rwightman.github.io/pytorch-image-models/models/csp-darknet/ (Zuletzt geprüft am: 12.10.2022).

Abb. 11.3 Detektionsergebnisse von zwei trainierten YOLOv5 Modellen. (Bayer und Aziz 2022)

mAP@0.5:0.95[5]-Ergebnisse (Test-mAP@0.5:0.95 bei 80,1 %). Unter anderem liegt es daran, dass auf den Datensatz, der für das YOLOv5l Modell verwendet wurde, zusätzlich Data Augmentierungs-Techniken ausgeübt wurden, um die Anzahl der Bilder zu erhöhen und die Aussagekräftigkeit der KI zu verbessern. Außerdem zeigen die Ergebnisse, dass die Vorverarbeitungstechniken die Trainingszeit verkürzten (Anpassung der Bildgröße vor dem Lernverfahren) und die Anwendung von Augmentierungs-Techniken die Modellleistung erhöhte. Die Erkennungsgeschwindigkeit in Live-Videos wurde mit einer Handy-Kamera mit einer Auflösung von 12 MP getestet und beträgt 51,5 FPS.

11.2.3 Instanzsegmentierung mit Mask R-CNN

Die Segmentierung von Instanzen in Bilddaten hat sich zu einem immer wichtigeren, komplexeren und anspruchsvolleren Forschungsgebiet im Bereich der Computer Vision entwickelt. Sie lokalisiert verschiedene Klassen von Objektinstanzen in einem Bild durch Vorhersage der Klassenbezeichnung und der pixelspezifischen Instanzmaske. Die Backbone-Architektur von Mask R-CNN besteht aus einem tiefen Faltungsnetzwerk, das auf die Eingabebilder angewendet wird, um Merkmalskarten, engl. *feature maps*, zu erzeugen. Das *Region Proposal Network*, ein robuster und translationsinvarianter Algorithmus, verwendet die Merkmalskarten zur Ermittlung von Objektvorschlägen (Ren et al. 2016). Durch die spezifische Netzwerkarchitektur (z. B. durch die *RoIAlign-Schicht*) ist die Segmentierung auf Pixelebene möglich. Die Head-Architektur liefert durch ihre drei Outputs die Maske, den Begrenzungsrahmen sowie die Klassenbezeichnung eines Objekts. In durchgeführten Studien wurden mehrere Faktoren untersucht, die die

---

[5] mAP = mean Average Precision ist eine Metrik zur Bewertung von Objekterkennungsmodellen (Padilla et al. (2021). Der vorliegende Beitrag bezieht sich bei den mAP-Angaben auf die COCO-Variante.

Leistung eines neuronalen Modells beeinflussen. Der wichtigste Faktor für das Training eines robusten neuronalen Modells ist immer die Menge der Daten und deren Qualität. In unseren Experimenten wurden Modelle auf verschiedenen Datensätzen trainiert. Es zeigte sich, dass die Genauigkeit der Modelle besser ist, je mehr Bilder genutzt werden. Nach einer Qualitätsprüfung der annotierten Bilder wurden jedoch einige kleinere Fehler gefunden und für die nächsten Trainingseinheiten eliminiert. Die Qualitätssicherung ist ein wesentlicher Schritt vor dem Training des Algorithmus, insbesondere wenn mehrere Personen den Datensatz annotieren. Ein falsch beschriftetes Objekt kann zu falschen Merkmalsextraktionen führen. Außerdem können in Bildern einige Objekte überrepräsentiert sein, während andere unterrepräsentiert sein können. Das leistungsstärkste Mask R-CNN Modell in dieser Studie nutzte 538 Trainings- sowie 59 Validierungsbilder. Der Test-mAP@0.5 erzielte 79,17 %.

11.3   6D-Posenschätzung aus 2D-Bildern

Die beschriebenen Objekterkennungsansätze erlauben es, Objekte in 2D-Bildern und Videos zu lokalisieren. Wenn ein BIM-Modell mit Erkennungsergebnissen abgeglichen oder angereichert werden soll, muss zusätzlich die Position der Erkennung relativ zum Modell bestimmt werden. Dies erfordert eine Lokalisierung der Kamera im Raum, z. B. mit Ansätzen wie dem von (Acharya et al. 2019) und eine Lokalisierung der Objekte relativ zur Kamera. Um letztere aus der 2D-Detektion direkt berechnen zu können, erweitern aktuelle Methoden Erkennungsverfahren wie YOLO, um zusätzlich die **6D-Pose** (Rotation und Translation) zu bestimmen (Li et al. 2019).

Bei der Posenschätzung unterscheidet man zwischen Verfahren, die die Pose ohne und mit initialer Schätzung bestimmen. Erstere erhalten ein Bild als Eingabe, lokalisieren die bekannten Modelle und ermitteln ihre 6D-Pose (Abschn. 11.3.1). Letztere verwenden zusätzlich ein 3D-Modell und eine Ausgangspose und verfeinern diese, um die Ähnlichkeit zwischen orientiertem Modell und Bild zu maximieren (Abschn. 11.3.2). Durch das explizite Vorwissen über Objektgeometrie und Pose liefern sie eine erhöhte Genauigkeit.

Im zuvor beschriebenen Beispiel einer Brandschutzbegehung wäre eine erste 6D-Erfassung der Feuerlöscher im Videostream zur Kategorisierung und Lokalisierung erforderlich. Mittels 6D-Objektverfolgung könnte ein erkanntes Objekt dann im Videostrom registriert werden. In den letzten Jahren hat die Einbindung von Detektionen in AR-Anwendungen zunehmend an Bedeutung gewonnen (Coupry et al. 2021). Smarte Endgeräte, wie z. B. Datenbrillen, zeigen Zusatzinformationen direkt im Sichtfeld der Anwender*innen an. Die 6D-Pose liefert den Schlüssel zur lagerichtigen Überblendung dieser Informationen direkt im Kamerabild. Direkt am Feuerlöscher könnten extrahierte Zusatzinformationen wie Fassungsvermögen oder das Datum der letzten Inspektion hervorgehoben werden, um während eines Rundgangs auf notwendige Nachbesserungen

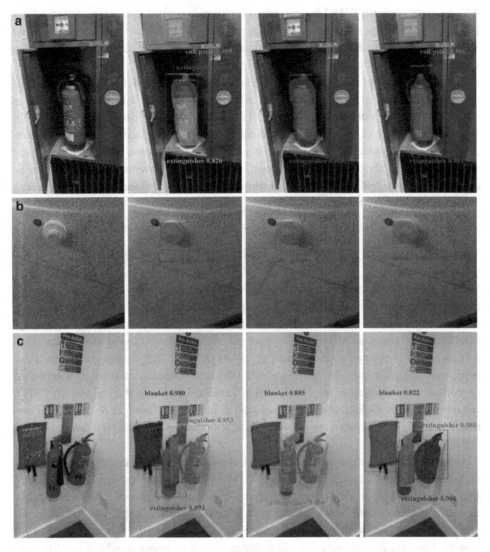

Abb. 11.4 Überblick über die Vorhersagen der verschiedenen trainierten Modelle. Die erste Spalte zeigt die Originalbilder. Die Spalten 2–4 zeigen die Vorhersagen unterschiedlicher Mask R-CNN Modelle. Spalte 4 zeigt das leistungsstärkste Modell (Test-mAP@0.5 bei 79,17 %). (Aziz et al. 2023)

hinzuweisen. Für verzögerungsarme, immersive Überblendungen ist eine Echtzeitver-arbeitung, d. h. die Verarbeitung mit einer hohen Bildrate, besonders wichtig. Im Unterschied zu den Verfahren aus Abschn. 11.2 werden sowohl für das Training der KI-Methoden als auch für die Registrierung dreidimensionale Abbilder der zu erkennenden Objekte verwendet. Solche (BIM-)Objekte können beispielsweise aus BIM-Bibliotheken, wie der NBS National BIM Library[6] oder bimobject[7], abgerufen werden. Aufgrund der Fülle von herstellerspezifischen Bauprodukten und fehlenden einheitlichen Strukturen und Standards besteht hier für die Zukunft allerdings noch Bedarf für eine Weiterentwicklung von herstellerübergreifenden Produktdatenbanken.

Bei digital entworfenen Gebäuden liegen oft schon während der Realisierung 3D-Modelle der einzelnen Bauteile vor. In diesem Zusammenhang behandelt der zweite in diesem Kapitel vorgestellte Anwendungsfall der Einsatz von Registrierungsmethoden zur Unterstützung komplexer Konstruktionsaufgaben. Die implementierte Objekt- und Posenbestimmung mit geometrischer Verifikation ermöglicht die automatische Unterscheidung von Bauteilen mit ähnlichen Formen. Eingebunden in ein AR-Montageassistenzsystem ist es das Ziel, Montagefehler und dadurch steigende Kosten und Bauzeitverlängerungen zu vermeiden (Abschn. 11.3.3).

11.3.1 KI-basierte 6D-Posenschätzung für bekannte Objekte

Viele gängige Methoden zur Bestimmung der 6D-Pose bekannter Objekte in monokularen Kamerabildern verwenden 2D-3D-Korrespondenzen als Anker. Ein Faltungsnetzwerk, engl. *Convolutional Neural Network (CNN)*, liefert die 2D-Bildposition zuvor definierter 3D Positionen auf dem Modell. Über gängige Verfahren zur Lösung des *Perspective-n-Point (PnP)* Problems, z. B. (Lepetit et al. 2009), lässt sich daraus die exakte Pose berechnen. Mussten die 3D-Positionen bei früheren Ansätzen markanten Merkmalen zugeordnet sein (Hoque et al. 2021), lernen aktuelle CNNs, z. B. (Peng et al. 2019), ein intrinsischeres Objektverständnis und sind damit in der Lage, z. B. auch die Position von verdeckten Punkten auf der Rückseite, außerhalb des Bildes oder hinter anderen Objekten herzuleiten.

Gerade im Bauwesen ähneln sich die Geometrie der zu detektierenden Objekte häufig stark. In unserer Studie (Gard et al. 2022b) wurde gezeigt, wie die Unterscheidung ähnlicher Objekte mit einem einzigen Netz durch die Integration objektspezifischer Gewichte direkt in tiefe Netzwerkschichten verbessert werden kann. Die darauf basierende erweiterte Netzwerkarchitektur *CASAPose* (Gard et al. 2022a) wird in Abb. 11.5 gezeigt. Eine als Zwischenergebnis hergeleitete pixelweise semantische Klassifizierung (vgl. Mask R-CNN, jedoch ohne Instanzunterscheidung) steuert lokal die Bestimmung von 2D-3D-Korrespondenzen. Ein zweiter Dekoder, der die Korrespondenzen herleitet, greift dabei auf spezielle semantisch gestützte Faltungen (Dundar et al. 2020) zu und integriert die objektspezifischen Parameter mit einer klassenadaptiven Denormalisierung (CLADE) (Tan et al. 2021). Ein differenzierbares Verfahren zur direkten Berechnung der 2D-Merkmale steigert die Genauigkeit der vorhergesagten Korrespondenzen. Ein Grenzfall sind Mehrdeutigkeiten bei rotationssymmetrischen Objekten, die das Netz an der

---

[6] https://www.nationalbimlibrary.com/en/ (Zuletzt geprüft am: 12.10.2022).

[7] https://www.bimobject.com/de (Zuletzt geprüft am: 12.10.2022).

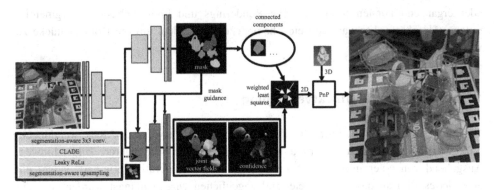

11.5 Architektur des CASAPose-Verfahrens (Gard et al. 2022a)

eindeutigen Bestimmung von 2D-Korrespondenzen hindern und die in Zukunft gesondert behandelt werden müssen. Die Methode ist optimiert, um die Posen mehrerer Objekte mit hoher Effizienz in einem Durchgang zu bestimmen, wodurch sie sich für komplexe AR-Anwendungen eignet.

Um ein neuronales Netzwerk zur Posenschätzung zu trainieren, sind große Mengen an Bildern erforderlich, die die Zielobjekte in möglichst vielen Perspektiven zeigen. Annotierte Datensätzen, in denen für die Orientierung der sichtbaren Objekte manuell in realen Kamerabildern ermittelt wurde, sind rar, sehr aufwendig zu erstellen und werden häufig als Benchmarks eingesetzt. In einem erweiterbaren System müssen Wege gefunden werden, die Datenerzeugung zu vereinfachen. Es existieren bereits Ansätze (Wang et al. 2020b), die *unüberwacht* (engl. unsupervised) arbeiten, d. h. sie benötigen keine Grundwahrheit über die Orientierung der Objekte in den realen Kamerabildern. Da auch die Aufnahme realer Trainingsbilder aufwendig ist, wird zunehmend ganz auf diese verzichtet (Tremblay et al. 2018). Sämtliche Trainingsdaten werden von *Grafik-Engines* wie Blender oder Unreal Engine erzeugt. Werkzeuge wie BlenderProc (Denninger et al. 2020) automatisieren die Datenerzeugung und speichern automatisch alle notwendigen Annotationen mit perfekter Genauigkeit. Für den Einsatz in der Konstruktion hat dies den Vorteil, dass das Erkennungsmodell bereits trainiert werden kann, während das reale Bauteil noch hergestellt wird. Jeder manuelle Eingriff während der Datenerzeugung entfällt. Allerdings sind synthetische Bilder immer nur simulierte Abbilder der Realität und bilden diese niemals in allen ihren Eigenschaften ab. Für das neuronale Netzwerk bildet sich die sogenannte Domänenlücke, engl. *Domain-Gap,* die, wenn nicht gesondert adressiert, zu Performance Einbußen führt.

Beispielhaft werden in Gard et al. (2022b) 10.000 Bilder pro Objekt generiert und durch eine Domänen-Randomisierung, engl. *Domain-Randomisation*, für den Einsatz auf realen Bildern optimiert: Hintergründe, Objekt- und Untergrundtexturen, Beleuchtungs- und Materialeigenschaften werden maximal variiert, sodass das reale Bild als einzelne Instanz aus einer Fülle von Randomisierungen wahrgenommen wird. Alternativ oder ergänzend können fotorealistische Renderings und bildraumbasierte Augmentierungen (Unschärfe, Farbvariation etc.) herangezogen werden, um die Domänenlücke zu verringern.

11.3.2 Echtzeit 6D-Objektverfolgung

Die raumstabile modellbasierte Objektverfolgung, beispielsweise in AR-Anwendungen, erfordert eine zeitliche Konsistenz und Stabilität der Pose über mehrere Bilder hinweg. Ausgehend von einer initialen Schätzung wird die Pose iterativ verfeinert, indem ein gerendertes Bild an das beobachtete Bild angeglichen wird. Unlängst wurden zeitliche Informationen und der direkte Bildvergleich in Deep-Learning-basierte Methoden für die 3D-Verfolgung eingeführt (Li et al. 2018). Die Objektgeometrie wird direkt in die Anwendung des Netzwerkes einbezogen, was Genauigkeit und Robustheit der Posenschätzung steigert. Eine Schwierigkeit in der Praxis besteht jedoch darin, dass objektübergreifende Trainingsdaten benötigt werden, damit die Verfeinerung auch für neue Objekte funktioniert.

Der aktuelle Stand der Technik nutzt weiterhin objektive Bildmerkmale, wie lokale Farbhistogramme (Tjaden et al. 2018) oder Bildkonturen (Huang et al. 2020), für den Abgleich und verzichtet auf den Einsatz neuronaler Netzwerke. Die Veränderung der Pose kann mit etablierten mathematischen Optimierungsverfahren geschätzt werden. Für zukünftige Verfahren wird es sich anbieten, die neuronalen Netzwerke zur robusten und invarianten Prädiktion der visuellen Merkmale zu nutzen und die direkte Berechnung der Pose mit mathematischen Modellen vorzunehmen. Vorteile werden von Sarlin et al. (2021) für 6D-Kamera-Lokalisierung gezeigt und ließen sich auf 6D-Objektverfolgung übertragen.

Vielversprechend ist zudem der Einsatz von kombinierten Ansätzen, was in Gard et al. (2022b) speziell für Anwendungen aus dem Konstruktionsbereich evaluiert wurde (Abb. 11.6). Der geometrische Abgleich liefert ein Fehlermaß, anhand dessen sich bewerten lässt, wie gut die Kanten des synthetischen Bildes die Kanten im Kamerabild überlagern. Es misst nach der Verfeinerung, wie nahe sich die projizierte Objektsilhouette

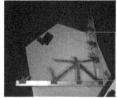

Abb. 11.6 6D-Detektion (links) und Verfolgung (rechts) eines Bauteils während der Durchführung einer Konstruktionsaufgabe (Gard et al. 2022b)

und die Hypothese über die im Bild sichtbare Silhouette sind. Anhand des Fehlermaßes wird dynamisch entschieden, ob die geometriebasierte Verfeinerung ausreichend genau ist oder ob das neuronale Netzwerk für eine neue Initialisierung benötigt wird. Es werden verschiedene Vorteile des kombinierten Ansatzes benannt:

1) Falsch-positive Erkennungen des Netzes, zum Beispiel wegen Mehrdeutigkeiten, werden unterdrückt, da die projizierte Kontur nicht gut genug mit dem Bildinhalt übereinstimmt.

2) Ein akkumulierter Fehler nach schnellen Bewegungen oder Verdeckungen wird erkannt und die Verfolgung wird neu initialisiert, sobald das Objekt wieder deutlich sichtbar ist.

3) Verdeckungen zwischen erkennbaren Objekten wurden beim Training nicht gesehen, aber selbst, wenn das Netz die teilweisen verdeckten Objekte nicht finden kann, wird die Verfolgung fortgesetzt, solange die lokale Verfolgung gültig bleibt.

4) Verschlechterungen der Genauigkeit durch simple synthetische Trainingsdaten werden durch lokale Verfeinerung kompensiert.

In zwei Testsequenzen, die Schwierigkeiten und Grenzfälle abdecken, wurde gezeigt, dass die kombinierte Methode die Anzahl der Bilder, für die eine präzise Pose geschätzt werden kann, deutlich erhöht.

11.3.3 Beispielanwendung: AR-gestützte Montageassistenz am Beispiel von Gitterschalenfassaden

Eine Anwendung, bei der sich die Vorteile der vorgestellten Methoden gut demonstrieren lassen, ist die Konstruktion komplexer Gebäudestrukturen, wie z. B. Gitterschalenfassaden. Die Geometrie einzelner Bauteile unterscheidet sich dabei nur geringfügig. Die *Knotenelemente* bestimmen die Form der Struktur und spannen sie in Verbindung mit geraden Trägerelementen auf. Die Einzelteile sind asymmetrisch und müssen in eine fest vorgegebene Orientierung montiert werden. Fehler beim Einbau führen zu hohen Kosten und zu Verlängerungen der Bauzeiten. Es ist schwierig, die Einzelteile mit dem bloßen Auge zu unterscheiden und in der Praxis werden behelfsmäßig geklebte Marker mit Handscannern gescannt, um Bauteile zu identifizieren. Die Posenschätzung ermöglicht es, ohne manuelle Scangeräte oder gedruckte Bauanleitungen eine korrekte Montage zu realisieren. Gleichzeitig aktualisiert sich ein digitaler Zwilling mit exakten Informationen, welche Bauteile wann, an welcher Position eingebaut worden sind und macht den Fortschritt transparent und wiederholbar.

Abb. 11.7 DigitalTWIN Demonstrator zur durch AR-unterstützten Konstruktion.[9] Oben: Softwareplanung der Konstruktion. Fertigung der Komponenten mit dem 3D Drucker. Das KI-Modell kann in dieser Zeit mit synthetischen Daten trainiert werden. Unten: Aufbau der Konstruktion mit AR-Unterstützung. Montage erfolgt mit AR-Überblendung

Der Bauprozess einer echten Gitterschale wurde im Forschungsprojekt DigitalTWIN[8] anhand eines miniaturisierten Modells simuliert (Abb. 11.7). Dreidimensionale Überblendungen zeigen im Sichtfeld der Nutzer*innen die auszuführende Dreh- und Bewegungsrichtung des Bauteils an und erleichtern die Montage. Die 6D-Posenschätzung und Verfolgung erfolgen im Kamerabild und werden kontinuierlich an eine AR-Applikation gesendet, die auf der Datenbrille MS Hololens die Ergebnisse visualisiert. Die Verfolgung verarbeitet mehr als 60 Bilder pro Sekunde (Desktop Rechner mit NVidia GTX 1080 GPU) und minimiert die Verzögerung bei der Überlagerung in der Brille. Der hybride Ansatz erlaubt die Unterscheidung von geometrisch ähnlichen Knotenelementen. Ein Bauprozess von der ersten Sortierung der Objekte bis zur Montage kann so komplett am Modell durchgespielt werden. Die beschriebenen Verfahren bilden eine wichtige Grundlage für künftige Forschungen in diesem Bereich. Eine Evaluation der Datenbrillen auf realen Baustellen wäre der nächste Schritt, um die Methoden in die Praxis zu bringen.[9]

---

[8] https://d-twin.eu/ (Zuletzt geprüft am: 12.10.2022).

[9] https://www.youtube.com/watch?v=247inqcfhH4 (Kanal: „seele") (Zuletzt geprüft am: 12.10.2022).

11.4 Zusammenfassung und Ausblick

Deep-Learning-basierte Objekterkennungsansätze bieten großes Potenzial zur automatischen Extraktion relevanter Daten aus Bild- und Videomaterial. Der vorliegende Beitrag demonstriert jenes Potenzial anhand zweier Beispiele für die Ausführungs- und Betriebsphase. Das erste Beispiel stellt zwei Verfahren zur 2D-Lokalisierung von Brandschutzanlagen, die Objekterkennung mit YOLOv5 und die Instanzsegmentierung mit Mask R-CNN, in Bildern und Videos gegenüber. Die neuronalen Netze wurden jeweils mit einem selbsterstellten Datensatz trainiert und zeigen in Inferenzstudien eine hohe Erkennungsgenauigkeit, auch unter schwierigen Bedingungen. Anhand eines zweiten Beispiels aus dem Fassadenbau wurde dann gezeigt, wie sich komplexe Bauteile während ihrer Montage mit 6D-Erkennungsverfahren lokalisieren und raumstabil verfolgen lassen. Ein Soll-Ist-Vergleich mit dem BIM-Modell erfolgte in Echtzeit. Für das KI-Training wurden ausschließlich computergenerierte Bilder genutzt, sodass die Erkennung der Objekte schon während ihrer Fertigung gelernt werden konnte.

Die 2D-Erfassungsmethoden mit Kameras sind im Baubereich vielseitig einsetzbar und im Vergleich zu z. B. 3D-Lasersystemen kostengünstig und mobil. Eine Herausforderung ist die Schaffung umfassender Trainingsdaten, die bei der Erstellung eigener Fotodatensätze mit viel manuellem Aufwand verbunden ist. Die vorgestellten Studien haben gezeigt, dass insbesondere lernbasierte Methoden abhängig von der Qualität der erfassten Trainingsbilder sind. Sie bestimmen die Qualität der extrahierten Merkmale und die Robustheit der Klassifikationen, da das Erscheinungsbild von Objekten durch viele Faktoren wie Beleuchtungsbedingungen, den Blickwinkel, und die Reflexion von Objekten beeinflusst werden kann. Die alternative Verwendung von synthetischen Daten automatisiert die Datenerstellung. Auch hier sollte auf eine variantenreiche Datengenerierung geachtet werden, um möglichst viele Bildvariationen abzudecken. Weiterhin besteht Bedarf an der Generierung von herstellerunabhängigen Produktdatenbanken für den Abruf von 3D-Modellen, um synthetische Datensätze auch z. B. für die Erkennung von Objekten aus dem Bereich des Brandschutzes zu erstellen. In den meisten Fällen kann die 6D-Pose für bekannte Objekte zuverlässig aus 2D-Daten abgeleitet werden. Grenzfälle sind Mehrdeutigkeiten bezüglich der perspektivischen Abbildung und Objektsymmetrien, die in zukünftigen Arbeiten gesondert behandelt werden müssen.

In weiterführenden Studien könnte nun die Konstruktionsunterstützung im realen Baustellenkontext, z. B. über Helmkameras oder AR-Brillen ausgewertet werden. Bei den Verfahren zur Erkennung von Brandschutzanlagen ist zusätzlich geplant, die erkannten Objekte zu lokalisieren und sie in ein bestehendes BIM-Modell zu übertragen. Wartungsinformationen, z. B. das Datum der nächsten Instandhaltung, sollen zusätzlich aus dem Bild extrahiert werden, um das BIM-Modell anzureichern. Generell ist anzustreben, über die Nutzung von Cloud-Technologien und darin bereitgestellten KI-Diensten zukünftig eine breite Verfügbarkeit sicherzustellen, um die vielversprechenden Algorithmen in die Praxis zu bringen.

Danksagung Die vorgestellten Arbeiten wurden durch das Bundesministerium für Wirtschaft und Klimaschutz der Bundesrepublik Deutschland in den Forschungsprojekten BIMKIT (Förderkennzeichen 01MK21001H und 01MK21001J) und DigitalTWIN (Förderkennzeichen 01MD18008B) unterstützt.

Literatur

Acharya D, Khoshelham K, Winter S (2019) BIM-PoseNet: Indoor camera localisation using a 3D indoor model and deep learning from synthetic images. ISPRS 150:245–258.

Aziz A, König M, Schulz J-U (2021) A Systematic Review of Image-Based Technologies for Detecting As-Is BIM Objects. Computing in Civil Engineering 2021:498–505.

Aziz A, König M, Zentgraf S, Schulz J-U (2023) Instance Segmentation of Fire Safety Equipment Using Mask R-CNN. ICCCBE 2022.

Bayer H, Aziz A (2022) Object Detection of Fire Safety Equipment in Images and Videos using Yolov5 Neural Network. Proceedings of 33. Forum Bauinformatik, 2022.

Boehm J, Panella F, Melatti V (2019) FireNet Dataset.

Coupry C, Noblecourt S, Richard P, Baudry D, Bigaud D (2021) BIM-Based digital twin and XR devices to improve maintenance procedures in smart buildings: A literature review. Applied Sciences 11:6810.

Denninger M, Sundermeyer M, Winkelbauer D, Olefir D, Hodan T, Zidan Y, Elbadrawy M, Knauer M, Katam H, Lodhi A (2020) BlenderProc: Reducing the Reality Gap with Photorealistic Rendering. International Conference on Robotics: Science and Systems, RSS.

Dundar A, Sapra K, Liu G, Tao A, Catanzaro B (2020) Panoptic-Based Image Synthesis. IEEE Conference on Computer Vision and Pattern Recognition, CVPR.

Fathi H, Dai F, Lourakis M (2015) Automated as-built 3D reconstruction of civil infrastructure using computer vision: Achievements, opportunities, and challenges. Advanced Engineering Informatics 29:149–161.

Gard N, Hilsmann A, Eisert P (2022a) CASAPose: Class-Adaptive and Semantic-Aware Multi-Object Pose Estimation. Proceedings of the 33rd British Machine Vision Conference, BMVC.

Gard N, Hilsmann A, Eisert P (2022b) Combining Local and Global Pose Estimation for Precise Tracking of Similar Objects. Proceedings of the 17th International Conference on Computer Vision Theory and Applications, VISAPP.

Hoque S, Arafat MY, Xu S, Maiti A, Wei Y (2021) A comprehensive review on 3d object detection and 6d pose estimation with deep learning. IEEE Access 9:143746–143770.

Huang H, Zhong F, Sun Y, Qin X (2020) An Occlusion-aware Edge-Based Method for Monocular 3D Object Tracking using Edge Confidence. Computer Graphics Forum 2020 39:399–409.

Lepetit V, Moreno-Noguer F, Fua P (2009) EPnP: An Accurate O(n) Solution to the PnP Problem. International Journal of Computer Vision 81:155–166.

Li Y, Wang G, Ji X, Xiang Y, Fox D (2018) DeepIM: Deep Iterative Matching for 6D Pose Estimation. European Conference on Computer Vision, ECCV.

Li Z, Wang G, Ji X (2019) CDPN: Coordinates-Based Disentangled Pose Network for Real-Time RGB-Based 6-DoF Object Pose Estimation. International Conference on Computer Vision, ICCV.

Lu Q, Lee S (2017) Image-Based Technologies for Constructing As-Is Building Information Models for Existing Buildings. J. Comput. Civ. Eng. 31:4017005.

Padilla R, Passos WL, Dias TLB, Netto SL, Da Silva EAB (2021) A Comparative Analysis of Object Detection Metrics with a Companion Open-Source Toolkit. Electronics 10:279.

Peng S, Liu Y, Huang Q, Zhou X, Bao H (2019) Pvnet: Pixel-wise voting network for 6dof pose estimation. IEEE Conference on Computer Vision and Pattern Recognition, CVPR.

Ren S, He K, Girshick R, Sun J (2016) Faster R-CNN: Towards Real-Time Object Detection with Region Proposal Networks. Advances in neural information processing systems, 28.

Sarlin P-E, Unagar A, Larsson M, Germain H, Toft C, Larsson V, Pollefeys M, Lepetit V, Hammarstrand L, Kahl F, Sattler T (2021) Back to the Feature: Learning Robust Camera Localization from Pixels to Pose. IEEE Conference on Computer Vision and Pattern Recognition, CVPR:3247–3257.

Sitaula C, Xiang Y, Zhang Y, Lu X, Aryal S (2019) Indoor image representation by high-level semantic features. IEEE Access 2019 7:84967–84979.

Tan Z, Chen D, Chu Q, Chai M, Liao J, He M, Yuan L, Hua G, Yu N (2021) Efficient Semantic Image Synthesis via Class-Adaptive Normalization. IEEE Transactions on Pattern Analysis and Machine Intelligence 44:4852–4866.

Tjaden H, Schwanecke U, Schömer E, Cremers D (2018) A region-based gauss-newton approach to real-time monocular multiple object tracking. IEEE Transactions on Pattern Analysis and Machine Intelligence 41:1797–1812.

Tremblay J, To T, Sundaralingam B, Xiang Y, Fox D, Birchfield S (2018) Deep Object Pose Estimation for Semantic Robotic Grasping of Household Objects. Proceedings of the Annual Conference on Robot Learning, CoRL.

Wang C-Y, Liao H-YM, Yeh I-H, Wu Y-H, Chen P-Y, Hsieh J-W (2020a) CSPNet: A New Backbone that can Enhance Learning Capability of CNN. IEEE Conference on Computer Vision and Pattern Recognition Workshops.

Wang G, Manhardt F, Shao J, Ji X, Navab N, Tombari F (2020b) Self6D: Self-supervised Monocular 6D Object Pose Estimation. European Conference on Computer Vision, ECCV.

Woyke E (2016) Augmented reality could speed up construction projects. MIT Technology Review 2016.

Ying H, Lee S (2019) A Mask R-CNN Based Approach to Automatically Construct As-is IFC BIM Objects from Digital Images. ISARC. Proceedings of the International Symposium on Automation and Robotics in Construction. IAARC Publications 2019.

Bildbasierte Baufortschrittsüberwachung 12

Marios Koulakis, Alexander Albrecht, Martin Wagner, André Richter, Florian Andres, Alina Roitberg, Janko Petereit und Rainer Stiefelhagen

M. Koulakis · A. Roitberg · R. Stiefelhagen
Computer Vision for Human-Computer Interaction Lab (cv:hci), Karlsruher Institut für
Technologie, Karlsruher, Deutschland
E-Mail: marios.koulakis@kit.edu

A. Roitberg
E-Mail: alina.roitberg@kit.edu

R. Stiefelhagen
E-Mail: rainer.stiefelhagen@kit.edu

A. Albrecht · J. Petereit
Fraunhofer IOSB, Fraunhofer-Forschungszentrum Maschinelles Lernen, Karlsruhe, Deutschland
E-Mail: alexander.albrecht@iosb.fraunhofer.d

J. Petereit
E-Mail: Janko.Petereit@iosb.fraunhofer.de

M. Wagner (✉)
Open Experience GmbH, Karlsruhe, Deutschland

A. Richter
Frankfurt Economics AG, Langen, Deutschland
E-Mail: andre.richter@frankfurt-economics.com

F. Andres
Actimage GmbH, Kehl, Deutschland
E-Mail: florian.andres@actimage.de

© Der/die Autor(en), exklusiv lizenziert an Springer Fachmedien Wiesbaden GmbH, ein
Teil von Springer Nature 2024
S. Haghsheno et al. (Hrsg.), *Künstliche Intelligenz im Bauwesen*,
https://doi.org/10.1007/978-3-658-42796-2_12

12.1   Einleitung

Auf vielen Baustellen wird die Erfassung von Informationen zur Messung und Überwachung des Baufortschritts immer noch manuell durchgeführt. Dies bringt zahlreiche
Nachteile mit sich, wie fehlende Informationen, manuelle Fehler in Berichten und schwer
zu verwertende Daten. Die Digitalisierung und Automatisierung dieses Prozesses könnten
all diese Probleme beseitigen und dazu beitragen, die Überwachung des Baufortschritts
zu verbessern und eine Menge historischer Daten zu erstellen, die zur Ermittlung von
Ineffizienzen und zur Optimierung der Abläufe genutzt werden können. Um ein direk-
tes Gefühl dafür zu bekommen, wie diese Digitalisierung aussehen könnte, sieht man
in Abb. 12.1 das Beispiel eines 360°-Bildes eines Raumes, das von unseren Systemen
verarbeitet wurde und Informationen extrahierte, die direkt auf BIM-Modelle in Form
eines digitalen Zwillings abgebildet werden können, der alle Informationen zum Stand
der Konstruktion enthält.

12.2   Bildbasierte Lokalisierung auf Baustellen

In ESKIMO wurde eine Baufortschrittsüberwachung durch den Abgleich zwischen dem
Soll- und dem Ist-Zustand realisiert. Die Lokalisierung innerhalb der Baustelle stellt
die Basis für die kaufmännische Qualitätssicherung und die Baustellenlogistik dar. Die
Datenquellen für die Lokalisierung sind in Abb. 12.2 und 12.3 aufgeführt.

Die Lokalisierung ist exemplarisch in Abb. 12.4 dargestellt. In der oberen Zeile der
Abbildung wird das BIM-Modell (Soll-Zustand) gezeigt. In der unteren Zeile ist das
360°-Bild einer personengetragenen Kamera (Ist-Zustand) dargestellt. In beiden Domänen
werden sogenannte Features extrahiert. Hierbei handelt es sich um markante Merkmale
wie Türen, Fenster und Raumkanten. Indem die Features aus dem Kamerabild mit den
Features des BIM-Modells zur Deckung gebracht werden, kann die Kamerapose (Position
+ Orientierung) ermittelt werden.

Bei der Auswahl der Features muss berücksichtigt werden, dass Features sowohl in
dem Kamerabild erkannt werden, als auch in dem BIM-Modell hinterlegt sind. Zusätzlich
muss sichergestellt werden, dass die Features in allen Bauphasen, angefangen vom Rohbau bis hin zum eingerichteten Raum, in beiden Domänen vorhanden sind. Idealerweise
handelt es sich um Features, welche eine große vertikale Ausdehnung besitzen. Hierdurch
kann auch eine Lokalisierung in Räumen erfolgen, welche durch zwischengelagerte Baumaterialien vollgestellt werden. Aus den genannten Gründen eignen sich Raumkanten,
Fenster und Türen besonders gut als stabile Features.

Abb. 12.1 Oben: 360°-Rohbild, Unten: Extrahierte Informationen für Gebäudemerkmale, Bodensegment und Baumängel

Abb. 12.2 Eine Karte in Form eines BIM-Modells (Ed. Züblin AG)

Abb. 12.3
Umgebungserfassung in Form
von 360°-Bildern durch das
Helmkamerasystem (Open
Experience GmbH)

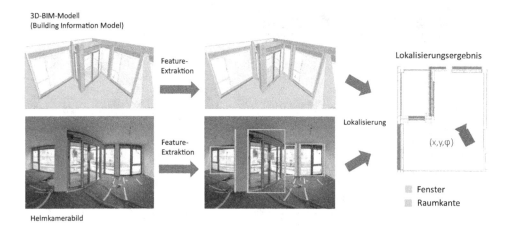

Abb. 12.4 Ablauf der kamerabasierten Lokalisierung (Position + Orientierung)

12.2.1 Gebäudemerkmale Extraktion

Die Merkmale, die für die Lokalisierung verwendet wurden, waren Fenster, Türen und
Raumkanten. Zur Lösung dieses Erkennungsproblems wurden zwei Methoden in Betracht
gezogen. Die eine nutzt Objekterkennung, um alle Gebäudemerkmale zu erkennen, die
andere nutzt Objekterkennung, um Fenster und Türen zu erkennen sowie Modelle zur
Schätzung der Raumaufteilung, um die Kanten zu erkennen. Beide Ansätze wurden
implementiert, wobei der erste Ansatz schließlich aufgrund der höheren Geschwindigkeit
angewendet wurde.

Für den Teil der Objekterkennung wurde die faster R-CNN-Architektur (Ren et al.
2015) verwendet. Es wurden zwei verschiedene Backbones in Betracht gezogen, eines mit
der bewährten ResNet50-Architektur (He et al. 2016) und das andere mit der moderneren

Abb. 12.5 Erkannte Kanten, Türen und Fenster. Damit die Kanten als Objekte erkannt werden, weisen wir ihnen eine künstliche Breite von 10 % ihrer Höhe zu

SWIN-Transformer-Architektur (Liu et al. 2021). In beiden Fällen wurden mit großen Datensätzen wie ImageNet (Deng et al. 2010) und COCO 2017 (Lin et al. 2014) vortrainierte Modelle verwendet. Diese wurden mit 10.000 360° Bildern aus den bestehenden ESKIMO-Daten feingetunt. Aus diesen Bildern wurden 10 % nach dem Zufallsprinzip ausgewählt und für die Validierung während der Optimierung der Modelle verwendet. Ein separater Satz von 594 Bildern wurde für die endgültige Prüfung verwendet.

Die Leistung dieser Modelle wurde anhand der Metrik mAP@[0,5:0,95] bewertet, die üblicherweise zum Benchmarking von Objekterkennungsmodellen verwendet wird. Die Metrik berücksichtigt Schwellenwerte für die Intersection over Union (IoU) zwischen den vorhergesagten und den wahren Begrenzungsrahmen im Bereich von 0,5 bis 0,95 in Schritten von 0,05. Der durchschnittliche mAP Wert von ResNet50 im Testdatensatz war 53,9 während der Wert von SWIN-Transformer bei 59,48 lag. In Abb. 12.5 sieht man ein qualitatives Beispiel für die Vorhersagen des Modells:

12.2.2 BIM-Extraktion

Um die in den 360°-Aufnahmen erkannten Merkmale mit dem BIM-Modell abgleichen zu können, werden die respektiven Merkmale in einem Vorverarbeitungsschritt aus dem 3D-Modell extrahiert. Wir beschränken uns dabei auf bereits in der BIM-Modellierung vorgesehene Entitäten für Türen (IfcDoor) und Fenster (IfcWindow), welche mittels Softwarebibliotheken wie IfcOpenShell und xBIM als 3D-Körper aufbereitet und stockwerksweise (IfcBuildingStorey) in eine 2,5-dimensionale Repräsentation überführt werden. Vertikale Kanten lassen sich entweder heuristisch über die Ecken der im BIM modellierten Räume (IfcSpace) oder präziser anhand der Schnittkanten von Wänden (IfcWall) ermitteln.

12.2.3 Lokalisierung als Optimierungsproblem

Im Folgendem wird die Grundidee der Lokalisierung kurz vorgestellt. Zur vereinfachten Darstellung wird nur ein Merkmal (Raumkanten) genutzt. In Abb. 12.6 werden die aus dem Kamerabild extrahierten Raumkanten dargestellt (oben). Im unteren Abschnitt werden die Blickwinkel auf die Kanten in einer Draufsicht gezeigt. Man kann sich diesen Vorgang vorstellen wie das Abrollen des Kamerabildes auf einen Zylinder.

Aus dem BIM-Modell werden die Koordinaten der Raumkanten (blau) extrahiert und in Abb. 12.7 dargestellt. Des Weiteren ist der abgerollte Bildzylinder an eine beliebige Stelle im Raum platziert worden. Die Kantenstrahlen werden mit gestrichelten Linien verlängert. Eine anschauliche Vorstellung der Lokalisierung ergibt sich, indem man den Bildzylinder solange translatorisch (x,y) und rotatorisch (φ) bewegt, bis alle gestrichelten Linien exakt auf die blauen Punkte zeigen. Die Lokalisierung lässt sich als Optimierungsproblem mit diesen drei Parametern darstellen. Die Kamerapose wird variiert, bis die minimale Summe der Winkelabweichungen gefunden wird. Die in der Realität genutzte Formulierung des Optimierungsproblems geht deutlich über das hier dargestellte Anschauungsbeispiel hinaus: So werden nicht nur mehr Features genutzt, sondern auch etliche Sonderfälle, wie z. B. verschachtelte Features (Features, die durch geöffnete Türen sichtbar sind), berücksichtigt.

Abb. 12.6 360°-Kamerabild mit extrahierten Raumkanten (oben), Abwicklung des Kamerabildes auf einen Zylinder ergibt die Winkel der Raumkanten in der Draufsicht (unten)

Kamera

Abb. 12.7 Grundidee der Lokalisierung. Die Kamerapose wird variiert, bis die minimale Summe der Winkelabweichungen zwischen den Bildkanten (gestrichelte rote Linie) und den BIM-Kanten (blaue Punkte) gefunden wird

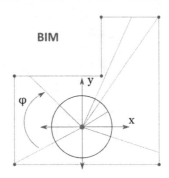

12.2.4 Evaluation

Um die Algorithmen testen zu können, wird eine sogenannte Ground Truth benötigt. Dazu wurden Bilder mit möglichst exakt ausgemessenen Kamerapositionen (x,y) inklusive deren Kameraorientierung (φ) aufgenommen. Für eine aussagekräftige Evaluation wurden verschiedene Baustellen ausgewählt, welche sich in der Größe und geplanten Nutzungsart (Büro, Wohnraum) unterscheiden. Auch ist die Tatsache interessant, dass die BIM-Modelle von verschiedenen Unternehmen erstellt wurden. Hier hat sich gezeigt, dass das BIM-Modell nicht so stark standardisiert ist, wie man es sich als Endanwender wünschen würde.

Ein qualitatives Evaluationsergebnis ist in Abb. 12.8 zu sehen. Für 15 Bilder wurden die Kameraposen berechnet und mit der tatsächlichen Kamerapose verglichen. In Grau ist die ausgemessene Kamerapose eingezeichnet. Der Strich deutet die Kameraorientierung an. Das Lokalisierungsergebnis ist in Rot dargestellt. Die grüne Linie visualisiert die euklidische Distanz der korrespondierenden Posen. Mit dieser Darstellung kann sehr schnell das Lokalisierungsergebnis für die einzelnen Bilder erfasst werden. Die typische Abweichung zwischen Lokalisierungsergebnis und tatsächlicher Kameraposition beträgt zwei bis drei Dezimeter.

12.3 Erfassung von Baumängeln

Die Ermittlung, Bewertung und Dokumentation von Baumängeln stellt eine der wesentlichen Aufgaben der technischen Qualitätssicherung auf der Baustelle dar. Wir gehen der Frage nach, ob sich die großen Fortschritte in der Bilderkennung durch die Einführung von tiefen faltungsbasierten neuronalen Netzen in der Forschung auf den praktischen Einsatz im Baustellenkontext übertragen lassen. Eine vollautomatische Erkennung ist jedoch nicht angestrebt, da ein Großteil der möglichen Mängelkategorien sich nur mit viel Erfahrung erkennen lassen, nicht optisch durch ein rein bildbasiertes Verfahren einwandfrei zu identifizieren sind oder schlichtweg zu selten auftreten, um ein datengetriebenes Lernverfahren

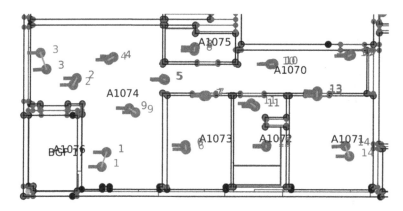

Abb. 12.8 Qualitative Evaluation: Ground-Truth in grau, Lokalisierungsergebnis in rot (Ed. Züblin AG)

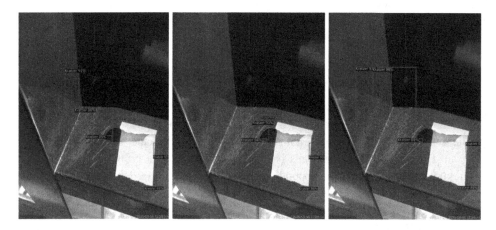

Abb. 12.9 Verschiedene Arten der Erfassung von Kratzern. Diese sind alle gültig, aber sie bedeuten einen hohen Fehler für die Objekterkennungsmodelle, wenn sie auf die übliche Weise trainiert und bewertet werden

einsetzen zu können. Daher haben wir eine Teilautomatisierung für die Dokumentation optisch erkennbarer Mängel untersucht: Während der Bildaufnahme eines Mangels durch den Bauleiter, werden für bestimmte, häufig auftretende Mängelkategorien einige Dokumentationsaufgaben automatisch übernommen, wie die Markierung des Mangels im Bild, sowie Vorschläge für Mangelbeschreibung und Wahl des verantwortlichen Nachunternehmers. In Kombination des in Abschn. 12.2.2 vorgestellten Lokalisierungsverfahrens wird der Mängel ferner automatisch auf einem 2D-Plan oder im 3D-BIM-Modell verortet. Ziel ist ein verringerter Dokumentationsaufwand wiederkehrender, wenig komplexer Baumängel und damit ein Zeitgewinn.

Als Trainingsbilder nutzen wir von den (assoziierten) Projektpartnern zur Verfügung gestellte authentische 2D-Mangel-Aufnahmen, die über ein reales Mängelmanagement-Tool aufgenommen wurden. Kriterien für die Wahl geeigneter Mangelkategorien sind zum einen die Menge an vorhandenen Trainingsdaten und die Wahrscheinlichkeit, dass während der späteren Nutzung ein solcher Mangel auftritt, zum anderen aber auch eine gute Verständlichkeit, wie die Kategorie definiert ist, sowohl für die späteren Anwender auf der Baustelle als auch für die Annotatoren, welche die Trainingsdaten manuell labeln.

Wir haben uns schließlich dafür entschieden, primär die Klassen Kratzer, Riss und Fleck zu untersuchen und darüber hinaus weitere 21 Kategorien.

Weiterhin sieht unser Ansatz vor, Objekte wie Steckdosen, Armaturen, Türen oder Fenster zu erkennen, um dem Anwender Vorschläge für mögliche Mängel zur Auswahl einblenden zu können – wie beispielsweise „Steckdose defekt" oder „Armatur wackelt".

Ein Datensatz von 7.000 Bildern wurde verwendet und in 93 % Trainings- und 7 % Testdaten aufgeteilt, geschichtet nach Schadenskategorien. Die Daten wurden manuell mit Begrenzungsrahmen annotiert. Da es sich um authentische Daten handelt, werden darin enthaltene Duplikate zunächst entfernt, um die spätere Evaluation nicht zu verfälschen. Dies beinhaltet auch Bilder des gleichen Sachverhalts, die aus leicht unterschiedlichen Blickwinkeln aufgenommen wurden. Um diese automatisch ermitteln zu können, sind herkömmliche pixelbasierte Bildähnlichkeitsmetriken nicht ausreichend, es kommt hier ein Ansatz basierend auf einem bereits vortrainierten Neuronalen Netz zum Einsatz, in dessen Merkmalsraum entsprechend ähnliche Bilder ermittelt werden können.

Für die eigentliche Erkennungsaufgabe der Baumängel haben wir die Ansätze Objektdetektion mittels faster R-CNN und Objektsegmentierung mittels Mask-RCNN (He et al. 2020) verfolgt.

Der Segmentierungsansatz wird dabei nicht mit Annotationen auf Pixelebene trainiert, da diese sehr aufwendig manuell zu erstellen wären. Stattdessen werden die Begrenzungsrahmen in Segmentierungsmasken umgewandelt und das Verfahren dementsprechend in einer schwachüberwachten Art und Weise trainiert (weakly-supervised).

Eine der Schwierigkeiten bei der Erkennung von Schäden mit Begrenzungsrahmen besteht darin, dass die Anzahl und die Position der Begrenzungsrahmen oft subjektiv sein können. In der folgenden Abbildung ist ein Beispiel für mehrere Kratzer zu sehen, die auf verschiedene Weise beschriftet und erkannt werden können. Die Begrenzungsrahmen in den Bildern wurden von einem einzigen Netzwerk erzeugt, indem dasselbe Bild mit leicht unterschiedlichen Auflösungen durchlaufen wurde, um Rauschen zu erzeugen. Dieses Verhalten des Modells rührt von den subjektiven Anmerkungen her, mit denen es trainiert wurde.

Aufgrund dieser Subjektivität der Ergebnisse ist der mAP@[0,5:0,95]-Score des Modells deutlich niedriger als bei den anderen Aufgaben, nämlich nur 10,5. Um unsere Modelle fairer zu bewerten und auch eine aussagekräftige Metrik für das Tuning zu haben, haben wir stattdessen die mAP@0,5-Metrik verwendet, die ursprünglich in der VOC-Challenge (Everingham et al. 2015) verwendet wurde. Diese Metrik berücksichtigt nur

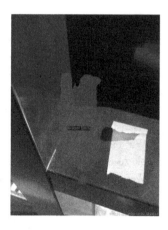

Abb. 12.10 Dasselbe Bild mit Vorhersagen aus dem Segmentierungsnetzwerk. Obwohl der Vorhersagebereich durch das Training mit Begrenzungsrahmen etwas verzerrt ist, passt er besser zur Grundwahrheit

den gelockerten Schwellenwert von 0,5 für die IoU, was gut zu dem Szenario passt, in dem die Boxen abgeglichen werden, die sich aufgrund der Subjektivität unterscheiden. Der mAP@0,5-Wert unseres Modells betrug 32,57.

Abb. 12.9 zeigt Beispiele der Objektdetektion, Abb. 12.10 zeigt Beispiele der Objektsegmentierung. Letztere weisen nach, dass die Verfahren in der Lage sind, die wesentlichen Pixel, die den Baumangel ausmachen, selbstständig zu ermitteln, obwohl die Trainingsdaten auf Begrenzungsrahmen-Ebene diese Hervorhebung nicht explizit zur Verfügung stellen.

Um über diese Ergebnisse hinaus auch unterschiedliche Gewerke unterscheiden zu können – etwa einen Kratzer auf einem Fensterrahmen von einem Kratzer im Parkett – kann zusätzlich eine Materialerkennung (Parkett) oder Detektion weiterer Objekte (Fenster) genutzt werden.

12.4 Digitalisierung in der Baulogistik

Während das Bauen die Evolutionsgeschichte des Menschen begleitet, steht die Fachdisziplin der Baulogistik erst seit wenigen Jahren im Fokus von Bauunternehmen, Architekten, Fachplanern und Bauherren. Das Bauen im Bestand, innerstädtische und hochkomplexe Bauvorhaben machen das Um- und Neudenken aller logistischen Prozesse zur, auf und neben der Baustelle erforderlich. (Simbeck et al. 2018) Der Mangel an zur Verfügung stehender Flächen, die während der verschiedenen Bauphasen in Größe, Struktur und Nutzung variieren, erfordern einen vorausschauenden Blick auf potenzielle Flächen, um die Flächenbedarfe decken zu können, bzw. einen Vergleich zwischen Ist- und Sollflächen vornehmen zu können. Bereits in der Planungsphase eines Bauvorhabens müssen die potenziellen Flächen für die spätere Bauausführung identifiziert und so spezifiziert werden, dass diese auch effektiv genutzt werden können. Während der Bauausführung ist es für den Baulogistiker, gerade bei großen Projekten, entsprechend herausfordernd, jederzeit

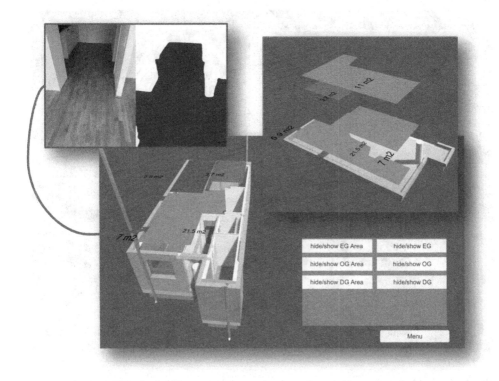

Abb. 12.11 Entwickelter Demonstrator mit erkannten BE-Flächen und Flächenbelegung

den Überblick zu behalten, welche Baustelleneinrichtungsflächen (BE-Flächen) aktuell zur Verfügung stehen und wo bereits Flächen, auch unabgesprochen, belegt wurden. Ist es aber möglich, unter Nutzung von Computer Vision, potenzielle und aktuell verfügbare Flächen auf dem Baufeld oder in Gebäuden, zu identifizieren und deren Belegung nachzuvollziehen? Welche Daten und Informationen können während der Planungsphase genutzt werden, welche sind während der Bauausführung nutzbar?

Mit dem Szenario „Erfassen potenzieller BE-Flächen und deren Dimensionierung" wurde im Rahmen des ESKIMO Projekts untersucht, wie der komplexe Analyseprozess der Identifikation von BE-Flächen teilautomatisiert und standardisiert werden kann. Auf Basis von vorhandenen 3D-BIM-Modelldaten sollen Informationen über potenziell als BE-Flächen geeignete Bereiche der Baustelle extrahiert werden. Der Belegungsstatus dieser Flächen soll dann mit aktuellen Aufnahmen von Baustellenbegehungen abgeglichen werden. Auf diesen muss automatisch erkannt werden, welche der geplanten Bodenflächen noch als BE-Fläche verfügbar ist und welche bereits belegt ist. In der Summe ergeben sich sodann die aktuell verfügbaren Lagerflächen auf der Baustelle, die wiederum

Abb. 12.12 Bild einer fest installierten Webkamera auf dem Baufeld mit erkannten Containerfüll-ständen

an den Logistiker (Planer oder Ausführenden) übermittelt werden, um weitere Planungen durchzuführen.

Zusätzlich zur BE-Flächen-Betrachtung im inneren der Baustelle fällt auch die operationelle Nachverfolgung des Zustands der baustellenlogistischen Einrichtungen im gesamten Baufeld in den Aufgabenbereich der Baulogistik. (Günther et al. 2006) Ein klassisches Beispiel hierfür ist die Überwachung des Container-Füllstands und das rechtzeitige in Auftrag geben der Containerleerung. Dieser Anwendungsfall wurde im Szenario „Soll-/Ist-Vergleich von logistischen Operationen" während des ESKIMO Projekts untersucht. Ziel war es, im Baufeld installierte, feste Kameras zu verwenden, um mithilfe von Computer-Vision auf von diesen aufgenommenen Bildern den Füllstand der platzierten Container zu erkennen. Wenn ein bestimmter Füllstand erreicht wird, kann so automatisch die Containerleerung veranlasst werden.

12.5   Erkennung

Die Segmentierung des Bodens erfolgte in zwei Stufen. Zunächst wurde ein auf ADE20K vortrainiertes Modell verwendet, um eine Bodenmaske zu generieren. Als nächstes haben wir 7.200 Bilder mit Begrenzungsrahmen annotiert, die verschiedene Bodentypen enthalten, und ein Klassifizierungsmodell auf Patches der Größe 256×256 trainiert, das eine zufriedenstellende Genauigkeit von 0,93 erreicht hat. Dieses Modell wurde dann mit einer Schrittweite von 128 auf das gesamte Bild angewendet, und die Vorhersagen wurden gestickt und auf die Bodenmaske beschränkt.

Die Erkennung von Container wurde erneut mit dem faster R-CNN-Erkennungsmodell durchgeführt. Der Füllstand der Behälter wurde binarisiert und in drei Klassen unterteilt: leer, halbvoll und voll. Da es mehrere Bilder mit großer Reichweite gab, wurden nach dem Zufallsprinzip Ausschnitte der Größe 256×256 um jeden Container herum extrahiert, um genügend Daten für das Training eines Erkennungsmodells mit geringer Reichweite zu erhalten. Auf diese Weise wurden insgesamt 1.200 Bilder verwendet, die zu 95 % aus Trainings- und zu 5 % aus Testdaten bestanden. Der mAP@[0,5:0,95:0,05]-Wert des Modells betrug 34,2, gemittelt über die Klassen. Die leistungsschwächste Kategorie war der halbvolle Container, der oft als voll eingestuft wurde.

12.6   Zusammenfassung

In diesem Kapitel haben wir ein reales Projekt beschrieben, das sich auf die Digitalisierung und Überwachung der Bauphase eines Gebäudes mit Bildern als Eingabe konzentriert. Es wurde ein Optimierungsalgorithmus beschrieben, der verwendet wurde, um die Rohbilder mit BIM-Modellen abzugleichen, wobei Gebäudemerkmale verwendet wurden, die von einem Computer-Vision-Netzwerk erkannt wurden. Separate tiefe neuronale Netze wurden verwendet, um Schäden auf der Baustelle zu erkennen und zu kategorisieren und auch Bodentypen zu segmentieren und die Container Vollstand zu erkennen, um die Baulogistik zu automatisieren.

Diese Arbeit zeigt, dass moderne Computer Vision- und Optimierungsmethoden verwendet werden können, um manuelle Prozesse auf der Baustelle zu automatisieren. Mithilfe einer Helmkamera und einer einfachen Anwendung können Personen mit minimalen Kenntnissen im Bauwesen auf automatisierte Weise Informationen über den Baufortschritt sammeln. Dadurch wird das Baumanagement effizienter und die datenbasierte Steuerung verbessert.

Einige wichtige Erkenntnisse aus dem Projekt sind:

- Um eine gute Modellleistung auf Baustellen-Panoramabildern zu erzielen, benötigt man 5.000–10.000 hochwertige annotierte Instanzen pro Klasse.

- Aufgaben mit sehr hoher Datenvariabilität wie Schadenserkennung sind noch anspruchsvoller in Bezug auf Trainingsdaten. Diese Art von Daten ist gleichzeitig schwer zu finden, und aufgrund der Subjektivität kann es zu einem hohen Maß an ungenaue Annotationen kommen.
- Mit verschiedenen Tricks kann man Zeit sparen, indem man Begrenzungsrahmen annotiert und die Informationen verwendet, um Modelle zu trainieren, die eine Segmentierung durchführen. Zwei Beispiele für diesen Fall waren das Schadenssegmentierungsmodell, das direkt mit Begrenzungsrahmen trainiert wurde und das Bodentyp-Erkennungsmodell, das ein auf Bildausschnitten trainiertes Klassifikationsnetz verwendete.
- Die Lokalisierung basiert stark auf der Güte der Eingangsdaten. Wenn das Kamerabild unterbelichtet ist, können nicht alle Bild-Merkmale extrahiert werden. Falls im BIM nicht alle Merkmale richtig oder einheitlich hinterlegt worden sind, können diese auch nicht extrahiert werden. Dies führt zu einem schlechten Abgleich von BIM- und Kameradaten. Darunter leidet die Lokalisierung.

Wir möchten der Bauunternehmung Karl Gemünden GmbH&Co.KG. und Ed. Züblin AG für die Sammlung und Hilfe bei der Annotation der zum Trainieren und Validieren des Modells verwendeten Bilder. Wir danken ihnen auch für die Bereitstellung der Bilder, die in den Illustrationen dieses Kapitels verwendet werden.

Das ESKIMO Entwicklungsprojekt wurde durch das Bundesministerium für Bildung und Forschung (BMBF) unter dem Förderkennzeichen 01IS20011A gefördert. Die Verantwortung für den Inhalt dieses Kapitels liegt bei den Autoren.

Literatur

Deng, J., Dong, W., Socher, R., Li, L.-J., Kai Li, & Li Fei-Fei. (2010). ImageNet: A large-scale hierarchical image database. https://doi.org/10.1109/cvpr.2009.5206848.

Everingham, M., Eslami, S. M. A., van Gool, L., Williams, C. K. I., Winn, J., & Zisserman, A. (2015). The Pascal Visual Object Classes Challenge: A Retrospective. International Journal of Computer Vision, 111(1). https://doi.org/10.1007/s11263-014-0733-5.

He, K., Zhang, X., Ren, S., & Sun, J. (2016). Deep residual learning for image recognition. Proceedings of the IEEE Computer Society Conference on Computer Vision and Pattern Recognition, 2016-December. https://doi.org/10.1109/CVPR.2016.90.

He, K., Gkioxari, G., Dollár, P., & Girshick, R. (2020). Mask R-CNN. IEEE Transactions on Pattern Analysis and Machine Intelligence, 42(2). https://doi.org/10.1109/TPAMI.2018.2844175.

Günthner, W., Kessler, S., Sanladerer, S. (2006). Transportlogistik am Bau. Technische Universität München. https://mediatum.ub.tum.de/doc/1187855/fml_20131230_49_export.pdf (Zugriff am 17. 11 2022).

Lin, T. Y., Maire, M., Belongie, S., Hays, J., Perona, P., Ramanan, D., Dollár, P., & Zitnick, C. L. (2014). Microsoft COCO: Common objects in context. Lecture Notes in Computer Science (Including Subseries Lecture Notes in Artificial Intelligence and Lecture Notes in Bioinformatics), 8693 LNCS(PART 5). https://doi.org/10.1007/978-3-319-10602-1_48.

Liu, Z., Lin, Y., Cao, Y., Hu, H., Wei, Y., Zhang, Z., Lin, S., & Guo, B. (2021). Swin Transformer: Hierarchical Vision Transformer using Shifted Windows. Proceedings of the IEEE International Conference on Computer Vision. https://doi.org/10.1109/ICCV48922.2021.00986.

Ren, S., He, K., Girshick, R., & Sun, J. (2015). Faster R-CNN: Towards real-time object detection with region proposal networks. Advances in Neural Information Processing Systems, 2015-January.

Simbeck, K., Bühler, M. (2018). Digitalisierung in der Baulogistik. In: Khare, A., Kessler, D., Wirsam, J. (eds) Marktorientiertes Produkt- und Produktionsmanagement in digitalen Umwelten. Springer Gabler, Wiesbaden. https://doi.org/10.1007/978-3-658-21637-5_14.

Zhou, B., Zhao, H., Puig, X., Xiao, T., Fidler, S., Barriuso, A., & Torralba, A. (2019). Semantic Understanding of Scenes Through the ADE20K Dataset. International Journal of Computer Vision, 127(3). https://doi.org/10.1007/s11263-018-1140-0.

Zhou, B., Zhao, H., Puig, X., Fidler, S., Barriuso, A., & Torralba, A. (2017). Scene parsing through ADE20K dataset. Proceedings – 30th IEEE Conference on Computer Vision and Pattern Recognition, CVPR 2017, 2017-January. https://doi.org/10.1109/CVPR.2017.544.

Bildbasierte Erkennung von Kiesnestern in Beton während der Bauphase

Jan Dominik Kuhnke, Monika Kwiatkowski und Olaf Hellwich

13.1 Einleitung

Baumängel sind für die Wirtschaft kostspielig. Die Kosten für die Beseitigung von Mängeln belaufen sich auf 2 bis 12,4 % der gesamten Baukosten (Lundkvist et al. 2014), und die Inspektion von Baustellen sowie die Dokumentation von Mängeln erfordert viel Zeit und Aufwand (Nguyen et al. 2015).

Die Automatisierung der Inspektion von Bauprojekten würde Ressourcen freisetzen und könnte sogar häufigere Inspektionen ermöglichen. Die Fortschritte in den Bereichen Computer Vision und Machine Learning (ML) könnten in Zukunft eine vollständige Automatisierung dieses Prozesses ermöglichen.

Obwohl maschinelles Lernen in vielen verschiedenen Bereichen angewandt wird, ist die Forschung im Bereich der ML-gestützten bildbasierten Fehlererkennung in der Baubranche – trotz ihrer Größe – noch begrenzt und konzentriert sich auf Sicherheit, Fortschritt und Produktivität.

Dagegen existieren wenige Veröffentlichungen über Methoden zur Fehlererkennung in der Qualitätssicherung im Bauwesen. Bisher beschränkte sich die Forschung zur

J. D. Kuhnke (✉)
Metis Systems AG, Berlin, Deutschland
E-Mail: dominik.kuhnke@gmail.com

M. Kwiatkowski · O. Hellwich
Computer Vision & Remote Sensing, Technische Universität Berlin, Berlin, Deutschland
E-Mail: m.kwiatkowski@tu-berlin.de

O. Hellwich
E-Mail: olaf.hellwich@tu-berlin.de

S. Haghsheno et al. (Hrsg.), *Künstliche Intelligenz im Bauwesen*,
https://doi.org/10.1007/978-3-658-42796-2_13

Fehlererkennung hauptsächlich auf Mängel, die in der Instandhaltungsphase von Infrastruktureinrichtungen wie Straßen, Brücken und Kanalisationen auftreten (Xu et al. 2020).

Diese Arbeit befasst sich mit der Erkennung von Kiesnestern, d. h. großen Oberflächenhohlräumen im Beton, welche oft sichtbare Kieselsteine enthalten, da der fehlende Zement den Kies sichtbar macht. Kiesnester können die Bewehrung, d. h. die Bewehrungsstäbe, freilegen, was zu Erosion führt, und die Wasserundurchlässigkeit und statische Festigkeit des Betons beeinträchtigt.

13.2   Stand der Forschung

Die Mehrheit der existierenden Forschungsarbeiten zur Erkennung von Kiesnestern verwendet eine Vielzahl von Sensordaten, aber keine Bilder. Ismail und Ong (2012) verwendeten beispielsweise Schwingungsformen, um Kiesnester in Stahlbetonbalken zu erkennen. Dabei werden Vibrationen in den Betonbalken eingeleitet und die dadurch verursachte Verschiebung an bestimmten Stellen des Balkens gemessen, um das Verhalten eines Objekts unter dynamischer Belastung zu beschreiben. Des Weiteren entwickelten Völker und Shokouhi (Völker und Shokouhi 2015) eine auf Multisensor-Clustering basierende Methode zur Erkennung von Kiesnestern, unter Verwendung von Aufprallecho-, Ultraschall- und Bodenradardaten.

Nach bestem Wissen der Autoren ist die vorliegende Arbeit bislang die einzige, welche ausschließlich auf Grundlage von Kamerabildern und dem Einsatz von ML die Erkennung von Kiesnestern löst.

Hung et al. (Hung et al. 2019) zeigten, dass *Convolutional Neural Networks* (CNNs) Betonbilder mit einer Genauigkeit von 93 % und einer Wiedererkennung von 93 % in die Klassen „Kiesnester", „Risse", „Moos", „Blasenbildung" und „Normal" klassifizieren können. Als ihr Datensatz, *Concrete Damage Classification* (CDC), veröffentlicht wurde, war er von begrenzter Größe und wurde aus dem Internet zusammengesucht, was zu einer Verfälschung führt, wie in Abschn. 13.4.2 näher beschrieben wird. Bei den Kiesnestern handelt es sich bei aus dem Internet entnommenen Bildern häufig um erklärende Illustrationen, die zwangsläufig besonders leicht zu identifizierende Kiesnester zeigen. Darüber hinaus ist der Bereich, aus dem die Bilder stammen, auf Bilder aus Beton beschränkt, sodass eine hohe Falsch-Positiv-Rate zu erwarten wäre, wenn die mithilfe solcher Daten trainierte Erkennung auf realistische Defektbilder angewendet werden sollte. Die Anwendbarkeit von CNNs für die Kiesnestererkennung auf Bilder von allgemeinen Defekten, wie sie in einem Defektdokumentationssystem gesammelt werden, kann daher nicht nachgewiesen werden.

13.3 Methodik

Es gibt zwar mehrere Datensätze zu Mängeln in Betonbauwerken, aber diese konzentrieren sich entweder auf unterschiedliche Fehler oder enthalten aus dem Internet zusammengesuchte Bilder. Hung et al. (Hung et al. 2019) veröffentlichten den wichtigsten Datensatz, der für die Erkennung von Kiesnestern verwendet wird; dieser wurde allerdings erst nach einer Datenaugmentierung veröffentlicht, was den Aufwand für das Neulabeling erhöht. Im Rahmen unserer Arbeit wurden zwei Datensätze gesammelt. Zum einen stellte die Metis Systems AG einen Satz von Kiesnestbildern aus der Praxis zur Verfügung. Zweitens wurde, ähnlich wie bei Hung et al. (2019), ein Datensatz aus dem Internet gescrapet (engl. web scraping), um eine Vergleichsgrundlage zu in ähnlicher Weise gescrapeten Datensätzen aus der Forschung zu haben. Dies ermöglicht den Vergleich mit dem realistischen Datensatz und das Herausstellen eines möglichen Biases in den gescrapeten Datensätzen.

13.3.1 Datenquellen

Im Rahmen des Forschungsprojekts *SDaC* stellte die Metis Systems AG den Zugang zu den in ihrer eigenen Software „überbau" dokumentierten Fehlerbildern zur Verfügung. Inspektoren dokumentieren Mängel in überbau, indem sie jedem Mangel einen Titel, optional eine beliebige Anzahl von Bildern und weitere Attribute zuweisen. Der Zugriff auf die Mängel erfolgte über eine interne API und sie wurden nach dem Schlüsselwort *Honeycomb* gefiltert, was zu insgesamt 780 Bildern führte.

Nach Wissen des Autors stellt dieser Datensatz die bislang umfangreichste öffentliche Sammlung von Kiesnestern dar, welche ausschließlich aus natürlichen Bildern aus der Praxis besteht und nicht aus dem Internet gescrapet oder speziell für Ausbildungs- oder Forschungszwecke aufgenommen wurden.

Der gesamte Datensatz wird mit Genehmigung der Metis Systems AG veröffentlicht und kann für weitere Forschungsarbeiten verwendet werden. Auch wenn unsere Definition von Kiesnestern nicht zwangsweise mit der anderer Forscher übereinstimmt, werden die Rohbilder ebenfalls veröffentlicht und erhöhen die Zahl der öffentlich zugänglichen Fotos von Betonstrukturen mit Kiesnestern, Poren usw., die durch Fehler während der Konstruktion und nicht durch Verschleiß verursacht werden.

Der zweite Datensatz wurde ähnlich wie bei Hung et al. (2019), welche Bilder für vier Klassen sammelten, über eine Google-Bildsuche gewonnen. Da jedoch nur die Klasse der Kiesnester für diese Arbeit relevant ist, wurden nur die Schlüsselwörter *honeycomb concrete* und *honeycomb on concrete surface* verwendet, und die Anzahl der heruntergeladenen Bilder wurde im Vergleich zu Hung et al. (2019) von 50 auf 100 erhöht.

Die aus dem Internet entnommenen Bilder dienten größtenteils als anschauliche Beispiele für Kiesnester, wodurch eine Überrepräsentation sehr klarer und großer Kiesnester entsteht. Schwieriger zu identifizierende Fälle sind seltener vertreten. Dementsprechend enthalten die meisten Bilder sehr deutliche kieselsteinartige Strukturen.

13.3.2 Datensätze

Da Kiesnester kein Objekt an sich beschreiben, ist die Bestimmung ihres Umrisses eine Herausforderung für sich. Im Gegensatz dazu haben die meisten Poren klare kreisförmige Umrisse, wie frühere Arbeiten aufzeigen (Liu und Yang 2017; Zhu und Brilakis 2008, 2010; Yoshitake und Hieda 2018; Nakabayash et al. 2020). Wir verwenden zwei Ansätze zur Kennzeichnung unserer Daten. Erstens erstellen wir Instanzsegmentierungsmasken. Zweitens verwenden wir einfache Klassifizierungslabels. Wir wenden diese Labelingtechniken auf unsere beiden Datensätze an.

13.3.2.1 „Honeycombs in concrete instance segmentation"

Die herkömmliche Definition eines Kiesnests ist ein Oberflächenhohlraum, der einen bestimmten Durchmesser überschreitet. Diese Definition kann hier nicht angewandt werden, da eine Schätzung der Größe der Oberflächenhohlräume aufgrund des unbekannten Maßstabs der Bilder nicht einfach möglich ist und der Maßstab einen erheblichen Einfluss auf die Unterteilung der Kiesnester in Instanzen hat. In einigen Arbeiten wird dieses Problem durch die Definition eines festen Bereichs (Nakabayash et al. 2020) oder die Steuerung des Bildaufnahmeprozesses (Yoshitake und Hieda 2018) gelöst, was zu einem festen Maßstab der auf den Bildern dargestellten Oberflächen führt. Unsere Lösung vermeidet jedoch diesen Bias und ermöglicht die Erkennung in jedem Maßstab. Wir verwenden die folgende Definition als Labelingkriterium: Eine Kiesnest ist eine Oberflächenlücke in Beton mit mindestens einem teilweise sichtbaren Kieselstein. Letztendlich wurden die HiCIS-Datensätze *(Honeycombs in Concrete Instance Segmentation)* erstellt, indem die Bilder mit Instanzsegmentierungsmasken gemäß der oben genannten Kiesnestdefinition gelabelt wurden.

Die Datensätze wurden in Trainings-, Validierungs- und Testdatensätze von jeweils 60, 20 und 20 % aufgeteilt, wodurch die beiden Datensätze HiCIS Metis und HiCIS Web mit jeweils drei Subsets entstanden.

13.3.2.2 Honeycombs in concrete classification

Zusätzlich zu unseren Segmentierungslabels erstellen wir mehrere Klassifizierungsdatensätze. Zunächst verwenden wir den CDC-Datensatz von Hung et al. (2019). Dieser Datensatz wurde von der Multi- in Binärklassifikation für Kiesnester umgewandelt, indem alle Nicht-Kiesnest-Bilder in eine einzige Klasse sortiert wurden. Der daraus resultierende Datensatz wird *Concrete Damage Classification – Binary Honeycomb Classification* (cdc-bhc) genannt. Zusätzlich wurden die Klassifizierungsdatensätze *Honeycombs in Concrete Classification* (HiCC) aus unseren HiCIS-Segmentierungsdatensätzen erstellt. Aus dem HiCIS-Datensatz wurden quadratische Felder mit einer Größe von 224×224 Pixeln erzeugt, indem die Bilder beschnitten, dann die Fläche der Instanzsegmentierungsmaske im beschnittenen Bild berechnet und ein Schwellenwert auf die binären Klassifizierungs-label angewendet wurde. Der Ausschnitt wurde entweder um 112 Pixel oder um 224 Pixel verschoben, sodass für jeden HiCIS-Datensatz zwei Datensätze erstellt wurden. Die Datensätze, die mit einem Stride von 112 Pixeln erstellt wurden, enthalten jedes Pixel bis zu viermal in verschiedenen Patches, während die anderen jedes Pixel genau einmal ent-halten. Durch die Beibehaltung der Trainings-, Validierungs- und Test-Splits von HiCIS wurde sichergestellt, dass ein bestimmtes Kiesnest nicht in verschiedenen Untersätzen auftritt.

13.3.3 Transfer-learning

CNNs benötigen oft eine große Menge an Daten für das Training, und selbst auf moder-ner Hardware kann die Trainingszeit mehrere Tage betragen. Daher wurden vortrainierte Modelle verwendet, die die Trainingszeit verkürzen und die Generalisierung der Modelle verbessern, wie Özgenel und Sorguç (2018) für die Risserkennung in Beton gezeigt haben.

13.3.3.1 Mask R-CNN mit ResNet101 Backbone zur Instanzsegmentierung

Die Mask R-CNN-Architektur wird für die Instanzsegmentierung verwendet. Mask R-CNN erreichte zum Zeitpunkt der Veröffentlichung durch He et al. (2018) im Jahr 2017 State-of-the-Art-Performance für COCO.

Wir haben ResNet101 als Backbone verwendet.

Es wurde eine Aufwärmphase verwendet, die mit einer Lernrate von 5e-6 begann und bei der 100. Epoche 5e-3 erreichte. Die Lernrate war dann bis zur 2000. Iteration konstant. Anschließend wurde die Lernrate alle 250 Iterationen halbiert, außer bei den Modellen, die nur auf HiCIS Metis trainiert wurden – für diese begann die Halbierung bei der 1000. Iteration. Pro Bild wurden 512 *Regions of Interests* erzeugt. Da der GPU-Speicher begrenzt war, wurden die Bilder auf 1024px x 1024px verkleinert, und es wurde eine Batchgröße von 2 Bildern pro Iteration verwendet. Die Modelle wurden für insgesamt 6000 Iterationen trainiert.

13.3.3.2 EfficientNet zur Klassifizierung

Die Zahl der CNN-basierten Klassifizierungsmodelle, die seit ihrer Einführung im Jahr 1995 entwickelt wurden, ist enorm (Li et al. 2021). Hung et al. (2019) verwende-ten VGG19 (Simonyan and Zisserman 2014), InceptionV3 (Szegedy et al. 2016) und InceptionResNetV2 (Szegedy et al. 2017) für ihr erfolgreiches Training zur Klassifizie-rung von Oberflächenschäden in Beton. EfficientNet-Architekturen sind aufgrund ihres Verhältnisses von Leistung zu Parametern weit verbreitet (Tan and Le 2019).

EfficientNet-L2, das beste Modell der EfficientNet-Architekturen, erreicht bei Imagenet eine Top-1-Genauigkeit von 90,2 %. Da Hung et al. (2019) eine Eingabebildgröße von $227 \times 227p$ verwendeten, wird das am besten zum Format unserer Datensätze passende EfficientNet-Modell, EfficientNetB0, verwendet.

Die Anwendung des Transfer-Lernens besteht aus drei Stufen. Zunächst wird nur der Output-Layer trainiert. Anschließend wird zusätzlich zum Output-Layer auch der letzte Block des EfficientNet-B0 trainiert, um die Anzahl der trainierbaren Parameter zu erhöhen, ohne die Low-Level-Merkmalsextraktoren in den frühen Blöcken zu verlieren. Erst dann wird das Modell in seiner Gesamtheit trainiert. Für alle Trainingsstufen wurde Adam (Kingma and Ba 2014) zur Optimierung verwendet.

Um die Machbarkeit und Effektivität von EfficientNet-B0 zu demonstrieren, wird das Modell auf dem CDC-Datensatz von Hung et al. trainiert, ohne zusätzliche Augmentierungen hinzuzufügen, da CDC bereits augmentiert ist.

13.4 Ergebnisse und Diskussion

13.4.1 EfficientNet-B0 für „Concrete Damage Classification"

EfficientNet-B0 erzielte eine bessere Leistung als alle Modelle von Hung et al. (2019) und erreichte technisch den Stand der Technik für den CDC-Datensatz. Nach 10 Trainingsepochen erreicht EfficientNet-B0 auf dem CDC-Datensatz eine Genauigkeit von 96,95 %, eine Präzision von 97,32 % und einen Recall von 96,76 %. Die Precision und der Recall sind sowohl für jede Klasse im Einzelnen sowie auch insgesamt im Durchschnitt höher als bei dem zuvor besten Modell, InceptionResnetV2, wie Tab. 13.1 zeigt. Außerdem ist die Precision von EfficientNet-B0 mit 96,29 % signifikant höher als die von VGG19 mit 92,29 %, InceptionV3 mit 90,57 % und InceptionResnetV2 mit 92,57 %.

13.1 Vergleich der Performanz auf dem CDC-Datensatz von unserem fine-tuned Efficient-Net-B0 Unser fine-tuned EfficientNet-B0

Class	Precision	Recall	F1-score	Support
Normal	0.96	0.97	0.96	210
Cracked	0.95	0.97	0.96	210
Blistering	0.98	0.96	0.97	210
Honeycomb	0.96	0.98	0.97	210
Moss	1.00	1.00	0.98	210
Average	0.97	0.97	0.97	210

13.4.2 Klassifizierungergebnisse

Das Training von EfficientNet-B0 zeigte deutliche Unterschiede zwischen den Datensätzen in HiCC. Alle Modelle schnitten auf ihren eigenen Testdatensätzen am besten ab, wenn man die *Average Precision* (AP) und den *Average Recall* (AR) betrachtet. Jedes Modell erreichte eine hohe Leistung auf den HiCC-Web-Datensätzen.

Die Einbeziehung der HiCC Web-Datensätze in den Metis-Datensatz verbessert die Leistung des HiCC Metis-Datensatzes nicht. Sie verbessert jedoch die Wiedererkennung bei den HiCC Web-Datensätzen. Insgesamt scheint das beste Modell das zu sein, welches auf dem HiCC Metis-s112-p224-Datensatz trainiert wurde und die höchsten AP und AR für die HiCC Metis-Datensätze und APs und ARs nahe den höchsten für die HiCC Web-Datensätze erzielt. Die hohen AP- und AR-Werte dieses Modells deuten darauf hin, dass das Modell die deutlichste Trennung zwischen Kiesnest und Nicht-Kiesnest erreicht. Da AP und AR ihre Metriken bei verschiedenen Schwellenwerten mitteln, bedeutet ein hoher Wert eine größere Unabhängigkeit von der Wahl eines bestimmten Schwellenwertes. Um diese Annahme zu bestätigen, wird in Abschn. 4.2.1 eine qualitative Analyse mit Grad-CAM durchgeführt.

Der höhere AR des Modells Metis-s112-p224 im Vergleich zu seinem Recall bei einer Konfidenzschwelle von 0,5 ist darauf zurückzuführen, dass der Recall fast nie Null erreicht.

13.4.2.1 Grad-CAM-basierter Vergleich

Gradient-weighted class activation mapping (Grad-CAM) ist eine Technik zur Hervorhebung der Regionen in einem Bild, die am meisten zur Vorhersage beitragen (Selvariu et al. 2017).

Grad-CAM bestätigt, dass die Modelle die Struktur der Kiesnester bei den meisten Datensätzen erlernt haben, obwohl die meisten Modelle eine gewisse Tendenz für die obere linke Ecke entwickeln. Die Modelle, die auf den webscraped-Datensätzen trainiert wurden, scheinen die Struktur von Kiesnestern schlecht zu lernen, mit Ausnahme des Modells Web-s224-p224, das ein geeignetes Grad-CAM aufweist. Nur das Modell, das auf *cdc-bhc* trainiert wurde, konnte das Bild nicht richtig klassifizieren, und nur das Modell Metis-s112-p224 weist keine Aktivierung für die linke obere Ecke auf.

Die Modelle, die auf Metis-Bildern trainiert wurden, gingen mit Bildern, die untypisch für ihre Trainingsdaten sind, zufriedenstellend um. Die Web-Modelle, deren Trainingsdaten keine solchen Bilder enthielten, waren jedoch weniger zuversichtlich in ihren Vorhersagen, obwohl sie immer noch korrekt klassifizierten. Die höhere Konfidenz der anderen Modelle zeigt die bessere Klassentrennung, die diese Modelle gelernt haben, wie die AP und AR in Tab. 13.2 belegen.

Die Modelle wurden leicht durch lose Kieselsteine getäuscht, was zeigt, dass die Modelle gelernt haben, dass Kieselsteine ein wichtiges visuelles Merkmal für Kiesnester sind, was der Definition entspricht, die zumindest einen teilweise sichtbaren Kieselstein erfordert. Allerdings klassifizieren die Modelle lose Kieselsteine nicht generell falsch, wie einige der Beispiele im nächsten Abschnitt zeigen.

Zusammenfassend bestätigt Grad-CAM, dass die metrikbasierte Bewertung, auf der das EfficientNet-B trainiert wurde, Metis-s112-p224 am besten abschneidet und das einzige Modell ist, das keinen Bias für die linke obere Ecke entwickelt. Erwähnenswert ist auch, dass die Einbeziehung der Web-Bilder die Leistung des Modells nicht verbesserte. Ein möglicher Grund ist, dass Web-Bilder tendenziell übermäßig viele Kiesnester zeigen und dass ihre Auflösung für die Web-Nutzung deutlich reduziert wird. Interessanterweise kann Grad-CAM als Werkzeug für die Instanzsegmentierung verwendet werden, obwohl es nur ein Klassifikationsmodell als Grundlage verwendet.

13.4.2.2 Patch-Klassifzierung

Da das Klassifizierungsmodell auf Patches mit geringerer Auflösung trainiert wurde, können wir das Modell patchweise auf Bildern mit größerer Auflösung anwenden, um Fehler zu lokalisieren. Grad-CAM hilft zusätzlich bei der Lokalisierung von Kiesnestern für die Überprüfung. Abb. 13.1 zeigt, wie Grad-CAM bei der Erklärung der Klassifizierungsentscheidung und bei der Lokalisierung des Kiesnests hilft, da die obere linke Kachel in Bild (a) leicht als falsch positiv identifiziert werden könnte. Die überlagerte Aktivierung durch Grad-CAM zeigt jedoch, dass der Patch aufgrund des kleinen Mangels in der rechten unteren Ecke korrekt klassifiziert wurde. In den beiden oberen Bildern (a) und (b) umgibt ein magentafarbener Rahmen jeden Patch, der die Vertrauensschwelle von 0,5 überschreitet, wobei die Vertrauensschwelle in der oberen linken Ecke des Patchs angegeben ist. Die beiden unteren Bilder zeigen die entsprechenden Grad-CAMs für die oberen Bilder.

Wenn ein Kiesnest am Rand eines Patches positioniert ist, kann Grad-CAM bei der menschlichen Verifizierung helfen, wie in (c) und (d) von Abb. 13.1 dargestellt. Im Falle der Klassifizierung von Patches ist Grad-CAM zwar hilfreich, dient aber hauptsächlich dem ursprünglich vorgesehenen Zweck der Fehlersuche bei CNNs. Das heißt, zu erkennen, ob ein Modell überfordert ist oder bestimmte unerwünschte Merkmale erlernt. Die Bilder aus dem Internet scheinen keine Hintergründe zu haben, die typischerweise auf Baustellen zu sehen sind.

Während der Web-Datensatz nur Bilder von Kiesnestern enthält, die größtenteils nur Betonhintergründe enthalten und keine realistischen Bilder von Baustellen, enthält der cdc-bhc-Datensatz auch differenziertere Bilder von Beton. Leider zeigen die Modelle, die auf diesen Datensätzen trainiert wurden, eine schlechte Performance auf Bildern aus der Praxis, da die typischen Baustellenhintergründe nicht ausreichend in den Trainingsdaten repräsentiert sind.

Abb. 13.2 veranschaulicht die höheren Falsch-Positiv-Raten, insbesondere für Bereiche, die keine Betonoberflächen abbilden. Das auf den Web-Daten trainierte Modell schnitt in diesem Fall besonders schlecht ab, sogar schlechter als das cdc-bhc-Modell, obwohl die Performance-Metriken für das Web-Modell höher sind. Dies ist jedoch zu erwarten, da der cdc-bhc-Datensatz eine größere Vielfalt an Negativbeispielen enthält.

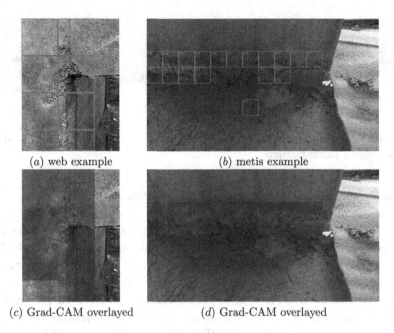

(a) web example   (b) metis example

(c) Grad-CAM overlayed   (d) Grad-CAM overlayed

Abb. 13.1 (a) und (b) zeigen Beispielbilder mit patchweiser Klassifizierung. (c) und (d) zeigen die entsprechenden Grad-CAM-Aktivierungen

Abschließend lässt sich sagen, dass das Hinzufügen von mehr Bildern aus der Praxis die Falsch-Positiv-Rate weiter senken könnte.

Da keine der angewandten Erweiterungen auf Unterschiede in der Skalierung der Eingabedaten abzielte, konnten die Modelle natürlich keine zu großen Kiesneststrukturen lernen, wie Abb. 13.3 mit einem atypisch nahen Foto eines Kiesnests zeigt. Das Klassifikationsmodell konnte jedoch die meisten Patches nicht korrekt als Kiesnest erkennen, da weder das Klassifikationsmodell noch die Trainingsdaten signifikante Größenunterschiede berücksichtigten.

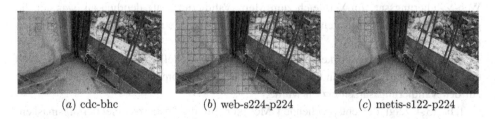

(a) cdc-bhc   (b) web-s224-p224   (c) metis-s122-p224

Abb. 13.2 Falsch-positive Ergebnisse für nicht-Beton Patches durch unser fine-tuned EfficientNet-B0, trainiert auf verschiedenen Trainingssets

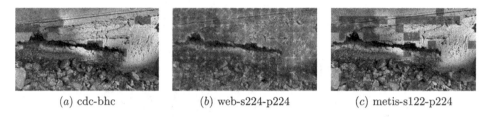

(a) cdc-bhc   (b) web-s224-p224   (c) metis-s122-p224

Abb. 13.3 Untypische Skalierung eines Kiesnests durch unser finetuned EfficientNet-B0, trainiert auf verschiedenen Trainingssätzen

Diese Schwäche bei der Handhabung unerwarteter Skalen könnte durch die Erzeugung der Patches aus den Bildpyramiden behoben werden (Adelson et al. 1984). Xiao et al. (2020) fügten zum Beispiel Bildpyramiden zu Mask R-CNN hinzu, was die Leistung leicht verbesserte. Girshick (2015) argumentierte jedoch, dass die durch die Verwendung von Bildpyramiden erzielten Verbesserungen nicht signifikant genug sind, um den Anstieg der Berechnungszeit für Fast R-CNN zu rechtfertigen, und Ren et al. (2015) argumentierten ebenso für Faster R-CNN. Da Girshick (2015) auch gezeigt hat, dass das Modell Fast R-CNN die Skaleninvarianz aus den Trainingsdaten erlernt, könnte eine Erhöhung der Skalenvarianz durch Hinzufügen von Patches aus Bildpyramiden das Klassifikationsmodell verbessern.

13.4.3 Instanzsegmentierung

Die Masken-R-CNN-Modelle haben bis zu einem gewissen Grad gelernt, Kiesnester zu erkennen.

Abb. 13.4 zeigt die Trainings- und Validierungsverluste sowie die Bounding Box APs auf dem Validierungsset.

Beide Modelle, die auf einem der beiden Datensätze trainiert wurden, verbesserten sich nicht wesentlich über Iteration 3000 hinaus, während das auf beiden Datensätzen trainierte Modell bei etwa 4000 Iterationen konvergierte. Der Validierungs-AP stieg für den Web-Validierungssatz im Vergleich zum Metis-Validierungssatz deutlich an, was auf die geringe Größe des Web-Datensatzes im Vergleich zum Metis-Datensatz zurückzuführen ist.

Tab. 13.3 zeigt die Metriken des Masken R-CNN-Modells, das auf den HiCIS Web- und HiCIS Metis-Datensätzen trainiert wurde, sowie die Kombination beider Modelle, die auf den Validierungssätzen erzielt wurde.

Tab. 13.4 zeigt die entsprechenden Metriken für die Instanzsegmentierungsmasken. Das We-Modell erzielte auf dem Metis-Datensatz eine geringere Leistung als das Metis-Modell, obwohl es einen etwas höheren AR erreichte. Die Einbeziehung der Web-Daten verbesserte jedoch die Segmentierungsmasken des Modells leicht.

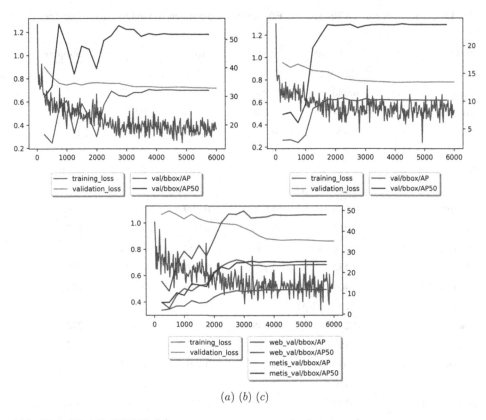

(a) (b) (c)

Abb. 13.4 Mask R-CNN-Training

Alle Modelle erzielten unabhängig von der Kombination der Trainingsdaten höhere Werte im Web-Test. Die Einbeziehung der Metis-Trainingsdaten verringerte die Leistung in der Web-Testgruppe. Der deutlich größere Umfang des Metis-Datensatzes im Vergleich zum Web-Datensatz führte zu einer stärkeren Betonung der realistischen Bilder, sodass das auf beiden Datensätzen trainierte Modell im Web-Datensatz schlechter abschnitt. Die geringere Leistung bestätigt daher die Annahme, dass die aus dem Internet entnommenen Bilder die am leichtesten erkennbaren Kiesnester darstellen. Die Einbeziehung des Web-Trainingsdatensatzes führte zu einer leichten Verbesserung des Modells auf dem Metis-Datensatz, das in fast allen Metriken die besten Werte der drei Modelle erzielte. Darüber hinaus übertraf das auf beiden Datensätzen trainierte Modell das nur auf dem Metis-Datensatz trainierte Modell bei Recall-Werten über 20 %, wie in Abb. 13.5 dargestellt.

Zusammenfassend lässt sich sagen, dass sich die beiden Datensätze deutlich unterscheiden, wobei die Web-Bilder eine begrenzte Auswahl an Kiesnestern darstellen.

Abb. 13.5 (a) und (b) zeigen die Precision-Recall-Kurven aller drei Modelle unter Verwendung eines IoU-Schwellenwerts (*Intersection of Union*) von 0,5 für den Web-Testset

Tab. 13.2 Metriken auf den Testsets von EfficientNet-B0 trainiert mit unterschiedlichen Trainings-sets

Test set	Precision	Recall	Ap	Ar	Support
	Cdc-bhc				
Cdc-bhc	0.980	0.943	0.927	0.972	210
Web-s112-p224	0.974	0.848	0.980	0.970	132
Web-s224-p224	1.000	0.818	0.981	0.973	44
Metis-s112-p224	0.238	0.242	0.189	0.220	4281
Metis-224-p224	0.226	0.235	0.181	0.212	1080
	Web-s224-p224				
Cdc-bhc	0.286	0.676	0.490	0.478	210
Web-s112-p224	0.911	0.879	0.987	0.978	132
Web-s224-p224	1.000	0.841	0.992	0.994	44
Metis-s112-p224	0.432	0.497	0.416	0.430	4281
Metis-224-p224	0.406	0.400	0.320	0.341	1080
	Web-s112-p224				
Cdc-bhc	0.295	0.738	0.347	0.389	210
Web-s112-p224	0.959	0.886	0.977	0.907	132
Web-s224-p224	1.000	0.864	0.991	0.994	44
Metis-s112-p224	0.416	0.404	0.329	0.342	4281
Metis-224-p224	0.406	0.400	0.320	0.341	1080
	Metis-s224-p224				
Cdc-bhc	0.577	0.448	0.554	0.550	210
Web-s112-p224	1.000	0.689	0.984	0.974	132
Web-s224-p224	1.000	0.705	0.991	0.990	44
Metis-s112-p224	0.621	0.611	0.640	0.635	4281
Metis-224-p224	0.617	0.615	0.623	0.623	1080
	Metis-s112-p224				
Cdc-bhc	0.644	0.319	0.444	0.460	210
Web-s112-p224	0.988	0.614	0.962	0.919	132
Web-s224-p224	1.000	0.591	0.973	0.963	44
Metis-s112-p224	0.696	0.568	0.682	0.677	4281
Metis-224-p224	0.685	0.557	0.676	0.672	1080
	Concat-s224-p224				

(Fortsetzung)

Tab. 13.2 (Fortsetzung)

Test set	Precision	Recall	Ap	Ar	Support
Cdc-bhc	0.714	0.524	0.654	0.659	210
Web-s112-p224	0.991	0.795	0.986	0.966	132
Web-s224-p224	1.000	0.773	0.988	0.983	44
Metis-s112-p224	0.608	0.597	0.636	0.634	4281
Metis-224-p224	0.596	0.596	0.623	0.622	1080
Concat-s112-p224					
Cdc-bhc	0.545	0.490	0.589	0.583	210
Web-s112-p224	0.951	0.735	0.977	0.955	132
Web-s224-p224	0.969	0.705	0.983	0.971	44
Metis-s112-p224	0.637	0.588	0.633	0.627	4281
Metis-224-p224	0.626	0.579	0.613	0.613	1080

Tab. 13.3 Metriken für Bounding Boxes

	Web			Metis		
Metric	W	M	W+M	W	M	W+M
APIoU $\geq$ 50	**37.4**	16.4	25.6	8.9	12.3	**12.4**
APIoU $\geq$ 0.5:0.95:0.05	**22.2**	7.9	17.4	3.1	**6.0**	5.7
ARIoU $\geq$ 0.5:0.95:0.05	**28.2**	9.6	18.6	7.6	8.1	**8.8**

Tab. 13.4 Metriken für Segmentierungsmasken

	Web			Metis		
Metric	W	M	W+M	W	M	W + M
APIoU $\geq$ 50	**33.0**	14.5	23.2	7.3	11.7	**11.9**
APIoU $\geq$ 0.5:0.95:0.05	**17.2**	6.7	15.9	2.5	4.1	**4.4**
ARIoU $\geq$ 0.5:0.95:0.05	**23.7**	8.6	17.0	6.1	6.0	**7.0**

bzw. den Metis-Testset. Die beiden Precision-Recall-Kurven verdeutlichen die Ursache der niedrigen AP und AR. Da die Precision bzw. der Recall bei vielen Schwellenwerten gleich Null ist, sind die Durchschnittswerte deutlich niedriger, da das Modell unabhängig von der Vertrauensschwelle keine Precision- und Recall-Werte über einem bestimmten Punkt erreicht.

Zusammenfassend lässt sich feststellen, dass die Metriken für Bounding Boxes und Segmentierungsmasken eine Leistungsverbesserung zeigten, als beide Datensätze kombiniert wurden, was darauf hindeutet, dass eine Erhöhung der Varianz im Datensatz durch

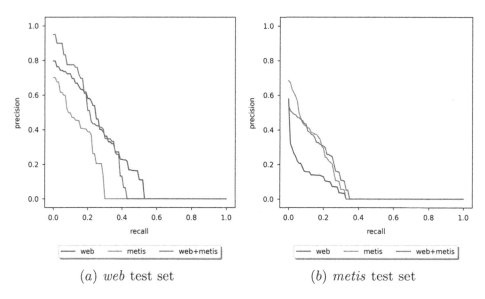

(a) *web* test set   (b) *metis* test set

Abb. 13.5 Precision-Recall-Kurven

eine Vergrößerung des Umfangs wahrscheinlich zu einer weiteren Leistungssteigerung führt.

13.4.3.1 Evaluierung der praktischen Anwendung

Da die Betrachtung nur der durchschnittlichen Präzisions- und Recall-Kennzahlen zu einer Unterschätzung der Leistung des Modells führen könnte, wurden die Precision und der Recall bei einer bestimmten Vertrauensschwelle berechnet. Daher war die Festlegung eines geeigneten Wertes für die Konfidenzschwelle erforderlich.

Tab. 13.5 zeigt die Metriken aller Modelle auf beiden Validierungssätzen unter Verwendung eines IoU-Schwellenwerts von 50 % bei drei verschiedenen Konfidenzschwellen für die Bounding-Box-Erkennungen. Bei einem Konfidenzschwellenwert von 0,7 erreicht das Modell beispielsweise eine Genauigkeit von 72,5 %, was weitaus höher ist als bei der alleinigen Betrachtung des AP erwartet.

Tab. 13.6 zeigt die entsprechenden Metriken, die auf den Testsätzen im Vergleich zum Validierungssatz gemäß Tab. 13.5 erzielt wurden, da der Schwellenwert auf dem Validierungssatz bestimmt werden muss. Andernfalls gäbe es keine ausreichende Evidenz dafür, dass der ermittelte Schwellenwert auch hinreichend generalisiert.

Die hohe Qualität einiger der Erkennungsraten des Modells wird durch das Bild (a) in Abb. 13.6 veranschaulicht. Das Modell ermittelte eine nahezu perfekte Segmentierungsmaske für die Kiesnester im Bild. Dies ist jedoch nicht repräsentativ für die Erkennungsqualität im Allgemeinen.

Tab. 13.5 Unterschiedliche Confidence-Thresholds bei einer IoU = 0.5 auf den Validierungssets

Model	Confidence	Web				Metis			
		Precision	Recall	F1-score	Support	Precision	Recall	F1-score	Support
Web	0.3	0.3469	0.4722	0.400	36	0.1386	0.2121	0.1677	198
	0.5	0.4706	0.4444	0.4571	36	0.1954	0.1799	0.1873	189
	0.7	0.6087	0.3889	0.4746	36	0.2526	0.1379	0.1784	174
Metis	0.3	0.5333	0.444	0.4848	36	0.2060	0.3179	0.2500	198
	0.5	0.7857	0.3056	0.440	36	0.3077	0.2051	0.2462	195
	0.7	0.7500	0.3000	0.4286	30	0.4694	0.1447	0.2202	159
W+M	0.3	0.6429	0.5000	0.5625	36	0.2576	0.3434	0.2944	198
	0.5	0.8500	0.4722	0.6071	36	0.400	0.2383	0.2987	193
	0.7	0.9286	0.3611	0.5200	36	0.5283	0.1637	0.2500	171

Tab. 13.6 Unterschiedliche Confidence-Thresholds bei einer IoU = 0.5 auf den Testsets

Model	Confidence	Web				Metis			
		Precision	Recall	F1-score	Support	Precision	Recall	F1-score	Support
Web	0.3	0.3396	0.6316	0.4417	57	0.2222	0.3143	0.3143	210
	0.5	0.4225	0.5264	0.4687	57	0.3161	0.3216	0.3188	171
	0.7	0.5682	0.4386	0.4950	57	0.3711	0.2323	0.2857	155
Metis	0.3	0.4167	0.4386	0.4274	57	0.3162	0.4095	0.3568	210
	0.5	0.6800	0.2982	0.4146	57	0.4911	0.3293	0.3943	167
	0.7	0.8333	0.1923	0.3125	57	0.7250	0.2266	0.3252	128
W+M	0.3	0.4304	0.5965	0.500	57	0.3116	0.4115	0.3546	209
	0.5	0.6486	0.4211	0.5106	57	0.4786	0.3415	0.3986	164
	0.7	0.8333	0.2632	0.4000	57	0.6531	0.2462	0.3575	130

(a) near perfect segmentation mask   (b) ground truth   (c) predictions

Abb. 13.6 Nahezu perfekte Segmentierungsmaske und unterschiedliche Aufteilung der Kiesnester

Wie die Bilder (b) und (d) in Abb. 13.6 zeigen, spiegeln die Vorhersagen des Modells, die Kiesnester in einzelne oder mehrere Instanzen aufzuteilen, die Herausforderungen bei der Definition von Kiesnestinstanzen wider, wie in Abschn. 13.3.2.1 beschrieben. Darüber hinaus führt der Unterschied bei der Aufteilung der Kiesnester zu weniger echten Positiven, da die aufgeteilten Kiesnestinstanzen nicht einen IoU von 0,5 erreichen. Man könnte dieses Problem angehen, indem man den Problemtyp auf Klassifizierung und Segmentierung ändert. Obwohl ein Experiment zur Klassifizierung großer Kiesnester, wie in Abschn. 13.2.2 erwähnt, fehlschlug, könnte die Herausforderung der unklaren Instanzaufteilung weitere Forschung in diese Richtung rechtfertigen.

Während die Erkennungen bei einer Konfidenzschwelle von 0,3 größtenteils korrekt sind, erhöhte sich bei einer niedrigeren Konfidenzschwelle die Anzahl der falsch-positiven Erkennungen bei losen Kieselsteinen auf dem Boden.

Zusammenfassend lässt sich sagen, dass das vorgestellte Modell eine funktionierende Lösung zur Kiesnestererkennung anbietet. Die Objekterkennung erkennt nicht nur eindeutige „Lehrbuchfälle", sondern ist auch geeignet, Kiesnester und mögliche Defekte mit vagen Umrissen zu erkennen. Die Unterscheidung von Kieselsteinen und Kiesnestern bedarf jedoch weiterer Forschung.

13.4.4 Instanzsegmentierung vs. Patch-Klassifizierung

In den beiden vorangegangenen Abschnitten wurden die Ergebnisse der Objekterkennungs- und Klassifizierungsansätze untersucht und diskutiert. Auch wenn die Metriken zur Objekterkennung und -klassifizierung nicht direkt miteinander verglichen werden können, können sie dennoch Unterschiede aufzeigen.

Vergleicht man das Klassifizierungsmodell, das auf HiCC Metis-s224-p224 trainiert wurde, mit dem Mask R-CNN, das auf dem HiCIS-Datensatz trainiert wurde, so kann das Klassifizierungsmodell eine höhere Genauigkeit und Wiedererkennung erreichen. In Anbetracht der Härte der IoU ist der Unterschied jedoch nicht groß genug, um die Leistung des Mask R-CNN-Modells zu verwerfen. Eine weitere Überlegung ist, dass Bounding Boxes mit Segmentierungsmasken im Vergleich zur Patch-Klassifizierung mit Grad-CAM von den Benutzern als intuitiver wahrgenommen werden könnten, da Bounding Circles üblicherweise verwendet werden, um einen wichtigen Bereich in einem Bild zu kennzeichnen.

13.5   Zusammenfassung

13.5.1 EfficientNet-B0

Ein EfficientNet-B0 wurde auf dem CDC-Datensatz (Hung et al. 2019) trainiert, ohne dass zusätzliche Erweiterungen hinzugefügt wurden. Das Modell erreichte auf dem CDC-Datensatz eine Genauigkeit von 96,95 %, eine Präzision von 97,32 % und einen Recall von 96,76 %. Die erfolgreiche Anwendung von EfficientNet-B0 zeigte, dass die Verbesserungen der Modelle auf ImageNet auch die Leistung beim Transfer-Lernen verbessern können. Darüber hinaus bestätigte es seine Eignung für das Training eines binären Kiesnestklassifikators.

13.5.2 HiCIS und HiCC Datensätze

Die HiCC- und HiCIS-Datensätze werden auf GitHub zur Verwendung in der Forschung veröffentlicht: https://github.com/jdkuhnke/HiC. HiCC enthält binäre Klassifizierungsdatensätze für Kiesnester in Beton. HiCIS enthält Datensätze zur Erkennung von Kiesnestern mit Bounding Boxes und Instanzsegmentierungsmasken, die im MS COCO-Format beschriftet sind. Diese Datensätze bieten eine Grundlage für weitere Forschungen zur Erkennung von Kiesnestern. Die Rohbilder sind ebenfalls enthalten.

Während die Instanzsegmentierungsmasken so präzise wie möglich manuell beschriftet wurden, sind kleinere Kiesnester für die 224 × 224 Pixel großen Patches in großen Bildern mit fragmentierten Kiesnestern möglicherweise nicht genau genug beschriftet. Daher kann es vorkommen, dass der HiCC-Datensatz einige unpräzise Klassenbeschriftungen enthält.

13.5.3 Evaluierung der Instanzsegmentierung im Vergleich zur patchbasierten Klassifizierung für die Erkennung von Kiesnestern

Modelle zur Erkennung von Kiesnestern durch Klassifizierung von Patches und durch Instanzsegmentierung wurden auf HiCC bzw. HiCIS trainiert. EfficientNet-B0, das auf HiCC Metis-s112-p224 trainiert wurde, erreichte die höchste Gesamtleistung auf Metis-s112-p224 mit 67,6 % AP, 67,2 % AR, 68,5 % Präzision und 55,7 % Recall. Obwohl diese Werte im Vergleich zu ähnlichen Arbeiten zur Rissklassifizierung (Ç. F. Özgenel und A. G. Sorguç 2018; Zhang et al. 2016; Cha et al. 2017; Dorafshan et al. 2018; Feng et al. 2017) niedriger sind, ist das Ausmaß der Unterschiede angesichts der Größe, Qualität und Komplexität der Datensätze zu erwarten.

Obwohl Grad-CAM in dieser Arbeit für einen Kiesnestklassifikator zur Unterstützung der manuellen Verifizierung eingesetzt wurde, zeigt es auch, dass es bei der Segmentierung positiver Patches helfen kann, was zu besseren Lokalisierungsmasken führen könnte. Fan et al. (Fan et al. 2018) haben festgestellt, dass bei einem hohen Verhältnis von negativen zu positiven Pixeln ein Modell wahrscheinlich lernen würde, jedes Pixel als negativ zu klassifizieren. Daher ist die Klassifizierung, die durch das trainierte EfficientNet-B0-Modell ermöglicht wird, für die weitere Forschung in dieser Richtung von wesentlicher Bedeutung.

Das Masken-R-CNN, das auf den HiCIS Web- und HiCIS Metis-Datensätzen trainiert wurde, erreichte einen APIoU $\geq$ 50 von 12,4 %, eine Genauigkeit von 47,7 % und eine Wiedererkennung von 34,2 % auf dem Metis-Testsatz sowie einen APIoU $\geq$ 50 von 25,6 %, eine Genauigkeit von 64,9 % und eine Wiedererkennung von 42,1 % auf dem Web-Testsatz. Obwohl diese Metriken, insbesondere die APs, im Vergleich zu ähnlichen Arbeiten zur Risserkennung (Murao et al. 2019; Yin et al. 2020) erneut niedriger sind, folgt man der gleichen Argumentation wie bei der Kiesnestklassifikation, ist das Ausmaß der Unterschiede angesichts der Größe, Qualität und Komplexität der Datensätze zu erwarten.

Der Vergleich von Instanzsegmentierung und Patch-basierter Klassifizierung ist zwar ein interessanter Aspekt dieser Arbeit, jedoch waren bei der quantitativen sowie qualitativen Bewertung die Unterschiede zwischen den Methoden nicht signifikant genug, um eine eindeutige Entscheidung zu treffen. Die erstgenannte Methode hatte einen leichten Vorsprung. Die Entscheidung zwischen diesen beiden Ansätzen wird daher vom Kontext der möglichen Umsetzung in der Praxis abhängen, insbesondere davon, welcher Ansatz sich besser mit aktivem Lernen in ein Fehlerdokumentationssystem integrieren lässt.

Zusammenfassend lässt sich feststellen, dass die benutzerfreundliche Erkennung von Kiesnestern sowohl durch Instanzensegmentierung und als auch durch die Patch-basierte Klassifizierung adressiert wurde. Die Experimente bestätigten, dass Kiesnester von CNNs erkannt werden können, auch wenn der kleine Datensatz die Leistung noch einschränkt.

13.5.4 Ausblick

In diesem Kapitel wurde zwar ein erstes Modell zur Erkennung von Kiesnestern entwickelt und vorgestellt, jedoch wäre die aktuell erreichte Leistung noch nicht ausreichend für praktische Anwendungen, die eine verlässliche Erkennung erfordern. Denkbar wäre es, in entsprechenden Pilotprojekten die neue Erkennung parallel zu den bisher verwendeten Methoden zu verwenden und weiterzuentwickeln. Modelle, die auf den HiCC- oder HiCIS-Datensätzen trainiert wurden, könnten in einen aktiven Lernansatz verwendet werden, der in das Fehlerdokumentationssystem integriert wird. Die daraus resultierende

Erhöhung des Datenbestands würde zukünftige Forschung zur Erkennung von Baumängeln weiter erleichtern, da der Mangel an gelabelten Daten weiterhin eine der größten Hürden für diese spezifischen Erkennungsaufgaben darstellen wird.

Um in Zukunft alle unterschiedlichen Fehlertypen erfassen zu können, müssen auch Kontextinformationen einbezogen werden, z. B. Architekturpläne oder das Building Information Model (BIM), wie es die Forschung im Bereich der bildbasierten Überwachung des Baufortschritts ermöglichen wird (Rho et al. 2020; Lei et al. 2020; Braun et al. 2020).

Zusammenfassend lässt sich sagen, dass CNNs Kiesnester in Beton erkennen können und eine automatisierte Fehlererkennung ermöglichen. Die von uns vorgestellte Methode kann schon heute Bauvorhaben fortlaufend über verschiedene Automatisierungsgrade hinweg unterstützen und sich mit wachsender Datenlage weiterhin verbessern – bis zu dem Punkt, an dem auch ohne menschliche Überprüfung zufriedenstellende Ergebnisse erzielt werden können.

Literatur

R. Lundkvist, J. H. Meiling, and M. Sandberg, "A proactive plan-do-check-act approach to defect management based on a swedish construction project," Construction Management and Economics, vol. 32, no. 11, pp. 1051–1065, 2014.

L. Nguyen, A. Koufakou, and C. Mitchell, "A smart mobile app for site inspection and documentation," in Proceedings of ICSC15-The Canadian Society for Civil Engineering 5th International/11th Construction Specialty Conference, University of British Columbia, Vancouver, Canada, 2015.

S. Xu, J. Wang, W. Shou, T. Ngo, A.-M. Sadick, and X. Wang, "Computer vision techniques in construction: A critical review," Archives of Computational Methods in Engineering, pp. 1–15, 2020.

Z. Ismail and Z. C. Ong, "Honeycomb damage detection in a reinforced concrete beam using frequency mode shape regression," Measurement, vol. 45, no. 5, pp. 950–959, 2012.

C. Völker and P. Shokouhi, "Clustering based multi sensor data fusion for honeycomb detection in concrete," Journal of Nondestructive Evaluation, vol. 34, no. 4, pp. 1–10, 2015.

P. Hung, N. Su, and V. Diep, "Surface classification of damaged concrete using deep convolutional neural network," Pattern Recognition and Image Analysis, vol. 29, no. 4, pp. 676–687, 2019.

B. Liu and T. Yang, "Image analysis for detection of bugholes on concrete surface," Construction and Building Materials, vol. 137, pp. 432–440, 2017.

Z. Zhu and I. Brilakis, "Detecting air pockets for architectural concrete quality assessment using visual sensing," Electronic Journal of Information Technology in Construction, vol. 13, pp. 86–102, 04 2008.

Z. Zhu and I. Brilakis, "Machine vision-based concrete surface quality assessment," Journal of Construction Engineering and Management, vol. 136, no. 2, pp. 210–218, 2010.

Yoshitake, T. Maeda, and M. Hieda, "Image analysis for the detection and quantification of concrete bugholes in a tunnel lining," Case studies in construction materials, vol. 8, pp. 116–130, 2018.

T. Nakabayash, K. Wada, and Y. Utsumi, "Automatic detection of air bubbles with deep learning," in ISARC. Proceedings of the International Symposium on Automation and Robotics in Construction, vol. 37, pp. 1168–1175, IAARC Publications, 2020.

Ç. F. Özgenel and A. G. Sorguç, "Performance comparison of pretrained convolutional neural networks on crack ¨ detection in buildings," in ISARC. Proceedings of the International Symposium on Automation and Robotics in Construction, vol. 35, pp. 1–8, IAARC Publications, 2018.

K. He, G. Gkioxari, P. Doll´ar, and R. Girshick, "Mask r-cnn," 2018.

Z. Li, F. Liu, W. Yang, S. Peng, and J. Zhou, "A survey of convolutional neural networks: analysis, applications, and prospects," IEEE Transactions on Neural Networks and Learning Systems, 2021.

C. Szegedy, V. Vanhoucke, S. Ioffe, J. Shlens, and Z. Wojna, "Rethinking the inception architecture for computer vision," in Proceedings of the IEEE conference on computer vision and pattern recognition, pp. 2818–2826, 2016.

C. Szegedy, S. Ioffe, V. Vanhoucke, and A. A. Alemi, "Inception-v4, inception-resnet and the impact of residual connections on learning," in Thirty-first AAAI conference on artificial intelligence, 2017.

M. Tan and Q. Le, "Efficientnet: Rethinking model scaling for convolutional neural networks," in International Conference on Machine Learning, pp. 6105–6114, PMLR, 2019.

D. P. Kingma and J. Ba, "Adam: A method for stochastic optimization," arXiv preprint arXiv:1412.6980, 2014.

R. R. Selvaraju, M. Cogswell, A. Das, R. Vedantam, D. Parikh, and D. Batra, "Grad-cam: Visual explanations from deep networks via gradient-based localization," in Proceedings of the IEEE international conference on computer vision, pp. 618–626, 2017.

E. H. Adelson, C. H. Anderson, J. R. Bergen, P. J. Burt, and J. M. Ogden, "Pyramid methods in image processing," RCA engineer, vol. 29, no. 6, pp. 33–41, 1984.

L. Xiao, B. Wu, and Y. Hu, "Surface defect detection using image pyramid," IEEE Sensors Journal, vol. 20, no. 13, pp. 7181–7188, 2020.

R. Girshick, "Fast r-cnn," in Proceedings of the IEEE international conference on computer vision, pp. 1440–1448, 2015.

S. Ren, K. He, R. Girshick, and J. Sun, "Faster r-cnn: Towards real-time object detection with region proposal networks," Advances in neural information processing systems, vol. 28, pp. 91–99, 2015.

S. Bunrit, N. Kerdprasop, and K. Kerdprasop, "Evaluating on the transfer learning of cnn architectures to a construction material image classification task," International Journal of Machine Learning and Computing, vol. 9, no. 2, pp. 201–207, 2019.

L. Zhang, F. Yang, Y. D. Zhang, and Y. J. Zhu, "Road crack detection using deep convolutional neural network," in 2016 IEEE international conference on image processing (ICIP), pp. 3708–3712, IEEE, 2016.

Y.-J. Cha, W. Choi, and O. B¨uy¨uk¨ozt¨urk, "Deep learning-based crack damage detection using convolutional neural networks," Computer-Aided Civil and Infrastructure Engineering, vol. 32, no. 5, pp. 361–378, 2017.

C. Feng, M.-Y. Liu, C.-C. Kao, and T.-Y. Lee, Deep Active Learning for Civil Infrastructure Defect Detection and Classification, pp. 298–306. 2017.

S. Dorafshan, R. J. Thomas, and M. Maguire, "Comparison of deep convolutional neural networks and edge detectors for image-based crack detection in concrete," Construction and Building Materials, vol. 186, pp. 1031–1045, 2018.

Z. Fan, Y. Wu, J. Lu, and W. Li, "Automatic pavement crack detection based on structured prediction with the convolutional neural network," arXiv preprint arXiv:1802.02208, 2018.

S. Murao, Y. Nomura, H. Furuta, and C.-W. Kim, "Concrete crack detection using uav and deep learning," 2019.

X. Yin, Y. Chen, A. Bouferguene, H. Zaman, M. Al-Hussein, and L. Kurach, "A deep learning-based framework for an automated defect detection system for sewer pipes," Automation in Construction, vol. 109, p. 102967, 2020.

J. Rho, M. Park, and H.-S. Lee, "Automated construction progress management using computer vision-based cnn model and bim," Korean Journal of Construction Engineering and Management, vol. 21, no. 5, pp. 11–19, 2020.

L. Lei, Y. Zhou, H. Luo, and P. E. Love, "A cnn-based 3d patch registration approach for integrating sequential models in support of progress monitoring," Advanced Engineering Informatics, vol. 41, p. 100923, 2019.

Braun, S. Tuttas, A. Borrmann, and U. Stilla, "Improving progress monitoring by fusing point clouds, semantic data and computer vision," Automation in Construction, vol. 116, p. 103210, 2020.

K. Simonyan and A. Zisserman, "Very deep convolutional networks for large-scale image recognition," arXiv preprint arXiv:1409.1556, 2014.

KI-gestütztes Risikomanagement am Bau 14

Wolf Plettenbacher und Klemens Wagner

14.1 Einleitung

Großbaustellen, wie etwa das aufsehenerregende Bauprojekt am Flughafen Berlin-Brandenburg BER, sorgen regelmäßig international für Schlagzeilen. Fehlplanungen, Bieterstürze und deutliche Missstände in der Projektorganisation werden medial aufgearbeitet und es offenbaren sich massive Probleme in unterschiedlichsten Bereichen. Dass es im Rahmen von Projekten dieser Größenordnung zu massiven Verzögerungen und damit einhergehenden Kostenüberschreitungen kommt, ist evident und beinahe schon obligatorisch. Ein wesentlicher Teil der Problematik besteht in dem oft nicht hinreichenden Risikomanagement, welches zusätzlich mit zunehmender Projektgröße und -komplexität dementsprechend aufwendiger und schwieriger wird. Im Folgenden beschäftigt sich dieser Beitrag in erster Linie mit Großprojekten, konzeptuell sind die besprochenen Punkte aber auch auf geringer dimensionierte Projekte übertragbar. Auf einen kurzen Überblick über die unterschiedlichen Dimensionen von Projekten folgt eine der Literatur entnommen Definition des Begriffs der „Krise" sowie die Beschreibung des Status quo des aktuellen Risikomanagements im Bauwesen. Auf Basis selbst erhobener Daten wird daran

Die Originalversion des Kapitels wurde revidiert. Ein Erratum ist verfügbar unter
https://doi.org/10.1007/978-3-658-42796-2_26

W. Plettenbacher (✉) · K. Wagner
Conbrain Solutions GmbH, Wien, Österreich
E-Mail: wolf.plettenbacher@conbrain.solutions

K. Wagner
E-Mail: klemens.wagner@conbrain.solutions

anschließend der von erfahrenen Projektmanagern geäußerte Bedarf von weiterem Risikomanagement dargestellt. Als ein wesentliches Problem des modernen Risikomanagements
erweist sich die nicht zu bewältigende Anzahl an Daten mit zunehmender Projektgröße.
Genau an diesem Punkt besteht die Möglichkeit zum gewinnbringenden Einsatz einer
Künstlichen Intelligenz (KI). Mit der KI-basierten Software Early Bird wird ein konkreter
Anwendungsfall beschrieben, durch den das zuvor beschriebene Problem gelöst werden
kann.

14.2   Größen von Bauvorhaben

Jodl und Oberndorfer (2010) geben bei Ihrer Definition von Bauvorhaben eine Kategorisierung nach Leistungsstunden an und unterteilen dabei wie folgt (vgl. Jodl und
Oberndorfer 2010, S. 68): Kleinbauvorhaben bis 8.000 Leistungsstunden, Mittelbauvorhaben von 8.000 bis 40.000 Leistungsstunden, und Großbauvorhaben über 40.000
Leistungsstunden. Anhand des Baukostenindex kann man diese Leistungsstunden in ein
ungefähres Bauvolumen überführen und somit die Größenordnungen, in denen sich die
jeweiligen Projekte bewegen, monetär quantifizieren. Der Warenkorb für den Baukostenindex für den Wohnhaus- und Siedlungsbau mit dem Basisjahr 2015 zeigt einen
Lohnanteil von 50,47 % (vgl. Statistik Austria 2019). Bei einem Mittellohnpreis von
netto € 50,00 für eine Lohnstunde ergibt sich folgende Kategorisierung: Kleinbauvorhaben bis ca. netto € 4.000.000, Mittelbauvorhaben von ca. netto € 4.000.000 bis netto €
20.000.000, und Großbauvorhaben über netto € 20.000.000.

Im allgemeinen Projektmanagement findet man in diesem Sinne auch Grenzwerte für
die Größen von Projekten, die sich in deutlich höheren Dimensionen bewegen. So sprechen etwa Kostka und Anzinger (2015, S. 7) von Großprojekten ab einem Projektvolumen
von 500 Mio. €. Bei Bent Flyvbjerg (2017, S. 16) ist die Rede von Projekten, bei denen
mit Milliarden Dollar Volumen gerechnet wird, welche er Megaprojekte bzw. „Major pro-
grams" nennt. Freilich gilt es zu beachten, dass viele Großbauvorhaben diese Grenze von
€ 20.000.000 um ein Vielfaches übersteigen und Megaprojekte darstellen können. Der
bereits erwähnte Flughafen Berlin etwa gehört mit einem von Projektstart an stetig steigendem geschätzten Gesamtvolumen von zuletzt 5,9 Mrd. € – zu Beginn wurden 1,9 Mrd.
geschätzt – eindeutig zu dieser Kategorie (vgl. Statista 2022). Es liegt auf der Hand, dass
wirksames Risikomanagement sehr schnell Verantwortung über erhebliche Summen hat
bzw. ein unwirksames Risikomanagement dementsprechend schnell sehr hohen Schaden
zulassen kann.

Was an der Abb. 14.1 unschwer zu erkennen ist, nämlich das unweigerliche Schlittern
in eine Projektkrise und der damit einhergehenden massiven Mehrkosten und Verzögerungen, sollte durch ein gut funktionierendes Risikomanagement eigentlich abgewendet
werden. Wie bekannt ist, gelingt dies aber bei Weitem nicht immer.

14.3   Krisen bei Bauvorhaben

14.3.1 Krisen allgemein

Allgemein kann eine Krise wie folgt definiert werden: „[Eine] Krise ist eine Eskalation von Problemen innerhalb eines Projekts, deren Lösung unter den gegebenen Rahmenbedingungen unmöglich ist oder als unmöglich erscheint" (Neubauer 2010, S. 7).

Durch eine große Menge an entstandenen Problemen ist also das Erreichen eines gesteckten Ziels, etwa das Einhalten eines Termin- oder Kostenplanpunktes, gefährdet. Das Problem, das ursächlich für den Ausbruch der Krise verantwortlich ist, mag für sich genommen nicht unlösbar (gewesen) sein, kann unter den gegebenen krisenhaften Umständen aber nicht mehr adäquat behandelt werden bzw. wird von den entsprechenden Projektbeteiligten als unlösbar eingeschätzt. Risikomanagement muss also an einem möglichst frühen Punkt ansetzen und eingreifen, wenn die Probleme, aus denen später Krisen werden könnten, noch handhabbar sind. Einer Einteilung von Krystek (1987, S. 29–32) folgend kann man folgende Phasen von Projektkrisen beschreiben: Potenzielle Projektkrise, latente Projektkrise, akute, jedoch beherrschbare Projektkrise, und akute, aber nicht beherrschbare und irreversible Projektkrise.

14.3.2 Krisen am Bau

Es stellt sich die Frage, wie es in Bauprojekten zu einer Krise kommt. Erfahrungsgemäß und auch der Logik der beschriebenen Definition folgend sind frühe Anzeichen von Krisen oft Einzelereignisse, aus denen dann im Schneeballeffekt die Krise heranwächst, die sich aber vor allem auf der quantitativen Ebene von Krisen unterscheiden und weniger auf der qualitativen. Dabei kann es sich beispielsweise handeln um: Termine werden nicht eingehalten, erste Budgets werden überschritten, Mehrkostenforderungen nehmen zu, Planungsänderungen treten häufiger auf, Mängelmeldungen treten häufiger auf oder die Kommunikation im Rahmen des Projekts wird merkbar rauer.

Wesentlich ist, dass das Management-Personal des Bauprojektes die Hinweise für eine Bauprojektkrise möglichst früh erkennt, um dann möglichst früh gegensteuernde Maßnahmen ergreifen zu können. Idealerweise würde bereits die zitierte, von Krystek als *Potentielle Projektkrise* bezeichnete Gefahr als solche erkannt werden. Mit Erreichen jeder weiteren Phase einer Projektkrise wird ein Intervenieren schwieriger. Die Krisen entstehen aber oft aus einer Inkompetenz des Management-Personals: So deutet eine fachliche Inkompetenz stets darauf hin, dass bestimmte methodische Grundlagen, etwa für die Konstruktion einer Anlage oder den Entwurf eines Softwarepakets nicht beachtet wurden. Eine Managementinkompetenz liegt meist in den persönlichen Defiziten des Managers oder sonstigen Unsicherheiten, z. B. in Defiziten der Planung und Überwachung der fachlichen und organisatorischen Arbeiten (Neubauer 2010, S. 12).

Selbst ein perfektes Projektmanagement kann wohl nicht alle Krisen verhindern, aber ohne entsprechend angelerntes Personal, das sich explizit der Vorbeugung von Krisen bzw. dem Risikomanagement widmet, sind Bauprojektkrisen vorprogrammiert.

14.4 Früherkennung und Risikomanagement

14.4.1 Status Quo der Methoden

Aktuell etablierte und im Einsatz befindliche Methoden zu Risikomanagement und Früherkennung im Bauwesen sind allesamt solche, deren Analyseaspekt unmittelbar von den Personen selbst durchgeführt wird und somit der Gefahr der Inkompetenz der handelnden Personen ausgesetzt ist. Solche Systeme umfassen bzw. beschäftigen sich mit z. B.: Prüf-Warnpflicht, Kennzahlsystemen, Änderungsevidenzen, Planungskennzahlen, Umsatz Soll–Ist Vergleichen, Termin Soll–Ist Vergleichen, Kosten Soll–Ist Vergleichen, Teambarometer oder Mitarbeiterfluktuation.

14.4.2 Einschätzung des Status Quo

Es ist durchaus bemerkenswert, dass eine automatisierte, vom Menschen unabhängige Risikoeinschätzung de facto im Bauwesen nicht etabliert ist, obwohl das „Problem Mensch" nicht nur in der Literatur eindeutig als ausschlaggebend für das Übersehen von in der Entwicklung befindlichen Krisen angegeben wird, sondern diese Einschätzung auch von Expertinnen und Experten geteilt wird. Im Rahmen der Arbeit an seiner Dissertation (vgl. Plettenbacher in Arbeit) wurden vom Autor zur Abklärung dieser noch offenen Frage entsprechende Fragebögen an Expertinnen und Experten im Bauwesen verschickt. Es wurden schließlich 40 ausgefüllte Fragebögen berücksichtigt.

Die Antworten auf Fragen bezüglich Rolle und Schwierigkeiten von Risikomanagement offenbaren eindeutige Verbesserungsnotwendigkeit, wie nachstehend anhand einiger Auszüge illustriert werden soll:

79 % der Befragten gaben die Wichtigkeit von Risikomanagement und Früherkennung von Projektkrisen in einem Bauprojekt mit „sehr wichtig" bzw. 10 Punkten (von 1–10 in aufsteigender Wichtigkeit) an (vgl. Plettenbacher, Dissertation in Arbeit).

Wenig überraschend kann Risikomanagement damit als wesentlicher Bestandteil eines funktionierenden Projektmanagements bezeichnet werden. Umso bedeutender ist die Einschätzung des objektiven Urteilsvermögen der Projektbeteiligten im frühzeitigen Erkennen von Risiken, das in Abb. 14.1 veranschaulicht wird. Die Fähigkeit der objektiven Einschätzung von Risiken wird demzufolge also bestenfalls durchschnittlich, von den meisten Expertinnen und Experten gar als unzureichend eingeschätzt.

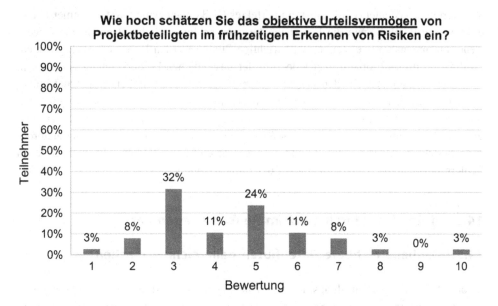

Abb. 14.1 Objektives Urteilsvermögen von Projektbeteiligten (Plettenbacher, Dissertation in Arbeit)

Ähnlich pessimistisch wird die Frage beantwortet, ob vorhandene Systeme zur Früherkennung ausreichend seien: Nur 26 % der Befragten vergaben 6, 7 oder 8 Punkte (Skala
von 1–10 aufsteigend) und halten die bestehenden System für zumindest annähernd ausreichend. Von den übrigen 75 % werden relativ gleich verteilt über Punkte 1 bis 5 die
bestehenden Systeme für nicht oder wenig ausreichend gehalten (vgl. ebd.).

Im Sinne der vorangehenden Ergebnisse teilen auch 66 % der Befragten die Erfahrung,
dass Projektkrisen üblicherweise erst deutlich nach deren Entstehen als solche erkannt
werden (vgl. ebd.). Das verwundert wenig mit Blick auf das Vorhandensein von verpflich-
tendem Risikomanagement, welches von mehr als der Hälfte der Befragten mit nicht oder
nur in geringem Ausmaß vorhanden angegeben wird (vgl. ebd.). Folgerichtig beantworten 61 % der befragten Expertinnen und Experten die Frage, ob dem Risikomanagement
ein höherer Stellenwert zukommen sollte, auch mit einem eindeutigen „Ja" (10 von 10
Punkten), während der gewichtet Mittelwert bei Beantwortung dieser Frage bei ca. 8,9
liegt.

14.4.3 Nachholbedarf

Aus den vorangehenden Punkten geht klar hervor, dass an vielen Stellen Nachholbedarf in
Sachen Risikomanagement im Bauwesen besteht. Wesentlich ist dabei der Faktor Mensch:

Wie bereits angedeutet, wird selbst ein perfektes Risikomanagementsystem immer nur so effektiv sein können, wie die Personen, die dann schlussendlich entsprechende Gegensteuerungsmaßnahmen einleiten, aber wichtige Punkte werden bisher oft noch gar nicht erfüllt. Ein großes Problem liegt jedoch in der tatsächlichen Früherkennung von Krisen: Je früher im Hinblick auf den beschriebenen Phasenverlauf von Krisen adäquat eingegriffen werden kann, desto höher sind Chancen, die *potenzielle Projektkrise* abzuwenden oder zumindest die Auswirkungen einer *latenten* oder *akuten Projektkrise* abzufedern und diese nicht zu einer *unbeherrschbaren Krise* heranwachsen zu lassen. Die Herausforderung besteht also darin, dem Projektmanagement eine zuverlässige, von menschlichen Fehlern unabhängige Unterstützung bei der Früherkennung zu geben.

14.5 Künstliche Intelligenz im Risikomanagement

14.5.1 Unbeherrschbare Datenfluten beherrschbar machen

In der Praxis des Arbeitsalltags wird es zunehmend schwieriger, die Einzelereignisse, die als Vorboten oder erste Startpunkte von entstehenden Krisen verstanden werden können, tatsächlich zu erkennen. Je größer das Projekt, desto größer ist auch die im Kontext des Projekts stattfindende Kommunikation und die daraus entstehende Menge an Informationen und Dokumenten, die ein beständiges *digitales Rauschen* darstellen.

Selbst in kleineren Projekten können pro Tag dutzende E-Mails und Dokumente verschickt werden, über die vonseiten des Projektmanagements der Überblick zu bewahren ist und die hochrelevant für ein effektives Risikomanagement sind. Je höher diese Menge an zu bearbeitenden Informationen ist, desto schwieriger natürlich diese Aufgabe. Am Beherrschen dieses immer größer werdenden *digitalen Rauschens* scheitern die Menschen, aber darin liegen auch das Potenzial und die große Chance der Künstlichen Intelligenz, die bei entsprechendem Training für die Analyse und Aufbereitung von gewaltigen Datenmengen hervorragend geeignet ist. Nachfolgend wird exemplarisch am Beispiel der KI-basierten Risikomanagementsoftware EARLY BIRD dargestellt, wie eine solche Lösung und deren Einsatz im Risikomanagement aussehen können.

Der grundlegende Gedanke besteht also darin, die innerhalb der Projektkorrespondenz anfallenden Dokumente, Schriftverkehr, E-Mails etc. automatisch nach in ihnen vorkommenden Risikoquellen zu durchsuchen, dem User bzw. der Userin diese Ergebnisse nach Risiko geordnet anzuzeigen und somit viel schneller und einfacher zugänglich zu machen.

Um die Stärke der KI, große Datenmengen zu bearbeiten, tatsächlich ausnutzen zu können, ist ein dementsprechendes Training vonnöten. Konkret handelt es sich im vorliegenden Fall um eine Form von *Supervised Learning,* welches von Experten konzipiert und durchgeführt muss, um die Qualität der KI zu garantieren.

14.5.2 Maßgeschneiderte KI-Modelle

Vor Beginn dieses Trainings steht die Konzipierung, die konkret eine Kategorisierung für entsprechende Key-Words („Annotationen"), die als Hinweisgeber auf potenzielle Projektkrisen verstanden werden können, bedeutet. Diese Kategorisierung verweist inhaltlich auf die bereits beispielhaft angeführten Felder, in denen Krisen am Bau auftreten können, wobei hier eine möglichst klare Trennung bei gleichzeitig möglichst umfassender, aber quantitativ nicht zu großer Kategorisierung wünschenswert ist. Es ergeben sich aus diesen Überlegungen folgende Kategorien: Organisation, Qualität, Termine, Kosten, Planung, Sicherheit, Umfeld, und Emotionen.

Eine Grundlage des Trainings besteht in der multidisziplinären, also linguistischen sowie bauingenieurswissenschaftlichen Analyse und Aufarbeitung fachsprachlicher Begriffe, die in Texten einen Hinweis auf risikobehaftetes Vorgehen darstellen können. Diese Hinweise gilt es in den entsprechenden Kontexten zu finden und zu einer angemessenen Einschätzung des jeweilig vorliegenden Risikos für das Gesamtprojekt zu kommen – Daten und Informationen, die für das *Supervised Learning* notwendig sind und eben nur von menschlichen Fachkräften geleistet werden können.

Beim Training der KI kamen vor diesem Hintergrund zwei unterschiedliche Lösungen zum Einsatz, nämlich Natural Language Understanding (NLU) und Natural Language Classifier (NLC). Die Entscheidung für diese Lösungen fand angepasst an die Anforderungen der jeweiligen Kategorien statt.

Die Auswertung der Emotionen basiert auf einem eigens trainierten NLC-Modell. Dabei werden ganze Sätze von der KI analysiert und die emotionale Konnotation dieser Sätze in negativ, neutral und positiv klassifiziert, um einen Eindruck vom aktuellen Kommunikationsklima im Projekt zu bekommen (vgl. 14.3.2 „Die Kommunikation im Rahmen des Projekts wird merkbar rauer."). Über 8.000 einschlägige Sätze wurden für das Training des NLC verwendet.

Die restlichen Kategorien basieren auf einem NLU-Modell. Dieses funktioniert ausgehend von einer aus über 11.500 bauspezifischen Einzelbegriffen und Kontexten annotierten Liste an Fachbegriffen, die wie vorgehend beschrieben von Experten mehrerer Disziplinen ausgewählt und bewertet wurden. Diese Begriffe sind jeweils einer der übrigen sieben Kategorien zugeteilt, welche dann auf einer darunterliegenden, für User bzw. Userin unsichtbaren Ebene nochmals in weitere Kategorien, sogenannte Entitäten unterteilt sind. So werden Annotationen der Kategorie „Kosten" etwa der Entität „Zahlungsverzug" zugerechnet, welche ihrerseits wiederum mit einem bestimmten Basis-Risiko versehen ist.

14.5.3 Analyse des Materials

Bei der konkreten Auswertung von Projektkorrespondenzen und -daten etc. durch die KI stellt sich auch die praktische Frage, wie der Zugriff auf dieser erfolgt. Üblicherweise geschieht diese durch einfache Weiterleitung der entsprechenden Projektpostfächern oder Zugriff per Schnittstelle auf Plattformen wie Thinkproject oder Sharepoint. Die einfache Möglichkeit der Einrichtung einer neuen Schnittstelle für alternative Datenmanagementsysteme (DMS) muss gegeben sein, da in der Baubranche noch kein allgemeiner Industriestandard für die Datenablage und Projektkorrespondenz existiert. Auf diese Weise kann die Echtzeitanalyse der neu eintreffenden Dokumente erreicht und garantiert werden.

Die Daten werden im Anschluss von der KI analysiert und in einem browserbasierten Interface dargestellt. Aus der Projektdokumentation werden auf Basis der im Rahmen der Entwicklung trainierten Annotationen Risikowerte extrahiert, die in einen eigens entwickelten Algorithmus zur Gesamtrisikoberechnung einfließen. Ausgehend davon können Risikowerte etwa auf Dokumentebene erstellt und angezeigt werden, aber auch für unterschiedliche Zeitrahmen (Gesamtprojekt, Kalenderjahr, Monat und Kalenderwoche) und die definierten Projektbereiche wie in Abb. 14.2. ersichtlich.

14.5.4 Darstellung des Projekts

Dieser Algorithmus nimmt nun primär Risikobewertung und entsprechende Reihung in der Darstellung der einzelnen Dokumente im User Interface vor (s. Abb. 14.2), wobei

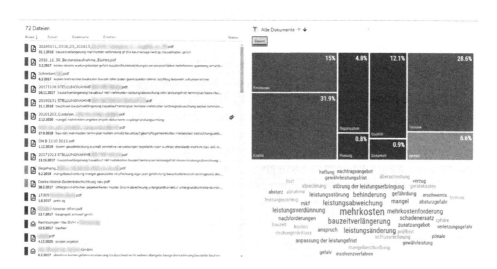

Abb. 14.2 User-Interface eines Projekts

jede davon ausgehende schematische Abbildung die Komplexität des Ursprungsbereiches reduziert und so leichter handhabbar macht. Dem Anwender bietet sich eine interaktive Echtzeitlandkarte, um die Kontexte unterschiedlicher Themen auf einen Blick erkennen zu können, abstrakt gesehen also über die jeweiligen Diskussionsräume zu fliegen. Die in der Gesamttextmenge verborgenen Zusammenhänge können so dank der Möglichkeiten der KI aufgezeigt werden.

Das ermöglicht es dem Projektmanagement, sofort den Status des Projekts zu erfassen und die entsprechenden Dokumente, in denen sich die risikobehafteten Vorgänge nachvollziehen lassen, zu priorisieren. Die standardisierte Darstellung führt auch dazu, dass all Projektbeteiligten schnell auf denselben Wissensstand gebracht werden und eventuelle individuelle Stärken oder Schwächen im Erkennen von Risiken ausnivelliert werden.

14.5.5 Darstellung der Dokumente

Über die Projektansicht, die die Vorsortierung der Dokumente nach jeweiligem Dokumentrisiko ermöglicht, lassen sich durch Auswahl der unterschiedlichen Projektbereiche in der Kachelansicht und den „leading indicators" in der Wortwolke die entsprechenden Dokumente schnell finden. Links können den ausgewählten Bereichen entsprechend dann die auslösenden Dokumente abgerufen werden. Dies können zum Beispiel eine Mehrkostenanmeldung eines Nachunternehmers, ein als fehlerhaft gekennzeichneter Plan, eine Mangelmeldung, ein emotional geschriebenes E-Mail, Berichte über mangelhafte Arbeitssicherheit, oder Schreiben von Stakeholdern wie Nachbarn oder Bürgerinitiativen sein.

In den ausgewerteten Dokumenten werden die Risiken mit der entsprechenden Farbe hinterlegt angezeigt. Dadurch wird ermöglicht, die wesentlichen Inhalte und Punkte eines Dokuments schnell erkennen und bearbeiten zu können. Es können Aufgaben an andere User verteilt werden sowie Dokumente abgeschlossen werden. Abgeschlossene Dokumente können aus der Gesamtprojektrisikoberechnung ausgenommen werden.

14.6 Zusammenfassung

Die Notwendigkeit eines besseren Risikomanagements im Bauwesen geht sowohl aus der Literatur hervor als sie auch von befragten Expertinnen und Experten bestätigt wird. Regelmäßige und bisweilen exorbitant hohe Kostenüberschreitungen insbesondere bei Megaprojekten zwingen das Projektmanagement, entsprechende Maßnahmen zur Vermeidung von Risiken zu ergreifen, wobei die bestehenden Möglichkeiten oft als nicht ausreichend bezeichnet werden. Das wesentliche Problem, das es zu lösen gilt, besteht in der für Menschen nicht mehr zu bewältigenden Flut an Daten, in deren Analyse,

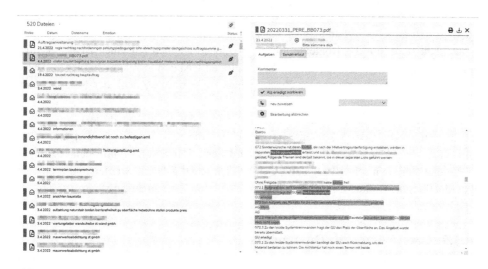

Abb. 14.3 Dokumentanzeige

Aufarbeitung und Darstellung zugleich die große Stärke der KI gegenüber dem Menschenliegt. Diese und die mit ihr verbundenen Schwierigkeiten nehmen zu, je größer die Projekte sind. Eine Lösung wie der im vorgestellten System Early Bird verfolgte Ansatz muss genau an dieser Stelle ansetzen und eine schnelle, risikospezifische Auswertung des Schrift- bzw. Datenverkehrs ermöglichen.

Literatur

Flyvbjerg, Bent (2017) The Oxford Handbook of Megaproject Management. Oxford University Press, Oxford.

Jodl H, Oberndorfer W (2010) Handwörterbuch der Bauwirtschaft. Austrian Standards plus, Wien.

Kostka G, Anzinger N (2015) Datenbank: Infrastruktur-Großprojekte in Deutschland. PublicGovernance Frühjahr 2015: 6–11. URL: https://publicgovernance.de/media/PG_Fruehjahr_2015.pdf; abgerufen am 19.10.2022.

Krystek U (1987) Unternehmungskrisen. Beschreibung, Vermeidung und Bewältigung überlebenskritischer Prozesse in Unternehmungen. Gabler, Wiesbaden.

Neubauer, M (2010) Krisenmanagement in Projekten. Handeln, wenn Probleme eskalieren. Springer, Berlin/Heidelberg.

Plettenbacher, W (in Arbeit) Großprojekte: Krisen- und Turn-Around-Management am Bau. TU Graz, Dissertation in Arbeit.

Statista (2022) Entwicklung der Kostenschätzungen für den Flughafen BER Berlin-Brandenburg von 2005 bis 2020. https://de.statista.com/statistik/daten/studie/245914/umfrage/kosten-des-flughafens-berlin-brandenburg/, abgerufen am 19.10.2022.

Statistik Austria (2019) Baukostenindex Wohnhaus- und Siedlungsbau Basisjahr 2015. www.
    statistik.at/web_de/statistiken/wirtschaft/preise/baukostenindex/023119.html,   abgerufen   am
    09.01.2020.

Einsatz der OCR-Technologie in Kombination mit NLP-Algorithmen in der Bauindustrie

Jan Wolber, Sofie Steinbrenner, Christoph Sievering und Shervin Haghsheno

15.1 Einleitung

Die Bauindustrie ist im Vergleich zu anderen Branchen eher ein Schlusslicht im Bereich der Digitalisierung. Untersuchungen (vgl. Bertschek et al. 2019; McKinsey und Company 2020; PwC Deutschland 2021) weisen regelmäßig auf Problembereiche hin und zeigen Verbesserungspotenziale auf. Vergleicht man beispielsweise den Digitalisierungsgrad der Baubranche mit anderen deutschen Wirtschaftszweigen befindet sich die Baubranche im hinteren Teil des Rankings (Demary und Goecke 2021, S. 181–183). Besorgniserregend hierbei ist, dass sich dieser Zustand nicht zu ändern scheint. So verzeichnet eine Untersuchung der Deutschen Telekom AG (2020) keine Steigerung des Digitalisierungsgrads in der Baubranche im Zeitraum von 2019 bis 2021. Eine Studie des Bundesministeriums für Wirtschaft und Energie aus dem Jahr 2018 bestätigt den geringen Digitalisierungsgrad der Baubranche und prognostiziert zusätzlich eine geringe Steigerung im Zeitraum bis 2023 (Weber et al. 2018).

J. Wolber (✉) · S. Steinbrenner · S. Haghsheno
Karlsruher Institut für Technologie (KIT), Institut für Technologie und Management im Baubetrieb (TMB), Karlsruhe, Deutschland
E-Mail: jan.wolber@kit.edu

S. Steinbrenner
E-Mail: sofie.steinbrenner@student.kit.edu

S. Haghsheno
E-Mail: shervin.haghsheno@kit.edu

C. Sievering
Gemeinschaft für Überwachung im Bauwesen e. V. (GÜB), Berlin, Deutschland
E-Mail: sievering@gueb-online.de

S. Haghsheno et al. (Hrsg.), *Künstliche Intelligenz im Bauwesen*,
https://doi.org/10.1007/978-3-658-42796-2_15

Bei einer genaueren Betrachtung der verschiedenen Studien ist zu erkennen, dass in Bauprojekten viele Unterlagen wie beispielsweise Baupläne, behördliche Anträge, Aufmaßzettel oder Rechnungen noch immer papierbasiert ausgetauscht werden. Dies wird insbesondere an dem Beispiel Lieferscheine von Bauprodukten deutlich. Ein Lieferschein wird bei der Warenübergabe auf der Baustelle noch immer in Papierform ausgetauscht und das, obwohl die auf einem ausgedruckten Lieferschein befindlichen Informationen aus einem digitalen System stammen. Aufgrund fehlender Schnittstellen zwischen Betonhersteller und Baustelle ist das Austauschformat Papier allerdings weiterhin notwendig und eine automatische Übertragung der Informationen nicht möglich. Problematisch ist dabei insbesondere, dass die analog vorliegenden Informationen später wieder für die Dokumentation oder anschließende Prozesse benötigt werden. Für die Überführung der Informationen ins Digitale müssen diese aufwendig händisch abgetippt werden, was mit einem hohen Aufwand verbunden ist. Dies hat zur Folge, dass in Bauprojekten ein beachtlicher Stundenaufwand hierfür aufgebracht wird. Des Weiteren handelt es sich bei den genannten Beispielen um Prozesse, die nicht einmalig, sondern wiederkehrend stattfinden. Diese sich wiederholenden Tätigkeiten sind nicht wertschöpfend und bieten ein hohes Maß an Verbesserungspotenzial.

Im weiteren Verlauf dieses Kapitels wird die OCR (Optical Character Recognition)-Technologie in Kombination mit NLP (Natural Language Processing) Algorithmen als eine Möglichkeit zur Verbesserung dieser Problemstellung vorgestellt. Dabei erlaubt es die OCR-Technologie analog vorliegende Textdokumente automatisch ins Digitale zu überführen. Sind die Informationen erst einmal digitalisiert, können anschließend mittels NLP datenbasierte Analysen durchgeführt werden.

Der Aufbau des Kapitels ist dabei so gewählt, dass der Leser in einem ersten Schritt in Abschn. 15.2 eine Heranführung an die beiden Technologien erhält. Darauf aufbauend werden in Abschn. 15.3 ausgewählte Praxisbeispiele aufgezeigt, die jeweils unabhängige Anwendungsmöglichkeiten der beiden Technologien beleuchten, um schließlich in Abschn. 15.4 die beiden Technologien kombiniert in einem konkreten Anwendungsfall zu beschreiben. Abschließend werden die Ergebnisse in Abschn. 15.5 zusammengefasst und es wird ein Ausblick gegeben.

15.2   Vorstellung der Technologien OCR und NLP

In diesem Abschnitt werden die beiden Technologien OCR und NLP vorgestellt. Dabei wird auf die wesentliche Funktionsweise eingegangen sowie eine zeitliche Einordnung vorgenommen. Konkrete Anwendungsmöglichkeiten in der Baubranche werden darauf aufbauend in dem folgenden Abschn. 15.3 aufgezeigt.

15.2.1 Vorstellung der OCR Technologie

Optical Character Recognition (dt. Optische Zeichenerkennung) bzw. OCR ist eine maschinelle Erkennungstechnik und arbeitet mit der automatischen Identifizierung von Zeichen. Dabei werden Objekte und Zeichen automatisch erkannt und die Information ohne menschliche Interaktion erfasst, indem diese zunächst eingescannt und anschließend maschinell entziffert werden. Dadurch werden gescannte Papier-Dokumente oder PDF-Dateien in bearbeitbare und durchsuchbare Daten umgewandelt.

Die Anfänge der optischen Zeichenerkennung liegen im Jahr 1870 in der Erfindung des Retina-Scanners durch Charles R. Carey. Der Scanner ist ein Bildübertragungssystem und verwendet hierfür ein Mosaik von Fotozellen. Einen weiteren Fortschritt liefert 20 Jahre später der sukzessive Bild-Scanner von Paul Nipkow und schafft damit den Grundstein für die heutige Schriftzeichenerkennung. Die daraus entstehenden OCR-Geräte wurden ursprünglich insbesondere für blinde und sehbehinderte Menschen entwickelt, beispielsweise das Optophone von Dr. Edmund Fournier d´Albe. Dieser im Jahre 1912 entwickelte Scanner generierte bei der Bewegung über eine gedruckte Seite bestimmte Töne für die einzelnen Buchstaben und Zeichen und ermöglichte so eine Wahrnehmung durch die Person (Mantas 1986). Im Jahr 1929 wurde schließlich in Deutschland das erste Patent für OCR an Gustav Tauschek ausgestellt. Seine entwickelte Maschine führte mittels eines Fotodetektors einen Abgleich zwischen einem Text und dem Zeichensatz auf einer Schablone durch (Chaudhuri et al. 2017). Die Umsetzung in einem Prototyp für den freien Markt erfolgte allerdings erst 1955. Der Prototyp verfügte dabei über die Funktion eine begrenzte Auswahl an Zeichen (konkret OCR-A) zu erkennen. OCR-A ist eine der ersten in Amerika standardisierten Schriftarten für die optische Zeichenerkennung, die gut maschinenlesbar ist. Im weiteren Zeitverlauf wurde die Erkennung verfeinert und so auch kommerziell nutzbar.

Die moderne Version von OCR entstand Mitte der 1940er Jahre durch die Entwicklung von Computern (Chaudhuri et al. 2017). Zu Beginn waren die Systeme allerdings sehr teuer und wurden daher bis 1986 nur in geringen Mengen verkauft. Ein Einsatzgebiet einer OCR-Variante war ab ca. 1965 beispielsweise bei der Post, um Briefe zu sortieren (Chatfield 2013). Durch die direkte Verbindung der OCR-Systeme mit Computern Mitte der 1960er Jahre, wurde eine elektronische Speicherung der Daten möglich. Einen weiteren Fortschritt schaffte Ray Kurzweil durch sein „Omni Fonts"- System, da nun verschiedenste Zeichen aus unterschiedlichen Schrifttypensätzen, sogenannten Fonts erkannt werden konnten. Dies bildet die zweite Generation von OCR-Systemen. Auch handschriftliche Zeichen ließen sich nun erstmals in begrenztem Umfang erkennen (Chaudhuri et al. 2017). Die dritte Generation von OCR-Systemen entstand Mitte der 1970er Jahre. Sie wurde häufig dafür genutzt, das zuvor mit der Schreibmaschine erstellte Dokumente nachträglich zu digitalisieren und die Information später über das OCR-Gerät für die Weiterverarbeitung an einen Computer zu übertragen. So konnten Textverarbeitungsprogramme von mehreren Personen gleichzeitig verwendet werden, da noch nicht alle Mitarbeiter einen Computer zur Verfügung hatten (Chaudhuri et al. 2017). In den darauf folgenden Dekaden wird die OCR-Technologie kontinuierlich weiterentwickelt und erweitert. Eine Weiterentwicklung von OCR ist beispielsweise die Intelligent Character Recognition (dt. Intelligente Schriftzeichenerkennung) bzw. ICR, die nun zusätzlich die Erkennung handschriftlicher Dokumente ermöglicht (Matsuoka et al. 2018). Heutzutage ist OCR bereits allgegenwärtig und findet sich integriert in für uns alltäglichen Software-lösungen (Chatfield 2013). So ist es bei Apple mit iOS 15 mittlerweile möglich während oder nach der Aufnahme eines Fotos den enthaltenen Text über eine OCR-Funktion zu erkennen. Dies ist sowohl mit gedrucktem als auch mit handschriftlichem Text möglich. Der extrahierte Text kann anschließend beispielsweise kopiert, übersetzt, nachgeschlagen oder geteilt werden. Außerdem kann nach Textbausteinen in allen aufgenommenen Fotos gesucht werden (Apple 2022). Als Anwendung für den PC lassen sich PDF Programme wie Adobe Acrobat nennen. Das Programm ermöglicht beispielsweise die Extrahierung von Text in der Originalschriftart des gescannten Dokuments inklusive einer anschlie-ßenden Nachbearbeitung in einem dafür automatisch erstellten PDF-Dokument (Adobe Acrobat 2023).

Die grundsätzliche Arbeitsweise von OCR ist in Abb. 15.1 dargestellt. In einem ers-ten Schritt erfolgt die Digitalisierung des gedruckten Dokuments mittels eines optischen Scanners. Anschließend werden die einzelnen Bestandteile des Bildes anhand der Orts-segmentierung bestimmt, um gedruckte Symbole zu erkennen und von nicht relevanten Bereichen wie Grafiken abzugrenzen. Zur Vorbereitung der Zeichenanalyse und zur Erzie-lung einer besseren Erkennungsrate werden durch eine Vorverarbeitung kleinere Fehler in den erkannten Zeichen ausgebessert (Chaudhuri et al. 2017). Nach der Ausbesse-rung erfolgt die Segmentierung, um die einzelnen Teilkomponenten des digitalisierten Dokuments zu erkennen. Die korrekte Trennung der einzelnen Zeichen hat große Auswir-kungen auf die Erkennungsrate. Die nachfolgende Merkmalsextraktion ist anspruchsvoll und zielt auf eine Erkennung der wesentlichen Merkmale der Zeichen ab. Die Analyse des erkannten Textes lässt sich im Wesentlichen in die zwei Methoden „Matrix Mat-ching" und „Feature Extraction" einteilen (Chatfield 2013). „Matrix Matching" ist die ältere und einfachere Methode. Sie beruht auf der Zerlegung eines ausgewählten Zei-chens der gescannten Datei in dessen Matrix. Dazu wird das Zeichen in ein engmaschiges Gitter in schwarze und weiße Punkte zerlegt. Durch den Vergleich der entstandenen Punk-tanordnungen mit den Zeichen im hinterlegten Speicher können so Übereinstimmungen identifiziert werden (Chatfield 2013; Rao 2005). „Feature Extraction" arbeitet nicht mit einem Vergleich der gedruckten Zeichen mit den Zeichen in einem Speicher, sondern filtert Eigenschaften und Schlüsselmerkmale der Zeichen heraus (Chatfield 2013; Rao 2005). Der letzte Schritt der OCR-Erkennung ist die Nachbearbeitung, in der eine Feh-lererkennung und -korrektur stattfindet. Ein Bestandteil davon bildet die Gruppierung von Einzelsymbolen, wodurch die Zeichen nicht mehr einzeln sondern im Zusammenhang betrachtet werden. Dadurch können einzelne falsch erkannte Zeichen durch den Kontext korrigiert werden (Chaudhuri et al. 2017). Die Erkennungsrate ist von verschiedensten

Abb. 15.1 Komponenten der OCR Erkennung (Chaudhuri et al. 2017, leicht modifiziert)

Faktoren abhängig, wie beispielsweise von den Fonts, dem Papier, dem Inhalt oder der Qualität des Drucks.

Zusammengefasst dient OCR insbesondere dazu, aus analogen Informationen digitale Informationen zu erstellen. In einigen Fällen (vgl. Abschn. 15.3) liefert eine reine Digitalisierung der Informationen bereits einen signifikanten Mehrwert. Es ist jedoch hervorzuheben, dass insbesondere durch eine anschließende Analyse und Auswertung der digitalisierten Informationen mittel beispielsweise NLP Algorithmen erst eine operativ einsetzbare (end-to-end) Lösung entsteht.

15.2.2 Vorstellung der NLP Technologie

Natural Language Processing (dt. Natürliche Sprachverarbeitung) bzw. NLP bezeichnet die computergestützte Analyse und Verarbeitung von Texten und ist eine grundlegende Komponente von KI. Die Entwicklung zur Analyse natürlicher Sprachen begann Ende der 1940er Jahre und beinhaltete zunächst die computergestützte maschinelle Übersetzung. Diese fand Anwendung im Entschlüsseln gegnerischer Codes im Zweiten Weltkrieg. Die Weiterentwicklungen in den darauffolgenden Jahren vernachlässigten zunächst die Mehrdeutigkeiten von Wörtern und legten den Fokus auf eine reine Übersetzung der einzelnen Wörter und Einordnung dieser in die grammatikalischen Strukturen der jeweiligen Sprachen. Dabei wurden allerdings keine zufriedenstellenden Ergebnisse erzielt. Die Qualität der Verarbeitung verbesserte sich erst ab den 1970er Jahren, da sich zunehmend mit der Berücksichtigung der Bedeutung des Textes beschäftigt wurde (Liddy 2001). Die wesentlichen Komponenten von NLP sind die Syntax-, Semantik- und Diskursanalyse. Die Analyse der Syntax betrachtet den Aufbau und die Struktur der Sätze, sowie die Grammatik. Die semantische Verarbeitung bildet den anspruchsvolleren Teilprozess, da hierbei die Bedeutung der Wörter und Sätze analysiert wird. Dazu werden verschiedene Techniken eingesetzt, wie beispielsweise die Wortsinn-Disambiguierung, die Wörter mit unterschiedlichen Bedeutungen je nach Kontext korrekt einordnet. Im nachfolgenden Schritt der Diskursanalyse erfolgt die Analyse der Gesamtbedeutung des Textes, die weit über die Aneinanderreihung einzelner Sätze hinaus geht. Dies stellt eine Herausforderung dar, da Verbindungen zwischen den Sätzen erkannt und in einen Zusammenhang gesetzt werden müssen (Chowdhary 2020).

Eine Studie von Ding et al. (2022) hat insgesamt 91 Veröffentlichungen von 2000 bis 2020 zum Thema der Anwendung von NLP im Bauwesen untersucht (vgl. Abb. 15.2).

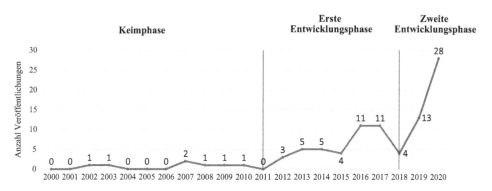

Abb. 15.2 Anzahl an Veröffentlichungen zu NLP im Bau (Stichprobe: 91 Paper) (Ding et al. 2022)

Anhand dieser Studie lässt sich die Entwicklung von NLP im Bauwesen anhand von drei Phasen sehr gut nachvollziehen.

Keimphase (2000–2011): Vor 2011 basierte die NLP-Technologie hauptsächlich auf einigen wenigen Modellen, was in Verbindung mit teuer Rechenleistung dazu führte, dass NLP lediglich in wenigen Bereichen der Forschung Anwendung findet. Von einem operativen Einsatz in der Baubranche ist man in dieser Phase noch weit entfernt (Ding et al. 2022).

Erste Entwicklungsphase (2012–2018): Mit dem Jahr 2012 wurde Deep Learning und damit das neuronale Netzwerk allmählich zur führenden Technologie des NLP (Krizhevsky et al. 2012). In Kombination mit einer verbesserten Rechenleistung von Grafikprozessoren und Open Source Deep-Learning-Frameworks wie TensorFlow (2015) und PyTorch (2016), ergab sich für NLP im Bauwesen ein erster kleiner Höhepunkt in der Entwicklung (Ding et al. 2022).

Zweite Entwicklungsphase (2019–2020): Mit der Veröffentlichung des BERT Modells durch Google (Devlin et al. 2019) und damit verbundenen neuen Möglichkeiten konnten neue Spitzenleistungen erreicht werden, was einen neuen Aufschwung in der NLP-Forschung und dem Einsatz im Baukontext darstellte (Ding et al. 2022).

Einen weiteren Meilenstein leitet die Veröffentlichung von ChatGPT im November 2022 (OpenAI 2022) ein. ChatGPT liefert erstmals eine end-to-end Lösung, die direkt und kostenfrei durch den Endnutzer eingesetzt werden kann. Hieraus ergeben sich auch für die Bauindustrie verschiedene Anwendungsfälle. Prieto et al. (2023) untersucht beispielsweise in einer Studie die Möglichkeiten von ChatGPT im Projektmanagement von einfachen Bauprojekten bei der Planung von Aufgaben und deren Abhängigkeiten. Neben dem Projektmanagement gibt es eine Vielzahl an Anwendungsmöglichkeiten, die zum Zeitpunkt der Verschriftlichung dieses Artikels noch schwierig abschätzbar sind.

15.3 Anwendungsmöglichkeiten der Technologien OCR und NLP im Bauwesen

In diesem Abschnitt werden konkrete Anwendungsbeispiele als auch Potenziale zur Anwendung der Technologien OCR und NLP im Bauwesen aufgezeigt. Dabei werden Anwendungsbeispiele vorerst noch getrennt voneinander beschrieben, bevor im Abschn. 15.4 eine Verknüpfung der beiden Technologien anhand eines konkreten Praxisbeispiels stattfindet.

15.3.1 Anwendungsmöglichkeiten der OCR Technologie im Bauwesen

Wie bereits beschrieben eignet sich die Technologie OCR insbesondere zur automatischen Transformation von analogen in digitale Textinformationen. Die bisherige Verwendung dieser Technologie wurde 2019 in einer branchenübergreifenden Studie des Fraunhofer Instituts zur Verwendung von KI in deutschen Unternehmen untersucht. Dabei gaben 39 % der befragten Unternehmen an, dass sie bereits Methoden zur Textextraktion oder Handschriftenerkennung nutzen. Daran wird das große Potenzial der OCR-Technologie für verschiedenste Branchen erkennbar (Dukino et al. 2019). Betrachtet man nun die Baubranche im Einzelnen, ist zu erkennen, dass insbesondere auf der Baustelle noch häufig papierbasiert gearbeitet wird. Bei einer beispielhaften Untersuchung eines Großprojektes ergab die Auswertung der Projektsteuerung im konkreten Fall ca. 200.000 Dokumente und 5.000 Ordner in Papierform. Obwohl ein Großteil der Unterlagen lediglich kurzfristig benötigt wird, werden die Dokumente weiterhin langfristig für Dokumentationszwecke aufbewahrt. (Lechner 2021).

Das in diesem Beispiel aufgezeigte hohe Aufkommen an papierbasierten Unterlagen lässt ein beträchtliches Potenzial für die Anwendung der OCR Technologie in Bauprojekten erkennen. Im Folgenden wird daher im Detail aufgezeigt, an welchen Stellen in einem Bauprojekt die Technologie bereits erfolgreich angewendet wird oder zukünftig angewendet werden kann. Für eine bessere Strukturierung wird dabei die Einteilung nach Projektmanagementphasen entsprechend der DIN 69901-2 (2009) gewählt: Initialisierung, Definition, Planung, Steuerung und Abschluss. Der Fokus in diesem Kapitel/Abschnitt wird dabei insbesondere auf die Phasen Planung, Steuerung und Abschluss gelegt. Im Folgenden werden wesentliche Anwendungsmöglichkeiten innerhalb der einzelnen Phasen herausgearbeitet. Eine eindeutige Zuordnung einer Anwendungsmöglichkeit zu einer Phase ist dabei nicht möglich, sondern findet aufgrund der Auftrittshäufigkeit statt.

OCR in der Phase Planung: Ein Anwendungsfall in der Planungsphase stellt die Digitalisierung von Bestandsunterlagen für die Planung in Bestandsgebäuden dar. OCR unterstützt bei der Erfassung von Textblöcken oder Tabellen in den Zeichnungen und wird automatisch in CAD-Text bzw. Tabellen umgewandelt. Dadurch entfällt ein hoher manueller Aufwand bei der Übertragung der Daten. Außerdem können auch handschriftliche Anmerkungen in den Planunterlagen erkannt und digitalisiert werden (Donath 2009).

OCR in der Phase Steuerung: Die Phase der Steuerung ist geprägt von einer Vielzahl an handschriftlichen und dezentralen Informationen. Diese entstehen beispielsweise durch den Austausch an Dokumentationsunterlagen und Nachweisen, die zwischen den Projektbeteiligten ausgetauscht werden müssen. Eine Schnittstelle bildet die Angebotsphase, in der Leistungsverzeichnisse zwischen dem Auftraggeber und den Bietern ausgetauscht werden. Im Rahmen der Angebotsbearbeitung kann OCR den Systembruch zwischen GAEB-Nutzern und Nicht-Nutzern lösen. Formlose Leistungsverzeichnisse als PDF- oder Excel-Datei können dadurch ohne großen manuellen Aufwand in GAEB Formate umgewandelt werden, wodurch ein standardisierter Vergleich der Angebote durchgeführt werden kann (Jacob und Kukovec 2022). Während der Bauausführung stellt die Übergabe von Lieferscheinen eine weitere Anwendungsmöglichkeit von OCR dar. Die meist als Formblatt ausgedruckten Lieferscheine können neben den standardmäßigen Informationen zusätzlich handschriftliche Ergänzungen beinhalten. Diese müssen für die interne Dokumentation und spätere Rechnungsstellung im Anschluss manuell durch das Bauunternehmen digitalisiert werden. In Abschn. 15.4 wird dieser Anwendungsfall ausführlich vorgestellt. Die Bearbeitung von Rechnungen stellt einen weiteren Anwendungsfall für OCR dar. So hat der Immobiliendienstleister HRS beispielsweise eine Lösung entwickelt, um den manuellen Aufwand für die bei ihm anfallenden 40.000 Rechnungen pro Jahr zu reduzieren. Durch den Einsatz eines OCR Systems lassen sich Informationen wie Projektnummer oder Mehrwertsteuer-ID automatisch erkennen, wodurch sich der Arbeitsaufwand drastisch reduziert. Nach eigenen Angaben liegt dabei die Genauigkeit der Erkennung bei 96 %. (Giannakidis et al. 2021, S. 48). Eine weitere Anwendungsmöglichkeit findet sich in der Umsetzung der Lean Methode „Taktplanung" und „Taktsteuerung". Diese basiert auf einer Arbeitsweise an Taktsteuerungstafeln, wodurch meist keine direkte digitale Datenaufnahme erfolgt. Die OCR Technologie kann bei dieser Datenerfassung unterstützen. Nachteil ist allerdings, dass eine manuelle Überprüfung auf Richtigkeit weiterhin erforderlich ist. Daher sind für diesen Anwendungsfall weitere Technologien wie digitale Stifte bei der Lösungsfindung ebenfalls zu berücksichtigen (Leifgen 2019). Im Zusammenhang mit dem Personalmanagement ergeben sich weitere Aufgabenbereiche, die von einer automatischen Texterkennung profitieren können. So fallen in regelmäßigen Abständen für die Mitarbeiter notwendige Schulungen oder Unterweisungen an, die intern zur Dokumentation abgelegt und verwaltet werden müssen. OCR könnte bei der Erfassung dieser Informationen unterstützen und in Kombination mit weiteren Anwendungen wäre dadurch eine Auswertung der erkannten Informationen möglich. Damit wäre eine rechtzeitige Erinnerung für die nächste Fälligkeit einer Unterweisung ohne manuellen Arbeitsaufwand denkbar. Die Themen Arbeitssicherheit und Gesundheitsschutz haben zunehmend an Wichtigkeit gewonnen und bilden einen weiteren Aufgabenbereich mit umfassenden

Dokumentationsanforderungen. Der Austausch zwischen Sicherheits- und Gesundheits-schutzkoordinatoren, der Fachkraft für Arbeitssicherheit und der Bauleitung findet dabei meist im direkten Austausch und Protokollen statt (Hofstadler und Motzko 2021). Eine Erfassung dieser Informationen mit OCR kann eine Reduzierung des Arbeitsaufwandes ermöglichen.

OCR in der Phase Abschluss: Ein wichtiger Bestandteil des Projektabschlusses ist die Erstellung eines Aufmaßes zur anschließenden Rechnungsstellung. Je nach Möglich-keit des Auftraggebers zur digitalen Bearbeitung von Informationen entsteht im Rücklauf zur Aufmaß- und Rechnungsprüfung ein analoger Austausch von Informationen und Dokumenten, die im Nachgang aufwendig erneut digitalisiert werden müssen. Für die nach Projektabschluss anschließende Betriebs- und Nutzungsphase des Gebäudes besteht außerdem die Notwendigkeit die Betriebs- und Montageanleitungen für die verbauten Materialien und die Gebäudetechnik aufzubewahren. Eine Digitalisierung und Analyse der gescannten Dokumente könnte eine spätere Suche nach den benötigten Unterlagen erleichtern.

15.3.2 Anwendungsmöglichkeiten der NLP Technologie im Bauwesen

Im Zuge von Digitalisierungsmaßnahmen (wie OCR) werden im Bauwesen Daten in verschiedenen elektronischen Textformaten gespeichert. Hierzu zählen zum Beispiel For-mate wie, E-Mails, Extensible Markup Language (XML), Hypertext Markup Language (HTML), Portable Document Format (PDF), Computer-aided Design (CAD), Industry Foundation Classes (IFC) und viele weitere Datenformate, die alle zu einem gewissen Teil menschliche Sprache enthalten (Ding et al. 2022). NLP-Algorithmen verwenden diese Daten, verarbeiten sie und bereiten sie auf und helfen damit dem Menschen beim Verste-hen der Daten und beim Treffen von Schlussfolgerungen. Ding (2022) teilt den Einsatz von NLP im Bauwesen in sechs Bereiche ein und gibt wiederum unterschiedliche Anwen-dungshäufigkeiten der Technologie an. Im Folgenden werden diese Bereiche benannt und beispielhaft anhand eines konkreten Anwendungsbeispiels erklärt.

Dokumenten-/Informations-/Wissensmanagement (38,9 %): Zum Beispiel die auto-matische Identifizierung von Anforderungen aus Vertragsunterlagen. Ein Algorithmus identifiziert automatisiert aus den Vertragspaketen eines Bauprojektes wichtige Texte, wie Anweisungen und unterstützende Erklärungen und clustert diese (Hassan und Le 2020).

Unfallanalyse/Sicherheitsmanagement (22,2 %): Zum Beispiel die Analyse von Gefährdungsprotokollen. Ein Datensatz von Gefährdungsprotokollen von großen Infra-strukturprojekten wird anhand von NLP analysiert, mit dem Ziel neue sicherheitsrelevante Erkenntnisse zu generieren und dadurch die Sicherheit auf den Baustellen zukünftig zu verbessern (Zhong et al. 2020).

Automatisierte Konformitätsprüfung (13,9 %): Zum Beispiel die automatisierte Konformitätsprüfung von Plangrundlagen. Es werden Pläne zur Vermeidung von Regenwasserverschmutzung auf Baustellen mit geltenden Normen abgeglichen und Abweichungen aufgezeigt (Salama und El-Gohary 2013).

Building Informationsmodellierung (11,1 %): Zum Beispiel der Vergleich von Entwurfsänderungen bei IFC-Modellen. Ein Datenmodell vergleicht verschiedene Entwurfsstadien desselben IFC-Modells mittels NLP und identifiziert Änderungen und weist diese im Modell aus (Dawood et al. 2019).

Risikomanagement (2,8 %): Zum Beispiel die Identifizierung, Quantifizierung und Analyse von Baurisiken. Ein Datensatz mit Projektrisiken (Beschreibung, Wahrscheinlichkeit, Folgen) aus verschiedenen Bauprojekten wird analysiert, bewertet und in Risikokategorien automatisiert zusammengefasst (Siu et al. 2018).

Sonstiges (11,1 %): Zum Beispiel der automatisierte Personaleinsatz für die Gebäudeinstandhaltung. Ein Datensatz mit Serviceanfragen zur Gebäudeinstandhaltung wird verwendet, um eine automatische Prognose der Personalzuweisung für zukünftige Anfragen zu erstellen (Mo et al. 2020).

15.4 Praxisbeispiel: Anwendung der OCR-Technologie in der Betonlieferkette

Nachdem in den Abschn. 15.2 und 15.3 die Technologien OCR und NLP getrennt voneinander betrachtet wurden, findet in diesem Kapitel eine Kombination beider Technologien im Rahmen eines Anwendungsbeispiels, nämlich der Betonlieferkette, statt. Hierzu werden zuerst relevante Wesenszüge der Betonlieferkette herausgearbeitet, um darauf basierend den kombinierten Einsatz der beiden Technologien darzulegen.

In Abschn. 15.1 wurde bereits die hohe Fragmentierung der Baubranche als einer der Gründe für die geringe vorherrschende Digitalisierung beschrieben. Als Teil der Baubranche findet man diese Fragmentierung auch in der Transportbetonindustrie. Laut dem Jahresbericht des Bundesverband der Deutschen Transportbetonindustrie e. V. (2022) besteht die Transportbetonindustrie aus 525 Unternehmen und 1.900 Transportbetonwerken. Dabei führen unzureichende Standards für ein digitales Austauschformat zu einem erheblichen manuellen Mehraufwand in der Informationsverarbeitung zwischen dem Betonhersteller und dem Verwender des Betons. Die Auswirkungen dieses Sachverhalts werden beim Betrachten der Dimensionen deutlich. In Deutschland werden jährlich durchschnittlich rd. 50 Mio. Kubikmeter Transportbeton werksmäßig produziert (Bundesverband der Deutschen Transportindustrie e. V. 2022). Diese Menge wird von der Produktionsstätte, i. d. R. einem Transportbetonwerk, auf zahlreiche Baustellen per Fahrmischer (Lastkraftwagen) transportiert und so ausgeliefert. Dabei entspricht das durchschnittliche Fassungsvermögen eines Fahrmischers rd. 8 Kubikmeter Frischbeton. Rein rechnerisch ergibt sich so eine Größenordnung von rd. 6,25 Mio. einzelner Lieferungen Transportbeton in Deutschland jährlich.

Im Zuge der Lieferung von Transportbeton werden detaillierte Produktinformationen vom Hersteller des Betons an den Lieferanten und schließlich an den Verwender des Betons, an ein Bauunternehmen, übergeben. Diese Weitergabe von Informationen erfolgt heute über einen ausgedruckten Lieferschein. Er enthält nicht nur Gefahrstoffhinweise, die ggf. im Zuge des Transports als Warenkennung benötigt werden, sondern auch detaillierte technische Informationen zum Produkt. Diese technischen Informationen sind für den Verwender des Betons von immenser Bedeutung, da diese einen direkten Einfluss auf den Bauablauf haben können. So ergeben sich beispielsweise aus der interpretationswürdigen Information, dass es sich um einen Beton handelt, dessen Betondruckfestigkeit in einem Alter von 56 Tagen zu prüfen ist und nicht wie üblich nach 28 Tagen, direkte Handlungen auf der Baustelle. Der Verwender des Betons interpretiert diese Information so, dass die Entwicklung der Betondruckfestigkeit langsamer erfolgt als üblich. Dieses führt u. a. zu einer längeren Ausschalfrist der Betonbauteile, da der statisch relevante Parameter Betondruckfestigkeit von der Norm abweicht. Damit haben auch vermeintlich nebensächliche Informationen wie das Prüfalter des Betons eine große Bedeutung für die Betonlieferkette als Ganzes.

Neben diesen Einflüssen auf den Bauablauf, existieren in Deutschland auch bauordnungsrechtliche Regelungen, die eine Weiterverarbeitung von Informationen aus den Lieferscheinen erfordern. Durch Listung der DIN 1045-3 „Tragwerke aus Beton, Stahlbeton und Spannbeton – Teil 3: Bauausführung – Anwendungsregeln zu DIN EN 13.670" (2012) in den „Verwaltungsvorschriften Technische Baubestimmungen" der Bundesländer (Senatsverwaltung für Stadtentwicklung, Bauen und Wohnen 2022) wird die DIN 1045-3 faktisch von einer möglichen anzuwendenden Norm zu einer zwingend anzuwendenden Norm. Werden in Deutschland Betone mit Betondruckfestigkeitsklasse über C30/37 eingebaut, greifen die in DIN 1045-3 aufgeführten zusätzlichen Qualitätssicherungsmaßnahmen. Hierzu zählt u. a. dass jede Betonage in einem sogenannten Betoniertagebuch (vgl. Abb. 15.3) zu dokumentieren ist.

Abb. 15.3 zeigt, dass in einem Betoniertagebuch Informationen aus den Lieferscheinen wie beispielsweise Datum, Lieferscheinnummer, Menge und Expositionsklassen, einerseits dem Bauwerk über den Bauabschnitt bzw. das Bauteil zugeordnet werden und andererseits auch den klimatischen Rahmenbedingungen der Betonage. Für die Anwendung der NLP-Technologie ist es demnach von entscheidender Bedeutung entsprechende Informationscluster zu identifizieren und hieraus Zusammenhänge zwischen den übergebenen Informationen abzuleitenden bzw. einzuleitenden Maßnahmen zu erkennen. Neben der Interpretation der übergebenen Informationen werden Lieferscheindaten auch für den Soll-Ist Abgleich der gelieferten Betone verwendet. Auf Grundlage der Gebäudestatik sind entsprechende Mindestwerte für die Betondruckfestigkeit erforderlich, um die Standsicherheit dauerhaft sicherstellen zu können. Um dieses statistisch auswerten zu können sind

Betoniertagebuch　　　　　　　　　　　　　　　　　　　　　　　　　　**GÜB**

Druckfestigkeit,
Expositionsklassen
(gem. Lieferschein): _____ Beton-/Abruf-Nr.: _____ TB-Lieferwerk: _____

Firma, Niederlassung: _____ Bauleiter: _____

Baustelle: _____ Blatt: _____

Datum	TB-Liefer-schein-Nr.	Beton-menge	Probe-körper Nr.	Geprüfte Werte		Bauabschnitt, Bauteil	Expositionsklassen X lt. Plan gefordert						Festigkeitsklasse	Betonier-vorgang	Temperatur				Nachbe-handlung		Witterung	Ausrüsten/Ausschalen
				Aus-breit-maß	LP		C	D	S	F	A	M		Beginn/Ende	Luft Max. Min.		Beton ¹⁾ %, ₛ		Art ²⁾	Dauer		
.	.	m³	.	mm	%	.								Uhr	°C				.	Tage	.	Datum
(1)	(2)	(3)	(4)	(5)	(6)	(7)	(8)						(9)	(10)	(11)	(12)	(13)	(14)	(15)	(16)	(17)	(18)

Abb. 15.3 Muster eines Betoniertagebuches

Abb. 15.4 Muster statistische Auswertung der Betondruckfestigkeiten

Annahmekriterium DIN 1045-3, Tabelle NB.3, Zeilen 1 + 2　　　**GÜB**
Beton nach Eigenschaften - Überwachungsklasse 2

Seite:

Druckfestigkeitsklasse:　　　C o. LC　**00/00**　　　Firma:
Beton/ Abruf-Nr.:
Kantenlänge der Probekörper in mm:　　150　　　Baustelle:
Prüfalter in Tagen:　　**28**

Lfd.-Nr.	Probe-Nr.	Herstell-datum	Prüf-alter Tage	Mindest-Druck-festigkeit N/mm² f_{ck}	Prüf-ergebnis N/mm² f_{ci}	Mittel-wert N/mm² f_{cm}	Kriterium 1 Mittelwert von "n" Einzelwerten N/mm² f_{cm}	Kriterium 2 Jeder Einzelwert N/mm² f_{ci}
(1)	(2)	(3)	(4)	(5)	(6)	(7)	(8)	(9)
1			28	00				-4
2			28	00				-4
3			28	00			1	-4
4			28	00				-4

einschlägige Annahmekriterien, die in DIN 1045-3 (2012) definiert sind, zwingend einzu-halten. Ein Muster für die statistische Auswertung hinsichtlich der Betondruckfestigkeit der gelieferten und auch eingebauten Betone ist der Abb. 15.4 zu entnehmen.

Es zeigt sich demnach, dass das Potenzial eines automatisiert angestoßenen Workflows, in dem Lieferscheininformationen nicht händisch sondern maschinell verarbeitet werden, immens wichtig ist. Wie bereits beschrieben kann hierfür als mögliche Lösung eine Kom-bination aus OCR und NLP in Betracht gezogen werden. Dafür werden in einem ersten Schritt die Lieferscheininformationen mittels OCR in eine Datenbank überführt, um dar-auf aufbauend in einem zweiten Schritt NLP Analysen auf dem Datensatz durchzuführen. In dem Forschungsprojekt Smart Design and Construction (SDaC) wurde dies insbeson-dere für den ersten Schritt erprobt, indem eine OCR-Pipeline aufgesetzt und in der Praxis getestet wurde (SDaC 2023). Im Weiteren wird kurz auf die verwendete Grobarchitektur der OCR-Pipeline sowie auf Schwierigkeiten und Herausforderungen eingegangen.

Angelehnt an die in Abschn. 15.2.1 beschriebenen wesentlichen Komponenten der OCR-Erkennung, ist in Abb. 15.5 der Aufbau der im Forschungsprojekt SDaC einge-setzten OCR-Erkennung dargestellt. Die übergeordneten Prozessschritte sind dabei die Informationserfassung, die Bildvorverarbeitung, die Bildverbesserung, die Texterkennung und zuletzt die Nachbereitung. (Wolber et al. 2021).

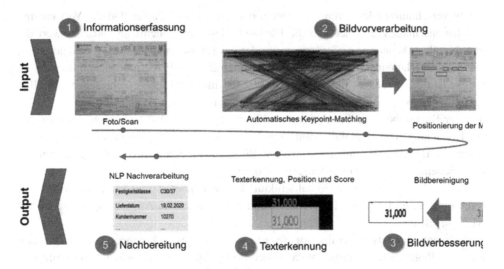

Abb. 15.5 Grobarchitektur OCR-Erkennung (Wolber et al. 2021)

Der Vorgang beginnt bei der **Informationserfassung** mit dem Entgegennehmen eines Bildes im JPG/PNG Format oder als PDF. Anschließend wird das Bild bei der **Bildverarbeitung** durch die „ORB Keypoint Detection and Matching" Methode auf das DIN-A4-Format transformiert. Das damit entstehende, normierte Bild wird durch eine vom Nutzer vorab erstellte Maske in vordefinierte Bereiche zerlegt. Die Erstellung der Maske ist ein Vorgang, der einmalig für jedes neue Lieferschein-Layout durchgeführt werden muss. Darauf aufbauend findet durch den Ausgleich von Beleuchtungsunterschieden, die Kontrasterhöhung, das Entrauschen, das Hervorheben des Textes sowie das Entfernen störender Strukturen eine **Bildverbesserung** statt. Eingesetzt werden hierfür einige Methoden aus der OpenCV-Bibliothek und deren Parameter werden über die Methode „Gradient Descent Optimization" verbessert. Für die eigentliche **Texterkennung** wird die Tesseract Open Source OCR Engine verwendet, die den Text, seine Position und den Konfidenzgrad der Erkennung für die zerlegten Felder ermittelt. Abschließend findet in der **Nachbereitung** eine syntaktische und semantische Analyse statt. Während bei der syntaktischen Nachbearbeitung zum Beispiel irrtümlich erkannte Zeichen entfernt werden, wird bei der semantischen Nachbearbeitung der erkannte Wert mit zulässigen Ausprägungen verglichen. Für diesen Schritt wird die Bibliothek Natural Language Toolkit eingesetzt. Auf diese Weise werden die gewonnenen Daten strukturiert und entsprechend ihren Kategorien im JSON-Format abgespeichert (Wolber et al. 2021).

Damit die Informationsaufnahme durch die OCR-Erkennung zielsicher gelingt, muss das Baustellenumfeld berücksichtigt werden. Das Umfeld der Baustelle führt zu verschiedenen Herausforderungen, die identifiziert und berücksichtigt werden müssen. Lieferscheine werden in ausgedruckter Form auf der Baustelle übergeben und sind daher häufig verschmutzt oder verknittert. Durch das meist dünne Papier und die Verwendung von Durchschlägen zeichnet sich die Rückseite des Lieferscheins ab und erschwert die maschinelle Erkennung. Außerdem verwendet die Logistikbranche häufig Nadeldrucker, wodurch Überlappungen mit Textbausteinen oder anderen Feldern entstehen können, da die Nadeln des Druckers nicht direkt die auf die im Durchschlag vorgesehenen Stellen treffen. Weitere Probleme stellen ähnliche Zeichen dar, wie beispielsweise die Zahl 0 und der Buchstabe O und auch handschriftliche Notizen und Anmerkungen erschweren die Erkennung. Die Interaktion mit dem Nutzer bringt weitere Herausforderungen. So haben die Belichtungsverhältnisse und der Winkel beim Scannen oder Fotografieren des Lieferscheins ebenfalls Auswirkungen auf die Lesbarkeit.

Liegen die Informationen digital strukturiert vor, können darauf basierend NLP Analysen durchgeführt werden. Im Weiteren sind einige mögliche Anwendungsszenarien für NLP aufgelistet.

Automatisierte Konformitätsprüfung: Abgleich des gelieferten Betons mit den gängigen Regelwerken. Entspricht das gelieferte Produkt den rechtlichen Anforderungen?

Automatische Soll-Ist-Abgleich: Abgleich der Lieferinformationen mit Bestell-, Vertrags- oder Planungsunterlagen. Entspricht das gelieferte Produkt den vorab definierten Projektanforderungen?

Automatische Problemanalyse: Analyse der Informationsgrundlage von vergangenen Schwierigkeiten und Problemen. Lassen sich Häufigkeitscluster identifizieren und daraus Rückschlüsse treffen?

15.5 Zusammenfassung, kritische Würdigung und Ausblick

Dieser Beitrag liefert einen detaillierten Einstieg in die Problemstellung und erarbeitet eine Beurteilungsgrundlage für den Einsatz der Technologien OCR und NLP in der Betonlieferkette. In den Abschn. 15.2 und 15.3 wurde dafür genauer auf die beiden Technologien und deren Verwendung in der Bauindustrie eingegangen. Dabei zeigt sich, dass die OCR Technologie keine neue Technologie ist, sondern vielmehr bereits seit Mitte des 20. Jahrhunderts in verschiedenen Industrien erfolgreich eingesetzt wird. Trotzdem zeigt die Bauindustrie bisher nur wenige Anwendungsfälle auf, in denen eine erfolgreiche Anwendung zu verzeichnen ist und das obwohl insbesondere die Bauindustrie aufgrund der Vielzahl an eingesetzten Papiermaterialien ein besonderes Potenzial für den Einsatz von OCR erkennen lässt. Neuartiger ist dagegen der Einsatz der NLP Technologie. Insbesondere durch neue Algorithmen in Verbindung mit der stark verbesserten Rechenleistung hat diese Technologie in den letzten Jahren einen enormen Aufschwung erlebt. Durch den Fortschritt ist auch das Bewusstsein für diese Technologie in der Praxis gestiegen und es lassen sich zahlreiche Anwendungen nachweisen. Ein kombinierter Einsatz der OCR und der NLP Technologie im Bauwesen ist allerdings bis dato so nicht zu finden. Das in Abschn. 15.4 beschriebene Praxisbeispiel liefert ein kombiniertes Modell und leistet damit einen Beitrag, um zukünftig diesem Bereich mehr Aufmerksamkeit zu verschaffen. Anzumerken ist allerdings, dass die Anwendung von der NLP Technologie in diesem Beitrag lediglich konzepthaft dargelegt werden konnte. In einem nächsten Schritt gilt es daher dieses Konzept in einem Praxistest anzuwenden, mit dem Ziel auch hier Erkenntnisse über die Anwendbarkeit zu sammeln.

Durch die Praxistests hat sich gezeigt, dass insbesondere Baustellenunterlagen von schlechter Qualität (vgl. verknitterter und verdreckt Mehrfachdurchschlag eines Lieferscheins mit handschriftlichen Notizen) die Erkennungsalgorithmen vor große Herausforderungen stellen. Dabei ist hervorzuheben, dass die Qualität von nachträglich digitalisierten Informationen stets niedriger ist als die Originalinformation. Aufgrund der bereits genannten Herausforderungen und der damit reduzierten Erkennungsquote ist eine menschliche Überprüfung dringend notwendig. Langfristig sollte daher auf standardisierte Schnittstellen und eine direkte Übertragung von Informationen gesetzt werden. Neben der verbesserten Informationsqualität entfällt dadurch der erhebliche Arbeitsaufwand der nachträglichen Digitalisierung.

Da sich die Zusammenstellung der Projektbeteiligten bzw. der am Projekt beteiligten Unternehmen von Bauprojekt zu Bauprojekt unterscheidet, ist auch die IT-Landschaft in jedem Projekt gezwungen sich zu verändern. Es gestaltet sich daher häufig schwierig dauerhafte Schnittstellen aufzubauen um Informationen digital und nicht papierbasiert zu übermitteln. Unter anderem diese Heterogenität sorgt dafür, dass auch mittelfristig die Notwendigkeit zur Überführung von analogen in maschinenlesbare Informationen mittel OCR weiterhin relevant sein wird. Gepaart mit den Errungenschaften im Bereich NLP durch Chat GPT, werden sich in Zukunft Möglichkeiten ergeben, die bis dato schwierig zu greifen sind. Es ist daher anzunehmen, dass zukünftig die Relevanz für den Einsatz der OCR-Technologie in Kombination mit NLP-Algorithmen in der Bauindustrie zunehmen wird.

Literatur

Adobe Acrobat. (2023). *OCR-Software für PDF-Dateien nutzen in 4 Schritten | Adobe Acrobat*. Doc Cloud. https://www.adobe.com/de/acrobat/how-to/ocr-software-convert-pdf-to-text.html.

Apple. (2022). *Text aus Fotos auf dem iPhone oder iPad kopieren und übersetzen*. Apple Support. https://support.apple.com/de-de/HT212630.

Bertschek, I., Niebel, Dr. T., & Ohnemus, Dr. J. (2019). Zukunft Bau. In *Zukunft Bau*. ZEW – Leibniz-Zentrum für Europäische Wirtschaftsforschung GmbH. http://hdl.handle.net/11159/3753.

Bundesverband der Deutschen Transportbetonindustrie e. V. (2022). *Große Aufgaben- Gemeinsame Lösungen Jahresbericht 2022.*.

Bundesverband der Deutschen Transportindustrie e. V. (2022). *Produktion von Transportbeton in Deutschland in den Jahren 2003 bis 2021 (in Millionen Kubikmeter). Statista*. Statista GmbH..

Chatfield, T. (2013). *50 Schlüsselideen Digitale Kultur*. Spektrum Akademischer Verlag. https://doi.org/10.1007/978-3-8274-3064-9.

Chaudhuri, A., Mandaviya, K., Badelia, P., & K Ghosh, S. (2017). *Optical Character Recognition Systems for Different Languages with Soft Computing* (Bd. 352). Springer International Publishing. https://doi.org/10.1007/978-3-319-50252-6.

Chowdhary, K. R. (2020). *Fundamentals of Artificial Intelligence*. Springer India. https://doi.org/10.1007/978-81-322-3972-7.

Dawood, H., Siddle, J., & Dawood, N. (2019). Integrating IFC and NLP for automating change request validations. *Journal of Information Technology in Construction, 24*, 540–552. https://doi.org/10.36680/j.itcon.2019.030.

Demary, V., & Goecke, H. (2021). Digitalisierung der Branchen in Deutschland—Eine empirische Erhebung. *Wirtschaftsdienst, 101*(3), 181–185. https://doi.org/10.1007/s10273-021-2871-z.

Deutsche Telekom AG. (2020). *Digitalisierungsindex Mittelstand 2020/2021 Der digitale Status quo des deutschen Mittelstands.*.

Devlin, J., Chang, M.-W., Lee, K., & Toutanova, K. (2019). BERT: Pre-training of Deep Bidirectional Transformers for Language Understanding. *Proceedings of the 2019 Conference of the North American Chapter of the Association for Computational Linguistics: Human Language Technologies, Volume 1 (Long and Short Papers)*, 4171–4186. https://doi.org/10.18653/v1/N19-1423.

DIN 1045-3:2012-03. (2012). *Tragwerke aus Beton, Stahlbeton und Spannbeton—Teil 3: Bauausführung—Anwendungsregeln zu DIN EN 13670*. Beuth Verlag..

DIN 69901-2:2009-01. (2009). *Projektmanagement – Projektmanagementsysteme – Teil 2: Prozesse, Prozessmodell*. https://doi.org/10.31030/1498907.

Ding, Y., Ma, J., & Luo, X. (2022). Applications of natural language processing in construction. *Automation in Construction, 136*, 104169. https://doi.org/10.1016/j.autcon.2022.104169.

Donath, D. (2009). *Bauaufnahme und Planung im Bestand*. Vieweg+Teubner. https://doi.org/10.1007/978-3-8348-9236-2.

Dukino, C., Friedrich, M., Ganz, W., Hämmerle, M., Kötter, F., Meiren, T., Neuhüttler, J., Renner, T., Schuler, S., & Zaiser, H. (2019). *Künstliche Intelligenz in der Unternehmenspraxis Studie zu Auswirkungen auf Dienstleistung und Produktion*. FRAUNHOFER-INSTITUT FÜR ARBEITSWIRTSCHAFT UND ORGANISATION IAO..

Hassan, F. ul, & Le, T. (2020). Automated Requirements Identification from Construction Contract Documents Using Natural Language Processing. *Journal of Legal Affairs and Dispute Resolution in Engineering and Construction, 12*(2), 04520009. https://doi.org/10.1061/(ASCE)LA.1943-4170.0000379.

Hofstadler, C., & Motzko, C. (Hrsg.). (2021). *Agile Digitalisierung im Baubetrieb: Grundlagen, Innovationen, Disruptionen und Best Practices*. Springer Fachmedien Wiesbaden. https://doi.org/10.1007/978-3-658-34107-7.

Jacob, C., & Kukovec, S. (Hrsg.). (2022). *Auf dem Weg zu einer nachhaltigen, effizienten und profitablen Wertschöpfung von Gebäuden: Grundlagen – neue Technologien, Innovationen und Digitalisierung – Best Practices*. Springer Fachmedien Wiesbaden. https://doi.org/10.1007/978-3-658-34962-2.

Krizhevsky, A., Sutskever, I., & Hinton, G. E. (2012). ImageNet Classification with Deep Convolutional Neural Networks. In F. Pereira, C. J. Burges, L. Bottou, & K. Q. Weinberger (Hrsg.), *Advances in Neural Information Processing Systems* (Bd. 25). Curran Associates, Inc. https://proceedings.neurips.cc/paper/2012/file/c399862d3b9d6b76c8436e924a68c45b-Paper.pdf.

Lechner, H. (2021). Collaborative Methoden + Werkzeuge der Projektorganisation. In C. Hofstadler & C. Motzko (Hrsg.), *Agile Digitalisierung im Baubetrieb: Grundlagen, Innovationen, Disruptionen und Best Practices* (S. 289–336). Springer Fachmedien Wiesbaden. https://doi.org/10.1007/978-3-658-34107-7_13.

Leifgen, C. (2019). *Ein Beitrag zur digitalen Transformation der Lean Construction am Beispiel der BIM-basierten Taktplanung und Taktsteuerung.* Technische Universität Darmstadt..

Liddy, E. D. (2001). Natural Language Processing. In *Encyclopedia of Library and Information Science.*.

Mantas, J. (1986). An overview of character recognition methodologies. *Pattern Recognition, 19*(6), 425–430. https://doi.org/10.1016/0031-3203(86)90040-3.

Matsuoka, Y. R., R. Sandoval, G. A., Q. Say, L. P., Teng, J. S. Y., & Acula, D. D. (2018). Enhanced Intelligent Character Recognition (ICR) Approach Using Diagonal Feature Extraction and Euler Number as Classifier with Modified One-Pixel Width Character Segmentation Algorithm. *2018 International Conference on Platform Technology and Service (PlatCon),* 1–6. https://doi.org/10.1109/PlatCon.2018.8472740.

McKinsey & Company. (2020). *The next normal in construction How disruption is reshaping the world's largest ecosystem.*.

Mo, Y., Zhao, D., Du, J., Syal, M., Aziz, A., & Li, H. (2020). Automated staff assignment for building maintenance using natural language processing. *Automation in Construction, 113,* 103150. https://doi.org/10.1016/j.autcon.2020.103150.

OpenAI. (2022). *Introducing ChatGPT.* https://openai.com/blog/chatgpt.

Prieto, S. A., Mengiste, E. T., & de Soto, B. G. (2023). *Investigating the use of ChatGPT for the scheduling of construction projects.*.

PwC Deutschland. (2021). *Digitalisierung, Nachhaltigkeit und Corona in der Bauindustrie- Eine PwC Studie zum Umgang der Branche mit den drei aktuellen Herausforderungen.*.

Rao, N. V. (2005). OPTICAL CHARACTER RECOGNITION TECHNIQUE ALGORITHMS. . *Vol..*

Salama, D. A., & El-Gohary, N. M. (2013). Automated Compliance Checking of Construction Operation Plans Using a Deontology for the Construction Domain. *Journal of Computing in Civil Engineering, 27*(6), 681–698. https://doi.org/10.1061/(ASCE)CP.1943-5487.0000298.

SDaC. (2023). *SDaC – Smart Design and Construction.* SDaC – Smart Design and Construction Through Artificial Intelligence. https://sdac.tech/.

Senatsverwaltung für Stadtentwicklung, Bauen und Wohnen. (2022). *Verwaltungsvorschrift Technische Baubestimmungen (VV TB Bln).*.

Siu, M.-F. F., Leung, W.-Y. J., & Chan, W.-M. D. (2018). A DATA-DRIVEN APPROACH TO IDENTIFY-QUANTIFY-ANALYSE CONSTRUCTION RISK FOR HONG KONG NEC PROJECTS. *JOURNAL OF CIVIL ENGINEERING AND MANAGEMENT, 24*(8), 592–606. https://doi.org/10.3846/jcem.2018.6483.

Weber, T., Bertschek, Prof. Dr. I., Ohnemus, Dr. J., & Ebert, M. (2018). *Monitoring-Report Wirtschaft DIGITAL 2018.* Bundesministerium für Wirtschaft und Energie..

Wolber, J., Cisterna, D., Tercan, Ö., Meyer, L., Haghsheno, S., & Sievering, C. (2021). *Konzept einer durchgängigen Informationskette mit Methoden der Künstlichen Intelligenz am Beispiel der Lieferkette von Beton.*.

Zhong, B., Pan, X., Love, P. E. D., Sun, J., & Tao, C. (2020). Hazard analysis: A deep learning and text mining framework for accident prevention. *Advanced Engineering Informatics, 46,* 101152. https://doi.org/10.1016/j.aei.2020.101152.

Eine Domänen-Ontologie für die Transportbeton-Lieferkette

16

Peter R. Wildemann, Lukas Kirner und Sigrid Brell-Cokcan

16.1 Einleitung

16.1.1 Lieferkette Transportbeton

Die gesamte Lieferkette des Transportbetons ist geprägt durch das Zusammenspiel vieler Akteure (Tercan et al. 2022; Wildemann und Brell-Cokcan 2022), die vorwärtsgerichtet einen physischen Materialfluss umsetzen, wodurch ein rückwärtsgerichteter Finanzfluss generiert wird und die in einem bidirektionalen Informationsfluss kommunizieren (vgl. Abb. 16.1).

Der physische Prozess, d. h. Materialfluss, beginnt mit der (1) Rohstoffgewinnung. Die Rohstoffe werden aufbereitet und (2) an die Mischwerke geliefert, um dort (3) zu Transportbeton weiter veredelt zu werden. Der Transportbeton wird (4) auf die jeweiligen Baustellen geliefert und dort (5) in ein Bauteil eingebracht. Um die hohen Qualitätsstandards gewährleisten zu können begleiten Qualitätssicherungsmaßnahmen alle Prozesse. Dabei werden in Abhängigkeit der Prozesse und betroffenen Materialien verschiedene Prüfverfahren angewendet, die Prüfergebnisse dokumentiert und mit den jeweiligen Planwerten (Soll-Werten) verglichen.

P. R. Wildemann (✉)
LEONHARD WEISS GmbH & Co. KG, Göppingen, Deutschland
E-Mail: p.wildemann@leonhard-weiss.com

L. Kirner · S. Brell-Cokcan
Individualisierte Bauproduktion, RWTH Aachen University, Aachen, Deutschland
E-Mail: kirner@ip.rwth-aachen.de

S. Brell-Cokcan
E-Mail: brell-cokcan@ip.rwth-aachen.de

© Der/die Autor(en), exklusiv lizenziert an Springer Fachmedien Wiesbaden GmbH, ein Teil von Springer Nature 2024
S. Haghsheno et al. (Hrsg.), *Künstliche Intelligenz im Bauwesen*,
https://doi.org/10.1007/978-3-658-42796-2_16

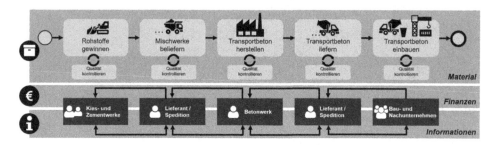

Abb. 16.1 Lieferkette im Transportbeton Prozess – Material-, Finanz- und Informationsfluss

Der rückwärts gerichtete Finanzfluss entsteht aufgrund der Handelsgeschäfte zwischen den jeweiligen Akteuren infolge der jeweiligen Materialflüsse.

Der Informationsfluss ist bidirektional gerichtet und findet i. d. R. zwischen den Prozesspartnern statt, die auch in einem vertraglichen Verhältnis zueinanderstehen (z. B. Liefervertrag). In Bezug auf die Handelsbeziehungen müssen Informationen zu den geforderten Qualitäten und Quantitäten der Materialien, sowie zu den kaufmännisch, organisatorischen Daten ausgetauscht werden, wie beispielsweise Lieferzeitpunkte und Preise. Jede Schnittstelle, d. h. Übergang der organisatorischen Verantwortlichkeiten oder der physischen Weitergabe des Materials erzeugt Abstimmungsbedarf und damit potenzielles Risiko für Verluste im Informationsfluss.

Die vorliegende Forschungsarbeit fokussiert sich auf einen Teilausschnitt der Lieferkette. Betrachtet werden die Prozesse und die Kommunikation zwischen einem Bauunternehmen und einem Betonwerk (i. S. v. Hersteller) im Zuge der Transportbetonbestellung, -abrufe und -lieferungen.

Im kaufmännischen Anteil des Informationsaustauschs, dem Beschaffungsprozess, werden Daten zu Angeboten, Bestellungen, Abrufen, Lieferung, Widerrufen und Rechnungen zwischen zwei Akteuren ausgetauscht. Am Beispiel der Lieferkette des Transportbetons sieht dies im Detail wie folgt aus:

Angebote und Bestellungen bedürfen einer präzisen Formulierung der geforderten Leistungen. Dies bedeutet, dass sowohl der Besteller eindeutig definieren muss, welche Leistung benötigt wird (z. B. durch Planunterlagen), als auch von Herstellerseite aus kommuniziert werden muss, welche Leistungen bestellt werden können (z. B. durch Produktkataloge, Sortenverzeichnis, technische Datenblätter oder Preislisten). Die Anforderungen an den Beton werden den Ausführungsplänen entnommen und den verfügbaren Betonsorten der Hersteller gegenübergestellt. Die geforderten Eigenschaften werden aufgrund der regional unterschiedlichen verfügbaren Rohstoffe mit unterschiedlichen Beton-Rezepturen erreicht.

Da im Zuge der Bestellung des Transportbetons die Lieferung i. d. R. nicht unverzüglich ausgelöst wird, werden erst im Rahmen der sogenannten Abrufe, mit Bezug auf eine Bestellung, die physischen Materiallieferungen ausgelöst. Hierfür bedarf es vom Besteller an den Hersteller der Kommunikation der geforderten Teilmenge, des genauen Materials und des gewünschten Lieferdatums. Auf der anderen Seite muss der Hersteller die Lieferbarkeit unter den geforderten Angaben bestätigen. Erst nach erfolgter Einigung werden die Herstellung des Transportbetons und dessen Lieferung durchgeführt.

Mit der Anlieferung des Materials werden Daten zur Lieferung ausgetauscht. Der Hersteller bzw. Lieferant informiert über die gelieferte Qualität und Quantität des Materials. Im Zuge der Warenannahme bestätigt der Besteller, dass sowohl die Lieferung als auch der zugehörige Lieferschein der Bestellung bzw. dem Abruf entspricht und die Ware aus technischer und kaufmännischer Sicht mangelfrei ist. Bei gravierenden Abweichungen wird die Warenannahme verweigert, der Grund der Verweigerung dokumentiert und das Material zurückgeschickt. Kleinere Abweichungen können toleriert werden, wobei in jedem Fall das Ergebnis der Warenannahme dokumentiert und an den Hersteller zurückgemeldet wird.

Auf Grundlage der Rückmeldung der Warenannahme wird die Rechnungsstellung durch den Hersteller an den Besteller ausgelöst. Ergänzend zu den gelieferten Materialien beinhalten die Rechnungen weitere Positionen, die die Umstände der Herstellung und Lieferung selbst betreffen, wie z. B. Heizzuschläge im Winter oder eine angefallene Mautgebühr. Der Besteller löst bei korrekter Rechnungsstellung den Finanzfluss an den Hersteller aus, womit das Handelsgeschäft abgeschlossen ist.

16.1.2 Problemstellung

Betrachtet man alleine die Prozesse zwischen den Transportbetonherstellern und den bestellenden Bauunternehmen, so wird deutlich, dass der Informationsfluss zwischen sehr vielen Akteuren stattfindet, deren Daten und Wissen im Rahmen des Handels geteilt werden muss. Ungefähr 1.900 Transportbeton-Werke (Bundesverband der Deutschen Transportbetonindustrie e. V. 2022; Europäischer Transportbetonverband 2020) und ca. 79.000 Betriebe im Bauhauptgewerbe (Zentralverband des Deutschen Baugewerbes e. V. 2021) in Deutschland machen deutlich, wie wichtig eine gute unmissverständliche Kommunikation zwischen den Beteiligten ist.

Europaweit wurden im Jahr 2019 ca. 260 Mio. Kubikmeter Transportbeton verbaut, davon ca. 54 Mio. Kubikmeter in Deutschland (Europäischer Transportbetonverband 2020). Mit einer Mischleistung von ca. 29.000 m^3 je Werk (Europäischer Transportbetonverband 2020) im Jahr 2019 kommen unter der Annahme von einer Fahrmischerleistung von 8 m^3 je Fuhre ca. 3.600 Lieferscheine je Werk und Jahr zusammen – Deutschlandweit ca. 6,8 Mio. Lieferscheine pro Jahr. Diese hohe Anzahl an Kontakt-Punkten unterstreicht die Relevanz der guten Kommunikation umso stärker.

Die projektbezogen zusammengesetzten Konstellationen der Akteure bedeuten, dass je Projekt ein gemeinsames Verständnis (für Sprache und Zusammenhänge) geschaffen werden muss, um ohne Missverständnisse zu kommunizieren. Dies gilt für die „Objekte“

(hier: Beton) und die Abläufe (z. B. Wann wird wie bestellt, wann kommt wo wie der Lieferschein?). Darüber hinaus besteht die Herausforderung darin, zu definieren, in welcher Form (d. h. Übertragungsweg, Datenstruktur) und zu welchen Zeitpunkten kommuniziert wird, bzw. allgemein ausgedrückt, das Wissen zwischen Beteiligten verfügbar gemacht und ausgetauscht wird.

Das Wissen über Beton kann in zwei Ebenen in jeweils zwei Grobaspekte gegliedert werden. Zum einen kann es sich um (1) individuelles personen- oder firmenbezogenes Wissen oder (2) domänenbezogenes Allgemeinwissen handeln. Zum anderen kann dieses Wissen in (a) ablaufbezogenes Wissen über die einzelnen Prozessschritte entlang der Lieferkette oder (b) betontechnologisches und materialbezogenes Wissen gegliedert werden.

(1a) Jedes Unternehmen hat individuelle Geschäftsprozesse die beschreiben, wie und wann etwas von wem mit Hilfe von was gemacht wird. Es kann dementsprechend nicht davon ausgegangen werden, dass zwei Unternehmen, die bspw. das gleiche Produkt verkaufen, auch den gleichen Prozess durchlaufen, um dieses zu produzieren.

(1a und b) Hinzu kommt, dass gewisse Daten wertvolles Wissen beinhalten, nur für die interne Verwendung gedacht sind und als Geschäftsgeheimnis nicht nach außen kommuniziert werden dürfen, wie z. B. Mischungsrezepte und -vorgänge von Herstellern oder individuell vereinbarte Preise zwischen dem Hersteller und dem Besteller.

(1b) Zur Steuerung der firmeneigenen Prozesse besitzen viele Unternehmen ein spezielles ERP-System, um ihre Ressourcen zu planen. Dies beinhaltet, nach individuellen Strukturen gestaltete, Stammdaten eines Unternehmens. Stammdaten sind beispielsweise die Materialnummern (bei Beton: Sortennummern oder Rezeptnummern), mit denen ein Unternehmen umgeht. Bezeichnungen, Gruppierungen, Nummerierungen und andere Attribute der Materialien orientieren sich an den eigenen Prozessen und sind nicht genormt. Dementsprechend ist es sehr wahrscheinlich, dass zwei Unternehmen auch zwei unterschiedliche Bezeichnungen etc. für ein eigentlich identisches Material haben.

(1b bis 2b) Es gibt gewisse individuelle Daten, bei denen eine Person oder ein Unternehmen ein Interesse daran hat, dass diese öffentlich zugänglich sind. Beispielsweise sind die Produktkataloge oder Standard-Sortenverzeichnisse mit den firmenspezifischen Bezeichnungen und technischen Eigenschaften in der Regel zwar öffentlich auf den Internetauftritten der Hersteller verfügbar (meist im PDF-Format), jedoch damit (aus Sicht des Bestellers) nicht zentral verfügbar. Sie sind meist unterschiedlich strukturiert und nach den bereits genannten firmeneigenen Strukturen aufgebaut und benannt. Die Herausforderung besteht dementsprechend darin, gezielt Daten für die jeweils berechtigten Adressatenkreise verfügbar und verständlich zu machen.

(2a) Ein Großteil der firmenübergreifenden Kommunikation läuft über sogenannte Geschäfts- bzw. Handelsbriefe ab. Die Inhalte (z. B. Bestellung, Lieferschein) der Handelsbriefe sind im Gesetz (HGB) zwar definiert, jedoch lassen die Definitionen eine große Bandbreite an Optionen zu, was die Struktur und Form (z. B. Papier oder E-Mail) der Dokumente angeht. Die unterschiedlichen Strukturen und taxonomischen Unterschiede der einzelnen Firmen können durch einen Menschen i. d. R. interpretiert werden, sodass die unterschiedlichen Dokumente überein gebracht (engl.: „to match") werden können. Allerdings bedeutet der Mangel an

Struktur und unbekannten taxonomischen Zusammenhängen auf Maschinen-Ebene, dass die Verarbeitungsschritte nicht ohne Weiteres durch eine Maschine durchgeführt werden können. Ein individuelles und manuelles Matching der Inhalte zwischen allen Beteiligten für alle Prozesse und Produkte ist zwar möglich, jedoch praktisch sehr aufwendig.

(2b) Unabhängig von den individuellen Handelsbriefen zwischen den einzelnen Akteuren und dem firmeninternen Wissen gibt es noch domänenbezogenes allgemeingültiges Wissen wie z.B. über Betontechnologie. Betontechnologische Begriffe, Zusammenhänge und Regeln sind Expertenwissen, das bislang schriftlich explizit nur in Prosa in Fachliteratur vorliegt (z. B. Backe et al. 2017) bzw. implizit in den Köpfen der Personen verfügbar ist. Dieses Wissen, z. B. wie ein bestimmter Zuschlagstoff die Betoneigenschaften beeinflusst, ist für Maschinen aktuell nicht verfügbar. Das bedeutet, dass die Maschinen den Menschen bei gewissen Tätigkeiten nicht unterstützen können, weil ihnen das Wissen über den Zusammenhang zwischen den betonbezogenen Daten fehlt.

Damit die hohe technische Qualität des Materials gewährleistet werden kann, sind Qualitätssicherungsmaßnahmen notwendig. Diese gliedern sich beim Transportbeton in die sogenannte Eigen- und Fremdüberwachung auf (DIN 1045-3:2012-03, Informationszentrum Beton GmbH 2014). Sofern auch die Eigenüberwachung nicht selbst durchgeführt wird, sondern durch einen Nachunternehmer (Labor), entstehen bei beiden Überwachungsarten Schnittstellen zu Dritten, die auf die Daten und das Wissen der beiden anderen zugreifen müssen. Das, mit der Überwachung beauftragte, Labor muss somit beispielsweise auf die Daten des Herstellers bzgl. Erstprüfung und Eigenschaften der Betonsorte und parallel auf die geforderten Eigenschaften aus der Bestellung des Bauunternehmens zurückgreifen, um einen Qualitätsabgleich durchführen zu können. Die Prüfergebnisse müssen zwischen Prüf- und Überwachungsstellen gem. (DIN 1045-3:2012-03) ausgetauscht werden können. Dies ist ein Beispiel, wie die schlechte Verfügbarkeit und dezentrale Haltung von Daten sowie unterschiedliche Datenstrukturen Bauprozesse (unnötig) aufwendig machen.

Die aufgezeigte Komplexität entsteht nicht zuletzt dadurch, dass der Baustoff Beton auch durch Regionalität geprägt (Herausforderungen: unterschiedliche Rohmaterialien, große Tonnagen, kurze Verarbeitungszeit) und wie in der Bauindustrie üblich im Projektgeschäft mit wechselnden Beteiligten konfrontiert ist. Dies erzeugt eine hohe technische, aber auch organisatorische Komplexität. Einen gleichen Wissens- und Verständnisstand zu Beton und seinen Prozessen zu erzeugen und aufrecht zu erhalten ist dementsprechend herausfordernd. Dementsprechend liegt es nahe, das Wissen und die Intelligenz der beteiligten Menschen digital abbilden zu wollen, um Unterstützung durch Künstliche Intelligenz erhalten zu können.

16.1.3 Hypothesen

Es ist ersichtlich, dass die derzeit genutzten Formen der Wissensrepräsentation sowie die Formen des Wissens- und Datenaustauschs Grenzen in der Effektivität haben. Aus diesem Grund werden folgende Arbeitshypothesen aufgestellt, die im Verlaufe des Beitrags diskutiert werden.

1) Ontologien eignen sich zur Repräsentation von Wissen zu Transportbeton und ermöglichen durch ihre Maschinenlesbarkeit den Einsatz von digitalen Unterstützungs-Werkzeugen.
2) Durch den Einsatz einer Ontologie, die als semantisch eindeutige Beschreibung der Transportbeton-Lieferkette dient, können die Probleme im Kommunikationsfluss behoben und dieser verbessert werden.

16.1.4 Status Quo

16.1.4.1 Etablierte aktuelle Regelung und Festlegungen

Aus technischer Sicht sind Standards wie die der DIN oder des VDI etablierte Formen, den anerkannten Stand der Technik abzubilden. DINs wie beispielsweise der DIN Fachbericht 100:2010-03, DIN EN 13.670:2011-03, DIN EN 206:2021-06 oder die DIN 1045 Reihe (DIN 1045-2:2008-08) definieren den Betonbau in Deutschland sehr präzise und eindeutig. Diese Standards sind entweder in Printform oder digital im PDF-Format verfügbar, was bedeutet, dass sie zwar vom Menschen lesbar, jedoch nicht maschinenlesbar und -interpretierbar sind. In den Normen enthalten sind beispielsweise Angaben zum Material (z. B. „Beton nach Eigenschaften" oder „Beton nach Zusammensetzung"), Vorgehensweisen und Prüfverfahren oder zur Dokumentation. Die Anforderungsdefinition durch die Bestellung von „Beton nach Eigenschaften" ist gängig und schafft damit, bei unterschiedlichen Materialbezeichnungen, die semantische Brücke zwischen den Akteuren.

Zur Beschreibung der Materialeigenschaften orientieren sich die Sortenverzeichnisse der Hersteller an den genormten Definitionen der Betoneigenschaften (standardisierter Inhalt). Die Dokumente selbst sind jedoch von Hersteller zu Hersteller unterschiedlich, d. h. nicht standardisiert strukturiert und meist lediglich als nicht maschinenlesbare PDF-Dokumente verfügbar.

Der Inhalt eines Betonlieferscheins ist standardisiert (Informationszentrum Beton GmbH 2021). Zur Erleichterung des Lieferprozesses bzw. der betontechnischen Dokumentation bieten erste Hersteller ihren Kunden bereits sogenannte „digitale Lieferscheine" an und können viele Lieferdaten digital übermitteln – dies bedarf jedoch immer wieder einer individuellen Absprache und technischen Anbindung. Ebenso ist der Begriff

„digital" an dieser Stelle noch nicht eindeutig definiert, da einige Hersteller bereits ab der Übermittlung einer PDF per E-Mail als Lieferschein von einer digitalen Übertragung sprechen. Andere Lieferanten bieten bereits die Übertragung eines strukturierten, maschinenlesbaren Datensatzes (z. B. mit XML- oder JSON-Struktur) per REST-API (zu REST-API s. Fielding (2000)) an.

Die grundlegenden Inhalte der Handelsbriefe, wie z. B. eines Lieferscheins (bzw. Frachtbriefs) werden bspw. im Handelsgesetzbuch (HGB) beschrieben. Im Gesetz ist dementsprechend generisch beschrieben, welche Angaben die jeweiligen Dokumente beinhalten müssen. Die Inhalte eines Frachtbriefes sind beispielsweise in § 408 HGB geregelt. Ein Unterpunkt der Angaben auf einem Frachtbrief ist die „übliche Bezeichnung der Art des Gutes" [§ 408 (1) Nr.6 HGB]. Diese Angabe muss in einem weiteren Standard spezifiziert werden, der das entsprechende Gut betrifft, wie z. B. die DIN EN 206 für Beton. Implizit wird von der Papier-Form als Standard für Handelsbriefe ausgegangen. Laut § 408 (3) Satz 1 HGB ist eine elektronische Aufzeichnung des Frachtbriefs möglich sofern die Authentizität und die Integrität der Aufzeichnungen gewahrt bleibt. Dies ermöglicht die Anwendung der DIN SPEC 91.454-2 zur Nutzung der Inhalte des Beton-Lieferscheins, wobei technisch sichergestellt werden muss, dass die Daten-Authentizität und Integrität gewahrt bleibt.

Die DIN SPEC 91454 Reihe macht in Teil 2 erste Angaben zum Informationsaustausch entlang der Wertschöpfungskette (DIN SPEC 91454-2:2022-07). Sie hat zum Zweck mittels einheitlicher Datenfelder den Datenaustausch im digitalen Umfeld in Bezug auf Beton, z. B. digitaler Lieferschein, zu vereinfachen. Ergänzend zu den DIN-üblichen Begriffsdefinitionen enthält sie genaue Angaben zu den Schreibweisen der Datenfelder und den Datenformaten.

Der im Bauwesen weitverbreitete GAEB-Standard weißt strukturierte Datenaustauschformate (XML-basiert) auf und beinhaltet viele Anwendungsfälle (Gemeinsamer Ausschuss Elektronik im Bauwesen 2019). Anwendungsfälle wie „Leistungsverzeichnis" oder „Angebot" haben sich auf dem Markt stark etabliert und bilden mit der vorgegebenen Struktur einen defacto-Standard. Allerdings werden lediglich die Struktur und Form der Daten vorgegeben, nicht jedoch deren Inhalt, weshalb es auch hier an Taxonomie, Relationen und Regeln fehlt. Eine neu gegründete Initiative, genannt „1 Lieferschein" nutzt ein für Baumaterialien generisches, strukturiertes Austauschformat (XML), was auf dem existierenden UBL-Standard (Unified Business Language) basiert (Meistertipp 2022; Bobbie Deutschland Vertriebs GmbH 2022).

Es gibt verschiedene Ansätze auf dem Markt, die dafür entwickelt wurden, Materialien oder Produkte zu kategorisieren und genauer mit Attributen zu beschreiben. Standards wie eCl@ss (ECLASS e. V. 2023) vergeben für Objekte eindeutige Identifizierer und hängen verschiedene (ISO-konforme) Merkmale an. Es handelt sich um eine sehr ausgeprägte Form einer Taxonomie. Es fehlt jedoch eine Verbindung zwischen den Elementen in Form von maschinenlesbaren Relationen und Regeln. Auch für Beton gibt es dort Klassen, allerdings regeln diese nicht, wie die Lieferkette an sich aufgebaut ist. Vorgesehen ist bislang lediglich die „Betonarbeit", nicht jedoch der Lieferkettenprozess. Ebenso gibt es für Logistik generisch Klassen, jedoch nicht spezifisch für Transportbeton, welcher spezifische Anforderungen mit gesonderten Merkmalen in der Lieferkette stellt. Die eCl@ss Taxonomie ist unvollständig und nicht semantisch verknüpft.

16.1.4.2 Ontologien im Bauwesen

Die Nutzung von sogenannten Ontologien ist eine verhältnismäßig neue, maschinenlesbare Art, Wissen zu repräsentieren. Es gibt viele verschiedene Ontologien, die Wissen auf verschiedenen Detailstufen abbilden, von sehr generischen Top-Level-Ontologien bis hin zu spezifischem Domänen-Ontologien. Für die Lieferkette Transportbeton müssen sowohl die jeweiligen Prozesse wie auch die Materialen (hier Beton) beschrieben werden können. Daher werden folgend einige vorhandene Ontologien mit starkem Fokus auf (1) Prozessen im Bauwesen und (2) Beton vorgestellt.

Für die ontologische Darstellung von Prozessen gibt es verschiedene Ansätze und Detailtiefen. Die ifcOWL Ontologie (Beetz et al. 2009; Pauwels und Terkaj 2016) repräsentiert das offene internationale IFC-Schema (Building Smart International 2023) im OWL-Format und beinhaltet somit Konzepte zu Bauwerks- und Bauausführungsdaten. Innerhalb der ifcOWL Ontologie können die generischen Konzepte von IfcProcess genutzt werden. Einen Ansatz, diese generische Abbildung weiter zu strukturieren, beschreiben El-Diraby et al. in der Domain Ontology for Construction Concepts (DOCK) (El-Diraby et al. 2005). Es handelt sich um eine prozessorientierte Ontologie, welche die taxonomische Abbildung von Betonprozessen ermöglicht. Allerdings handelt es sich lediglich um die ausführenden Prozesse. Wichtige Prozesse der Wertschöpfungskette wie Bestellung, Abruf, Anlieferung oder Materialtests bzw. Qualitätsprüfungen können nicht abgebildet werden. Ein weiterer Ansatz zur Abbildung von Prozessen wurde in Form der DiCON Ontologien entwickelt (Törmä 2022). Sie fokussieren sich auf die Repräsentation digitalisierter Bauprozesse und stellen Terminologien für die Maschine-zu-Maschine Kommunikation zur Verfügung. Mithilfe von Konzepten zu „Prozessen" und „Material" sowie Entitäten zur Beschreibung von Objekten in Raum und Zeit, können Prozesse und Prozessabhängigkeiten modelliert werden. Ein weiterer Ansatz ist die Internet of Construction Process Core Ontology (IoC), die auf das Wesentliche reduziert ist (Kirner et al. 2023). Als generische Top-Level-Ontologie ermöglicht sie die Nutzung eines prozessorientierten Modellierungsansatzes in übertragbarer und domänenunabhängiger Weise. Kernkomponenten wie (Bau-) Elemente, Ressourcen, Akteure oder Locations können mit Workflow-zentrierten Konzepten wie einem Prozess-Status oder einem Prozess-Schedule (Terminplan) verbunden werden. Der Aufbau der IoC Ontologie eignet sich als Grundlage zur Anbindung an bestehende wissensbasierte Systeme und bietet die erforderlichen grundlegenden Ordnungskonzepte. Für eine funktionelle Beschreibung der Domäne Betonbau müssen aber detailliertere Abbildbarkeiten geschaffen werden, um das notwendige Wissen nutzbar zur Verfügung stellen zu können.

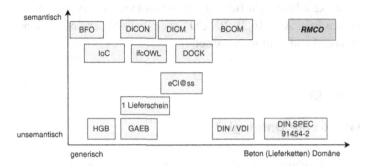

Abb. 16.2 Einordnung der bestehenden Ansätze bzgl. Semantik und Domänenbezug

Ebenso wie für die Darstellung von Prozessen gibt es verschiedene Ontologien mit unterschiedlichen Ansätzen und Detailtiefen für das Material Beton. Ähnlich wie die BFO (Basic Formal Ontology) (Ruttenberg 2020) auf einem allgemein generischen Level, beschreibt die DICM (Digital Construction Materials) Ontologie übergeordnet Baumaterialien, ihre Typen und Eigenschaften (Karlapudi et al. 2021). Sie knüpft an die DICON an und ist fokussiert auf die Beschreibung der physikalischen und chemischen Eigenschaften der Bau (-roh-) materialien und beinhaltet keine Konzepte zum Umgang des Materials innerhalb der Verwendung und seiner Lieferkette. Die Building Concrete Monitoring Ontology (BCOM) definiert Konzepte für den Einsatz zur Qualitätssicherung beim Betoneinbau, mit Konzepten zur Lieferung, Einbau und Nachbehandlung sowie zum Erstellen, Lagern und Prüfen von Probekörpern (Lui und Hagedorn 2021; Lui et al. 2021). Im Konzept des Prozesses der „Lieferung" verweist die Ontologie auf den Betonlieferschein, definiert diesen jedoch selbst nicht.

Die andiskutierten vorhandenen Formen des Betonwissens lassen sich geordnet nach ihrem Bezug zur Transportbeton-Domäne sowie ihrer maschinen-interpretierbaren Semantik einordnen (vgl. Abb. 16.2).

Zusammenfassend lässt sich der Status Quo folgendermaßen bewerten: Es ist viel Wissen verteilt an vielen unterschiedlichen Stellen und in unterschiedlichen Strukturen und Formaten vorhanden, wobei die derzeitige Hauptform Papier- oder PDF-basiert ist. Das bedeutet, dass das Wissen unstrukturiert und nicht zentral verfügbar ist und nur durch Menschen interpretiert werden kann. Änderungen oder Ergänzungen des Wissens zu hinterlegen und allen Betroffenen wirksam zugänglich zu machen ist ebenso nur mit sehr viel Aufwand möglich. Zudem kann es längere Zeit dauern, bis die Änderungen letztlich auch Anwendung finden. Es gibt bereits Ansätze und Bestrebungen, Teilaspekte des Betonbaus maschinenlesbar mittels strukturierter Dateiformate oder mittels Ontologien abzubilden. Es gibt jedoch bislang keine maschinenlesbare Abbildung des „Beton-Knowhows" in Bezug auf die Transportbeton-Lieferkette, um beispielsweise Bestellungen oder Betonlieferscheine in einer einheitlichen Semantik und strukturierten Datei erstellen und austauschen zu können. Die vorhandene Lücke im Bereich hoher

Semantik und starkem Bezug zur Beton-Lieferketten-Domäne, wird durch eine neue Onto-logie geschlossen (vgl. Abb. 16.2, „RMCO" oben rechts). Der ontologie-basierte Ansatz ist vielversprechend und wird weiterverfolgt.

16.2 Ontologie

16.2.1 Was ist eine Ontologie?

Im Bereich der Informatik fällt der Begriff „Ontologie" vor allem in Bezug auf digitale Wissensrepräsentation. Noy & McGuinness beschreiben eine Ontologie als eine formale, explizite Beschreibung von (1) Konzepten (sog. *Klassen*) innerhalb eines Gegenstands-bereichs, (2) Eigenschaften, die verschiedene Merkmale und Attribute der Konzepte beschreiben und (3) Einschränkungen bzw. Regeln für diese Eigenschaften (Noy und McGuinness 2001). Ontologien bilden ein theoretisches Datenmodell, aus dessen Klassen konkrete Instanzen gebildet werden können. Für den Bereich der künstlichen Intelligenz sind Ontologien besonders interessant, da sie Maschinen und Algorithmen ermöglichen, Wissen abzubilden und nutzen zu können. Als Wissen versteht man in diesem Kontext die Verknüpfung von Informationen mithilfe von komplexen Beziehungen und Regeln.

Aus dem Wissen darüber welche relevanten Eigenschaften Beton (Konzept) hat, kann beispielsweise die grundlegende Relation „hat Festigkeitsklasse" erzeugt werden. Präzi-sierend wird hinzugefügt, dass diese Relation exakt einmal vorhanden sein muss. Wird die Festigkeitsklasse als eigenes Konzept definiert, spricht man von einer Objekt-Relation. Es ist ebenso möglich, dass die Relation lediglich auf einen erlaubten Datentyp (z. B. Text, Datum, Zahl) oder auf einen oder mehrere erlaubte Werte, sogenannte „Individuals", ver-weist. Die Nutzung der Individuals ist dann sinnvoll, wenn es sich um eine geschlossene eindeutige Menge an Werten handelt. Wird die Struktur nun mit einem Wert instanziiert, kann so beispielsweise in einem Datenmodell ausgedrückt werden, dass Beton-XY die Druckfestigkeitsklasse C30/37 besitzt (vgl. Abb. 16.3).

Die Ontologie zu „Beton" formalisiert die Regeln die vorgeben, wie Beton mit-tels Daten beschrieben werden muss. Dadurch kann ein Algorithmus vorliegende Daten interpretieren und validieren.

Abb. 16.3 Unterschied zwischen Ontologie und Instanz

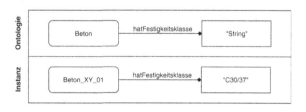

Auch bei unvollständiger Datenlage in den Instanzen können Tatsachen über logische Zusammenhänge aus der Ontologie abgeleitet werden. Am Beispiel aus Abb. 16.3 erläutert bedeutet dies, dass selbst wenn die Instanz „Betons_XY_01" nicht im Datensatz vorliegt, jedoch die „C30/37"-Instanz vorhanden ist, über die „hatFestigkeitsklasse"-Beziehung der Ontologie geschlussfolgert werden kann, dass es sich um einen Beton handelt. Mittels Ontologie können auch unvollständige Informationen gefunden werden, z. B. wenn ein Beton keine Druckfestigkeitsklasse angegeben hat. Aus der Ontologie geht hervor, dass er eine Druckfestigkeitsklasse haben muss. Ebenso können fehlerhafte Dateneingaben gefunden oder gar von Beginn an verhindert werden, wenn z. B. versucht wird, ein Gewicht in Kilogramm als Druckfestigkeitsklasse anzugeben. Des Weiteren können gezielt Informationen angefragt und gefiltert werden. Eine solche Anfrage könnte beispielsweise lauten: „Finde ausschließlich den Beton mit der Druckfestigkeitsklasse C30/37.". Außerdem kann dieses Wissen mit anderem Wissen aus anderen Domänen verknüpft und kombiniert werden.

Die Nutzung von Ontologien bietet sich vor allem da an, wo durch Kollaboration von verschiedenen Akteuren ein erhöhter Bedarf an Interoperabilität besteht. Im Gegensatz zu Eigenschaften wie der beispielhaft angeführten Druckfestigkeitsklasse, welche durch Kennziffern und Werte in Normen und Handbüchern festgehalten sind, ist Wissen über Zusammenhänge und Abläufe in der Wertschöpfungskette Beton zumeist implizites Wissen. Das bedeutet, dass es in Form von Erfahrung bei einzelnen Personen vorhanden und nicht maschinenlesbar verfügbar ist. Aus diesem Grund wird im Folgenden eine Ontologie entwickelt, deren Struktur langfristig die Integration aller beteiligter Disziplinen zulässt, die im gesamten Lebenszyklus von Beton beteiligt sind. Da dies den Umfang der Forschungsarbeit übersteigen würde, wird ein Framework definiert, an das sich die Disziplinen nachträglich bestmöglich anschließen können. Thema der vorliegenden Forschungsarbeit ist der Bereich der Lieferkette des Transportbetons. Weiterführende Aspekte wie die Rohstoffgewinnung und -verarbeitung, Recycling, detaillierte Herstellungsprozesse, die Qualitätssicherungsverfahren sowie Mangelmanagement werden nicht betrachtet. An geeigneten Stellen wird jedoch in Form eines Ausblicks darauf hingewiesen, dass dort für weiterführende Forschung Anknüpfungspunkte bestehen.

16.2.2 Methode

Um die Internet of Construction – Ready Mixed Concrete Ontology (RMCO) (dt.: Transportbeton Ontologie) Domänen-Ontologie für die Lieferkette von Transportbeton zu erstellen wurde das Vorgehen von Noy und McGuinness (2001) aus mehreren möglichen Methoden ausgewählt und angewendet. Damit die Ontologie zielgerichtet entwickelt werden kann, werden in Tab. 16.1 folgende Festlegungen getroffen.

Die Erstellungsmethode von (Noy und McGuinness 2001) sieht vor, dass mittels sogenannter Kompetenzfragen präzise Fragen formuliert werden, welche die zu entwickelnde

Tab. 16.1 Domäne und Fokus der Transportbetonontologie

Domäne	Transportbeton Lieferkette (hier Fokus: Anlieferung und Ausführungsdokumentation)
Anwendungsbereich	Die Ontologie legt Konzepte, Relationen und Regeln zur Lieferkette von Transportbeton fest. Diese sind anwendbar auf Normal-, Schwer- und Leichtbeton, gemäß DIN-Fachbericht 100 bzw. DIN EN 206 Die Ontologie kann offen genutzt werden (Creative-Commons: CC-BY 4.0). Sie dient als Grundlage zur prozessorientierten Beschreibung der Lieferkette und kann mit weiterem Domänen-Wissen für Fachspezifische Anwendungen ergänzt werden
Fragentypen	Zusammensetzung und Eigenschaften, Prozesse der Lieferkette, Qualitätsprüfung, Dokumentation
Nutzergruppen	Mischwerke (Hersteller), Speditionen/Frächter (Lieferanten), Bauunternehmen (Besteller/Nutzer), Prüflabore (Qualitätssicherung)

Tab. 16.2 Beispiele der Kompetenzfragen zur Ontologie

Hauptgruppe	Nr	Frage
Prozess & Lieferkette	1	Wann und Wo wurde der Beton vom Wem hergestellt?
	2	Welche Prozessschritte gibt es in der Beton-Lieferkette?
	3	In welcher Reihenfolge stehen die Prozessschritte der Beton-Lieferkette?
Dokumentation	4	Welche Datenfelder befinden sich auf einem Transportbeton-Lieferschein?

Ontologie beantworten soll, um ihre Struktur und ihre Inhalte gezielt definieren zu können. Die in Tab. 16.2 aufgeführten Kompetenzfragen leiten sich aus den in der Problemstellung beschriebenen Prozessen der Lieferkette des Transportbetons ab.

Es handelt sich um eine nicht abschließende Liste von Kompetenzfragen. Gezeigt werden beispielhaft verschiedene mögliche Anwendungsfälle der Ontologie, die ergänzt werden können. Die abgebildeten Fragen sollen nach Erstellung der Ontologie durch diese beantwortet werden können, womit die Funktionalität der Ontologie evaluiert wird (vgl. Abschn. 3).

16.2.3 Die Ready Mixed Concrete Ontology – Grundkonzepte

Zentrum der prozessorientierten RMCO sind die Konzepte der Lieferketten-Prozesse (vgl. Abb. 16.4). Abgeleitet aus der IoC Top-Level-Ontologie stehen die betonspezifischen Lieferkettenprozesse im Mittelpunkt. Wie im Grundkonzept des IoC-Cores vorgesehen,

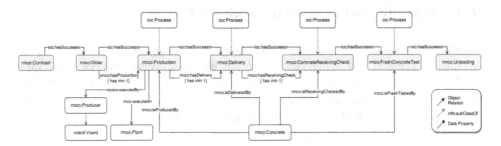

Abb. 16.4 Prozessorientierte Grundkonzepte der RMCO

können an jeden Prozess für dessen Ausführung verantwortliche sogenannte Agenten, benötigte Ressourcen sowie die Lokation des Prozesses, d. h. Ausführungsort, bei Beginn und Ende des Prozesses angehängt werden. Der IoC-Core sieht ebenso vor, dass die einzelnen Prozesse mittels Vorgänger- und Nachfolger-Beziehungen in Relation gesetzt werden können. Mittels sogenannter Kardinalitäten wird beispielsweise zwischen zwei Prozessen definiert, ob der Nachfolgeprozess stattfinden muss *[„has Min 1"]* oder optional ist. Jedem einzelnen Prozess wird der „Beton" als eine „muss" Ressource zur Durchführung des Prozesses zugeordnet. Direkt an der Ressource Beton anhängend werden die Komponenten und Eigenschaften des Betons beschrieben. Die beschriebenen Prozesse bilden beispielhaft die Lieferkette von der Vertragsschließung zwischen Besteller und Hersteller bis hin zur Entladung des Transportbetons ab.

Über das Konzept „rmco:DeliveryNote" (dt.: Lieferschein) sowie die darauf zeigenden Beziehungen in der Ontologie wird grundlegend definiert, welche Daten auf einem Betonlieferschein enthalten sind. Der Lieferschein, als ein plakatives Beispiel eines Dokuments, ist dementsprechend kein zentrales Konzept der Ontologie. Er ist jedoch ein wichtiges Element, um standardmäßige Dokumentation zu ermöglichen und eindeutig inhaltlich zu definieren.

Die in Abb. 16.4 dargestellten Prozesse zeigen idealtypisch den Verlauf der Lieferkette. Praktisch tritt dieser Prozess zwar im Regelfall auf, jedoch müssen auch Konzepte vorgesehen werden, die beispielsweise bei der Warenannahme auf der Baustelle ermöglichen, dass eine Lieferung „angenommen", „abgelehnt" oder „unter Vorbehalt angenommen" werden kann. Dies sind verschiedene Prozesse, die unter unterschiedlichen Bedingungen (engl.: Constraints) eintreten und verschiedene Daten und Datenaustausche bedürfen und dementsprechend definiert werden müssen. Ebendiese alternativen Prozessabläufe sollten innerhalb der Ontologie abgebildet werden, damit alle Prozessteilnehmer über die Abläufe und Datenflüsse, d. h. auch konkrete Zeitpunkte der Datenübertragung, informiert sind und Einheitlichkeit in der Implementierung besteht.

16.3   Ergebnis und Evaluation an einem Beispiel

Die abstrakte Form der Ontologie wird im Folgenden anhand eines praktischen Beispiels verständlich gemacht und damit gleichzeitig auf ihre angestrebte Funktionalität evaluiert. Bei dem Beispiel handelt es sich um einen Prozessausschnitt, wie er nachstehend in Prosa beschrieben ist. Die zugehörigen Daten des Prozesses bilden den Beispieldatensatz innerhalb der Datenbank (Triplestore), wobei Teile der Ontologie instanziiert werden.

1. Der Hersteller erhält einen Abruf (Bestellung) über 16 m^3 für einen C30/37 Beton.
2. Der Hersteller mischt (produziert) 16 m^3 des Betons.
3. Im Anschluss gibt der Hersteller zwei Lieferungen à 8 m^3 auf zwei Fahrmischern aus.
4. Die zwei Lieferungen kommen auf der Baustelle mit jeweils einem Lieferschein an.
5. Beide Lieferungen werden angenommen.

Für das Beispiel wurden die Prozesse manuell in den Triplestore eingetragen. In Zukunft werden die Daten, sogenannte Triple, durch die Nutzung von Fachsoftware in den Triplestore, wie auch beim bekannten Vorgehen bei Datenbanken, eingespielt.

Die Datenbankstruktur im Triplestore gestaltet sich wie in Tab. 16.3 beispielhaft anhand eines Ausschnitts zu sehen ist. Mittels der permanenten Links wird am Beginn des Datensatzes auf die angebundenen Ontologien verwiesen (vgl. Tab. 16.3, Zeilen 1–2). Diese Links sind dauerhaft gültig, frei zugänglich und immer verfügbar, womit sichergestellt ist, dass sämtliche Triple der Datensätze jederzeit eindeutig interpretierbar sind.

Im gezeigten Beispiel wird beschrieben, dass die Instanz „Production_001" von der Prozess-Klasse „Production" abgeleitet ist und darauffolgend mit vier weiteren Knoten im Graphen verbunden ist, d. h. auf diese Knoten zeigt. Zwei „Delivery"-Prozesse finden nachfolgend an die Produktion statt, die von der Mustermischer GmbH in Werk_ 005 durchgeführt wurde. In Abb. 16.5 ist das genannte Beispiel in Form eines Graphen visualisiert, was für den Menschen eingängiger als die Triple in der Datenbank ist, jedoch bei großen Datensätzen sehr schnell unüberschaubar wird. Abb. 16.5 stellt zudem den Lieferschein („DeliveryNote_001-D1") dar, der Lieferung_001 zugeordnet ist. Er hat

Tab. 16.3 Ausschnitt des Triplestores mit angebunden Ontologien und einem Beispiel-Triple

```
                                          Datenbankstruktur im Triplestore
 1    @prefix ioc: <http://w3id.org/ioc#> .
 2    @prefix rmco: <http://w3id.org/rmco#> .
 3
 4    #rmco processes
 5    <http://w3id.org/rmco#Production_001> a <http://w3id.org/rmco#Production>;
 6            ioc:hasSuccessor <http://w3id.org/rmco#Delivery_001>;
 7            ioc:hasSuccessor <http://w3id.org/rmco#Delivery_002>;
 8            rmco:executedBy <http://w3id.org/rmco#MustermischerGmbH>;
 9            rmco:executedIn <http://w3id.org/rmco#Werk_005>.
10    …
```

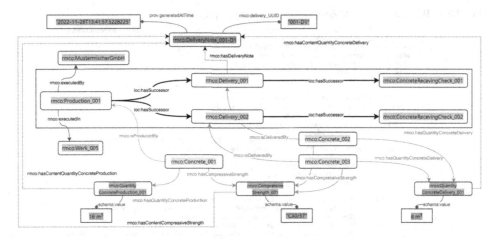

Abb. 16.5 Visualisierung eines Beispieldatensatzes – Instanz

eine eindeutige ID sowie einen Zeitstempel, an dem er generiert wurde, als alle für ihn notwendigen Daten vorlagen.

Die im Triplestore derart vorliegenden Triple können mit der Abfragesprache „SPAR-QL" abgefragt werden (Pérez et al. 2009). Eine solche SPARQL-Abfrage ist beispielhaft in Tab. 16.4 dargestellt. Dieses Beispiel fragt alle modellierten Lieferungen *(Delivery)* ab. Zu diesen werden dann benötigte verknüpfte Informationen mitgeliefert. Im Beispiel handelt es sich um die Kennung des Produktionsprozesses *(Production)*, die produzierte Menge *(QuantityConcreteProduction)*, die Kennung des Lieferscheins *(DeliveryNoteUUID)*, der Zeitpunkt der Erstellung des Lieferscheins *(Timestamp)* und beispielhaft die zugehörigen Betoneigenschaften wie die Druckfestigkeitsklasse *(CompressiveStrength)* und die Liefermenge *(QuantityConcreteDelivery)*.

Die Ergebnisse der Abfrage können im Folgenden einzeln und in maschinenlesbarer Form weiterverwendet werden (vgl. Tab. 16.5). Bei Bedarf können die Daten in einer zuvor definierten Struktur auf einen herkömmlichen Lieferschein übernommen werden (Beispiel s. in Informationszentrum Beton GmbH (2021)), sodass nicht mehr ersichtlich ist, dass die Daten aus einem Triplestore abgefragt wurden und sich an einer bestimmten Ontologie orientieren. Der Lieferschein und dessen Ausdruck dienen in diesem Fall nur noch zur Archivierung nach den derzeitigen rechtlichen Vorgaben.

Das in diesem Abschnitt gezeigte Beispiel verdeutlicht, wie die zuvor aufgestellten Kompetenzfragen durch den Aufbau der Ontologie beantwortet werden können. Durch diese Validierung wird sichergestellt, dass die Ontologie ihren vorgesehenen Zweck erfüllt.

Tab. 16.4 Beispiel für eine SPARQL-Abfrage eines Triplestores

```
                                                              SPARQL - Datenbankabfrage
 1  prefix schema: <http://schema.org/>
 2  prefix owl: <http://www.w3.org/2002/07/owl#>
 3  prefix prov: <http://www.w3.org/ns/prov#>
 4  prefix xsd: <http://www.w3.org/2001/XMLSchema#>
 5  prefix ioc: <http://w3id.org/ioc#>
 6  prefix rmco: <http://w3id.org/rmco#>
 7
 8  Select ?Delivery ?Production ?QuantityConcreteProduction ?DeliveryNoteUUID ?Timestamp
    ?CompressiveStrength ?QuantityConcreteDelivery WHERE{
 9      ?Delivery rmco:hasDeliveryNote ?DeliveryNote.
10      ?Delivery ioc:hasPredecessor ?Production.
11      ?ConcreteP rmco:isProducedBy ?Production;
12              rmco:hasQuantityConcreteProduction ?QuantityConcreteProductionNODE.
13      ?QuantityConcreteProductionNODE schema:value ?QuantityConcreteProduction.
14
15      ?DeliveryNote a rmco:DeliveryNote;
16          prov:generatedAtTime ?Timestamp;
17          rmco:delivery_UUID ?DeliveryNoteUUID.
18
19      OPTIONAL {  ?ConcreteD rmco:isDeliveredBy ?Delivery.
20                  ?ConcreteD rmco:hasCompressiveStrength ?CompressiveStrengthNODE.
21                  ?CompressiveStrengthNODE schema:value ?CompressiveStrength.}
22      OPTIONAL {  ?ConcreteD rmco:isDeliveredBy ?Delivery.
23                  ?ConcreteD rmco:hasQuantityConcreteDelivery ?QuantityConcreteDeliveryNODE.
24                  ?QuantityConcreteDeliveryNODE schema:value ?QuantityConcreteDelivery.}
25  }
```

Tab. 16.5 SPARQL-Abfrageergebnis des Triplestores des Beispiels

2 Results, 26ms   SPARQL-Abfrage Ergebnis

Delivery	Production	Quantity Concrete Production	Delivery NoteUUID	Timestamp	Compressive Strength	Quantity Concrete Delivery
http://w3id.org/ rmco#Delivery_001	http://w3id.org/ rmco#Production_001	„16 M3"	„001-D1"	„2022-11-28 T13:41:57.5228225"	„C30/37"	„8 M3"
http://w3id.org/ rmco#Delivery_002	http://w3id.org/ rmco#Production_001	„16 M3"	„001-D2"	„2022-11-28 T13:57:31.1279224"	„C30/37"	„8 M3"

16.4 Zusammenfassung

16.4.1 Fazit

Die hoch semantische RMCO schließt die Lücke, die es bei der Abbildung des domänenspezifischen Wissens zur Transportbetonlieferkette gab. Sie ist verfügbar unter: http://w3id.org/rmco. Die RMCO kann als Standard für taxonomisches und relationales Verständnis sowie darüber hinaus auch als Standard für Abläufe der (digitalen) Kommunikation in ihrer Domäne verstanden werden. Durch die Anknüpfung an bestehende Ontologien für übergreifende Semantik zusammen mit anderen Domänen-Ontologien trägt die RMCO zur Vervollständigung des maschinenlesbaren und -interpretierbaren „Bauwissens" bei. Dies ist zur nachhaltigen Anwendbarkeit von Methoden der Künstlichen Intelligenz (KI) unabdingbar. Die Ontologie bietet das dafür notwendige Framework und hat gegenüber anderen Methoden der KI den Vorteil, dass das darin abgebildete Wissen nicht mithilfe großer Trainingsdatensätze generiert werden muss, sondern aus vorhandenem Expertenwissen abgeleitet wird. Durch die Nutzung von Ontologie und Triplestores liegen von Beginn an strukturierte und semantische Daten vor, was ein nachlabeln der Daten, egal ob per KI oder manuell, unnötig macht.

Da es sich bei Ontologien nicht um proprietäre Software oder Datenformate handelt, können Ontologien in jeder Software integriert werden. Das macht die Ontologien universell nutzbar, sodass niemand auf spezielle Fachsoftware mit speziellen Funktionen verzichten muss. Input- und Output-Daten sind nach einer definierten Ontologie semantisch interpretierbar. Über herkömmliche Fachsoftware, welche die Nutzung von Ontologien und die Anbindung von Triplestores beherrschen müssen, können alle bekannten Funktionen zur Datenverarbeitung durchgeführt werden. Der zukünftige Vorteil ist jedoch, dass durch die Ontologien kein einheitliches Datenformat mehr benötigt wird, da die einheitliche Semantik der Daten vorgegeben ist. Unabhängig von Datenstrukturen oder Programmiersprachen können die Daten semantisch weiterverarbeitet werden, ohne dass es zu Informationsbrüchen kommt. Das Framework ermöglicht es, dass etablierte Softwareprodukte ebenso wie kleine Fachlösungen problemlos ohne Informationsverluste miteinander kommunizieren können. Das Vorgehen ist vielseitig nutzbar, jederzeit erweiterbar und editierbar und hat damit einen großen Skalierfaktor. Die vielgeforderte Interoperabilität von Software wird durch die Nutzung von Ontologien ermöglicht, was einen Beitrag zur „Demokratisierung" der Daten und gesteigerten Wettbewerb in der Softwareentwicklung liefert. Dadurch kann jede Software, unabhängig ihrer Spezialisierung oder Etablierung am Markt, an die gesamte Wertschöpfungskette des Bauwesens anschließen, sodass der „Open BIM"-Gedanke (Borrmann und König 2021) Realität wird.

Die RMCO bildet alle Konzepte ab, die notwendig sind, um den Datenfluss parallel zum Transportbeton-Prozess den Anforderungen entsprechend dynamisch abbilden zu können. Die realen Prozesse stehen im Mittelpunkt der Ontologie, weshalb die notwendigen sowie die erzeugten Daten logisch zugeordnet werden können. Trotzdem sind die im Prozess benötigten Dokumente nicht vernachlässigt und können über einheitlich hinterlegte Definitionen einfach abgefragt werden, um beispielsweise einheitlich die Daten zu einer Lieferung noch während der Ausführung des Prozesses online austauschen zu können. Dies ermöglicht es, dass der komplette Transportbetonprozess mithilfe von digitalen Lösungen parallellaufend unterstützt werden kann. Das Abstimmen und Einrichten der Kommunikation und Kommunikationswege zwischen Bauherren, Bauunternehmen, Lieferant, Fuhrunternehmen und Überwachungsstelle zu Beginn eines Projektes entfällt vollständig bzw. kann auf ein Minimum reduziert werden. Es muss sich lediglich darauf geeinigt werden, dass für die Ausführungsphase alle Beteiligten die Daten und Austauschprozesse gem. der RMCO strukturieren und ausführen. Durch die in der Ontologie vorgegebenen Prozessabläufe oder Inhalte der Dokumente wie bspw. des Lieferscheins, sind diese für alle Beteiligten eindeutig definiert. Bei Bedarf können sie in gemeinsamer Absprache in der Ontologie für alle gültig auch verändert oder ergänzt werden. Der Vorteil ist, dass alle Beteiligten von diesen Änderungen unmittelbar erfahren und somit die Verwendbarkeit für alle gewährleistet bleibt.

16.4.2 Limitationen und Ausblick

Eine Ontologie ist immer nur ein Ausschnitt des Wissens mit einem bestimmten Fokus und ist per Definition nie fertig und vollumfänglich, da sie sich über die Zeit ändern kann (El-Diraby 2013). Das gezeigte Framework der RMCO ist ein möglicher Ansatz, der erweitert werden kann und zeigen soll, welche technischen Möglichkeiten vorhanden sind, mit Ontologien zu arbeiten.

Die vollständig durchgängige Informationskette in der Domäne kann dann erreicht werden, wenn ergänzend zur hier gezeigten „Anlieferung" die technischen und kaufmännischen Prozesse ab der Rohstoffgewinnung für den Transportbeton einbezogen werden und bis zum finalen Einbau des Betons, der Nachbehandlung, die Instandhaltung und der Rückbau sowie das Recycling betrachtet werden. Die inhaltlichen Definitionen sind vielfach bereits vorhanden, jedoch muss die offene Verfügbarkeit und maschinelle Nutzbarkeit in Form ihrer ontologischen Abbildung erzeugt werden. Praktisch ist dies durch die Überführung und Integration aller geltenden Normungen und Standards als taxonomische Vorgaben und Regeln in eine Ontologie möglich. Das Top-Level-Framework der IoC-Core Ontologie (Brell-Cokcan und Schmitt 2023) bietet die Möglichkeit der Anbindung und erweiterbaren Weiternutzung dieses Wissens. Dies erzeugt zu Beginn zwar kein neues Wissen, schafft jedoch einen erheblichen Mehrwert, indem das vorhandene Wissen übergreifend verfügbar gemacht und semantisch verknüpft wird.

Zu Beginn jeder Kommunikation muss festgelegt werden, dass die RMCO zusammen mit weiteren Ontologien als gemeinsame Sprache (im digitalen Raum) verwendet wird. Dies stellt sicher, dass alle Kommunikationspartner die Daten interpretieren können. Technisch wird dies unterstützt, indem die verwendeten Ontologien am Beginn aller Datensätze aufgezählt werden (vgl. Tab. 16.3) und die Ontologien jederzeit für jedermann frei zugänglich sind.

Die kompliziert anmutenden Datenbankabfragen können für die Nutzung (technisch) vereinfacht werden, indem häufig benötigte Abfragen als Standard definiert und als Schnittstellenabrufe (API-Calls) hinterlegt werden. Beispielsweise können häufig eingesetzte REST-APIs genutzt werden, um mittels einfacher Befehle (z. B. „get Lieferschein") vorgefertigte SPARQL-Abfragen auszulösen. Somit sind die Vorteile der Ontologie einfach nutzbar, ohne vertiefte Expertise von Ontologien haben zu müssen.

Da es sich bei einer Ontologie um Wissensrepräsentation und nicht um eine Technologie an sich handelt, ist sie auch nicht direkt vom Thema der Datensicherheit betroffen. Was jedoch thematisiert werden muss, ist die technische Zugänglichkeit, d. h. Input und Output zu den Datenbanken sowie die Ver- und Entschlüsselung der An- und Abfrageergebnisse während des Datenaustuschs.

Die praktische Nutzung von Ontologien ist unbegrenzt, da Ontologien als Basis für die Datensemantik in jeder Software hinterlegt werden können. Folgend sind einige konkrete Beispiele für aktuelle Herausforderungen aufgeführt, bei denen der Einsatz von Ontologien sinnvoll sein kann.

Zum Matching verschiedener Verständnisse bzw. Sprachen: Beispielsweise können die unterschiedlichen Sortenbezeichnungen von Betonen der Hersteller und Verwender direkt oder über logische Zusammenhänge, z. B. durch eindeutige technische Eigenschaften, automatisch gematcht werden. Anforderungen seitens Bauherren und Verwendern werden direkt mit den möglichen Sorten der Hersteller abgeglichen, was Bestellungen, Abrufe, Qualitätskontrollen etc. erheblich vereinfacht, beschleunigt und weniger fehleranfällig macht.

Zur Erstellung von Dokumenten: Wie beispielhaft am Lieferschein demonstriert, kann eine SPARQL-Abfrage auch für alle anderen Formen bekannter Dokumente verwendet werden, wie z. B. für Sortenverzeichnisse, Bestellungen bzw. Abrufe oder Rechnungen. Die Datenbanken werden dementsprechend abgefragt und die im Triplestore verteilt abliegenden Daten-Triple individuell ausgegeben.

Für Assistenzsysteme: Assistenzsysteme werden ermöglicht, die den Betonprozess und die Betoneigenschaften kennen und daraufhin mit dem Expertenwissen den Prozess und die Menschen dahinter unterstützen können. Ein Assistenzsystem könnte beispielsweise einen Hinweis geben, wenn eine Abrufmenge die vertraglich bestellte Menge überschreitet oder bei einer Anlieferung eine Frischbetonprüfung nach Normvorgabe gemacht werden muss. Alternativ könnte es die Betonnachbehandlung anleiten oder eine Person benachrichtigen, wenn die Nachbehandlung abgeschlossen werden kann. Ebenso könnte ein Assistenzsystem beim Nachvollziehen von nachträglich auftretenden Mängeln unterstützen. Daten aus dem gesamten Lebenszyklus können mit dem betontechnologischen Wissen kombiniert und für Transparenz und Erklärbarkeit bei eventuell auftretenden Mängeln am Beton genutzt werden.

Zur Weiterentwicklung des Wissens und Archivierung: Ein bekanntes Problem ist die Weiterentwicklung von Wissen, z. B. in Form von überarbeiteten Normen. Über die an den Datensätzen hinterlegten Zeitstempel und zugeordneten Versionsstände der Ontologie kann jederzeit nachvollzogen werden, wie bestimmte Datensätze interpretiert werden müssen und was sie aktuell bedeuten würden.

Die RMCO ist ein erster Ansatz für die Wissensrepräsentation der Transportbetonlieferkette, deren Funktionalität anhand von praktischen Beispielen bewiesen wurde. Damit ist der Grundstein gelegt, diesen Ansatz weiterzuentwickeln und auch in anderen Domänen, für andere Prozesse, Ressourcen und Anwender, zu übernehmen, (weiter) zu entwickeln und anzuwenden.

Danksagung Diese Arbeit ist Teil des Forschungsprojekts „Internet of Construction", das mit Mitteln des Bundesministeriums für Bildung und Forschung (BMBF) im Forschungsprogramm „Innovationen für die Produktion, Dienstleistung und Arbeit von morgen (Förderkennzeichen 02P17D081)" gefördert und vom Projektträger Karlsruhe (PTKA) betreut wird. Die Verantwortung für den Inhalt dieser Veröffentlichung liegt beim Autor.

Literatur

Backe, H.; Hiese, W.; Möhring, R.H. (2017). Baustoffkunde für Ausbildung und Praxis. 13. Auflage. Bundesanzeiger Verlag. Köln. ISBN 978-3-8462-0714-7.

Beetz, J.; van Leeuwen, J.; de Vries, B. (2009). IfcOWL: A case of transforming EXPRESS schemas into ontologies. Artificial Intelligence for Engineering Design, Analysis and Manufacturing: AIEDAM 23, Heft 1, S. 89–101. https://doi.org/10.1017/S0890060409000122.

Bobbie Deutschland Vertriebs GmbH (2022). 1Lieferschein – ein (inter)nationaler, digitaler Standard für Lieferscheine [Online]. https://www.bobbie.de/maschinenraum/1lieferschein [Letzter Zugriff: 26.11.2022].

Borrmann, A., König, M. (2021). Building Information Modeling. In: Vismann, U. (eds) Wendehorst Bautechnische Zahlentafeln. Springer Vieweg, Wiesbaden. https://doi.org/10.1007/978-3-658-32218-2_24.

Brell-Cokcan, S.; Schmitt, R.H. (Hrsg) (2024). IoC – Internet of Construction. Springer Fachmedien Wiesbaden GmbH, ein Teil von Springer Nature. ISBN: 978-3-658-42543-2

Building Smart International (2023). Industry Foundation Classes (IFC). https://technical.buildings mart.org/standards/ifc/ [Zugriff am 04.01.2023].

Bundesverband der Deutschen Transportbetonindustrie e. V. (Hrsg.) (2022). Große Aufgaben – Gemeinsame Lösungen – Jahresbericht 2022 – Bundesverband der Deutschen Transportbetonindustrie e. V. https://www.transportbeton.org/fileadmin/transportbeton-org/media/Verband/pdf/ Jahresbericht_BTB_2022_online.pdf [Zugriff am 04.12.2022].

DIN 1045-2:2008-08 (2008). Tragwerke aus Beton, Stahlbeton und Spannbeton – Teil 2: Beton – Festlegung, Eigenschaften, Herstellung und Konformität – Anwendungsregeln zu DIN EN 206-1. Berlin: Beuth Verlag.

DIN 1045-3:2012-03 (2012). Tragwerke aus Beton, Stahlbeton und Spannbeton – Teil 3 Bauausführung – Anwendungsregeln zu DIN EN 13670. Berlin: Beuth Verlag.

DIN EN 13670:2011-03 (2011). Ausführung von Tragwerken aus Beton; Deutsche Fassung EN 13670:2009. Berlin: Beuth Verlag.

DIN EN 206:2021-06 (2021). Beton – Festlegung, Eigenschaften, Herstellung und Konformität; Deutsche Fassung EN 206:2013+A2:2021. Berlin: Beuth Verlag.

DIN SPEC 91454-2:2022-07 (2022) *Informationsaustausch in der Liefer- und Wertschöpfungskette von Bauprodukten – Teil 2: Beton*. Berlin: Beuth Verlag.

DIN-Fachbericht 100:2010-03 (2010). Beton – Zusammenstellung von DIN EN 206–1 Beton – Teil 1: Festlegung, Eigenschaften, Herstellung und Konformität und DIN 1045–2 Tragwerke aus Beton, Stahlbeton und Spannbeton – Teil 2: Beton; Festlegung, Eigenschaften, Herstellung und Konformität; Anwendungsregeln zu DIN EN 206–1. Berlin: Beuth Verlag.

ECLASS e. V. (2023). eclass Standard [Online]. https://eclass.eu/eclass-standard/content-suche [Letzter Zugriff: 04.01.2023].

El-Diraby, T.E. (2013). Domain Ontology for Construction Knowledge. Journal of Construction Engineering and Management 139, H. 7, S. 768–784. https://doi.org/10.1061/(ASCE)CO.1943-7862.0000646.

El-Diraby, T.A.; Lima, C.; Feis, B. (2005). Domain Taxonomy for Construction Concepts: Toward a Formal Ontology for Construction Knowledge. Journal of Computing in Civil Engineering 19, H. 4, S. 394–406. https://doi.org/10.1061/(ASCE)0887-3801(2005)19:4(394.

Europäischer Transportbetonverband (2020). Ready-Mixed Concrete Industry Statistics Year 2019. [Online] https://ermco.eu/wp-content/uploads/2022/10/ERMCO-Statistics-Report-2019-July-2020-FINAL.pdf [Zugriff am 04.01.2023].

Fielding, R. T. (2000). Architectural styles and the design of network-based software architectures. University of California, Irvine.

Gemeinsamer Ausschuss Elektronik im Bauwesen (GAEB) (2019). Organisation des Austauschs von Informationen über die Durchführung von Baumaßnahmen: GAEB Datenaustausch XML [Online] https://www.gaeb.de/de/produkte/gaeb-datenaustausch/gaeb-datenaustausch-xml/?coo kie-state-change=1669490400364 [Zugriff am 26.11.2022].

Informationszentrum Beton GmbH (2014) Zement-Merkblatt Betontechnik B5 Überwachen von Beton auf Baustellen. Düsseldorf [online]. https://www.beton.org/fileadmin/beton-org/media/Dokumente/PDF/Service/Zementmerkbl%C3%A4tter/B5.pdf [Zugriff am 04.01.2023].

Informationszentrum Beton GmbH (2021). Zement-Merkblatt Betontechnik B6 Transportbeton – Festlegung, Bestellung, Lieferung, Abnahme. Düsseldorf. https://www.beton.org/fileadmin/beton-org/media/Dokumente/PDF/Service/Zementmerkbl%C3%A4tter/B6.pdf [Zugriff am 04.01.2023].

Karlapudi, J.; Valluru, P; Törmä, S. (2021). Digital Construction Materials [Online]. https://digitalconstruction.github.io/Materials/v/0.5/. [Zugriff am 04.01.2023].

Kirner, L.; Wildemann, P.R. (2023). Ready Mixed Concrete Ontology. [Online] http://w3id.org/rmco. [Zugriff am 18.12.2023].

Kirner, L.: Wildemann, P.R.; Brell-Cokcan, S. (2024) Internet of Construction Process Ontology (IoC). Teil von Brell-Cokcan, S.; Schmitt, R. (Hrsg) (2024) IoC – Internet of Construction. Springer Fachmedien Wiesbaden GmbH, ein Teil von Springer Nature. ISBN 978-3-658-42543-2. IoC Core Ontologie. [Online] http://w3id.org/ioc; Lukas Kirner, Individualized Production RWTH Aachen; Peter Wildemann, LEONHARD WEISS GmbH & Co. KG. IoC: Internet of Construction Ontology. Revision: 0.2.1.

Liu, L.; Hagedorn, P. und König, M. (2021): An ontology integrating as-built information for infrastructure asset management using BIM and semantic web. In: Proceedings of 2021 European Conference on Computing in Construction, Online eConference, https://ec-3.org/publications/conferences/2021/paper/?id=167. S. 99–106. https://doi.org/10.35490/EC3.2021.167. .

Lui, L; Hagedorn, P. (2021). Building Concrete Monitoring Ontology (BCOM) [Online]. https://icdd.vm.rub.de/ontology/bcom/. [Zugriff am 04.01.2023].

Meistertipp (2022). Neuer Standard: 1Lieferschein revolutioniert die Baubranche [Online]. https://www.meistertipp.de/aktuelles/news/neuer-standard-1lieferschein-revolutioniert-die-baubranche. [Zugriff am 26.11.2022].

Noy, N. F. und McGuinness, D. L. (2001). Ontology Development 101: A Guide to Creating Your First Ontology [Online]. https://protege.stanford.edu/publications/ontology_development/ontology101.pdf. [Zugriff am 22.11.2020].

Pauwels, P. and Terkaj, W. (2016). EXPRESS to OWL for construction industry: towards a recommendable and usable ifcOWL ontology. Automation in Construction 63, S. 100–133. https://doi.org/10.1016/j.autcon.2015.12.003.

Pérez, J., Arenas, M., & Gutierrez, C. (2009). Semantics and complexity of SPARQL. ACM Transactions on Database Systems (TODS), 34(3), 1–45.

Ruttenberg, A. (2020). BFO (Basic Formal Ontology) [Online]. https://basic-formal-ontology.org/. [Zugriff am 04.01.2023].

Tercan, Ö.; Vasilic, K.; Sievering, C.; Wolber, J. (2022). Digitalisierung der Lieferkette im Betonbau – Stand der Entwicklungen und erste Standardisierungsmaßnahmen. Beton- und Stahlbetonbau 117, H. 10, S. 844–849. https://doi.org/10.1002/best.202200066.

Törmä, S. (2022). Digital Construction Ontologies (DiCon) [Online]. https://digitalconstruction.github.io/v/0.5/ [Zugriff am 04.01.2023].

Wildemann, P.R.; Brell-Cokcan, S. (2022). Internet of Construction: Potenziale von LoRaWAN für die Qualitätssicherung im Ortbetonprozess. Beton- und Stahlbetonbau. https://doi.org/10.1002/best.202200106.

Zentralverband des Deutschen Baugewerbes e. V. (Hrsg.) (2021). Baumarkt 2020 – Perspektiven 2021 [Online] https://www.zdb.de/fileadmin/user_upload/Baumarkt_2020_-_Internet.pdf [Zugriff am 04.12.2022].

Integration von Digitalen Zwillingen im Baumanagement durch Echtzeitdatenverarbeitung

Manuel Jungmann und Timo Hartmann

17.1 Einleitung

Die derzeitige Bauausführung ist unproduktiv (EURACTIV 2019), die Nutzung von Personal und Baumaschinen ist ineffizient (ECSO 2021) und zusätzlich tritt im europäischen Bausektor die höchste Anzahl an Unfällen auf (Eurostat 2022). Das Management von Bauprozessen, welches die anfängliche Planung und eine kontinuierliche Kontrolle der Durchführung des Bauvorhabens umfasst, unterscheidet sich aus verschiedenen Gründen von anderen Branchen. Jedes Bauwerk ist ein Unikat und erfordert dadurch eine den jeweils entsprechenden Anforderungen angepasste Planung. Während der Ausführung werden verschiedene Aktivitäten durch unterschiedliche Gewerke simultan ausgeführt, weshalb sich Personal, Maschinen und Material ständig auf der Baustelle bewegen (Rashid und Behzadan 2018). Weiterhin werden die Bauprozesse durch unvorhersehbare Ereignisse, wie beispielsweise sich verändernde Wetterbedingungen, beeinflusst, die möglicherweise zu einer Behinderung des Ablaufs führen können (Vahdatikhaki und Hammad 2014). Die Vielzahl an dynamischen Prozessen erschwert das Baumanagement und es ist unmöglich, alle Eventualitäten in der anfänglichen Planung zu berücksichtigen (Akhavian und Behzadan 2015). Dadurch ergeben sich ineffiziente Lieferketten (Heaton et al. 2022). Um eine produktive und effiziente Bauausführung zu gewährleisten, ist eine regelmäßige Kontrolle der Baufortschritte entsprechend des ursprünglichen Terminplans unter Berücksichtigung von Meilensteinen erforderlich (Seppänen et al. 2015).

M. Jungmann (✉) · T. Hartmann
Department of Civil Systems Engineering, Technische Universität Berlin, Berlin, Deutschland
E-Mail: manuel.jungmann@tu-berlin.de

T. Hartmann
E-Mail: timo.hartmann@tu-berlin.de

S. Haghsheno et al. (Hrsg.), *Künstliche Intelligenz im Bauwesen*,
https://doi.org/10.1007/978-3-658-42796-2_17

Planungsmethoden zur Optimierung der Bauprozesse wie Lean Construction, das Last Planner System® (Ballard 2000) oder das Location-Based Management System (Kenley und Seppänen 2010) erfordern eine zeitnahe Bereitstellung von Information bezüglich ablaufender Bauarbeiten, um die Prozesse effektiv zu steuern. Allerdings gestaltet sich eine regelmäßige und verlässliche Baukontrolle aufgrund des Umfangs von Bauprojekten als komplex (Seppänen 2009). Wöchentliche Planungsbesprechungen aller Beteiligten während der Ausführungsphase sind mittlerweile Praxis, um den Baufortschritt zu besprechen und anstehende Arbeiten zu planen. Fischer et al. (2017) haben ein Modell eines kontinuierlichen Kreislaufs für erfolgreiches Baumanagement entwickelt, das auf dem Plan-Do-Study-Act-Zyklus der stetigen Verbesserung basiert (Abb. 17.1). Zu Beginn wird ein anfänglicher Terminplan erstellt, der alle relevanten Meilensteine enthält. Basierend auf diesem Terminplan werden wöchentliche Baupläne entwickelt, um die Koordination zwischen den verschiedenen Gewerken abzustimmen. Da eine langfristige und detaillierte Vorausplanung komplex ist (Bertelsen und Koskela 2003), findet die weitere Bauplanung auf täglicher Basis statt, um einzelne Aktivitäten oder Lieferzeiten abzustimmen. Nachdem die Arbeiten ausgeführt wurden, ist es notwendig, die Bauprozesse zu analysieren und Erkenntnisse zur Optimierung zukünftiger Arbeiten zu nutzen.

Ein Problem in der derzeitigen Praxis ist, dass in Planungstreffen oft aktuelle, verlässliche Informationen fehlen (Hartmann 2021). Falls während der Ausführung kontrolliert wird, geschieht dies häufig durch Beobachtungen oder Mitarbeiterbefragungen, obwohl dies fehleranfällig, zeitaufwendig und teuer ist (Xue et al. 2021). Zudem werden Daten und Informationen bezüglich ablaufender Prozesse häufig verspätet zur Verfügung gestellt, wodurch eine Anpassung der Planung erschwert wird (Sacks et al. 2020). Wenn es keine einheitliche Wissensgrundlage bezüglich des aktuellen Baufortschritts gibt, entstehen in Besprechungen Meinungsverschiedenheiten hinsichtlich des Managements. Darüber hinaus sind die unterschiedlichen Teilnehmer der Planungsbesprechungen oft aufgrund finanzieller Beweggründe wenig kompromissbereit (Ballard und Tommelein 2021).

Abb. 17.1 Kreislauf des Produktionsmanagements (Fischer et al. 2017)

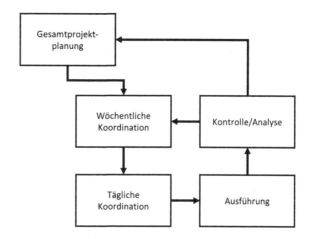

Durch technologische Fortschritte in den letzten Jahren ist es möglich, Daten während der Bauprozesse zu sammeln (Langroodi et al. 2021). Die Datensammlung ermöglicht die Implementierung des Konzepts des Digitalen Zwillings. Ein Digitaler Zwilling zeichnet sich durch drei elementare Bestandteile aus: ein physikalisches System, z. B. eine Baustelle, ein digitales Gegenstück als Nachbildung des zu untersuchenden Systems und bidirektionaler Daten- und Informationsaustausch (Brilakis et al. 2019). Da es während des Bauprozesses erforderlich ist, sowohl ausgeführte Prozesse, als auch das gebaute Produkt zu managen (Hartmann et al. 2009), sollten entsprechende Daten auf der Baustelle automatisch mithilfe von Datenerfassungstechnologien gesammelt werden. Es gibt verschiedene Technologien zur Datensammlung, wie z. B. kinematische Sensoren oder Distanzmessungen. Tab. 17.1 präsentiert einige der geläufigsten Technologien, die für die Datensammlung während der Bauprozesse verwendet werden.

Die effiziente Verwendung von Rohdaten stellt momentan eine große Hürde in der Baubranche dar, denn es ist essenziell, aus den gesammelten Daten verlässliche und aussagekräftige Informationen zu gewinnen, die für das weitere Baumanagement verwendet werden (Sacks et al. 2020; ECSO 2021). Durch den Einsatz verschiedener Technologien können sich schnell enorme Datenmengen, sogenannte Big Data, ansammeln, die manuell nicht rechtzeitig verarbeitet werden können. Deshalb findet Künstliche Intelligenz (KI) zur automatischen Datenanalyse Einzug im Bauwesen. KI kann menschliche, kognitive Funktionen übernehmen, indem Computer beispielsweise aus Erfahrung lernen

Tab. 17.1 Technologien der Datensammlung (Sacks et al. 2020)

Technologie	Hardware	Anwendung
Computer Vision	Video- oder Fotoaufnahmen	Ressourcentracking und Aktivitätserkennung, Sicherheit
Global Positioning System (GPS)	GPS Tracker	Ressourcentracking und Aktivitätserkennung, Sicherheit
Audio und Sonar	Mikrofone	Aktivitätserkennung, Sicherheit
Distanzmessung	Punktwolken durch Laserscanning	Aufnahme des aktuellen Bauzustands
Smarte Sensoren und smarte Netzwerke	Temperatur, Feuchtigkeit, Inertiale Messeinheiten (IMU), Spannung, IoT, etc.	Aufnahme der aktuellen Bauzustands; Ressourcentracking und Aktivitätserkennung; Datenspeicherung und -austausch
Kommunikationsnetzwerke	WLAN, Ultraweitband	Datenfluss
Identifikationssysteme	Barcodes, Bluetooth Low Energy	Ressourcentracking

oder Muster in Daten erkennen. Der durch KI resultierende Informationsgewinn kann verwendet werden, um ein Modell zeitnah und kontinuierlich zu aktualisieren. Zudem können die Informationen zur Simulation von anstehenden Bauprozessen genutzt werden, um beispielsweise eine bessere Planung von Materiallieferungen zu ermöglichen. Daher bieten die während des Bauprozesses gesammelten Daten ein enormes Potenzial für eine produktivere, effizientere und sichere Ausführung. Da Kontrollen und Planungsaktivitäten gemäß Lean Construction keine wertschöpfenden Prozesse darstellen, bietet die Nutzung des Konzeptes des Digitalen Zwillings die Grundlage für eine erfolgreiche Implementierung von Lean Construction (Hartmann 2021). In Anlehnung an das europäische Forschungsprojekt Ashvin (2023) zeigte Hartmann (2021) auf, wie Digitale Zwillinge Lean Construction unterstützen können. Aufbauend darauf wird in diesem Beitrag zunächst das Konzept eines Digitalen Zwillings eingeführt. Anschließend wird anhand eines Fallbeispiels beschrieben, wie mittels KI verarbeitete Daten, die während Bauprozessen gesammelt werden, zur Steuerung anstehender Bauprozesse mithilfe von Discrete Event Simulation genutzt werden können. Abschließend werden Potenziale, zukünftige Forschungsfelder und Einschränkungen des Konzepts aufgeführt.

17.2   Das Konzept des Digitalen Zwillings während der Bauphase

Die Verarbeitung und Nutzung von Daten während des Bauprozesses wird anhand des Konzeptes des Digitalen Zwillings dargestellt (Abb. 17.2). Vor Beginn der Bauarbeiten gibt es ein entworfenes Gebäudemodell und eine anfängliche Terminplanung. Die Bauarbeiten werden entsprechend dieser Planung durch Personal und Maschinen auf der Baustelle ausgeführt. Bevor die Datensammlung beginnt, ist es wichtig, den Zweck der Daten und eines Digitalen Zwillings festzulegen (Brilakis et al. 2019), um die erforderlichen Daten zu sammeln. Während des Bauprozesses werden Daten mithilfe verschiedener Technologien automatisch und kontinuierlich gesammelt. Die gesammelten Daten werden im optimalen Fall direkt in Echtzeit über das Internet auf einer Internet of Things (IoT)-Plattform gespeichert. Andernfalls ist auch zunächst eine lokale Speicherung mit anschließendem Hochladen der Daten möglich. Durch die Nutzung einer IoT-Plattform ist ein standortunabhängiger Zugriff möglich. Aus Datenschutzgründen muss sichergestellt werden, dass nur autorisierte Personen Zugriff erhalten. Weiterhin ist es möglich, Edge Computing anzuwenden. Edge Computing bezeichnet eine dezentrale Datenverarbeitung, beispielsweise direkt auf einem Computer auf der Baustelle, bevor die Daten auf die IoT-Plattform übertragen werden. Dadurch werden nur überarbeitete Daten gespeichert, bei denen sensible Informationen wie Gesichter in Kameraaufnahmen zuvor unkenntlich gemacht wurden. Ein weiterer Vorteil des Edge Computing besteht in der Reduktion von Datenmengen. Sobald die Daten auf der IoT-Plattform verfügbar sind, ist es erforderlich, aussagekräftige Informationen, die für das Baumanagement genutzt werden können, aus den Daten zu gewinnen. Mithilfe von KI, wie z. B. Maschinellem Lernen, können die gesammelten Daten analysiert werden, um zeitnah verlässliche Informationen bezüglich des Projektstatus zu erhalten.

Als Gegenpart zum physischen Zwilling – bestehend aus dem Gebäude und ablaufenden Bauprozessen – existiert ein Digitaler Zwilling. Dieser Digitale Zwilling kann kontinuierlich und möglichst zeitnah, idealerweise in Echtzeit, anhand von zunehmendem datenbasiertem Informationsgewinn aktualisiert werden. Dadurch entsteht ein virtuelles Abbild der Baustelle, das für die Planung anstehender Bauprozesse genutzt werden kann. Da eine umgehende Aktualisierung aufwendig ist, muss ein dem Verwendungszweck angemessenes Intervall für Updates festgelegt werden (Pregnolato et al. 2022). Der aktuelle Baufortschritt, sowohl hinsichtlich des errichteten Gebäudes als auch der ausgeführten Prozesse, wird mithilfe des Digitalen Zwillings mit dem beabsichtigten geplanten Fortschritt verglichen (Sacks et al. 2020). Diese Kontrollfunktion ermöglicht es, Abweichungen von der ursprünglichen Planung während der Ausführung zeitnah festzustellen.

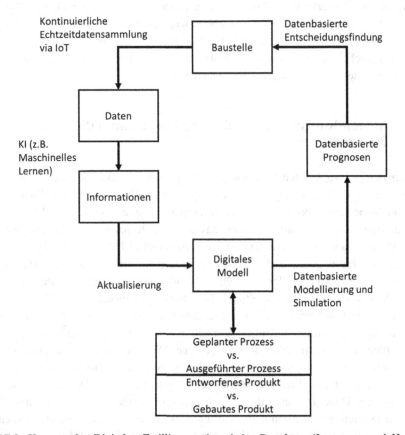

Abb. 17.2 Konzept des Digitalen Zwillings während des Bauphase (Jungmann und Hartmann 2022)

Der Digitale Zwilling vereinfacht somit die Übersicht über die ausgeführten Prozesse und das gebaute Produkt für alle Beteiligten und bietet eine wichtige Grundlage für regelmäßige Planungsbesprechungen. Zudem können die gewonnenen Erkenntnisse in einer Datenbank für ähnliche zukünftige Bauprojekte gespeichert werden, um bereits vor Baubeginn datenbasierte Erfahrungswerte für den Entwurf und die Planung nutzen zu können und betriebliche Prozesse effizienter zu gestalten.

Falls während der Kontrolle Abweichungen entdeckt werden, ist das Baumanagement in der Lage, bei Bedarf die Planung anstehender Prozesse zeitnah anhand datenbasierter Simulationen anzupassen, um negative Auswirkungen zu reduzieren und den Zeitplan durch effektive Managemententscheidungen einzuhalten. Bei dieser Planung können Lean Construction Prinzipien unter Berücksichtigung der gesamten Lieferkette angewendet werden, wie z. B. just-in-time Lieferungen (Sacks et al. 2020). Um das Verständnis aller Projektbeteiligten zu verbessern, werden die simulierten Ergebnisse visualisiert. Durch die Nutzung der prognostizierten Ergebnisse der Simulationen können strategische Entscheidungen auf datenbasierter Grundlage getroffen werden, anstatt auf subjektiver Planung zu beruhen. Dies verbessert die Zusammenarbeit zwischen den unterschiedlichen Gewerken, da alle Beteiligten über den gleichen Wissensstand verfügen. Wenn das Projektmanagement eine Entscheidung trifft und die Bauarbeiten fortgesetzt werden, beginnt der Prozess erneut. Dieser iterative Vorgang erfolgt so lange, bis die Bauarbeiten abgeschlossen sind.

17.3 Anwendungsbeispiel: Discrete Event Simulation von Bauprozessen

Im Rahmen des europäischen Forschungsprojektes Ashvin (2023) wird die Nutzung von Echtzeitdaten zur Optimierung des Baumanagements anhand mehrerer Fallbeispiele für unterschiedliche Arbeitsprozesse untersucht (Jungmann und Hartmann 2022). Abb. 17.3 zeigt ein entwickeltes Ablaufdiagramm, das auf dem Konzept des Digitalen Zwillings beruht. Da die Dauer von Aktivitäten der entscheidendste Faktor in der Terminplanung ist (Song und Eldin 2012) und zuverlässige Informationen insbesondere für kurzfristige Planungen benötigt werden, werden während des Bauprozesses Daten in Echtzeit gesammelt und auf einer entwickelten IoT-Plattform gespeichert. Anschließend werden die gesammelten Rohdaten mithilfe von Maschinellem Lernen ausgewertet, um die Dauer von Aktivitäten zu bestimmen. Um Dynamiken in den Ausführungsdauern zu berücksichtigen, werden aus den ermittelten Dauern geeignete Wahrscheinlichkeitsdichtefunktionen mithilfe stochastischer Modellierung ermittelt. Die Wahrscheinlichkeitsdichtefunktionen stellen statt eines fixen Wertes eine Bandbreite von möglichen Dauern dar. Nach der Validierung der Dauern können diese als Eingabeparameter verwendet werden. Zudem wurde ein Discrete Event Simulation-Tool entwickelt, das mit zunehmenden Datenmengen kontinuierlich kalibriert wird. Falls die Kalibrierung nicht erfolgreich ist, müssen weitere Daten gesammelt werden. Sobald die Kalibrierung des Tools erfolgreich ist, kann das Tool genutzt werden, um anstehende Bauarbeiten datengestützt und stochastisch zu simulieren. In dem Tool werden verschieden Leistungskennzahlen vorhergesagt. Dabei können unterschiedliche Optionen, wie zum Beispiel veränderte Lieferszenarien, untersucht werden. Die simulierten Ergebnisse – Prozesse und Leistungskennzahlen – werden auf einer Digital Twin-Plattform visualisiert und bieten somit eine Grundlage für die Entscheidungsfindung.

Ein untersuchter Bauprozess war die Betonage von Wänden und Stützen mithilfe eines Turmdrehkranes, während frischer Beton regelmäßig durch Fahrmischer geliefert wurde (Jungmann und Hartmann 2022; Jungmann et al. 2022). Beton sollte kontinuierlich in die Schalung eingebracht werden, um einheitliche Qualität zu gewährleisten, und zwischen Herstellung und Einbringung sollten maximal zwei Stunden vergehen (Cheng und Tran 2016). Durch die datenbasierte Simulation kann die Lieferung von Transportbeton optimiert werden, da die Planung einer rechtzeitigen Anlieferung schwierig ist. Der Kran bewegte einen Betonkübel, der an dem Kranhaken befestigt war, von dem Betonmischer

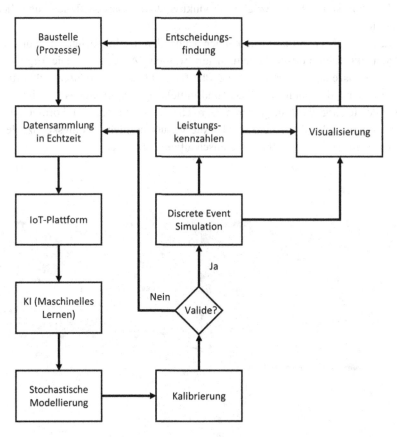

Abb. 17.3 Ablaufdiagramm für das Baumanagement mithilfe von Discrete Event Simulation

zur Schalung, um den Beton einzubringen. An dem Kranhaken wurde ein Sensorsystem angebracht, das zehn unterschiedliche Rohdaten (X/Y/Z Beschleunigung durch eine IMU, X/Y/Z Winkelgeschwindigkeit durch eine IMU, Längengrad/Breitengrad/Höhe durch einen GPS Tracker und Höhe durch ein Barometer) mit einer Übertragung von 4 Hz auf der entwickelten IoT-Plattform speicherte. Anschließend wurden verschiedene Algorithmen des Maschinellen Lernens verwendet, um die Daten in Aktivitäten zu klassifizieren. Da jeder Datenpunkt mit einem Zeitstempel versehen war, konnten datenbasierte Dauern für die einzelnen Ausführungen der Aktivitäten bestimmt werden. Die unterschiedlichen Dauern der Aktivitäten wurden anschließend für die Bestimmung von Wahrscheinlichkeitsdichtefunktionen genutzt, um Dynamiken und Unsicherheiten zu berücksichtigen. Die resultierenden Wahrscheinlichkeitsdichtefunktionen können als Eingabeparameter für eine stochastische Discrete Event Simulation verwendet werden. Das kalibrierte Tool benötigt die Dauern von Aktivitäten, Anzahl an Ressourcen und Wettervorhersagen als Eingaben. Basierend auf diesen Eingaben werden datenbasierte Simulationen durchgeführt, um verschiedene Szenarien bezüglich Lieferoptionen oder Ressourcenverteilungen anhand Leistungskennzahlen bezüglich Produktivität, Ressourceneffizienz und Sicherheit zu bewerten.

Auf der Digital Twin-Plattform können Gebäudemodelle hochgeladen und entsprechend dem aktuellen Fortschritt aktualisiert werden (Abb. 17.4). Die Ergebnisse der simulierten Bauszenarien werden in die Plattform integriert, wodurch zukünftige Bauprozesse im Gebäudemodell visualisiert und mittels eines Splitscreens verglichen werden können. Gleichzeitig wird im unteren Bereich ein Terminplan in Form eines Gantt-Diagramms dargestellt. Außerdem werden die vorausgesagten Leitungskennzahlen durch Säulendiagramme und Netzdiagramme anschaulich abgebildet.

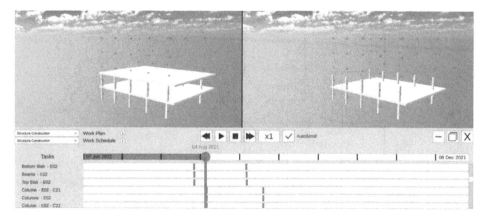

Abb. 17.4 Digital Twin-Plattform (Khan et al. 2023)

17.4   Zusammenfassung

Die zunehmende Entwicklung und Nutzung von Technologien und Prozessautomatisierungen bietet erhebliches Potenzial zur Verbesserung des Baumanagements mithilfe von verlässlichen Daten. Daten können durch verschiedene Technologien gesammelt werden. Durch das IoT ist eine Echtzeitbereitstellung möglich, allerdings ist dafür eine stabile und baustellenweite Internetverbindung notwendig, die bisher selten flächendeckend vorhanden ist. Zudem bieten gesammelte Daten erst durch einen Informations- und Wissensgewinn bezüglich des Projektstatus einen Mehrwert. Vergangene Prozesse müssen kontrolliert und analysiert werden, um anstehende Abläufe zu optimieren. Die automatische Analyse durch KI unterstützt die Implementierung des Konzepts des Digitalen Zwillings. Je nach Situation müssen geeignete Daten gesammelt und analysiert werden, um den möglichen Nutzen zu maximieren. Beispielsweise werden während der Rohbauphase Baumaschinen wie Kräne oder Bagger verwendet, die sich großflächig auf der Baustelle bewegen, und eine effiziente Nutzung dieser Maschinen ist erforderlich. Beim Innenausbau hingegen arbeiten verschiedene Gewerke simultan im Gebäude und der Fokus liegt auf der Koordination des Personals. Weiterhin ist es wichtig, dass die gesammelten Daten effizient genutzt werden, um den Informationsgewinn und die Informationsqualität zu maximieren, jedoch sollten nicht übermäßig viele Daten gesammelt werden, um die Speicherkapazitäten gering zu halten. Das Konzept des Digitalen Zwillings bietet viele Möglichkeiten und erlaubt ein zeitnahes Eingreifen, um Bauprozesse besser zu managen und negative Auswirkungen bezüglich Leistungsindikatoren wie Dauer, Qualität und Kosten zu verhindern. Durch zeitnahes, datenbasiertes Baumanagement wird die Qualität aufgrund verlässlicher Informationen zunehmen. Zudem wird die Zusammenarbeit der Beteiligten durch einen einheitlichen Wissensstand gestärkt. Die gewonnenen Erkenntnisse bilden eine wichtige Grundlage, um zukünftig Gebäude von Beginn an datenbasiert zu entwerfen und Prozesse entsprechend zu planen. Diese Entwicklungen werden Bauprozesse wesentlich sicherer, produktiver und effizienter gestalten. Beispielsweise kann auf Foto- oder Videoaufnahmen erkannt werden, ob das Personal Arbeitsschutzkleidung trägt. Falls fehlende Schutzkleidung erkannt wird, kann die Belegschaft durch eine Rundumkennleuchte informiert werden.

Der durch die fortschreitende Digitalisierung bedingte Wandel hat jedoch einige Hindernisse zu überwinden. Eine kontinuierliche Datensammlung und -bereitstellung ist erforderlich, um das Konzept des Digitalen Zwillings während der Bauphase erfolgreich umzusetzen. Aufgrund der umfangreichen und dynamischen Ausführungen während der Bauarbeiten gestaltet sich die Datensammlung im Vergleich zu anderen Industrien als anspruchsvoller. Einige Technologien weisen jedoch Schwächen auf. Beispielsweise können Fotos oder Videos leicht durch Menschen ausgewertet werden, aber die Aufnahmen sind anfällig für sich verändernde Wetter- oder Lichtverhältnisse und können für KI schnell schwer oder nicht auswertbar sein. Weiterhin muss KI zeitnah trainiert werden und es müssen ausreichend Daten zur Verfügung stehen, um verlässliche Informationen zu gewinnen. Dies kann aufwendig sein, speziell für komplexe Daten wie Videos, die einen enormen Berechnungsaufwand erfordern und daher eine leistungsfähige technische Ausstattung benötigen. Für die effiziente Nutzung gewonnener Informationen müssen geeignete Methoden und Planungstools entwickelt werden, um den menschlichen Planungsaufwand zu minimieren. Die dank KI gewonnenen Informationen sowie die Anwendung des Konzeptes des Digitalen Zwillings sollten als unterstützende Werkzeuge während des Projektmanagements betrachtet werden. Letztendlich liegen die Entscheidungen für die Errichtung qualitativ hochwertiger Gebäude beim Personal auf der Baustelle, das über das erforderliche Fachwissen verfügt.

Literatur

Akhavian R, Behzadan A H (2015) Construction equipment activity recognition for simulation input modelling using mobile sensors and machine learning classifiers. Advanced Engineering Informatics 29: 867–877.

Ashvin European Union Horizon 2023 Project. https://www.ashvin.eu. Zugriff: 17. Juni 2023.

Ballard G (2000) The last planner system of production control. Dissertation. Faculty of Engineering, University of Birmingham, UK.

Ballard G, Tommelein I D (2021). 2020 Current process benchmark for the last planner® system of project planning and control (Technical Report, Project Production Systems Laboratory (P2SL)). University of California, Berkeley.

Bertelsen S, Koskela L (2003) Avoiding and Managing Chaos in Projects. Proceedings of the 11th Annual Conference of the International Group for Lean Construction, Juli 22–24, Blacksburg, Virginia.

Brilakis I, Pan Y, Borrmann A, Mayer H-G, Vos C, Pettinato E, Wagner S (2019) Built Environment Digital Twinning. Report for the International Workshop on Built Environment Digital Twinning.

Cheng M-Y, Tran D-H (2016) Integrating Chaotic Initialized Opposition Multiple-Objective Differential Evolution and Stochastic Simulation to Optimize Ready-Mixed Concrete Truck Schedule. Journal of Construction Engineering and Management 32 (1): 04015034.

EURACTIV. Digitising the EU's construction industry, Manifesto Report 6, Jan.-Mar. 2019.

European Construction Sector Observatory (ECSO) (2021) Digitalisation in the construction sector – Analytical Report.

Eurostat (2022) Fatal and non-fatal accidents at work by NACE section, EU, https://ec.europa.eu/eurostat/statisticsexplained/index.php?title=Accidents_at_work_statistics#Analysis_by_activity. Zugriff: 29. November 2022.

Fischer M, Ashcraft H, Reed D, Khanzode A (2017) Managing Production as an Integrated Team. In: Fischer M, Ashcraft H, Reed D, Khanzode A (Hrsg) Integrating Project Delivery. John Wiley & Sons, Inc., New Jersey, 335–355.

Hartmann T, Fischer M, Haymaker J (2009) Implementing information systems with project teams using ethnographic-action research. Advanced Engineering Informatics 23: 57–67.

Hartmann T (2021) Virtual construction with digital twins – The key for leanly planned complex systems. Kongress Zukunft Bau Wien. Wien, Österreich.

Heaton R, Martin H, Chadee A, Milling A, Dunne S, Borthwick F (2022) The Construction Materials Conundrum: Practical Solutions to Address Integrated Supply Chain Complexities. Journal of Construction Engineering and Management 148 (8): 04022071.

Jungmann M, Hartmann T (2022) Discrete Event Simulation Formalism for Productive, Resource Efficient, and Safe Construction Planning. Ashvin deliverable 4.2. https://doi.org/10.5281/zen odo.7220124.

Jungmann M, Ungureanu L-C, Hartmann T, Posada H, Chacon R (2022) Real-Time Activity Duration Extraction of Crane Works for Data-Driven Discrete Event Simulation. In: Proceedings Winter Simulation Conference 2022: 2365–2376. Singapur.

Kenley R, Seppänen O (2010) Location-based management for construction: Planning, scheduling and control. London: Spon Press.

Khan R, Duffy K, Jungmann, M (2023) Visualizing and dash-boarding construction activities based on digital twin data. Ashvin deliverable 4.6.

Langroodi A K, Vahdatikhaki F, Doree A (2021) Activity recognition of construction equipment using fractional random forest. Automation in Construction 122: 103465.

Pregnolato M, Gunner S, Voyagaki E, De Risi R., Cahart N, Gavriel G., Tully P, Tryfonas T, Macdonald J, Taylor C (2022) Towards Civil Engineering 4.0: Concept, workflow and application of Digital Twins for existing infrastructure. Automation in Construction 141: 104421.

Sacks R, Brilakis I, Pikas E, Xie H S, Girolami M (2020) Construction with digital twin information systems. Data-Centric Engineering 1: E14.

Seppänen O (2009) Empirical research on the success of production control in building construction projects. PhD thesis. Helsinki University of Technology, Finnland.

Seppänen O, Modrich R-U, Ballard G (2015) Integration of Last Planner System and Location-Based Management System. In: Conference 23rd Annual Conference of the International Group of Lean Construction: 123–132. Perth, Australia.

Song L, Eldin N N (2012) Adaptive real-time tracking and simulation of heavy construction operations for look-ahead scheduling. Automation in Construction 27: 32–39.

Rashid K M, Behzadan A H (2018) Risk Behavior-Based Trajectory Prediction for Construction Site Safety Monitoring. Journal of Construction Engineering and Management 144 (2): 04017106.

Vahdatikhaki F, Hammad A (2014) Framework for Near Real-Time Simulation of Earthmoving Projects Using Location Tracking Technologies. Automation in Construction 42: 50–67.

Xue J, Hou X, Zeng Y (2021) Review of Image-Based 3D Reconstruction of Building for Automated Construction Progress Monitoring. Applied Sciences 11(17): 7840.

Bestandserfassung mithilfe von Computer Vision Methoden

18

Fiona Collins, Florian Noichl, Yuandong Pan, Andrea Carrara,
M. Saeed Mafipour, Kasimir Forth und André Borrmann

18.1 Einleitung

Das Themengebiet der gebauten Umwelt als Überbegriff für die Disziplinen Architektur, Bauingenieurwesen, Geodäsie und raumbezogene Wissenschaften ist mit einer Unmenge an verschiedenen Daten verbunden, die im Rahmen der Planung, der Ausführung und insbesondere beim Betrieb von Bauwerken anfallen. Diese Daten liegen häufig in einer unstrukturierten, rohen Form vor, die nur schwer direkt nutzbar ist. Als typisches Beispiel seien hier Punktwolken genannt. Hier kommen die Verfahren der Künstlichen Intelligenz (KI) bzw. des Maschinellen Lernens (ML) zum Einsatz, die es ermöglichen, Muster und Strukturen in Daten zu erkennen und daraus höherwertige Informationen zu generieren.

F. Collins · F. Noichl · Y. Pan · A. Carrara · M. S. Mafipour · K. Forth (✉) · A. Borrmann
Lehrstuhl für Computergestützte Modellierung und Simulation, TUM School of Engineering and Design, Technische Universität München, München, Deutschland
E-Mail: kasimir.forth@tum.de

F. Collins
E-Mail: fiona.collins@tum.de

F. Noichl
E-Mail: florian.noichl@tum.de

A. Carrara
E-Mail: andrea.carrara@tum.de

M. S. Mafipour
E-Mail: m.saeed.mafipour@tum.de

A. Borrmann
E-Mail: andre.borrmann@tum.de

© Der/die Autor(en), exklusiv lizenziert an Springer Fachmedien Wiesbaden GmbH, ein Teil von Springer Nature 2024
S. Haghsheno et al. (Hrsg.), *Künstliche Intelligenz im Bauwesen*,
https://doi.org/10.1007/978-3-658-42796-2_18

Ein wichtiges Anwendungsfeld von KI im Bauwesen nimmt die Erfassung der gebauten Umwelt (bspw. mittels Laserscanning oder Photogrammetrie) und die Schaffung von semantisch hochwertigen 3D-Modellen für Bestandsbauwerke mithilfe von Computer-Vision-Methoden (CV), einer Subdomäne von KI, ein. Hintergrund ist, dass ein überwiegender Teil der baulichen Infrastruktur in Europa und weiten Teilen der entwickelten Welt bereits seit vielen Jahren existiert und digitale Informationen bzw. Modelle im Regelfall nicht vorliegen. KI-Verfahren können hierbei einen sehr guten Beitrag leisten, um semantisch hochwertige, geometrische Modelle weitgehend automatisiert zu erzeugen, um dadurch aufwendige manuelle Arbeit zu reduzieren.

Im Folgenden werden einige Beispiele zur Forschung im Forschungsfeld teilautomatisierter Bestandserfassung aufgeführt. Dabei wird der Fokus auf die Erfassung, Datenanreicherung und geometrische Rekonstruktion von Bestandsmodellen gelegt, für die keine digitalen Daten vorliegen. Die dadurch erzeugten Bauwerksinformationsmodelle (BIM) werden für den Betrieb von Gebäuden und Infrastrukturbauwerken benötigt.

In diesem Kapitel werden Anwendungsfälle der gebauten Umwelt im Kontext mit CV-Verarbeitung vorgestellt, welche hauptsächlich auf „Convolutional Neural Networks" (CNN) und „Deep Learning" (DL) Methoden basieren. Diese unterstützen bei verschiedenen CV-Verarbeitungsschritten, wie in Abb. 18.1 dargestellt. Dazu zählen Bild-basierte semantische Segmentierung, Klassifizierung und Lokalisierung, Objekterkennung sowie Instanz-Segmentierung.

Bei der Auswahl der Forschungsfelder werden unterschiedliche Inputdaten (Plandaten, Punktwolken aus Bestandsvermessungen und Bilder) aus verschiedenen Lebenszyklusphasen von Bauten betrachtet, beispielsweise aus dem Planungsprozess (As-Designed) oder nach Erstellung (As-Built). Zunächst werden Ansätze zur Erstellung von As-Designed-Modellen auf Basis von Planunterlagen vorgestellt. Der zweite Ansatz betrachtet unterschiedliche Methoden zur Ableitung von As-Built-Modellen aus Punktwolken und

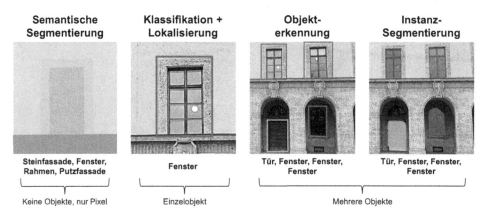

Abb. 18.1 Übersicht von verschiedenen Computer-Vision-Methoden

Bildern, insbesondere die Datenerfassung, die Datenanreicherung und die Rekonstruktion von 3D-Modellen. Schließlich wird auch der Anwendungsfall der Rekonstruktion von Bestandsmodellen von Infrastrukturbauwerken mit dem Fokus auf Brücken vorgestellt. Damit unterstützen KI-Methoden bei der Automatisierung von repetitiven manuellen Modellierungsschritten von ähnlichen Bestandsbrücken im Rahmen eines ganzheitlichen Rekonstruktionsprozesses.

Bereits heute findet der Großteil aller Bauprojekte im Bestandskontext statt. Dieser Anteil dürfte sich angesichts globaler Herausforderungen wie Ressourcenknappheit und Fachkräftemangel noch erhöhen.

Die drei in diesem Kapitel vorzustellenden Forschungsansätze stellen typische Anwendungen von CV-Methoden bei der Bestandsmodellierung dar. Im Einzelnen werden betrachtet:

1. **Planbasierte As-Designed-Modelle:** CV-Methoden dienen der Verarbeitung von technischen Zeichnungen und Plänen mit dem Ziel der Rekonstruktion von semantisch hochwertigen 3D-Modellen, welche den Stand der Planung des Bestandsgebäudes widerspiegeln. Hierbei werden CNN vorgestellt und spezifischen Methoden der semantischen und Instanz-Segmentierung im Zusammenhang mit 2D-Plänen vorgestellt.

2. **Punktwolkenbasierte As-Built-Modelle von Gebäuden:** Mithilfe von CV-Methoden und der Auswertung von Punktwolken, welche durch photogrammetrische oder Laserscan-Aufnahmen erzeugt wurden, können semantisch angereicherte Geometriemodelle erstellt werden, welche den tatsächlich gebauten Zustand von Gebäuden darstellen. Dabei werden insbesondere Methoden der semantischen Segmentierung im dreidimensionalen Kontext dargestellt.

3. **Bestandsmodellierung von Infrastrukturbauwerken:** Durch DL-gestützte semantische Segmentierung können Brückenbauwerke im Bestand parametrisch zu volumetrischen 3D-Modellen nachmodelliert werden. Neben des Anwendungsfalles von Brückenbauwerken werden insbesondere metaheuristischer Verfahren DL-Methoden gegenübergestellt.

18.2   Erstellung von As-Designed-Modellen auf Basis von Plänen

18.2.1 Problemstellung

Eine technische Zeichnung ist eine graphische Darstellung von technischen Objekten, Bauteilen oder Anlagen, die von Ingenieuren, Architekten oder anderen Fachplanern erstellt wird. Technische Zeichnungen werden verwendet, um Informationen über den Entwurf einschließlich Abmessungen, Materialien und Fertigungsverfahren zu kommunizieren. Eine technische Zeichnung kann verschiedene Darstellungen enthalten, wie zum

Beispiel Ansichten von verschiedenen Seiten, Schnitte, Isometrien oder Explosionsansichten, um die Funktionsweise und den Aufbau des Bauwerks zu veranschaulichen. Technische Zeichnungen können von Hand oder mithilfe von CAD („Computer Aided Design") Software erstellt werden. Sie dienen als wichtige Kommunikationsmittel zwischen den verschiedenen Parteien, die an der Errichtung oder dem Betrieb eines Bauwerks beteiligt sind, und sind für eine genaue Fertigung und Einhaltung von Standards von entscheidender Bedeutung. Sie bilden eine Brücke für die Kommunikation zwischen Planern und Ausführenden.

Traditionell wurden technische Zeichnungen auf Papier angefertigt. Bereits vor über 25 Jahren hat sich mit der Einführung von CAD die Erstellung technischer Zeichnungen von Stift und Papier auf digitale Medien verlagert: Die Digitalisierung des Prozesses ermöglicht es, die Genauigkeit der Zeichnung zu verbessern und den Zeitaufwand und die Fehlerquote zu verringern. Infolgedessen ist es heute in der Bauindustrie üblich, Zeichnungen in digitaler Form mit einem CAD-System zu erstellen.

Seit einigen Jahren beginnt sich die Methode Building Information Modeling (BIM) durchzusetzen, bei der anstelle von 2D-Zeichnung semantisch reichhaltige 3D-Modelle erstellt und ausgetauscht werden. BIM hat gegenüber technischen Zeichnungen zahlreiche Vorteile, da der Grad der Computerinterpretierbarkeit und Informationstiefe deutlich höher liegt und zahlreiche Anwendungsfälle vollständig digital durchgeführt werden können (Borrmann et al. 2021).

Bei der Planung eines neuen Gebäudes ist die Erstellung eines BIM-Modells weitgehend problemlos möglich. Wenn sich ein Bauvorhaben jedoch auf ein bereits bestehendes Gebäude bezieht, ist es notwendig, zunächst ein digitales 3D Modell des Bestandes anhand existierender 2D-Plandaten zu schaffen. Dies geschieht bislang weitgehend manuell, birgt aber erhebliches Automatisierungspotenzial, das insbesondere unter Einsatz von CV-Methoden erschlossen werden kann.

18.2.2 Ableitung von As-Designed-Modellen aus Plandaten

Das As-Designed-Modell wird erstellt, indem geometrische Daten aus vorhandenen Zeichnungen erfasst und daraus automatisch ein 3D-Modell konstruiert wird. Die grundlegende Herausforderung bei dieser Aufgabe besteht darin, dass die Darstellung des Grundrisses in Plänen nur zum Teil standardisiert ist. Unterschiedliche Darstellungen von Wänden, Fenstern, Türen und Messlinien erschweren die Festlegung genauer Kriterien für die Analyse und den Modellaufbau aus technischen Zeichnungen. ML-Algorithmen verwenden einen datengesteuerten Ansatz und leiten aus großen Datenmengen Regelmäßigkeiten ab, die es ihnen erlauben, Aussagen für zuvor ungesehene Darstellungen zu treffen. Die automatisierte Klassifizierung von Zeichnungsinhalten oder Objekterkennung in Zeichnungen sind Beispiele dafür (siehe Abb. 18.1.).

Viele ML-Methoden, oftmals benannt nach ihren charakteristischen Netzwerkarchitekturmerkmalen, wurden entwickelt, um Fragen der Bilderanreicherung oder Zuweisung zu lösen. Die Fähigkeit, ungesehene Darstellungen richtig zu klassifizieren, hängt dabei stark vom Trainingsprozess und der Ausgestaltung der Trainingsdaten ab. Je nach resultierender Leistungsfähigkeit und Risiko der Fehlklassifikation wird der Überprüfungsaufwand der Objekterkennungen durch einen Menschen reduziert.

Besonders erfolgreich sind Verfahren des DL unter Einsatz von gestapelten Faltungsschichten (engl. Convolution, eine mathematische Operation auf Matrizen bzw. Tensoren). Beispiele für – zum Zeitpunkt der Drucklegung – sehr performante Netzwerkarchitekturen sind YOLO (You Only Look Once) oder R-CNN (Region-based Convolutional Neural Networks) (Surikov et al. 2020; Kippers et al. 2021). Es sei aber darauf hingewiesen, dass es sich um ein äußerst dynamisches Forschungsfeld handelt, in dem im kurzen Rhythmus neue, immer bessere Architekturen und Verfahren vorgestellt werden.

Auch wenn einige Aspekte stets variabel sind, weisen Fenster und Türen in zahlreichen technischen Zeichnungen vergleichbare Struktur- und Darstellungsmerkmale auf. Die oben genannten Algorithmen zur Objekterkennung können sehr erfolgreich eingesetzt werden, um diese Variabilität statistisch zu erfassen und auf ungesehene Zeichnungen zu generalisieren.

Im Gegensatz zu Fenstern und Türen kann die Darstellung von Wänden von einer technischen Zeichnung zur anderen erheblich abweichen. Diese verstärkte Varianz in der Darstellung von Wänden wurde bislang weder durch heuristische noch durch Objekterkennungsmethoden hinreichend gelöst. Die manuellen Regeln der heuristischen Ansätze lassen sich kaum verallgemeinern.

Semantische Segmentierung (siehe Abb. 18.1) ist hingegen ein modernes Verfahren, das zur Lokalisierung von architektonischen Komponenten in technischen Zeichnungen eingesetzt wird und verglichen zu der Objekterkennung mehr Spielraum offenlässt. Nach der Überführung von Vektorzeichnungen zu Rasterbildern muss jeder Pixel der Zeichnung einer Klasse zugeordnet werden, die im Fall von technischen Zeichnungen die Zugehörigkeit zur Wandklasse oder einer anderen Art von Planelement bezeichnet.

U-net ist eine bekannte CV-Netzwerkarchitektur, die ursprünglich für medizinische Bilder entwickelt wurde, inzwischen aber häufig zur Erkennung von Wänden in Grundrissen verwendet wird (Surikov et al. 2020; Dong et al. 2021; Lv et al. 2021). Die Netzwerkarchitektur besteht aus einem Kodierer und einem Dekodierer, die sich aus „Convolutional Layers" zusammensetzen. Der Kodierer verwendet „Convolutional blocks" und eine Max-Pool-Down-Sampling-Layer, um das Eingangsbild in Merkmalsrepräsentationen mit verschiedenen Auflösungen und Filtern zu kodieren, bis eine latente Repräsentation des Bildes erreicht wird. Anschließend tastet der Dekodierer die Matrix ab, bis er die Form des Ausgangsbildes wiederherstellt. Die Matrizen der gleichen Form im Kodierer und Dekodierer werden verkettet, um die Lernfähigkeit der Architektur zu verbessern (Ronneberger et al. 2015). Zum Verständnis wird der Prozess in Abb. 18.2 visuell dargestellt.

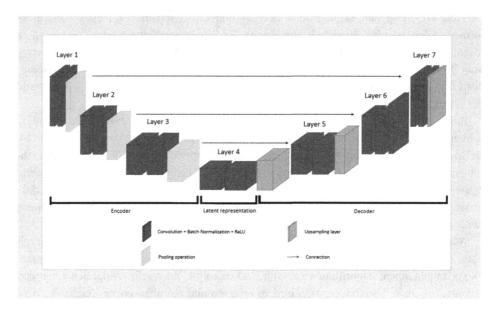

Abb. 18.2 Kodierer-Dekodierer-Architektur für semantische Segmentierungsaufgaben

Nach der semantischen Segmentierung der architektonischen Komponenten im Grundriss beginnen kann die 3D-Rekonstruktion beginnen. In der typischen Pipeline werden die Vorhersagen nachbearbeitet und eindeutige geometrische Pixelgruppen definiert, um geometrische Objekte zu erhalten. Dies wird häufig durch Vektorisierung erreicht. Es ist möglich, die Daten in ein Modellierungsprogramm einzugeben, das automatisch das 3D-Modell erstellt, indem es den Wänden einen voreingestellten Höhenwert zuweist und Türen und Fenster dem Modell entsprechend der Detektionsergebnisse hinzufügt (siehe Abb. 18.3).

Die aufgezeigten Methoden zur Modellrekonstruktion setzen oftmals einen vereinfachten oder bereinigten Grundriss voraus. So werden in der Vorverarbeitungsphase eines Bildes häufig Messlinien und andere Merkmale manuell oder halbautomatisch entfernt.

18.2.3 Erstellung von As-Designed-Modellen aus Plänen mittels Graph Neural Networks

Der jüngste Trend in diesem Forschungsbereich ist die Verwendung von neuronalen Graphennetzen (Carrara 2022; Barducci und Marinai 2012; Simonsen et al. 2021). Da die meisten Architekturpläne heutzutage im PDF-Format erstellt werden, das die Vektorinformationen aus der CAD-Software enthält, ist es möglich, den Vektor direkt zu analysieren, indem jeder Vektor in einen Knoten des Graphen umgewandelt (siehe Abb. 18.4)) und

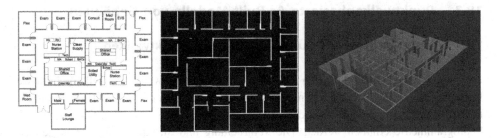

Abb. 18.3 Ablauf zur automatischen Extraktion Erkennung und Extraktion von Geometrie aus Grundrissen bis hin zur Erstellung von 3D-Modellen. Auf der linken Seite wird ein Grundriss angezeigt. Dieser, welches wird vom das neuronalen Netz als bildbasierte Eingabe verarbeitet und auf Pixelebene Wandzugehörigkeiten prognostiziert. Das Resultat ist im mittleren Bild sichtbar. Im rechten Bild wird schließlich anhand der Ausgabe des neuronalen Netzes ein 3D-Modell erstellt

die Verbindungen zwischen den Vektoren analysiert werden. Dieser Ansatz umgeht die Auflösungsbeschränkungen der Bilder und ermöglicht es, die Zusammenhänge zwischen den Elementen im Grundriss detaillierter zu bestimmen.

Der Vorteil der graphbasierten Repräsentation von Zeichnungen besteht darin, dass das semantische und hierarchische Wissen über die Struktur der Plandaten explizit abgebildet wird. So stellt beispielsweise ein Grundriss eine Etage mit Räumen dar, die aus Wänden, Türen und Möbeln bestehen.

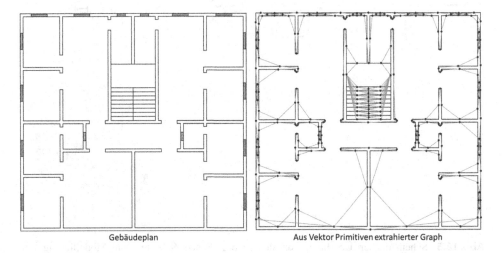

Gebäudeplan   Aus Vektor Primitiven extrahierter Graph

Abb. 18.4 Beispiel für die Diagrammerstellung aus CAD-Primitiven und Konnektivitätsregeln auf einem Grundriss

18.3   Punktwolkenbasierte As-Built-Modelle von Gebäuden

18.3.1 Erstellung von As-Built-Modellen aus Punktwolken

Zur erfolgreichen Abwicklung von Bauvorhaben im Bestand werden aktuelle und präzise Informationen zu den tatsächlichen Begebenheiten vor Ort benötigt. Sichtbare Elemente können dabei schnell und präzise mithilfe von Technologien wie Laserscanning und Photogrammetrie erhoben werden. Die Verarbeitung und Strukturierung der so gewonnenen visuell-räumlichen Rohdaten stellt eine große Herausforderung dar, da sie auf größtenteils manuellen Prozessen besteht, die mit Expertenwissen, also von Planer:innen, Ingenieur:innen durchgeführt werden müssen. Dadurch wird die Erstellung von As-Built-Modellen außerordentlich kosten- und zeitintensiv, was die Wirtschaftlichkeit infrage stellt.

Im Einzelnen lässt sich der Prozess der Ableitung von As-Built-Modellen aus Punktwolken technisch in drei Teilschritten beschreiben (siehe Abb. 18.5):

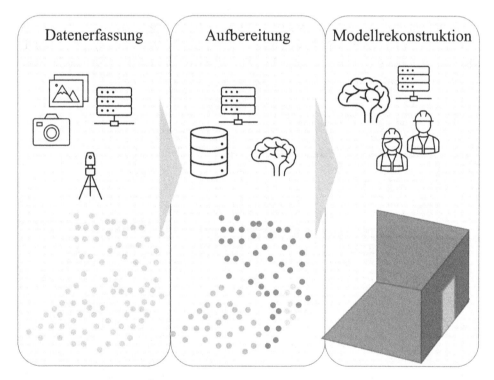

Abb. 18.5 Schematischer Überblick von den erforderlichen Schritten zur Modellierung von Bestandsbauwerken

1. Initiale Datenerfassung
2. Aufbereitung der erfassten Daten
3. Erstellung des As-Built-Modells

Hierbei liegt eine besondere Herausforderung in Schritt 2, da hier eine große, unstrukturierte Menge Rohdaten verarbeitet und mit semantischen Informationen angereichert werden muss. Zudem birgt Schritt 3 Komplexität, da aus gemessenen Daten, abstrahierte jedoch exakte Geometrien erstellt werden müssen. Der Grad der Abstraktion ist eng mit der Auswahl der Rekonstruktionsmethode verbunden und kann einen hohen manuellen Aufwand mit sich bringen.

18.3.2 Datenerfassung

In der großflächigen, präzisen Erfassung von Bestandsdaten etablieren sich Punktwolken in Kombination mit Bildern als das vorherrschende Datenformat. Sie erlauben es, die tatsächliche Geometrie und die wahrgenommene Farbe der bebauten Umwelt eines Bauwerks verformungstreu und detailliert festzuhalten. Somit können jene Daten schnell, präzise und vollumfänglich digital erhoben werden, die auch ein Experte durch Beobachtungen und Messen in einer Begehung erfassen könnte.

Einzelne Punkte beschreiben die sensorisch gemessene oder auf Datengrundlage berechnete, in kartesischen Koordinaten festgehaltene Position von Flächen im Raum. Alle sichtbaren Oberflächen werden entsprechend in einer Vielzahl von Einzelpunkten beschrieben und in sogenannten Punkwolken gespeichert. Die einzelnen Punkte können dabei das Resultat von aktiven Sensormessungen (sogenannte Time-of-Flight Sensoren) sein, oder anhand passiver Sensoren (e.g. Kameras) mit photogrammetrischen Verfahren in dreidimensionale Repräsentationen der erfassten Szenerie überführt werden. Im Falle von Time-of-Flight-basierenden Systemen, kann die Punktwolke mithilfe zeitgleich erfasster Bilder nachträglich mit Farbinformationen angereichert werden. Im Falle der photogrammetrischen Rekonstruktion ist die Farbinformation jedes Punktes durch die Verarbeitung von Bildern automatisch gegeben.

Der Einsatz von KI kommt vor allem in dem der Erfassung nachgelagerten Schritt der Datenaufbereitung zum Einsatz. Insbesondere der Einsatz von CNN aus dem Bereich der CV erlaubt es, aus visuell-räumlichen Daten semantische Informationen zu gewinnen. Meistens kommt hier semantische Segmentierung zum Einsatz. Komplementär zueinander können einerseits aus Punktwolken Informationen charakteristisch zum 3D-Raum (z. B. Übergang Wand zu Deckenplatte) und andererseits feingranulare Objekte durch Farb- bzw. Texturunterschiede in Bildern erkannt werden, die aufgrund von lokaler Auflösung und Messrauschen der Punktwolkenakquise nicht erkannt werden können. Die gewonnenen semantischen Informationen (wie z. B. die Position erkannten Objekts) aus den zwei unterschiedlichen Datenformaten können über Transformationsmatrizen und der Kenntnis der intrinsischen und extrinsischen Kameraparameter vom 2D-Bild in die 3D-Punktwolke oder umgekehrt überführt werden.

In den folgenden Abschnitten werden ausgewählte Aspekte dieser, sich gegenseitig ergänzenden Aufbereitungsmethoden von Punktwolken und Bildern eingegangen.

18.3.3 CV-gestützte Punktwolken- und Bildverarbeitung

Unter der semantischen Segmentierung von Punktwolken, (Point Cloud Semantic Segmentation, PCSS), ist ein Anreichern und Gruppieren von Punkten in semantisch-einheitliche Cluster zu verstehen (siehe Abb. 18.6). Ähnlich wie weithin bekannte CV-Methoden auf 2D Bilddaten sehr erfolgreich Pixel semantischen Klassen zuordnen (wie im Abschn. 18.2.2 vorgestellt), lässt sich dieses Verfahren unter gewissen Voraussetzungen in den 3D Raum der Punktwolken generalisieren. Während Verfahren zur Semantischen Segmentierung auf 2D Bilddaten jedem Pixel eine Klasse zuordnen, erlaubt PCSS eine Vorhersage von Semantik (wie z. B. Objektklasse) auf 3D Punkt-Ebene.

Die Veröffentlichung von PointNet (Qi et al. 2016) markiert den Anfang von Deep- Learning-Methoden im nativen 3D-Punktwolkenformat. Seither entwickelt sich die Domäne rasch mit der Erscheinung neuer Netzwerkarchitekturen, die die Zuordnung Punkt-zu-Objektklasse stetig verbessern (Thomas et al. 2019). Eine Punktwolle und das Ergebnis von semantischer Segmentierung sind in Abb. 18.6 dargestellt. Obwohl die Entwicklung erfolgreicher KI-Methoden sehr stark von den verfügbaren Datensätzen abhängt, ist die Verfügbarkeit von öffentlich zugänglichen, annotierten Datensätzen im Bereich des Bauwesens bisher begrenzt. Der bekannteste darunter dürfte S3DIS (Armeni et al. 2016) sein. Er setzt sich aus Punkwolken von umfangreichen Büroflächen aus 6 verschiedenen Gebäudeabschnitten zusammen. Jeder Punkt ist mit einer semantischen Klasse zugeordnet, was typischerweise durch Falschfarben widergegeben wird.

Abb. 18.6 Ergebnis von Semantischer Segmentierung von Punktwolken im Bürokontext (CMS, unveröffentlicht): Originalpunktwolke mit Farbinformationen (links) und farbkodiert nach Objektklassen (rechts)

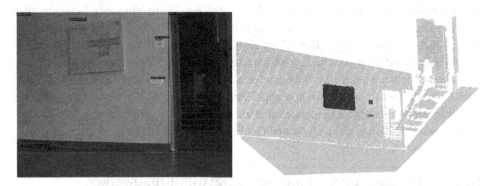

Abb. 18.7 Erkennung kleiner Objekte in Bildern (links) und Rückprojektion in die 3D-Punktwolke (rechts) (Pan et al. 2022a)

Da die die Datenerfassungsart in der Domäne heterogen ist, lassen sich trainierte Netzwerke selten direkt anwenden. Oft wird der Ansatz von Transfer Learning verwendet, um Netzwerke für die konkreten Anforderungen anzupassen (Pan und Yang 2010).

Im Anschluss an die semantische Segmentierung ist oftmals eine Instanz-Segmentierung sinnvoll, um einzelne Objekte innerhalb identifizierter semantischer Segmente zu trennen und separat weiterverarbeiten zu können.

Kleine Objekte wie z. B. Brandmelder oder Temperaturfühler können im Rauschen der Punktwolkenerfassung untergehen. Bilder können komplementär zu der Punktwolke eine Grundlage für Kleinobjekterkennung mittels 2D-CNNs sein (z. B. R-CNN und YOLO Modelle zuvor erwähnt in Abschn. 18.2.2), (Pan et al. 2022a; Braun et al. 2020). Dies wird in Abb. 18.7 veranschaulicht. Des Weiteren können semantische Informationen wie etwa Raumfunktionalität, Produktnummern oder Wasserfließrichtung in Rohren, mittels Text- oder Symbolerkennung erfasst werden, und zur weiteren Verarbeitung in ihre reale Position in 3D rückprojiziert werden (Pan et al. 2022b).

Für anwendungsspezifische Anforderungen müssen gegebenenfalls, wie in der Anwendung in 3D, verfügbare vortrainierte Netzwerke für den Einsatz mit den domänenspezifischen Daten angepasst werden.

18.3.4 Modell-Rekonstruktion auf Grundlage semantisch angereicherter Datensätze

Die Verarbeitung von semantisch angereicherten Daten geschieht auf verschiedenen Ebenen der Granularität. Im Folgenden werden diese anhand einzelner Herangehensweisen und Veröffentlichungen dargelegt. Auf Stadtebene werden ganze Viertel, Gebäudekomplexe und -konstellationen rekonstruiert. Zhang et al. (2018) beleuchten beispielsweise die Anreicherung und Rekonstruktion von Stadtmodellen auf Grundlage verschiedener, umfangreicher Datensätze (Zhang et al. 2018). Auf der Ebene einzelner Gebäude liegt ein besonderer Fokus darauf, die Geometrie für die jeweilige Detaillierungsanforderungen möglichst einfach darzustellen (Chen et al. 2022; Nan und Wonka 2017). Innerhalb einzelner Gebäude kann sowohl die Gebäudestruktur an sich als auch die Ausstattung der Gebäude betrachtet werden. In Ochmann et al. (2016) werden volumetrische Gebäudemodelle aus Innenraum-Punktwolken abgeleitet, Poux et al. (2018) versuchen, einzelne Möbel in der Punktwolke zu erkennen und zu rekonstruieren, Wang et al. (2022) setzen den Fokus auf Elemente der technischen Gebäudeausstattung (TGA).

18.4   Bestandsmodellierung von Infrastrukturbauwerken

18.4.1 Digitalisierung von Infrastrukturbauwerken im Bestand

In den europäischen Verkehrssystemen gibt es einen großen Bestand an alternden Bauwerken, die für einen langfristigen Betrieb erhebliche Aufmerksamkeit erfordern. Gemäß den baulichen Vorschriften für Brückenbauwerke (AASHTO 2018, 2020; DIN 1999), müssen die Infrastrukturbauwerke während ihrer Lebensdauer regelmäßig geprüft und gewartet werden. Die meisten Prozesse, die mit der Inspektion, Zustandsbewertung und Wartung dieser Anlagen verbunden sind, werden heute nur in geringem Umfang durch digitale Methoden unterstützt. Da die Instandhaltung der großen Zahl bestehender Infrastrukturbauwerke einen hohen Kosten- und Zeitaufwand verursacht, können digitale Modelle und deren automatische Aktualisierung als Unterstützung in der Betriebsphase der Anlagen eine bedeutende Rolle spielen. Der in Abb. 18.8 abgebildete und hierunter beschriebene zyklische Prozess legt folglich den Fokus auf eine weitgehend automatisierte Bestandserfassung mit Modellerzeugung oder Modellaktualisierung.

Bestandsinformationen (z. B. Oberflächenbeschaffenheit) werden idealerweise mit einem existierenden BIM-Modell verknüpft, das die geometrisch-semantischen historischen Informationen des Bauwerks zum Zeitpunkt der Erhebung darstellt. Dieses Modell kann strukturelle und mechanische Elemente und ihre genaue Position aus der Planung im Bauwerk darstellen. Beispielsweise kann das 3D-Modell mit Schnittstelle zu Statik-Software für Finite-Elemente-Analysen (FE) genutzt werden, die auf der Grundlage der aktuellen geometrischen und strukturellen Bedingungen evaluiert werden. Die Erstellung des Bestandmodells hat zum Ziel, allen im Projekt beteiligten Mitgliedern und Partnern datenbasierte Entscheidungen über die mögliche Sanierung des Bauwerks zu ermöglichen.

Im Falle, dass kein BIM-Modell aus der Planungs- oder Bauphase existiert, kann dieses mit einem Prozess ähnlich zu jenem in Abschn. 18.3.1 erstellt werden. Punktwolken, die aus der Infrastrukturbestandserfassung resultieren, weisen allerdings andere Merkmale auf als jene des Gebäudeinnenbereichs. Im Außenbereich wird der Scanprozess weniger durch verdeckende Umgebungsobjekte gestört und die resultierende Punktwolke bildet

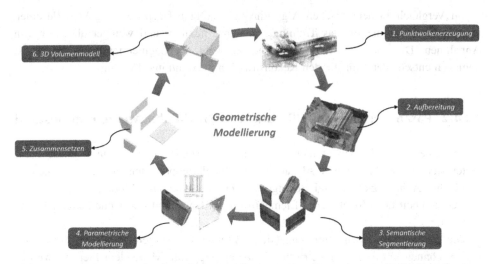

Abb. 18.8 Schritte eines durchgängigen Workflows zur Erstellung eines As-Build Modells einer Einfeldbrücke

hauptsächlich die zu erfassenden Objektflächen ab. Die weitgehende Digitalisierung und zunehmende Automatisierung des zyklischen Prozesses sind deshalb ausgereifter.

Im Anwendungsbereich Infrastruktur weisen die Bauwerke zwischen Projekten oftmals wiederkehrende Teilgeometrien auf. Aus diesem Grund kommen hierfür oftmals, komplementär zu DL-Ansätzen wie in Abschn. 18.3.3. vorgestellt, heuristische Verfahren zum Einsatz.

Heuristische Methoden wenden im Allgemeinen einen Top-down-, Bottom-up- oder hybriden Ansatz zur Segmentierung von Punktwolken auf der Grundlage der vorhandenen geometrischen und kontextuellen Merkmale an (Lu et al. 2019; Yan und Hajjar 2021; Truong-Hong und Lindenbergh 2022). Die Bottom-up-Methoden gehen im Allgemeinen von Merkmalen auf Punktebene aus und erweitern die Region, um Elemente auf höheren Ebenen zu erkennen und abzudecken. So können beispielsweise die Normalenvektoren von einem Region-Growing-Algorithmus verwendet werden, um ebene Flächen einer Brücke zu segmentieren. Die Top-Down-Methoden gehen von der gesamten Punktwolke aus. So können beispielsweise die höhere horizontale Punktdichte eines Brückendecks und die höhere vertikale Punktdichte an der Stelle der Pfeiler als Merkmale zur Erkennung dieser Elemente verwendet werden.

Diese Methoden sind in der Lage, Punktwolken direkt zu segmentieren, sind jedoch meist auf Annahmen und Schwellenwerte beschränkt, die in vielen Szenarien nicht erfüllt werden können. So erfordert beispielsweise die Linienerkennung mit dem RANSAC-Algorithmus (RANdom Sample Consensus) die Festlegung einer Reihe von Schwellenwerten, die problemspezifisch sind und von der Auflösung der Punktwolke abhängen.

Im Vergleich zu heuristischen Algorithmen benötigen Deep-Learning-Modelle einen annotierten Datensatz für das Training, sind aber flexibler und weniger abhängig von Annahmen. Die sorgfältige fallspezifische Auswahl der Segmentierungsmethoden ist demnach entscheidend für die den Rekonstruktionsaufwand und Ergebnis.

18.4.2 Parametrische Modellierung von Brückenbauwerken im Bestand

Ein parametrisches Modell enthält eine endliche Anzahl von Parametern. Diese Parameter steuern die Masse und Abstände der Modellkomponenten und ermöglichen es durch ihre Abhängigkeiten und Bedingungen ein veränderbares Modell bereitzustellen. Die Gesamtheit der Modell- oder Elementform wird während der Modellaktualisierung bewahrt.

Die aus der Instanzsegmentierung (siehe Abb. 18.1) resultierenden Teile der Punktwolke können für die volumetrische Modellierung von Modelelementen verwendet werden (siehe Abb. 18.9). Die vorhandenen Methoden für die parametrische Modellierung von Bauwerken sind in modellbasierte und datenbasierte Ansätze unterteilt.

Im Folgendem wird ein Beispielsansatz für Brückenrekonstruktion beschrieben. Um das geometrische Modell einer Brücke zu erstellen, müssen die Werte der Parameter extrahiert werden. Für die Erkennung von Elementen und die Extraktion der Abmessungen wurden verschiedene Methoden vorgeschlagen (Qin et al. 2021; Jing et al. 2022). Einige der vorhandenen Methoden erkennen im Allgemeinen Flächen, Kanten und Ecken und messen den paarweisen Abstand zwischen den Flächen oder Ecken, um den Wert der

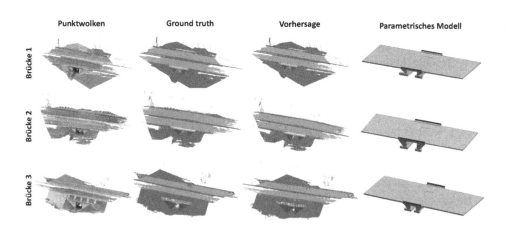

Abb. 18.9 Vorhersageergebnisse eines Deep-Learning-Modells bei der semantischen Segmentierung sowie Ergebnis der parametrischen Modellierung von Brückenpunktwolken. Klassenfarben: Brückendeck (grün), Widerlager (blau), Hintergrund (rot), Geländer (gelb)

Parameter zu bestimmen (Lee et al. 2020). Region growing (RG), RANSAC (Schnabel et al. 2007) und Hough-Transform (HT) können als dominante Algorithmen zur Erkennung solcher Komponenten genannt werden. Optimierungsalgorithmen wurden auch direkt zur Messung des Wertes von Parametern verwendet. Diese Methoden definieren im Allgemeinen eine Fitnessfunktion (Verlust- oder Kostenfunktion), um den Abstand von primitiven Formen wie Linien, Ebenen, Zylindern, Kugeln usw. zu den Punkten zu minimieren. Modellanpassungsalgorithmen wurden kürzlich auch auf kompliziertere Formen ausgedehnt, deren Fitnessfunktion nicht einfach durch gradientenbasierte Algorithmen abgeleitet werden kann (Mafipour et al. 2021). Diese Algorithmen verwenden ableitungsfreie Techniken, um den Wert von Parametern zu approximieren. Algorithmen des maschinellen Lernens, insbesondere Deep-Learning-Modelle, haben ebenfalls Eingang in dieses Forschungsgebiet gefunden. Diese Modelle sind in der Lage, den Wert der Parameter primitiver Formen nach einem Trainingsprozess zu erkennen und zu approximieren (Li et al. 2018). Sie berechnen die Ableitungen (Gradient) der zu den primitiven Formen gehörenden Close-Form-Formulierung und minimieren den Verlustwert durch einen gradientenbasierten Algorithmus.

Im Ergebnis entstehen hochwertige BIM-Modelle der Brückenbauwerke bestehend Bauteilen, die durch semantisch reiche, geschlossene Volumenkörper repräsentiert werden und in korrekten toplogischen und semantischen Beziehungen zueinander stehen. Im Gegenzug können infolge des Abstraktionsprozesses geometrische Abweichungen vom Realobjekt entstehen, die aber im Allgemeinen im akzeptablen Bereich leigen.

Ähnlich wie in Abschn. 18.3.3 vorgestellt, können die resultierenden BIM-Modelle mit Bilddaten angereichert werden. Um den aktuellen Zustand von Infrastruktureinrichtungen anhand eines geometrischen Modells beurteilen zu können, müssen Risse, Oberflächenfehler und beschädigte Bereiche auf dem Modellkörper dargestellt werden. Es existieren DL-Ansätze, die auf beschrifteten Schadensbilder trainiert werden und danach erfolgreich Aufschluss über den Bestand der Oberflächen Auskunft geben können (Li et al. 2019; Kim und Cho 2020).

18.5 Zusammenfassung

Ein vielversprechendes Einsatzgebiet von KI-Verfahren liegt in der Erfassung bestehender Bauwerke und der Erzeugung semantisch reicher Bauwerksmodelle. Für einen sachgerechten Einsatz ist jedoch immer ein vertieftes Verständnis der Verfahren und insbesondere ihrer Grenzen erforderlich.

In diesem Kapitel wurden verschiedene Ansätze für die Bestandserfassung mithilfe von Computer-Vision-Methoden dargestellt. Verschiedene Subdomänen von CV, wie beispielsweise semantische oder Instanz-Segmentierung, unterstützen bei der automatischen Anreicherung von semantischen Informationen basierend auf verschiedenen Eingangsdaten. Im ersten Anwendungsfall wurden 2D-Zeichnung als Datenquelle verwendet, um geometrische As-Designed-Modelle zu rekonstruieren. Als zweite wichtige Datenquelle werden im zweiten Anwendungsfall räumlich-visuelle Bestandsaufnahmen (Punktwolken und Bilder) betrachtet und deren semantische Extraktionsmethoden vorgestellt. Die gewonnene Semantik unterstützt dabei die geometrische Rekonstruktion von As-Built Modellen. Im dritten Anwendungsfall aus dem Bereich der Brückeninstandhaltung wird schließlich deutlich, wie KI-Verfahren ein automatisiertes Erfassen und Dokumentieren des Zustands von Infrastrukturbauwerken erleichtern, um damit Inspektionen und Instandhaltungsplanungen zu erleichtern.

CV- Methoden können diesen Automatisierungsprozess nachweislich gut unterstützen, indem sie aus Rohdaten hochwertige geometrische, semantische Informationen zur Modellerstellung bereitstellen. Wie in allen Verfahren der KI sind zur Erzielung einer robusten Performanz (Genauigkeit) umfangreiche und anwendungsspezifische Datensätze zum Trainieren notwendig. Hierfür ist häufig noch manuelle Arbeit erforderlich beim Erstellen und Labelling der Datensätze und der Validierung der KI-gestützten Vorhersagen. Die vorgestellten CV-Ansätze sind häufig für Einzelschritte erstellt und nicht immer in einem durchgängigen Prozess erprobt. Zum Erschließen des ungeheuren Potenzials, das KI im Bereich Bestandserfassung bietet, ist noch viel Forschung und Entwicklung nötig.

Literatur

AASHTO (2018): Manual for Bridge Evaluation.

AASHTO (2020): LRFD Bridge Design Specifications (9th Edition).

Barducci, Alessio; Marinai, Simone (2012): Object recognition in floor plans by graphs of white connected components. In: Proceedings of the 21st International Conference on Pattern Recognition (ICPR2012), S. 298–301.

Borrmann, André; König, Markus; Koch, Christian; Beetz, Jakob (Hg.) (2021): Building Information Modeling. Technologische grundlagen und industrielle Praxis: Springer Vieweg.

Braun, Alex; Tuttas, Sebastian; Borrmann, André; Stilla, Uwe (2020): Improving progress monitoring by fusing point clouds, semantic data and computer vision. In: *Automation in Construction* 116, S. 103210. https://doi.org/10.1016/j.autcon.2020.103210.

Carrara, Andrea (2022): Multi-view fusion of technical drawings for a conceptual 3D reconstruction using deep-learning. In: Proceedings of 33. Forum Bauinformatik.

Chen, Zhaiyu; Ledoux, Hugo; Khademi, Seyran; Nan, Liangliang (2022): Reconstructing compact building models from point clouds using deep implicit fields. In: *ISPRS Journal of Photogrammetry and Remote Sensing* 194, S. 58–73. https://doi.org/10.1016/j.isprsjprs.2022.09.017.

DIN (1999): DIN 1076:1999-11, Ingenieurbauwerke im Zuge von Straßen und Wegen_- Überwachung und Prüfung. DIN. Berlin.

Jing, Yixiong; Sheil, Brian; Acikgoz, Sinan (2022): Segmentation of large-scale masonry arch bridge point clouds with a synthetic simulator and the BridgeNet neural network. In: *Automation in Construction* 142, S. 104459. https://doi.org/10.1016/j.autcon.2022.104459.

Kim, Byunghyun; Cho, Soojin (2020): Automated Multiple Concrete Damage Detection Using Instance Segmentation Deep Learning Model. In: *Applied Sciences* 10 (22), S. 8008. https://doi.org/10.3390/app10228008.

Kippers, R. G.; Koeva, M.; van Keulen, M.; Oude Elberink, S. J. (2021): AUTOMATIC 3D BUIL-DING MODEL GENERATION USING DEEP LEARNING METHODS BASED ON CITYJ-SON AND 2D FLOOR PLANS. In: *Int. Arch. Photogramm. Remote Sens. Spatial Inf. Sci.* XLVI-4/W4–2021, S. 49–54. https://doi.org/10.5194/isprs-archives-XLVI-4-W4-2021-49-2021.

Lee, Jae Hyuk; Park, Jeong Jun; Yoon, Hyungchul (2020): Automatic Bridge Design Parameter Extraction for Scan-to-BIM. In: *Applied Sciences* 10 (20), S. 7346. https://doi.org/10.3390/app10207346.

Li, Lingxiao; Sung, Minhyuk; Dubrovina, Anastasia; Yi, Li; Guibas, Leonidas (2018): Supervised Fitting of Geometric Primitives to 3D Point Clouds. https://doi.org/10.48550/arXiv.1811.08988.

Li, Shengyuan; Zhao, Xuefeng; Zhou, Guangyi (2019): Automatic pixel-level multiple damage detection of concrete structure using fully convolutional network. In: *Computer-Aided Civil and Infrastructure Engineering* 34 (7), S. 616–634. https://doi.org/10.1111/mice.12433.

Lu, Ruodan; Brilakis, Ioannis; Middleton, Campbell R. (2019): Detection of Structural Components in Point Clouds of Existing RC Bridges. In: *Computer-Aided Civil and Infrastructure Engineering* 34 (3), S. 191–212. https://doi.org/10.1111/mice.12407.

Mafipour, MS.; Vilgertshofer, S.; Borrmann, A. (2021): Deriving Digital Twin Models of Existing Bridges from Point Cloud Data Using Parametric Models and Metaheuristic Algorithms. In: Proc. of the EG-ICE Conference 2021. https://publications.cms.bgu.tum.de/2021_Mafipour_EG-ICE.pdf.

Nan, Liangliang; Wonka, Peter (2017): PolyFit: Polygonal Surface Reconstruction from Point Clouds. In: *Proceedings of the IEEE International Conference on Computer Vision.*, S. 2372–2380.

Ochmann, Sebastian; Vock, Richard; Wessel, Raoul; Klein, Reinhard (2016): Automatic reconstruction of parametric building models from indoor point clouds. In: *Computers & Graphics* 54, S. 94–103. https://doi.org/10.1016/j.cag.2015.07.008.

Pan, Sinno Jialin; Yang, Qiang (2010): A Survey on Transfer Learning. In: *IEEE Trans. Knowl. Data Eng.* 22 (10), S. 1345–1359. https://doi.org/10.1109/TKDE.2009.191.

Pan, Yuandong; Braun, Alexander; Brilakis, Ioannis; Borrmann, André (2022a): Enriching geometric digital twins of buildings with small objects by fusing laser scanning and AI-based image recognition. In: *Automation in Construction* 140, S. 104375. https://doi.org/10.1016/j.autcon.2022.104375.

Pan, Yuandong; Noichl, Florian; Braun, Alexander; Borrmann, André; Brilakis, Ioannis (2022b): Automatic creation and enrichment of 3D models for pipe systems by co-registration of laser-scanned point clouds and photos. In: Proceedings of the 2022 European Conference on Computing in Construction. 2022 European Conference on Computing in Construction, Jul. 24, 2022: University of Turin (Computing in Construction).

Poux, Florent; Neuville, Romain; Nys, Gilles-Antoine; Billen, Roland (2018): 3D Point Cloud Semantic Modelling: Integrated Framework for Indoor Spaces and Furniture. In: *Remote Sensing* 10 (9), S. 1412. https://doi.org/10.3390/rs10091412.

Qi, Charles R.; Su, Hao; Mo, Kaichun; Guibas, Leonidas J. (2016): PointNet: Deep Learning on Point Sets for 3D Classification and Segmentation.

Qin, Guocheng; Zhou, Yin; Hu, Kaixin; Han, Daguang; Ying, Chunli (2021): Automated Reconstruction of Parametric BIM for Bridge Based on Terrestrial Laser Scanning Data. In: *Advances in Civil Engineering* 2021, S. 1–17. https://doi.org/10.1155/2021/8899323.

Schnabel, R.; Wahl, R.; Klein, R. (2007): Efficient RANSAC for Point-Cloud Shape Detection. In: *Computer Graphics Forum* 26 (2), S. 214–226. DOI: https://doi.org/10.1111/j.1467-8659.2007.01016.x.

Simonsen, Christoffer P.; Thiesson, Frederik M.; Philipsen, Mark P.; Moeslund, Thomas B. (2021): Generalizing Floor Plans Using Graph Neural Networks. In: 2021 IEEE International Conference on Image Processing (ICIP). 2021 IEEE International Conference on Image Processing (ICIP). Anchorage, AK, USA, 19.09.2021 - 22.09.2021: IEEE, S. 654–658.

Surikov, Ilya Y.; Nakhatovich, Mikhail A.; Belyaev, Sergey Y.; Savchuk, Daniil A. (2020): Floor Plan Recognition and Vectorization Using Combination UNet, Faster-RCNN, Statistical Component Analysis and Ramer-Douglas-Peucker. In: Nirbhay Chaubey, Satyen Parikh und Kiran Amin (Hg.): Computing Science, Communication and Security, Bd. 1235. Singapore: Springer Singapore (Communications in Computer and Information Science), S. 16–28.

Thomas, Hugues; Qi, Charles R.; Deschaud, Jean-Emmanuel; Marcotegui, Beatriz; Goulette, Francois; Guibas, Leonidas (2019): KPConv: Flexible and Deformable Convolution for Point Clouds. In: 2019 IEEE/CVF International Conference on Computer Vision (ICCV). 2019 IEEE/CVF International Conference on Computer Vision (ICCV). Seoul, Korea (South), 27.10.2019 - 02.11.2019: IEEE, S. 6410–6419.

Truong-Hong, Linh; Lindenbergh, Roderik (2022): Automatically extracting surfaces of reinforced concrete bridges from terrestrial laser scanning point clouds. In: *Automation in Construction* 135, S. 104127. https://doi.org/10.1016/j.autcon.2021.104127.

Wang, Boyu; Wang, Qian; Cheng, Jack C.P.; Song, Changhao; Yin, Chao (2022): Vision-assisted BIM reconstruction from 3D LiDAR point clouds for MEP scenes. In: *Automation in Construction* 133, S. 103997. https://doi.org/10.1016/j.autcon.2021.103997.

Yan, Yujie; Hajjar, Jerome F. (2021): Automated extraction of structural elements in steel girder bridges from laser point clouds. In: *Automation in Construction* 125, S. 103582. https://doi.org/10.1016/j.autcon.2021.103582.

Zhang, Liqiang; Li, Zhuqiang; Li, Anjian; Liu, Fangyu (2018): Large-scale urban point cloud labeling and reconstruction. In: *ISPRS Journal of Photogrammetry and Remote Sensing* 138, S. 86–100. https://doi.org/10.1016/j.isprsjprs.2018.02.008.

Automatisierte Erfassung von Schäden in der Brückenprüfung mithilfe maschineller Lernverfahren

Firdes Çelik und Markus König

19.1 Einleitung

Für eine moderne Volkswirtschaft sind Mobilität und damit eine funktionierende Infrastruktur unabdingbar. Dabei nehmen Brücken, als zentrale Bindeglieder des Verkehrs, eine Schlüsselstellung ein. Für die Gewährleistung der Verkehrssicherheit und des planmäßigen Betriebs der Brücken müssen in regelmäßigen Abständen Brückenprüfungen durchgeführt werden. Die personellen Ressourcen sind dabei begrenzt. Die Brückenprüfung erfolgt zudem unter einem hohen Zeitaufwand. Zum einen liegen Bauwerkinformationen zerstreut in verschiedenen Quellen und zum anderen finden die Prüfungen überwiegend manuell statt: Schäden werden auf Papier dokumentiert, mit Kameras aufgezeichnet und manuell in Datenbanken eingegeben.

Eine Entlastung der Bauwerksprüfer und -prüferinnen können Modelle im Rahmen von Building Information Modeling (BIM) mit integrierten Schadensinformationen versprechen. Die Vorteile einer solchen BIM-Funktion liegen auf der Hand: Die Schäden und die Zustandshistorie von Brücken können mit der 3D Geometrie verknüpft werden. Auf diese Weise kann die Brückenprüfung schneller abgewickelt werden. Gleichzeitig bedeutet der BIM-Einsatz eine Optimierung der Brückenprüfungen. Schäden können genau lokalisiert und Schadensdaten besser analysiert werden. Damit werden Effizienz und neue baubetriebliche Erkenntnisse ermöglicht.

F. Çelik (✉) · M. König
Lehrstuhl für Informatik im Bauwesen, Ruhr-Universität Bochum, Bochum, Deutschland
E-Mail: firdes.celik@ruhr-uni-bochum.de

M. König
E-Mail: koenig@inf.bi.rub.de

© Der/die Autor(en), exklusiv lizenziert an Springer Fachmedien Wiesbaden GmbH, ein Teil von Springer Nature 2024
S. Haghsheno et al. (Hrsg.), *Künstliche Intelligenz im Bauwesen*,
https://doi.org/10.1007/978-3-658-42796-2_19

Ein erster Schritt in Richtung eines BIM-Modells mit integrierter Schadensinformation ist die automatische Erfassung von Schäden vor Ort. Für diesen Zweck bieten maschinelle Lernverfahren viele Möglichkeiten von der Schadenserkennung bis zur Auswertung der Daten. In diesem Beitrag wird daher ein Überblick über die potenzielle Nutzung des maschinellen Lernens und ihrer Herausforderungen gegeben.

19.2 Bauwerksprüfungen gemäß DIN 1076

Im Bundesfernstraßennetz befinden sich aktuell etwa 39.500 Brücken. Betonbrücken stellen mit 87 % den größten Anteil dar, gefolgt von Stahlbrücken mit 7 % und Stein- und Holzbrücken mit 6 %.

Die Mehrheit des Brückenbestandes wurde zwischen 1965 und 1984 erbaut. Diese Brücken wurden in den letzten Jahrzehnten außerplanmäßig beansprucht: Sie wurden in Zeiten eines vergleichsweise niedrigen Verkehrsstroms erbaut. Bei der damaligen Planung und dem Bau der Brücken wurden die globale Mobilitätszunahme und der schwere Gütertransport nicht berücksichtigt. Somit ist häufig eine Überschreitung der Tragreserven gegeben. In Anbetracht der geplanten Lebensdauer von 80 Jahren haben viele Brücken inzwischen mehr als die Hälfte dieser Zeit überschritten. Angesichts der starken Belastungen gilt es, den planmäßigen Zustand der Bauwerke zu erhalten und ihre Nutzungsdauer so lange wie möglich auszuschöpfen.

Um einen reibungslosen Personen- und Güterverkehr zu gewährleisten, ist eine regelmäßige Prüfung und Überwachung von Brücken notwendig. Die Instandhaltung von Brücken wird durch die DIN 1076 (DIN Normenausschuss Bauwesen 1999) „Ingenieurbauwerke im Zuge von Straßen und Wegen – Überwachung und Prüfung" geregelt. Sie ist das technische Regelwerk für die Erfassung des Zustands von Ingenieurbauwerken. In ihr werden zwei Prüfungsarten mit jeweils unterschiedlichen Zeitzyklen vorgeschrieben. Die erste Prüfungsart ist die Hauptprüfung, die in einem Sechsjahres-Takt durchgeführt wird. Während dieser Prüfung werden alle Bauwerksteile handnah, d. h. visuell und manuell, z. B. durch Abklopfen, geprüft und die Schäden handschriftlich dokumentiert. Schäden, die ein erhöhtes Risiko darstellen und einer Prüfung in einem kürzeren Zeitabstand bedürfen, werden markiert. Die zweite Prüfungsart, die sog. einfache Prüfung, wird im Dreijahres-Takt durchgeführt. Sie ist eine reine Sichtprüfung, die sich an den Ergebnissen der Hauptprüfung orientiert. Die in der Hauptprüfung markierten Schäden werden daraufhin auf Veränderungen geprüft.

Bauwerksprüfer und -prüferinnen müssen vor dem Beginn der Prüfungen die Bestandsunterlagen und die letzten Prüfberichte studieren. Während der Prüfungen werden die Schäden abfotografiert und ihre Größe mit einer Messschablone oder einem Gliedermaßstab gemessen. Notizen und Skizzen werden mithilfe eines Klemmbretts und eines Stifts erstellt. Dabei werden die Schadenstypen, die Menge, die Größe, die Ausrichtung, die Verortung und die Entstehungsursache der Schäden dokumentiert. Im Nachgang müssen Bauwerksprüfer und -prüferinnen die zuvor notierten Schadensinformationen manuell in das Bauwerksmanagement-Programm SIB-BAUWERKE eintragen. Anschließend bewerten sie die Schäden nach den Kriterien der Standsicherheit, Verkehrssicherheit und Dauerhaftigkeit mit Noten von eins (sehr gut) bis vier (ungenügend). Für die Bewertung dient der Schadensbeispielkatalog der Richtlinie zur einheitlichen Erfassung, Bewertung, Aufzeichnung und Auswertung von Ergebnissen der Bauwerksprüfungen (RI-EBW-PRÜF) als Orientierung.

Es wird deutlich, dass Bauwerksprüfungen mit einer aufwendigen Vorbereitung, Durchführung und Nachbearbeitung verbunden sind. Sie wurden nicht optimiert und sind nicht besonders effizient gestaltet. So liegen beispielsweise Bauwerksinformationen weder gebündelt noch strukturiert in einer Datei vor, sondern sind in mehreren, teilweise nicht digitalisierten und veralteten Unterlagen, verteilt. Die Erfassung bzw. Eingabe der Schadensinformationen wird sowohl vor Ort als auch nach der Prüfung, d. h. zweifach, ausgeführt. Nicht zuletzt müssen Schadensbewertungen mit einem komparativen Ansatz basierend auf ca. 1.700 Schadensbeispielen des Schadenkatalogs vergeben werden. Der Prüfungsprozess ist hochgradig manuell ausgerichtet und überholt. In den letzten Jahrzehnten wurden viele technische und digitale Methoden entwickelt, die den Aufwand der Bauwerksprüfung reduzieren können. Dabei bieten Methoden des maschinellen Lernens Möglichkeiten zur Automatisierung vieler Teilprozesse. Einer dieser Teilprozesse ist die Dokumentation der Schäden während der Prüfungen.

Dieses Kapitel wurde basierend auf BMVBS 2013 geschrieben.

19.3   Stand der Forschung: Maschinelles Lernen für Schadenserkennung

Die Entwicklung der automatischen Erfassung von Beton- und Straßenschäden mithilfe des maschinellen Lernens ist sowohl in der Wissenschaft als auch für die öffentliche Mobilität von hoher Bedeutung. Gleichzeitig gibt es noch eine Vielzahl an Fragestellungen zum Einsatz des maschinellen Lernens in der Schadenserkennung. Schäden in Beton und Asphalt haben komplexe Geometrien. Insbesondere feine und kleine Risse stellen eine besondere Herausforderung für die Erkennung durch neuronale Netze dar. Des Weiteren erschweren die sehr unterschiedlichen Bauumgebungen die Erkennung der ohnehin schon komplexen Schadensgeometrie. Die Gestalt der Oberflächen kann durch Aspekte wie Schmutz, Abfall, Pflanzen, Schatten, unzureichende Lichtverhältnisse, Graffiti, etc. beeinflusst werden, sodass Schäden teilweise bedeckt werden. Zudem können neuronale Netze Fugen, Kanten und andere linienförmige Strukturelemente sowie unregelmäßige Oberflächenstrukturen (beispielsweise Spritzbeton) aufgrund ihrer Ähnlichkeit mit Schäden *verwechseln*.

Neben der Datenkomplexität ist auch das Erstellen von Trainingsdaten mit Herausforderungen verbunden. Der Fortschritt in der Schadenserkennung wird durch den Mangel an großen, annotierten Datenmengen gehemmt, die verschiedene Schadenstypen umfassen und die eine hohe phänotypische Diversität von Schäden und ihrer Umgebung aufweisen.

Ein Großteil der Publikationen im Bereich der Schadenserkennung schlagen neue neuronale Netzarchitekturen basierend auf Faltungsschichten vor. Sie folgen aus der Erkenntnis, dass sich Verknüpfungen mit verschiedenen Operatoren in neuronalen Netzen durchführen lassen und neue Operatoren in der Grundforschung zur Künstlicher Intelligenz (KI) stetig eingeführt werden. Dabei stehen die automatische Messung und die Bewertung von Schäden sowie die Entwicklung von Konzepten zur Brückenprüfungen und die Einbindung der Erkennungssoftware in diese Konzepte nicht besonders im Vordergrund.

Zur Validierung der Ergebnisse von publizierten Architekturen werden öffentliche Datensätze oder eigens erstellte Datensätze verwendet. Die Auswahl bzw. der Aufwand für die Erstellung eines Datensatzes hängt davon ab, welche Art der Erkennung (Klassifizierung, Detektion oder semantische Segmentierung) angestrebt wird.

19.3.1 Methoden zur Erkennung von Schäden

Bei der Erkennung von Objekten in Bildern wird grundsätzlich zwischen Klassifizierung, Detektion und Segmentierung unterschieden. Mit der Klassifizierung wird die Frage beantwortet, ob ein Objekt im Bild enthalten ist. Die genaue Lokalisierung des Objekts erfolgt jedoch nicht. Die Detektion geht einen Schritt weiter und leistet Aussagen sowohl zur Objektklassifizierung als auch zu ihrer Lokalisierung. Dabei wird eine Bounding-Box, also ein Rahmen, um das Objekt gezogen. Eine genauere Lokalisierung wird mittels der Segmentierung erreicht. Mit ihr wird jedes Pixel in einem Bild einer Klasse zugeordnet. Dadurch kann die genaue Geometrie des Objekts erfasst werden. In Abb. 19.1 sind die verschiedenen Erkennungsarten visualisiert.

Bei der Auswahl von Erkennungsnetzen geht es weniger um die bloße Art der Erkennung, sondern vielmehr um die Eignung der Erkennungsart für einzelne Schäden bzw. darum in welcher Granularität die Schadensinformation benötigt wird. Im Zuge der Bauwerksprüfung kann der Informationsbedarf zu Schäden unterschiedlich ausfallen. Bei Rissen sind Informationen wie die maximale Breite, Länge und Ausrichtung (Längs-, Schräg- oder Querriss) zu erfassen. Das erfordert ein Segmentierungsnetz. Betrachtet man wiederum Brückengeländer kann eine Klassifizierung oder eine Detektion ausreichend sein, um beispielsweise Beschichtungsabblätterung oder Unstimmigkeiten mit der Geländerverankerung zu erfassen. Die Wahl der Erkennungsart hängt auch mit dem Ziel und dem technischen Konzept zur Schadenserfassung ab. Die Frage ist, ob die Schadenserkennung zur Erstellung einer digitalen Abbildung (BIM-Modell) oder zur technischen Unterstützung der Bauwerksprüfer und -prüferinnen durch eine Teilautomatisierung genutzt werden soll.

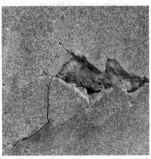 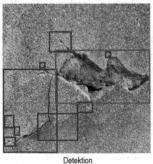 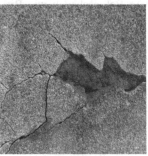

Klassifizierung: Riss/Abplatzung: Ja oder Nein?   Detektion   Segmentierung

Abb. 19.1 Klassifizierung, Detektion und Segmentierung von Schäden. Blaue Bounding-Boxen bzw. Segmentierungsmasken weisen auf die Erkennung von Rissen hin. Die rote Bounding-Box bzw. Segmentierungsmaske weist auf die Erkennung der Abplatzung hin.

Seit 2017 hat der Einsatz von maschinellem Lernen zur Schadenserkennung stark zugenommen. Anfänglich wurden sogenannte Sliding-Window-Methoden genutzt. Dabei wird ein Eingabebild in gleich große Teile unterteilt, welche dann von einem faltungsbasierten Klassifizierungsnetz (engl. CNN) als Schaden- oder Nicht-Schaden gekennzeichnet werden. Fügt man die Teile wieder zusammen, ergibt sich eine grobe Segmentierung des Schadens. Die erste Arbeit dieser Art wurde in (Cha et al. 2017) für die Erkennung von Rissen vorgeschlagen. Aufgrund des relativ geringen Rechenanspruchs der Klassifizierungsnetze bei kleinen Bildauflösungen, wurde die Sliding-Window-Methode für die Erkennung in Echtzeit eingesetzt. So setzen Kim und Cho (2018) und Naddaf-Sh et al. (2019) CNN-Klassifikatoren für die Risserkennung in Drohnenaufnahmen ein. Die Sliding-Window-Methode lokalisiert die Risse zwar blockweise, kann aber nicht ihre gesamte Form im Detail erfassen. Wird die komplexe Umgebung von Rissen berücksichtigt, kann zudem eine Unterteilung von Bildern in kleinere Bilder zu einem Kontextverlust führen und die Erkennung sogar erschweren.

Im Laufe der Zeit wurde die Sliding-Window-Methode durch Detektionsmethoden ersetzt. Hierzu zählt Faster R-CNN (Ren et al. 2016), das überproportional häufig in der Schadenserkennung mit verschiedenen Modifikationen angewandt wurde. Cha et al. (2018) setzten Faster R-CNN für eine Echtzeit-Detektion von Betonrissen, Stahlkorrosion mit zwei verschiedenen Korrosionsstufen, Schraubenkorrosion und Stahldelamination ein. Song und Wang (2019) setzten Faster R-CNN für Fahrbahnschäden wie Risse, Schlaglöcher, Öl-Flecken und Oberflächenfehler ein. Darüber hinaus wurden Detektoren wie Single-Shot Multi-Box-Detector (SSD) (Liu et al. 2016) und YOLO-v3 (Redmon und Farhadi 2018) verwendet. Jiang und Zhang (2020) detektierten Risse mit SSDLite-Mobile NetV2, die eine schlanke Smartphone-kompatible SSD-Version ist. Zhang C et al. (2020) modifizierten YOLO-v3 um die Erkennungsgenauigkeit von Betonrissen zu verbessern. In (Jiang et al. 2021) wurden YOLO-v3 und SSD modifiziert und für die Detektion von Betonschäden wie Rissen, Flecken, freiliegenden Bewehrungen und Abplatzungen eingesetzt.

Der Einsatz von Detektoren ist vorteilhaft für die Echtzeiterkennung von Schäden. Zudem reicht für manche Schäden, wie beispielsweise bei korrodierten Schrauben, die Erfassung in Form von Detektion aus. Bei Abplatzungen kann mit der Detektion der Schaden lokalisiert und die Fläche, wenn auch ungenau, berechnet werden. Bei anderen Schäden, wie z. B. Rissen, kann die Detektion mit einer Bounding-Box nicht die erforderlichen Informationen liefern, die nach RI-EBW-Prüf dokumentiert werden müssen. An dieser Stelle erweist sich die semantische Segmentierung als hilfreich. Sie kann helfen mehr und genauere Informationen von erkannten Schäden aufzunehmen.

Das erste Segmentierungsnetz, das für Schäden bzw. Risse, eingesetzt wurde, ist Crack-Net (Zhang et al. 2017). Es ist ähnlich aufgebaut wie das Fully Convolutional Network (FCN) (Long et al. 2015), der ersten Architektur für semantische Segmentierung. Es folgten diverse neue Segmentierungsarchitekturen, die in Anlehnung an Ergebnisse aus der allgemeinen KI-Grundforschung (bsp. Aktivierungsfunktionen, Operatoren, etc.) und an allgemeinen Architekturen zur semantischer Segmentierung entwickelt wurden. Hier liegt der Fokus auf Rissen. In der Forschung zur Risssegmentierung werden einige Netzarchitekturen verbreitet genutzt: Eine frühe Architektur ist U-Net (Ronneberger et al. 2015), das mit verschiedenen Erweiterungen und Modifikationen (König et al. 2019a; König et al. 2019b; Chen et al. 2019; Augustauskas und Lipnickas 2019; Augustauskas und Lipnickas 2020) zur Verbesserung der Risssegmentierung eingesetzt wurde. Eine weitere Architektur ist Mask R-CNN (He et al. 2017), das eine Weiterentwicklung von Faster R-CNN ist. In (Attard et al. 2019) und (Kim und Cho 2020) wurde Mask R-CNN für die Erkennung von Rissen eingesetzt. In (Tran et al. 2022) wurde es für die Erkennung von sowohl Rissen als auch von Ausblühungen, freiliegenden Bewehrungen und Abplatzungen eingesetzt. Aus diesen Publikationen ist erkennbar, dass Mask R-CNN, trotz relativ erfolgreicher Risssegmentierung nicht geeignet ist. Die Trainingsdaten erfordern eine spezielle Annotation: Risse müssen stückweise annotiert werden, d. h. eine Rissinstanz wird nicht durch die Daten eines einzigen Polygons abgebildet, sondern durch mehrere Polygone, die den Riss stückweise erfassen. Eine weitere Annotationsart, die beobachtet wurde, ist die Aufnahme von Nachbarpixeln, sodass keine auf den Pixel genauen Segmentierungsmasken vorliegen. Die Aufnahme von Nachbarpixeln kann die Messung der Rissbreite (anhand der Rissmasken) verfälschen und ist nicht empfehlenswert. Zu den eingesetzten Architekturen gehören außerdem Generative Adversarial Network basierte Methoden, die in (Liu und Yeoh 2020; Zhang K et al. 2020; 2021) zum Einsatz kamen. Zunehmend werden Architekturen vorgeschlagen, die ein Attention-Modul nutzen oder auf Transformer basieren wie in (Ali und Cha 2022; Kang und Cha 2022; Wang und Su 2022). Neben architektonischer Unterschiede spielen Transfer Learning Methoden und ihre Variationen, wie z. B. in Çelik und König (2022) oder Żarski et al. (2022) vorgeschlagen, eine wichtige Rolle in der Verbesserung von Segmentierungsmodellen.

19.3.2 Datensätze

Ein großer Datensatz mit hoher Diversität bildet den Grundstein für eine zuverlässige und erfolgreiche Schadenserkennung. Bei nahezu allen Ergebnissen in maschinellem Lernen basierter Schadenserkennung spielt ImageNet eine wichtige Rolle. Durch den Einsatz von Transfer Learning werden Faltungsmatrizen, die mit über 1,2 Mio. ImageNet Bildern im Voraus trainiert wurden, in neuen Architekturen zur Schadenserkennung eingesetzt. Diese kalibrierten Faltungsmatrizen können auf Schadensdatensätzen Informationen besser extrahieren. Im Großteil der Publikationen zur Schadenserkennung sowie Structural Health Monitoring (Bianchi und Hebdon 2022) werden die verwendeten Datensätze nicht zur Verfügung gestellt. Vorhandene Datensätze wurden auf unterschiedliche Weise und mit unterschiedlichem Annotationsgrad (Erkennungsart, Anzahl der Schadenskategorien) vorbereitet. Einer der bekannten Datensätze zu Betonschäden ist SDNET2018 (Dorafshan et al. 2018) bestehend aus 56.000 klassifizierten Bildern der Größe 256×256, die durch die Unterteilung von 230 Bildern gewonnen wurden. Es enthält Rissbilder und schadensfreie Bilder und wurde für die Detektion mithilfe der Sliding-Window-Methode erstellt. Für die Bounding-Box-Detektion steht beispielsweise der Datensatz CODEBRIM (Mundt et al. 2019) zur Verfügung, der 1.590 Bilder hoher Auflösung enthält und nach Rissen, Abplatzungen, freiliegender Bewehrung, Ausblühungen und Korrosion annotiert ist. Für die semantische Segmentierung wurden Datensätze mit dem Fokus auf Rissen erstellt, die aufgrund des hohen Annotationsaufwands deutlich kleiner ausfallen. Ein Beispiel ist das Bochum Crack Data Set (BCD) (Çelik und König 2022) mit 370 Rissbildern der Größe 512×512.

19.4   Beispiel: Semantische Segmentierung von Schäden

Für die automatisierte Dokumentation mancher Schäden ist die Erfassung ihrer Geometrie notwendig. Wie in Abschn. 19.2.1 beschrieben gibt es zahlreiche bildbasierte maschinelle Lernverfahren zur Erkennung von Schäden. In diesem Abschnitt wird anhand eines Beispiels erklärt, wie ein Segmentierungsnetz aufgebaut sein kann. Anschließend wird auf das Training dieses Segmentierungsnetzes eingegangen und die Ergebnisse eines finalen Modells diskutiert. Bei dem Datensatz handelt es sich um einen großen Datensatz, der von den Autoren erstellt wurde. Dieser enthält 5.612 Bilder von Betonschäden und wurde nach folgenden Schadenstypen segmentiert: Abplatzungen, Risse, Korrosion und Kiesnester. Die Autoren betrachten Segmentierung als den geeigneten Ansatz zur genauen Erfassung dieser Betonschadenstypen und der Messung ihrer Größen. Als Segmentierungsnetz wird das Feature Pyramid Network (FPN) (Lin et al. 2017) gewählt, weil es eine relativ einfache Architektur hat und erfahrungsgemäß sehr performant ist. In Abb. 19.2 ist die Architektur schematisch erklärt:

Das FPN verarbeitet ein Trainingsbild wie folgt: Gegeben sei ein Bild B mit Dimensionen (w, h, c), wobei w die Breite, h die Höhe und c die Kanalanzahl symbolisiert. Ein

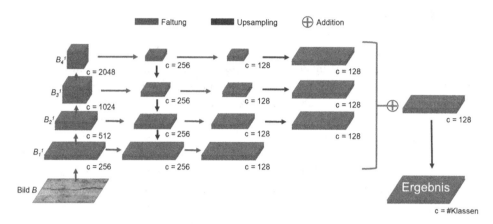

Abb. 19.2 Schematische Darstellung der FPN-Architektur. Die Variable c gibt die Kanalanzahl jedes i-ten Faltungsergebnisses B_i^1 mit $i = 1, 2, 3, 4$ an

Faltungsmodul wird auf Bild B iterativ in vier Schritten angewandt. Dieses Faltungsmodul besteht aus der Faltungsoperation, Batch-Normalization und ReLU-Aktivierungsfunktion. Durch die Faltung werden in jedem Iterationsschritt i ($i = 1, ..., 4$) die Dimensionen der Bildausgaben B_i^1 wie folgt verändert: $w_i^1 = w \cdot 2^{-i}$, $h_i^1 = h \cdot 2^{-i}$ und $c_i^1 = 256 \cdot 2^{i-1}$. Anschließend werden die Ausgaben B_i^1 ($i = 1, 2, 3, 4$) mit einer Matrix der Größe (1,1) gefaltet und mit den Upsampling-Ausgaben aus dem i-ten Level kanalweise addiert. Die Ergebnisse aus dieser Addition sind mit B_i^2 bezeichnet. Für B_i^2 gilt $w_i^2 = w_i^1$, $h_i^2 = h_i^1$, $c_i^2 = 256$. Anschließend werden B_i^2 jeweils zweifach mit Batch-Normalization und ReLU-Aktivierungsfunktion gefaltet. Daraus ergeben sich B_i^3 mit $w_i^3 = w_i^2$, $h_i^3 = h_i^2$, $c_i^3 = 128$. Ergebnisse B_i^3 ($i = 1, 2, 3$) werden mit einer Upsampling-Operation vergrößert, sodass für die daraus resultierenden Ergebnisse B_i^4 ($i = 1, 2, 3$) gilt $w_i^4 = w_1^3$, $h_i^4 = h_1^3$ und $c_i^4 = 128$. Die Ausgaben B_i^4 ($i = 1, 2, 3$) und B_1^3 werden anschließend kanalweise addiert. Auf das Ergebnis B^5 wird eine Upsampling-Operation angewandt, sodass $w^5 = w$ und $h^5 = h$ gilt. Mit zweifacher Anwendung der Faltung ergibt sich das endgültige Ergebnis. Die Anzahl der Kanäle im Ergebnis entspricht der Anzahl der vorhandenen Objektklassen. In diesem Fall entspricht sie der Anzahl fünf, da vier Schadenstypen mit zusätzlicher Objektklasse ‚Hintergrund' vorliegen. Diese Architektur zeichnet sich durch eine gute Informationsextraktion aus. Mit ihr verquicken sich feine semantische, jedoch komprimierte, Informationen aus höheren Faltungsebenen mit vergleichsweise lokal-genauen, jedoch abstrakten, semantischen Informationen aus niedrigeren Faltungsebenen.

Für das Netztraining wird fünffache Kreuzvalidierung angewandt. Sie ermöglicht eine bessere Evaluierung der Daten und des neuronalen Netzes. Denn ein einzelner Validierungsdatensatz könnte viele einfach zu segmentierende Bilder enthalten. Dadurch kann das Netz bessere Ergebnisse als im Vergleich zu schwierig segmentierenden Daten generieren.

Um die Kapazität des FPNs hinsichtlich der Informationsextraktion zu erhöhen, wird von Transfer Learning Gebrauch gemacht. In diesem Sinne werden die Faltungsmatrizen im Aufwärtspfad ($\rightarrow B_i{}^1$) durch die Faltungsmatrizen des im Voraus auf ImageNet trainierten Klassifizierungsnetzes EfficientNetB0 (Tan und Le 2017) ersetzt. Anschließend wird das FPN mit einer Batch-Größe von vier und einer Epochenanzahl von 80 trainiert. Dabei wird als Optimierungsalgorithmus ADAM mit einer Lernrate von 0,0001 verwendet.

Für die Evaluierung der FPN-Segmentierung wird der Jaccard-Index berechnet. Der durchschnittliche Jaccard-Index beträgt $58,85 \pm 1.22$ % (ohne Transfer Learning: $41,85 \pm 0.81$ %). Berechnet man den Jaccard-Index für einzelne Schadenstypen, erhält man einen Prozentsatz von $62,37 \pm 2.62$ % für Abplatzungen, $52,76 \pm 0.81$ % für Risse, $63,93 \pm 1.35$ % für Korrosion, $56,34 \pm 2.18$ % für Kiesnester.

In Abb. 19.3 sind einige Segmentierungsergebnisse von einem FPN-Modell auf Testbildern dargestellt. Die Jaccard-Index-Werte sowie die Ergebnisse auf den Testbildern zeigen, dass das FPN-Modell in der Lage ist mittel-komplexe Schäden (Abb. 19.3 Reihe oben) richtig zu segmentieren. Bei hochkomplexen Schäden (Abb. 19.3 Reihe unten) ist das FPN-Modell überfordert. Die sinnvollste Methode, um das Modell bei Bildern dieser Komplexität zu unterstützen, ist die Hinzunahme von weiteren komplexen Bildern in den Datensatz. Um falsch positive Ergebnisse zu reduzieren, sollten auch gezielt Bilder von der Bauumgebung ohne Schäden hinzugefügt werden, damit das FPN lernen kann, was keinen Schaden darstellt.

Mithilfe der Segmentierungsmasken können Mengenangaben zu Schäden gemacht werden. Außerdem können die Flächen von Abplatzungen und Kiesnestern, der Rostgrad bei Korrosion und die maximale Rissbreite und -länge von Rissen berechnet werden. Das ist zunächst pixelbasiert möglich. Mit der Nutzung von beispielsweise Tiefensensoren können die pixelbasierten Berechnungen in reale Maße übertragen werden.

19.5   Herausforderungen und Ausblick

Schäden sind komplexe Objekte, die für neuronale Netze eine besondere Herausforderung darstellen. Zahlreiche Publikationen beschäftigen sich daher mit der Frage der Verbesserung von Netzarchitekturen. Im Forschungsbereich der Schadenserkennung wird jedoch die Frage der Daten, der Datenqualität und der Annotation-Richtlinien vernachlässigt. Neuronale Netze können nur dann zuverlässige Ergebnisse generieren, solange die Daten in großen Mengen und in guter Qualität vorliegen. Bei der Annotationsqualität spielt der Aspekt der Konsistenz eine ausschlaggebende Rolle. Aufgrund der hohen Geometrie- und Texturdiversität können die Meinungen bei der Datenannotation stark voneinander abweichen. Ein Beispiel dafür ist die Frage nach der Segmentierung, wenn sowohl ein Kiesnest

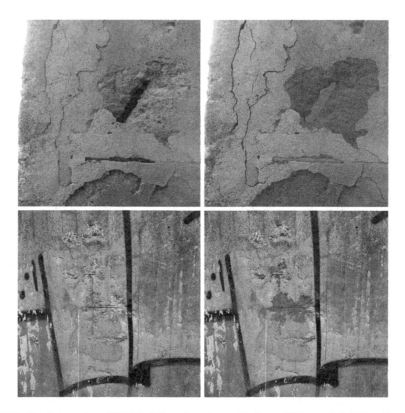

Abb. 19.3 Ergebnisse eines FPN-Modells auf zwei verschiedenen Bildern mit Schäden. Rote, blaue und grüne Rissmasken weisen jeweils auf die Erkennung von Abplatzungen, Rissen und Korrosion hin

als auch eine Abplatzung vorliegen. Oft ist der Übergang fließend, sodass sich die Frage stellt, wie sie voneinander abgegrenzt werden können.

In diesem Beitrag wurde das Beispiel der Segmentierung von Schäden ausführlich vorgestellt. Wie in Abschn. 19.3.1 erwähnt, kann die rechnungsintensive Segmentierungsaufgabe den Informationsbedarf bezüglich bestimmter Schäden überschreiten. Die Anwendung eines Detektionsnetzes (bspw. korrodierte Schrauben) oder gar eines Klassifizierungsnetzes (bspw. Bewuchs am Geländer) ist für manche Schäden sinnvoller als für andere. Dabei muss genau bestimmt werden, welche der vielen möglichen Schäden wie annotiert werden müssen. Schließlich ist eine Segmentierungsannotation mit deutlich größerem Aufwand verbunden als eine Bounding-Box-Annotation. Eine Bounding-Box-Annotation ist wiederum aufwendiger als eine Klassifizierung der Daten. Dabei stellt sich zum einen auch die Frage, ob mehrere neuronale Netze eingesetzt werden müssen und zum anderen, ob eine Echtzeitfähigkeit dieser Netze gegeben sein muss.

Weitere wichtige Aspekte im KI-Einsatz sind die technische Konzeptentwicklung für die Aufnahme der Schäden und ihre Integration in digitale Bauwerksmodelle. Hierzu gibt es Ansätze, die den Einsatz von autonomen bzw. semi-autonomen Drohnen vorsehen. Allerdings bestehen auch hier offene Fragen. Letztlich steht die Entwicklung weiterer Methoden für einen Drohneneinsatz bei der Brückeninspektion noch aus. Bekannte Problemstellungen sind beispielsweise die Planung der Flugrouten, die nicht gegebene Netzabdeckung in manchen Bereichen der Brücke, oder die Echtzeitanalyse von erhobenen Daten (Zhang et al. 2022). Des Weiteren können Drohnen nur eine rein visuelle Prüfung leisten, obwohl Prüfungen mehr Aktivität verlangen als das bloße Anschauen. Beispielsweise nutzen Bauwerksprüfer und -prüferinnen die Hand zum Abklopfen von Bauteilen, um Hohlstellen zu identifizieren. Der menschliche Geruchssinn kommt zum Einsatz, wenn es darum geht zu unterscheiden, ob es sich bei Vogelkot um den gesundheitsgefährdenden Taubenkot handelt.

Eine Vollautomatisierung der Brückenprüfung ohne den Einsatz von Bauwerksprüfer und -prüferinnen vor Ort ist ein Ziel mit einem langen Weg. Weitere Entwicklungen im Bereich der Robotik und KI werden zur Erreichung dieses Ziels entscheidend sein. Nichtsdestotrotz weisen die Segmentierungsergebnisse in Abschn. 19.4 darauf hin, dass viele Teile der Brückenprüfung automatisiert werden können. Hat man die Schäden automatisch erfasst, so ist die Grundlage für die Mengen- und Flächenberechnung sowie die Lokalisierung im Bauteil gegeben. Die Ausrüstung der Bauwerksprüfung mit mobilen Endgeräten, wie einem Smartphone oder einem Tablet, mit entsprechender Erkennungssoftware kann die Prozesse in der Zukunft deutlich beschleunigen und optimieren.

Literatur

Ali R, Cha Y-J (2022) Attention-based generative adversarial network with internal damage segmentation using thermography. Automation in Construction 141:104412. https://doi.org/10.1016/j.autcon.2022.104412.

Attard L, Debono CJ, Valentino G, Di Castro M, Masi A, Scibile L (2019) Automatic Crack Detection using Mask R-CNN. In: 2019 11th International Symposium on Image and Signal Processing and Analysis (ISPA). IEEE, pp 152–157.

Augustaukas R, Lipnickas A (2019) Pixel-wise Road Pavement Defects Detection Using U-Net Deep Neural Network. In: 2019 10th IEEE International Conference on Intelligent Data Acquisition and Advanced Computing Systems: Technology and Applications (IDAACS). IEEE, pp 468–471.

Augustauskas R, Lipnickas A (2020) Improved Pixel-Level Pavement-Defect Segmentation Using a Deep Autoencoder. Sensors (Basel) 20. https://doi.org/10.3390/s20092557.

BMVBS (2013) Bauwerksprüfung nach DIN 1076 – Bedeutung, Organisation, Kosten.

Bianchi E, Hebdon M (2022) Visual structural inspection datasets. Automation in Construction 139:104299. https://doi.org/10.1016/j.autcon.2022.104299.

Çelik F, König M (2022) A sigmoid-optimized encoder–decoder network for crack segmentation with copy-edit-paste transfer learning. Computer-Aided Civil and Infrastructure Engineering. https://doi.org/10.1111/mice.12844.

Cha Y-J, Choi W, Büyüköztürk O (2017) Deep Learning-Based Crack Damage Detection Using Convolutional Neural Networks. Computer-Aided Civil and Infrastructure Engineering 32:361–378. https://doi.org/10.1111/mice.12263.

Cha Y-J, Choi W, Suh G, Mahmoudkhani S, Büyüköztürk O (2018) Autonomous Structural Visual Inspection Using Region-Based Deep Learning for Detecting Multiple Damage Types. Computer-Aided Civil and Infrastructure Engineering 33:731–747. https://doi.org/10.1111/mice.12334.

Chen J, Liu G, Chen X (2019) Road Crack Image Segmentation Using Global Context U-net. In: Proceedings of the 2019 3rd International Conference on Computer Science and Artificial Intelligence. ACM, New York, NY, USA, pp 181–185.

Chen L-C, Zhu Y, Papandreou G, Schroff F, Adam H (2018) Encoder-Decoder with Atrous Separable Convolution for Semantic Image Segmentation. http://arxiv.org/pdf/1802.02611v3.

Dorafshan S, Thomas RJ, Maguire M (2018) SDNET2018: An annotated image dataset for noncontact concrete crack detection using deep convolutional neural networks. Data Brief 21:1664–1668. https://doi.org/10.1016/j.dib.2018.11.015.

He K, Gkioxari G, Dollar P, Girshick R (2017) Mask R-CNN. In: 2017 IEEE International Conference on Computer Vision (ICCV). IEEE, pp 2980–2988.

Jiang S, Zhang J (2020) Real-time crack assessment using deep neural networks with wall-climbing unmanned aerial system. Computer-Aided Civil and Infrastructure Engineering 35:549–564. https://doi.org/10.1111/mice.12519.

Jiang Y, Pang D, Li C (2021) A deep learning approach for fast detection and classification of concrete damage. Automation in Construction 128:103785.https://doi.org/10.1016/j.autcon.2021.103785.

Kang DH, Cha Y-J (2022) Efficient attention-based deep encoder and decoder for automatic crack segmentation. Structural Health Monitoring 21:2190–2205. https://doi.org/10.1177/14759217211053776.

Kim B, Cho S (2018) Automated Vision-Based Detection of Cracks on Concrete Surfaces Using a Deep Learning Technique. Sensors (Basel) 18. https://doi.org/10.3390/s18103452.

Kim B, Cho S (2020) Automated Multiple Concrete Damage Detection Using Instance Segmentation Deep Learning Model. Applied Sciences 10:8008. https://doi.org/10.3390/app10228008.

König J, Jenkins MD, Barrie P, Mannion M, Morison G (2019) Segmentation of Surface Cracks Based on a Fully Convolutional Neural Network and Gated Scale Pooling. In: 2019 27th European Signal Processing Conference (EUSIPCO). IEEE, pp 1–5.

König J, David Jenkins M, Barrie P, Mannion M, Morison G (2019) A Convolutional Neural Network for Pavement Surface Crack Segmentation Using Residual Connections and Attention Gating. In: 2019 IEEE International Conference on Image Processing (ICIP). IEEE, pp 1460–1464.

Lin T-Y, Dollar P, Girshick R, He K, Hariharan B, Belongie S (2017) Feature Pyramid Networks for Object Detection. In: 2017 IEEE Conference on Computer Vision and Pattern Recognition (CVPR). IEEE, pp 936–944.

Liu W, Anguelov D, Erhan D, Szegedy C, Reed S, Fu C-Y, Berg AC (2016) SSD: Single Shot MultiBox Detector 9905:21–37. https://doi.org/10.1007/978-3-319-46448-0_2.

Liu Y, Yao J, Lu X, Xie R, Li L (2019) DeepCrack: A deep hierarchical feature learning architecture for crack segmentation. Neurocomputing 338:139–153. https://doi.org/10.1016/j.neucom.2019.01.036.

Liu Y, Yeoh JKW (2020) Vision-Based Semi-Supervised Learning Method for Concrete Crack Detection. In: Tang P, Grau D, Asmar ME (eds) Construction Research Congress 2020. American Society of Civil Engineers, Reston, VA, pp 527–536.

Long J, Shelhamer E, Darrell T (2015) Fully convolutional networks for semantic segmentation. In: 2015 IEEE Conference on Computer Vision and Pattern Recognition (CVPR). IEEE, pp 3431–3440.

Mundt M, Majumder S, Murali S, Panetsos P, Ramesh V (2019) Meta-learning Convolutional Neural Architectures for Multi-target Concrete Defect Classification with the COncrete DEfect BRidge IMage Dataset. http://arxiv.org/pdf/1904.08486v1.

Naddaf-Sh M-M, Hosseini S, Zhang J, Brake NA, Zargarzadeh H (2019) Real-Time Road Crack Mapping Using an Optimized Convolutional Neural Network. Complexity 2019:1–17. https://doi.org/10.1155/2019/2470735.

Redmon J, Farhadi A (2018) YOLOv3: An Incremental Improvement. http://arxiv.org/pdf/1804.02767v1.

Ren S, He K, Girshick R, Sun J (2015) Faster R-CNN: Towards Real-Time Object Detection with Region Proposal Networks. http://arxiv.org/pdf/1506.01497v3.

Ronneberger O, Fischer P, Brox T (2015) U-Net: Convolutional Networks for Biomedical Image Segmentation. http://arxiv.org/pdf/1505.04597v1.

Song L, Wang X (2021) Faster region convolutional neural network for automated pavement distress detection. Road Materials and Pavement Design 22:23–41. https://doi.org/10.1080/14680629.2019.1614969.

Tan M, Le V Q EfficientNet: Rethinking Model Scaling for Convolutional Neural Networks. International Conference on Machine Learning.

Tran TS, van Tran P, Lee HJ, Flores JM, van Le P (2022) A two-step sequential automated crack detection and severity classification process for asphalt pavements. International Journal of Pavement Engineering 23:2019–2033. https://doi.org/10.1080/10298436.2020.1836561.

Wang W, Su C (2022) Automatic concrete crack segmentation model based on transformer. Automation in Construction 139:104275. https://doi.org/10.1016/j.autcon.2022.104275.

Żarski M, Wójcik B, Książek K, Miszczak JA (2022) Finicky transfer learning – A method of pruning convolutional neural networks for cracks classification on edge devices. Computer-Aided Civil and Infrastructure Engineering 37:500–515. https://doi.org/10.1111/mice.12755.

Zhang A, Wang KCP, Li B, Yang E, Dai X, Peng Y, Fei Y, Liu Y, Li JQ, Chen C (2017) Automated Pixel-Level Pavement Crack Detection on 3D Asphalt Surfaces Using a Deep-Learning Network. Computer-Aided Civil and Infrastructure Engineering 32:805–819. https://doi.org/10.1111/mice.12297.

Zhang C, Chang C, Jamshidi M (2020) Concrete bridge surface damage detection using a single-stage detector. Computer-Aided Civil and Infrastructure Engineering 35:389–409. https://doi.org/10.1111/mice.12500.

Zhang C, Zou Y, Wang F, Del Rey Castillo E, Dimyadi J, Chen L (2022) Towards fully automated unmanned aerial vehicle-enabled bridge inspection: Where are we at? Construction and Building Materials 347:128543. https://doi.org/10.1016/j.conbuildmat.2022.128543.

Zhang K, Zhang Y, Cheng HD (2020) Self-Supervised Structure Learning for Crack Detection Based on Cycle-Consistent Generative Adversarial Networks. J. Comput. Civ. Eng. 34. https://doi.org/10.1061/(ASCE)CP.1943-5487.0000883.

Zhang K, Zhang Y, Cheng H-D (2021) CrackGAN: Pavement Crack Detection Using Partially Accurate Ground Truths Based on Generative Adversarial Learning. IEEE Trans. Intell. Transport. Syst. 22:1306–1319. https://doi.org/10.1109/TITS.2020.2990703..

KI für thermischen Komfort

Svenja Kempf und Niklas Kühl

20.1 Einleitung

In vielen Branchen ist eine zunehmende Serviceorientierung zu beobachten. Die entsprechenden Dienstleistungen sind vielfältig und reichen von z. B. Car- oder Bike-sharing-Diensten, die Mobilität als Dienstleistung anbieten, über die IT-Branche, die sich von lizensierten Softwareprodukten hin zur Software als Dienstleistung verlagert, bis hin zu vorausschauenden Wartungsdiensten für vernetzte Waschmaschinen. Ein weiterer Bereich, der in der Literatur über Dienstleistungen behandelt wird, sind Gebäude und ihr Wandel von einem Vermögenswert hin zu einem Anbieter von Dienstleistungen (Pasini et al. 2016). Somit wird das intelligent gesteuerte thermische Wohlbehagen in Innenräumen von Bürogebäuden immer wichtiger und könnte sich aus den folgenden vier Gründen zu einem Wettbewerbsvorteil entwickeln. Erstens verbringen die meisten Menschen bis zu 90 % ihrer Zeit in Innenräumen (Shaikh et al. 2014). Zweitens hat die „Generation Y" der Beschäftigten eine andere Einstellung zur Arbeit und stellt höhere Ansprüche an den Komfort (Parment 2009). Drittens steigen mit zunehmendem Bewusstsein für

Dieses Buchkapitel basiert auf dem englischsprachigen Konferenzvortrag *S. Laing, N. Kühl Comfort-as-a-service: designing a user-oriented thermal comfort artifact for office buildings 39th International Conference on Information Systems (ICIS 2018). San Francisco*

S. Kempf
IBM Deutschland GmbH, Ehningen, Deutschland
E-Mail: svenja.kempf@ibm.com

N. Kühl (✉)
Lehrstuhl für Wirtschaftsinformatik und humanzentrische Künstliche Intelligenz, Universität Bayreuth, Bayreuth, Deutschland
E-Mail: niklas.kuehl@uni-bayreuth.de

S. Haghsheno et al. (Hrsg.), *Künstliche Intelligenz im Bauwesen*,
https://doi.org/10.1007/978-3-658-42796-2_20

die IoT-Technologie in Privathaushalten auch die allgemeinen Erwartungen hinsichtlich Automatisierung und Personalisierung (Breivold und Sandstroem 2015). Und viertens eröffnen die Veränderungen in der Büroinfrastruktur hin zu Großraumbüros mit gemeinsam genutzten Arbeitsplätzen neue Möglichkeiten, die Herausforderungen im Bereich des thermischen Wohlbehagens anzugehen. Dies ist Gegenstand dieses Kapitels. Da Gebäude bekanntermaßen bis zu 40 % des weltweiten Energieverbrauchs verursachen (Shaikh et al. 2014), ist es nicht verwunderlich, dass sich die meisten Arbeiten mit Energie- und Kosteneinsparungsfragen beschäftigen (Shaikh et al. 2014). Veröffentlichungen über Bürogebäude aus der Perspektive der Nutzenden gibt es kaum (Alamin et al. 2017; Freire et al. 2008; Sturzenegger et al. 2016). Noch weniger Veröffentlichungen berücksichtigen das Feedback der Nutzenden (Chen et al. 2015; Gupta et al. 2014; Zhao et al. 2016). Die Verbesserung des individuellen thermischen Wohlbehagens war noch nie Gegenstand einer Veröffentlichung. Untersucht wurde jedoch die Optimierung des thermischen Wohlbehagens einer Personengruppe, was auf die frühere Büroinfrastruktur zurückzuführen sein könnte, bei der es schwierig war, dem subjektiven Charakter des thermischen Wohlbehagens angemessen Rechnung zu tragen.

In Anbetracht der aktuellen Veränderungen von Büroumgebungen hin zu offenen Büroräumen mit gemeinsam genutzten Arbeitsplätzen soll diese Forschungslücke geschlossen werden. Untersucht werden hier nutzerzentrierte, serviceorientierte Gebäudedienstleistungen für einen spezifischen Anwendungsfall. Mithilfe eines Design-Science-Ansatzes entwickeln, implementieren und evaluieren wir ein nutzerzentriertes Assistenzsystem für das thermische Wohlbehagen. Dieses soll Nutzenden individualisierte Empfehlungen für die Wahl ihres Arbeitsplatzes in Großraumbüros geben und somit deren Komfort und damit deren Produktivität und Wohlbefinden steigern. Im Gegensatz zu anderen Arbeiten, wird auf Annahmen zum thermischen Wohlbehagen, z. B. Normen, verzichtet, sondern echtes, individuelles Feedback der Nutzenden genutzt. Während sich andere Arbeiten darauf konzentrieren, das Gebäudesteuerungssystem so zu optimieren, dass die meisten Menschen zufrieden sind, ist es das Ziel dieser Arbeit, das thermische Wohlbehagen einer jeden Person zu verbessern, ohne in bestehende Systeme einzugreifen, sondern einfach indem Veränderungen der modernen Büroumgebungen genutzt werden. Es stellt sich also folgende Forschungsfrage: Wie können wir das individuelle thermische Wohlbehagen eines jeden Mitarbeitenden in offenen Büroumgebungen mit gemeinsam genutzten Arbeitsplätzen verbessern und dabei das subjektive Empfinden der Behaglichkeit berücksichtigen, ohne in das Gebäudemanagementsystem einzugreifen?

Wie von Hevner und Chatterjee (2010) ausgeführt, sollte ein Design-Science-Ansatz mindestens drei Untersuchungszyklen umfassen: Ein Rigor-Zyklus (der sich auf den Beitrag der Forschung zur Wissensbasis konzentriert), ein Relevanz-Zyklus (der auf die Anwendung zielt) sowie ein oder mehrere Design-Zyklen (Realisierung und Bewertung des Assistenzsystems). Um die Forschungsfrage zu beantworten, werden drei Unterfragen untersucht, eine in jedem Zyklus. Die Wissensbasis wird mittels einer genauen Literaturanalyse auf der Grundlage von Webster und Watson (2016) im Rigor-Zyklus untersucht. Der Relevanz-Zyklus zielt auf die Anwendung und erfasst Nutzererfahrungen in einer exemplarischen offenen Büroumgebung. Schließlich werden drei Design-Zyklen durchgeführt. In deren Verlauf wird das Assistenzsystem entwickelt, um das Feedback der Nutzenden zu sammeln, das individuelle thermische Wohlbehagen in bestimmten Bereichen vorherzusagen und Empfehlungen zu formulieren. Im Folgenden wird im Rigor-Zyklus einen Überblick über verwandte Arbeiten gegeben (Abschn. 2). Abschn. 3 umfasst die Sammlung der Nutzererfahrungen, das Design der Studie, die Stichprobengruppen sowie eine Diskussion der Ergebnisse. Die drei Design-Zyklen für das Sammeln des Feedbacks der Nutzenden, die Untersuchung der Daten und die Modellerstellung sowie die Nutzung der Modelle werden in Abschn. 4 beschrieben. Abschn. 5 enthält die Zusammenfassung, beschreibt Einschränkungen und gibt einen Ausblick.

20.2 Verwandte Arbeiten (Rigor-Zyklus)

Ziel ist es, das individuelle thermische Wohlbehagen der Menschen in Bürogebäuden zu verbessern. In Büroumgebungen stehen wir vor drei großen Herausforderungen. Erstens, welcher zentrale Indikator soll optimiert werden und zweitens, wie messen wir diesen? In jedem Fall ist das thermische Wohlbehagen sehr subjektiv und individuell. Dies führt zur dritten Herausforderung: wie können wir dieser Subjektivität Rechnung tragen, wenn sich mehrere Personen in einem bestimmten Raum aufhalten? Haupterkenntnisse einer ausführlichen Literaturrecherche[1] gemäß Webster und Watson (2016) zu diesen Fragestellungen werden im Folgenden kurz dargestellt.

Alle betrachteten Veröffentlichungen aus dem Bereich der Systemtechnik und -steuerung und die Veröffentlichungen, die sich mit der modellprädiktiven Regelung (model predictive control, MPC) von Gebäuden befassen, konzentrieren sich auf die Energieoptimierung und die Optimierung des allgemeinen thermischen Wohlbehagens im Rahmen einer automatischen Gebäudesteuerung auf der Basis verschiedener Schätzwerte für das thermische Wohlbehagen. Keine Veröffentlichung behandelt die Optimierung des individuellen thermischen Wohlbehagens mit einem Ansatz, der die Nutzenden in den Mittelpunkt stellt. Diesen halten wir jedoch für wesentlich, da nur ein solcher Ansatz der Subjektivität des thermischen Wohlbehagens und dessen Auswirkungen auf die Produktivität ausreichend Rechnung trägt (ASHRAE 2009).

In den Bereichen des Gebäudemanagements und des maschinellen Lernens wurden bereits einige Versuche unternommen, den Menschen in den Mittelpunkt des Regelkreises zu stellen (Purdon et al. 2013; Zhao et al. 2014; Daum et al. 2011). Dennoch werden in keiner dieser Arbeiten die individuellen Präferenzen berücksichtigt, um alle Nutzenden des Gebäudes zufriedenzustellen und das größtmögliche thermische Wohlbehagen und eine maximale Produktivität der Mitarbeitenden in Bürogebäuden zu erreichen. Nun hat der hohe Kostendruck im Gebäudemanagement zu einer Verringerung der Fläche

---

[1] Datenbanken: IEEE, ScienceDirect.

pro Person geführt (Bedford et al. 2013). Büroumgebungen haben sich von Einzelbüros hin zu flexiblen Großraumbüros mit gemeinsam genutzten Arbeitsplätzen verändert (Bedford et al. 2013). Das bietet neue Möglichkeiten, der Subjektivität des thermischen Wohlbehagens Rechnung zu tragen.

Zu diesem Zweck wird hier ein neuer Ansatz zur Berücksichtigung der Subjektivität des thermischen Wohlbehagens vorgeschlagen. Auf der Grundlage erlernter Wärmepräferenzen werden individuelle Raumempfehlungen gegeben. Im Gegensatz zu früheren Veröffentlichungen auf diesem Gebiet wird ein nutzerzentrierter Ansatz gewählt, um den Mitarbeitenden Komfort zu bieten, ohne deren Arbeitsalltag zu stören und in bestehende Gebäudemanagementsysteme einzugreifen. Das Hauptaugenmerk liegt auf dem thermischen Wohlbehagen der Nutzenden anstatt dem Energieverbrauch, auf der täglichen Nutzung anstatt auf Versuchs- oder Laborbedingungen und auf der Entscheidungshilfe für die Wahl des Arbeitsplatzes anstatt auf der Optimierung der Temperatureinstellungen in der Gebäudesteuerung. Die zu diesem Zweck durchgeführte Nutzerbefragung wird im Folgenden beschrieben.

20.3 Nutzerbefragung (Relevanz-Zyklus)

Im folgenden Absatz werden die Aktivitäten des Relevanz-Zyklus beschrieben. Der Relevanz-Zyklus untersucht den Anwendungsbereich und formuliert die Anforderungen an die Forschung und die Kriterien für die Akzeptanz der Forschungsarbeit. Zu diesem Zweck werden Nutzererfahrungen mittels Interviews gesammelt. Interviews sind geeignet, weil Meinungen und Wahrnehmungen der Gebäudenutzenden aus erster Hand erfasst werden sollen, um den Anwendungsbereich besser zu verstehen (Martin und Hanington 2012). Zur Festlegung der Anforderungen und Bewertungskriterien soll folgende Frage beantwortet werden: Wie können wir eine bequeme Mensch-Gebäude-Interaktion ermöglichen, die das thermische Wohlbehagen der Nutzenden garantiert, ohne dass diese ihren Arbeitsalltag unterbrechen müssen?

20.3.1 Design und Methodik der Studie

Für die Erfassung der Nutzererfahrungen werden strukturierte Interviews mit parallelen Think-aloud-Protokollen kombiniert (Bedford et al. 2013; Gregor und Hevner 2013). Im Falle des Think-aloud-Protokolls werden den Befragten bestimmte Aufgaben an die Hand gegeben. Während sie die Aufgabe erfüllen, werden die Teilnehmenden gebeten, über das zu sprechen, was sie tun, denken und fühlen (Lewis und Rieman 1993; Martin und Hanington 2012). In unserem Fall werden sie darum gebeten, ihr Wärmeempfinden zu beschreiben. Zu Beginn steht eine offene Frage zu den Präferenzen der Nutzenden betreffend die Mensch-Gebäude-Interaktion. Daraufhin werden zwei Vorschläge präsentiert, um zu erfahren, welche beiden Hauptfaktoren es den Nutzenden erleichtern, ein Feedback über ihr thermisches Wohlbehagen abzugeben. Die erste Gruppe von Vorschlägen konzentriert sich auf den Zeitraum, die zweite auf das Kommunikationsmittel. Für beide Gruppen werden verschiedene Optionen genannt und die Teilnehmenden nach ihrer Meinung gefragt. Der vorgeschlagene Zeitraum reicht von einer stündlichen Aufforderung zur Rückmeldung bis zu einer Rückmeldung, die nur dann erfolgt, wenn der Nutzende sie aktiv auslöst. Was das Kommunikationsmittel betrifft, so werden fünf Möglichkeiten aufgezählt: ein festes Gerät an einem leicht zugänglichen Ort, eine Aufforderung mittels E-Mail oder Pop-up-Fenster, die Interaktion mit einem Bot oder eine mobile Anwendung. Gemäß der Nielsen Norman Group (Nielsen 2012) sind fünf Nutzende eine angemessene Anzahl für Befragungen, wenn man den Aufwand im Vergleich zum Mehrwert zusätzlicher Nutzender bedenkt. Bei etwa 15 Teilnehmenden erreicht man eine Informationssättigung (Nielsen 2000). Die Interviews in diesem Fall wurden mit 16 Mitarbeitenden eines exemplarischen Großraumbüros durchgeführt. Dabei wurden auf unterschiedliche Funktionen, Alter und Geschlechter geachtet. Die Befragten sind Teil der Zielnutzenden des zu entwickelnden Assistenzsystems. Nach den Interviews wird anhand der Transskripte der Videoaufzeichnungen eine leichtgewichtete Datenanalyse durchgeführt (Moed et al. 2012).

20.3.2 Ergebnisse & Diskussion

Mithilfe der Aktivitäten des Relevanz-Zyklus sollen Anforderungen an und Kriterien für das Assistenzsystem definiert werden, um das thermische Wohlbehagen des Nutzenden auf einfache Weise sicherzustellen. Die Nutzerbefragungen haben ergeben, dass viele Teilnehmenden eine Interaktion mittels Sprache begrüßen würden. Bei der Anwendung in einem Großraumbüro ist dies aufgrund des entstehenden Geräuschpegels jedoch nicht machbar. Ebenso zeigen die Umfrageergebnisse, dass eine Aufforderung zum Feedback dreimal am Tag einen guten Kompromiss darstellt und den Arbeitsablauf der Mitarbeitenden weder unterbricht noch belastet. Dreimal täglich um ein Feedback gebeten zu werden, hält die Mehrheit (94 %) der Teilnehmenden für die vernünftigste Lösung, sofern der Befragungszeitraum auf die Lernphase und somit auf einige Wochen begrenzt ist. Weiterhin zeigen die Ergebnisse, dass zwei Kommunikationsmittel aufgrund der leichten Bedienbarkeit wahrscheinlich eine hohe Akzeptanz bei Nutzenden finden würden: ein Bot (81 %) und eine mobile Anwendung (55 %). Da das zu entwickelnde System in der Lernphase noch variierbar und an den Arbeitsalltag der Mitarbeitenden anpassbar sein soll, scheint ein Bot die beste Lösung zu sein. Er kann in jede Mitarbeiteranwendung integriert werden und sehr wahrscheinlich zu Lösungen führen, die sowohl in der Lernphase als auch für die langfristige Mensch-Gebäude-Interaktion einsetzbar sind.

Im nächsten Abschnitt wird das Design des Assistenzsystems im Rahmen der Designzyklen ausführlicher beschrieben.

20.4   Design des Assistenzsystems (Design-Zyklus)

Basierend auf den Untersuchungen im Rahmen des Rigor-Zyklus wurde festgelegt, dass ein nutzerzentrierter Ansatz verfolgt und aktuelle Veränderungen der Büroinfrastruktur genutzt werden sollen. Ziel ist es, individuelle Empfehlungen für das thermische Wohlbehagen zu geben, die auf erlernten individuellen Präferenzen basieren. Der Relevanz-Zyklus liefert die Anforderungen an das System und die Bewertungskriterien. Die Ergebnisse zeigen, dass ein Bot, der die Nutzenden dreimal täglich zum Feedback auffordert, wohl am besten geeignet ist. Mit Hilfe von drei Designzyklen soll nun folgende Frage beantwortet werden: Wie können wir ein System entwickeln, das das Nutzerfeedback sammelt, es in ein maschinelles Lernmodell einfließen lässt und kontinuierliche, automatisierte Empfehlungen an die Nutzenden abgibt, wie sie ihr individuelles thermisches Wohlbehagen steigern können?

Im Folgenden werden die drei Design-Zyklen in Anlehnung an die fünf Phasen von Kuechler und Vaishnavi (2008) ausführlicher beschrieben.

20.4.1 Erster Design-Zyklus – Nutzerbefragung

Der erste Design-Zyklus beschreibt den Prozess der Erstellung der Systemkomponente, die die Interaktion zwischen Menschen und Gebäude und ein Feedback zum thermischen Wohlbehagen ermöglicht.

Bei der Erfassung des Feedbacks besteht die Herausforderung darin, dass der Feedbackmechanismus sehr einfach und schnell funktionieren sollte, um es dem Nutzenden so leicht wie möglich zu machen, Feedback abzugeben und gleichzeitig genügend Daten für die Erzeugung eines maschinellen Lernmodells im zweiten Design-Zyklus zu sammeln. Die Antwortrate ist ein Maß dafür, ob die Akzeptanz des Feedbackmechanismus ausreichend ist. Als Referenz für die Antwortrate dient der Wert von Baruch und Holtom (2008).

20.4.1.1 Entwicklung

Basierend auf der Nutzerbefragung soll ein Bot verwendet werden, um das Nutzerfeedback zu sammeln. Dieser Bot sollte die Mitarbeitenden dreimal täglich auffordern, ihr Wärmeempfinden zu beschreiben und gleichzeitig Standortinformationen liefern, die mit den später im maschinellen Lernmodell verwendeten Sensorwerten abgeglichen werden. Slack ist ein Kommunikationstool, das speziell für die Unternehmenskommunikation entwickelt wurde (Slack 2018). Unter Anderem bietet es eine offene Anwendungs-Programmierschnittstelle (API), die es Entwicklern ermöglicht, ihre eigenen Slack-Apps oder -Bots zu entwickeln (Slack 2018). Aus diesem Grund und weil Slack in dem zu untersuchenden Büroraum häufig verwendet wird, wurde beschlossen, einen Slackbot als Bot einzusetzen. Dieser Slackbot (Abb. 20.1) fordert die Nutzenden um 9.30, 13.30 und

16.30 Uhr auf, ein Feedback zu geben. Er enthält einen Grundriss mit Markierungen für verschiedene vordefinierte Bereiche. Die Optionen für das thermische Wohlbehagen basieren auf der PMV-Werteskala von Fanger (Fanger 1973): sehr kalt, kalt, etwas kühl, angenehm, etwas warm, heiß, sehr heiß. Mit nur zwei Klicks können die Nutzenden dann ihr Feedback abgeben. Um einen Hinweis auf Akzeptanz und Antwortrate zu erhalten, gibt es zwei zusätzliche Schaltflächen für Personen, die sich nicht im entsprechenden Bereich befinden. Eine Schaltfläche zeigt an, dass die Person sich gerade nicht in diesem Bereich befindet. Die Andere zeigt an, dass die Person an diesem Tag nicht im Büro arbeitet, weshalb sie dann an diesem Tag auch keine weiteren Aufforderungen zum Feedback erhält. Darüber hinaus können die Nutzenden das Feedback zu jeder Zeit aktiv auslösen, um zu melden, dass sie sich unbehaglich fühlen. Der Slackbot wurde an alle Mitarbeitenden im Büro verteilt, die sich zur Teilnahme bereit erklärt hatten. Dies ergab 36 Teilnehmende über einen Lernzeitraum von sechs Wochen im Winter (28. November bis 20. Dezember 2018). Zukünftige Systeme könnten den Zeitraum erweitern, um auch andere Jahreszeiten zu berücksichtigen. Allerdings lässt sich die Eignung eines solchen Assistenzsystems auch anhand einer einzigen Jahreszeit zeigen. In Zukunft können dann weitere Modelle für andere Jahreszeiten entwickelt werden.

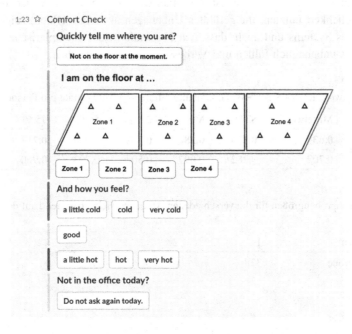

Abb. 20.1 Slackbot, mit dem die Mitarbeitenden dreimal täglich nach ihrem thermischen Wohlbehagen gefragt werden

20.4.1.2 Bewertung

Wie erwähnt, wird der Feedback-Mechanismus mithilfe der Antwortrate bewertet. Dazu wird der von Baruch und Holtom vorgeschlagene Referenzwert verwendet. Dieser basiert auf 490 Studien mit einer durchschnittlichen Antwortrate bei Umfragen, die sich an Einzelpersonen richteten, von 52,7 % und einer Standardabweichung (STD) von 20,4 (Baruch und Holtom 2008).

Während des Lernzeitraums von sechs Wochen erreichte der Slackbot eine Gesamtantwortrate von 63,9 % mit einer Standardabweichung von 13,3, was über dem von Baruch und Holtom vorgeschlagenen Referenzwert liegt. Baruch und Holtom weisen auch darauf hin, dass es wichtig ist, nicht gegebene Antworten zu analysieren. Betrachtet man in diesem Fall die individuellen Antwortraten pro Person, stellt man fest, dass alle Personen geantwortet haben. Die niedrigste Antwortrate von einem Teilnehmenden betrug 9,7 %, die zweitniedrigste 28 %. Sieben der 36 Teilnehmenden hatten eine Antwortrate von über 100 %. Sie haben also die Möglichkeit genutzt, ihr gefühltes Unbehagen zu melden. Tab. 20.1 zeigt die Verteilung der Antwortraten insgesamt und bezogen auf die Person.

Die Antwortrate des Slackbots liegt deutlich über dem Referenzwert. Die vorgeschlagene Lösung ist also geeignet, weshalb eine weitere Iteration dieses Design-Zyklus zu diesem Zeitpunkt nicht notwendig ist. Die Tatsache, dass etwa 20 % der Teilnehmenden die Möglichkeit nutzten, ihr gefühltes Unbehagen aktiv zu melden, zeigt die große Akzeptanz des Systems und auch, dass sich Nutzende dieses exemplarischen modernen Bürogebäudes unbehaglich fühlen und Verbesserungspotenzial sehen.

Tab. 20.1 Antwortrate des Slackbots, Gesamtantwortrate und Antwortrate pro Person

	Mittelwert	STD	Min	25 %	50 %	75 %	Max
Insgesamt	**0,639**	**0,133**	**0,386**	**0,561**	**0,630**	**0,717**	**0,980**
Pro Person	0,702	0,282	0,097	0,504	0,703	0,960	1,153

Tab. 20.2 Stichprobengrößen für die verschiedenen Arbeitsbereiche, basierend auf den Antwortraten

Arbeitsbereich	1	2	3	4
Stichprobengröße	328	614	212	4

20.4.2 Zweiter Design-Zyklus – Datenuntersuchung und Modellerstellung

Der zweite Design-Zyklus befasst sich mit der Datenuntersuchung und Modellerstellung, um aussagekräftige Erkenntnisse aus den verfügbaren Daten zu gewinnen und Vorhersagen zu ermöglichen. Vor der Modellerstellung sind zwei grundlegende Entscheidungen zu treffen: sollen Modelle für jeden individuellen Nutzenden oder für jeden Bereich des Raums entwickelt werden? Auch ist es wichtig, die unterschiedlichen Bereiche innerhalb des Raums zu definieren, die dann als Grundlage für das Modell und für die Empfehlungen an die Nutzenden dienen. Die Modellerstellung für jeden Nutzenden hat den Vorteil, dass nicht alle Modelle neu trainiert werden müssen, wenn neue Nutzende das Assistenzsystem verwenden. Allerdings werden dabei im Vergleich zur Erstellung eines Modells pro Bereich eine große Menge an Feedbackdaten von jedem Nutzenden benötigt. Das Sammeln ausreichender Feedbackdaten ist sehr aufwendig, da die Arbeitsabläufe der Nutzenden möglichst wenig beeinträchtigt werden sollen. Aus diesem Grund wurde entschieden, ein Modell pro Bereich zu entwickeln. Das exemplarische Großraumbüro ist bereits in vier verschiedene Bereiche/Arbeitsräume aufgeteilt (Abb. 20.2). Diese sind die kleinsten Einheiten, die mit der Gebäudeinfrastruktur individuell gesteuert werden können. Bei der Unterteilung des Raums für die Modellerstellung wurden verschiedene Optionen betrachtet, wie z. B. die Orientierung an den bereits vorher festgelegten Bereichen oder die Nutzung von nichtüberwachten maschinellen Lernmethoden und Erzeugung der Raumtopologie auf der Basis der vorhandenen Daten (Ahmada und Dey 2007; Baiab et al. 2011). Da im Weiteren die Wechselwirkung zwischen der Gebäudesteuerung und dem Assistenzsystem interessant sein könnte, wurde beschlossen, sich an den bereits vordefinierten Bereichen zu orientieren. Es wurden also vier verschiedene Modelle für die vordefinierten Bereiche entwickelt, ein Modell für jeden Bereich. Für jedes Modell wurden zwei verschiedene maschinelle Lernalgorithmen verglichen, nachdem die Parameter mittels verschachtelter Kreuzvalidierung (nested cross-validation) angepasst worden waren.

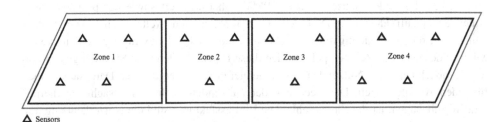

Abb. 20.2 Exemplarisches Großraumbüro, unterteilt in vier Bereiche/Arbeitsräume, und Anordnung der Sensoren

Wie viele maschinelle Lernmethoden, ist auch dieser Zyklus sehr stark von der Qualität und der Menge der verfügbaren Daten abhängig. Aufgrund des nutzerzentrierten Ansatzes ist es sehr unsicher, ob die Menge und Qualität der von den Nutzenden abgegebenen Stimmen zum thermischen Wohlbehagen ausreichend sind, um aussagekräftige Modelle zu entwickeln. Als Maß für die Aussagekraft oder den Mehrwert der Modelle, wird das Mittelwertmodell als Referenz genutzt. Das Mittelwertmodell ist ein Vorhersagemodell, das stets den Mittelwert der Zielvariablen für die zum Training genutzte Datenmenge vorhersagt (James et al. 2013). Die Mittelwertmodell Vorhersageergebnisse sind Maß für die Vorhersageleistung anderer Regressionsmodelle. Das hier entwickelte Modell wird nun im Vergleich zum Mittelwertmodell bewertet.

20.4.2.1 Entwicklung

Um die Vergleichbarkeit der Nutzerfeedbacks und der PMV-Daten zu gewährleisten, wurde die von Fanger entwickelte PMV-Skala für die Interpretation der von den Nutzenden weitergegebenen Stimmen für ihr thermisches Wohlbehagen verwendet. Die Kategorien (sehr kalt, kalt, etwas kühl, angenehm, etwas warm, heiß, sehr heiß) wurden in eine numerische Variable zwischen minus drei und drei umgewandelt. Dann wurde ein Regressionsmodell für jeden der vordefinierten Bereiche erstellt, um die tatsächlichen individuellen Werte für das thermische Wohlbehagen in diesem Bereich vorherzusagen. Auf der Grundlage dieser Vorhersagen wird den Nutzenden dann ein Gebäudebereich, in dem sie sich wohlfühlen werden, empfohlen. Aufgrund der relativ kleinen Datenmenge und weil die Faktoren, die das individuelle thermische Wohlbehagen beeinflussen, von großem Interesse sind, wurde vorgeschlagen, klassische Algorithmen des maschinellen Lernens, wie z. B. Support Vector Regression (SVR) und Random Forest Regression (RF), anstelle von Deep-Learning-Algorithmen einzusetzen.

Die Erstellung des Modells begann mit der Sammlung von Daten aus allen möglichen Quellen für das exemplarische Großraumbüro. Wie bereits ausgeführt, ist dieses Großraumbüro in vier verschiedene Bereiche/Arbeitsumgebungen unterteilt. Jeder dieser Arbeitsbereiche wird mit drei bis vier Sensoren ausgestattet, die fünf unterschiedliche Daten liefern: Beleuchtungsstärke, Schalldruck, Bewegung, Temperatur und relative Luftfeuchtigkeit. Für jeden Sensor wird ein PMV-Näherungswert sowie der prognostizierte Anteil an Unzufriedenen (PPD) berechnet. Dann kommen Wetterdaten hinzu: Außentemperatur, relative Feuchtigkeit der Außenluft und der UV-Index für den Außenbereich. Mithilfe des nächsten Zeitstempels werden diese Daten mit den vom Slackbot gesammelten Feedbackdaten der Nutzenden zusammengeführt. Das ergibt vier Datensätze, einen für jeden Arbeitsbereich. Das Feedback der Nutzenden, d. h. das tatsächliche thermische Wohlbehagen, ist die Zielvariable. Die Einflussfaktoren sind die Nutzerkennung, die Sensordaten, die berechneten PMV- und PPD-Werte sowie die Wetterdaten.

Tab. 20.3 zeigt die Datenstruktur im Detail. Basierend auf der Antwortrate und der Verteilung der Teilnehmenden im Raum ergeben sich unterschiedliche Stichprobengrößen

Tab. 20.3 Struktur der Datensätze für jeden der Arbeitsbereiche (in fett: tatsächliche Datenpunkte)

Zeitstempel			
Label	**Tatsächliches Nutzervotum**		Numerische Einflussfaktoren
Einfluss-faktoren (Features)	Abschätzung des Wohlbefindens ISO	**PMV**	
		PPD	
	Wetter	**Außentemperatur**	
		Relative Feuchtigkeit außen	
		UV-Index außen	
	Umgebungssensoren	**Temperatur**	
		Relative Feuchtigkeit	
		Beleuchtung	
		Schalldruck	
		Bewegung	
	Nutzerkennung		Kategorische Einflussfaktor

für die Arbeitsbereiche (Tab. 20.2). Da die Stichprobengröße im Arbeitsbereich 4 zu klein ist, beschränken sich die weiteren Arbeiten auf die Arbeitsbereiche 1–3.

Bei der k-fachen Kreuzvalidierung werden die Daten in k gleichgroße Teilmengen aufgeteilt. Dann finden k Iterationen statt, bei denen das Modell mit k-1 Teilmengen trainiert und mit der restlichen Teilmenge überprüft wird (Han et al. 2011). Um die Vergleichbarkeit und Reproduzierbarkeit sicherzustellen, werden der innere und der äußere Datensatz für jeden der fünf durchgeführten Iterationen bestimmt und gespeichert. Mehrere Iterationen ermöglichen Rückschlüsse auf die Robustheit der Daten.

Parallel dazu werden verschiedene Methoden zur Auswahl von Einflussfaktoren, wie die rekursive Elimination von Einflussfaktoren und die univariate Auswahl von Einflussfaktoren, untersucht. In einem letzten Schritt erfolgt eine manuelle Auswahl von Einflussfaktoren durch Farhan et al. (2015). Mit diesen Teilmengen wird die gleiche verschachtelte Kreuzvalidierung wie mit dem gesamten Datensatz durchgeführt. Zusätzlich wird die Relevanz der Einflussfaktoren analysiert.

20.4.2.2 Bewertung

Die Bewertung basiert auf den Erkenntnissen von Spuler et al. (2015) bezüglich der Leistungsmetrik für Regressionsmodelle. Gemäß deren Vorschlag wird das Bestimmtheitsmaß (COD) (R^2) für die Parameteranpassung verwendet, da dieser Prozess auf eine Metrik begrenzt ist. Der COD-Wert ist ein Maß für die Anpassungsgüte und lässt sich interpretieren als der auf die Vorhersage zurückzuführende Prozentsatz der Variation

der Zielvariablen (Shevlyakov und Oja 2016). Für die Modellauswahl und abschließende Bewertung kommt eine Kombination von Metriken zum Einsatz. Dazu gehören
insbesondere der normalisierte mittlere quadratische Fehler (NRMSE), der Pearson-
Korrelationskoeffizient (CC) und die globale Abweichung (GD) (Spuler et al. 2015)
zwischen dem tatsächlichen thermischen Wohlbehagen und dem vorhergesagten thermischen Wohlbehagen des Nutzenden. Der NRMSE soll minimiert werden, da er auf
der Abweichung zwischen der Vorhersage und dem tatsächlichen Wert beruht. Die Analyse des normalisierten Werts führt zu einer besseren Vergleichbarkeit der verschiedenen
Datensätze (Spuler et al. 2015). Wie bereits erwähnt, dient das Mittelwertmodell als
Benchmark für die Bewertung der Vorhersageergebnisse. Das Mittelwertmodell (James
et al. 2013) ist ein Regressionsmodell, das stets das mittlere thermische Wohlbehagen auf
der Basis der Trainingsdaten vorhersagt. Die exemplarischen Ergebnisse beziehen sich im
Folgenden auf Arbeitsbereich 1. Ausführlich werden sie im Plot dargestellt (Abb. 20.3).
Die Ergebnisse der verschachtelten Kreuzvalidierungen und Parameteranpassung zeigen,
dass die Modelle robust sind. Mit 0,0005 (SVR) und 0,0004 (RF) sind die mittleren
Varianzen für den COD gering.

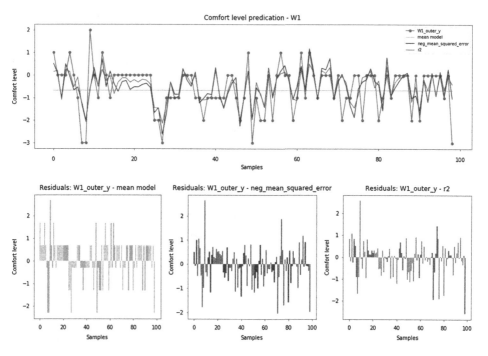

Abb. 20.3 Vorhersageergebnisse der besten Iteration für Arbeitsbereich 1 mit den tatsächlichen
Nutzervoten (rot), der mittleren Referenzlinie des Modells (gelb) und den SVR-Ergebnissen für
COD (grün) und MSE (blau). Darunter die Residuenplots mit der gleichen Farbcodierung

Nach der Auswahl der Einflussfaktoren bleiben die Varianz und die verschiedenen Leistungsparameter gleich oder nehmen sogar zu. Dieses wird durch die Analyse der Relevanz der Einflussfaktoren bestätigt. Mit 0,0007 ist die Varianz der Relevanz für alle Einflussfaktoren sehr gering. Die Relevanz der Einflussfaktoren unterscheidet sich für die verschiedenen Arbeitsbereiche und die verschiedenen Iterationen der verschachtelten Kreuzvalidierung. Die einzige Regelmäßigkeit besteht darin, dass der UV-Index für alle Arbeitsbereiche und alle Iterationen sehr gering ist. Der wichtigste Einflussfaktor ist zumeist eine der One-hot-kodierten Nutzerkennungen mit maximal 18 %. Angesichts dieser Ergebnisse werden die Auswahl der Einflussfaktoren nicht weiter untersucht und die ursprüngliche Menge an Einflussfaktoren beibehalten.

Der Design-Zyklus hat gezeigt, dass eine Vorhersage des thermischen Wohlbehagens auf der Grundlage des tatsächlichen Nutzerfeedbacks möglich ist. Durchschnittlich sind die Vorhersagen 24 % besser als das angenommene Mittel. Damit ist es möglich, den Nutzenden Empfehlungen zu geben im Hinblick auf den Arbeitsbereich, den sie wählen sollten, um ihr thermisches Wohlbehagen zu optimieren. Diese Empfehlungen sollen Gegenstand des nächsten Design-Zyklus sein.

20.4.3 Dritter Design-Zyklus – Einsatz des Modells und Rückkopplung mit den Nutzenden

Der dritte und letzte Design-Zyklus umfasst den Einsatz des Modells und die Rückkopplung zu unserer Anwendung und dem Zielnutzenden, d. h. dem Nutzenden des Gebäudes.

Da ein nutzerzentrierter Ansatz verfolgt wird und das Modell sowohl in der Lernphase als auch im Alltag der Mitarbeitenden anpassungsfähig und nützlich bleiben soll, besteht das Ziel darin, den Gebäudenutzenden einen Mehrwert zu bieten und sowohl ihr thermisches Wohlbehagen als auch ihre Produktivität zu erhöhen. Somit müssen die Vorhersagen zum thermischen Wohlbehagen leicht zugänglich und verständlich sein und sich wie selbstverständlich in den Arbeitsalltag der Nutzenden einfügen. Die langfristige Akzeptanz des Assistenzsystems durch die Mitarbeitenden ist Gegenstand der abschließenden Bewertung des dritten Design-Zyklus. Dies erfordert weitere Nutzerbefragungen nach einer gewissen Nutzungsdauer, die den Rahmen des vorliegenden Artikels überschreiten und Gegenstand weiterer Forschung sein werden.

20.4.3.1 Entwicklung

Für die Rückführung der Ergebnisse zum Anwendungsbereich und den Zielnutzende werden zwei zusätzliche Funktionalitäten vorgeschlagen. Die erste erlaubt Einblicke in das durchschnittliche thermische Wohlbehagen in jedem Gebäudebereich. Die zweite Funktionalität und der wertvollere Faktor dient dazu, individualisierte Empfehlungen in Bezug auf die verschiedenen Bereiche des thermischen Wohlbehagens zu geben, um so die Suche

nach einem passenden Arbeitsplatz in einem Großraumbüro zu erleichtern. Die Empfehlungen sollten über das gleiche Medium gegeben werden, über das auch die Feedbacks
gesammelt wurden, da die Menschen mit ihm bereits vertraut sind.

Bei der Entwicklung dieses Design-Zyklus kommen die bereits im zweiten Design-
Zyklus verwendeten maschinellen Lernmodelle wieder zum Einsatz. Ein SVR-Modell
wird für jeden Arbeitsbereich mit dem gesamten Datensatz und den in der verschachtelten Kreuzvalidierung ermittelten besten Parametern trainiert. Darüber hinaus erhält
der Slackbot einen weiteren Slash-Befehl. Mit diesem können die Mitarbeitenden individualisierte Empfehlungen im Hinblick auf den Bereich, in dem sie sich wohlfühlen,
erhalten. Die Empfehlungen basieren auf der Nutzerkennung, den zuletzt gemessenen
Sensorwerten, den entsprechenden PMV- und PPD-Schätzungen und der Wettervorhersage
für jeden Bereich. Danach wird dann jedes der eingesetzten Modelle für den entsprechenden Bereich bewertet. Auf der Grundlage der Vorhersage empfiehlt der Slackbot den
für den jeweiligen Nutzenden angenehmsten Bereich. Ein Beispiel wird in Abb. 20.4
gezeigt. Um die Nutzung zu erleichtern, werden die Vorhersagen in die Kategorien des
Slackbots zurückumgewandelt: Angenehm (–0.5 bis 0,5), etwas warm (0,5 bis 1,5) oder
etwas kühl (–1,5 bis -0,5), heiß (1,5 bis 2,5) oder kalt (–2,5 bis –1,5) sowie sehr heiß
(größer als 2,5) bzw. sehr kalt (niedriger als-2,5). Die Antwort des Slackbots ist eine
schriftliche Empfehlung mit der Kategorie des thermischen Wohlbehagens, der Bezeichnung des Arbeitsplatzes und der Erklärung, dass es keine bessere Option gibt, sofern
die angegebene Kategorie eine andere als angenehm ist. Zusätzlich wird dem Nutzenden ein Grundriss gezeigt, in dem der empfohlene Arbeitsbereich markiert ist, sodass der
Nutzende den Ort schnell finden kann.

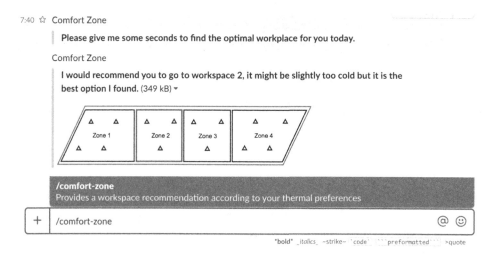

Abb. 20.4 Beispiel einer Empfehlung. Der Slash-Befehl löst die Suche aus, der Nutzende wird
gebeten zu warten, dann erscheint die Empfehlung

20.4.3.2 Bewertung

Wie bei den Nutzertests im Relevanz-Zyklus, liegt auch bei diesem Design-Zyklus der Schwerpunkt auf der bequemen Nutzung für die Nutzenden und die Verbesserung ihres thermischen Wohlbehagens. Die guten Rücklaufquoten im ersten Design-Zyklus haben gezeigt, dass die Akzeptanz des Slackbots hoch ist und die Nutzenden bereit sind, ihn zu nutzen, auch wenn es keinen unmittelbaren Mehrwert der Datenerfassung gibt. Würden Nutzende dagegen einen direkten Mehrwert erfahren, so ist von einer noch höheren Akzeptanz auszugehen. Dieser könnte eine sofortige Verbesserung des thermischen Wohlbehagens sein. Die mentale Verknüpfung für Menschen ist leichter, wenn, wie in diesem Fall, ihr Feedback, die Ausgabe von Ergebnissen, und die Erfahrung des Mehrwerts in einer Anwendung kombiniert werden. Aus diesem Grund werden Feedback, die Modelle und die Empfehlungen in ein von den Mitarbeitenden täglich genutztes Medium, nämlich Slack, integriert.

Erste Nutzerbefragungen zeigen, dass die Nutzenden die Möglichkeit, Empfehlungen für die Wahl ihres Arbeitsplatzes zu erhalten, zu schätzen wissen. In Zukunft sind jedoch weitere quantitative Auswertungen, die auch die Akzeptanz und Zufriedenheit der Nutzenden berücksichtigen, erforderlich.

Abschließend lässt sich sagen, eine direkte Rückkopplung der mittels maschinellen Lernens gewonnenen Erkenntnisse zu den Gebäudenutzenden ist machbar und hat einen unmittelbaren Mehrwert.

20.5 Schlussfolgerung und Ausblick

Der vorliegende Artikel beschreibt einen nutzerzentrierten Ansatz zur Verbesserung des individuellen thermischen Wohlbehagens in Bürogebäuden, ohne in bestehende Systeme einzugreifen. Angesichts der zunehmenden Serviceorientierung, Digitalisierung und des Fachkräftemangels kann das thermische Wohlbehagen in Büros ein wichtiger Vorteil im Wettbewerb um Arbeitskräfte sein. Dabei lassen sich die jüngsten Veränderungen moderner Büroumgebungen hin zu offenen Büroräumen mit gemeinsam genutzten Arbeitsplätzen nutzen. Ziel ist eine Mensch-Gebäude-Interaktion, bei der Mitarbeitende ihr individuelles Wärmeempfinden mitteilen, ohne dass ihr Arbeitsablauf beeinträchtigt wird. Dieses Feedback wird dann benutzt, um individualisierte Empfehlungen in Bezug auf Bereiche thermischen Wohlbehagens innerhalb des Gebäudes zu geben. Die subjektive Natur des thermischen Wohlbehagens wird berücksichtigt, das individuelle thermische Wohlbehagen eines jeden Einzelnen wird verbessert und die Produktivität der Mitarbeitenden wird gesteigert. Im Vergleich zu bereits vorhandenen Arbeiten (Chen et al. 2015; Gupta et al. 2014), die eher darauf abzielen, die Gebäudesteuerung zu optimieren und das allgemeine thermische Wohlbehagen zu verbessern, handelt es sich hier um einen völlig neuartigen Ansatz.

Zu Beginn wurden die Nutzenden nach ihren Erfahrungen gefragt, um die beste Lösung für die Mensch-Gebäude-Interaktion zu finden. Heraus kam ein Slackbot, der die Nutzenden auffordert, ihr Feedback zu geben. Mit Sensordaten, Wetterdaten, dem vorhergesagten mittleren Votum (PMV), dem vorhergesagten Prozentsatz der Unzufriedenen (PPD) sowie den über einen sechswöchigen Lernzeitraum gesammelten Feedbackdaten wurde ein Regressionsmodell für jeden der verschiedenen Arbeitsbereiche in dem exemplarisch betrachteten Großraumbüro erzeugt. Es wurde gezeigt, dass es möglich ist, nach einem sechswöchigen Lernzeitraum aussagekräftige Ergebnisse zu erhalten. Die entwickelten Modelle erwiesen sich besser als das mittlere Modell. Aufgrund des nutzerzentrierten Ansatzes wurden im letzten Schritt die Ergebnisse der Vorhersagemodelle an die Nutzenden zurückgespiegelt und ihnen der für sie am besten geeignete Arbeitsbereich empfohlen. Zu diesem Zweck wurden die Funktionen des Slackbots nochmals erweitert. Er dient nicht nur dazu, in einer Lernphase Feedback zu sammeln, sondern wird auch genutzt, um später Beschwerden zu melden und individualisierte Empfehlungen hinsichtlich eines passenden Arbeitsbereiches zu erhalten.

Die Ergebnisse wurden zwar unter empirischen Bedingungen für ein exemplarisches Großraumbüro ermittelt, doch ist die Anzahl der betrachteten Personen und Bereiche begrenzt, sodass in Zukunft weitere Untersuchungen zur Bestätigung der Ergebnisse durchgeführt werden sollten. Die hier präsentierten Ergebnisse beziehen sich außerdem ausschließlich auf im Winter gesammelte Daten. Um die allgemeine Anwendbarkeit des Assistenzsystems zu erhöhen, sollten zusätzliche Lernzeiträume in verschiedenen Jahreszeiten, insbesondere im Sommer, berücksichtigt werden. Auch steht eine abschließende Bewertung des dritten Design-Zyklus noch aus. Es wäre interessant, die Akzeptanz des Systems nach einer längeren Nutzungsdauer zu untersuchen und zu analysieren, ob sich das thermische Wohlbehagen der Mitarbeitenden tatsächlich verbessert hat. Ebenso wäre ein Versuch, bei dem das System in das bestehende Gebäudemanagement integriert ist, von großem Interesse. Als Folge könnten unterschiedlich temperierte Bereiche innerhalb des Gebäudes entsprechend den Präferenzen der Mitarbeitenden zur Verfügung gestellt werden. Eine Anpassung an andere Umgebungsfaktoren, wie dem Geräuschpegel, wäre ebenso interessant.

Das hier beschriebene automatische Assistenzsystem für das thermische Wohlbehagen kann sowohl in der Lernphase als auch langfristig eingesetzt werden und berücksichtigt die Subjektivität dieses Gefühls. Es verbessert das thermische Wohlbehagen der Mitarbeitenden und deren Zufriedenheit auf der Grundlage ihrer vorher bestimmten persönlichen Präferenzen (Relevanz-Zyklus). Als Beitrag zur Wissensbasis (Rigor-Zyklus) ist dieses System ein Beispiel dafür, wie smarte Dienste genutzt werden können, um das individuelle Wohlbehagen der Mitarbeitenden ohne zusätzliche Kosten oder eine komplizierte Einbindung in bereits vorhandene Systeme zu verbessern.

Literatur

Ahmada, A., and Dey, L. 2007. "A K-Mean Clustering Algorithm for Mixed Numeric and Categorical Data," Data & Knowledge Engineering (63:2), North-Holland, pp. 503–527. (https://doi.org/10.1016/J.DATAK.2007.03.016).

Alamin, Y., Castilla, M., Álvarez, J., and Ruano, A. 2017. "An Economic Model-Based Predictive Control to Manage the Users' Thermal Comfort in a Building," Energies (10:3), Multidisciplinary Digital Publishing Institute, p. 321. (https://doi.org/10.3390/en10030321).

ASHRAE. 2009. "ASHRAE Handbook – Fundamentals," Refrigerating American Society of Heating and Air-Conditioning Engineers: Atlanta, GA, USA.

Baiab, L., Lianga, J., Dangb, C., and Cao, F. 2011. "A Novel Attribute Weighting Algorithm for Clustering High-Dimensional Categorical Data," Pattern Recognition (44:12), Pergamon, pp. 2843–2861. (https://doi.org/10.1016/J.PATCOG.2011.04.024).

Baruch, Y., and Holtom, B. C. 2008. "Survey Response Rate Levels and Trends in Organizational Research," Human Relations (61:8), pp. 1139–1160. (https://doi.org/10.1177/0018726708094863).

Bedford, M., Harris, R., King, A., and Hawkeswood, A. 2013. "Occupier Desity Study 2013," British Council for Offices. (https://www.architectsjournal.co.uk/Journals/2013/09/10/c/y/n/BCO-Occupier-Density-Study---Final-report-2013.pdf).

Breivold, H. P., and Sandstroem, K. 2015. "Internet of Things for Industrial Automation -- Challenges and Technical Solutions," 2015 IEEE International Conference on Data Science and Data Intensive Systems, pp. 532–539. (https://doi.org/10.1109/DSDIS.2015.11).

Chen, X., Wang, Q., and Srebric, J. 2015. "Model Predictive Control for Indoor Thermal Comfort and Energy Optimization Using Occupant Feedback," Energy and Buildings (102), pp. 357–369. (https://doi.org/10.1016/j.enbuild.2015.06.002).

Daum, D., Haldi, F., and Morel, N. 2011. "A Personalized Measure of Thermal Comfort for Building Controls," Building and Environment (46), pp. 3–11. (https://doi.org/10.1016/j.buildenv.2010.06.011).

Fanger, P. O. 1973. "Assessment of Man's Thermal Comfort in Practice.," British Journal of Industrial Medicine (30:4), BMJ Publishing Group Ltd, pp. 313–24. (https://doi.org/10.1136/OEM.30.4.313).

Farhan, A. A., Pattipati, K., Wang, B., and Luh, P. 2015. "Predicting Individual Thermal Comfort Using Machine Learning Algorithms," 2015 IEEE International Conference on Automation Science and Engineering (CASE), pp. 708–713. (https://doi.org/10.1109/CoASE.2015.7294164).

Freire, R. Z., Oliveira, G. H. C., and Mendes, N. 2008. "Predictive Controllers for Thermal Comfort Optimization and Energy Savings," Energy and Buildings (40:7), pp. 1353–1365. (https://doi.org/10.1016/j.enbuild.2007.12.007).

Gregor, S., and Hevner, A. R. 2013. "Positioning and Presenting Design Science Research for Maximim Impact," MIS Quarterly (37:2), pp. 337–355. (https://doi.org/10.2753/MIS0742-1222240302).

Gupta, S. K., Kar, K., Mishra, S., and Wen, J. T. 2014. "Building Temperature Control With Active Occupant Feedback," IFAC Proceedings Volumes (47:3), pp. 851–856. (https://doi.org/10.3182/20140824-6-ZA-1003.00822).

Han, J., Kamber, M., and Pei, J. 2011. Data Mining Concepts and Techniques, (3rd Edition.), Elsevier Science.

Hevner, A., and Chatterjee, S. 2010. "Design Research in Information Systems," Design Research in Information Systems. Springer US (22), pp. 9–23. (https://doi.org/10.1007/978-1-4419-5653-8).

James, G., Witten, D., Hastie, T., and Tibshirani, R. 2013. An Introduction to Statistical Learning, New York: Springer. (https://link.springer.com/content/pdf/10.1007%2F978-1-4614-7138-7.pdf).

Kuechler, B., and Vaishnavi, V. 2008. "On Theory Development in Design Science Research: Anatomy of a Research Project," European Journal of Information Systems (17:5), pp. 489–504. (https://doi.org/10.1057/ejis.2008.40).

Lewis, C., and Rieman, J. 1993. "Task-Centered User Interface Design: A Practical Introduction," University of Colorado, Boulder. (https://pdfs.semanticscholar.org/c1ac/4ec0c5bebeaa0cd434e9f96bc342f8377f38.pdf).

Martin, B., and Hanington, B. 2012. Universal Methods of Design, Beverley, MA, USA: Rockport. (https://www.safaribooksonline.com/library/view/universal-methods-of/9781592537563/xhtml/cont.html).

Moed, A., Kuniavsky, M., and Goodman, E. 2012. Observing the User Experience, (2nd Edition.), Morgan Kaufmann. (https://www.safaribooksonline.com/library/view/observing-the-user/9780123848697/xhtml/CHP015.html).

Nielsen, J. 2000. "Why You Only Need to Test with 5 Users," Nielsen Norman Group. (https://www.nngroup.com/articles/why-you-only-need-to-test-with-5-users/, accessed December 19, 2017).

Nielsen, J. 2012. "How Many Test Users in a Usability Study?," Nielsen Norman Group. (https://www.nngroup.com/articles/how-many-test-users/, accessed December 19, 2017).

Parment, A. 2009. Die Generation Y-Mitarbeiter Der Zukunft, Gabler. (https://link.springer.com/content/pdf/doi.org/10.1007/978-3-8349-8802-7.pdf).

Pasini, D., Ventura, S. M., Rinaldi, S., Bellagente, P., Flammini, A., and Ciribini, A. L. C. 2016. "Exploiting Internet of Things and Building Information Modeling Framework for Management of Cognitive Buildings," in 2016 IEEE International Smart Cities Conference (ISC2), IEEE, September, pp. 1–6. (https://doi.org/10.1109/ISC2.2016.7580817).

Purdon, S., Kusy, B., Jurdak, R., and Challen, G. 2013. "Model-Free HVAC Control Using Occupant Feedback," in 38th Annual IEEE Conference on Local Computer Networks – Workshops, IEEE, October, pp. 84–92. (https://doi.org/10.1109/LCNW.2013.6758502).

Shaikh, P. H., Bin, N., Nor, M., Nallagownden, P., Elamvazuthi, I., and Ibrahim, T. 2014. "A Review on Optimized Control Systems for Building Energy and Comfort Management of Smart Sustainable Buildings," Renewable and Sustainable Energy Reviews (34), pp. 409–429. (https://doi.org/10.1016/j.rser.2014.03.027).

Shevlyakov, G. L., and Oja, H. 2016. Robust Correlation : Theory and Applications, John Wiley & Sons.

Slack. 2018. "Enterprise Grid | Slack." (https://slack.com/intl/de-de/enterprise, accessed January 20, 2018).

Spuler, M., Sarasola-Sanz, A., Birbaumer, N., Rosenstiel, W., and Ramos-Murguialday, A. 2015. "Comparing Metrics to Evaluate Performance of Regression Methods for Decoding of Neural Signals," in 2015 37th Annual International Conference of the IEEE Engineering in Medicine and Biology Society (EMBC), IEEE, August, pp. 1083–1086. (https://doi.org/10.1109/EMBC.2015.7318553).

Sturzenegger, D., Gyalistras, D., Morari, M., and Smith, R. S. 2016. "Model Predictive Climate Control of a Swiss Office Building: Implementation, Results, and Cost–Benefit Analysis," IEEE Transactions on Control Systems Technology (24:1), pp. 1–12. (https://doi.org/10.1109/TCST.2015.2415411).

Webster, J., and Watson, R. T. 2016. "Analyzing the Past to Prepare for the Future : Writing a Literature Review," MIS Quarterly (26:2).

Zhao, J., Lam, K. P., Ydstie, B. E., and Loftness, V. 2016. "Occupant-Oriented Mixed-Mode Ener-
    gyPlus Predictive Control Simulation," Energy and Buildings (117), pp. 362–371. (https://doi.
    org/10.1016/j.enbuild.2015.09.027).
Zhao, Q., Cheng, Z., Wang, F., Jiang, Y., and Ding, J. 2014. "Experimental Study of Group Thermal
    Comfort Model," in 2014 IEEE International Conference on Automation Science and Enginee-
    ring (CASE), IEEE, August, pp. 1075–1078. (https://doi.org/10.1109/CoASE.2014.6899458).

Künstliche Intelligenz zur semantischen Extraktion von Bestandsdokumenten der Bauwirtschaft

Peyman Mohammed Zoghian, Tessa Oberhoff, Peter Gölzhäuser, Maik Großner, Jan-Iwo Jäkel und Katharina Klemt-Albert

21.1 Einleitung

Die Möglichkeiten zum Einsatz von Künstlicher Intelligenz (KI) im Bauwesen sind vielfältig und erstrecken sich zum Beispiel von der Optimierung des Projektmanagements über die Entwicklung der vorteilhaftesten Planungsvariante mittels Generative Design bis hin zur Unterstützung und Steuerung des Facilitymanagements (Giannakidis et al. 2021). Eine weitere Einsatzmöglichkeit liegt in der lebenszyklusübergreifenden Bauwerksdokumentation.

Während des Lebenszyklus eines Bauwerks werden große Mengen von Daten wie Pläne, Angebote, Prüfberichte, Materiallisten und Protokolle erzeugt. Sind die Unterlagen auffindbar, liegen sie oft in heterogenen Formaten, inkonsistenten Strukturen und an verschiedenen Orten. Eine vollständige und zuverlässige Dokumentation ist allerdings essentiell für eine nachhaltige Bewirtschaftung von beispielsweise Bestandsbauwerken (Bundesministerium des Innern, für Bau und Heimat 2019). Aufgrund der

P. M. Zoghian (✉) · T. Oberhoff · P. Gölzhäuser · M. Großner · J.-I. Jäkel · K. Klemt-Albert
Institut für Baumanagement, Digitales Bauen und Robotik im Bauwesen, RWTH Aachen University, Aachen, Germany
E-Mail: zoghian@icom.rwth-aachen.de

T. Oberhoff
E-Mail: oberhoff@icom.rwth-aachen.de

J.-I. Jäkel
E-Mail: jaekel@icom.rwth-aachen.de

K. Klemt-Albert
E-Mail: klemt-albert@icom.rwth-aachen.de

S. Haghsheno et al. (Hrsg.), *Künstliche Intelligenz im Bauwesen*,
https://doi.org/10.1007/978-3-658-42796-2_21

langen Lebensdauer von Bauwerken sind die entsprechenden Unterlagen, insbesondere von Bestandsbauwerken, nur selten digitalisiert (Stemmler et al. 2022). Die digitale lebenszyklusübergreifende Bauwerksdokumentation bildet jedoch die Grundlage für ein nachhaltiges Bauen und Betreiben (Kurzrock et al. 2019).

Voraussetzung für die Digitalisierung ist, dass vorhandene Daten aufbereitet und in digitale Modelle überführt werden. Damit dies nicht in mühevoller und langwieriger Arbeit von Menschen getan werden muss, kann KI eingesetzt werden, um Pläne und Dokumente zu analysieren und enthaltene Informationen nutzbar zu machen.

In diesem Beitrag soll auf die Anwendung von KI-Algorithmen der Text- und Bilderkennung zur maschinellen Lesbarkeit und Interpretation von Plänen und weiteren Dokumenten eigegangen werden. Dazu werden zunächst die Grundlagen der Bild-, Text und Formenerkennung größtenteils branchenunabhängig erläutert. Anschließend werden Anwendungsbeispiele aus der Bauwirtschaft dargestellt und deren Nutzen beschrieben.

21.2   Status Quo der digitalen Bauwerksdokumentation

Als Grundlage für die Verortung von strukturierten, zentralisierten und miteinander verknüpften Daten zur gesamtheitlichen Bewertung eines Bauwerks bietet sich die Methode des Building Information Modelling (BIM) an (Wedel et al. 2022). Hierbei handelt es sich um eine Methode zur maschinenlesbaren Beschreibung und 3D-Modellierung von Bauwerkdaten (Schwarzwälder).

Die Methode BIM hat als digitales Bauwerksmodell zum Ziel neben den geometrischen Informationen auch die semantischen Eigenschaften eines Bauwerks lebenszyklusübergreifend zu verwalten (Schermer und Brehm 2022). Die semantischen Informationen beschreiben spezifische Eigenschaften, Attribute oder Beziehungen von Bauteilen, Komponenten oder anderen Elementen des Bauwerksmodells. Beispiele für semantische Informationen sind u. a. Abmessungen, Material- und Leistungseigenschaften, Herstellerdaten, Zertifizierungen, Kommunikationsprotokolle, Kosten oder zeitliche Informationen. In manchen Gewerken wie bspw. der TGA können die semantischen Informationen eine größere Bedeutung haben als das eigentliche 3D-Modell (Treeck 2016). Ein „semantisch reiches Bauwerksmodell" besitzt eine hohe Relevanz für die Kommunikation zwischen den Projektbeteiligten, für Analysen und Simulationen, für die Prozessautomatisierung und für das Facility Management.

Die semantischen Informationen in einem digitalen Bauwerksmodell werden aus verschiedenen Quellen generiert, darunter Herstellerinformationen, Fachplaner, Normen und Standards sowie Datenbanken und Objektbibliotheken. Es ist wichtig, dass diese Informationen kontinuierlich ergänzt und aktualisiert werden, um den gesamten Lebenszyklus eines Bauprojekts abzudecken. Leider wird dies in der Praxis oft vernachlässigt. Eines der größten Hindernisse ist die begrenzte Verfügbarkeit von digitalen Gebäudedatenmodellen für bestehende Bauwerke (Aengenvoort und Krämer 2021). Im Gegensatz zu Neubauten, die in der Regel bereits über ein durch den Planungsprozess erstelltes Modell mittels der BIM-Methode verfügen, gestalten sich die Modellierung und die Anreicherung semantischer Informationen bei Bestandsgebäuden aufgrund unstrukturierter, heterogener und analoger Bestandsunterlagen als herausfordernd (Wedel et al. 2022).

Dabei kann eine korrekt erstellte Bauwerksmodellierung mittels der BIM-Methode maßgeblich dazu beitragen, während der Planungsphase von Instandhaltungs- und Modernisierungsmaßnahmen frühzeitig potenzielle Unstimmigkeiten durch Kollisionsprüfungen und Simulationen zu erkennen (Schermer und Brehm 2022). Darüber hinaus ermöglicht das 3D-Modell eine (teil)automatisierte Kostenschätzung, da alle relevanten Informationen zur Kalkulation des Bauwerks daraus abgeleitet werden können.

Die aktuelle Forschung konzentriert sich auf die Automatisierung der Generierung von semantisch reichhaltigen Bestandsmodellen. Eine Möglichkeit ist, 3D-Scandaten von bestehenden Gebäuden oder Bauwerken zu erfassen und in ein BIM-Modell umzuwandeln. Allerdings stellt sich auch hier das Problem der fehlenden semantischen Informationen. Ein aus 3D-Scandaten generiertes Modell stellt zunächst „nur" eine geometrische Hülle dar, semantische Informationen (bspw. Materialeigenschaften, verdeckte Bauteile oder Zustandsinformationen) sind nicht vorhanden. Daher widmet sich die Forschung in verschiedenen Publikationen und Projekten der Aufgabe der „semantischen Anreicherung" von 3D-Modellen. Dies beschreibt den Prozess des automatischen oder halbautomatischen Hinzufügens sinnvoller Informationen zum digitalen Modell eines Gebäudes oder einer Struktur (Belsky 2016; Sacks 2020).

21.3 Technologiebeschreibung KI zur Bild-, Text und Formenerkennung

Methoden der künstlichen Intelligenz, insbesondere des maschinellen Lernens und des Deep Learnings können anstelle des traditionellen „rule-based programming" eingesetzt werden, wenn komplexe Muster oder Zusammenhänge in Daten erkannt werden müssen, für die keine expliziten Regeln formuliert werden können oder bei denen die Formulierung solcher Regeln sehr aufwendig oder fehleranfällig ist. Maschinelles Lernen und Deep Learning ermöglichen einen flexibleren und datengesteuerten Ansatz, der die Verarbeitung von Dokumenten mit unterschiedlichen Strukturen ermöglicht und mögliche zukünftige Änderungen der Standardstruktur berücksichtigt. Dies gilt auch im Anwendungskontext von BIM; ob der Einsatz von maschinellem Lernen sinnvoll ist und welche KI-Methoden geeignet sind, hängt von der zu lösenden Problemstellung ab (Bloch und Sacks 2018).

21.3.1 Fortschritte in der Bild- und Texterkennung

Durch die rapide Zunahme an verfügbaren Daten sowie die immer schneller voranschreitende Entwicklung von Grafikprozessoren (GPU) konnten seit dem Jahr 2011 große Erfolge durch das sogenannte Deep Learning erzielt werden (Tim Dettmers 2015). Deep Learning ist eine Disziplin des Maschinellen Lernens, die es einem Computer ermöglicht, mithilfe von Daten eigenständig zu lernen. Dies wird durch eine Vielzahl von Verarbeitungsschritten erreicht, bei denen Muster erkannt werden. Häufig findet hierbei die Nutzung von neuronalen Netzen Anwendung, welche dementsprechend die Bezeichnung Deep Neural Network tragen. Im Verlauf der vergangenen Jahre wurden verschiedene spezialisierte Klassen von neuronalen Netzwerken entwickelt, die unterschiedliche Architekturen aufweisen und sich je nach Anwendungsbereich unterscheiden. Dies ermöglicht eine Spezialisierung des Algorithmus auf eine spezifische Art von Daten, die als Trainingsgrundlage für das Deep Learning dienen. Diese Vorgehensweise ermöglicht es, Deep Neural Networks in einem breiten Anwendungsfeld einzusetzen. So kann bspw. ein Deep Neural Network mit Text- oder Audiodaten trainiert werden, um Anwendungen im Bereich des Natural Language Processing (NLP) zu realisieren.

Die größten Fortschritte seit dem Durchbruch des Deep Learning wurden jedoch vor allem im Gebiet Computer Vision erzielt. Computer Vision als Teilgebiet der künstlichen Intelligenz soll Computern ermöglichen, die visuelle Welt anhand von digitalen Bildern oder Videos zu interpretieren und ein Verständnis von dieser zu entwickeln. Dadurch wird die Möglichkeit geschaffen, dass bspw. Objekte in Videos korrekt identifiziert sowie klassifiziert werden und Computer auf das Gesehene reagieren können. Hauptgrund dafür, dass das Feld Computer Vision in den vergangenen Jahren eine stärkere Aufwärtsentwicklung erlebt hat als andere Bereiche der künstlichen Intelligenz, ist die Kombination von Deep Learning mit der häufig für Bild- und Videodaten verwendeten Netzarchitektur Convolutional Neural Networks (CNN). Hierbei erfolgt bei den im Trainingsprozess verwendeten Bildern eine Aufteilung in topologische Teilbereiche, welche jeweils auf der Suche nach bestimmten Mustern durch Filter verarbeitet werden (Giancarlo Zaccone et al. 2017). Spricht man von Computer Vision, wird damit häufig die Bildklassifizierung (Image Classification) in Verbindung gebracht. Allerdings umfasst Computer Vision auch viele weitere Techniken, beispielsweise die Objekterkennung (Image Detection), die Bildsegmentierung (Image Segmentation) oder auch die Erkennung von Texten auf Bildern (Optical Character Recognition).

21.3.2 Bildklassifizierung

Bildklassifizierung (oder Bildklassifikation) ist eine Form der künstlichen Intelligenz, die sich auf die Fähigkeit einer Software zur Zuordnung von Bilddateien zu einer Klasse beziehungsweise Kategorie aus einer Anzahl vorgegebener Klassen bezieht (Dettmers

2015). Ähnlich wie das menschliche visuelle System sollen komplexe Muster erkannt und entsprechenden Klassen zugeordnet werden.

Für die Bildklassifizierung werden CNN-Architekturen eingesetzt. CNNs berücksichtigen im Vergleich zu konventionellen vollverknüpften Netzen die Merkmale und räumlichen Beziehungen eines Bildes während der Verarbeitung. Bei der Klassifizierung wird die zu klassifizierende visuelle, pixelbasierte Datei schrittweise analysiert, indem in einem vorgegebenen Muster Pixelfenster gleicher Größe als Input in das CNN gegeben werden. Jeder Input durchläuft den zweiteiligen Aufbau des CNN, bei dem im ersten Schritt Features bzw. Merkmale extrahiert und in einem zweiten Schritt klassifiziert werden (Ayyadevara und Reddy 2020).

Um Merkmale zu extrahieren wird der Input einer sogenannten Faltung (eng. Convolution) vollzogen (Bird et al. 2018). Bei der Faltung handelt es sich um einen allgemeinen Filtereffekt, wodurch bestimmte Merkmale des Bildes verstärkt werden und so ein modifiziertes Bild entsteht. Die Pixel des Inputs und deren Nachbarn werden schrittweise nacheinander einer Faltung unterzogen. Die so erkannten Merkmale werden in sogenannten Feature Maps ausgegeben.

Während des eigentlichen Klassifizierungsprozesses werden die zweidimensionalen Merkmale zunächst in eindimensionale Vektoren umgewandelt. Hierdurch wird in einem weiteren Schritt die Klassifizierung mithilfe von vollständig verbundenen neuronalen Netzwerken ermöglicht, bei denen die Ausgaben einzelnen Klassen zugeordnet werden. Die Zuordnung erfolgt dabei durch die Berechnung einer Wahrscheinlichkeit.

In den vergangenen Jahren hat die Verwendung von CNN-Architekturen zunehmend an Bedeutung gewonnen und es wurden verschiedene Netzarchitekturen vorgestellt. Dieser Trend ist auf die Fortschritte in der Rechenleistung und parallelen Verarbeitungsmethoden zurückzuführen, die es ermöglichen, Netze mit umfangreichen und komplexen Datensätzen zu trainieren (Padmanabhan 2016). Die bisher publizierten CNN-Architekturen unterscheiden sich in Bezug auf die Formulierung der Struktur, die Optimierung der Parameter und die Tiefe des Netzes. Einige dieser Architekturen werden in der Arbeit von Alzubaidi et al. (2021) erläutert.

21.3.3 Objekterkennung

Eine weitere Technik aus dem Bereich Computer Vision ist die Objekterkennung (engl. Object Detection). Hierbei wird sowohl die Klassifizierung von Objekten in einem Bild als auch deren Lokalisierung vorgenommen. Ein wesentlicher Unterschied zur einfachen Bildklassifikation ist, dass mit der Object Detection gleichzeitig mehrere Objekte unterschiedlicher Klassen in einem Bild klassifiziert und lokalisiert werden können. Jedes erkannte Objekt wird nach erfolgter Erkennung durch einen rechteckigen Rahmen, eine sogenannte Bounding Box, markiert.

Als Eingangsdaten für das Training des KI-Modells dienen Bilddateien, welche in gängigen Formaten wie JPG oder PNG vorliegen können. Zusätzlich ist zu jedem Bild eine Annotationsdatei erforderlich, welche z. B. als XML-Datei vorliegen kann und in einem standardisierten Annotationsformat wie Pascal VOC (Visual Object Classes) gespeichert ist. In den Annotationsdateien ist zum einen für jedes auf dem Bild vorhandene Objekt dessen Klasse hinterlegt, um die Klassifikation vornehmen zu können. Zum anderen sind zusätzlich die X- und Y-Koordinaten der Bounding Boxes der einzelnen Objekte vorhanden, um die Lage im Bild zu beschreiben und die Lokalisierung trainieren zu können.

Das Anwendungsgebiet von Objekterkennungsmodellen ist groß, da das Modell theoretisch auf die Erkennung sämtlicher Objekte trainiert werden kann. Damit ist die Object Detection für alle Branchen interessant, von der Automobilbranche, beispielsweise durch Erkennung von Fahrzeugen und Verkehrszeichen, bis hin zu Recyclingunternehmen, um unterschiedliche Abfälle zu erkennen und automatisiert zu sortieren (Ziouzios et al.). Die Anwendung der Objekterkennung in der Bestandsdokumentation bietet die Möglichkeit, spezifische Objekte auf Grundrissen zu identifizieren, die in der Regel nur als visuelle Darstellungen vorliegen (Hemmer 2021).

Die Object Detection ist aufgrund ihrer Anwendungsbreite eine der ausgereiftesten Techniken aus dem Bereich Computer Vision. Es gibt eine Vielzahl von speziell auf Objekterkennung ausgerichteten Modellarchitekturen, die alle auf dem Prinzip der CNN-Architektur aufbauen. Diese lassen sich allgemein in ein- sowie zweistufige Detektoren unterscheiden. Grund für die Differenzierung ist, dass bei zweistufigen Detektoren in der ersten Stufe zunächst Regional Proposals für die Bounding Boxes generiert werden, für die in der zweiten Stufe anschließend die Klassifikation vorgenommen wird. Verbreitete einstufige Detektorarchitekturen sind bspw. YOLO (You Only Look Once) sowie SSD (Single Shot MultiBox Detector), bei den zweistufigen Detektorarchitekturen werden z. B. häufig RCNN (Region-based Convolutional Neural Network) sowie RFCN (Region-based Fully Convolutional Network) verwendet.

21.3.4 Bildsegmentierung

Eine andere Form der Klassifikation und Lokalisierung von Objekten in Bildern oder Videos stellt die Bildsegmentierung (engl. Image Segmentation) dar. Hierbei wird die Eingangsdatei in mehrere Teile oder Regionen unterteilt. Diese Teilung bzw. Segmentierung wird meist anhand der Charakteristik der einzelnen Pixelwerte vorgenommen, z. B. zur Differenzierung von Vorder- und Hintergrund oder zur Clusterung auf Basis von Gemeinsamkeiten in Einfärbung oder Form.

Bei der Semantic Segmentation ist das Ziel, Dinge (engl. stuff) zu erkennen – damit sind amorphe und nicht zählbare Regionen mit ähnlicher Textur oder Material gemeint, bspw. Straßen, Autos, Bäume oder Wände in einem Plan (Liu et al.). Jeder Pixel wird einer der zuvor definierten Klassen zugeordnet und farblich markiert. Allerdings ist zwischen mehreren erkannten Dingen derselben Klasse keine Unterscheidung möglich. Die Instance Segmentation wiederum hat ähnlich wie Object Detection das Ziel, Sachen (engl. things) bzw. Objekte zu erkennen und zu markieren. Jedes erkannte Objekt wird mit einer eigenen Farbe markiert, sodass mehrere Objekte derselben Klasse als unterschiedliche Einheiten betrachtet und diese damit zählbar gemacht werden. Die Panoptic Segmentation verbindet diese beiden Ansätze und ermöglicht damit eine umfassende Erkennung von Objekten und bspw. Dingen aus dem Hintergrund (Kirillov 2018).

Neben den drei Typen der Bildsegmentierung existieren unterschiedliche technische Ansätze, um die Segmentierung vorzunehmen. Die einfachste Möglichkeit ist die sogenannte Threshold-based Segmentation, bei welcher eine Unterteilung der Pixel auf der Grundlage ihrer Intensität im Verhältnis zu einem bestimmten Schwellenwert erfolgt. Haben bspw. Objekte eine höhere Farbintensität als andere oder der Hintergrund, bietet sich diese Technik zur Segmentierung an. Eine weit verbreitete Methode ist die sogenannte kantenbasierte Segmentierung, bei der Kanten mithilfe von Eigenschaften wie Kontrast und Farbsättigung erkannt werden. Durch die Verbindung dieser erkannten Kanten entstehen Kantenketten, die wiederum die Umrisse der gesuchten Objekte abbilden können. Eine andere Möglichkeit ist, ein Bild aufgrund von Ähnlichkeiten in den Pixeln in Gruppen aufzuteilen. Diese Technik wird Region-based Segmentation genannt. Bei Graustufenbildern lässt sich die Watershed Segmentation anwenden, da hier eine Art topografische Karte gebildet wird, wobei die Pixelhelligkeit die Höhe bestimmt.

Einige im Bereich der Objekterkennung etablierte Modellarchitekturen wie YOLO oder R-CNN haben zuletzt Erweiterungen erhalten, um auch für die Bildsegmentierung eingesetzt werden zu können. So ist z. B. Mask R-CNN eine Erweiterung von Faster R-CNN, in welchem der bestehende Zweig für die Bounding Box Detektion um einen Parallelzweig zur Vorhersage einer Objektmaskierung ergänzt wurde. Dadurch wird eine instanzenbasierte Segmentierung ermöglicht (Gkioxari 2017).

21.3.5 Texterkennung

Bei der Texterkennung werden Zeichenketten in Bildern oder in eingescannten Dokumenten erfasst und in Textform umgewandelt. Bei der hierfür eingesetzten Technologie handelt es sich um Optical Character Recognition (OCR), die sich an der menschlichen Fähigkeit des Lesens orientiert (Ravina et al. 2013). Dabei ist OCR ähnlich wie der Mensch in der Lage auch handgeschriebene Zeichenketten zu erkennen und in maschinenlesbare Textform umzuwandeln (Wei et al.).

Durch den Einsatz von OCR werden sowohl handgeschriebene als auch maschinengeschriebene Dokumente digitalisiert (Memon et al. 2020). Anschließend kann der erkannte Text durch regelbasierte Systeme weiterverarbeitet werden, z. B. nach bestimmten Schlüsselwörtern durchsucht oder in eine vordefinierte Struktur überführt werden.

OCR ist eine Technologie, die auf dem Prinzip der Mustererkennung basiert und die Extraktion und Klassifikation von Merkmalen umfasst (Memon et al. 2020; Sharma et al. 2020). Obwohl OCR nicht notwendigerweise auf Algorithmen des maschinellen Lernens zurückgreift, können diese in Verbindung mit OCR eingesetzt werden, um die Genauigkeit und Leistung der Texterkennung zu verbessern. Bei diesem Ansatz unterstützt die künstliche Intelligenz die Texterkennung. Das OCR-System besteht aus fünf Hauptkomponenten, nämlich (i) der Erfassung des Eingabebildes, (ii) der Vorverarbeitung des eingegebenen Textbildes, (iii) der Segmentierung des vorverarbeiteten Textbildes, (iv) der Extraktion von Merkmalen und (v) der Klassifizierung (Sharma et al. 2020).

Im initialen Schritt erfolgt die Digitalisierung des zu analysierenden analogen Dokuments mittels eines elektronischen Geräts. Anschließend wird das digitale Bild einer Vorverarbeitung unterzogen, um es für die weiteren Schritte vorzubereiten. Die Vorverarbeitung umfasst Verfahren wie die Erkennung und Korrektur von Schräglagen, Filterungstechniken und die Erkennung der Grundlinie. Diese Verfahren tragen zur Verbesserung der Leistung in den nachfolgenden Prozessschritten bei (Hong et al.). Im Segmentierungsschritt erfolgt zunächst die Trennung der grafischen Elemente von den textbasierten Elementen im Dokument. Anschließend werden die erkannten Textblöcke weiter in Absätze, Textzeilen, Wörter und schließlich in einzelne Zeichen segmentiert (Sahare und Dhok). Vor der Klassifizierung der Zeichen müssen zunächst deren Merkmale extrahiert werden. Die Effektivität der Klassifikation hängt dabei von den extrahierten Merkmalen ab (Sharma et al. 2020). Sowohl die Extrahierung der Merkmale als auch die Klassifikation der Zeichen können mittels der bereits beschriebenen Methoden in Abschnitt Bildklassifizierung durchgeführt werden.

In einem zusätzlichen Verarbeitungsschritt besteht die Möglichkeit, die Zeichenketten mithilfe von Intelligent Character Recognition (ICR) auf ihre Semantik und den Zusammenhang des Textes hin zu überprüfen und anschließend bei einem vorhandenen Fehler zu korrigieren. Dadurch kann die Genauigkeit bei der Interpretation der Zeichen im OCR-System verbessert werden, indem falsch erkannte Zeichen korrigiert werden.

21.4 Anwendungsbeispiele der Bild- und Texterkennung in der Bau- und Immobilienwirtschaft

Der gegenwärtige Mangel an direktem Zugang zu digitalen Gebäudedaten stellt eine Herausforderung für die Anwendung von Künstlicher Intelligenz (KI) in der Bauindustrie dar. Es gibt jedoch vielversprechende Ansätze, um diese Beschränkungen zu überwinden, wie beispielsweise die semantische Anreicherung von BIM-Modellen mithilfe von KI-Methoden. Neben der Extraktion und Anreicherung semantischer Informationen zur Modellierung von bestehenden Gebäuden wird auch an Themen wie der Klassifizierung von Bestandsunterlagen oder der Transformation von 2D-Plänen in 3D-Modelle geforscht.

Dabei kommen die zuvor erwähnten KI-basierten Methoden der Bild- und Texterkennung zum Einsatz.

21.4.1 Extraktion semantischer Informationen aus Bestandsdokumenten

Eine einfache Möglichkeit, semantische Informationen aus gescannten Bestandsdokumenten zu extrahieren und in maschinenlesbaren Text umzuwandeln, ist der Einsatz von Texterkennung. In einem weiterentwickelten Ansatz kann künstliche Intelligenz jedoch auch für den Prozess der Interpretation und Zuordnung semantischer Informationen eingesetzt werden. Bei diesem Ansatz wird ein Modell darauf trainiert, Muster zu erkennen, Informationen zu extrahieren und verschiedenen Teilen des Textes Bezeichnungen zuzuordnen, z. B. Parameternamen und ihre entsprechenden Werte. Das Modell wird mit einer großen Menge von Beispieldokumenten trainiert, in denen menschliche Kommentatoren die relevanten Informationen im Text manuell markiert haben. Während des Trainings analysiert das Modell die markierten Beispiele und lernt Muster und Beziehungen zwischen dem Text und der gesuchten Information. Es lernt, bestimmte Wörter oder Wortfolgen zu erkennen, die auf das Vorhandensein bestimmter Parameter oder Werte hinweisen. Die Ausgabe des Modells ist eine Folge von Tags oder Etiketten, die die Parameter und ihre Werte im Text identifizieren. Diese Ausgabe kann dann nachbearbeitet werden, um die Informationen in einem strukturierten Format, z. B. einer Tabelle, für die weitere Verwendung zu organisieren.

Ein entsprechender Ansatz findet sich z. B. in Schönfelder et al. (2022). In diesem Ansatz werden neuronale Netze verwendet, um die sequenzielle Natur der natürlichen Sprache zu verarbeiten. Die Modelle lernen, Abhängigkeiten und Kontextinformationen innerhalb des Textes zu erfassen, was eine genauere Extraktion und Interpretation der Informationen ermöglicht. Die verwendeten Netze eignen sich gut für die Verarbeitung von längeren Sequenzen, wobei sowohl das vorangehende als auch das nachfolgende Wort bei der Ableitung der Bezeichnung eines Wortes berücksichtigt wird. Dies ist speziell bei fehlenden Informationen oder Ausnahmen in der Dokumentstruktur nützlich (Schönfelder et al. 2022).

Ein weiteres Anwendungsszenario dieser Methoden ist die semantische Anreicherung von BIM-Modellen, indem spezialisierte KI-Algorithmen aus den gegebenen Daten neue Erkenntnisse gewinnen und diese gemäß einem offenen Datenschema (z. B. IFC) darstellen. Für die auf den jeweiligen Anwendungsfall abgestimmte Mindestattribuierung wird ein auf domänenspezifischem Wissen basierendes System eingesetzt. Anschließend werden mittels ML-Algorithmen weitere Informationen aus den Bestandsdokumenten extrahiert und strukturiert. Diese werden dann in einem zweiten Anreicherungsschritt in das Modell integriert (Jäkel 2022).

21.4.2 Transformation von 2D-Plänen in 3D-Modelle

BIM ist als Grundlage moderner Planung anerkannt und bietet Vorteile wie nahtlosen Datenfluss und effizientes Management. Doch für Bestandsgebäude sind oft keine semantisierten 3D-Modelle verfügbar (Gimenez et al. 2015). Die Rekonstruktion von 3D-Modellen aus bestehenden 2D-Plänen erfordert eine Kette an manuellen Arbeitsschritten, die in größeren Projekten einem hohen Aufwand bedeuten (So et al. 1998).

Um den Aufwand zu reduzieren, verwendet beispielsweise Zao et. al. (2020) eine auf Deep Learning basierte Methode, um aus 2D-Zeichnungen Gebäudekomponenten zu erkennen und daraus 3D-Modelle zu rekonstruieren (Zhao et al. 2020). Hierfür wurden zunächst 1500 Bilder von Bauzeichnungen gesammelt und vorverarbeitet. Die Gebäudekomponenten wurden anschließend mit einem trainierten Netzwerkmodell basierend auf YOLO identifiziert.

Die Rekonstruktion ist im Hochbau bedingt durch standardisierte und sich oft wiederholenden Geometrien mit dem aktuellen Stand der Technik problemlos möglich (Breitenberger et al. 2018; Hochmuth 2020). Dahingegen ist die Erstellung von digitalen Abbildern von Infrastrukturbauwerken weitaus komplexer. Ein wesentlicher Grund dafür sind die hohen technischen und geometrischen Anforderungen eines Brückenbauwerks einhergehend mit dessen großer architektonischer Individualität (Hochmuth 2020; Bednorz 2020; Lu et al. 2019 und Zhang et al. 2014). Dennoch existieren auch in diesem Zusammenhang erste Lösungsansätze unter Nutzung von intelligenten Algorithmen.

Kwasi und Reiterer präsentieren einen teilautomatisierten Ansatz zur Rekonstruktion von Brückenbauwerken auf Basis von 2D-Bestandsplänen. Dabei werden sowohl handgezeichnete als auch computergezeichnete Pläne verwendet und in 3D-Punktwolken transformiert. Die Methode untergliedert sich dabei in drei Teilprozesse. Dabei betrachtet der erste Teilprozess die Vorverarbeitung der gescannten Pläne, die Definition der fokussierten Bereiche im Plan sowie die Berechnung der Pixel-zu-Meter-Skala und Entfernung von Text. Dabei werden für die Erkennung von Text- und Objektstrukturen sogenannte OCR-Algorithmen verwendet. Während erkannte Texte nicht weiter betrachtet werden, sind die Objektestrukturen zur Weiterverarbeitung relevant. Mittels Bildverarbeitungsalgorithmen werden nachstehend relevante Ecken und Kanten in den Objektstrukturen der zweidimensionalen Pläne erkannt und extrahiert. Im zweiten Teilprozess erfolgt die Weiterverarbeitung hin zu einer 3D-Punktwolke. In diesem Zusammenhang werden die extrahierten Objektstrukturen verwendet und unter Definition der relevanten Maße aus dem Bestandsplan zu einem dreidimensionalen Objekt rekonstruiert. Folgend wird ein Punktwolkenraster über die Grundstruktur gebildet und in einzelnen Schichten mit vordefinierter Punktdickten über die Tiefe des Bauteilobjektes extrudiert. Im letzten Schritt werden die 3D-Punktwolken der einzelnen Brückenbauteile fusioniert. Dabei wird ein einheitliches Koordinatensystem auf Grundlage der Bestandspläne samt globalem Nullpunkt an einem der Bauteile definiert. Folgend werden diese miteinander verbunden, sodass eine

3D-Punktwolke des gesamten Brückenbauwerks entsteht (Poku-Agyemang und Reiterer 2023).

Zudem entwickelten Akanbi und Zhang erste Ansätze zur teilautomatischen Modellierung von digitalen Brückenbaumodellen auf Basis von 2D-Bestansplänen. Im ersten Ansatz werden zweidimensionale, vektorbasierte Dateien verwendet (Akanbi und Zhang 2022). Dabei werden im ersten Schritt vorhandene PDF-Pläne in ein SVG-Format überführt. Danach erfolgt die Erkennung von Kanten und Ecken der Grundrissstruktur sowie vorhandener Maßketten auf dem Plan unter Verwendung von Objekt- und Texterkennung. Die erkannten Texte werden entfernt und die Kantenstrukturen und relevanten Punkte werden zur Weiterverarbeitung in ein DXF-, oder CAD-Format überführt. Im nächsten Schritt erfolgt die teilautomatisierte Generierung des 3D-Modells im OBJ-Format in einer Modelautorensoftware sowie die Möglichkeit der Verarbeitung bis hin in eine IFC-Datenstruktur (Akanbi und Zhang 2022, 2022).

21.5 Zusammenfassung

Mit dem hier vorliegenden Beitrag wurden KI-Algorithmen, insbesondere Methoden des maschinellen Lernens, des Deep Learnings und der Computer Vision vorgestellt, die die Analyse von unstrukturierten und heterogenen Bestandunterlagen erlauben. Aufgrund dieser Analyse können sowohl geometrische als auch semantische Informationen extrahiert werden, die anschließend für die Modellierung von Bestandsbauwerken verwendet werden können. Mittels der Modellierung kann eine digitale lebenszyklusübergreifende Dokumentation von Bauwerken ermöglicht werden.

Hierbei ist zu beachten, dass beim maschinellen Lernen keine expliziten Regeln manuell für die Informationsextraktion definiert und programmiert werden müssen. Stattdessen lernt das Modell aus Beispielen und verallgemeinert die beobachteten Muster, um Vorhersagen für neue, noch nicht gesehene Dokumente zu treffen. Die Anwendung im Bauwesen bietet sich daher vor allem für Dokumente wie z. B. Bauwerkshandbücher, Prüfberichte oder auch technische Zeichnungen an, da die Struktur dieser Dokumentenarten je nach Betreiber / Eigentümer, ausführender Stelle aber auch je nach Erstellungsjahr stark variiert. Die relevanten semantischen Informationen bleiben jedoch gleich: Verwaltungsdaten (z. B. Eigentümer und Betreiber), geometrische Daten (Position, Koordinatensystem, Ausrichtung), mechanische Informationen (Material, Stahlsorte, Beschichtung) und andere relevante Details.

Literatur

A. Giannakidis, B. Weber-Lewerenz und D. Stolze, Hg., *KI in der Bauwirtschaft*. Fraunhofer-Gesellschaft, 2021.

Bundesministerium des Innern, für Bau und Heimat, *Leitfaden Nachhaltiges Bauen: Zukunftsfähiges Planen, Bauen, und Betreiben von Gebäuden*, 2019.

S. Stemmler *et al.*, Hg., *Multisource-data-fusion for the digitization of critical infrastructural elements*, 2022.

B.-M. Kurzrock, M. Bodenbender und P. M. Müller, Hg., *Von der analogen zur digitalen lebenszyklusübergreifenden Gebäudedokumentation*, 2019.

F. Wedel, D. Opitz, C. Tiedemann und M. Meyer-Westphal, „Das 3-D-Modell als Grundlage des digitalen Zwillings", 2022.

H. Schwarzwälder, „Die digitale Bauwirtschaft – Wege aus der Branchenlogik", Wiesbaden, 2023.

D. Schermer und E. Brehm, Hg., *Mauerwerk Kalender 2022*. Wiley, 2022.

C. van Treeck, „Building Information Modeling" in *Gebäude.Technik.Digital.: Building Information Modeling*, C. van Treeck et al., Hg., Berlin, Heidelberg: Springer Berlin Heidelberg, 2016, S. 7–90, https://doi.org/10.1007/978-3-662-52825-9_1.

K. Aengenvoort und M. Krämer, „BIM im Betrieb von Bauwerken", *Building Information Modeling: Technologische Grundlagen und industrielle Praxis*, S. 611–644, 2021.

M. Belsky, R. Sacks und I. Brilakis, „Semantic Enrichment for Building Information Modeling" (en), *Computer-Aided Civil and Infrastructure Engineering*, Jg. 31, Nr. 4, S. 261–274, 2016, https://doi.org/10.1111/mice.12128.

R. Sacks, M. Girolami und I. Brilakis, „Building Information Modelling, Artificial Intelligence and Construction Tech", *Developments in the Built Environment*, Jg. 4, S. 100011, 2020, doi: https://doi.org/10.1016/j.dibe.2020.100011.

T. Bloch und R. Sacks, „Comparing machine learning and rule-based inferencing for semantic enrichment of BIM models", *Automation in Construction*, Jg. 91, S. 256–272, 2018, https://doi.org/10.1016/j.autcon.2018.03.018.

Tim Dettmers, *Deep Learning in a Nutshell: History and Training*, 2015. https://developer.nvidia.com/blog/deep-learning-nutshell-history-training/.

Giancarlo Zaccone, Md. Rezaul Karim, Ahmed Menshawy, *Deep Learning with TensorFlow: Explore neural networks with Python*. Packt Publishing, 2017.

S. S. Nath, G. Mishra, J. Kar, S. Chakraborty und N. Dey, „A survey of image classification methods and techniques", 2014.

V. K. Ayyadevara und Y. Reddy, *Modern Computer Vision with PyTorch: Explore deep learning concepts and implement over 50 real-world image applications*. Packt Publishing, 2020.

J. J. Bird, A. Ekárt und D. R. Faria, Hg., *Learning from Interaction: An Intelligent Networked-Based Human-Bot and Bot-Bot Chatbot System*, 2018.

S. Padmanabhan, „Convolutional Neural Networks for Image Classification and Captioning", Department of Computer Science, Stanford University, 2016.

L. Alzubaidi et al., „Review of deep learning: concepts, CNN architectures, challenges, applications, future directions" 1, 2021.

D. Ziouzios, N. Baras, V. Balafas, M. Dasygenis und A. Stimoniaris, „Intelligent and Real-Time Detection and Classification Algorithm for Recycled Materials Using Convolutional Neural Networks" 1, 2022.

Patrick Hemmer, *Objekterkennung in Grundrissplänen*, 2021. https://sdac.tech/objekterkennung-in-grundrissplaenen/.

C. Liu, J. Wu, P. Kohli und Y. Furukawa, „Raster-to-Vector: Revisiting Floorplan Transformation", 2017.

A. Kirillov, K. He, R. Girshick, C. Rother und P. Dollár, „Panoptic Segmentation", 2018.

K. He, G. Gkioxari, P. Dollár und R. Girshick, „Mask R-CNN", 2017.

Ravina Mithe, Supriya Indalkar, Nilam Divekar, „Optical Character Recognition", 2013.

T. C. Wei, U. U. Sheikh und A. A.-H. A. Rahman, „Improved optical character recognition with deep neural network", 2018.

J. Memon, M. Sami, R. A. Khan und M. Uddin, „Handwritten Optical Character Recognition (OCR): A Comprehensive Systematic Literature Review (SLR)", 2020.

R. Sharma, B. Kaushik und N. Gondhi, „Character Recognition using Machine Learning and Deep Learning – A Survey", 2020.

Y. Hong, S. Kwong und H. Wang, „Decision-based median filter using k-nearest noise-free pixels", 2019.

P. Sahare und S. B. Dhok, „Multilingual Character Segmentation and Recognition Schemes for Indian Document Images", 2017.

P. Schönfelder, T. Al-Wesabi, A. Bach und M. König, „Information Extraction from Text Documents for the Semantic Enrichment of Building Information Models of Bridges" in *39th International Symposium on Automation and Robotics in Construction*, 2022, https://doi.org/10.22260/ISARC2022/0026.

J.-I. Jäkel, „Ein ganzheitlicher Systemansatz zur (teil-) automatisierten Gene-rierung von digitalen Bestandsmodellen der Verkehrsinfrastruk-tur", *Grußwort zum 31. BBB-Assistent: innentreffen in Innsbruck*, S. 148, 2022.

L. Gimenez, S. Robert, F. Suard und K. Zreik, „Automatic reconstruction of 3D building models from scanned 2D floor plans", 2015.

C. So, G. Baciu und H. Sun, „Reconstruction of 3D virtual buildings from 2D architectural floor plans", 1998.

Y. Zhao, X. Deng und H. Lai, „A Deep Learning-Based Method to Detect Components from Scanned Structural Drawings for Reconstructing 3D Models" 6, 2020.

M. Breitenberger, J. Kreutz und T. Braml, „Effizientes BIM für die Planung von Infrastrukturmaß-nahmen", *Beton- und Stahlbetonbau*, Jg. 113, Nr. 1, S. 68–76, 2018, https://doi.org/10.1002/best.201700059.

M. Hochmuth, T. Nguyen und M. Häußler, „Innovative und moderne Planungsmethoden im Brückenbau", *Bautechnik*, Jg. 97, Nr. 2, S. 100–106, 2020, https://doi.org/10.1002/bate.202000001.

J. Bednorz, I. Hindersmann, K. Jaeger und M. Marszalik, „Methoden zur Generierung von As-Built-Modellen für Bestandsbrücken", *Bautechnik*, Jg. 97, Nr. 4, S. 286–294, 2020, https://doi.org/10.1002/bate.202000011.

R. Lu, I. Brilakis und C. R. Middleton, „Detection of Structural Components in Point Clouds of Existing RC Bridges", *Computer-Aided Civil and Infrastructure Engineering*, Jg. 34, Nr. 3, S. 191–212, 2019, https://doi.org/10.1111/mice.12407.

G. Zhang, P. A. Vela und I. Brilakis, „Automatic Generation of As-Built Geometric Civil Infrastruc-ture Models from Point Cloud Data" in *2014 International Conference on Computing in Civil and Building Engineering*, Orlando, Florida, United States, 2014, S. 406–413, https://doi.org/10.1061/9780784413616.051.

K. N. Poku-Agyemang und A. Reiterer, „3D Reconstruction from 2D Plans Exemplified by Bridge Structures", *Remote Sensing*, Jg. 15, Nr. 3, S. 677, 2023, https://doi.org/10.3390/rs15030677.

T. Akanbi und J. Zhang, „Semi-Automated Generation of 3D Bridge Models from 2D PDF Bridge Drawings", 2022.

T. Akanbi und J. Zhang, „Semi-Automated Generation of 3D Bridge Models from 2D PDF Bridge Drawings" in *Construction Research Congress 2022*, Arlington, Virginia, 2022, S. 1347–1354, https://doi.org/10.1061/9780784483961.141.

T. Akanbi und J. Zhang, „Framework for Developing IFC-Based 3D Documentation from 2D Bridge Drawings", *J. Comput. Civ. Eng.*, Jg. 36, Nr. 1, 2022, Art. no. 04021031, https://doi.org/10.1061/(ASCE)CP.1943-5487.0000986.

Teil V
Robotik in der Bauwirtschaft

Barrieren und Treiber von Robotik im Bauwesen

22

Jan-Iwo Jäkel und Katharina Klemt-Albert

22.1 Einleitung

Das Baugewerbe ist aufgrund seiner großen Wirtschaftsleistung und hohen gesellschaftlichen Bedeutung weltweit ein bedeutender Industriesektor (Bogue 2018; Hampson et al. 2014; Davila Delgado et al. 2019). Dennoch ist die Branche seit vielen Jahrzehnten durch Ineffizienz und geringe Produktivität gekennzeichnet (Linner 2013). Zudem ist der Digitalisierungs- und Automatisierungsgrad der Branche im direkten Vergleich mit anderen Wirtschaftszweigen, wie z. B. der Telekommunikation, Automobil oder dem Maschinenbau, sehr gering (McKinsey Global Institute 2017). Dies wird auf die Grenzen von der Bauwirtschaft erreichten Grenzen zurückgeführt (Bock 2015).

In anderen Branchen, wie z. B. der Automobil-, Fertigungs- und Luftfahrtindustrie ist der Mehrwert von Robotersystemen bereits seit mehreren Jahrzehnten bekannt und wird erfolgreich in bestehende Prozessstrukturen implementiert (Carra et al. 2018). In der Bauindustrie werden Robotersysteme bereits seit den 1960er Jahren entwickelt (Bock 2015; Chu et al. 2008; Carra et al. 2018; Saidi et al. 2016). Es wurden mehrere Anwendungsbereiche (Elattar 2008) und Mehrwerte identifiziert (Carra et al. 2018; Martinez et al. 2008), aber die Umsetzung der Technologie schreitet noch sehr langsam voran (Bock 2015). Ein Grund dafür sind die Besonderheiten der Bauindustrie, wie die heterogenen

Present Address:
J.-I. Jäkel (✉) · K. Klemt-Albert
Institut für Baumanagement, Digitales Bauen und Robotik im Bauwesen, RWTH Aachen University, Aachen, Deutschland
E-Mail: jaekel@icom.rwth-aachen.de

K. Klemt-Albert
E-Mail: klemt-albert@icom.rwth-aachen.de

© Der/die Autor(en), exklusiv lizenziert an Springer Fachmedien Wiesbaden GmbH, ein Teil von Springer Nature 2024
S. Haghsheno et al. (Hrsg.), *Künstliche Intelligenz im Bauwesen,*
https://doi.org/10.1007/978-3-658-42796-2_22

377

Produktionsumgebungen und die vielen einzigartigen Prozesse in den Bauprojekten, etc. (Bock 2015).

Das folgende Kapitel betrachtet die grundlegende Einordnung sowie Begriffsdefinition von Robotern und zeigt bestehende Herausforderungen und die Potenziale einer Implementierung von Robotik im Bauwesen auf.

22.2   Einordnung von Robotern und Begriffsdefinition

Der Begriff Roboter entstammt dem slawischen Wort „robota" mit der übersetzten Bedeutung „arbeiten" bzw. „Fronarbeit". Der Ursprung des Wortes „Roboter" geht auf den Bereich der Kunst und Kultur zurück. Erstmalig wurde das Wort *„im sozialkritischen Theaterstück R.U.R. – Rossum's Universal Robots des tschechischen Schriftstellers Karel Capek"* (Mareczek 2020, S. 1) im Jahre 1921 erwähnt. (Mareczek 2020; Haun 2013).

Über die letzten Jahrzehnte war der Begriff des Roboters und der damit verbundene Themenbereich der Robotik immer präsent und unterschiedliche Definitionen wurden entwickelt. So definiert die Enzyklopädie Brockhaus einen Roboter als Maschine, die das Aussehen und die grundlegenden Fähigkeiten eines Menschen imitiert (Haun 2013; Mareczek 2020) Spezifischer wird die Begrifflichkeit im technischen Kontext auch in der DIN EN ISO 8373 definiert. So ist ein Roboter ein *„automatisch gesteuerter, frei programmierbarer Mehrzweck-Manipulator, der in drei oder mehr Achsen programmierbar ist und zur Verwendung in der Automatisierungstechnik entweder an einem festen Ort oder beweglich angeordnet sein kann"* (Deutsche Institut für Normung e. V. 2021). Wiederum wird der Begriff des Roboters nach der Richtlinie VDI 2860 folgend definiert. *„Industrieroboter sind universell einsetzbare Bewegungsautomaten mit mehreren Achsen, deren Bewegungen hinsichtlich Bewegungsfolge und Wegen bzw. Winkeln frei (d. h. ohne mechanischen Eingriff programmierbar und ggf. sensorgeführt sind. Sie sind mit Greifern, Werkzeugen oder anderen Fertigungsmitteln ausrüstbar und können Handhabungs- und/oder Fertigungsaufgaben ausführen (Verein Deutscher Ingenieure e. V. 1990)."*

Der Bereich der Robotik ist sehr interdisziplinär und verbindet viele Wissenschaftsdisziplinen aus dem MINT-Bereich, wie beispielsweise Informatik, Mathematik, Physik und Ingenieurswissenschaften (z. B. Maschinenbau und Elektrotechnik) (Haun 2013). Im operativen Einsatz existiert eine Vielzahl von Robotersystemen. So werden beispielsweise Roboter in der Medizin, der Pflege, der Transportlogistik und in der produzierenden Industrie verwendet (Siciliano und Khatib 2016; Haun 2013). Im Detail unterschieden sich dabei die Roboter im Aussehen, Einsatzgebiet, der Ansteuerung etc., jedoch existieren folgende vordefinierte Mindestfähigkeiten eines Roboters in Anlehnung an (Todd 1986):

- Eigenbewegung oder Bewegung von physikalischen Objekten
- Mobilität (Ausstattung mit Rädern o. Beinen für die Mobilität des Systems)
- Besitz von Antriebs- und Steuermechanismen

- Verfügbarkeit von Speicherungssystemen
- Ausstattung mit Sensoren z. B. Kraftmessungen, Positionsbestimmung, Entfernungsmessung, Umgebungswahrnehmung, Akustische Wahrnehmungen, etc.

Darüber hinaus werden diese Mindestanforderungen nach (Todd 1986) noch durch (Haun 2013) um weitere grundlegende Merkmalsparameter erweitert:

- Delegation: Ausführung der durch den Menschen oder anderen Maschinen angeordnete Manipulationen bzw. Bewegungsabläufe
- Kommunikationsfähigkeit: Fähigkeit über Erhalt, Verarbeitung und Rückgabe von Kommunikationsdaten über eine interoperable Systemschnittstelle
- Autonomie: Selbstständige und autarke Ausführung von Manipulationen des Systems ohne Unterstützung sowie Einwirkung Dritter (Mensch oder andere Robotersysteme)
- Überwachung: Autonome Überwachungsfunktion eigener Bewegungsabläufe sowie umliegende Peripherie
- Aktion: Interaktion und Einwirkung auf die Peripherie des Robotersystems
- Handlungsorientierung: Fähigkeit zur selbstständigen Interpretation der eigenen Manipulationen sowie Peripherieeinwirkungen und intelligente Entscheidungsfindung

Neben den notwendigen Mindestanforderungen an die Fähigkeiten eines Roboters gibt es eine Vielzahl an Klassifikationssystemen zur Einordnung und Unterscheidung unterschiedlicher Roboterarten. Folgend wird die Klassifikation von Robotersystemen in Anlehnung an das Klassifikationsmodell von (Onnasch et al. 2016) mit einer Erweiterung durch (Bakir 2020) vorgestellt (s. Abb. 22.1).

Aufgabe:
Das erste Klassifikationsmerkmal für Robotersysteme ist die Aufgabe. Unter einer Aufgabe des Roboters wird die zu verrichtende Tätigkeit an einem spezifischem Arbeitsobjekt zur Erfüllung eines vordefinierten Ziels bezeichnet. Eine Aufgabe unterschiedet sich

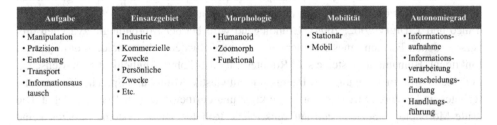

Aufgabe	Einsatzgebiet	Morphologie	Mobilität	Autonomiegrad
• Manipulation • Präzision • Entlastung • Transport • Informationsaustausch	• Industrie • Kommerzielle Zwecke • Persönliche Zwecke • Etc.	• Humanoid • Zoomorph • Funktional	• Stationär • Mobil	• Informationsaufnahme • Informationsverarbeitung • Entscheidungsfindung • Handlungsführung

Abb. 22.1 Klassifikation von Robotersystemen. (Eigene Darstellung in Anlehnung an [18] mit einer Erweiterung durch [19])

dabei in fünf globale Aufgabearten – Manipulation, Präzision, Entlastung, Transport und Informationsaustausch (Onnasch et al. 2016).

- Manipulation: Der Roboter verändert während der Ausführung der Aufgabe unter physischem Einfluss dessen Umgebung (z. B. Schweißarbeiten)
- Präzision: Der Einsatz des Roboters fokussiert sich auf sehr präzise, filigrane und feingliedrige Arbeitsaufgaben (z. B. Roboter in der Chirurgie)
- Entlastung: Der Robotereinsatz zielt zur Entlastung des Menschen durch die Übernahme schwerer körperlicher und repetitiver Arbeit ab (z. B. Heben und Tragen von schweren Lasten). Zudem kann der Roboter noch in Umgebungen mit vielen Gefahren als Entlastung für den Menschen dienen.
- Transport: Der Roboter dient der Beförderung bzw. dem Transport von Gegenständen zwischen zwei oder mehreren Standorten.
- Informationsaustausch: Der Roboter übernimmt die Aufnahme, Verarbeitung und Ausgabe von Daten für den Menschen in schwierigem oder unbegehbarem Gelände sowie im Luftraum (z. B. Geländeaufnahme mit einer Drohne)

Einsatzgebiet:
Der Parameter „Einsatzgebiete" von Robotern betrachtet die globalen Domänen des Robotereinsatzes. Diese sind sehr mannigfaltig und erstrecken sich beispielsweise über die Anwendung in der produzierenden Industrie, die Medizin, die Luft- und Raumfahrttechnik, die Bauindustrie bis hin zum Dienstleistungs- und Servicebereich (Onnasch et al. 2016; Bakir 2020; Haun 2013; Siciliano und Khatib 2016). Des Weiteren können Roboter nach der DIN EN ISO 8373 in Industrie- und Serviceroboter eingestuft werden. Aus einer anderen Betrachtungsperspektive kann die Zuordnung des Einsatzgebietes nach industriellen, kommerziellen und persönlichen Zwecken geschehen (Onnasch et al. 2016).

Morphologie:
Bei der Morphologie wird ein Roboter nach der grundlegenden Struktur und Form eingeordnet (Onnasch et al. 2016). Ferner impliziert die Morphologie auch die Möglichkeiten der Kommunikation, der Nutzung und der intuitiven Interaktion mit dem Roboter (H. Yanco und J. Drury 2002, 2004). Grundlegend wird bei der Morphologie zwischen drei verschiedenen Formen eines Robotersystems unterschieden – humanoid, zoomorph und funktional. Humaniode Systeme sind Roboter mit einer hohen Ähnlichkeit zum Menschen in dessen Form, Erscheinung und Interaktion mit Gestik, Mimik und Sprache. Zoomorphe Roboter sind in deren Struktur, Form, Funktion und Fortbewegung an Tiere angelehnt. Die dritte Morphologie bezieht sich auf funktionale Roboter. Diese Systeme besitzen keine besonderen Merkmale, Struktur und Form. Sie fokussieren sich auf die Funktionalität für dessen Einsatzzweck (Onnasch et al. 2016).

Mobilität:

Im Kontext der Mobilität eines Roboters wird zwischen stationären und mobilen Systemen unterschieden. Stationäre Roboter sind demnach Systeme mit einem festen Basispunkt, z. B. wenn der Fußpunkt des Roboters fest und unbeweglich im Boden verankert ist. Zudem besitzt der Roboter einen festgelegten und sich nicht ändernden Arbeitsraum. *„Dabei handelt es sich in der Regel um Roboter, die aus einer Kette starrer Teilkörper bestehen, welche wiederum über Gelenke miteinander verbunden sind"* (Haun 2013, S. 18). Durch die Variation der Achs- und Gelenkstellungen können in einem sehr großem Bewegungsradius unterschiedlichen Positionen im Arbeitsraum angesteuert werden. Die Begrenzung des Bewegungsraumes stellt dabei der Endeffektor, z. B. der Greifer des Roboters, am äußersten Teilgelenk des Systems dar (Haun 2013). Mobile Roboter zeichnen sich wiederum durch die Fähigkeit der Lokomotion aus. Dies beschreibt die Fähigkeit eines selbstständigen Standortwechsels ausgehend von eigner Kraftübertragung zu Bewegungszwecken. Dadurch können sich die Systeme in deren natürlichen Umgebung fortbewegen und besitzen keinen fixierten Standort sowie definierten Arbeitsbereich. Generell werden mobile Robotereinheiten in insgesamt vier Untersysteme spezifiziert – Gehmaschinen (laufend oder kletternd), Radgetriebene Robotersysteme, Flugsysteme und maritime Robotersysteme. (Haun 2013; Siciliano und Khatib 2016).

Autonomiegrad:

Ein weiteres Merkmal für die Klassifikation von Robotersystemen ist der Grad der Autonomie. Dieser gibt den Interventionsgrad des Menschen während der Nutzung des Roboters an. Mit einem steigenden Autonomiegrad verringert sich zeitgleich die Intervention bzw. der Einfluss des Menschens während der Robotermanipulation. Dabei beinhaltet der Autonomiegrad die untergeordneten Stufen – Informationsaufnahme, Informationsverarbeitung, Entscheidungsfindung und Handlungsausführung. Diese Stufen können bei einem Robotersystem von einer geringen bis zu einer hohen Ausprägung variieren. Daraus resultiert in der Summe auch der endgültige Grad der Roboterautonomie (Parasuraman et al. 2000; Wickens 2013; Onnasch et al. 2016).

Aufgrund der vorhandenen Spezifikationen und Komplexitäten im Bauwesen werden die Klassifikationsmerkmale aus dem Modell nach (Onnasch et al. 2016) noch um weitere Punkte in Anlehnung an (Saidi et al. 2016) i. V. m. (Bakir 2020) und den neuen Parametern Datengrundlage und Datenfluss erweitert.

Einsatzgebiete:

Das erste spezifische Merkmal für die Bauindustrie ist das Einsatzgebiet des Robotersystems. Dabei wird das Kriterium noch weiter in die Parameter Domäne, Gewerk und Tätigkeit untergliedert. Die Domäne wird unterschieden in die Bereiche Hochbau, Tiefbau, Verkehrswegebau, etc. Das Gewerk bzw. die Aktivität spezifiziert den genauen Einsatzbereich im jeweiligen Bauprojekt. Abgeleitet daraus wird im nächsten Teilkriterium – Tätigkeit – noch die eigentliche Aufgabe des Roboters dargelegt.

Einsatzort:

Ein weiteres wichtiges Merkmal in der Klassifizierung von Robotik im Bauwesen ist der Einsatzort, an dem das Robotiksystem zum Einsatz kommt. Im Gegensatz zu den klassischen Industrien, in denen der Einsatz von Robotern schon weit verbreitet ist, wie in der Automobilbranche oder der Produktion von Computerchips, sind die Örtlichkeiten, in denen die Roboter stehen, mit einer sogenannten Laborumgebung zu vergleichen. In der Regel stehen die Roboter in hermetisch abgetrennten Bereichen, die wohltemperiert, geschützt vor jeglichen Wetterbedingungen und gut überwacht werden können. Dies sind alles Eigenschaften, die in der Regel nicht an herkömmlichen Baustellen erreichbar sind. Demnach kann eine solche Situation für Robotik im Bauwesen oft nur für die Vorfertigung von Komponenten oder kleineren Bauteilen eines Gebäudes hergestellt werden, beispielsweise in der Vorfertigung von Wänden im Holzmodulbau oder 3D-gedruckter Einzelkomponenten wie Stützen, Trägern oder Treppen zum späteren Transport und Einbau auf den Baustellen. Andersherum gibt es auch Ansätze von beispielsweise 3D-Druck-Systemen, die auf der Baustelle aufgebaut werden und, wenn überhaupt, lediglich mit einer leicht zu montierenden Dachkonstruktion aus Planen und Gerüsten vor Regen geschützt werden, ansonsten jedoch direkt auf der Baustelle agieren und bereits komplexe Bauaufgaben und durch 3D-Druck das Erstellen von Wänden automatisieren. Ein weiteres Beispiel für den Einsatz auf der Baustelle ist die Automatisierung von Datenerhebung durch mobile Robotersysteme, die über zusätzlich montierte 3D-Scanner Daten im Sinne der Erstellung eines digitalen Gebäudemodells erheben sowie die teilautomatisierte Dokumentation des Baufortschritts mittels künstlicher Intelligenz und kontinuierlichen Abgleich eines BIM-Models. Demnach können Robotiksysteme im Bauwesen im Sinne des Einsatzortes in den Bereich der Vorfertigung und dem Einsatzort direkt auf der Baustelle klassifiziert werden.

Art des Bauroboters:

In der Besonderheit der Baurobotik wird ein verwendetes Robotersystem nach der Art der Ansteuerung und Aufgabenausführung eingestuft. Dabei wird zwischen den drei Arten teleoperierte, programmierbare und intelligente Bauroboter unterschieden. Bei dem teleoperierten Bauroboter wird das System durch den Menschen per Fernsteuerung gesteuert und somit die Aufgaben manuell und in einer Einzelsequenz übertragen. Der programmierbare Bauroboter ist computergesteuert und wird durch die Verwendung eines Bewegungsalgorithmus angesteuert. Diese Art ist teilautomatisiert, da der Mensch den Bewegungsalgorithmus in einem Vorprozess entwickeln muss, diesen teilweise simulieren kann und der Roboter danach die Bewegungsabläufe in einer zusammenhängenden Sequenz ausführt. Die dritte Kategorie ist der intelligente Bauroboter. Diese Art von Bauroboter steuert sich komplett autonom und führt auch jegliche Aufgaben bzw. Manipulationen komplett durch die eigene Intelligenz durch. Diese Robotersysteme verwenden die Technologie der künstlichen Intelligenz in einem Zusammenspiel mit vielen weiteren

Technologien (z. B. Laserscanning, Sensorik, etc.) für die Orientierung, Bewegung und Manipulation.

Datengrundlage:
Im Zusammenhang mit der Nutzung von Robotern in der Bauindustrie können unterschiedliche Datengrundlagen für die Ansteuerung des Robotersystems dienen. So kann der Bewegungsalgorithmus des Roboters aus einem zweidimensionalen „Computer Aided Manufacturing (CAM)" – System generiert werden (Xie et al. 2010; Chang und Shih 2013). Darüber hinaus können digitale, objektorientierte 3D-Modelle als Datenbasis mit offenen Produktionsdatenformaten (z. B. IFC, STEP, STP) zur Ansteuerung des Roboters dienen. (Slepicka et al. 2022; Tavares et al. 2019; Zhang et al. 2022; Davtalab et al. 2018).

Datenfluss:
Anknüpfend an der Verwendung von dreidimensionalen Modellen als Datengrundlage (Produktionsmodell, BIM-Modell, Digitaler Zwilling) kann die Art des Datenflusses unterschieden werden. Dieser Parameter ist abgeleitet aus der grundlegenden Definition und Unterscheidung zwischen digitalem Modell, digitalem Schatten und digitalem Zwilling. Die Art des Datenflusses richtet sich dabei primär nach dem Entwicklungslevel der dreidimensionalen Datengrundlage. Mit einem einfachen digitalen Modell (Produktionsmodell, BIM-Modell) erfolgt der Datenfluss in einem monodirektionalen Weg in einer manuellen Weise zwischen dem digitalen Modell und dem realen Robotersystem. Unter der Verwendung eines digitalen Schattens erfolgt ein semi-automatischer, monodirektktionaler Datenfluss. Dabei läuft der Datenaustausch vom digitalen Modell zum physischen System manuell, während von dem physischen Objekt zum digitalen Modell ein automatischer Datenfluss vollzogen wird. Für einen vollautomatisierten Datenfluss in beiden Richtungen zwischen dem physischem Robotersystem und dem digitalen Modell wird der Einsatz eines digitalen Zwillings erforderlich. (Kritzinger et al. 2018; Bergs et al. 2021; Yildiz et al. 2020)

22.3   Barrieren und Potenziale im Status Quo des Einsatzes von Baurobotik

Allgemeine Herausforderungen im Status Quo
Bislang ist der Einsatz von Robotik auf Baustellen und in den Fabriken zur Vorfertigung von Bauproduktsystemen global noch sehr zurückhaltend. Dies liegt vor allem an den Spezifikationen der Bauindustrie, der Komplexität und Individualität von Bauprojekten (Bock 2015; McKinsey Global Institute 2017). Im internationalen sowie nationalen Kontext existieren bereits erste Untersuchungen über bestehende Herausforderungen und mögliche Potenziale für den Einsatz der Robotik in der Bauindustrie (Jäkel et al. 2022).

Zur Identifizierung der bereits charakterisierten Barrieren für den Einsatz von Robotik im Bauwesen wurde eine Literaturanalyse unter Verwendung von internationaler und nationaler Fachliteratur und Konferenzbeiträgen durchgeführt. Es wurden insgesamt neun Artikel identifiziert, die Herausforderungen von Robotik in der Bauindustrie adressieren. Die Artikel wurden analysiert, die identifizierten Herausforderungen extrahiert und in fünf übergeordneten Clustern zusammengefasst. Diese fünf Cluster stellen die generischen Metabarrieren der Verwendung von Robotern in der Bauindustrie dar. Dabei wurden insgesamt 52 Barrieren in 5 Clustern (s. Tab. 22.1) innerhalb der betrachtenden Literatur erkannt. Dabei ist zu sehen, dass die Problematik der Implementierung und Nutzung von Robotik in der Bauindustrie nicht nur im technischen Bereich liegt, sondern auch wirtschaftliche und soziale Aspekte eine Rolle spielen. Diese Aspekte sind beispielsweise die hohen Anschaffungskosten von neuer Technologie, die vorhandenen Bedenken und die skeptische Haltung von Arbeitgebern sowie -nehmern und zudem das fehlende Wissen und nichtvorhandene Standardisierungen eine Rolle spielen. (Jäkel et al. 2022)

Spezifische Herausforderungen und Potenziale in der deutschen Bauindustrie

Neben den globalen Potenzialen und Herausforderungen für die Implementierung und Verwendung von Robotik in der Bauwirtschaft sind zusätzlich die nationalen und lokalen Besonderheiten in der deutschen Bauindustrie zu betrachten. Für diese Untersuchung wurde vom Institut für Baumanagement, Digitales Bauen und Robotik im Bauwesen der RWTH Aachen University im Jahr 2021 eine empirische Untersuchung zum Einsatz von Robotik in der deutschen Bauausführung durchgeführt. Dabei wurden Unternehmen mit Fokus auf die Bauausführungsphase mit Hauptsitz in Deutschland befragt. Der Schwerpunkt der Untersuchung war zum einen der aktuelle Einsatz von Robotik- und Automatisierungssystemen in Unternehmen und zum anderen die Identifikation von vorhandenen Treibern und Hürden für eine Implementierung und Nutzung der Robotiksysteme in nationalen Bauprojekten. Die Rangfolge der wichtigsten Barrieren ergibt sich aus der kumulierten Summe (dargestellt als kumulierter Prozentsatz) der Zustimmungsgrade S_z (S_z: Summe der positiven Antworten der Optionen 5 & 6). Die Barrieren und Treiber mit dem höchsten Zustimmungsgrad sind in Tab. 22.2 und Tab. 22.3 als Ergebnisse der Umfragekategorien dargestellt.

Die erste Kategorie der Umfrage betrachtete die vorhandenen Erfahrungen mit Robotik in deutschen Bauunternehmungen. Als Ergebnis besitzt die Mehrheit der Befragten (insgesamt 73,7 %) noch keine Kenntnisse über den Einsatz von Roboter- und Automatisierungstechnologien. Demgegenüber haben 26,3 % der Befragten bereits Erfahrungen mit dem Einsatz von Robotern gesammelt, entweder direkt in der traditionellen In-Situ-Ausführung (11,6 %) oder in der industriellen Vorfertigung (14,7 %) (s. Abb. 22.2). Als nächstes wurde nach dem erwarteten Zeithorizont für die Einführung von Robotik und Automatisierungstechnik gefragt. Nur 5,30 % planen bereits die Einführung. Für 23,2 % ist die Einführung in 5 Jahren vorgesehen, für 12,5 % in 10 Jahren, für

Tab. 22.1 Identifizierte Meta-Barrieren im Status Quo

Cluster	Bezeichnung der Barrieren	Quelle
I. Einführung und Anwendung	Schwierigkeiten bei der Anwendung in komplexen Strukturen	(Struková und Líška 2012)
	Begrenzte Ressourcen der Unternehmen	(Stewart et al. 2004)
	Mangelnde Interoperabilität zwischen Organisationseinheiten und die allgemeine Fragmentierung der Bauindustrie	(Stewart et al. 2004)
	Flexible Integration in den Gesamtprozess	(Oke et al. 2017)
	Anpassung bestehender Beschaffungsmethoden	(Mistri und Rathod 2015)
	Risiko und Ungewissheit im Transformationsprozess	(Mistri und Rathod 2015)
	Interessenskonflikte mit dem Auftraggeber	(Mistri und Rathod 2015)
	Unvereinbarkeit mit bestehenden Bauverfahren	(Mahbub 2015)
	Inkonsistenz in vorhandenen Strukturen in der Bauindustrie	(Mahbub 2015)
	Komplexität der Lieferkette & Projektstruktur	(Carra et al. 2018)
	Unstrukturiertheit und Komplexität der Baustelle und dessen Umfeld	(Carra et al. 2018)
	Unterschiedliche Anforderungen des Marktes	(Carra et al. 2018)
	Variabilität der Baustellentypen	(Carra et al. 2018)
	Limitationen bei Einführungsversuchen	(Davila Delgado et al. 2019)
	Ineffizienz und geringe Produktivität der Baustellen	(Davila Delgado et al. 2019)
II. Skeptische Haltung	Bedenken der Arbeitnehmer	(Akinradewo et al. 2018)
	Grundsätzliche Ablehnung der neuen Technologien	(Struková und Líška 2012; Mistri und Rathod 2015)

(Fortsetzung)

Tab. 22.1 (Fortsetzung)

Cluster	Bezeichnung der Barrieren	Quelle
	Mangelnde Akzeptanz der Arbeitnehmer	(Stewart et al. 2004)
	Sorge um die Sicherheit	(Stewart et al. 2004)
	Widerstand gegen Veränderungen	(Stewart et al. 2004)
	Einstellung der Management- und Teamebene	(Trujillo und Holt 2020)
	Emotionale Belastung durch die Ersetzung von Menschen durch Roboter	(Oke et al. 2017)
	Desinteresse von Planenden	(Mistri und Rathod 2015)
	Mangelnde Akzeptanz von Stakeholdern	(Mistri und Rathod 2015)
	Übertriebene Erwartungen an neue Technologien	(Davila Delgado et al. 2019)
III. Hohe Kosten	Hohe Anschaffungs- und Implementierungskosten	(Mistri und Rathod 2015)
	Hohe Folgekosten für die Wartung und den Betrieb von Robotern	(Struková und Líška 2012; Mistri und Rathod 2015)
	Hohe Investitionskosten für das Unternehmen	(Oke et al. 2017)
	Automatisierung der Wertschöpfungskette und Schnittstellen ist mit hohen Kosten verbunden	(Mistri und Rathod 2015)
	Rückläufige öffentliche Fördermittel	(Davila Delgado et al. 2019)
	Unzureichende wirtschaftliche Effizienz und damit verbundene Rentabilität der Einführung eines Roboters, um echte Kostensenkungen zu erzielen	(Davila Delgado et al. 2019)
IV. Fehlendes Wissen	Anpassung von neuen Prozessstrukturen	(Akinradewo et al. 2018)
	Geringes Kompetenzniveau bei der Nutzung von Technologien	(Stewart et al. 2004)

(Fortsetzung)

Tab. 22.1 (Fortsetzung)

Cluster	Bezeichnung der Barrieren	Quelle
	Zugang zu technologischem Wissen	(Trujillo und Holt 2020)
	Begrenzte Erfahrung in der Automatisierung	(Mistri und Rathod 2015)
	Begrenzte praktische Erfahrung der Arbeitnehmer vor Ort (Operative Ausführung)	(Mistri und Rathod 2015)
	Mangelndes Wissen der Planer über Bauverfahren mit Einsatz von Robotersystemen	(Mistri und Rathod 2015)
	Schwierige Handhabung	(Mahbub 2015)
	Geringe technologische Kompetenz der Projektbeteiligten	(Mahbub 2015)
	Unerprobte Effektivität und Unreife	(Davila Delgado et al. 2019)
V. Keine Standardisierungen	Fehlen von standardisierten Bauelementen	(Mistri und Rathod 2015)
	Mehrheitlich keine standardisierten Prozesse	(Mistri und Rathod 2015)
	Fehlende Referenzen für den Entwurf	(Mistri und Rathod 2015)
	Schneller Austausch und Veränderungen aufgrund des hohen technologischen Fortschritts	(Mistri und Rathod 2015)
	Neue und veränderte Projektrollen	(Mistri und Rathod 2015)
	Schwierigkeit bei der Beschaffung von Robotern	(Mahbub 2015)

14,3 % in 15 Jahren und für 17,9 % überhaupt nicht. Die Ergebnisse der ersten Untersuchungskategorie zeigen das fehlende Wissen über Robotik- und Automatisierungssysteme sowie die noch sehr zurückhaltende Auseinandersetzung und Planung der Implementierung der Systeme in nationalen Bauunternehmen. Die beiden nachstehenden Kategorien der Umfrage untersuchen die existierenden Barrieren (Kategorie 2) und Treiber (Kategorie 3) für die Implementierung und Nutzung von Robotik- und Automatisierungssystemen in der Bauausführung.Die Rangfolge der wichtigsten Barrieren (s. Tab. 22.2) basiert auf der kumulierten Summe (dargestellt als kumulierter Prozentsatz) des Zustimmungsgrades

Tab. 22.2 Identifizierte Barriere für Baurobotik in der deutschen Bauindustrie

Barrieren	Ergebnisse der Umfrage [%]						S_Z (5 + 6) [%]	Meta-Barrieren
	1	2	3	4	5	6		
A. Soziales Level								
B.A.1 Mangelnde Fortbildungsmöglichkeiten	1,0	8,0	6,0	10,0	40,0	36,0	76,0	IV
B.A.2 Geringes Fachwissen der Mitarbeiter	10	9,0	7,0	11,0	27,0	45,0	72,0	IV
B.A.3 Mangelndes Wissen über mögliche Anwendungen verlangsamt die Umsetzung	0,0	1,0	11,0	16,0	39,0	33,0	72,0	IV
B. Technisches Level								
B.B.1 Mangel an standardisierten Prozessen	0,0	8,0	12,0	20,0	37,0	23,0	60,0	V
B.B.2 Probleme aufgrund der dynamischen Baustellenumgebung	7,0	5,0	14,0	19,0	38,0	17,0	55,0	I
C. Wirtschaftliches Level								
B.C.1 Begrenzte Ressourcen für KMU	1,0	3,0	4,0	18,0	41,0	33,0	74,0	I
B.C.2 Hohe Anschaffungskosten	0,0	1,0	13,0	20,0	27,0	39,0	66,0	III
B.C.3 Keine einheitliche Umsetzungsstrategie	0,0	0,0	12,0	27,0	35,0	26,0	61,0	V
B.C.4 Fehlende staatliche Unterstützung für den Einsatz von Robotersystemen	0,0	11,0	4,0	24,0	33,0	28,0	61,0	III
B.C.5 Mangel an Fachkräften in der Bauindustrie für die Umsetzung	0,0	4,0	11,0	24,0	34,0	27,0	61,0	II
B.C.6 Enger Projektzeitplan lässt wenig Zeit für die Implementierung neuer Technologien	7,0	4,0	4,0	24,0	29,0	32,0	61,0	I
B.C.7 Keine vorhandenen Best-Practices	0,0	1,0	11,0	31,0	34,0	23,0	57,0	V

Tab. 22.3 Identifizierte Treiber für Baurobotik in der deutschen Bauindustrie

Treiber	Ergebnisse der Umfrage [%]						S_z (5 + 6) [%]
	1	2	3	4	5	6	
A. Soziales Level							
T.A.1 Entlastung der Mitarbeitenden in der Operativen	0,0	3,0	15,0	30,0	30,0	22,0	72,0
T.A.2 Übernahme von schwerer körperlicher Arbeit	0,0	4,0	8,0	22,0	32,0	34,0	66,0
B. Technisches Level							
T.B.1 Erhöhte Genauigkeit in den Ausführungsprozessen	0,0	2,0	10,0	22,0	41,0	25,0	66,0
T.B.2 Vereinfachte Integration durch eine zunehmende Digitalisierung	0,0	0,0	6,0	32,0	38,0	24,0	62,0
T.B.3 BIM-Modelle als qualitative Datenbasis für den Robotereinsatz	3,0	6,0	17,0	24,0	37,0	13,0	50,0
C. Wirtschaftliches Level							
T.C.1 Steigerung der Wettbewerbsfähigkeit	3,0	0,0	4,0	23,0	45,0	25,0	70,0
T.C.2 Entwicklung neuer Geschäfts- und Tätigkeitsfelder	1,0	1,0	7,0	25,0	32,0	34,0	66,0
T.C.3 Erhöhung der Produktivität durch Robotereinsatz	3,0	3,0	11,0	32,0	35,0	16,0	51,0

S_z (S_z: Summe der positiven Antworten von Option 5 & 6). Die Barrieren und Treiber mit einem Zustimmungsgrad $S_z > 50$ % wurden nach der Auswertung als Hauptbarrieren und Haupttreiber bezeichnet. Insgesamt wurden aus den 32 Hypothesen je Kategorie mit dem entsprechenden Zustimmungsgrad 12 Hauptbarrieren auf sozialer, technischer und wirtschaftlicher Ebene identifiziert. Im Zusammenhang der Barrieren wurden im wirtschaftlichen Bereich insgesamt sieben Barrieren identifiziert. Dies ist zugleich der Bereich mit der größten Anzahl an Barrieren. Diese beziehen sich zum einen auf monetäre Aspekte wie fehlende Ressourcen im Unternehmen, hohe Anschaffungskosten und fehlende Anreize durch den Staat. Zum anderen betreffen sie strategische Fragen, wie eine fehlende konsequente Umsetzungsstrategie oder fehlende Best Practice. Die hohe Zahl der wirtschaftlichen Hemmnisse verdeutlicht die Bedeutung des Feldes für die zukünftige

Baurobotik. Hier sind vor allem klare übergreifende Strategien und finanzielle Unterstützung notwendig. Auf gesellschaftlicher Ebene wurden drei Barrieren identifiziert. Diese stehen alle im Zusammenhang mit einem Mangel an Fachwissen und Ausbildungsmöglichkeiten sowie einem Mangel an Wissen über die Einsatzmöglichkeiten der Robotik. Ohne ein größeres Wissen über die Technologie sehen die Unternehmen noch keinen Sinn darin, sie einzuführen, da der langfristige Mehrwert noch nicht offensichtlich ist. Auf der technischen Ebene wurden zwei Hindernisse festgestellt. Als Haupthindernisse sehen die Befragten das dynamische und heterogene Baustellenumfeld sowie die fehlende Standardisierung der Prozesse. Aus dem Vergleich der Ergebnisse der Literaturanalyse und der empirischen Studie lässt sich ableiten, dass jede identifizierte Einzelbarriere der Studien auch den Meta-Barrieren zugeordnet werden kann (s. Tab. 22.2). Dies unterstreicht die Allgemeingültigkeit der Meta-Barrieren und ihre breite Anwendbarkeit. Die weiteren 20 Hypothesen aus der Befragung betrachten beispielsweise Aspekte der Datennutzung in der Bauwirtschaft, der Mensch-Maschine-Kollaboration auf der Baustelle oder der mangelnden Akzeptanz und Widerstände bei den Mitarbeitern. Diese Aspekte wurden von den Befragten als überschaubar und eingestuft (Jäkel et al. 2022).

Im Zusammenhang mit den erforschten Treibern für eine Implementierung und Nutzung der Baurobotik wurde das identische vorgehen unter Betrachtung der Zustimmungsgrades S_Z und der Ableitung von Haupttreiber aus den betrachteten Hypothesen angewendet. Insgesamt wurden sechs Haupttreiber für die Implementierung von Robotersystemen in der deutschen Bauindustrie festgelegt (s. Tab. 22.3). Dabei ist die Signifikanz der Treiber in allen drei Lev256 (technisch, sozial, wirtschaftlich) ausgewogen. Der wichtigste Treiber ist nach der Auswertung der emprischen Untersuchung die Entlastung der Mitarbeitenden in der Operative (T.A.1) und die damit verbundene Übernahme von schwerer körperlicher Arbeit (T.A.2) auf der sozialen Ebene. Dadurch werden Roboter einen wichtigen Beitrag zur Unterstützung sowie Entlastung des Menschen auf der Baustelle und zur Attraktivitätssteigerung der Berufe des Bauhandwerks leisten. Auf

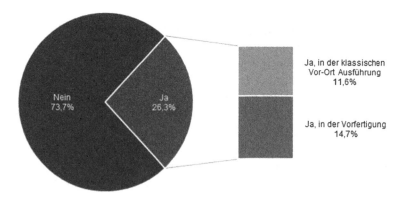

Abb. 22.2 Vorhandene Erfahrungen mit Robotik in deutschen Bauunternehmungen

technsicher Ebene wird die Arbeitsqualität durch die optimerte Ausführungsgenauigkeit der Roboter steigen (T.B.1) und zeitgleich die Integration mit zunehmender Digitalisierung der Branche vereinfacht (T.B.2). Zudem liefern digitale Bauwerksmodelle eine qualitative Datenbasis (T.B.3) zur Ansteuerung und Verwendung der Robotiksysteme. Im wirtschaftlichen Zusammenhang sind die wesentlichen Treiber die Steigerung der Wettbewerbsfähigkeit (T.C.1) durch eine verbesserte Produktivität (T.C.3). Des Weiteren wird der Automatisierungsgrad vorhandener Prozesse mit dem Robotereinsatz erhöht. Zusätzlich erhalten die Unternehmen die Möglichkeit zur Erweiterung der Geschäfts- und Tätigkeitsfelder sowie der Kreation neuer Geschäftsmodelle (T.C.2).

Zusammenfassend kann aus der empirischen Studie abgeleitet werden, dass für eine flächendeckende Implementierung von Robotersystemen die vorhandenen Barrieren überwiegen (12 Barrieren: 8 Treiber (S_z > 50 %), jedoch die wesentlichen Treiber und Mehrwerte bereits bekannt sind. Dabei spielen nicht nur technische Aspekte für die Implementierung von Robotersystemen in die Bauprozesse eine Rolle, sondern vielmehr muss die ganzheitliche und interdisziplinäre Betrachtung unter Berücksichtigung von sozialen, technischen und wirtschaftlichen Aspekten erfolgen. Für die Überwindung dieser Barrieren und der vollständigen Nutzung der Treiber bedarf es weiterführende Implementierungsmodelle von Robotersystemen auf strategischer und operativer Ebene für Unternehmen in der Ausführung.

22.4 Zusammenfassung

In anderen industriellen Sektoren ist der Mehrwert von Robotern in den operativen Prozessen schon seit mehreren Jahrzehnten bekannt (McKinsey Global Institute 2017). Zudem werden Robotiksysteme umfänglich und erfolgreich entlang der Wertschöpfungskette eingesetzt (Carra et al. 2018). In der Bauindustrie gibt es zwar schon verschiedene Entwicklungsansätze (Bock 2015; Chu et al. 2008; Saidi et al. 2016) und Verwendungszwecke (Elattar 2008), dennoch schreitet die Integration lediglich sehr langsam voran (Bock 2015).

Dies resultiert aus der mehrdimensionalen Komplexität von Bauprojekten sowie vorhandenen Herausforderungen auf verschiedensten Ebenen. Zeitgleich sind die Mehrwerte bekannt (Carra et al. 2018; Martinez et al. 2008) und die wesentlichen Treiber für eine Integration und Nutzung identifiziert (Jäkel et al. 2022). Diese existierenden Herausforderungen und Treiber für eine Integration und Verwendung von Robotiksystemen entlang der Wertschöpfungskette der Bauwirtschaft werden in diesem Kapitel dargestellt. Zudem wird zuvor die Thematik der Robotik durch eine Begriffsdefinition und einer Klassifikation erklärt. Zusätzlich werden die grundlegenden Spezifika von Baurobotern aufgeführt.

Dieses grundständige Wissen über Robotik und Baurobotik sowie die vorhandenen Herausforderungen und Treiber für deren Einsätze schaffen ein grundlegendes Verständnis über die wichtigen Themenbereiche der Bauindustrie der Zukunft. Dadurch wird die generelle Akzeptanz für diese neuartigen Technologien gestärkt und mittelfristig die Hemmschwelle für Personen sowie die vorhandenen Eintrittsbarrieren für Unternehmen minimiert. Resultierend daraus wird die Robotisierung des Bausektors in den nächsten Jahren weiter voranschreiten und der Grad der Automatisierung und Digitalisierung gesteigert.

Literatur

(1990) VDI 2860:1990-05; Montage- und Handhabungstechnik; Handhabungsfunktionen, Handhabungseinrichtungen; Begriffe, Definitionen, Symbole. Verein Deutscher Ingenieure (VDI), Berlin.

Akinradewo O, Oke A, Aigbavboa C, Mashangoane M (Hrsg) (2018) Willingness to Adopt Robotics and Construction Automation in the South African Construction Industry.

Bakir Z (2020) Robotik am Bau – Eine Auslegeordnung. Schweizerischer Baumeisterverband. https://baumeister.swiss/robotik-am-bau-eine-auslegeordnung/. Zugegriffen: 12. Oktober 2022.

Bergs T, Gierlings S, Auerbach T, Klink A, Schraknepper D, Augspurger T (2021) The Concept of Digital Twin and Digital Shadow in Manufacturing. Procedia CIRP 101:81–84. https://doi.org/10.1016/j.procir.2021.02.010.

Bock T (2015) The future of construction automation: Technological disruption and the upcoming ubiquity of robotics. Automation in Construction 59:113–121. https://doi.org/10.1016/j.autcon.2015.07.022.

Bogue R (2018) What are the prospects for robots in the construction industry? IR 45:1–6. doi:https://doi.org/10.1108/IR-11-2017-0194.

Carra G, Argiolas A, Bellissima A, Niccolini M, Ragaglia M (2018) Robotics in the Construction Industry: State of the Art and Future Opportunities. In: Teizer J (Hrsg) Proceedings of the 35th International Symposium on Automation and Robotics in Construction (ISARC). International Association for Automation and Robotics in Construction (IAARC).

Chang Y-F, Shih S-G (2013) BIM-based Computer-Aided Architectural Design. Computer-Aided Design and Applications 10:97–109. https://doi.org/10.3722/cadaps.2013.97-109.

Chu B, Kim D, Hong D (2008) Robotic automation technologies in construction: A review(Review). International Journal of Precision Engineering and Manufacturing 3:85–91.

Davila Delgado JM, Oyedele L, Ajayi A, Akanbi L, Akinade O, Bilal M, Owolabi H (2019) Robotics and automated systems in construction: Understanding industry-specific challenges for adoption. Journal of Building Engineering 26:100868. https://doi.org/10.1016/j.jobe.2019.100868.

Davtlab O, Kazemian A, Khoshnevis B (2018) Perspectives on a BIM-integrated software platform for robotic construction through Contour Crafting. Automation in Construction 89:13–23. https://doi.org/10.1016/j.autcon.2018.01.006.

Deutsche Institut für Normung e. V. (2021) ISO 8373:2021-11; Robotics – Vocabulary. Beuth Verlag, Berlin.

Elattar SMS (2008) Automation and Robotics in Construction: Opportunities and Challenges. Emirates Journal for Engineering Research 13:21–26.

H. Yanco, J. Drury (2002) A Taxonomy for Human-Robot Interaction. undefined.

H. Yanco, J. Drury (2004) Classifying human-robot interaction: an updated taxonomy. undefined.

Hampson K, Kraatz JA, Sanchez AX (Hrsg) (2014) R&D Investment and Impact in the Global Construction Industry. Taylor and Francis, Hoboken.

Haun M (2013) Handbuch Robotik. Springer Berlin Heidelberg, Berlin, Heidelberg.

ISO 8373:2021-11 – Robotics – Vocabulary, Geneva, Switzerland.

Jäkel J-I, Rahnama S, Klemt-Albert K (2022) Construction Robotics Excellence Model: A framework to overcome existing barriers for the implementation of robotics in the construction industry. In: Linner T, García de Soto B, Hu R, Brilakis I, Bock T, Pan W, Carbonari A, Castro D, Mesa H, Feng C, Fischer M, Brosque C, Gonzalez V, Hall D, Ng MS, Kamat V, Liang C-J, Lafhaj Z, Pan W, Pan M, Zhu Z (Hrsg) Proceedings of the 39th International Symposium on Automation and Robotics in Construction. International Association for Automation and Robotics in Construction (IAARC).

Kritzinger W, Karner M, Traar G, Henjes J, Sihn W (2018) Digital Twin in manufacturing: A categorical literature review and classification. IFAC-PapersOnLine 51:1016–1022. https://doi.org/10.1016/j.ifacol.2018.08.474.

Linner T (2013) Automated and Robotic Construction: Integrated Automated Construction Sites. undefined.

Mahbub R (2015) Framework on the Barriers to the Implementation of Automation and Robotics in the Construction industry 3:21–36.

Mareczek J (Hrsg) (2020) Grundlagen der Roboter-Manipulatoren – Band 1. Springer Berlin Heidelberg, Berlin, Heidelberg.

Martinez S, Balaguer C, Jardon A, Navarro JM, Gimenez A, Barcena C (2008) Robotized Lean Assembly in the Building Industry. In: Zavadaskas E, Kalauskas A, Skibniewski MJ (Hrsg) ISARC 2008 – Proceedings from the 25th International Symposium on Automation and Robotics in Construction. International Association for Automation and Robotics in Construction (IAARC).

McKinsey Global Institute (2017) Reinventing Construction through a Productivity Revolution. McKinsey Global Institute. https://www.mckinsey.com/capabilities/operations/our-insights/reinventing-construction-through-a-productivity-revolution. Zugegriffen: 12. Oktober 2022.

Mistri Ps, Rathod HA (2015) Remedies over Barriers of Automation and Robotics for Construction:1–4.

Oke A, Aigbavboa C, Mabena S (2017) Effects of Automation on Construction Industry Performance Proceedings of the Second International Conference on Mechanics, Materials and Structural Engineering (ICMMSE 2017). Atlantis Press, Paris, France.

Onnasch L, Maier X, Jürgensohn T (2016) Mensch-Roboter-Interaktion – Eine Taxonomie für alle Anwendungsfälle. In: Bundesanstalt für Arbeitsschutz und Arbeitsmedizin (Hrsg) Bundesanstalt für Arbeitsschutz und Arbeitsmedizin. Bundesanstalt für Arbeitsschutz und Arbeitsmedizin, Dortmund.

Parasuraman R, Sheridan TB, Wickens CD (2000) A model for types and levels of human interaction with automation. IEEE transactions on systems, man, and cybernetics. Part A, Systems and humans : a publication of the IEEE Systems, Man, and Cybernetics Society 30:286–297. https://doi.org/10.1109/3468.844354.

Saidi KS, Bock T, Georgoulas C (2016) Robotics in Construction. In: Siciliano B, Khatib O (Hrsg) Springer Handbook of Robotics. Springer International Publishing, Cham, S 1493–1520.

Siciliano B, Khatib O (Hrsg) (2016) Springer Handbook of Robotics. Springer International Publishing, Cham.

Slepicka M, Vilgertshofer S, Borrmann A (2022) Fabrication information modeling: interfacing building information modeling with digital fabrication. Constr Robot 6:87–99. https://doi.org/10.1007/s41693-022-00075-2.

Stewart RA, Mohamed S, Marosszeky M (2004) An empirical investigation into the link between information technology implementation barriers and coping strategies in the Australian construction industry. Construction Innovation 4:155–171. https://doi.org/10.1108/14714170410815079.

Struková Z, Líška M (2012) Application of Automation and Robotics in Construction Work Execution 2:121–125.

Tavares P, Costa CM, Rocha L, Malaca P, Costa P, Moreira AP, Sousa A, Veiga G (2019) Collaborative Welding System using BIM for Robotic Reprogramming and Spatial Augmented Reality. Automation in Construction 106:102825. https://doi.org/10.1016/j.autcon.2019.04.020.

Todd DJ (1986) Fundamentals of Robot Technology; An Introduction to Industrial Robots, Teleoperators and Robot Vehicles. Springer Netherlands, Dordrecht.

Trujillo D, Holt E (2020) Barriers to Automation and Robotics in Construction. EasyChair, 257–247.

Wickens CD (2013) Engineering psychology and human performance. Routledge, London, England, New York, New York.

Xie H, Shi W, Issa RR (2010) Implementation of BIM/RFID in computer-aided design-manufacturing-installation process. In: Hang Y (Hrsg) 2010 3rd IEEE International Conference on Computer Science and Information Technology. (ICCSIT 2010) ; Chengdu, China, 9 - 11 July 2010. IEEE, Piscataway, NJ, S 107–111.

Yildiz E, Møller C, Bilberg A (2020) Virtual Factory: Digital Twin Based Integrated Factory Simulations. Procedia CIRP 93:216–221. https://doi.org/10.1016/j.procir.2020.04.043.

Zhang J, Luo H, Xu J (2022) Towards fully BIM-enabled building automation and robotics: A perspective of lifecycle information flow. Computers in Industry 135:103570. https://doi.org/10.1016/j.compind.2021.103570.

Anwendungsfelder und Implementierungsmodelle von Robotik im Bauwesen

Jan-Iwo Jäkel, Peyman Mohammed Zoghian und Katharina Klemt-Albert

23.1 Einleitung

Die stetig zunehmende Urbanisierung und die aufgrund der steigenden Weltbevölkerung wachsende Nachfrage nach Neubauten stellen das Bauwesen vor Herausforderungen. Hinzu kommen die Abnahme der Produktivität und der gleichzeitige Fachkräftemangel (Deutsche Industrie- und Handelskammer 2019; Barbosa et al. 2017).

Um die Produktivitätssteigerung zu fördern und Ausfälle auszugleichen, bedarf es neuer Technologien. Eine Technologie, die bereits weitgehend in vielen anderen Wirtschaftszweigen wie z. B. in der Automobilbranche oder in der Halbleiterfertigung eingesetzt wird, ist die Robotik. Im Gegensatz zu stationären Industrieproduktionen ist das Bauwesen jedoch mit heterogenen Umgebungsbedingungen verknüpft, die den gesamtheitlichen Einsatz von Robotik erschweren (Jacob und Kukovec 2022).

Obwohl die Baustellenumgebung oft komplex, unvorhersehbar und schwer kontrollierbar ist, können Roboter dazu beitragen, die Effizienz, Sicherheit und Gesundheit der Mitarbeiter zu verbessern. Dadurch besteht die Möglichkeit, der Arbeit auf der Baustelle

Present Address:

J.-I. Jäkel (✉) · P. M. Zoghian · K. Klemt-Albert
Institut für Baumanagement, Digitales Bauen und Robotik im Bauwesen, RWTH Aachen University, Aachen, Deutschland
E-Mail: jaekel@icom.rwth-aachen.de

P. M. Zoghian
E-Mail: zoghian@icom.rwth-aachen.de

K. Klemt-Albert
E-Mail: klemt-albert@icom.rwth-aachen.de

einen höheren Anreiz zu verleihen und somit dem Fachkräftemangel entgegenzuwirken. Darüber hinaus bedingt der Einsatz von Robotik qualifiziertes Personal mit höheren Fähigkeiten und Qualifikationen. Infolgedessen entstehen höhere Lohnkategorien, die der prekären Lohnsituation in der Bauindustrie gegensteuern. (Künzler et al. 2022)

Aufgrund der genannten Ursachen werden Roboter im Bauwesen derzeit sowohl in Forschungsaktivitäten fokussiert, als auch in verschiedenen Anwendungsbereichen in der Praxis integriert. Dabei kommen sowohl autonome als auch kollaborative Roboter zum Einsatz, um menschliche Arbeitsbelastungen zu mindern und zu unterstützen.

23.2   Anwendungsbereiche der Robotik im Bauwesen

Im Folgenden werden die unterschiedlichen Einsatzfelder von Robotersystemen im Bauwesen beschrieben und in passenden Fallbeispielen vorgestellt. Um einen grundlegenden Überblick über die unterschiedlichsten Lösungen der Robotik im Bauwesen zu erlangen, ist eine Betrachtung unterteilt nach Einsatzbereichen sinnvoll. Die klassischen Domänen im Bauwesen sind der Massiv- und Stahlbau. Ergänzt werden diese um den Holzbau, den Tief- bzw. Erdbau und den Bereich des Innenausbaus. Nicht zuordenbare Systeme werden zudem dem Bereich „Sonstiges" zugeschrieben. Das Kapitel schließt damit ab, wie Robotersysteme in der Praxis einerseits auf strategischer Ebene im gesamten Unternehmen, aber auch auf operativer Ebene auf Baustellen erfolgreich implementiert werden können und stellt in diesem Zusammenhang vorhandene theoretische Modelle vor.

Holzbau
Grundlegend besitzt der Holzbau im Vergleich zu anderen Domänen der Bauwirtschaft einen höheren Digitalisierungs-, Automatisierungs- sowie Standardisierungsgrad. Auch werden viele Holzsysteme bereits vorgefertigt und die Vorteile von homogenen Fertigungsbedingungen in Industriehallen genutzt. (Heinzmann und Karatza 2022; Koppelhuber 2017) Damit einhergehend ist ein bereits breiter Einsatz von Robotik- und Automatisierungssystemen entlang der Fabrikationskette. So werden CNC für die Produktion von Holzrahmenkonstruktion eingesetzt und über eine CAM-Schnittstelle digitale Bauwerksmodelle als Datengrundlage genutzt. (Hamid et al. 2018; Hehenberger 2011) Darüber hinaus gibt es im Holzbau viele Ansätze zur Verwendung von Industrierobotern und kollaborativen Robotern. Industrieroboter werden beispielsweise für die teilautomatisierte Fertigung von unterschiedlichen Holzkonstruktionssystemen eingesetzt. So zeigen Thoma et al. die Möglichkeit des Einsatzes von Industrierobotern für die industrielle Fertigung von Holzrahmenmodulen (Thoma et al. 2019). Ein weiterer Ansatz für den Einsatz zur robotischen Fertigung von flexiblem Großholzstrukturen wird von Wagner et al. präsentiert (Wagner et al. 2020b). Hasan et. al erforschen demgegenüber die Verwendung von robotischen Systemen spezifisch für Systeme aus Nagelbrettschichtholz (Hasan et al. 2019). Viele der im Holzbau hergestellten Konstruktionssysteme besitzen einen hohen

Standardisierungsgrad. Dies bietet einen erleichterten Einsatz von Robotersystemen. Dennoch besitzen Industrieroboter auch die Potenziale für den Einsatz bei der Fabrikation von nicht standardisierten Konstruktionsarten (Willmann et al. 2016). Damit die Vorteile der robotischen Fertigung nicht nur in Produktionshallen erfahren werden können, entwickelten Wagner et. al. eine transportable Roboterplattform für die flexible Fertigung von unterschiedlichen Holzbausystemen unter Verwendung von zwei parallel arbeitenden Industrieroboterarmen (Wagner et al. 2020a). Parallel zu den vielen verschiedenen Einsatzszenarien von Industrierobotern im industriellen Holzbau existieren mobile Systeme für deren Einsatz vor Ort auf der Baustelle. So konfigurierten Chai et al. eine mobile und intelligente Roboterplattform für den Aufbau einer Struktur aus Brettsperrholzplatten (Chai et al. 2022).

Neben der Verwendung von Industrierobotern zur automatisierten Herstellung von unterschiedlichen Holzstrukturen in standardisierten und nichtstandardisierten Konstruktionsweisen ist es von großer Wichtigkeit, den Menschen weiterhin in die Prozesskette der Fabrikation zu integrieren. In diesem Kontext entwickelte sich die Disziplin der Mensch-Roboter-Kollaboration unter dem Einsatz von kollaborativen Robotersystemen. In Zusammenhang der Mensch-Roboter-Kollaboration präsentieren Kaiser et al. einen Workflow für rekonfigurierbare Fertigungssysteme in der industriellen Holzvorfertigung in Verbindung mit Augmented Reality (Kaiser et al. 2021).

Stahlbau

Der Begriff Stahlbau definiert alle Prozesse in der Planung, Konstruktion, Produktion und Montage von Bauwerken, bei denen Bauteile aus Stahl dominierend zum Einsatz kommen (Motzko 2013). Hierbei umfassen Stahlbauteile sowohl tragende und nichttragende Bauteile wie z. B. Stahlprofile, Stahlbleche oder andere aus Stahl hergestellten Elemente bestehende tragende und nichttragende Elemente (Zilch et al. 2019), als auch die zugehörigen Verbindungen (Motzko 2013). Innerhalb des Produktionsprozesses werden die zuvor geplanten und konstruierten Elemente zunächst aus gewalzten Stahlteilen zugeschnitten und mit den entsprechenden Bohrungen versehen. Diese werden anschließend zu einer Baugruppe zusammengebaut sowie geschweißt. (Motzko 2013) Dabei weisen die Produktionsprozesse einen hohen Vorfertigungsgrad sowie eine große Ähnlichkeit zur industriellen Fertigung auf. Die sich aus der hohen Vorfertigung ergebenden Vorteile sind u. a. Wetter- und damit saisonale Unabhängigkeit sowie eine vergleichsweise schnelle Erstellung von Bauwerken oder Teilen davon. (Motzko 2013) Gerade deshalb existieren bereits zahlreiche (teil-)automatisierte Systeme für das Brennen, Sägen, Bohren, Schweißen und Umformen von Stahl (Stumm et al. 2019, 739 f.). Durch den Einsatz von modernen robotergestützten Anlagen können manuelle Produktionsprozesse weitestgehend automatisiert werden.

In (Siebers et al. 2018) werden u. a. robotergestützte Anlagen zum Brennen und Klinken von Profilen sowie zum Schweißen vorgestellt. Bei den Brenn- und Klinkrobotern wird als Schneideverfahren das Plasmaschneiden und beim autogenen Schweißverfahren frei programmierbare 6-Achs-Roboter für die Produktion angewandt (Siebers et al. 2018). Zudem wird auch eine Anlage bestehend aus Handlings- und Schweißrobotern beschrieben, die bei der Produktion für das Zusammenbauen von Stahlkonstruktionen eingesetzt wird. Ein weiteres Einsatzgebiet eines robotergeführten Schweißprozesses wird in (Feldmann et al. 2019) aufgezeigt. In diesem Projekt wurde mittels der Wire Arc Additive Manufacturing (WAAM)-Technologie in Kombination mit Robotertechnik eine stählerne Fußgängerbrücke in Amsterdam 3D-gedruckt. Weitere Untersuchungen hinsichtlich der Kombination von Roboter- und WAAM-Technologie für den 3D-Druck im Stahlbau werden in (Lange et al. 2022) und (Lange und Feucht 2021) vorgestellt.

Trotz des wachsenden robotergestützten Automatisierungsgrads in der Produktion und Vorfertigung ist bislang nur vereinzelt der Einsatz von Robotern auf der Baustelle zur Automatisierung von dort stattfindenden Montageprozessen zu beobachten. Dabei sind viele der Arbeitskräfte einem erhöhten Unfallrisiko ausgesetzt, beispielsweise bei der Montage von Stahlträgern. Um das Unfallrisiko bei der Montage von Stahlträgern zu senken, wurden im Rahmen der Forschungsarbeit (Chu et al. 2010) robotergestützte Verschraubungsvorrichtungen untersucht, die beim Anziehen von Schrauben und Muttern unterstützen sollen. Ein Projekt, welches sich mit der roboterbasierten Unterstützung des Menschen bei der Montage von Stahltragwerken in Hochbauumgebungen beschäftigt, wird in (Lee et al. 2007) beschrieben. In diesem Projekt wurde ein Mensch-Roboter-Kooperationssystem entwickelt, bei dem Roboter schwere und gefährliche Aufgaben durchführen, während der Mensch den Roboter an einem sicheren Ort bedient. In (Liang et al. 2017) wurde hingegen ein autonomes robotergestütztes Montagesystem für Stahlträgern auf der Baustelle entwickelt. Das entwickelte System besteht dabei aus vier Methoden: Drehen, Ausrichten, Verschrauben und Entladen.

Massivbau (Beton, Mauerwerk, Lehm)

Wird von Automatisierungspotenzialen im Bereich des Massivbaus gesprochen, so wird damit die Anwendung von additiven Fertigungsverfahren im Betonbau assoziiert. Der sogenannte Beton-3D-Druck ist ein Teilbereich der additiven Fertigungsverfahren im Bauwesen. Unter additiven Fertigungsverfahren wird die element- oder schichtweise Herstellung eines Gegenstands verstanden. Genau genommen wird mit dem Begriff 3D-Druck ein spezielles additives Verfahren bezeichnet, jedoch setzt sich zunehmend die synonyme Verwendung beider Begriffe im Sprachgebrauch durch. (Verein Deutscher Ingenieure e. V. 2014, S. 3) Neben Beton werden auch eine Vielzahl weiterer Materialien – darunter u. a. Kunststoff und Metall aber auch ungebranntem Ton, gebrannter Keramik, Nylon, Acryl, Sand, Salz oder Holz – für den 3D-Druck genutzt (Krause 2021, 29 f.). Ein weiteres beliebtes und aktuell im Rahmen des 3D-Drucks im Bauwesen untersuchtes Material mit Tradition ist der 3D-Druck mit Lehm (Kontovourkis und Tryfonos 2020). Mit zunehmenden Forschungsaktivitäten im Bereich des Beton-3D-Drucks häufen sich auch die Verfahrensarten. So unterscheiden sich Ansätze der Extrusion, des selektiven Bindens oder durch Sintern. Dabei werden grundlegend die Ansätze des 3D-Drucks neben der (a) Druckstrategie (Druckverfahren) auch nach den Parametern (b) Schichtgeometrie, (c) Maschinenbaukonzept unterschieden (Krause 2021). Dabei differenziert die Schichtengeometrie, die Art der Filamentablage im Druckverfahren (Grob-, Mittel, oder Feinfilamentablage) sowie das Maschinenbaukonzept des Druckverfahrens und der Aufbringung des Materials über unterschiedliche Endeffektoren. In diesem Zusammenhang werden die robotischen Systeme als Portalkran, kabelgeführter Portalkran, Kran, Industrieroboter, Schwarm und Autobetonpumpe klassifiziert. (Krause 2021)

Im Bereich der Extrusion als 3D-Druck-Verfahren gibt es eine weltweit große Forschungsaktivität und erste Einsätze durch Unternehmen in der Wirtschaft (Krause 2021). Dabei wird bei der Extrusion nach dem Strangdruck und Vollwanddruck als Druckstrategie unterschieden. Bei der Strategie des Strangdrucks gibt es die Ansätze des Contour Crafting und des Concrete Printing. Das Contour Crafting (CC) wurde federführend zum Ende der 1990er Jahre entwickelt. Die Ansätze wurden in den letzten Dekaden vorangetrieben und werden zumeist in Asien angewendet und weiterentwickelt (Krause 2021; Hwang und Khoshnevis 2004, 2005). In Deutschland wird die mittelfriste Nutzung des Verfahrens als kritisch beurteilt, da bislang noch keine statischen Berechnungs- und Nachweisverfahren für die allgemeine Zulassung von Bauteilen in der CC-Druckweise entwickelt wurden (Krause 2021).

Demgegenüber erzielt das Concrete Printing (CP) Verfahren eine höhere Genauigkeit beim Drucken, verwendet weniger Material bzw. Filament und kann komplexe Geometrien drucken. Das Verfahren ist auch unter dem Wortlaut „3D Conctrete Printing (3DCP)" bekannt und wird unter Betrachtung verschiedener Ansätze erforscht sowie bereits in ernsten Prototypen umgesetzt (Bello und Memari 2023). 2011 zeigten Lim et. al. in ihren Forschungsarbeiten die ersten Ansätze zum 3D-Druck mit Beton für variable Strukturen (Lim et al. 2011, 2012). Zudem entwickelte die TU Eindhoven einen weiteren Ansatz der Nutzung des 3DCP-Verfahren unter Unterstützung eines Porttalkrans (Krause 2021).

Des Weiteren gibt es eine andere Möglichkeit der Extrusion durch Nutzung eines Spritzkopfes. In diesem Kontext wird der Beton nicht in Schichten gedruckt, sondern die betrachtete Fläche in einem Spritzverfahren schichtenweise aufgetragen. Dieses Verfahren wird auch „Shotcrete-3D Printing (SC3DP)" genannt (Hack und Kloft 2020).

In der Praxis wurden die ersten Ansätze auf nationaler Ebene durch die PERI AG in Zusammenarbeit mit der COBOD AG umgesetzt. Dabei wurde das erste mehrgeschossige Haus im 3DCP-Verfahren in Deutschland gedruckt (Goldmann 2020).

Während die Strangdruckweise den Druck von komplexen und leichten Betonstrukturen ermöglicht, werden beim Vollwanddruck die Wände als monolithische Elemente mit vordefinierter Wandbreite in einem Druckvorgang hergestellt (Krause 2021). Diese Druckweise hebt sich besonders aufgrund der Erreichung höherer Festigkeitsklassen des Betons sowie optimierter bauphysikalischer Eigenschaften vom Strangdruck ab. Obendrein existieren bereits Verfahren für die statische Berechnung der Wandsysteme aus dem 3D-Drucker sowie Methoden der Nachweisführung. (Krause 2021). Ein Beispiel für den Vollwanddruck wurde an der TU Dresden erforscht. Dabei wurde das CONPrint3D-Verfahren entwickelt. Ein 3D Druckverfahren für Betonwände direkt auf der Baustelle unter Verwendung eines speziellen Druckkopfes und einer mobilen Betonpumpe (Krause et al. 2018; Mechtcherine et al. 2019). Darüber hinaus existieren vereinzelte Ansätze zur Nutzung des selektiven Bindens als 3D-Verfahren im Bauwesen. So werden in (Lowke et al. 2020; Pierre et al. 2018; Weger und Gehlen 2021) verschiedene Untersuchungen zur Nutzung des selektiven Bindens von Betonbauteilen durchgeführt. Für den Einsatz des Sinterns als Verfahren des 3D-Druck in der Baubranche wurden bislang noch keine Ansätze publiziert (Krause 2021).

Im Bereich des Massivbaus werden Roboter neben den Verfahren der additiven Fertigung auch im Mauerwerksbau eingesetzt. Eine Möglichkeit des Einsatzes ist die Verwendung einer mobilen Roboterplattform für die schrittweise Positionierung der Mauerwerkssteine und das Bauen der Mauerwerksstruktur (Pritschow et al. 1994; Wos et al. 2021). Ein weiterer Ansatz ist die Verwendung eines Seilroboters mit einem dreidimensionalen Bewegungsradius. Dabei wird ein speziell entwickelter Greifer an einer Seilkonstruktion befestigt. Dieser greift die Steine und platziert diese exakt auf der dafür vorgesehenen Stelle. Dieser Einsatz ist auf groß skalierte Baustrukturen ausgerichtet (Bruckmann et al. 2016; Mattern et al. 2016). In (Dakhli und Lafhaj 2017) wird der Mauerwerksroboter SAM vorgestellt. Dieser nutzt einen Industrieroboterarm samt Spezialgreifer für die Platzierung der Mauerwerkssteine sowie den direkten Auftrag des Mörtels als Zwischenschicht. Neben dem Mauerwerksroboter SAM existiert in der Praxis noch der Bauroboter HEDRAIN X des australischen Unternehmens FBR. Dieses System ist ein umgebauter Autokran mit einem Teleskoparm zur automatisierten Bestückung und Platzierung der Mauerwerkssteine sowie gleichzeitigen Errichtung ganzer Häuser (Dakhli und Lafhaj 2017).

Tiefbau

Der Begriff Tiefbau umfasst alle Planungs- und Bauprozesse, die im Zusammenhang mit der Errichtung von Bauwerken an oder unter der Erdoberfläche stehen (Peter und Peter 2001). In diesem Kontext wird zwischen Straßenbau, Leitungstief- und Kläranlagenbau sowie sonstigem Tiefbau differenziert (Kehl et al. 2022). Das Segment Straßenbau beinhaltet zudem noch die Errichtung von Bahnverkehrsstrecken, Brücken und Tunneln. Zu Leitungstief- und Kläranlagenbau gehören neben der Wasserversorgung und der Abwasserentsorgung auch die Verlegung von Rohrfernleitungen oder kommunaler Fernwärmenetze. Die Tätigkeitsbereiche des sonstigen Tiefbaus liegen beim Bau von Hafenanlagen oder dem Ausbaggern von Wasserstraßen.

Verglichen mit dem Straßenbau herrscht in den restlichen Tiefbausegmenten bislang jedoch nur ein niedriger Automatisierungsgrad, da sich das Baumaterial aufgrund der Heterogenität mittels der Sensorik schwer erfassen lässt. Nichtsdestotrotz können Arbeitsprozesse mit gut planbaren Randbedingungen weitestgehend automatisiert werden (Kehl et al. 2022).

Als Einsatzgebiet von Robotersystemen im Bereich des Tiefbaus werden u. a. Drohnen zur Inspektion von Brücken betrachtet. Drohnen können mit Kameras und Sensoren ausgestattet werden, um hochauflösende Bilder, 3D-Modelle und Messdaten zu sammeln. Diese Daten können daraufhin analysiert werden, um den Zustand der Infrastrukturbauwerke zu beurteilen und potenzielle Schäden oder Schwachstellen zu identifizieren. Auf diese Weise können Instandhaltungsmaßnahmen frühzeitig geplant und durchgeführt werden, bevor es zu größeren Schäden kommt. Eine digitale Instandhaltungsstrategie, die die Drohnen-basierte Diagnostik von Infrastrukturbauwerken umfasst, kann dazu beitragen, Instandhaltungskosten zu senken und die Sicherheit von Bauwerken zu erhöhen. Hierzu wurden im Rahmen von Forschungsarbeiten Drohnen zur Inspektion großer Bauwerke eingesetzt, um anschließend anhand von aufgenommenen Daten die Erkennung von Anomalien zu ermöglichen. (Hallermann et al. 2018)

Ein weiteres Einsatzgebiet liegt in Pipeline- oder Rohrleitungsumgebungen, die aufgrund der u. a. explosiven sowie korrosiven und toxischen Atmosphäre eine Gefahr für den Menschen darstellen. Hinzu kommt, dass manche Rohre entweder unterirdisch oder unter Wasser verlegt wurden. Die in diesen Umgebungen eingesetzten Roboter können den Menschen bei Inspektions- und Reparaturarbeiten unter Wasser unterstützen. (Berge et al. 2015; Bandala et al. 2019)

Im Bereich des Straßenbaus können Roboter eingesetzt werden, um die arbeitsintensive Überprüfung von Straßenoberflächen durchzuführen. Hierbei werden mobile Roboter mit geeigneter Kameratechnik und Sensorik ausgestattet, um Mängel und Risse auf der Straßenoberfläche zu erkennen (Sheta und Mokhtar 2022). Auch weitere Arbeitsschritte, wie z. B. die Reparatur und das Auffüllen von Schlaglöchern können mittels Robotertechnik durchgeführt werden (Krishnamurthy et al. 2021).

Ausbau

Ein weiteres Feld für den Einsatz von Robotern betrifft den Ausbau von Hochbaustellen. Zumeist werden einzelne und repetitive Prozessschritte durch die Systeme übernommen. Die Basis des Systems ist eine mobile Plattform, ausgestattet mit Rädern oder Raupen zur Fortbewegung. Zur Orientierung verwendet der Roboter LiDAR-Systeme, Tiefenkameras und intelligente Mapping-Algorithmen. (Kim et al. 2018) Für die eigentliche Ausführungstätigkeit wird ein (mehrachsiger) Roboterarm verwendet. Konkret im Ausbau existieren verschiedene Einsatzfelder für die Robotersysteme. Beispielsweise werden Robotersysteme im Innenausbau von Gebäuden, speziell im Bereich der vertikalen Wandarbeiten zur Aufbringung von Putzsystemen (Ercan Jenny et al. 2020, 2022) sowie der daran anschließenden Malerarbeiten eingesetzt (Megalingam et al. 2020; Sorour et al.). Darüber hinaus gibt es Ansätze für den Einsatz zur Anbringung von Trockenbauplatten mit mobilen sowie humanoiden Robotern (Kumagai et al. 2019). Neben der Ausführung von Wandarbeiten erfolgt zudem der Einsatz auf der horizontalen Bodenebene. In diesem Zusammenhang werden zum Beispiel Robotersysteme zur Verlegung von Fliesen verwendet (Liu et al. 2018; Ahamed Khan et al. 2011).

Ein weiteres Beispiel für die Nutzung von Robotern zur Entlastung der ausführenden Arbeitskraft bei schweren körperlichen und wiederholenden Arbeiten ist der „Jaibot" der Firma Hilti. Die mobile Roboterplattform wird für die die teilautomatisierte Ausführung von Deckenbohrungen verwendet. Für die Navigation und Ausführungsbewegungen dienen objektorientierte, georeferenzierte digitale Bauwerksmodelle mit spezifischen Informationsinhalten über die Geometrie des Bauwerks sowie die Lage, Tiefe und den Durchmesser der zu bohrenden Löcher (Krönert 2021; Xu et al. 2022).

Sonstige Einsatzfelder

Neben den Einsatzfeldern von Robotern in den Domänen des Holz-, Massiv-, Stahl-, Tief- und Ausbaus existieren viele verschiedene individuelle Anwendungen in spezifischen Einzelprozessen zur Unterstützung sowie Entlastung des Menschen und Steigerung der Prozesseffizienz. Im Bereich des Bewehrungsarbeiten wurde der Roboter „Mesh Mould" von der ETH Zürich entwickelt. Das mobile System biegt, platziert und schweißt in einer teilautomatisierten Prozesskette einen dreidimensionalen Bewehrungskorb für den Bau einer Betonwand. Dabei unterstützt der Mensch die Maschine lediglich bei der Zugabe der Bewehrungsstäbe. Das Platzieren und Schweißen von horizontalen und vertikalen Stäben wird automatisch durch den Roboter ausgeführt. Neben starren Wandkonstruktionen sind auch flexible Formsysteme möglich. (Hack und Lauer 2014; Dörfler et al. 2019)

Ein weiteres Einsatzfeld sind Roboter für den Rückbau, speziell in kontaminierten Bauwerksstrukturen (Gebäude, Kraftwerke, etc.). So gibt es ein entwickeltes Robotersystem für das automatisierte Schleifen von mit Asbest kontaminierten Wänden. Die Ausführung erfolgt durch einen sechsachsigen Roboterarm platziert auf einer mobilen, autonomen Plattform (Quentin et al. 2019; Detert et al. 2017). Zugleich werden autonome Systeme auch im Bereich des Kraftwerksbaus für selektive Rückbauverfahren eingesetzt (Woock et al. 2022).

In der Bauausführung werden neben Industrieroboterarmen auch mobile Plattformen, zoomorphe Roboter oder Drohnen für unterschiedliche Arbeiten verwendet. Drohnen oder mobile Roboter dienen beim Einsatz von Messungen komplexer Baustrukturen (Stemmler et al. 2022; Reiterer et al. 2022) sowie bei Inspektionsarbeiten von Dächern (Banaszek et al. 2017), Fassaden (Ruiz et al. 2022; Chen und Rakha 2021) und Brückenbauwerken (Hallermann und Morgenthal 2014; Seo et al. 2018; Jäkel et al. 2022a). Außerdem existieren Ansätze zum Einsatz mobiler Roboterplattformen sowie zoomorpher Roboter für Inspektionsrundgänge von Gebäuden (Halder et al. 2021), Industrieanlagen mit gefährlichem Terrain (Gehring et al. 2021) oder zur Baufortschrittskontrolle (Afsari et al. 2021).

Zusammenfassend wurden die vielfältigen Verwendungsmöglichkeiten von Robotersystemen in der Bauindustrie gezeigt. Dabei gibt es Möglichkeiten für den Einsatz in der Vorfertigung oder direkt auf der Baustelle in unterschiedlichen Konstruktionsprinzipien (Industrieroboter, zoomorphe Roboter, mobile Plattformen). Die aufgezeigten Szenarien sind lediglich ein Auszug von vielen verschiedenen Möglichkeiten für den Einsatz der Robotik im Bauwesen.

23.3 Implementierungsmodelle

Damit die vorhandenen Eintrittsbarrieren zur Nutzung von Robotik in den dargestellten Einsatzfeldern überwunden werden können und eine qualitative Integration erfolgen kann, bedarf es der Etablierung und Verwendung von Implementierungsmodellen für Bauunternehmen auf strategischer und operativer Ebene. Auf strategischer Ebene existiert das „Construction Robotics Excellence Modell" (CoRoX-Model) (Jäkel et al. 2022b) und für die operative Ebene der „Robotic Evaluation Framework" (Brosque und Fischer 2022a; Brosque et al. 2020). Beide Modelle betrachten die systematische Implementierung von Robotersystemen in vorhandene Strukturen der Bauindustrie und dienen als grundlegende Artefakte für Organisationen der privaten Wirtschaft und öffentliche Institutionen.

Strategische Implementierung – Construction Robotics Excellence Model
Um in der zunehmend dynamischen und komplexen Wirtschaft wettbewerbsfähig zu sein, ist eine kontinuierliche Verbesserung des Unternehmens auf strategischer und operativer Ebene unerlässlich (Muhammad Din et al. 2021; Nenadál et al. 2018; Enquist et al. 2015). Diese kontinuierliche Optimierung geht Hand in Hand mit dem Streben nach Spitzenleistungen des Unternehmens (Muhammad Din et al. 2021; Sampaio et al. 2012). Um Unternehmen bei der Bewältigung von Komplexitäten, der Anpassung an ständige Veränderungen und der Steigerung ihrer Leistung zu unterstützen, rückte in den letzten Jahrzehnten das Thema von Exzellenzmodellen in den Fokus von Unternehmen (Toma und Marinescu 2018; Williams et al. 2006).

Das Construction Robotics Excellence Model (ConRoX Model) ist ein generischer Rahmen zur Überwindung der bestehenden Barrieren und zur qualitativen Implementierung von Robotersystemen in der Bauindustrie (s. Abb. 23.1). Das Modell wurde durch das Institut für Baumanagement, Digitales Bauen und Robotik im Bauwesen der RWTH Aachen University (Jäkel et al. 2022b) entwickelt. Es berücksichtigt alle notwendigen Ebenen – Organisation, Prozesse und IT – eines Bauunternehmens. Darüber hinaus zeigt das Modell, welche Kriterien als Treiber für die Nutzung der vorhandenen Schnittstellenpotenziale zwischen den Robotersystemen und den betriebswirtschaftlichen Fähigkeiten des Unternehmens notwendig sind.

Das ConRoX-Modell gliedert sich in drei voneinander abhängige Bereiche – Potenziale, Befähiger, Umsetzer sowie Ergebnisse. Der erste Bereich der Potenziale dient dazu, Wissen über die Roboterfähigkeiten zu schaffen, Synergien mit den unternehmenseigenen Fähigkeiten zu identifizieren und Anwendungsfelder zu ermitteln.

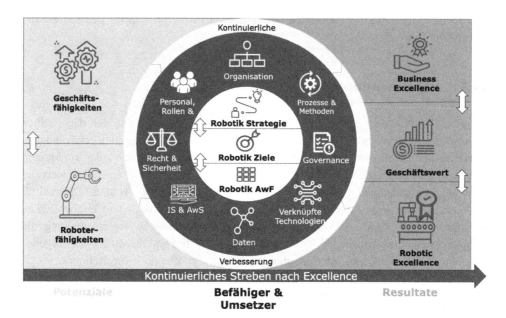

Abb. 23.1 Construction Robotics Excellence Modell (basierend auf (Jäkel et al. 2022b) in Anlehnung an (Pentek 2020))

Die zweite Stufe, „Befähiger und Umsetzer", listet sieben relevante Parameter für eine erfolgreiche Implementierung von Robotersystemen auf. Diese sieben Parameter umfassen eine Implementierung aus verschiedenen Perspektiven und decken alle relevanten Unternehmensebenen – Organisation, Prozesse, Daten und Anwendungssysteme – ab. Die Befähiger unterstützen die Überwindung der Barrieren für den multinützlichen Einsatz von Robotik bei der Anwendung des ConRoX-Modells. Darüber hinaus wird die wichtige technische Komponente der Daten- und Anwendungssysteme in das Modell einbezogen. Somit werden alle wesentlichen Aspekte auf sozialer, wirtschaftlicher und technischer Ebene in dem Modell berücksichtigt. Des Weiteren bezieht sich das ConRoX-Modell auf die Definition einer unternehmensweiten Robotikstrategie sowie auf die Festlegung konkreter Ziele und Anwendungsfälle für den zukünftigen Einsatz von Robotiksystemen im Unternehmen. Da die Befähiger-Ebene eine Schlüsselkomponente ist, wird sie weiter mit einem kontinuierlichen Verbesserungsansatz (KVP) integriert. Die dritte Ebene des Modells beinhaltet die Ergebnisse der erfolgreichen Nutzung der identifizierten Potenziale (Ebene 1) unter Berücksichtigung der Treiber für die Umsetzung sowie der genauen Definition von Strategie, Zielen und Anwendungsfeldern. Durch die positiven Ergebnisse einer Implementierung der Robotik werden neue Best Practices im Unternehmen definiert, neues Wissen generiert und der Mehrwert des Robotereinsatzes im Vergleich zu den hohen Anschaffungskosten wird deutlich. Das angestrebte Ergebnis durch den Einsatz des Modells ist die Steigerung des Unternehmenswertes und das Erreichen von Exzellenz im

Unternehmen in wirtschaftlicher (Business Excellence) und technischer (Robotic Excellence) Hinsicht. Grundlage des Modells ist das generelle und permanente Streben des Unternehmens nach Exzellenz und kontinuierlicher Selbstoptimierung.

Operative Implementierung – Robotic Evaluation Framework
Neben der Betrachtung der Implementierung auf strategischer Ebene spielen vor allem die Möglichkeiten des Einsatzes von Robotik in der Operative eine signifikante Rolle. Zur Unterstützung der Entscheidung und Bewertung von Einsatzmöglichkeiten von Robotersystemen gegenüber konventionellen Bauverfahren mit manuellen Ausführungsprozessen auf der Baustelle wurde als erster Ansatz das Robot Evaluation Framework entwickelt (s. Abb. 23.2) (Brosque und Fischer 2022a). Durch die Bewertungsmethode erhalten Entscheider der Bauausführung ein verständliches und transparentes Vorgehen für die multikriteriale Evaluierung des Einsatzes von Robotersystemen auf der Baustelle. Dabei bedarf es im ersten Schritt der Evaluierung der Definition von Auftraggeber- und Projektzielen. Darauf aufbauend wird die Durchführbarkeit der geplanten Ausführungsprozesse durch den Roboter auf den Ebenen des Produktes, der Organisation und des Prozesses evaluiert.

Sofern die Nutzung des Robotersystemen als passend eingestuft wird, erfolgt die Betrachtung von operativen Parametern im Kontext der Sicherheit, Qualität, der notwendigen Zeitverfügbarkeiten und des Kostenrahmens für die komplette Prozesskette. Daraus resultierend wird eine Empfehlung für eine potenzielle Roboterverwendung abgegeben. Der operative Implementierungsansatz ist noch recht neu und wurde bislang lediglich in Machbarkeitsstudien für exemplarische Bereiche, wie beispielsweise Bohren, Trockenbau, Verlegungsarbeiten angewendet. (Brosque und Fischer 2022a, b; Brosque et al. 2021, 2020).

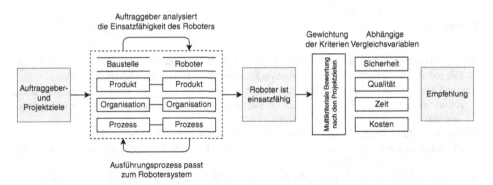

Abb. 23.2 Robotic Evaluation Framework (basierend auf Brosque und Fischer 2022a; Brosque et al. 2020)

23.4 Zusammenfassung

Schon heute gibt es zahlreiche Ansätze zur Nutzung von Robotersystemen im Bauwesen. Die Mehrwehrte sind seit vielen Jahren bekannt (Jäkel et al. 2022b), jedoch steht die Baubranche erst am Anfang einer umfassenden Automatisierung unter Nutzung von Robotersystemen. Dafür werden Prozesse neu definiert sowie effizienter gestaltet. Des Weiteren wird der Faktor Mensch entlang der Prozesskette eine neue Position in einer kollaborativen Rolle neben dem Robotersystem einnehmen sowie sich das Anforderungsprofil an die nächste Generation der Bauingenieure sowie Arbeiter des Baugewebes grundlegend ändern.

Der Artikel gibt einen umfassenden Überblick über die vielfältigen Einsatzmöglichkeiten in unterschiedlichen Anwendungsfeldern von Robotiksystemen in der Baubranche. Dabei werden die vorhandenen Einsatzfelder in insgesamt sechs Domänen des Holz-, Stahl-, Massiv-, Tief- und Ausbaus sowie sonstige Bereiche in der Baubranche dargestellt. Zudem werde pro Domäne unterschiedliche Fallbeispiele aus Wissenschaft und Wirtschaft präsentiert. Damit die Unternehmen in Zukunft die Integration auf strategischer und operativer Ebene vollumfänglich und effizient abwickeln können, werden zusätzlich zwei Rahmenwerke vorgestellt. Dabei fokussiert sich das Construction Robotics Excellence Modell nach (Jäkel et al. 2022b) auf die strategische Unternehmensebene und der Robotic Evaluation Framework nach (Brosque und Fischer 2022a) auf operativer Projektebene.

Dieses Kapitel dient als umfassendes Instruktionspapier zur Schaffung eines grundlegenden Verständnisses der mannigfaltigen Einsatzfelder von Robotik in der Baubranche und deren Integrationsmöglichkeiten in Bauunternehmen auf Management- und Projektebene. Dies soll zur Steigerung der Produktivität und Effizienz sowie der Klärung von Fragen zur Digitalisierung und Automatisierung in der Bauwirtschaft von Morgen dienen.

Literatur

Afsari K, Halder S, Ensafi M, DeVito S, Serdakowski J (2021) Fundamentals and Prospects of Four-Legged Robot Application in Construction Progress Monitoring. EasyChair, 274–263.

Ahamed Khan MKA, Saharuddin KI, Elamvazuthi I, Vasant P (2011) A semi-automated floor tiling robotic system 2011 IEEE Conference on Sustainable Utilization and Development in Engineering and Technology (STUDENT). IEEE, S 156–159.

Banaszek A, Banaszek S, Cellmer A (2017) Possibilities of Use of UAVS for Technical Inspection of Buildings and Constructions. IOP Conf. Ser.: Earth Environ. Sci. 95:32001. https://doi.org/10.1088/1755-1315/95/3/032001.

Bandala AA, Maningo JMZ, Fernando AH, Vicerra RRP, Antonio MAB, Diaz JAI, Ligeralde M, Mascardo PAR (2019) Control and Mechanical Design of a Multi-diameter Tri-Legged In-Pipe Traversing Robot 2019 IEEE/SICE International Symposium on System Integration (SII). IEEE, S 740–745.

Barbosa F, Woetzel J, Mischke J, Ribeirinho MJ, Sridhar M, Parsons M, Bertram N, Brown S (2017) Reinventing Construction: A Route to higher productivity.

Bello ND, Memari AM (2023) Comparative Review of the Technology and Case Studies of 3D Concrete Printing of Buildings by Several Companies. Buildings 13:106. https://doi.org/10.3390/buildings13010106.

Berge JO, Armstrong M, Woodward N (2015) Welding Robot Repairing Subsea Pipelines All Days. OTC.

Brosque C, Fischer M (2022a) A robot evaluation framework comparing on-site robots with traditional construction methods. Constr Robot 6:187–206. https://doi.org/10.1007/s41693-022-00073-4.

Brosque C, Fischer M (2022b) Safety, quality, schedule, and cost impacts of ten construction robots. Constr Robot 6:163–186. https://doi.org/10.1007/s41693-022-00072-5.

Brosque C, Skeie G, Orn J, Jacobson J, Lau T, Fischer M (2020) Comparison of Construction Robots and Traditional Methods for Drilling, Drywall, and Layout Tasks 2020 International Congress on Human-Computer Interaction, Optimization and Robotic Applications (HORA). IEEE, S 1–14.

Brosque C, Skeie G, Fischer M (2021) Comparative Analysis of Manual and Robotic Concrete Drilling for Installation Hangers. J. Constr. Eng. Manage. 147. https://doi.org/10.1061/(ASCE)CO.1943-7862.0002002.

Bruckmann T, Mattern H, Spenglerc A, Reichert C, Malkwitz A, König M (2016) Automated Construction of Masonry Buildings using Cable-Driven Parallel Robots. In: Sattineni A, Azhar S, Castro D (Hrsg) Proceedings of the 33rd International Symposium on Automation and Robotics in Construction (ISARC). International Association for Automation and Robotics in Construction (IAARC).

Chai H, Wagner HJ, Guo Z, Qi Y, Menges A, Yuan PF (2022) Computational design and on-site mobile robotic construction of an adaptive reinforcement beam network for cross-laminated timber slab panels. Automation in Construction 142:104536. https://doi.org/10.1016/j.autcon.2022.104536.

Chen K, Rakha T (Hrsg) (2021) CV-based Registration of UAV-captured Façade Inspection Images to 3D Building Point Cloud Models. Society for Modeling & Simulation International (SCS).

Chu B, Jung K, Ko KH, Hong D (2010) Mechanism and analysis of a robotic bolting device for steel beam assembly ICCAS 2010. IEEE, S 2351–2356.

Dakhli Z, Lafhaj Z (2017) Robotic mechanical design for brick-laying automation. Cogent Engineering 4:1361600. https://doi.org/10.1080/23311916.2017.1361600.

Detert T, Charaf Eddine S, Fauroux J-C, Haschke T, Becchi F, Corves B, Guzman R, Herb F, Linéatte B, Martin D (2017) Bots2ReC: introducing mobile robotic units on construction sites for asbestos rehabilitation. Constr Robot 1:29–37. https://doi.org/10.1007/s41693-017-0007-1.

Deutsche Industrie- und Handelskammer (2019) DIHK-Arbeitsmarktreport 2019; Fachkräfteengpässe groß – trotz schwächerer Konjunktur.

Dörfler K, Hack N, Sandy T, Giftthaler M, Lussi M, Walzer AN, Buchli J, Gramazio F, Kohler M (2019) Mobile robotic fabrication beyond factory conditions: case study Mesh Mould wall of the DFAB HOUSE. Constr Robot 3:53–67. https://doi.org/10.1007/s41693-019-00020-w.

Enquist B, Johnson M, Rönnbäck Å (2015) The paradigm shift to Business Excellence 2.0. International Journal of Quality and Service Sciences 7:321–333. https://doi.org/10.1108/IJQSS-03-2015-0032.

Ercan Jenny S, Lloret-Fritschi E, Gramazio F, Kohler M (2020) Crafting plaster through continuous mobile robotic fabrication on-site. Constr Robot 4:261–271. https://doi.org/10.1007/s41693-020-00043-8.

Ercan Jenny S, Lloret-Fritschi E, Jenny D, Sounigo E, Tsai P-H, Gramazio F, Kohler M (2022) Robotic Plaster Spraying: Crafting Surfaces with Adaptive Thin-Layer Printing. 3D printing and additive manufacturing 9:177–188. https://doi.org/10.1089/3dp.2020.0355.

Feldmann M, Kühne R, Citarelli S, Reisgen U, Sharma R, Oster L (2019) 3D-Drucken im Stahl-bau mit dem automatisierten Wire Arc Additive Manufacturing. Stahlbau 88:203–213. https://doi.org/10.1002/stab.201800029.

Gehring C, Fankhauser P, Isler L, Diethelm R, Bachmann S, Potz M, Gerstenberg L, Hutter M (2021) ANYmal in the Field: Solving Industrial Inspection of an Offshore HVDC Platform with a Quadrupedal Robot. In: Ishigami G, Yoshida K (Hrsg) Field and Service Robotics. Springer Singapore, Singapore, S 247–260.

Goldmann M (2020) Betondruck: Deutschlands erstes Wohnhaus aus dem 3D-Drucker. Veröffent-licht am 26.11.2020.

Hack N, Kloft H (2020) Shotcrete 3D Printing Technology for the Fabrication of Slender Fully Reinforced Freeform Concrete Elements with High Surface Quality: A Real-Scale Demonstra-tor. In: Bos FP, Lucas SS, Wolfs RJ, Salet TA (Hrsg) Second RILEM International Conference on Concrete and Digital Fabrication. Springer International Publishing, Cham, S 1128–1137.

Hack N, Lauer WV (2014) Mesh-Mould: Robotically Fabricated Spatial Meshes as Reinforced Concrete Formwork. Archit Design 84:44–53. https://doi.org/10.1002/ad.1753.

Halder S, Afsari K, Serdakowski J, DeVito S (2021) A Methodology for BIM-enabled Automated Reality Capture in Construction Inspection with Quadruped Robots. In: Feng C, Linner T, Brila-kis I et al (Hrsg) Proceedings of the 38th International Symposium on Automation and Robotics in Construction (ISARC). International Association for Automation and Robotics in Construction (IAARC).

Hallermann N, Morgenthal G (2014) Visual inspection strategies for large bridges using Unmanned Aerial Vehicles (UAV). In: Chen A, Frangopol D, Ruan X (Hrsg) Bridge Maintenance, Safety, Management and Life Extension. CRC Press, S 661–667.

Hallermann N, Helmrich M, Morgenthal G, Schnitzler E, Rodehorst V, Debus P (2018) UAS-basierte Diagnostik von Infrastrukturbauwerken. Bautechnik 95:720–726. https://doi.org/10.1002/bate.201800066.

Hamid M, Tolba O, El Antably A (2018) BIM semantics for digital fabrication: A knowledge-based approach. Automation in Construction 91:62–82. https://doi.org/10.1016/j.autcon.2018.02.031.

Hasan H, Reddy A, Tsayjacobs A (2019) Robotic Fabrication of Nail Laminated Timber. In: Al-Hussein M (Hrsg) Proceedings of the 36th International Symposium on Automation and Robotics in Construction (ISARC). International Association for Automation and Robotics in Construction (IAARC).

Hehenberger P (2011) Computerunterstützte Fertigung; Eine kompakte Einführung. Springer, Ber-lin, Heidelberg.

Heinzmann A, Karatza NP (2022) Automatisierung und Digitalisierung im Holzbau. Springer Fach-medien Wiesbaden, Wiesbaden.

Hwang D, Khoshnevis B (2004) Concrete Wall Fabrication by Contour Crafting Proceedings of the 21st International Symposium on Automation and Robotics in Construction. International Association for Automation and Robotics in Construction (IAARC).

Hwang D, Khoshnevis B (2005) An Innovative Construction Process-Contour Crafting (CC) Pro-ceedings of the 22nd International Symposium on Automation and Robotics in Construction. International Association for Automation and Robotics in Construction (IAARC).

Jacob C, Kukovec S (2022) Auf dem Weg zu einer nachhaltigen, effizienten und profitablen Wert-schöpfung von Gebäuden. Springer Fachmedien Wiesbaden, Wiesbaden.

Jäkel J-I, Hartung R, Klemt-Albert K (2022a) A concept of an automated damage management for the maintenance of bridge structures in the context of a life cycle oriented approach Proceedings of the 2022 European Conference on Computing in Construction. University of Turin.

Jäkel J-I, Rahnama S, Klemt-Albert K (2022b) Construction Robotics Excellence Model: A fra-mework to overcome existing barriers for the implementation of robotics in the construction industry. In: Linner T, García de Soto B, Hu R, Brilakis I, Bock T, Pan W, Carbonari A, Castro D, Mesa H, Feng C, Fischer M, Brosque C, Gonzalez V, Hall D, Ng MS, Kamat V, Liang C-J, Lafhaj Z, Pan W, Pan M, Zhu Z (Hrsg) Proceedings of the 39th International Symposium on Automation and Robotics in Construction. International Association for Automation and Robotics in Construction (IAARC).

Kaiser B, Strobel T, Verl A (2021) Human-Robot Collaborative Workflows for Reconfigurable Fabrication Systems in Timber Prefabrication using Augmented Reality 2021 27th International Conference on Mechatronics and Machine Vision in Practice (M2VIP). IEEE, S 576–581.

Kehl C, Achternbosch M, Revermann C (2022) Innovative Technologien, Prozesse und Produkte in der Bauwirtschaft. TAB-Fokus.

Kim P, Chen J, Kim J, Cho YK (2018) SLAM-Driven Intelligent Autonomous Mobile Robot Navigation for Construction Applications. In: Smith IFC, Domer B (Hrsg) Advanced Computing Strategies for Engineering. Springer International Publishing, Cham, S 254–269.

Kontovourkis O, Tryfonos G (2020) Robotic 3D clay printing of prefabricated non-conventional wall components based on a parametric-integrated design. Automation in Construction 110:103005. https://doi.org/10.1016/j.autcon.2019.103005.

Koppelhuber J (2017) Holzbau in der Bauwirtschaft; Ein Paradigmenwechsel hin zum Industriellen Bauen 10. Europäischer Kongress Bauen mit Holz im urbanen Raum, S 175–186.

Krause M (2021) Baubetriebliche Optimierung des vollwandigen Beton-3D-Drucks. Dissertation. TU Dresden.

Krause M (2021) Additive Fertigungsverfahren im Bauwesen. In: Krause M (Hrsg) Baubetriebliche Optimierung des vollwandigen Beton-3D-Drucks. Springer Fachmedien Wiesbaden, Wiesbaden, S 29–80.

Krause M, Otto J, Bulgakov A, Sayfeddine D (2018) Strategic Optimization of 3D-Concrete-Printing Using the Method of CONPrint3D®. In: Teizer J (Hrsg) Proceedings of the 35th International Symposium on Automation and Robotics in Construction (ISARC). International Association for Automation and Robotics in Construction (IAARC).

Krishnamurthy A, Kumar B, Suthir S (2021) The Repaschine: A Robot to Analyze and Repair Roads Using Cutting-Edge Technologies. In: Raj JS (Hrsg) International Conference on Mobile Computing and Sustainable Informatics. Springer International Publishing, Cham, S 249–254.

Krönert N (2021) BIM bei Hilti. In: Borrmann A, König M, Koch C, Beetz J (Hrsg) Building Information Modeling. Springer Fachmedien Wiesbaden, Wiesbaden, S 757–766.

Kumagai I, Kanehiro F, Morisawa M, Sakaguchi T, Nakaoka S, Kaneko K, Kaminaga H, Kajita S, Benallegue M, Cisneros R (2019) Toward Industrialization of Humanoid Robots: Autonomous Plasterboard Installation to Improve Safety and Efficiency. IEEE Robot. Automat. Mag. 26:20–29. https://doi.org/10.1109/MRA.2019.2940964.

Künzler K, Robbi S, Schuster A, Schuster P (2022) Technologiereport: Digitalisierung der Bau- und Immobilienbranche. Bundesministerium Klimaschutz, Umwelt, Energie, Mobilität, Innovation und Technologie.

Lange J, Feucht T (2021) Agiles Projektmanagement am Beispiel des 3D-Druckens im Stahlbau. In: Hofstadler C, Motzko C (Hrsg) Agile Digitalisierung im Baubetrieb. Grundlagen, Innovationen, Disruptionen und Best Practices. Springer Fachmedien Wiesbaden; Imprint Springer Vieweg, Wiesbaden, S 563–588.

Lange J, Waldschmitt B, Borg Costanzi C (2022) 3D-gedruckte Stützen mit außergewöhnlicher Geometrie. Stahlbau 91:365–374. https://doi.org/10.1002/stab.202200020.

Lee S-K, Doh NL, Park G-T, Kang K-I, Lim M-T, Hong D-H, Park S-S, Lee U-K, Kang T-K (2007) Robotic technologies for the automatic assemble of massive beams in high-rise building 2007 International Conference on Control, Automation and Systems. IEEE, S 1209–1212.

Liang C-J, Kang S-C, Lee M-H (2017) RAS: a robotic assembly system for steel structure erection and assembly. Int J Intell Robot Appl 1:459–476. https://doi.org/10.1007/s41315-017-0030-x.

Lim S, Buswell R, Le T, Wackrow R, Austin S, Gibb A, Thorpe T (2011) Development of a Viable Concrete Printing Process. In: Kwon S (Hrsg) 28th International Symposium on Automation and Robotics in Construction (ISARC 2011). International Association for Automation and Robotics in Construction (IAARC).

Lim S, Buswell RA, Le TT, Austin SA, Gibb A, Thorpe T (2012) Developments in construction-scale additive manufacturing processes. Automation in Construction 21:262–268. https://doi.org/10.1016/J.AUTCON.2011.06.010.

Liu T, Zhou H, Du Y, Zhang J, Zhao J, Li Y (2018) A Brief Review on Robotic Floor-Tiling IECON 2018 – 44th Annual Conference of the IEEE Industrial Electronics Society. IEEE, S 5583–5588.

Lowke D, Talke D, Dressler I, Weger D, Gehlen C, Ostertag C, Rael R (2020) Particle bed 3D printing by selective cement activation – Applications, material and process technology. Cement and Concrete Research 134:106077. https://doi.org/10.1016/j.cemconres.2020.106077.

Mattern H, Bruckmann T, Spengler A, Konig M (2016) Simulation of automated construction using wire robots 2016 Winter Simulation Conference (WSC). IEEE, S 3302–3313.

Mechtcherine V, Markin V, Will F, Näther M, Otto J, Krause M, Naidu VN, Schröfl C (2019) CONPrint3D Ultralight – Herstellung monolithischer, tragender, wärmedämmender Wandkonstruktionen durch additive Fertigung mit Schaumbeton/Production of monolithic, load-bearing, heat-insulating wall structures by additive manufacturing with foam concrete. Bauingenieur 94:405–415. https://doi.org/10.37544/0005-6650-2019-11-19.

Megalingam RK, Prithvi Darla V, Kumar Nimmala CS (2020) Autonomous Wall Painting Robot 2020 International Conference for Emerging Technology (INCET). IEEE, S 1–6.

Motzko C (2013) Praxis des Bauprozessmanagements. Wiley.

Muhammad Din A, Asif M, Awan MU, Thomas G (2021) What makes excellence models excellent: a comparison of the American, European and Japanese models. TQM 33:1143–1162. https://doi.org/10.1108/TQM-06-2020-0124.

Nenadál J, Vykydal D, Waloszek D (2018) Organizational Excellence: Approaches, Models and Their Use at Czech Organizations. QIP Journal 22:47. https://doi.org/10.12776/QIP.V22I2.1129.

Pentek T (2020) A capability reference model for strategic data management. University St.Gallen, St. Gallen.

Peter NK, Peter N (2001) Lexikon der Bautechnik; 10.000 Begriffsbestimmungen, Erläuterungen und Abkürzungen. C.F. Müller, Heidelberg.

Pierre A, Weger D, Perrot A, Lowke D (2018) Penetration of cement pastes into sand packings during 3D printing: analytical and experimental study. Mater Struct 51. https://doi.org/10.1617/s11527-018-1148-5.

Pritschow G, Dalacker M, Kurz J, Zeiher J (1994) A mobile robot for on-site construction of masonry Proceedings of IEEE/RSJ International Conference on Intelligent Robots and Systems (IROS'94). IEEE, S 1701–1707.

Quentin T, Harrisson DRA, Philippe V, Jean-Christophe F, Frédéric C, Laurent S (2019) Robotized grinding experiments of construction materials for asbestos removal operation. In: Uhl T (Hrsg) Advances in Mechanism and Machine Science. Springer International Publishing, Cham, S 2621–2630.

Reiterer A, Merkle D, Schmitt A (2022) Digitalisierung von Bestandsbauwerken mit KI. Bautechnik 99:425–432. https://doi.org/10.1002/bate.202200013.

Ruiz RDB, Lordsleem Jr. AC, Rocha JHA, Irizarry J (2022) Unmanned aerial vehicles (UAV) as a tool for visual inspection of building facades in AEC+FM industry. Construction Innovation 22:1155–1170. https://doi.org/10.1108/CI-07-2021-0129.

Sampaio P, Saraiva P, Monteiro A (2012) A comparison and usage overview of business excellence models. TQM 24:181–200. https://doi.org/10.1108/17542731211215125.

Seo J, Duque L, Wacker J (2018) Drone-enabled bridge inspection methodology and application. Automation in Construction 94:112–126. doi:https://doi.org/10.1016/j.autcon.2018.06.006.

Sheta A, Mokhtar SA (2022) Autonomous Robot System for Pavement Vrack Inspection based on CNN Model. Journal of Theoretical and Applied Information Technology:5119–5128.

Siebers R, Helmus M, Malkwitz A, Meins-Becker A (Hrsg) (2018) Baubetrieb im Stahlbau. Beuth Verlag GmbH, Berlin, Wien, Zürich.

Sorour M, Abdellatif M, Ramadan A, Abo-Ismail A Development of Roller-Based Interior Wall Painting Robot International Conference on Automation and Mechatronics (ICAM-2011)At: Venice, S 1785–1792.

Stemmler S, Kaufmann T, Bange MJ, Merkle D, Reiterer A, Klemt-Albert K, Marx S (2022) Multisource-data-fusion for the digitization of critical infrastructural elements. In: Chrysoulakis N, Erbertseder T, Zhang Y (Hrsg) Remote Sensing Technologies and Applications in Urban Environments VII. SPIE.

Stumm S, Brell-Cokcan S, Feldmann M (2019) Robotik im Stahlbau 4.0: Von der digitalen Planung zu Produktion und Bau. In: Kuhlmann U (Hrsg) Stahlbau Kalender 2019. Wiley, S 733–778.

Thoma A, Adel A, Helmreich M, Wehrle T, Gramazio F, Kohler M (2019) Robotic Fabrication of Bespoke Timber Frame Modules. In: Willmann J, Block P, Hutter M, Byrne K, Schork T (Hrsg) Robotic Fabrication in Architecture, Art and Design 2018. Springer International Publishing, Cham, S 447–458.

Toma S-G, Marinescu P (2018) Business excellence models: a comparison. Proceedings of the International Conference on Business Excellence 12:966–974. https://doi.org/10.2478/picbe-2018-0086.

Verein Deutscher Ingenieure e. V. (2014) Additive Fertigungsverfahren; Grundlagen, Begriffe, Verfahrensbeschreibungen (VDI 3405). Beuth Verlag GmbH, Berlin.

Wagner HJ, Alvarez M, Kyjanek O, Bhiri Z, Buck M, Menges A (2020a) Flexible and transportable robotic timber construction platform – TIM. Automation in Construction 120:103400. https://doi.org/10.1016/j.autcon.2020.103400.

Wagner HJ, Alvarez M, Groenewolt A, Menges A (2020b) Towards digital automation flexibility in large-scale timber construction: integrative robotic prefabrication and co-design of the BUGA Wood Pavilion. Constr Robot 4:187–204. https://doi.org/10.1007/s41693-020-00038-5.

Weger D, Gehlen C (2021) Particle-Bed Binding by Selective Paste Intrusion-Strength and Durability of Printed Fine-Grain Concrete Members. Materials (Basel, Switzerland) 14. https://doi.org/10.3390/ma14030586.

Williams R, Bertsch B, van der Wiele A, van Iwaarden J, Dale B (2006) Self-Assessment Against Business Excellence Models: A Critiqueand Perspective. Total Quality Management & Business Excellence 17:1287–1300. https://doi.org/10.1080/14783360600753737.

Willmann J, Knauss M, Bonwetsch T, Apolinarska AA, Gramazio F, Kohler M (2016) Robotic timber construction — Expanding additive fabrication to new dimensions. Automation in Construction 61:16–23. https://doi.org/10.1016/j.autcon.2015.09.011.

Woock P, Petereit J, Frey C, Beyerer J (2022) ROBDEKON – competence center for decontamination robotics. at – Automatisierungstechnik 70:827–837. https://doi.org/10.1515/auto-2022-0072.

Wos P, Dindorf R, Takosoglu J (2021) Bricklaying Robot Lifting and Levelling System. Komunikácie 23:B257-B264. https://doi.org/10.26552/com.C.2021.4.B257-B264.

Xu X, Holgate T, Coban P, García de Soto B (2022) Implementation of a Robotic System for Overhead Drilling Operations: A Case Study of the Jaibot in the UAE. IJADT 1. https://doi.org/10.54878/IJADT.100.

Zilch K, Diederichs CJ, Beckmann KJ, Gertz C, Malkwitz A, Moormann C, Urban W, Valentin F (Hrsg) (2019) Handbuch für Bauingenieure; Technik, Organisation und Wirtschaftlichkeit. Springer Fachmedien Wiesbaden GmbH; Springer Vieweg, Wiesbaden.

Digitalisierung und KI in der Baurobotik: Eine Analyse der aktuellen Entwicklungen und zukünftigen Potenziale

24

Julius Emig, Dietmar Siegele und Michael Terzer

24.1 Status Quo und Potenziale

Der Einsatz von Robotik-Technologien hat in Bereichen wie Logistik und Industrieproduktion bereits eine hohe Durchdringung erreicht. In der Bauindustrie hingegen sind solche Technologien bislang noch wenig verbreitet, obwohl sie das Potenzial haben, die oft als ineffizient, unproduktiv und innovationsarm beschriebene Branche grundlegend zu verändern („Marktbericht für Bauroboter (2022–27)" 2023). Eine Vielzahl von Konzepten und Anwendungsszenarien wurden in den letzten Jahren entwickelt. Von der Ausführung einzelner Arbeitsschritte, über die Teilautomatisierung ganzer Arbeitsschritte, bis zur Vollautomatisierung der Baustelle gibt es viele Gedankenansätze (Bock 2015). Eine aktuelle Entwicklung in der Baurobotik ist beispielsweise die Anwendung von kollaborativen Robotern, auch *Cobots* genannt. *Cobots* sollen in Zukunft gemeinsam mit menschlichen Arbeitern auf Baustellen agieren und so die Lücke zwischen Spezialrobotern (optimiert für eine Tätigkeit) und der Vollautomatisierung der Baustelle schließen (Liang et al. 2021). Dies ist den meisten Autoren zufolge erforderlich, weil es insbesondere im Sanierungs- und Umbaubereich in absehbarer Zeit nicht möglich sein wird eine vollautomatische Baustelle zu realisieren. Kollaborative Roboter können Hilfs- und Fachkräfte ersetzen, diese

J. Emig (✉) · D. Siegele · M. Terzer
Fraunhofer Italia Research, Bozen, Italien
E-Mail: julius.emig@fraunhofer.it

D. Siegele
E-Mail: dietmar.siegele@fraunhofer.it

M. Terzer
E-Mail: michael.terzer@fraunhofer.it

413
S. Haghsheno et al. (Hrsg.), *Künstliche Intelligenz im Bauwesen*,
https://doi.org/10.1007/978-3-658-42796-2_24

aber auch unterstützen. Sie unterliegen jedoch Limitierungen, insbesondere hinsichtlich der Arbeitsgeschwindigkeit und des Werkzeugwechsels. Auf absehbare Zeit werden daher etliche Arbeitsschritte, die durch Menschen ausgeführt werden, deutlich schneller und effizienter sein, als wenn sie von Robotern ausgeführt werden würden.

Zu den Herausforderungen, die einem breiten Einsatz von Robotern in der Bauindustrie entgegenstehen, gehören jedoch ganz andere Punkte. Es sind die enormen Unterschiede in den Anforderungen für Klein- und Großbaustellen sowie für Neubau-, Bestandsbau- und Sanierungsprojekte. Darüber hinaus stellen Baustellen eine unwirtliche Umgebung für Roboter dar: Wechselnde Witterungs- und Lichtverhältnisse, geringer Digitalisierungsgrad insbesondere bei Bestands- und Sanierungsprojekten sowie schlechte oder nicht vorhandene Internetverbindungen erschweren den Einsatz von Robotik. In diesem Buchkapitel konzentrieren wir uns auf die Herausforderungen in der Navigation der Roboter und in der Baustellenablauf- bzw. Aufgabenplanung der Roboter. Etliche andere dieser Herausforderungen können und müssen ebenfalls mit KI gelöst werden. Als Beispiel sei hier die gesamte Thematik der *Computer Vision* (CV) genannt. Jedoch würde dies den Rahmen dieses Kapitels sprengen.

Die erfolgreiche Integration von Robotik in der Bauindustrie erfordert eine flächendeckende Umsetzung von Konzepten und Technologien wie *Building Information Modeling* (BIM) und *Machine Learning* (ML). ML ist in der Robotik bereits fest etabliert, beispielsweise zum Erkennen von Hindernissen, zur Optimierung von Bewegungsabläufen oder zur Routenplanung (Semeraro et al. 2023; Soori et al. 2023). Obwohl die Potenziale von BIM für effiziente Bauprozesse im Allgemeinen und für die Baurobotik im Speziellen bekannt sind, müssen die Implementierung und die vorhandenen Schnittstellen noch weiterentwickelt und optimiert werden (Follini et al. 2020a).

Die derzeit auf dem Markt erhältlichen Robotersysteme, die für den Einsatz auf Baustellen konzipiert und entwickelt wurden, sind oftmals wenig flexibel und zu teuer, um einen wirtschaftlichen Einsatz in der Praxis zu ermöglichen. Um eine effiziente und automatisierte Nutzung von Baustellenrobotik zu erreichen, sind Anpassungen von Bauprozessen und Baustellenstrukturen sowie weitere Innovationen im Bereich der Robotik-Hardware erforderlich.

Das folgende Buchkapitel gliedert sich wie folgt: Wir werden zuerst den Stand der Forschung und Technik darstellen. Dieser Abschnitt gliedert sich in eine Übersicht über Bauroboter im Allgemeinen und die Navigation der Bauroboter im Speziellen. Zudem erläutern wir den aktuellen Stand in der digitalen Baustellenablaufplanung. Basierend auf diesem Stand des Wissens steigen wir tiefer in die Thematik ein, wie BIM und KI in der Roboternavigation und in weiterer Folge in der Planung der auszuführenden Tätigkeiten zum Einsatz kommen kann. Anschließend geben wir einen Ausblick darüber, welche Anforderungen für einen massentauglichen Bauroboter erfüllt werden müssen, um eine Marktdurchdringung zu erreichen.

24.2 Stand der Forschung und Technik

24.2.1 Baurobotik

In den letzten Jahren haben Roboter in der Baubranche zunehmend an Bedeutung gewonnen („Marktbericht für Bauroboter (2022–27)" 2023). Im Folgenden werden verschiedene kommerzielle und prototypische Roboterlösungen (siehe Abb. 24.1) vorgestellt, wobei der Schwerpunkt auf mobilen Robotersystemen liegt.

Zuerst betrachten wir die Gruppe von Robotern mit mobilen, verfahrbaren Plattformen. Hierzu zählt der *Jaibot* (Hilti Corporation 2023; Krönert und Zanona 2021) von Hilti, der automatisch Löcher in Betonwände und -decken bohren kann. *Jaibot* besitzt eine mobile Plattform, die nicht selbständig zum jeweiligen Einsatzort fährt, sondern manuell dorthin verfahren werden muss. Zu weiteren Robotern mit mobiler Plattform zählt *Baubot* (Baubot GmbH 2023). Hierbei handelt es sich um einen multifunktionalen Roboter, der modular aufgebaut ist und mit einer vergleichsweise großen Bandbreite an verschiedenen Werkzeugen ausgestattet werden kann. Laut Hersteller zählen unter anderem 3D-Druck, Plasmaschneiden, Laser-Markierung, Mauern, Farbsprühen, Schweißen und Bohren zu den durchführbaren Tätigkeiten von *Baubot*. Der Hersteller bietet eine rudimentäre BIM-Unterstützung auf Basis von IFC 2×3 an. Im Rahmen des noch laufenden EU-Projekts *CONCERT* (CORDIS 2023a) wird auch eine mobile Roboterplattform für Bauanwendungen entwickelt, die für verschiedene Tätigkeiten einsetzbar sein soll. Hier liegt der Fokus vor allem auf der Rekonfigurierbarkeit des auf der Plattform angebrachten Roboterarms und der Kollaboration mit menschlichen Arbeitern. *Bots2Rec* (CORDIS 2023b; Detert et al. 2017) ist ein weiteres EU-Projekt, in dessen Rahmen der Prototyp einer mobilen Plattform zur automatisierten Asbestbeseitigung entwickelt wurde. Das Projekt stellt einen Effizienzgewinn gegenüber der Asbestbeseitigung durch menschliche Arbeiter in Aussicht. Es wurde jedoch bis heute keine Validierung in einer realen Arbeitsumgebung außerhalb einer geschützten Testumgebung durchgeführt (Detert et al. 2017). Der

Abb. 24.1 ROSBIM-Roboter entwickelt von Fraunhofer Italia

Prototyp eines mobilen Mauerroboter mit dem Namen *Wallbot* (Zickler et al. 2021) wird im Rahmen eines Forschungsprojekts der TU Dresden unter Beteiligung der SKM GmbH entwickelt. Der klassische Prozess der Mauerwerkerrichtung mit Mörtelauftrag, Platzieren sowie Zuschneiden von Steinen sowie der autonomen Navigation auf der Baustelle soll vom *Wallbot* abgedeckt werden können (Zickler et al. 2021). Auch hier wird jedoch auf die noch ausstehenden Nachweise der Praxistauglichkeit des Gesamtsystems im realen Baustellenszenario verwiesen.

Des Weiteren soll an dieser Stelle die Gruppe der Vier-Bein Roboter genannt werden, die überwiegend zu Erkundungszwecken bzw. im Baukontext zur Bauzustandserfassung eingesetzt werden können. Hierzu zählen *Spot* von Boston Dynamics und *ANYmal* von ANYbotics. Beide zeigen in Demonstrationen eine robuste und autonome Fortbewegung in verschiedenen Umgebungen (Halder et al. 2023). Der Einsatz für die digitale Bestands- und Bauaufnahme scheint hier also durchaus schon jetzt realisierbar.

Auch wenn einige der vorgestellten Roboter schon kommerziell vermarktet und vertrieben werden, wird noch keiner von ihnen großflächig in der Bauindustrie eingesetzt. Dies liegt vor allem daran, dass die Kosten dieser Produkte momentan im Vergleich zum tatsächlichen praktischen Nutzen noch zu hoch sind. Zu einem vergleichbaren Fazit kommt auch (Will 2022).

24.2.2 Herausforderungen der Navigation in der Baurobotik

Die Navigation von Robotern auf Baustellen ist aufgrund der dynamischen und unsicheren Randbedingungen eine enorme Herausforderung. Der bei Staubsaugerrobotern bekannte Ansatz, die gesamte Umgebung zunächst abzufahren und eine Karte der Umgebung zu erstellen, ist für die Baustellenrobotik nicht geeignet. Dies liegt einerseits am hohen zeitlichen Aufwand und andererseits an der ständig wechselnden Umgebung. In verschiedenen Studien (u. a. Follini et al. 2020a, b; Ibrahim et al. 2019; Siemiątkowska et al. 2013) wird der Einsatz eines digitalen Gebäudemodells auf Basis von BIM für die Roboternavigation vorgeschlagen. Da die marktreife Umsetzung dieses Konzepts im Idealfall mit Verwendung von Modellupdates in Echtzeit eine Vorrausetzungen für den breiten Einsatz von Robotern auf der Baustelle ist, wird in Abschn. 24.3 im Detail darauf eingegangen.

Abgesehen von der theoretischen Kenntnis der Umgebung auf Basis von digitalen Modellen sind vor allem die Roboterwahrnehmung mittels Sensoren und Witterungsbedingungen als wichtige Einflussfaktoren auf die Navigation zu nennen. So stellen starke Winde und Regen eine große Herausforderung dar und können die Routenplanung und Navigation stark beeinflussen, insbesondere durch die Beeinträchtigung der Sensoren (Zhao et al. 2022). Die Roboterwahrnehmung wird in (Guastella und Muscato 2020) als entscheidender Faktor für die autonome Navigation in unstrukturierten Umgebungen identifiziert. Weiterhin wird der Durchbruch von modernen ML-Algorithmen in der jüngeren

Vergangenheit als Teil der Lösung von Navigationsproblemen beschrieben. Dies liegt insbesondere in an ihrer Fähigkeit große Mengen von Sensordaten in Echtzeit zu analysieren und mittels *sensor fusion* Daten von verschiedenen Sensortypen zu kombinieren (Alatise und Hancke 2020).

Um die Herausforderungen der Navigation in der Baurobotik erfolgreich zu bewältigen, müssen innovative Lösungen entwickelt werden, die sowohl den Einsatz digitaler Gebäudemodelle und Echtzeitinformationen als auch die Verbesserung der Roboterwahrnehmung und Anpassungsfähigkeit an wechselnde Umgebungsbedingungen berücksichtigen. Die Integration moderner ML-Algorithmen kann hierbei einen entscheidenden Beitrag leisten, um die autonome Navigation von Robotern in der Baubranche zu optimieren und effizienter zu gestalten.

24.2.3 Digitale Baustellenablaufplanung

Eine weitere Voraussetzung für den effizienten Einsatz von Robotik auf der Baustelle ist eine BIM integrierte, praxistaugliche und digitale Baustellenablaufplanung. Obwohl die integrale und digitale Baustellenplanung bereits seit den 1990er Jahren erforscht wird, ist ihre Anwendung insbesondere in kleinen und mittelständischen Unternehmen (KMUs) noch immer wenig verbreitet (Rechenbach 2022).

Erste Ansätze der digitalen Abbildung des Bauprozesses unter Einbezug von Daten aus 3D-Modellen wurden schon in den 1990er Jahren und zu Beginn der 2000er vorgestellt (Chau et al. 2004; Collier und Fischer 1996; Koo und Fischer 2000). In Melzner (2019) wird ein vielversprechender Ansatz für die Integration von BIM in die Bauprozessplanung unter Einbeziehung von Lean Prinzipien vorgestellt. Des Weiteren existieren bereits einige kommerzielle Tools, die zwar überwiegend das offene Dateiformat IFC unterstützen, jedoch keine Schnittstellen für Roboternavigation und Roboteraufgabenplanung sowie Roboterflottenmanagement besitzen. Die Integration der digitalen Baustellenplanung für die Aufgabenplanung eines Roboters ist Gegenstand aktueller Forschung. In Kim et al. (2021) und Kim und Peavy (2022) werden erste Ansätze präsentiert, in denen die IFC-Daten in das *Universal Robot Description Format* (URDF) transferiert werden. So wird es ermöglicht statische Daten des BIM Modells in ein Simulationsprogramm zu exportieren. Hier wird Gazebo genutzt, eine Simulationsumgebung, welche bevorzugt im *Robot Operating System* (ROS) verwendet wird. ROS ist eine Software-Bibliothek und Sammlung von Tools, die es ermöglicht Robotikprojekte auf einer modularen Softwarearchitektur zu entwickeln (Quigley et al. 2009). In Zhang et al. (2022) wird ein Konzept zur Erweiterung von BIM für die Integration von Automatisierung und Robotik namens *BIMfAR* vorgestellt. Das Konzept zielt auf eine Evolution von BIM in Richtung eines digitalen Zwillings ab.

Unter BIM wird üblicherweise ein 3D-Modellierungswerkzeug verstanden, das Architekten, Bauingenieuren und anderen Fachleuten in der Baubranche dabei hilft, Gebäude und Infrastrukturen effizienter zu planen, zu entwerfen, zu konstruieren und zu verwalten. Ein digitaler Zwilling hingegen ist eine virtuelle Repräsentation eines physischen Objekts oder Systems, das dessen Zustand, Verhalten und Leistung in Echtzeit widerspiegelt. Damit wird aus einem statischen Modell (BIM) ein dynamisches Modell (Digitaler Zwilling). Ein solcher digitaler Zwilling würde es ermöglichen, den gesamten Bauprozess besser abzubilden und die Zusammenarbeit zwischen Robotern und menschlichen Arbeitern effizienter zu gestalten.

Die Evolution von BIM zu einem digitalen Zwilling würde eine genauere und dynamischere Darstellung des Bauprozesses ermöglichen. Dies könnte dazu beitragen, die Zusammenarbeit zwischen Robotern und menschlichen Arbeitern zu verbessern, indem es eine genauere Vorhersage und Planung von Aufgaben ermöglicht. Es könnte auch dazu beitragen, die Effizienz zu steigern, indem es die Möglichkeit bietet, Probleme zu identifizieren und zu beheben, bevor sie auftreten.

Die Integration von künstlicher Intelligenz (KI) und multi-agentenbasierten Kontrollsystemen ist ein weiterer wichtiger Aspekt dieses Konzepts. Multi-Agenten-Systeme sind Systeme, die aus mehreren interagierenden Agenten bestehen, die in einer Umgebung zusammenarbeiten, um ein gemeinsames Ziel zu erreichen. In diesem Kontext ermöglicht die KI die effektive Zusammenarbeit zwischen Mensch und Roboter, indem sie es den Robotern ermöglicht, von den Menschen zu lernen und sich an neue Situationen anzupassen. Die Multi-Agenten-Systeme ermöglichen es den Robotern, als Team zu arbeiten und Aufgaben effizienter zu erledigen. Dies führt zu einer resilienteren Baustelle, da die Systeme in der Lage sind, sich an Veränderungen anzupassen und bei Ausfällen weiter zu funktionieren.

Das übergeordnete Ziel dieses Konzepts ist es, eine Umgebung zu schaffen, in der Menschen und Roboter nahtlos zusammenarbeiten können. Dies bedeutet, dass Menschen Aufgaben von Robotern übernehmen können und umgekehrt, ohne dass sie speziell darauf programmiert werden müssen. Dies könnte dazu beitragen, die Effizienz und Produktivität auf der Baustelle zu steigern und gleichzeitig die Sicherheit und das Wohlbefinden der Arbeiter zu gewährleisten. Solche Konzepte befinden sich von den Autoren in Entwicklung und sind zum Zeitpunkt des Verfassens dieses Textes noch nicht veröffentlicht.

Insgesamt verdeutlicht die Diskussion, dass die erfolgreiche Integration von BIM in die Baustellenablaufplanung und die Anpassung an die Anforderungen der Robotik von entscheidender Bedeutung sind, um den Einsatz von Robotern auf Baustellen effizient und praxistauglich zu gestalten. Dies erfordert eine Reihe von Maßnahmen und Strategien.

Zunächst ist die Entwicklung neuer Ansätze und Werkzeuge von entscheidender Bedeutung. Dies könnte die Entwicklung von fortschrittlichen Algorithmen und Softwarelösungen beinhalten, die es ermöglichen, BIM-Daten effektiv zu nutzen und in Echtzeit auf Veränderungen zu reagieren. Darüber hinaus könnten neue Werkzeuge entwickelt werden, die es ermöglichen, digitale Zwillinge zu erstellen und zu verwalten, die eine genaue und dynamische Darstellung des Bauprozesses bieten.

Die Zusammenarbeit zwischen Wissenschaft und Industrie ist ebenfalls von zentraler Bedeutung. Die Wissenschaft kann dazu beitragen, die theoretischen Grundlagen und Methoden zu entwickeln, die für die Integration von BIM und Robotik erforderlich sind. Die Industrie hingegen kann wertvolle Einblicke in die praktischen Herausforderungen und Anforderungen bieten, die berücksichtigt werden müssen. Darüber hinaus kann die Industrie dazu beitragen, die entwickelten Lösungen zu testen und zu validieren, um sicherzustellen, dass sie in der Praxis effektiv und zuverlässig funktionieren.

Außerdem ist es wichtig, die Ausbildung und Schulung der Mitarbeiter zu berücksichtigen. Da die Technologien und Prozesse, die in diesem Kontext verwendet werden, komplex und spezialisiert sind, ist es wichtig, dass die Mitarbeiter die notwendigen Fähigkeiten und Kenntnisse haben, um sie effektiv zu nutzen. Dies könnte durch spezielle Schulungsprogramme und Weiterbildungsmaßnahmen erreicht werden.

Abschließend muss auch erwähnt werden, dass auch die rechtlichen und ethischen Aspekte zu berücksichtigen sind. Da die Nutzung von Robotern und KI auf Baustellen potenzielle Risiken und Herausforderungen mit sich bringen kann, ist es wichtig, geeignete Richtlinien und Vorschriften zu entwickeln, um sicherzustellen, dass diese Technologien auf eine sichere und verantwortungsvolle Weise genutzt werden.

24.3 BIM und KI für die Roboternavigation und Ausführung von Baustellentätigkeiten

24.3.1 Einleitung

Die Schnittstelle zwischen BIM und Robotik ist essenziell für den Einsatz von Robotern auf der Baustelle. Bereits jetzt bietet BIM das Potenzial geometrische Daten von Bauteilen, Daten über Bauabläufe und Bauprozesse sowie semantische Gebäudedaten abzubilden. Werden diese Daten einem Baustellenroboter zur Verfügung gestellt kann dies für die Automatisierung von Bauprozessen sehr förderlich sein. Auf der anderen Seite können die durch die Roboterwahrnehmung aufgenommenen Daten für die digitale Bauaufnahme, zur Kontrolle des Baufortschritts und für die Qualitätskontrolle von Nutzen sein (Ibrahim et al. 2019). Im Idealfall besteht also eine bidirektionale Verbindung zwischen digitalem Gebäudemodell und Robotersystemen auf der Baustelle (siehe Abb. 24.2).

24.3.2 Modellbasierte Roboternavigation

Einer der wichtigsten Aspekte in der Baurobotik ist die Navigation auf der Baustelle. Hier können BIM-konforme, digitale Gebäudemodelle einen Vorteil bringen. Zum einen

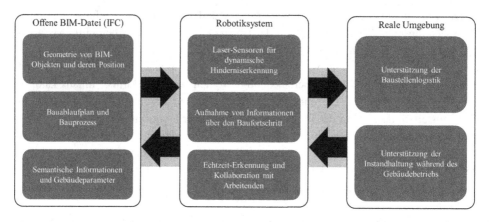

Abb. 24.2 Datenfluss zwischen BIM und Robotersystemen auf der Baustelle; angepasst nach (Follini et al. 2020a)

können dem Roboter schon bei Arbeitsantritt Informationen über seine Umgebung übergeben werden, welche er sonst zunächst vollständig erkunden müsste. Zum anderen können schon im digitalen Gebäudemodell sogenannte *No-Go*-Bereiche eingerichtet werden, die in einer bestimmten Zeitspanne nicht vom Roboter befahren werden sollen. Vor allem letzteres kann sowohl zur Arbeitssicherheit auf der Baustelle als auch zur Effizienz beitragen. In Abb. 24.3 ist schematisch dargestellt, wie aus digitalen Gebäudemodellen automatisch extrahierte Grundrisspläne für die Roboternavigation aufbereitet werden. Ein solcher Workflow kann zum Beispiel mit dem offenen Software-Tool-Kit *Ifcopenshell* (Krijnen 2023) realisiert werden. Wir beschreiben hier einen gesamten Workflow basierend auf vorhergehenden Arbeiten von Fraunhofer Italia (Follini et al. 2020a, b), um das Zusammenspiel von BIM und KI bestmöglich zu beschreiben. In diesem Feld existieren auch andere Publikationen und angepasste Ansätze, die jedoch zumeist entweder die Schnittstelle BIM oder die Schnittstelle realer Roboter tiefer beleuchten. Wir möchten hier dem Leser jedoch einen Gesamtüberblick über das Problem und die Lösung vermitteln.

Ausgangspunkt stellt ein Gebäudemodell bzw. der Ausschnitt eines Gebäudemodells im offenen IFC-Format (ISO 16739-1 2018) dar.

Zunächst müssen dann Objekte ohne physische Repräsentanz (Metadaten wie Projektspezifikationen oder abstrakte Überklassen) herausgefiltert werden. Im Anschluss wird eine Ebene definiert, die mit den übriggebliebenen 3D-Objekten geschnitten wird. Der sich hieraus ergebende Grundriss wird als Bilddatei im PNG-Format gespeichert. Informationen wie Koordinatenursprungsreferenz und Maßstab des Grundrisses werden als Metadaten in einer separaten Datei im YAML-Format gespeichert. Die Verbindung zur Robotersteuerung läuft über das *Robot Operating System*. Die PNG- und YAML-Datei werden auf den ROS *map_server* geladen und stehen damit dem Robotiksystem zur Verfügung. Mithilfe dieser beiden Dateien und am Roboter angebrachter Sensorik (z. B. Lidar

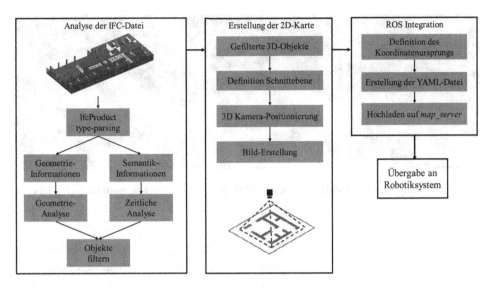

Abb. 24.3 Aufbereitung von BIM-Daten für die Roboternavigation; angepasst nach (Follini et al. 2020a)

oder Intel Realsense) ist eine robuste Navigation auf der Baustelle möglich (Follini et al. 2020a, b).

In Abb. 24.4. und 24.5. soll verdeutlicht werden, wie sich die Integration von temporären Hindernissen im digitalen Gebäudemodell auf die globale Routenplanung des Roboters auswirken kann. Ohne die Information über das temporäre Hindernis aus Abb. 24.4. gibt die Routenplanung des Roboters einen Pfad zum vorgegebenen Ziel vor, welcher durch ein Hindernis verläuft. Der Roboter würde also bis zum Hindernis fahren und feststellen, dass dieser Pfad blockiert ist und eine entsprechend neue Route berechnen. Durch Kenntnis der Position des Hindernisses im Moment der Routenplanung kann also ein Umweg vermieden werden und direkt eine hindernisfreie Route geplant werden.

Bei der konkreten Implementierung der Navigation von mobilen Robotern spielen KI-Algorithmen bereits eine entscheidende Rolle. Ein Beispiel hierfür ist der A*-Algorithmus, ein Suchalgorithmus, der bei der Routenplanung von mobilen Robotern eingesetzt wird. Der A*-Algorithmus arbeitet mit einer heuristischen Funktion, um den schnellsten Pfad von einem Startpunkt zu einem Zielpunkt zu finden (Hart et al. 1968). Dieser Algorithmus ist besonders nützlich in Umgebungen mit Hindernissen, da er effizient Pfade findet, die diese Hindernisse umgehen.

Ein weiterer wichtiger Algorithmus ist YOLO (You Only Look Once), ein Objekterkennungsalgorithmus, der in mobilen Robotern eingesetzt wird, um Objekte in Echtzeit zu erkennen und zu identifizieren (Redmon et al. 2016). YOLO verwendet tiefe neuronale Netze, um Objekte in Bildern zu identifizieren. Dieser Algorithmus ist besonders nützlich in sich schnell bewegenden Umgebungen, da er in der Lage ist, in Echtzeit zu arbeiten.

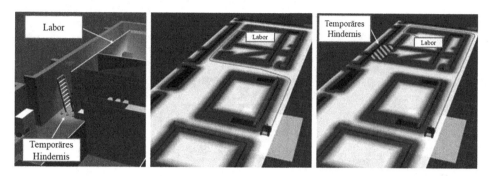

Abb. 24.4 Konventionelle und BIM-basierte globale Routenplanung; angepasst nach (Follini et al. 2020a)

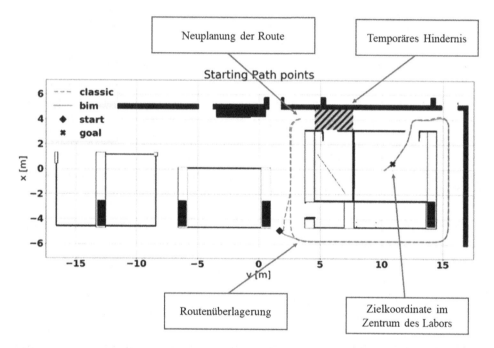

Abb. 24.5 Vergleich von Routen mit und ohne Information über temporäre Hindernisse aus BIM-Daten; angepasst nach (Follini et al. 2020a)

Algorithmen wie A* und YOLO bieten wichtige Funktionen für die autonome Navigation von mobilen Robotern. Die Fähigkeit, Hindernisse zu erkennen und zu umgehen, sowie schnell und effektiv das Ziel zu erreichen, ermöglichen die Entwicklung von intelligenten mobilen Robotern, die in der Lage sind, in anspruchsvollen Umgebungen zu arbeiten.

Es ist jedoch wichtig zu beachten, dass die Implementierung dieser Algorithmen in mobilen Robotern eine Reihe von Herausforderungen mit sich bringt. Zum Beispiel erfordert die Verwendung von A* eine genaue Karte der Umgebung, was in dynamischen oder unstrukturierten Umgebungen wie Baustellen schwierig sein kann (Stentz 1995). Darüber hinaus kann die Echtzeit-Objekterkennung mit YOLO in komplexen Umgebungen mit vielen verschiedenen Objekttypen eine Herausforderung sein (Redmon und Farhadi 2018).

Um diese Herausforderungen zu überwinden, werden fortlaufend neue Ansätze und Technologien entwickelt. Zum Beispiel werden Techniken wie SLAM *(Simultaneous Localization and Mapping)* eingesetzt, um Karten von unbekannten Umgebungen zu erstellen und gleichzeitig die Position des Roboters in der Karte zu verfolgen (Durrant-Whyte und Bailey 2006). Darüber hinaus werden fortschrittliche Techniken der maschinellen Wahrnehmung und des maschinellen Lernens eingesetzt, um die Objekterkennung und -klassifikation zu verbessern (Garcia-Garcia et al. 2017).

Zusammenfassend lässt sich sagen, dass die Integration von KI-Algorithmen in die Navigation von mobilen Robotern eine entscheidende Rolle für die Effizienz und Sicherheit auf Baustellen spielt. Bekannte Algorithmen profitieren von Daten aus BIM-Modellen, da so ein aufwendiges, langsames und mitunter auch gefährliches Erstellen der ersten Karte entfällt. Zudem können Koordinateninformationen zu konkreten Orten für Tätigkeiten aus dem BIM-Modell übernommen werden, doch dazu mehr im nächsten Abschnitt.

24.3.3 Automatisierte Planung der Bautätigkeiten

Die Implementierung von Bewegungsabläufen für die Ausführung von Bauarbeiten durch Baustellenroboter stellt eine erhebliche Herausforderung dar, insbesondere aufgrund der Komplexität und Vielfalt der Tätigkeiten auf Baustellen. Eine manuelle Vorgabe der Bewegungsabläufe ist in diesem Kontext nicht praktikabel. Stattdessen werden alternative Ansätze benötigt, um dem Roboter die notwendigen Bewegungen beizubringen. Ein solcher Ansatz ist das Reinforcement Learning, das bereits in einigen Anwendungsfällen eingesetzt wird (Manuel Davila Delgado and Oyedele 2022).

Reinforcement Learning ist eine Methode des maschinellen Lernens, bei der ein Agent Entscheidungen trifft und durch Feedback in Form von Belohnungen oder Bestrafungen lernt, welche Handlungen erfolgreich sind und welche nicht (Sutton und Barto 2018). Durch diesen Prozess kann ein Roboter automatisch einen optimalen Bewegungsablauf für eine bestimmte Tätigkeit erlernen. Dieser Ansatz hat sich als besonders effektiv in komplexen und dynamischen Umgebungen erwiesen, wie sie auf Baustellen häufig anzutreffen sind. Jedoch müssen solche Modelle in sicheren Umgebungen trainiert werden, wie sie meist nur durch Computersimulationen bereitgestellt werden können (sogenanntes *Model-Based Reinforcement learning*). BIM-Modelle können die Datengrundlage für die Erstellung einer Simulationsumgebung bilden, um entsprechende Modelle in einer Simulationsumgebung zu trainieren, jedoch ist dazu bisher nur wenig Literatur erschienen. Sie beschränkt sich auf Spezialanwendungen, wie die Automatisierung von Kränen (Cho und Han 2022).

Ein weiterer wichtiger Aspekt ist die Fähigkeit des Roboters, alle wesentlichen Informationen für die auszuführende Tätigkeit (z. B. Art der Tätigkeit, Position, Ausprägung, Ausführungszeitpunkt) direkt aus dem digitalen Gebäudemodell zu beziehen. Dies trägt zu einem hohen Grad an Automatisierung bei und ermöglicht eine effiziente Ausführung der Bauarbeiten. BIM kann dabei als eine Art „digitaler Bauplan" dienen, der alle relevanten Informationen über das Bauwerk enthält. Durch die Integration von BIM in die Steuerung von Baustellenrobotern können diese Informationen direkt für die Planung und Durchführung von Bauarbeiten genutzt werden.

Die Herausforderung besteht hier darin, dass mehrere am Projekt beteiligte Parteien am gleichen digitalen Modell arbeiten. Der Austausch von IFC-Dateien ist dabei nicht immer optimal und kann zu Schwierigkeiten bei der Konsistenz von IFC-Modellen führen, da jeder Teilnehmer möglicherweise unterschiedliche Software-Tools und Einstellungen verwendet. Darüber hinaus kann der Austausch von IFC-Dateien zu Verzögerungen und zusätzlichen Kosten führen, da es oft notwendig ist, die Dateien manuell zu überprüfen und zu korrigieren („Collaboration and Interoperability" 2018).

In diesem Zusammenhang kann die Verwendung von synthetischen Daten zur Verbesserung der Modellvorhersageleistung beitragen. Eine Studie von (Wang et al. 2023) zeigte, dass das Hinzufügen synthetischer Daten zu einem realen Datensatz die Vorhersageleistung eines Modells verbessern kann. Darüber hinaus zeigte die Studie, dass die Verwendung synthetischer Daten zur Ersetzung eines Teils der realen Daten zu besseren Vorhersageergebnissen führt als die Verwendung von ausschließlich realen oder ausschließlich synthetischen Daten. Dies deutet darauf hin, dass synthetische Daten eine wertvolle Ressource für die Ausbildung von Baustellenrobotern sein können.

Die offene digitale Plattform *Speckle* (Aec Systems Ltd. 2023) bietet einen innovativen Ansatz für das Datenmanagement und den Datenaustausch in Bauprojekten. Digitale Gebäudemodelle, die mit unterschiedlicher Software erstellt wurden, können auf die Plattform hochgeladen und übereinandergelegt werden. Im Gegensatz zu einer herkömmlichen Common Data Environment (CDE) arbeitet Speckle datenbankbasiert und ermöglicht die Verknüpfung verschiedenartiger Daten sowie die Entwicklung eigener Erweiterungen.

Eine solche Erweiterung könnte die Integration von KI-Algorithmen sein, die die Arbeitsabläufe eines Baustellenroboters bei der Ausführung optimieren. Ob beim Setzen von Mauersteinen oder beim Bohren von Löchern: Bei den meisten Aufgaben, die momentan noch vom Menschen ausgeführt werden, sind Entscheidungen zu treffen, die eine erfahrene Fachkraft in wenigen Sekunden trifft. Sollte der Roboter diese Aufgaben autonom ausführen, ist der Einsatz von KI unvermeidbar und bietet dabei sogar noch Potenzial zur Effizienzsteigerung. Mit entsprechend konditionierten Algorithmen können Variantenvergleiche und Optimierungen des Materialverbrauchs durchgeführt werden, zu denen ein menschlicher Arbeiter nicht in der Lage ist. Für die digitale Bau- bzw. Bestandaufnahme durch einen Roboter kann eine Plattform wie Speckle, die zum Beispiel auch die Integration von 3D-Punktwolken unterstützt, nützlich sein. Denn die durch einen Roboter erstellten Arbeiten müssen mit dem geplanten Modell verglichen werden bzw. eine *As-Built*-Version erstellt werden. Das Vereinigen von mehreren IFC-Modellen ist hierfür zu fehleranfällig.

Speckle verwendet für das Versionsmanagement moderne Ansätze aus der Software-Entwicklung wie das *Push-Pull-Prinzip* und die Einführung von sogenannten *Branches* für den Abruf und das Einspielen von neuen Daten bzw. neuen Modellversionen. Hierbei handelt es sich um robuste und zukunftsfähige Methoden, die in der Softwareentwicklung schon seit mehreren Jahren eingesetzt werden.

Es ist wichtig zu betonen, dass diese Ideen und Ansätze noch in der Entwicklung sind und weiter erforscht und getestet werden müssen, um ihre volle Wirksamkeit und Anwendbarkeit in der Praxis zu bestätigen.

24.4 Anforderungen an einen massentauglichen Baustellenroboter und die für Robotereinsatz optimierte Baustelle der Zukunft

Die Bauindustrie steht vor der Herausforderung, Effizienz und Produktivität zu steigern. Eine Lösung könnte der Einsatz von Robotern sein. Doch welche Anforderungen müssen erfüllt sein, damit Roboter massentauglich auf Baustellen eingesetzt werden können? Und wie muss die Baustelle der Zukunft gestaltet sein, um den optimalen Einsatz von Robotern zu ermöglichen?

Zunächst ist es wichtig, zwischen spezialisierten und generalisierten Robotern zu unterscheiden. Spezialisierte Roboter sind auf wenige, spezifische Aufgaben optimiert und können diese besonders effizient ausführen. Generalisierte Roboter hingegen sind flexibler und anpassungsfähiger. Sie können in unterschiedlichen Szenarien und Arbeitsabläufen eingesetzt werden. Beide Ansätze haben ihre Vor- und Nachteile und müssen je nach Anforderungen und Gegebenheiten auf der Baustelle abgewogen werden.

Die Baustelle der Zukunft muss für den Einsatz von Robotern optimiert sein. Dies bedeutet, dass die Arbeitsumgebung homogenisiert und standardisiert werden muss, um den Robotern eine effiziente und sichere Arbeitsweise zu ermöglichen. Ein höherer Grad an Vorfertigung kann dabei helfen, standardisierte und modulare Bauteile zu erstellen, die von Robotern präzise und effizient montiert werden können. Dies spart nicht nur Kosten und Zeit, sondern ermöglicht auch eine höhere Qualität der Bauteile.

Eine umfassende Vorplanung und Digitalisierung sind ebenfalls entscheidend für den effizienten Einsatz von Robotern auf der Baustelle. Digitale Baupläne und BIM ermöglichen eine bessere Koordination der verschiedenen Bauphasen und Gewerke. Darüber hinaus können Roboter durch den Einsatz von KI und ML autonom und sicher in der Arbeitsumgebung agieren und mit Menschen und anderen Robotern interagieren.

Die Kommunikation und Koordination zwischen Robotern und menschlichen Arbeitern ist ein weiterer wichtiger Aspekt. Hierfür sind intuitive Schnittstellen und Kommunikationsprotokolle notwendig. Die Entwicklung von Mixed-Reality-Anwendungen, beispielsweise durch den Einsatz von Augmented Reality (AR)-Brillen, kann die Interaktion zwischen Menschen und Robotern verbessern und die Effizienz der Zusammenarbeit steigern.

Nachhaltigkeit spielt ebenfalls eine wichtige Rolle. Roboter sollten nach Möglichkeit mit erneuerbaren Energien betrieben werden, um den ökologischen Fußabdruck zu reduzieren. Zudem sind Roboter mit Selbstwartungsfähigkeiten wünschenswert, um Ausfallzeiten zu minimieren und die Lebensdauer der Maschinen zu verlängern.

Schließlich ist die Skalierbarkeit ein entscheidender Faktor. Um einen breiten Einsatz in der Bauindustrie zu ermöglichen, müssen Roboter kostengünstig und einfach zu implementieren sein. Dies erfordert die Entwicklung von modularen und standardisierten Systemen, die leicht an unterschiedliche Bauprojekte angepasst werden können.

Zusammenfassend sollten massentaugliche Baustellenroboter generalisierte, rekonfigurierbare und kollaborative Lösungen bieten, um sich an unterschiedliche Baustellenszenarien und Arbeitsabläufe anzupassen. Eine optimierte Baustelle der Zukunft erfordert eine Neugestaltung der Baustelleneinrichtung, eine weitgehende Homogenisierung der Arbeitsumgebung, einen erhöhten Vorfertigungsgrad, eine umfassende Vorplanung und Digitalisierung sowie den Einsatz von KI und maschinellem Lernen. Darüber hinaus sollten Nachhaltigkeit, Skalierbarkeit und eine intuitive Mensch-Maschine-Interaktion im Fokus der Entwicklungen stehen. Durch die Umsetzung dieser Anforderungen können Baustellenroboter effizient und effektiv eingesetzt werden, um die Produktivität und Qualität im Bauwesen zu steigern, während gleichzeitig der ökologische Fußabdruck reduziert wird.

24.5   Zusammenfassung und Ausblick

Die Baurobotik birgt das Potenzial, die Bauindustrie zu verändern und die Effizienz und Produktivität zu verbessern. Kollaborative Roboter könnten gemeinsam mit menschlichen Arbeitern auf Baustellen arbeiten, um die Bauprozesse zu automatisieren. Insbesondere hat die Baurobotik das Potenzial den wachsenden Arbeitskräftemangel zu mildern. Der Mangel an qualifizierten Arbeitskräften ist ein zentrales Problem der Branche und stellt eine große Herausforderung dar. Es wird immer schwieriger, genügend Fachkräfte zu finden, um die vielen Baustellen zu besetzen und die Aufgaben termingerecht und qualitativ hochwertig auszuführen. Hier kann die Baurobotik eine Lösung bieten, da sie in der Lage ist, Aufgaben zu automatisieren und menschliche Arbeitnehmer zu unterstützen. Kollaborative Roboter können beispielsweise bei schweren und ermüdenden Tätigkeiten eingesetzt werden, um die körperliche Belastung der Arbeiter zu reduzieren. Durch die Einführung von Robotik auf Baustellen können Unternehmen auch ihre Abhängigkeit von der Verfügbarkeit qualifizierter Arbeitskräfte reduzieren und dadurch die Produktivität steigern.

Die Integration von Konzepten und Technologien wie BIM und künstlicher Intelligenz ist erforderlich, um Roboter effektiv zu nutzen. Derzeit sind die auf dem Markt erhältlichen Robotersysteme oft zu teuer und unflexibel, weshalb eine gezielte Weiterentwicklung der Technologie und eine umfassende Schulung der Mitarbeiter erforderlich ist. Insgesamt benötigt die Baustelle der Zukunft eine Neugestaltung der Baustelleneinrichtung, weitgehende Homogenisierung der Arbeitsumgebung, erhöhten Vorfertigungsgrad und umfassende Vorplanung und Digitalisierung.

Literatur

Aec Systems Ltd., 2023. Speckle.

Alatise, M.B., Hancke, G.P., 2020. A Review on Challenges of Autonomous Mobile Robot and Sensor Fusion Methods. IEEE Access 8, 39830–39846. https://doi.org/10.1109/ACCESS.2020.2975643.

Baubot GmbH, 2023. Baubot [WWW Document]. https://www.baubot.com/ (accessed 4.4.23).

Bock, T., 2015. The future of construction automation: Technological disruption and the upcoming ubiquity of robotics. Autom. Constr. 59, 113–121. https://doi.org/10.1016/j.autcon.2015.07.022.

Chau, K.W., Anson, M., Zhang, J.P., 2004. Four-Dimensional Visualization of Construction Scheduling and Site Utilization. J. Constr. Eng. Manag. 130, 598–606. https://doi.org/10.1061/(ASCE)0733-9364(2004)130:4(598).

Cho, S., Han, S., 2022. Reinforcement learning-based simulation and automation for tower crane 3D lift planning. Autom. Constr. 144, 104620. https://doi.org/10.1016/j.autcon.2022.104620.

Collaboration and Interoperability, 2018. , in: BIM Handbook. John Wiley & Sons, Ltd, pp. 85–129. https://doi.org/10.1002/9781119287568.ch3.

Collier, E., Fischer, M., 1996. Visual-Based Scheduling: 4D Modeling on the San Mateo County Health Center. Am. Soc. Civ. Eng.

CORDIS, 2023a. CONfigurable CollaborativE Robot Technologies [WWW Document]. https://cordis.europa.eu/project/id/101016007/de (accessed 3.4.23).

CORDIS, 2023b. Robots to Re-Construction [WWW Document]. https://cordis.europa.eu/project/id/687593/results/de (accessed 3.4.23).

Detert, T., Charaf Eddine, S., Fauroux, J.-C., Haschke, T., Becchi, F., Corves, B., Guzman, R., Herb, F., Linéatte, B., Martin, D., 2017. Bots2ReC: introducing mobile robotic units on construction sites for asbestos rehabilitation. Constr. Robot. 1, 29–37. https://doi.org/10.1007/s41693-017-0007-1.

Durrant-Whyte, H., Bailey, T., 2006. Simultaneous localization and mapping: part I. IEEE Robot. Autom. Mag. 13, 99–110. https://doi.org/10.1109/MRA.2006.1638022.

Follini, C., Magnago, V., Freitag, K., Terzer, M., Marcher, C., Riedl, M., Giusti, A., Matt, D.T., 2020a. BIM-Integrated Collaborative Robotics for Application in Building Construction and Maintenance. Robotics 10, 2. https://doi.org/10.3390/robotics10010002.

Follini, C., Terzer, M., Marcher, C., Giusti, A., Matt, D.T., 2020b. Combining the Robot Operating System with Building Information Modeling for Robotic Applications in Construction Logistics, in: Zeghloul, S., Laribi, M.A., Sandoval Arevalo, J.S. (Eds.), Advances in Service and Industrial Robotics, Mechanisms and Machine Science. Springer International Publishing, Cham, pp. 245–253. https://doi.org/10.1007/978-3-030-48989-2_27.

Garcia-Garcia, A., Orts, S., Oprea, S., Villena Martinez, V., Rodríguez, J., 2017. A Review on Deep Learning Techniques Applied to Semantic Segmentation.

Guastella, D.C., Muscato, G., 2020. Learning-Based Methods of Perception and Navigation for Ground Vehicles in Unstructured Environments: A Review. Sensors 21, 73. https://doi.org/10.3390/s21010073.

Halder, S., Afsari, K., Chiou, E., Patrick, R., Hamed, K.A., 2023. Construction inspection & monitoring with quadruped robots in future human-robot teaming: A preliminary study. J. Build. Eng. 65, 105814. https://doi.org/10.1016/j.jobe.2022.105814.

Hart, P.E., Nilsson, N.J., Raphael, B., 1968. A Formal Basis for the Heuristic Determination of Minimum Cost Paths. IEEE Trans. Syst. Sci. Cybern. 4, 100–107. https://doi.org/10.1109/TSSC.1968.300136.

Hilti Corporation, 2023. Semi-autonomer Baustellenroboter Jaibot [WWW Document]. https://www.hilti.de/content/hilti/E3/DE/de/business/business/productivity/semi-autonomer-baustellenroboter-jaibot.html (accessed 3.4.23).

Ibrahim, A., Sabet, A., Golparvar-Fard, M., 2019. BIM-driven mission planning and navigation for automatic indoor construction progress detection using robotic ground platform. Presented at the 2019 European Conference on Computing in Construction, pp. 182–189. https://doi.org/10.35490/EC3.2019.195.

ISO 16739-1, 2018. ISO 16739-1:2018 – Industry Foundation Classes (IFC) for data sharing in the construction and facility management industries – Part 1: Data schema.

Kim, K., Peavy, M., 2022. BIM-based semantic building world modeling for robot task planning and execution in built environments. Autom. Constr. 138, 104247. https://doi.org/10.1016/j.autcon.2022.104247.

Kim, S., Peavy, M., Huang, P.-C., Kim, K., 2021. Development of BIM-integrated construction robot task planning and simulation system. Autom. Constr. 127, 103720. https://doi.org/10.1016/j.autcon.2021.103720.

Koo, B., Fischer, M., 2000. Feasibility Study of 4D CAD in Commercial Construction. J. Constr. Eng. Manag. 126, 251–260. https://doi.org/10.1061/(ASCE)0733-9364(2000)126:4(251.

Krijnen, T., 2023. Ifcopenshell.

Krönert, N., Zanona, J., 2021. Automatisierte Bauprozesse durch Robotik, in: Hofstadler, C., Motzko, C. (Eds.), Agile Digitalisierung im Baubetrieb. Springer Fachmedien Wiesbaden, Wiesbaden, pp. 447–458. https://doi.org/10.1007/978-3-658-34107-7_20.

Liang, C.-J., Wang, X., Kamat, V.R., Menassa, C.C., 2021. Human-Robot Collaboration in Construction: Classification and Research Trends. J. Constr. Eng. Manag. 147, 03121006. https://doi.org/10.1061/(ASCE)CO.1943-7862.0002154.

Manuel Davila Delgado, J., Oyedele, L., 2022. Robotics in construction: A critical review of the reinforcement learning and imitation learning paradigms. Adv. Eng. Inform. 54, 101787. https://doi.org/10.1016/j.aei.2022.101787.

Marktbericht für Bauroboter (2022–27) [WWW Document], 2023. https://www.mordorintelligence.com/industry-reports/construction-robots-market (accessed 6.14.23).

Melzner, J., 2019. BIM-based Takt-Time Planning and Takt Control: Requirements for Digital Construction Process Management. Presented at the 36th International Symposium on Automation and Robotics in Construction, Banff, AB, Canada. https://doi.org/10.22260/ISARC2019/0007.

Quigley, M., Gerkey, B., Conley, K., Faust, J., Foote, T., Leibs, J., Berger, E., Wheeler, R., Ng, A., 2009. ROS: an open-source Robot Operating System, in: Proceedings of the ICRA 2009 IEEE International Conference on Robotics Ans Automation. Kobe, Japan.

Rechenbach, B., 2022. Digital Planen und Bauen. Ingenium 8–12.

Redmon, J., Divvala, S., Girshick, R., Farhadi, A., 2016. You Only Look Once: Unified, Real-Time Object Detection.

Redmon, J., Farhadi, A., 2018. YOLOv3: An Incremental Improvement. https://doi.org/10.48550/arXiv.1804.02767.

Semeraro, F., Griffiths, A., Cangelosi, A., 2023. Human–robot collaboration and machine learning: A systematic review of recent research. Robot. Comput.-Integr. Manuf. 79, 102432. https://doi.org/10.1016/j.rcim.2022.102432.

Siemiątkowska, B., Harasymowicz-Boggio, B., Przybylski, M., Różańska-Walczuk, M., Wiśniowski, M., Kowalski, M., 2013. BIM Based Indoor Navigation System of Hermes Mobile Robot, in: Padois, V., Bidaud, P., Khatib, O. (Eds.), Romansy 19 – Robot Design, Dynamics and Control, CISM International Centre for Mechanical Sciences. Springer Vienna, Vienna, pp. 375–382. https://doi.org/10.1007/978-3-7091-1379-0_46.

Soori, M., Arezoo, B., Dastres, R., 2023. Artificial intelligence, machine learning and deep learning in advanced robotics, a review. Cogn. Robot. 3, 54–70. https://doi.org/10.1016/j.cogr.2023.04.001.

Stentz, A., 1995. The focussed D* algorithm for real-time replanning, in: Proceedings of the 14th International Joint Conference on Artificial Intelligence – Volume 2, IJCAI'95. Morgan Kaufmann Publishers Inc., San Francisco, CA, USA, pp. 1652–1659.

Sutton, R.S., Barto, A.G., 2018. Reinforcement Learning: An Introduction. The MIT Press.

Wang, H., Ye, Z., Wang, D., Jiang, H., Liu, P., 2023. Synthetic Datasets for Rebar Instance Segmentation Using Mask R-CNN. Buildings 13, 585. https://doi.org/10.3390/buildings13030585.

Will, F., 2022. Automatisierte Baumaschinen und Bau-Robotik, in: Jacob, C., Kukovec, S. (Eds.), Auf dem Weg zu einer nachhaltigen, effizienten und profitablen Wertschöpfung von Gebäuden. Springer Fachmedien Wiesbaden, Wiesbaden, pp. 335–360. https://doi.org/10.1007/978-3-658-34962-2_20.

Zhang, J., Luo, H., Xu, J., 2022. Towards fully BIM-enabled building automation and robotics: A perspective of lifecycle information flow. Comput. Ind. 135, 103570. https://doi.org/10.1016/j.compind.2021.103570.

Zhao, S., Wang, Q., Fang, X., Liang, W., Cao, Y., Zhao, C., Li, L., Liu, C., Wang, K., 2022. Application and Development of Autonomous Robots in Concrete Construction: Challenges and Opportunities. Drones 6, 424. https://doi.org/10.3390/drones6120424.

Zickler, R., Richter, C., Will, F., 2021. Wallbot: Robotersystem zur automatisierten Mauerwerkserrichtung, in: DIGITAL-FACHTAGUNG MECHATRONIK 2021. Presented at the Digital-Fachtagung VDI MECHATRONIK 2021, UNSPECIFIED, Darmstadt. https://doi.org/10.26083/TUPRINTS-00017626.

Drohnen und Künstliche Intelligenz in der Bauindustrie

25

Thomas Bücheler

25.1 Einleitung

Noch vor weniger als zwanzig Jahren konnte sich kaum einer den permanenten Einsatz von Smartphones im privaten und beruflichen Umfeld vorstellen. Smartphones der neuesten Generation ermöglichen eine immer schnellere Datenübertragung, sie bieten immer höhere Kameraauflösungen und einige bieten sogar integrierte Sensoren, um akkurate 3D Modelle von Objekten und Gebäuden zu erstellen. Analog zu damals, stehen wir heute erneut vor einer neuen digitalen Revolution. Diese Revolution wird angetrieben durch Fortschritte in der Robotik und durch Künstliche Intelligenz (KI), mit deren Kombination sich viele manuelle Abläufe automatisieren lassen. Eine der aussichtsreichsten Technologien hierbei sind Drohnen, mit denen sich Baustellen schnell, sicher und effizient digitalisieren lassen. Sie stellen damit in Kombination mit KI eine Schlüsseltechnologie für die Bau- und Immobilienwirtschaft in den kommenden Jahren dar.

Bis vor wenigen Jahren dachten die meisten bei Drohnen an unbemannte militärische Flugobjekte. Nach und nach erfuhr man aus der Presse von der Lieferung von Medikamenten, Paketen oder sogar von Pizzalieferungen bis an die Haustür mithilfe von Drohnen. Eine Vielzahl der automatisierten Baumaschinen und Baurobotik, ist auf ein aktuelles und präzises 3D Modell der Baustelle angewiesen. In diesem Kapitel zeigen wir, wie man mit Drohnen u. a. 3D Modelle und noch vieles mehr erstellen kann. Drohnen erzeugen, mit der passenden Kombination aus Drohnenhardware und Software, einen großen Mehrwert für die Bau- und Immobilienwirtschaft und können sogar Menschenleben retten.

T. Bücheler (✉)
Airteam Aerial Intelligence GmbH, Berlin, Deutschland
E-Mail: thomas.buecheler@airteam.ai

© Der/die Autor(en), exklusiv lizenziert an Springer Fachmedien Wiesbaden GmbH, ein Teil von Springer Nature 2024
S. Haghsheno et al. (Hrsg.), *Künstliche Intelligenz im Bauwesen*,
https://doi.org/10.1007/978-3-658-42796-2_25

25.2   Definition und Kategorisierung von Drohnen

Definition. Bei einer Recherche im Lexikon erfährt man, dass es sich bei Drohnen um unbemannte Fahrzeuge handelt. Diese können sowohl zu Luft, zu Land oder zu Wasser unterwegs sein. Neben dem Begriff Drohne haben sich für unbemannte Flugobjekte eine Vielzahl an Bezeichnungen und Abkürzungen etabliert. Diese lauten unter anderem UAV (Unmanned Aerial Vehicle), UAS (Unmanned Aerial System), RPAS (Remotely Piloted Aircraft System), Quadcopter (4 Rotoren), Hexacopter (6 Rotoren), Oktakopter (8 Rotoren) oder einfach nur Multikopter. Aus Gründen der Einheitlichkeit wird im Folgenden der Begriff Drohne für die soeben aufgeführten unbemannten Flugobjekte verwendet.

Im Bereich des zivilen Einsatzes lassen sich Drohnen grob in drei Kategorien einteilen. Hierbei handelt es sich um Kameradrohnen, Lieferdrohnen und Air Taxis. Alle drei Kategorien unterscheiden sich stark nach Einsatzzweck, Gewicht und Preis der Drohnen.

Kameradrohnen. Die bekannteste Kategorie von Drohnen sind Multikopter mit unterschiedlichen Sensoren. Diese Sensoren sind heutzutage überwiegend digitale Kameras (Foto & Video), Wärmebildkameras, Multispektralkameras oder auch Sensoren zur Messung von Gasen, wie zu Beispiel Methan. Der Großteil der Sensoren, die manuell am Boden eingesetzt werden, können auch mittels Drohnen verwendet werden. Einschränkungen bestehen hierbei primär in Bezug auf das Gewicht der Sensoren und der erlaubten Nutzlast der eingesetzten Drohne. Drohnen bieten für viele Sensoren eine ideale Trägerplattform, um aus der Luft schnell und effizient eingesetzt werden zu können.

Wo vor einigen Jahren noch ein Helikopter nötig war, erledigt nun eine wenige hundert Gramm schwere Kameradrohne die gleiche Aufgabe. Aufgrund der Vielzahl an Einsatzmöglichkeiten, des niedrigen Preises und der einfachen Handhabung haben sich Kameradrohnen zuerst im Bereich Film- und Fernsehen und nur wenig später auch in der Bau- und Immobilienwirtschaft stark verbreitet. Aufgrund des hohen Mehrwertes für die Bau- und Immobilienwirtschaft fokussiert sich dieses Kapitel auf diese Drohnenart.

Lieferdrohnen. Neben dem Einsatz von Kameradrohnen spielen Lieferdrohnen eine immer wichtigere Rolle im Rahmen der globalen Lieferketten. Drohnen unterschiedlicher Größen und Bauarten können von der Bestellung von wichtigen Medikamenten bis hin zu Haushaltsartikeln, vieles schnell und effizient liefern. Dies hat unter anderem das amerikanische Start-Up Zipline (Zipline Inc. n.d.)bereits 2016 mit der Auslieferung von Blutproben in Ruanda unter Beweis gestellt. Hierzu wurde von Zipline eine Drohne entwickelt die großen Distanzen schnell zurücklegen kann und welche auch autonom ausliefern bzw. abwerfen kann. Es handelt sich hierbei um einen Starrflügler mit Tragflächen, sodass Distanzen über mehrere Hundert Kilometer zurückgelegt werden können. Die Bedeutung von schnellen und effizienten Lieferungen z. B. von Impfstoffen, hat sich besonders in der Corona Pandemie von 2020/2021 gezeigt. Dies hat auch das deutsche Startup Wingcopter (Wingcopter GmbH n.d. a) erkannt, welches im Januar 2021 durch eine 22 Mio. € Series-A-Finanzierung enormen Aufwind erhalten hat. Die neueste Entwicklung von Wingcopter ist ein vertikal startender und horizontal fliegender Copter (VTOL – Vertical

Take Off and Landing) der bis zu drei Lieferungen auf einmal befördern kann (Wingcopter GmbH n.d. b). Der breite Einsatz von Lieferdrohnen wird aktuell nicht primär durch den Stand der technologischen Entwicklung aufgehalten, sondern oftmals durch die Regulierung des Luftraums. Aktuell ist ungeklärt, in welchem Luftraum sich Lieferdrohnen bewegen sollen, um weder die zivile Luftfahrt noch Fußgänger durch Zusammenstöße zu gefährden.

Air Taxis. Nahezu solange es Automobile gibt, bestehen auch die Träume von fliegenden Fahrzeugen. Diese wurde in einer Vielzahl von Kinofilmen bereits in den 1980er Jahren aufgegriffen wie z. B. The Fifth Element, die Jetsons oder Back to the Future. Zu dieser Zeit war jedoch die technologische Entwicklung noch weit davon entfernt, diese Träume Realität werden zu lassen. Mit den rasanten Entwicklungen in den letzten Jahrzehnten im Bereich der Sensorik und im Besonderen der Batterietechnologie hat sich dies grundlegend geändert. Eine Vielzahl an Startups und etablierten Playern hat Prototypen von sogenannten eVTOLs (electric Vertical Take Off and Landing) vorgestellt. Mit diesen können zwischen einer und bis zu sieben Personen autonom transportiert werden. Auch deutsche Player wie die Lilium GmbH (Lilium GmbH n.d.) aus München oder Volocopter (Volocopter GmbH n.d.) aus Bruchsal spielen hier ganz vorne mit.

25.3 Aktuelle Drohen-Hardware, Software und die gesetzlichen Regelungen

Drohnen-Hardware. Moderne Drohnentechnologie, die bereits heute auf vielen Baustellen zum Einsatz kommt, ist nicht größer als eine Spiegelreflexkamera und mit einem Preis von rund eintausend Euro auch durchaus erschwinglich. Die aktuelle Kameratechnik der Drohnen ist vergleichbar mit Spiegelreflexkameras oder der Ausstattung neuer Smartphones.

Je nach Preiskategorie können 8–40 Megapixel Fotos oder Videoaufnahmen mit bis zu 6K erstellt werden. Dank fortgeschrittener Technologien wie GPS, Gyroskopen und Lithium-Ionen-Akkus sind Drohnen heutzutage sehr einfach zu bedienen. Durch die Fortschritte in der Sensortechnologie können bereits Drohnen in der oben genannten Preisklasse autonom fliegen. Diese Drohnen werden mit einer Vielzahl an Kameras ausgestattet um, um Hindernisse rechtzeitig zu erkennen und diesen autonom ausweichen zu können.

Drohnen im Einsatz auf Baustellen variieren in der Regel zwischen 249 g bis zu 10 kg, je nach Drohnen Modell und eingesetzter Sensortechnologie. Die meistverbreiteten Drohnensysteme sind vom chinesischen Hersteller DJI (SZ DJI Technology Co. n.d. a) aus Shenzhen. Das Einstiegsmodell DJI Mavic Mini 3 (SZ DJI Technology Co., Ltd. n.d. b) wiegt exakt 249 g und liegt damit knapp unter den 250 g, über der man in vielen Ländern weltweit eine Registrierung benötigt. Die im Jahr 2023 auf deutschen Baustellen am häufigsten zum Einsatz kommende Drohne ist die DJI Mavic 3 (SZ DJI Technology Co., Ltd. n.d. c).

Durch den immer günstigeren Preis wächst die Zahl der Drohnenpiloten/-innen schnell an und laut Statista (Statista GmbH n.d.) waren im März 2021 bereits mehr als 400.000 Drohnen in Deutschland im Einsatz.

Software. Neben der Miniaturisierung und der schnellen technischen Weiterentwicklung der Drohnenhardware hat es besonders bei der Drohnensoftware große Fortschritte gegeben. Hersteller, wie DJI oder Skydio (Skydio Inc. n.d.), bei denen Drohnen-Hard- und -software zusammen entwickelt wird, bieten Eigenschaften, die den Flug stark vereinfachen. Dies ermöglicht unter anderem das semi-autonome Fliegen (die Drohne folgt einem auf einer Karte vorprogrammierten Flugpfad), was im Rahmen von Vermessungen bereits zum Einsatz kommt, oder voll autonomes Fliegen (die Drohne folgt einer Person oder einem Objekt), was unter anderem für das Filmen von sportlichen Aktivitäten eingesetzt wird.

Software für die Flugplanung

- Software für autonome Drohnenflüge u. a. von Herstellern von Photogrammetrie-Software z. B. Drone Deploy (Drone Deploy Inc. n.d.) (USA), Pix4D (Pix4D S.A. n.d.) (Schweiz), DJI Fly/DJ Ground Station/DJI Pilot App (China),
- Drohnensoftwarehersteller wie Hammer Missions (Hammer Missions n.d.) (UK), Drone Harmony (Drone Harmony AG n.d.) (Israel) haben sich auf komplexe Flugrouten z. B. für Fassadeninspektionen, Inspektion von Mobilfunkmasten oder Brücken spezialisiert

Neben der Software für die Flugplanung spielt Software für die Auswertung der Daten eine immer wichtigere Rolle. In der ersten Welle Anfang der 2000er kam eine Vielzahl an Photogrammetrie-Lösungen auf den Markt. Mit diesen lassen sich schnell und effizient 3D Modelle und Orthophotos aus Drohnendaten erstellen. Diese Daten dienen unter anderem zur Dokumentation des Baufortschritts oder zu Visualisierungs-Zwecken. In einer zweiten Welle der Drohnen-Softwareentwicklung Ende der 2020er Jahre liegt ein starker Fokus auf dem Einsatz von künstlicher Intelligenz (Artificial Intelligence) und der passgenauen Lösung für unterschiedliche Kunden wie z. B. Dachdecker, Gerüstbauer, Generalunternehmer uvm. Lösungen hierzu sind unter anderem zur visuellen Inspektion von der Twinsity GmbH (Twinsity GmbH n.d.) oder von der Airteam Aerial Intelligence GmbH (Airteam Aerial Intelligence GmbH n.d.) für die Vermessung und Inspektion von Dächern und Fassaden.

Software für die Datenauswertung

- Photogrammetrie Software z. B. Capturing Reality (Epic Games Slovakia s.r.o n.d.) (Slowakei), Pix4D (Schweiz), Drone Deploy (USA) oder DJI Terra (SZ DJI Technology Co., Ltd. n.d. d) (China)
- KI-gestützte Software: Airteam Aerial Intelligence (Deutschland), Traceair (Traceair Technologies Inc. n.d.) (USA)

Die aktuell verfügbare Drohnen-Hard- und Software ist bereits so weit, dass sie nach einer kurzen Schulung Mehrwerte auf Baustellen erzeugt. Durch die Drohnendaten können u. a. Bestandsobjekte schnell und effizient vermessen werden, Photovoltaikanlagen exakt geplant werden, ohne manuellen Aufwand ein lückenlose Baustellendokumentation erstellt werden und schwer erreichbare Stellen inspiziert werden.

Gesetzliche Regelungen des Drohnenbetriebs. Die nationale Gesetzgebung wird oftmals als eines der größten Hindernisse für den breiten Einsatz von Drohnentechnologie genannt. Es bestehen aktuell sehr unterschiedliche Regelungen für den Drohneneinsatz weltweit. Vorreiter sind in hierbei aktuell die USA mit der Federal Aviation Authority (FAA) (Federal Aviation Authority n.d.), die im Jahresrhythmus die Regelungen an den aktuellen Stand der Technik und die politischen Forderungen anpasst. Hierbei müssen sich Drohnenpiloten aktuell (Stand Mai 2023) online registrieren und einen Test (Part 107) (Federal Aviation Authority n.d.) durchführen.

In der EU bestehen seit Anfang 2021 einheitliche Regelungen, die durch die EASA (European Union Aviation Safety Agency) (European Union Aviation Safety Agency n.d. a) festgelegt wurden. Diese basieren auf einem risikobasierten Ansatz und unterscheiden Drohnen unter anderem in verschiedene Gewichtsklassen und in das Einsatzszenario z. B. Abstand zu Personen, bewohntem Gebiet etc. Die Regelungen betreffen sowohl die private als auch die gewerbliche Nutzung von Drohnen. Eine einheitliche europäische Gesetzgebung ist ein großer Schritt nach vorne, um sich auch über Ländergrenzen hinweg auf einheitliche Regelungen verlassen zu können. Unter den neuen EASA-Regularien (European Union Aviation Safety Agency n.d. b) sind nun auch Flüge außerhalb des Sichtbereichs (BVLOS – Beyond Visual Line of Sight) möglich. Die aktuellen Regularien der EASA erfordern eine Registrierung der Drohnenpiloten/-innen (online), eine Kennzeichnung der Drohne, einen Versicherungsnachweis und das EU-Fernpiloten-Zeugnis in den unterschiedlichen Klassen A1-A3.

Neben den gesetzlichen Regeln des Drohneneinsatzes spielt der Datenschutz ebenfalls eine wichtige Rolle. Hierbei ist vor allem die Privatsphäre jedes Einzelnen zu wahren.

Im Einsatz auf der Baustelle bedeutet das entweder die Zustimmung aller, die auf dem Bildmaterial aufgenommen werden oder der Einsatz von fortschrittlichen Künstliche-Intelligenz -Lösungen zum Entfernen bzw. der Unkenntlichmachung von Personen auf dem aufgenommenen Bildmaterial.

Was bedeutet die aktuelle Rechtslage für den Einsatz von Drohnen auf deutschen Baustellen?
Die aktuelle Gesetzgebung in Deutschland und Europa ermöglicht viele Einsatzmöglichkeiten von Drohnen auf Baustellen und stellt nur in sehr wenigen Fällen, wie zum Beispiel
beim Flug in No-Fly Zonen (SZ DJI Technology Co., Ltd. n.d. e) (vorherige Freigabe
nötig), etwas erhöhten Aufwand dar.

Für den Einsatz auf Baustellen benötigt man:

- EU-Fernpilotenzeugnis A2
- Check, ob Flugverbotszone vorliegt, z. B. in der Map 2Fly App (Flynex GmbH n.d.)
  oder Droniq App (Droniq GmbH n.d.)
- Drohnen, die zum Einsatz kommen sind in der Regel unter 5 kg → keine Sonderge-
  nehmigung nötig
- Einverständnis des Grundstückseigentümers nötig → in der Regel kein Problem bei
  Bauprojekten
- Flug in Sichtweite (VLOS – Visual Line of Sight) vorgeschrieben → in der Regel kein
  Problem bei Bauprojekten

25.4 Potenzial von künstlicher Intelligenz

Drohnen Software. Künstliche Intelligenz (KI) wird zunehmend in Drohnensoftware
eingesetzt, um die Genauigkeit der Flugplanung und Erkennung von Hindernissen
zu verbessern. Intelligente Flugplanungsalgorithmen können mithilfe von KI-basierten
Bildverarbeitungs- und Sensortechnologien beispielsweise Flugrouten automatisch anpassen, um Hindernissen wie Gebäude, Bäume oder Stromleitungen auszuweichen und
sicherzustellen, dass die Drohne ihren Flugplan sicher und effizient absolvieren kann.
Insgesamt führt der Einsatz von KI in der Drohnentechnologie zu einer erheblichen Verbesserung der Effizienz und Sicherheit von Drohnenflügen in der Bauindustrie. Die kontinuierliche Weiterentwicklung macht den Drohnenflug immer einfacher für den Anwender
und macht damit Drohnen für mehr und mehr Anwender und Anwendungsbereiche in der
Bauindustrie zugänglich.

Datenanalyse. Künstliche Intelligenz (KI) wird auch immer häufiger eingesetzt, um
die Datenanalyse von Drohnendaten in der Bauindustrie zu unterstützen. Ein Anwendungsgebiet ist die automatisierte Erstellung von CAD-Modellen der Gebäudehülle. Hier
werden KI-basierte Bildverarbeitungsalgorithmen genutzt werden, um aus den Aufnahmen der Drohne automatisch ein 3D-Modell der Gebäudehülle zu generieren. Durch die
automatisierte Erstellung von CAD-Modellen können Planer und Architekten schneller
und präziser arbeiten, was zu einer beschleunigten Planung und Umsetzung von Bauvorhaben führt. Im Vergleich zu traditionellen Methoden können so pro Projekt zwischen
2–8 Arbeitsstunden eingespart werden. Ein weiteres Anwendungsgebiet von KI-basierten

Datenanalysen von Drohnendaten ist die Planung von Photovoltaik (PV)-Anlagen. Durch die Nutzung von Drohnen und KI-basierten Bildverarbeitungsalgorithmen können sehr genaue 3D-Modelle von Dächern und Fassaden erstellt werden. Diese Daten können genutzt werden, um die Planung von PV-Anlagen zu optimieren und die Leistungsfähigkeit von Solaranlagen zu maximieren. Ein Vorreiter in diesem Feld ist die Airteam Aerial Intelligenz GmbH, die einen Großteil der zeitaufwendigen Arbeitsschritte in der Auswertung von Drohnendaten automatisiert hat. Das Start-Up nutzt eigens entwickelte Algorithmen, um die Datenanalyse von Drohnendaten zu optimieren und so eine schnellere und präzisere Planung von Bauvorhaben und PV-Anlagen zu ermöglichen. Durch den Einsatz von Machine Learning-Technologien werden die Algorithmen kontinuierlich trainiert und verbessert, um eine noch höhere Genauigkeit und Effizienz bei der Auswertung von Drohnendaten zu erreichen.

25.5 Einsatzmöglichkeiten von Drohnen und Künstlicher Intelligenz in der Bau- und Immobilienwirtschaft

Vermessung. Der mit Abstand häufigste Einsatz von Drohnen findet im Bereich der Vermessung statt. Hierzu wird in der Regel aus den Drohnenaufnahmen mittels Photogrammetrie-Software ein 3D Modell (Punktwolke oder 3D Mesh) oder ein Orthophoto erstellt (siehe Abb. 25.1). Je nach Anwendungsfall können diese Daten zusätzlich georeferenziert werden, damit Bestandsdaten ergänzt oder zum Vergleich herangezogen werden können.

Für ein gutes photogrammetrisches 3D Modell sollte jeder Bildpunkt ca. vier bis sechs Mal auf unterschiedlichen Bildern erkennbar sein. So können 3D Modelle mittels Drohnendaten optimal rekonstruiert werden. Für die Vermessung wichtig zu wissen ist, dass nur vermessen werden kann, was auch auf den Drohnenaufnahmen erkennbar ist. So können Objekte hinter Planen, Bäumen oder ähnlichem nicht vermessen werden.

Die Genauigkeit der Vermessung ergibt sich aus einer Vielzahl an Faktoren. Hierzu zählen unter anderem Auflösung, Brennweite und Sensorgröße der Drohnenkamera und

Abb. 25.1 Darstellung einer Punkwolke (links), ein 3D Mesh ohne Textur (Mitte) und ein 3D Mesh mit Textur (rechts) (Airteam Aerial Intelligence GmbH 2021)

die Flughöhe. Diese sind maßgeblich verantwortlich für die Bodenauflösung bzw. Ground Sampling Distance (GSD)[1] Diese sollte in der Regel bei unter 1 cm pro Pixel liegen.

Um die Genauigkeit zu erhöhen können zusätzliche Methoden wie z. B. RTK (Real-Time Kinematic) oder PPK (Post Processed Kinematic) verwendet werden. Diese Möglichkeit besteht u. a. bei der DJI Mavic 3 Enterprise RTK (SZ DJI Technology Co., Ltd. n.d. f) Drohne. Zusätzlich können auch Passpunkte (engl. Ground Control Points) zum Einsatz kommen, die über ein GNSS-System zentimetergenau eingemessen werden können. Dies erhöht die Genauigkeit der Drohnenaufmaße zusätzlich.

Ein Beispiel für Vermessungen sind Volumenkalkulationen im Bereich von Steinbrüchen und Minen. Hierauf spezialisiert ist unter anderem der Anbieter Propeller Aero (Propeller Aero n.d.) aus Australien. Hiermit lassen sich schnell und effizient Schüttgut und auch ganze Steinbrüche oder Minen vermessen.

Eine weitere Anwendung für Drohnen ist die Gebäudevermessung von Dächern und Fassaden (siehe Abb. 25.2). Diese wird unter anderem eingesetzt von Dachdeckern, Zimmereien, Photovoltaikanlagen-Planern, Malern, Gerüstbauern und Architekten. Der führende Anbieter in Europa hierzu ist die Airteam Aerial Intelligence GmbH. Mithilfe von Drohnendaten, künstlicher Intelligenz und ihrer Airteam Fusion Plattform (Cloud Plattform), unterstützen Sie Handwerker, Photovoltaikanlagen-Planer und Bauunternehmen. Die Datenakquise per Drohne kann entweder vom Bau- oder Immobilienunternehmen selbst ausgeführt werden oder von einem der 1.250 Drohnenpiloten in ganz Europa. Mithilfe eines maschinellen Lernalgorithmus können so voll automatisch CAD-Modelle von Bauwerken erstellt werden. Die präzisen 3D Modelle und Vermessungsergebnisse helfen den Bau- und Immobilienkunden bei der Angebotskalkulation, Endabrechnung und der Inspektion von schwer erreichbaren Stellen. Die Vorteile sind Zeit- und Kostenersparnisse, erhöhte Sicherheit und präzise, standardisierte Vermessungsergebnisse.

Inspektion & Schadenserfassung. Bei einer nüchternen Betrachtung der Drohnen handelt es sich bei ihnen lediglich umfliegende Stative mit Kameras. Lässt man die technischen Unterschiede beiseite, die dieser Vergleich darlegt, bietet allein diese Funktion von Drohnen einen erheblichen Mehrwert für viele Anwendungsgebiete. Im Bereich der Inspektion von Brücken, Fassaden, Dächern, Wartung von Hochspannungsleitungen und Telekommunikationsmasten wurden in der Vergangenheit keine Kosten und Mühen gescheut, um die entlegensten Punkte zu inspizieren, um so die Sicherheit dieser kritischen Infrastruktur zu gewährleisten. Die vorhandenen Lösungen waren Kräne, Steiger oder in Einzelfällen auch Helikopter. Die Inspektion von Rissen, defekten PV Anlagen oder beschädigten Mobilfunkantennen lassen sich mit den passenden Drohnensystemen deutlich schneller, effizienter und sicherer durchführen.

Fortschritts-Monitoring von Bauprojekten. Bei einer Vielzahl an Bauprojekten ist es aufgrund der Größe bzw. der Komplexität der Baustelle nur schwer oder mit hohem Zeitaufwand möglich, den Baufortschritt festzuhalten.

---

[1] *Ground Sampling Distance (GSD) ist der Abstand zwischen zwei nebeneinander liegenden, auf dem Boden gemessenen, Pixeln.*

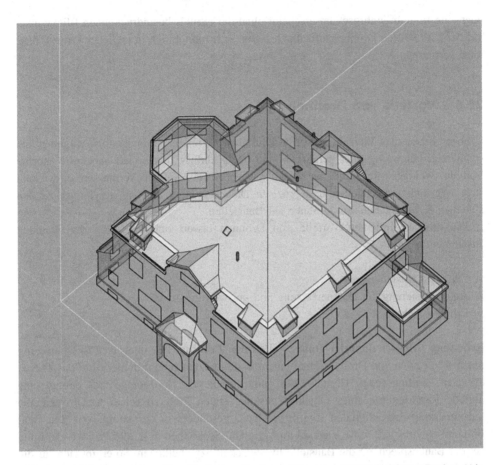

Abb. 25.2 Vollautomatisierte Erstellung eines Dach- und Fassaden CAD Models per Drohne (Airteam Aerial Intelligence GmbH 2021)

Mithilfe von Drohnenaufnahmen und 3D Modellen lässt sich der Bauzustand schnell und akkurat festhalten. So kann tagesaktuell mit allen Beteiligten der Fortschritt besprochen und anschließend notwendige Maßnahmen getroffen werden.

Besonders im Zusammenspiel mit Building Information Modelling (BIM) entfalten Drohnen und fortschrittliche KI-Software ihr volles Potenzial. Hierbei können unter anderem Drohnendaten automatisiert zu BIM Daten umgewandelt werden (Scan-to-BIM) und mit den Planungsdaten abgeglichen werden. Dies wurde bereits in einer Vielzahl von Forschungsarbeiten u. a. an der TU München (Tutas 2016) unter Beweis gestellt.

Marketing. Neben den technisch anspruchsvollen Anwendungen von Drohnen im Bereich der Vermessung, Inspektion und im Fortschritts-Monitoring, spielen Drohnen auch für die visuelle Aufbereitung von Neubau und besonders Bestandobjekten eine entscheidende Rolle. Kaum eine Firmen-Website von Bauunternehmen, ein Image-Video oder eine Immobilienbroschüre erscheint ohne die oftmals beeindruckenden Blickwinkel aus der Luft. Durch Drohnenaufnahmen lassen sich Immobilien in jeglicher Projektphase ideal vermarkten.

25.6   Vorteile von Drohnen

Drohnen bieten eine Vielzahl von offensichtlichen Vorteilen. Besonders bei Aufgaben, die schmutzig, langweilig oder gefährlich sind (dirty, dull & dangerous) haben sie enorme Vorteile. Weniger offensichtliche Vorteile, wie z. B. das digitale Vermessen, entwickeln sich aufgrund der schnellen und präzisen Datenerfassung und -prozessierung zu den aktuellen Kernaufgaben von Drohnen auf Baustellen.

Die drei wesentlichen Vorteile von Drohnen lassen sich in diesen drei Punkten zusammenfassen:

1. Zeit- und Kostenersparnis
2. Automatisierung der Datenerfassung und -auswertung
3. Erhöhte Sicherheit

Erfassung präziser digitaler Daten – digitaler Zwilling. Bei intensiver Beschäftigung mit den Vorteilen von Drohnendaten taucht in den letzten Jahren immer öfter das Thema digitaler Zwilling (engl. Digital Twin) auf. Bei diesem Konzept geht es darum, eine digitale Repräsentanz eines Objektes aus der realen Welt zu schaffen. Die zeitnahe Verfügbarkeit eines digitalen Zwillings bietet, besonders in der komplexen Bau- und Immobilienwirtschaft, eine Vielzahl an Vorteilen. So können u. a. alle Projektbeteiligten bei der Baubesprechung die Baustelle live begehen bzw. befliegen. So ergibt sich für die Projektbeteiligten vor Ort oder auch virtuell zugeschalteten Projektbeteiligten eine ganz neue, transparente Art der Zusammenarbeit. Bereits heute setzen innovative Dachdecker- und Zimmereibetriebe bei der Angebotskalkulation und auch in der Endabrechnung auf digitale Aufmaße und 3D Modelle per Drohne.

Zeitersparnis vs. traditionelle Methoden. Gegenüber traditionellen Vermessungs- und Inspektionsmethoden mit Werkzeugen z. B. Lasermessgeräten, Maßband, Einsatz von Steigern, lassen sich mithilfe von Drohnen bis zu 90 % der Zeit und über 50 % der Kosten einsparen (Airteam Aerial Intelligence GmbH 2019).

In den letzten Jahren mussten 3D-Daten oftmals durch ausgebildete CAD-Mitarbeiter verarbeitet und in das passende Dateiformat umgewandelt werden. Durch die gestiegene Rechenleistung und die fallenden Chip Preise übernehmen diese Aufgaben mehr und mehr Machine-Learning- und Computer-Vision-Algorithmen. Damit diese Algorithmen gute Ergebnisse liefern, müssen Sie im Vorfeld mit einer hohen Anzahl an Daten trainiert werden. So lernen diese Algorithmen über die Zeit und werden in der Folge immer besser. Diese auf die Verarbeitung von visuellen Daten spezialisierten Algorithmen, sind ein Teilbereich der Künstlichen Intelligenz.

Sicherheit. In der Baubranche steht das Thema Sicherheit weit oben auf der Agenda. Im Vergleich mit anderen Industrien schneidet die Baubranche regelmäßig als die gefährlichste Industrie ab. Dies bestätigt sich durch die hohe Anzahl von Arbeitsunfällen, mit über 130.000 im Jahr 2019 und über 70 Todesfällen allein in Deutschland (Berufsgenossenschaft der Bauwirtschaft (BG Bau 2019). Um zukünftige Generationen für die Arbeit am Bau zu gewinnen ist es daher essenziell, die Sicherheit auf Baustellen zu erhöhen. Drohnen können hier einen wesentlichen Beitrag leisten, um die über 60.000 Leiterunfälle jährlich (Berufsgenossenschaft der Bauwirtschaft (BG Bau 2019) zu reduzieren bzw. in Zukunft gänzlich zu verhindern.

25.7 Herausforderungen des Drohneneinsatzes

Die Herausforderungen des Einsatzes von Drohnen in der Bau- und Immobilienwirtschaft, bestehen darin, die passenden Systeme für den entsprechenden Anwendungsfall auszuwählen. Durch die geeignete Kombination von Drohnen und moderner KI-Methoden werden die Arbeiter:innen auf der Baustelle unterstützt und Risiken, wie z. B. bei Dachvermessungen und -inspektionen, reduziert.

Rechtlich. Die rechtlichen Einschränkungen werden oftmals in einer Schwarz-Weiß-Darstellung von den Gegnern der Drohnentechnologie übertrieben oder von den Befürwortern verschwiegen. In der Realität, also zum Beispiel auf Baustellen, sind die rechtlichen Rahmenbedingungen kein entscheidendes Hindernis. Die größere Herausforderung ergibt sich durch die Unwissenheit vieler Beteiligter u. a. von Hobbydrohnenpiloten/-innen, Behörden oder Passanten, die denken, dass alles erlaubt oder alles verboten ist. Bei ausreichendem Interesse der Beteiligten und Wissen der Drohnenpiloten kann eine sachkundige Person allen Beteiligten die Voraussetzungen für den Einsatz und die Anforderungen und getroffenen Sicherheitsmaßnahmen im Einzelfall erläutern. Dies führt in der Regel zu Verständnis für den Einsatz der Technologie, um Sicherheitsrisiken z. B. durch Leiterunfälle zu vermeiden.

Eine gute Quelle, um sich erstmalig über die rechtliche Situation zu informieren, ist das Luftfahrtbundesamt (LBA) (Luftfahrtbundesamt n.d.)

Drohnentechnik. Durch die Vielzahl an unterschiedlichen Drohnen in verschiedenen Preisklassen und Ausstattungen ist es nicht leicht, die für das jeweilige Einsatzgebiet beste Lösung aus Drohne, Flugplanungs- und Datenverarbeitungssoftware zu identifizieren. Für effizientes Arbeiten sollte man schon bei der Planung wissen, welche Daten und Ergebnisse letztlich benötigt werden. Kernfragen bei der Auswahl von Drohnen sind:

- *Gewicht der Drohne*
  Muss es eine Drohne über 5 kg Gewicht sein mit besseren Sensoren z. B. DJI Matrice M300 Drohne mit Zenmuse P1 Kamera mit 45 Megapixeln oder bietet eine Drohne mit geringerem Gewicht z. B. DJI Mavic 3 mit 897 g und 20 Megapixeln nicht mehr Flexibilität im regelmäßigen Einsatz?
- *Anforderungen an die Sensoren*
  Muss ich kleinste Risse oder Korrosionsstellen im Millimeterbereich erkennen oder benötige ich z. B. Vermessungen und 3D Modelle für Angebote, Rechnungen oder Baustellendokumentation?
- *Anforderungen an die Software*
  Möchte ich volle Flexibilität haben und die teilweise zeitaufwendige Datenauswertung und -aufbereitung z. B. CAD Erstellung und Vermessung z. B. mit Pix4D oder Drone Deploy selbst durchführen oder benötige ich sofort einsetzbare Vermessungsergebnisse wie z. B. von der Airteam Aerial Intelligence GmbH?

Besonderen Fokus sollte man auf die Kompatibilität der Daten mit den bereits eingesetzten Software-Lösungen, die man selbst verwendet oder denen der Projektbeteiligten legen. Es empfiehlt sich hierbei, einen erfahrenen und spezialisierten Drohnenanbieter für den eigenen Anwendungsfall zu kontaktieren.

Datenmenge. Trotz immer schneller werdender Datenübertragung in den Fest- und Mobilfunknetzen, ist es wichtig sich auf größere Datenmengen einzustellen und den Datenaustausch optimal zu gestalten. Viele Anbieter liefern bei 3D Modellen nur das Rohergebnis z. B. Punktwolken oder 3D Meshes. Diese führen schnell zu sehr großen Datenmengen. Durch den Einsatz von Künstlicher Intelligenz können diese Rohdaten weiterverarbeitet werden in CAD Pläne und somit die Datenmengen um bis zu 99 % reduziert werden. Somit spart man nicht nur Zeit bei der Datenübertragung, sondern ermöglicht auch eine verbesserte Teamarbeit, durch jederzeit abrufbare Daten auf sämtlichen Mobilgeräten.

Akzeptanz. Für den reibungslosen Einsatz der Drohnen ist die Akzeptanz in der Bevölkerung entscheidend. So hat unter anderem eine Studie des Deutschen Zentrums für Luft- und Raumfahrt (DLR) (Deutsches Zentrum für Luft- und Raumfahrt n.d.) ergeben, dass die Akzeptanz von Drohnen ganz wesentlich vom Einsatzgebiet abhängt. Der Einsatz im Bereich Katastrophenschutz, Forschung wird sehr positiv gesehen, wo hingegen die Anwendung zur Auslieferung von Waren oder zu Marketingzwecken eher kritisch betrachtet wird. Der Einsatz in der Baubranche wurde in dieser Studie nicht separat erfasst, lässt sich am ehesten unter "Überwachung Verkehr/Energieversorgung" verorten. Dieser Bereich erfährt eine hohe Zustimmung von 79 % der Befragten. Die Baubranche kann somit sehr positiv auf den Einsatz von Drohnen blicken und hat eine hohe Akzeptanz aus der Bevölkerung hinter sich.

25.8 Zusammenfassung und Ausblick

Die Zukunft der Drohnen in der Bau- und Immobilienwirtschaft wir unter anderem von den weiter stark fallenden Preisen der Hardware sowie immer besseren Sensoren und zunehmender Autonomie geprägt sein. Dies werden in Kürze „Drone-in-a-box" Systeme ermöglichen, die sicher, leise und vollautonom, täglich Baustellen vollständig digitalisieren.

Sobald sich die Autonomie der Drohnen erhöht, wird auch der Flug außerhalb des Sichtbereichs – eine immer größere Rolle spielen. Wenn sich die Autonomie und die Sicherheitsfunktionen soweit verbessert haben, dass es keines Operators vor Ort bedarf, können Drohnen in vielen Bereich z. B. Inspektion von Hochspannungsleitungen oder Pipeline-Inspektionen noch effizienter eingesetzt werden.

Neben dem immer einfacheren und sicheren Drohneneinsatz vor Ort, spielt die Datenverarbeitung mittels Künstlicher Intelligenz (KI) eine entscheidende Rolle. Aus den (Roh-)Daten müssen in Echtzeit direkt verwertbare Ergebnisse erstellt werden. Bei den enormen Datenmengen kommt daher der automatischen Bildverarbeitung und -erkennung durch maschinelles Lernen und Computer Vision eine wichtige Rolle zu. Auch wenn heute noch vieles von Hand gemacht wird, werden in Zukunft die Unternehmen, die im Bereich der künstlichen Intelligenz Fortschritte machen, die besten Produkte für die Bau- und Immobilienwirtschaft entwickeln können.

Literatur

Airteam Aerial Intelligence GmbH. (2019). Untersuchung der Airteam Aerial Intelligence GmbH in über 100 Expertengesprächen aus der Baubranche. Berlin.

Airteam Aerial Intelligence GmbH. (2021). Pointcloud – 3D Mesh ohne Textur – 3D Mesh mit Textur. Berlin.

Airteam Aerial Intelligence GmbH. (n.d.). *Airteam Aerial Intelligence liefert mithilfe von Drohnen und Künstlicher Intelligenz, die ersten vollautomatischen CAD-Modelle von Gebäuden.* Abgerufen am 09. Mai 2023 von https://www.airteam.ai/.

Berufsgenossenschaft der Bauwirtschaft (BG Bau). (2019). *Zahlen, Daten, Fakten, 2019.* Abgerufen am 09. Mai 2023 von https://www.bgbau.de/service/angebote/medien-center-suche/medium/zahlen-daten-fakten-2019/.

Deutsches Zentrum für Luft- und Raumfahrt. (n.d.). *Einsatz ziviler Drohnen in Deutschland.* Abgerufen am 09. Mai 2023 von https://www.dlr.de/content/de/artikel/news/2018/4/20181218_einsatz-ziviler-drohnen-deutschland.html.

Drone Deploy Inc. (n.d.). *Drohnen-Kartierungssoftware in der Cloud mit Hauptsitz in San Francisco. Drone Deploy ermöglicht die Kombination aus visuellen Daten von innen und außen.* Abgerufen am 09. Mai 2023 von https://www.dronedeploy.com/.

Drone Harmony AG. (n.d.). *Drone Harmony ist eine Softwarelösung zur Automatisierung komplexer Drohnenmissionen.* Abgerufen am 09. Mai 2023 von https://droneharmony.com/.

Droniq GmbH. (n.d.). Abgerufen am 09. Mai 2023 von https://droniq.de/.

Epic Games Slovakia s.r.o. (n.d.). Abgerufen am 09. Mai 2023 von https://www.capturingreality.com/.

European Union Aviation Safety Agency. (n.d. a). Abgerufen am 09. Mai 2023 von https://www.easa.europa.eu/.

European Union Aviation Safety Agency. (n.d. b). *Civil drones (Unmanned aircraft).* Abgerufen am 09. Mai 2023 von https://www.easa.europa.eu/domains/civil-drones-rpas.

Federal Aviation Authority. (n.d. a). Abgerufen am 09. Mai 2023 von https://www.faa.gov/.

Federal Aviation Authority. (n.d. b). Abgerufen am 09. Mai 2023 von https://www.faa.gov/uas/commercial_operators/.

Flynex GmbH. (n.d.). Abgerufen am 09. Mai 2023 von https://map2fly.flynex.de/.

Hammer Missions. (n.d.). *Hammer Missions ist ein Anbieter aus Großbritannien von Flugsoftware für DJI-Drohnen.* Abgerufen am 09. Mai 2023 von https://www.hammermissions.com/.

Lilium GmbH. (n.d.). *Lilium entwickelt nachhaltige Hochgeschwindigkeits-Luftmobilität durch elektrische, senkrecht startende und landende Flugzeuge, Vertiports und digitale Services. Der Unternehmenssitz ist in Weßling.* Abgerufen am 09. Mai 2023 von https://lilium.com/.

Luftfahrtbundesamt. (n.d.). *Unbemannte Luftfahrtsysteme.* Abgerufen am 09. Mai 2023 von https://www.lba.de/DE/Drohnen/FAQ/Uebersicht_FAQ_node.html.

Pix4D S.A. (n.d.). *Pix4D ist einer Schweizer Anbieter von Photogrammetrie Software für Drohnen und Mobilegeräte.* Abgerufen am 09. Mai 2023 von https://www.pix4d.com.

Propeller Aero. (n.d.). Abgerufen am 09. Mai 2023 von https://www.propelleraero.com/.

Skydio Inc. (n.d.). Abgerufen am 09. Mai 2023 von https://www.skydio.com/.

Statista GmbH. (n.d.). *Bestand an Drohnen im privaten und kommerziellen Gebrauch in Deutschland.* Abgerufen am 09. Mai 2023 von https://de.statista.com/statistik/daten/studie/972642/umfrage/bestand-an-privat-und-kommerziell-genutzten-drohnen-in-deutschland/#:~:text=Gem%C3%A4%C3%9F%20einer%20Marktstudie%20wird%20der,Drohnen%20im%20Umlauf%20sein%20werden.

SZ DJI Technology Co. (n.d. a). Abgerufen am 09. Mai 2023 von https://www.dji.com/.

SZ DJI Technology Co., Ltd. (n.d. b). Abgerufen am 09. Mai 2023 von https://www.dji.com/de/mini-3.

SZ DJI Technology Co., Ltd. (n.d. c). Abgerufen am 09. Mai 2023 von https://enterprise.dji.com/de/mavic-3-enterprise.

SZ DJI Technology Co., Ltd. (n.d. d). Abgerufen am 09. Mai 2023 von https://www.dji.com/de/mavic-3-classic.

SZ DJI Technology Co., Ltd. (n.d. e). Abgerufen am 09. Mai 2023 von https://www.dji.com/de/dji-terra.

SZ DJI Technology Co., Ltd. (n.d. f). *SICHER FLIEGENGEO ZONE MAP.* Abgerufen am 09. Mai 2023 von https://www.dji.com/de/flysafe/geo-map.

Traceair Technologies Inc. (n.d.). Abgerufen am 09. Mai 2023 von https://www.traceair.net/.

Tutas, A. B. (31. August 2016). Von ProgressTrack https://www.cms.bgu.tum.de/en/17-research-projects/86-progresstrack-automated-progress-monitoring.

Twinsity GmbH. (n.d.). *Twinsity ist ein Software-Tool für die virtuelle 3D-Inspektion beliebiger Bauwerke.* Abgerufen am 09. Mai 2023 von https://twinsity.com/.

Volocopter GmbH. (n.d.). *Die Volocopter GmbH ist ein Luftfahrtunternehmen, das eVTOLs für Passagiere und Lastendrohnen entwickelt. Der Unternehmenssitz ist in Bruchsal.* Abgerufen am 09. Mai 2023 von https://www.volocopter.com/.

Wingcopter GmbH. (n.d. a). Abgerufen am 09. Mai 2023 von https://wingcopter.com/.

Wingcopter GmbH. (n.d. b). Abgerufen am 09. Mai 2023 von https://wingcopter.com/wingcopter-198.

Zipline Inc. (n.d.). Abgerufen am 09. Mai 2023 von https://flyzipline.com/.

Erratum zu: KI-gestütztes Risikomanagement am Bau

Wolf Plettenbacher und Klemens Wagner

Erratum zu:
Kapitel 14 in: S. Haghsheno et al. (Hrsg.), *Künstliche Intelligenz im Bauwesen*,
https://doi.org/10.1007/978-3-658-42796-2_14

Aufgrund eines bedauerlichen Versehens seitens der Produktion waren die Adressdaten bzw. die Daten zur institutionellen Zugehörigkeit für den Kapitelautor K. Wagner falsch angegeben. Statt „Karlsruhe, Deutschland" hätten sie „Conbrain Solutions GmbH, Wien, Österreich" lauten sollen. Dies wurde nun korrigiert.

Die aktualisierte Version dieses Kapitels finden Sie unter
https://doi.org/10.1007/978-3-658-42796-2_14